Vollständige
Grammatik
der
neuhochdeutschen Sprache.

Ausgearbeitet

von

Heinrich Bauer Dr.

Fünfter Band.

Woher so viel Zwist, als weil jeder seine Begriffe und Regeln, so einseitig sie auch sein mögen, für die einzigen (und allein richtigen) ansieht, nach ihnen alles entscheidet, und alles außer ihnen für nichts, für Abweichung (hält oder doch) erklärt?

Herder.

Berlin, 1833.
Gedruckt und verlegt
bei G. Reimer.

Unveränderter photomechanischer Nachdruck

In linguae corpore, ut totum salvum sit, quidquid est pestiferum, amputetur.

Cicero.

Archiv-Nr. 4587670
1967
Walter de Gruyter & Co., vormals G. J. Göschen'sche Verlagshandlung — J. Guttentag, Verlagsbuchhandlung — Georg Reimer — Karl J. Trübner — Veit & Comp., Berlin 30
Printed in the Netherlands

Vorrede.

So erscheint denn mit dem gegenwärtigen fünften Bande der Schluß dieser Grammatik, bei welchem ich zur Vorrede dem Leser fast nichts als die Wiederholung des Wunsches auszusprechen habe, daß dieselbe recht bald viele unbefangenen und denkenden Freunde gewinnen möge, durch deren Bemühung ihr Inhalt wirksam dazu beitrage, der Sprachverwirrung entgegenzuarbeiten, welche so viele der neuesten Grammatiker herbeizuführen drohen.

Zur Erfüllung dieses mir höchst wichtigen Wunsches würde es ohne Zweifel wesentlich beitragen, wenn jetzt, nach dem Schlusse des ganzen Werkes, mehrere besonnenen Recensenten alle fünf Bände desselben einer einfachen, gründlichen und unparteiischen

Beurtheilung in den gelesensten Literaturzeitungen würdigen wollten. Geschieht dies nicht, erlauben vielmehr wohl gar die Redactionen solcher kritischen Blätter jungen vorlauten Männern, ihre auf einseitigen Ansichten, vorgefassten Meinungen oder wohl selbst auf förmlichem Irrthum beruhenden Urtheile mit kecker Anmaßung laut werden zu lassen: *) so ist gar sehr zu fürchten, daß diese Grammatik nicht schnell genug so bekannt werden dürfte, wie nöthig scheint, wenn sie wirklich den Nutzen bringen soll, um dessen willen ich

*) Ein solches Urtheil ist leider die in der Vorrede zum vierten Bande erwähnte Recension, die ich jetzt zu lesen Gelegenheit gefunden habe. Unter allen mir seit vierzig Jahren bekannt gewordenen öffentlichen Beurtheilungen meiner Werke ist sie die erste ungünstige. Da ihr Verfasser, ein Collaborator Lische in Schwerin, sich indessen ihrer Unwürde wahrscheinlich gegenwärtig schon selbst schämt, und sie nichts enthält, was einer ernsten Widerlegung werth wäre, so möge sie im Frieden ruhen. Förderlicher als solche Recensionen sind zur Erregung der Aufmerksamkeit auf unsre Grammatik selbst noch solche beiläufigen Bemerkungen, wie sich deren z. B. eine in der Abendzeitung, 1832, August, befindet, nach welcher man jetzt die deutsche Sprache nicht ohne die Grammatiken von Grimm, Schmitthenner, Bauer kennen lernen kann, eine andere in Herloßsohns Kometen, 1831, Beilage, Nr. 47, welche sagt: „pp Dr. H. Bauer hat eine vollständige Grammatik der neuhochdeutschen Sprache begonnen, ... welche ohne Zweifel die voluminöseste Grammatik werden wird, die irgend eine Nation der Vorzeit oder Gegenwart von ihrer Muttersprache aufzuweisen hat." Ein anderes Tagblatt, dessen ich mich nicht mehr näher erinnere, bestreitet dann wieder selbst diese Behauptung, und berechnet, daß Grimms Grammatik doch wohl noch bogenreicher als die meinige werden dürfte.

die wahrlich große Mühe ihrer Ausarbeitung übernommen habe.

Gar sehr wünsche ich, daß meine trübe Befürchtung sich recht bald als unbegründet erweisen möge.

Es muß mir dieser Wunsch um so inniger am Herzen liegen, da ich das gegenwärtige Werk, nach meiner Formel zur Auflösung der algebraischen Gleichungen, für die wichtigste aller literarischen Arbeiten halte, die ich jemals unternommen habe, und da ich bei meinem Alter von sechzig Jahren nur wenige Hoffnung habe, mich in der Folge noch zu literarischen Leistungen veranlasst zu finden *).

Kyritz, am 7ten April, 1833.

Bauer.

---

*) In Hinsicht dieser Bemerkung sei es mir gestattet, hier ein kurzes Verzeichniß meiner literarischen Leistungen anzugeben, von denen ich innigst wünsche, daß sie auch in der Zukunft noch recht vielen Nutzen bringen, und meinem Namen ein freundliches Andenken stiften und erhalten mögen.

Im Jahr 1790 gab ich vor meinem Abgange zur Universität (, 17 Jahr alt,) in Berlin bei Riem Tabellen zur leichten Berechnung des Rabatts heraus, durch deren Vorrede mich mein verehrter Lehrer, der Professor Michelsen, empfehlend in die literarische Welt einführte.

In den Jahren 1793 -- 1795 war ich, als Candidat, Mitarbeiter am (alten und neuen) Volksfreunde, den Karl Heun (H. Clauren) in Berlin (in Quart und Octav) herausgab. — Als Conrector am Gymnasium in Potsdam gab ich i. J. 1800 bei Horvath Bemerkungen über die deutsche Sprache (, 135 Seiten, 8 Gr.) heraus, die unter andern in der (hallischen) Literaturzeitung, 1801, Nr. 105, (unterm 7ten April,) und in Gutsmuths pädagogischer Bibliothek, 1802, Heft 1, günstig beurtheilt wurden. In demselben Jahre verlegte Horvath mein vollständiges Lehrbuch der einfachen Rechnungsarten, (550 Seiten, 1⅔ Rthl., wohlfeile Ausgabe 1805, 1 Rthl.,) worüber wieder dieselbe Literaturzeitung, 1801, Nr. 226, und Gutsmuths Bibliothek, 1802, Heft 1, belobende Anzeigen enthielten.

Im Jahr 1802 übernahm ich das Geschäfft eines Redacteurs bei der k. märkischen ökonomischen Gesellschaft in Potsdam, und gab 1803 deren ökonomische Monatschrift heraus.

Im Jahr 1806 kam wieder bei Horvath mein Rechenlehrer (,220 Seiten, 12 Gr.,) heraus, und in Ansehung dieses Werkes muß ich mir die Bemerkung erlauben, daß ich dasselbe auch heute noch für einen höchst brauchbaren Leitfaden beim Unterricht im Rechnen halte, vorzüglich für Schulen, die beim praktischen Rechnen die Münzen und Gewichte des preußischen Staats zum Grunde legen. Eine günstige Beurtheilung desselben enthält die jenaische Literaturzeitung, 1809, Nr. 267.

In den Jahren 1807 bis 1809 beschäfftigte mich besonders die Auffindung einer Formel zur Auflösung der numerischen Gleichungen, und das Glück eine solche Formel, die stets leicht und sicher anzuwenden ist, und die man doch so lange Zeit zu finden vergeblich gesucht hatte, entdeckt zu haben, ist unstreitig das größeste meines Lebens gewesen. Es sichert meinem Namen in der mathematischen Welt ein bleibendes Andenken. Ich machte diese Formel i. J. 1810 durch eine Abhandlung (auf 100 Quartseiten, in Commission bei Horvath, 1 Rthl.,) bekannt, die den Titel führt: über die allgemeine Entwickelung aller möglichen Wurzeln der numerischen algebraischen Gleichungen jedes Grades, nach einer neuen Formel. In der Vorrede ließ ich das Urtheil der Berliner, und auszugsweise das Urtheil des Staatsraths Fuß bei der Petersburger Akademie der Wissenschaften abdrucken, und zeigte deren Nichtigkeit. Die philosophische Facultät der Universität Halle erkannte die Richtigkeit und Wichtigkeit meiner Entdeckung dadurch an, daß sie mir das Doctordiplom zusandte. Sehr belobende Recensionen dieser Abhandlung enthielten die hallische Literaturzeitung, 1813, Nr. 286, und die Ergänzungsblätter der jenaischen, 1814, Nr. 54. Der Professor Krzyzanowsky hat eine polnische Uebersetzung derselben herausgegeben.

In den Jahren 1810 bis 1812 gab ich wieder bei Horvath in 3 Bänden (auf 3 Alphabeten, für 3 Rthlr.) ein Lehrbuch der deutschen Sprache heraus, dessen erster Band bereits 1811 in der Leipziger Literaturzeitung, Nr. 62, günstig beurtheilt wurde. Das Ganze aber fand in den Ergänzungsblättern der hallischen Literaturzeitung, 1812, Nr. 36, eine höchst belobende Anzeige, und eine noch weit ausführlichere und gründlichere in den Ergänzungsblättern der jenaischen Literaturzeitung, 1815, Nr. 31 bis 34. Als den Verfasser dieser für mich äußerst ehrenvollen Recension unterzeichnete sich der treffliche Seidenstücker.

Auf den Rath des damaligen Fürst-Primas von Deutschland, Karl von Dalberg, gab ich noch i. J. 1812 wieder bei Horvath („auf 366 Seiten für 18 Gr.,) einen Auszug aus diesem Werke zum Schulgebrauch heraus, und es wäre ganz gewiß gar nicht übel, wenn derselbe auch noch heute in den mittlern Classen recht vieler Gymnasien, zum Grunde läge. Sehr günstige Beurtheilungen desselben stehen in der jenaischen Literaturzeitung, 1813, Nr. 121, und im Ergänzungsblatt Nr. 57 der hallischen v. J. 1813.

Noch gab ich 1812 bei Horvath (auf 154 Seiten, für 12 Gr.) Anfangsgründe der Geometrie, nebst einem Abriß der Mechanik heraus, welches Werkchen in der Leipziger Literaturzeitung v. J. 1814 einer belobenden Anzeige gewürdigt wurde.

Nach dem Wunsche hochachtbarer Behörden gab ich 1817 in Berlin bei Mittler ein Lehrbuch der Arithmetik („348 Seiten, 1 Rthlr.,) und ein Lehrbuch der Geometrie („208 Seiten, 1 Rthlr.,) heraus, welche von diesen Theilen der Mathematik genau das enthalten, was zum Port-d'epee-examen beim preußischen Militair erfordert wird. Es versteht sich, daß das Werk auch in der dritten und zweiten Classe der Gymnasien zum Grunde gelegt werden kann. Beurtheilungen desselben sind mir nicht zu Gesicht gekommen.

Im Jahr 1825 erschien in Berlin bei Rücker (auf 234 Quartseiten, 2 Rthlr.,) eine zweite ganz umgearbeitete, sehr erweiterte Ausgabe der Entwickelung aller möglichen Wurzeln der bestimmten numerischen Gleichungen nach meiner neuen Formel. Ich habe in dieser Ausgabe die

Vorrede der ältern weggelassen, dagegen die Anmaßung des Barons Drais gerügt, der schon i. J. 1812 versucht hatte, sich meine Formel als seine Entdeckung anzueignen. Eine sehr gründliche und höchst empfehlende Recension dieses Werks steht in Seebode's kritischer Bibliothek für das Schul- und Unterrichtswesen, 1828, Nr. 90, und eine ausführliche Anzeige auch in dem Bulletin des sciences mathematiques vom Jahr 1831, p. 49, 50.

Daß ich außer diesen Werken noch viele einzelnen Abhandlungen, Reden, Gedichte, Predigten u. dgl., besonders in den Programmen des Potsdamer Gymnasiums, bei welchem ich vom Jahre 1795 bis 1826 angestellt war, herausgegeben habe, verdient weiter keiner besondern Erwähnung.

Inhaltsverzeichniß

des

fünften Bandes.

Fünfte Abtheilung.

Seite

Siebentes Hauptstück.

Von der Interpunction. § 928—997. 295—408

Erster Abschnitt.

Von den eigentlichen Satzzeichen. § 931—969. 298—392

Erste Abtheilung.

Von den Satztheil- oder Abtheilungszeichen.

Druckfehler im fünften Bande.

Seite 3	Zeile 11	von oben	lies überdies
— 13	— 5	— o.	l. Unterthanen
— 26	— 19	— o.	l. Inversion
— 32	— 11	— o.	l. Verbum
— 36	— 8	— o.	l. in
— 41	— 15	— unten	stehe ein ; statt :
— 45	— 20	— u.	stehe ein Komma hinter machst
— 55	— 14	— o.	stehe ein Komma hinter heute
— 56	— 6	— o.	l. nimt).
— 57	— 6	— o.	falle das Komma vor bloß weg
— 63	— 5	— o.	stehe : statt ;
— 66	— 25	— o.	stehe ! statt ?
— 67	— 5	— u.	stehe : hinter aus
— 94	— 13	— u.	stehe Umstandswort nach hinweisendes
— 95	— 1	— u.	stehe ein Komma hinter Grammatiker
— 96	— 12	— o.	falle das Komma vor sowohl weg
— 101	— 9	— u.	stehe).
— 102	— 8	— u.	stehe).
— 104	— 14	— u.	stehe (,
— 105	— 1	— o.	stehe (ist)
— 115	— 19	— o.	falle das Komma hinter zu weg
— 119	— 6	— o.	stehe ein Komma hinter bloße
— —	— 13	— o.	stehe [,
— 122	— 12	— o.	stehe).
— 126	— 11	— o.	stehe dies statt und es
— 137	— 11	— o.	stehe synonyme
— 139	— 9	— o.	stehe den"
— 142	— 10	— u.	lies l'empereur
— —	— 3	— u.	l. Ein
— 148	— 22	— u.	l. pacem
— 152	— 7	— o.	l. beherrschen.
— 161	— 10	— u.	l. ὂν statt ον
— 170	— 7	— o.	l. 66; er
— —	— 13	— o.	l Accusativ) merktest;
— 176	— 14	— o.	l. oder statt als
— —	— 15	— o.	falle das Komma nach wissen weg
— 181	— 14	— o.	lies Ziel statt Zwecke
— 186	— 22	— o.	l. rens st. rers
— 191	— 20	— u.	l. werden st. worden
— 194	— 4	— u.	l. den st. sehn
— 195	— 26	— u.	l. ihm st. ihn
— 197	— 18	— o.	l. :) st. :(
— 211	— 1	— o.	l. jung st. ung
— 214	— 4	— u.	stehe ein Komma hinter nein
— 221	— 2	— o.	falle auch weg
— —	— 8	— u.	stehe ein Komma hinter grammatischen
— 234	— 13	— u.	l. geschiedenen

Seite 244	Zeile 18	von oben	lies einem	
— 248	— 19	— o.	stehe hinter denen ein Komma.)	
— 259	— 12	— u.	stehe (,da,	
— 261	— 4	— o.	stehe Karpathen	
— 262	— 15	— o.	falle das Komma weg hinter Verlust)	
— 269	— 7	— u.	lies Vorsetzung	
— 274	— 25	— u.	l. Palast	
— 288	— 1	— u.	falle das Zeichen) weg	
— 290	— 12	— o.	lies (Indessen	
— 300	— 4	— u.	l. Redepuncte	
— 332	— 3	— u.	stehe ein Komma hinter blutete	
— 333	— 12	— u.	l. Treue (,ja	
— 335	— 24	— u.	l. „das	
— 372	— 21	— u.	stehe ein Komma hinter abgekürzten	
— 377	— 14	— o.	setze man zwei Komma hinter Cartages	
— 384	— 16	— u.	falle oder und das Komma weg	
— 394	— 5	— o.	stehe denselben für dasselbe	
— 417	— 15	— o.	stehe war st. wär	
— 124	— 20	— u.	stehe Cauneas.	

Dritter Abschnitt.

Von der Topik oder Wortstellung und Wortfolge der Satztheile.

821) Die Topik, Lehre vom Ort, Wortfolge enthält die Lehre von der Folge der Wörter und Sätze, von dem Orte, den sowohl die Wörter als die Sätze in einer Rede einnehmen.

Sie erstreckt sich also nicht bloß auf die einzelnen Wörter oder Bestandtheile eines Satzes, sondern auch auf die unter einander verknüpften Sätze der Rede.

Im gegenwärtigen Abschnitt werden wir von der Topik der Theile eines Satzes, im folgenden fünften aber von der Topik der Sätze sprechen. Es hangt die Folge der Wörter und Sätze im Allgemeinen von der Folge der Vorstellungen, Begriffe und Gedanken ab. Da diese Folge aber nicht bei allen Völkern, bei der verschiedenen Art und Stufe ihrer Ausbildung, einerlei ist, so kann auch die Wortfolge nicht in allen Sprachen dieselbe sein.

Welche Stellung Wörter, die mit einander ihren Begriffen nach verbunden werden, im Deutschen neben einander annehmen, welche Folge, Wortfolge, Topik dann bei ihnen statt findet, statt finden muß oder kann, darüber haben wir das Meiste und Wichtigste bereits in den vorhergehenden Abschnitten besprochen, in welchen eben über die Verbindung der Wörter mit einander geredet ist. (Namentlich enthält der erste Abschnitt des gegenwärtigen sechsten Hauptstücks, und besonders dessen erste bis siebente Abtheilung, welche über die Verbindung der verschiedenen Redetheile mit einander sprechen, zugleich die Hauptregeln über die Stellung und Folge derselben bei dieser ihrer Verbindung.) Es ist uns daher jetzt nur noch übrig, die Regeln über die Topik der Bestimmungswörter überhaupt sowohl des Substantivs als des Verbums, und dann der übrigen Redetheile kurz zusammen zu fassen, hierauf aber die Topik der Satztheile als solcher anzugeben.

822) Es ist die deutsche Sprache bei ihrer Topik von dem Grundsatze ausgegangen, den sich freilich die ersten Sprecher und Schreiber derselben nur dunkel gedacht haben mögen, in Ansehung der Folge der Vorstellungen von dem (logisch) minder Wichtigen und Bestimmten zu dem Wichtigern und Bestimmtern fortzuschreiben, wodurch die Aufmerksamkeit des Zuhörers oder Lesers nicht allein unterhalten, sondern auch bis zum Ende der Rede gesteigert wird.

(Es findet also nach diesem Grundsatze in der deutschen Sprache eine gradatio, ein Klimax statt.) Außer diesem allgemeinen Grundsatze wirken aber oft auch die besondern Verhältnisse, welche die Wörter durch ihre regierende Kraft, durch ihre Rection bezeichnen, auf die Folge derselben ein.

Der Grundsatz selbst gilt übrigens sowohl für die Theile eines Satzes als für die verschiedenen Sätze, Haupt- und Nebensätze einer Periode. Insofern wir uns jetzt also vorläufig im Allgemeinen über seine Bedeutung, Anwendbarkeit und Anwendung besprechen, muß das, was wir als Resultat gewinnen, sich nicht nur auf die Topik der Theile eines Satzes, von welcher im gegenwärtigen Abschnitt die Rede ist, sondern auch auf die Folge der Sätze in Perioden beziehen, wovon erst ein folgender (,der fünfte) Abschnitt handeln wird.

Es ergiebt sich sogleich von selbst, da nach diesem Grundsatze die Folge der Wörter und Sätze von der Wichtigkeit derselben in Beziehung auf einander abhangt, daß derselbe auf diejenigen Wörter, die in einem Satze, und auf diejenigen Sätze, die in einer Periode gar keine Beziehung auf einander haben, auch gar keine Anwendung leidet, und daß dem gemäß die Topik solcher Wörter und Sätze in Beziehung auf einander, d. h. welche derselben man voran, und welche man nachher setzen will, ganz oder ziemlich gleichgültig sein, und ganz, größtentheils oder doch großentheils bloß vom Belieben des Sprechenden oder Schreibenden abhangen wird, so daß dieser für die Stellung seiner Wörter und Sätze immer in der That viele Freiheit behält. Aber auch die Anwendung des Grundsatzes selbst lässt demselben große Freiheit, indem es stets großentheils auf *seine Ansicht* des Satzes und der Periode, so wie auf seinen Willen, ja nicht selten auf seine bloße Willkühr, welchen Begriff und welchen Gedanken er am meisten zu bestimmen, und in welcher Ordnung er die bestimmenden als immer wichtiger zu steigern die Absicht hat, ankommen wird, die Folge der Wörter eines Satzes und der Sätze einer Periode zu ordnen. Da indessen selbst hierzu logische, ästhetische und oratorische Beurtheilungskraft gehört, und da zur regelrechten Anwendung des Grundsatzes außerdem noch eine genaue Kenntniß der Sprache erfordert wird, über dies die Manchfaltigkeit der fast unzählbaren verschiedenen Fälle, welche bei dieser Topik statt finden können, es fast geradezu unmöglich macht, vollständige, durchgreifende, entscheidende und übersehbare Regeln für dieselbe aufzustellen: so ergiebt es sich auch zugleich, daß die Theorie der Wortfolge namentlich in der deutschen Sprache (und ihrer Grammatik), welche dabei nicht starren, festen Regeln, sondern der lebendigen Ueberlegung folgt, die im Sprechenden selbstthätig eigne Urtheile und Entscheidungen wirken muß, sehr schwierig und zusammengesetzt ist. Dies muß um so mehr der Fall sein, da, wie (scheinbar) gleichgültig in vielen Fällen die Folge der Wörter und Sätze ist, in andern die kleinste Veränderung derselben das Verhältniß der Begriffe und Gedanken, und dadurch ihre Bedeutung mehr oder weniger ändert. So ist *der schöne erste Mai* der erste Tag des Monats Mai, und von ihm wird gesagt, daß er schön war; hingegen der erste schöne Mai(tag) ist irgend ein Tag im Monat Mai, dem aber lauter nicht—schöne Maitage vorangegangen sind, so daß er im Mai der erste schöne Tag ist. So sind die Begriffe wesentlich unterschieden in: Plato *vorzüglich* hat dies gelehrt, Plato hat *vorzüglich* dies gelehrt, und: Plato hat dies *vorzüglich* gelehrt; ich habe den Lärm *nicht* schlafend gehört, ich habe ihn schlafend *nicht* gehört. Doch kann der *Wortton* es bewirken, daß der Sprechende solche Sätze, die eigentlich einen ganz verschiedenen Sinn haben, zu gleichbedeutenden macht. Indessen bei umgestellten Sätzen vermag auch er dies nicht: der Mann, *den ich liebe*, küsste den Fremden, und: der Mann küsste den Fremden, *den ich liebe*.

Zuweilen ist der Unterschied der Bedeutung, den eine veränderte Wortfolge bewirkt, unmerklicher, liegt tiefer, und wird deswegen oft ganz übersehen. So ist z. B.: ich habe *gestern* den König gesehen, die ganz einfache Aussage, die vielleicht ohne alle andere Beziehung erzählend angeführt wird; hingegen: ich habe den König gestern gesehn ist allemal ein Gegensatz zu einem andern Gedanken, mag dieser ausgesprochen sein oder nicht, z. B. nicht früher, nicht vor einem Jahre schon, wie du (meinst), sondern erst gestern, oder: nicht heute erst, sondern schon gestern habe ich den König gesehen.

823) Bernhardt tritt der Sache nach unserm Grundsatze bei, drückt denselben aber (l. c. § 283, S. 297) in folgender Fassung aus: „die Stellung der (einander) beigeordneten (,also von einander unabhangigen) Bestimmungen ist meistens gleichgültig. Wo Dieß (dies) nicht ist, da bestimmt die größere oder geringere Gewichtigkeit der einzelen (einzelnen) Vorstellungen oder ein rednerischer Zweck ihre Folge. Für die untergeordneten Bestimmungen ist allgemeine Regel: die weitere Bestimmung steht immer vor der engern, ihr untergeordneten, die bestimmende vor der bestimmten."

Auch Herling erkennt unsern Grundsatz an, indem er (l. c. § 40 — 47, I, S. 77 — 35) besonders Folgendes sagt: „die Sprache (,) und vorzüglich die deutsche Sprache befolgt vorherrschend in ihrer Wortstellung, sowohl in den wesentlichen Bestandtheilen des Satzes, der Darstellung des Gedankens, als in den Nebenbestandtheilen, welche einen Begriff individualisiren, den Gang der Vorstellungen, wie dieser sich bei der Bildung des Gedankens, oder der Auffassung (Auffassung) des Begriffes kund giebt. (Dasselbe gilt für die Sätze einer Periode.)

1) Bei der Darstellung des Gedankens, den wesentlichen Bestandtheilen des Satzes, (d. i. Subject, Copula, Prädicat,) steigt sie, den engern Begriff in den weitern tragend, von jenem zu diesem auf: der Mann ist groß. (Diese Angabe ist gewiß verfehlt. Wenn man auch zur Noth sagen könnte, in dem angegebenen Beispiel sei Mann der engere, und groß der weitere Begriff, so bleibt doch dadurch die Topik der Copula ist zwischen Subject und Prädicat unbegründet, und in: die Armee siegt, Gott ist allmächtig, mein Vater ist, bleibt heute allein, er ist der einzige, welcher mit mir zufrieden scheint, lässt sich doch sicher nicht sagen, daß Armee, Gott, Vater engere Begriffe sind, die in die weitern siegen, allmächtig, der Einzige oder allein eingetragen werden.)

2) Bei der Stellung des Begriffs, gleichsam den Gegenstand in seinen immer enger werdenden Fachwerken, den immer enger werdenden individualisirenden Begriffen, aufsuchend, steigt sie von den weiteren Begriffen zu den engern bis zu dem

Gegenstande, als dem engsten, der Anschauung abwärts: berühmte große Männer. (Richtig. Das ist Bernhardts Regel über die Stellung der Bestimmungswörter, anders aufgefasst.)

3) Sie behandelt die bloßen Beziehungen, und zwar in dem Grade, als (wie) sie dies mehr oder weniger rein sind, als Begriffsindividualisationen, von einer Einschließungsweite, welche größer ist als die wirklichen Merkmale, indem sie von ihnen aus zu den wirklichen Merkmalen herabsteigt: diese erste glückliche große Unternehmung."

„Diesen Gesetzen (2 und 3) gemäß geht bei den Individualisationen (Bestimmungsbegriffen) des Subjects und Prädicats die untergeordnete und einschließende Bestimmung der übergeordneten und eingeschlossenen immer vorher (voran)."

Bürger drückt sich über unsern Grundsatz (in seiner Rhetorik) auf folgende Art aus: „diese Methode, immer vom Unbestimmten durch die ganze Stufenleiter der Bestimmungen bis zum Allerbestimmendsten fortzuschreiten, hat gewöhnlicher Weise in der philosophischen (?) Wortfolge Statt, es mag nun dieselbe belehrend oder fragend oder verbindend sein; nur daß hier der Gemüthsstand des Sprechenden einen kleinen Unterschied macht. In der Sprache der Einbildungskraft, der Empfindungen, der Leidenschaften dürfen wir einen Begriff, den wir vorzüglich vor andern wollen bemerken lassen, aus seiner eigentlichen Stellung herausheben, und ihn in eine andre Stelle setzen, wo er die Aufmerksamkeit mehr reizt, und also ungleich mehr Nachdruck oder Wohlklang verursacht. Dadurch entsteht die ästhetische Wortfolge, die man gewöhnlich poetische und oratorische nennt. (?) Sie ist in den theoretischen Schriften unter dem Namen der Inversion bekannt." (?? Man sehe § 830.)

Die Schwierigkeit der Wortfolge in der deutschen Sprache, hat dieser schon seit Jahrhunderten von In- und Ausländern viele und schwere Vorwürfe zugezogen, deren manche sie freilich nicht von sich abzuwälzen vermag, deren meiste jedoch in der That ungerecht sind, und deren viele ihr gerade das tadelnd zum Fehler anrechnen, was zu ihrem hohen Lobe gereicht, und ihr einen unleugbaren großen Vorzug vor den meisten Sprachen der neuern Zeit giebt, z. B. die Freiheit, aus oratorischen, ästhetischen oder logischen Gründen die Wortfolge, auch ohne Veränderung des Sinnes der Rede, aufs manchfaltigste (durch Inversionen u. s. w.) abändern zu können.

Man hat ihr namentlich oft genug die französische Sprache, in der die Wortfolge so hübsch einfach, und durch feste Regeln bestimmt ist, als Muster gegenüber gestellt, ohne erkennen zu wollen, daß gerade diese Bestimmtheit ein höchst beengender und beschränkender Mangel und Nachtheil der französischen Sprache ist, den die guten Schriftsteller in dieser Sprache besonders in der neuern Zeit, und nachdem viele derselben sich eine gründliche Kenntniß des Deutschen erworben haben, selbst schwer empfinden, und über dessen Druck sie sich oft genug aufs bitterste beklagen, so daß schon gar viele Versuche gemacht sind, sich diesen lästigen Fesseln mehr oder weniger zu entziehen, wenn gleich diese Bemühungen bis jetzt nur einen geringen Erfolg gehabt haben.

Es sei deshalb erlaubt, hier die Urtheile zweier Deutschen aus dem vorigen und jetzigen Jahrhundert anzuführen, da sie zugestehen, was sich nicht leugnen lässt, aber doch den Werth unsrer Wortfolge nicht verkennen. Zwar sprechen sie mehr über die Wortfolge der Sätze in Perioden, (worüber der folgende fünfte Abschnitt handeln wird,) aber sie gedenken doch auch der Topik der Satztheile; darum müssen wir dieselben hier hören.

Es sagt der ehrwürdige Abt Jerusalem (in seinem Schreiben an die Herzoginn von Braunschweig: über die deutsche Sprache, Berlin, 1781) in Ansehung der Vorwürfe, welche man der deutschen Sprache wegen der Schwierigkeit, Härte und Länge ihrer Sätze und Perioden macht, Folgendes: „bei aller schon so glücklichen Ausbildung unsrer Sprache muß dieselbe noch beständig besonders den Vorwurf leiden, daß ihr Gang zu schwerfällig, und daß ihre Construction zu verworren sei. Denen, die an den leichtern und einförmigen Gang der französischen Sprache einmal gewöhnt sind, müssen allerdings die langen Perioden, die eingeschobenen Zwischensätze und Parenthesen, die gehäuften und zusammengesetzten Beiwörter, die Versetzung der Präpositionen, die Trennung des Hauptworts von einem regierenden Verbum, und daß dieses erst am Ende der Perioden kommt, [nothwendig] die Sprache sehr schwer machen. Aber jede Sprache hat ihren besondern Gang, der erst gekannt sein will; die lateinische Sprache würde sonst wegen ihrer uns eben so verworren scheinenden Constructionen und der langen Perioden des Cicero eben der Vorwurf treffen. Da in der französischen Sprache jedes Wort, jedes Verbum und jede Partikel ihre angewiesene unveränderliche Stelle haben, so wird ihr Gang dadurch allerdings deutlicher und leichter; aber ihre besten Schriftsteller tragen auch selbst die Fesseln mit Unwillen, die ihre Grammatiker ihnen damit angelegt haben; und diejenigen, welche mit der deutschen Sprache nur einigermaßen bekannt sind, erkennen den Vorzug sehr, den wir hierin durch die mehrere Freiheit haben. Denn wenn der Gang unsrer Sprache dadurch gleich weniger leicht wird, wieviel gewinnet sie in der Stärke, daß sie mit der Hauptidee die Nebenidee durch die Parenthese oder den Zwischensatz unmittelbar verbinden, dem Hauptworte durch drei bis vier Beiwörter, wovon jedes seine eigne Nuance hat, seinen vollen Ausdruck geben, auch der Präposition diejenige Stelle anweisen kann, welche die Verstärkung des Sinnes oder der Wohllaut fordert, und daß am Ende der Perioden endlich die Hauptidee, wenn sie ihre ganze Vollständigkeit und Stärke hat, in dem Verbum sich entwickelt. Da unsre Grammatik hierüber keine (vollständigen) Regeln giebt, auch nicht wohl geben kann, sondern es dabei mehr auf das feine Gefühl des Schreibenden ankommt, so ist der Mangel von diesem, und die oft auch, von sonst guten Schriftstellern, noch gesuchte Verwerfung der Construction allerdings der Grund der dunkeln Schreibart, worüber alle Fremde sich mit so viel mehrerem Recht beklagen, da wir oft selbst eine solche Periode einige male durchlesen müssen, ehe wir den Sinn davon fassen können; aber dies ist Missbrauch oder Mangel von Gefühl, das doch zu einer guten Schreibart in jeder Sprache vorausgesetzt wird."

„Schon unsre gewöhnliche (?) Wortfolge, die fast überall das Bestimmte dem Bestimmenden, die Wirkung der Ursach voransetzt, sagt Kolbe in seinem Wortreichthum (Th. 2), und durch diese Eigenheit so überaus geschickt ist, die Erwartung zu erregen, indem sie durch stufenweis fortschreitende Steigerung die Aufmerksamkeit des Lesers zum Hauptworte (d. i. zum wichtigsten Worte) führt, das dann, wie der Schlußstein den schwebenden Bogen, so die gefügten Glieder der Periode vollendend zu seinem Ganzen verbindet, — schon diese unsre gewöhnliche Wortfolge ist mehr für das leidenschaftliche Gefühl berechnet, mithin zur Poesie geeigneter, als die französische, die fast immer das regierende Wort vor das regierte bringt, und durch diese leichte Stellung mehr dem ordnenden Verstande fröhnt. „Er hat, was er beweisen wollte, wirklich bewiesen" — wie nachdrücklicher ist dies und der Empfindung des Sprechenden angemessener, als, was unsre angeführte Wortordnung auch verstattet: er hat wirklich bewiesen, was er beweisen wollte. Nämlich der Gegenstand, auf den unmittelbar die Handlung geht, ist für den Redenden ungleich wichtiger als die Handlung selbst. Die letzte ist bloß des ersten wegen da.

So wird also mit Recht jener nebst seinem Zeitworte vorangeschickt, das dann mit seinen Bestimmungen folgt, und sinnvollendend die Periode schließt. Eben so ist Engels Satz ein Beispiel: „er muß eine Seele voll Feuer, und dies Feuer in seiner Macht haben, nicht nur um es da, wo es natürlicher Weise ausbricht, zu mäßigen oder zu dämpfen, sondern auch da, wo es ausbrechen soll, es hinzugebieten." — Man hat jener steigenden Wortordnung den Vorwurf gemacht, daß sie zum Schleppenden verführe, und es ist nicht zu leugnen, daß dieser Vorwurf in manchen Fällen gegründet ist. Unsre Wortreihe hat die Klarheit und Faßlichkeit der französischen nicht. — Dennoch, wenn sie schleppt, so geschieht es minder, weil sie überhaupt das grammatisch Bestimmte dem Bestimmenden voransetzt, — denn auch die griechische Sprache thut dies, und noch mehr die römische, die man doch der umtappenden Weitschweifigkeit nicht beschuldigen wird, — als weil sie erstlich diese Form [in der Prosa nämlich, in der Poesie können wir wechseln,] zu oft wiederholt, denn überall, wo der Satz abhangig ist, muß das Zeitwort folgen, bloß in unabhangigen Sätzen steht es voran: mein Bruder sprach zu mir; er brachte mir das Geld u. s. w., — und dann weil sie gewisse Wörter, die der Sinn auf das genaueste verbindet, durch Einschaltungen gewaltsam auseinander reißt.

Nur dann mag, — wie freilich auch in der lateinischen Sprache geschieht, — die steigende Wortordnung, als solche, Verworrenheit erzeugen, wenn in einer Periode mehrere Sätze so gestellt sind, daß die Zeitwörter derselben zu dreien, vieren unmittelbar auf einander folgen, z. B.: die übrigen Mittelzeiten dürften, weil sie in unmerklichen Uebergängen, die die Stimme nach Willkühr bald mehr bald weniger hervorhebt, an die Kürzen sich anschließen, keine genauere Bestimmung zulassen. Hier bedarf es freilich der ganzen angestrengten Aufmerksamkeit des Lesers, um die Bezeichnungen zu ordnen. — Aber solche Stellungen sind durch Sorgfalt des Schreibenden leicht zu vermeiden.

[Die Wörter übrigens, die unsre Wortfolge unnatürlich trennt, sind vornehmlich der Artikel und einige Fürwörter, die sie von ihren Hauptwörtern, — ferner das Hülfszeitwort, das sie von seinem Anhange, und endlich das Zeitwort, das sie von seiner Bestimmungspartikel entfernt.]"

Es wird dem aufmerksamen Leser von selbst deutlich geworden sein, daß diese Bemerkungen Kolbe's, wenn sie sagen, daß die Wortfolge im Deutschen fast überall das Bestimmte dem Bestimmenden voransetzt, dem von uns aufgestellten Grundsatze nur scheinbar widersprechen.

Es bezieht sich nämlich diese Wahrheit Kolbe's durchaus nicht auf die Folge der Bestimmungswörter eines Haupt- oder Zeitworts u. s. w., von denen vielmehr allemal, wenn ihrer mehrere sind, das bestimmende vor dem oder den durch dasselbe bestimmten steht, sondern auf die Folge der Sätze in Perioden, und Kolbe beschränkt sie ja nachher auch selbst, indem er sagt: das grammatisch Bestimmte wird oft dem Bestimmenden (durch Einschiebung des bestimmten Satzes mitten in, oder durch Vorsetzung desselben ganz vor den bestimmenden Satz, durch Satzinversionen) vorangesetzt. Kolbe hätte nur nicht sagen gesollt: unsre gewöhnliche Wortfolge setzt fast überall das Bestimmte vor das Bestimmende, sondern etwa: unsre Wortfolge setzt gewöhnlich das Bestimmte vor das Bestimmende; denn unsre gewöhnliche, das ist unsre einfachste, natürliche, erzählende Wortfolge thut das nicht, sondern sie setzt das Bestimmende vor das Bestimmte, in Folge unsers aufgestellten Grundsatzes; aber sie wird so sehr oft aus logischen, ästhetischen oder oratorischen Gründen in eine andre Wortfolge umgeändert, daß man zur Noth wohl sagen kann, diese Umänderung finde gewöhnlich statt. So ist die ursprüngliche, einfachste und also eigentlich gewöhnliche Wortfolge in den beiden von Kolbe angeführten Beispielen folgende: er hat wirklich bewiesen, was er beweisen wollte, und: er muß eine Seele voll Feuer, und (er muß) dies Feuer in seiner Macht haben, nicht nur um es da zu mäßigen oder zu dämpfen, wo es natürlicher Weise ausbricht, sondern auch (um es) da hinzugebieten, wo es ausbrechen soll.

Unser Grundsatz spricht übrigens zu gleicher Zeit sowohl von der Wortfolge der Theile eines Satzes, als der Sätze einer Periode.

Erste Abtheilung.

Topik der Bestimmungswörter eines Wortes.

824) Weil zufolge unsers Grundsatzes das Unbestimmtere gewöhnlich vor dem Bestimmtern steht, so steht auch im Allgemeinen das Subject gewöhnlich vor dem Prädicat, indem jenes zwar an und für sich bestimmt genug, in der Rede aber doch der unbestimmteste Theil ist, der erst durch dieselbe seine nähere Bestimmung, seine ganze Aufklärung erhalten soll.

Aus demselben Grunde gehn auch im Allgemeinen die

Bestimmungswörter fast alle und fast immer, das bestimmte Zeitwort, verbum finitum in vielen Fällen ausgenommen, vor dem durch sie Bestimmten her, und zwar nach dem Maße und Range ihrer geringern und schärfern Bestimmung.

Daher, dieser Rangordnung nach dem Maße der Bestimmung wegen, wird das regierte Wort dem regierenden so oft vorangesetzt; daher eben hat das bestimmte Zeitwort, verbum finitum seine Bestimmungswörter gewöhnlich nach sich, weil mit ihnen die Bestimmung des Prädicats immer höher steigt, immer schärfer wird, bis dies endlich durch das unmittelbar zu dem bestimmten Zeitwort, verbum finitum gehörige Adverb, Particip oder durch das unbestimmte Zeitwort, verbum infinitum, den Infinitiv seine völlige Bestimmtheit erhält.

825) Was nun zunächst die Topik der Bestimmungswörter des Substantivs betrifft, so stehen der Regel nach alle Bestimmungswörter des Substantivs nach der eben (§ 824) angegebenen Rangordnung vor demselben, bis auf einige Umstandswörter (allein, da, dort, hier, selbst u. s. w.) und die substantive gebrauchten Ordnungszahlwörter, welche, wie wir gleich näher sehen werden, hinter den Hauptwörtern stehen können: der Mann hier, ich oder der König selbst, Friedrich Wilhelm der dritte.

Eine nähere Erläuterung dieser Regel ist folgende, für welche es sich von selbst versteht, daß, wenn in einem einzelnen Falle ein in ihr genanntes und durch sie der Topik nach geordnetes Bestimmungswort sich gar nicht vor einem Hauptwort befindet, auch von der Stelle nicht die Rede sein kann, die es einnehmen soll:

unter den verschiedenen Bestimmungswörtern des Substantivs macht der Artikel den Anfang, vor welchem nie ein anderes Bestimmungswort stehen kann, wenn man die Präposition nicht für ein solches anerkennen will, die, insofern sie nicht hinter dem regierten Worte steht, immer ganz vorne, vor allen Bestimmungswörtern des Substantivs steht, oder, wenn dieser Artikel nicht angegeben wird, ein fragendes oder relatives Pronomen, und dann ein allgemeines, unbestimmtes Zahlwort. Auf diese folgen im letzten Fall, wenn kein Artikel u. dgl. angegeben ist, das demonstrative Pronomen, dann das Possessivum, auf dieses das bestimmte Zahlwort, und endlich das Adjectiv und Particip, welche sich unmittelbar an das Substantiv anschließen: alle diese deine drei schönen Häuser, alle unsre lieben Freunde, die drei tapfern Männer. All leidet nur ein Pronomen vor sich: wir alle, diese alle. Die allgemeinen Zahlwörter, außer all, nehmen besonders dann den ersten Platz, wenn sie mit dem Genitiv verbunden werden: jede dieser unserer süßen Freuden, viele deiner traurigen Nächte, mancher unserer besten Freunde. Außerdem stehen viel und wenig unmittelbar vor dem Adjective: diese vielen ängstlichen Sorgen.

Ist eine Ordnungszahl vorhanden, so folgt sie gewöhnlich unmittelbar auf die Grundzahl: die drei ersten tapfern Männer; ist keine Grundzahl vorhanden, so stehet die Ordnungszahl bald vor bald nach dem Adjective, nachdem dieses oder jenes mit dem Substantive das Ganze ausmacht, welches bestimmt werden soll: der traurige vierte Tag nach seinem Tode; das ist nun der vierte traurige Tag. Ist unter mehreren Adjectiven eines aus einem Umstandsworte concrescirt, so geht es den übrigen vor: das ganze fruchtbare große Land; der völlige dritte Theil, das halbe südliche Frankreich, die gestrigen lieben Gäste.

In Ansehung der Zahlwörter muß aber auch noch folgender Zusatz gemerkt werden: die Zahlwörter können bald vorm Adjective bald vorm Hauptworte stehn müssen, je nachdem dies für sich allein oder mit seinem Adjectiv zusammen dadurch bestimmt werden soll. Wenn man sagt: die traurige zweite Nacht, so kann nur eine Nacht vorhergegangen sein, von der man es aber unbestimmt lässt, ob sie traurig oder freudig war; sagt man hingegen: die zweite traurige Nacht, so bleibt es unbestimmt, wie viele Nächte schon vorhergegangen sind, aber eine davon muß schon die erste traurige Nacht gewesen sein.

Eben so kann auch das Ordnungszahlwort vor der Hauptzahl stehen, wenn jenes diese auch bestimmen soll: ich sollte dreimal acht Tage dableiben; die ersten acht Fage hielt ich ruhig aus, aber in den letzten acht, besonders in den letzten drei Tagen wäre ich fast vor langer Weile gestorben. So kann auch der Satz: die drei ersten heitern Tage nach seiner Bedeutung auf verschiedne Art verändert werden: die drei ersten heitern Tage, die drei heitern ersten Tage (meines Hierseins), die heitern drei ersten Tage, die ersten heitern drei Tage, und die heitern ersten drei Tage.

Wenn eine Präposition zum Hauptworte gehört, so steht diese meistens als die Bestimmung des bloßen Verhältnisses vor allen übrigen Bestimmungswörtern des Substantivs: in allen diesen deinen Angelegenheiten, von jeder deiner Handlungen, mit dem besten, edelsten Anstande. Diejenigen Präpositionen, welche hinter ihren Substantiven stehn, sind schon bekannt.

Hat eines von den Bestimmungswörtern des Substantivs wieder sein eignes Bestimmungswort, so steht dasselbe vor dem ersten: diese drei überaus angenehmen Tage, was auch statt findet, wenn ein Adjectiv und concrescirtes Participium einen Casus regiert, oder eine Präposition mit einem Casus bei sich hat: diese große uns vor Augen schwebende Gefahr, jener arme deiner Hülfe bedürftige Mensch.

Wenn ein Substantiv durch ein unconcrescirtes Umstandswort bestimmt wird, so steht dasselbe bald vorn bald hinten. Vorn stehn gewöhnlich: ganz, halb, etwas, nichts, viel, wenig, solch, so, weiland: ganz Polen, er ist ganz Zärtlichkeit, etwas Wein, solch ein Mensch, so ein Haus, weiland Kaiser Karl. Hinten stehen gewöhnlich: allein und die Umstandswörter des Orts da, dort, hier, u. s. w.: wir allein, der Mann da, die ganze Zeit her, von Hause aus. Sowohl vorn als hinten können stehn: genug, mehr, selbst, und auch die vorhergehenden Adverbien in mehrern Fällen: genug Zeit, Zeit genug, mehr Brod, etwas Brod mehr, der Kaiser selbst, selbst der Kaiser, selbst deine heitersten Tage. Die Bedeutung ist dabei oft verschieden: selbst der Kaiser heißt: sogar der Kaiser, der Kaiser selbst heißt: er und kein andrer, er in eigner Person.

(Anmerkung. Daß die jetzt angegebene Folge der Bestimmungswörter des Substantivs in unsrer Sprache nicht immer, und selbst noch nicht zu Luthers Zeit ganz eben so wie in unsrer Zeit festgesetzt gewesen ist, zeigen folgende Stellen aus den Briefen Huttens an Sickingen, Ebernburg, 1521, die das Wiener Archiv für Geographie, 1819, im Junihefte mitgetheilt hat: Gott gebe Carln Erkenntniß, damit er dich in hohen treflichen seinen Händeln mit Rath und That brauche, und wieder: ich schenke dir zu diesem neuen Jahr die nachfolgende meine Büchlein, wofür wir sagen müssen: in seinen hohen trefflichen Händeln, meine nachfolgenden Büchlein, oder besser: nachfolgende, folgende meiner Büchlein.)

Unsre Stellung des Adjectivs vor das Substantiv tadelt Kolbe auf folgende Art: „daß der Deutsche genöthigt ist, das Adjectiv fast ohne Ausnahme vor das Hauptwort zu setzen, ist nachtheiliger, als es beim ersten Blick scheint. Wie hart sind Perioden wie folgende: dieser von seinen Unterthanen treulos verlassene, mit dem Hasse seiner Verwandten beladene, aus den Grenzen seines Reichs, gleich einem Uebelthäter verbannte, unter fremdem, rauhem Himmel umherirrende Fürst u. s. w.. Zwar haben wir noch eine andere Form: dieser Fürst, von seinen Untherthanen treulos verlassen, — beladen, — verbannt, — umherirrend. Diese hat aber, wegen des ungebogenen Beiworts [Adverbs], etwas Ungeschmeidiges. — Weniger schleppt jene erste Wendung, wenn vor dem Wechselwort (relativen Adjectiv) ein einzelnes Beiwort steht, an das es sich mit seinem Anhange gleichsam anlehnen kann; z. B.: noch schreckte mich kein Ausbruch des so stillen, seine Dämpfe so ruhig hinabwälzenden Kraters [,bei Engel].

Indessen haben doch unsre Dichter schon Mittel gefunden, den Starrsinn der Sprache zu beugen. Sie lassen das Adjectiv, mit und ohne Artikel, gleichsam als Beisatz der Benennung folgen, und gewinnen dadurch den Vortheil, daß sie es, wie die Alten, durch Zwischenwörter von dem Hauptwort trennen können, oder auch, bei gehäuften Beiwörtern, das eine vor und das andere nach setzen dürfen. So sagt Göthe: denn aus dem Purpurgewölk, dem schwebenden, immer bewegten, trat der herrliche Gott, Hermes, gelassen hervor. Und Voß sagt: einige (Gerichte) kalt, und einige bräteInd auf Marmor, heißem, in Silber gefaßtem, geründetem u. s. w.. Die Einrichtung, ein Adjectiv vor, und das andere unwandelbar [als Adverb] hinter das Hauptwort zu setzen, hatte unsre Sprache schon immer: die ehernen Räder, groß und vielspeichig; aber sonderbar ist es, daß dies nur dann gilt, wenn mehrere Beiwörter folgen: ein ehernes Rad, gerundet, — würde unerträglich sein. Doch kann durch Sylbenfülle des Beiworts und den Tact des Verses auch diese Form gefällig werden: der eherne Schild, hochgewölbt, er rasselte laut an der Linken ihm. Auch ein Adjectiv hinten hat so keine Härte: Gold ist ihnen der Kranz, unalterndes; aber umher sind eherne Schienen gelegt, anpassende, Wunder dem Anblick [,bei Voß] *). Uebri-

*) Durch diese Nachsetzung des Adjectivs, sagt Heinsius, wird unsre Sprache vorzüglich zur treuern Uebersetzung griechischer Schriftsteller fähig gemacht. Voß hat sie in seiner Uebersetzung Homers dazu besonders oft benutzt. So übersetzt derselbe Odyssee I, 1: sage mir, Muse, vom Manne, dem vielgewandten, der vielfach umhergeirrt, und Iliade, IIX, 492: als sie traten vom Wagen zur Erd', und hörten die Rede, die nun Hektor begann, der göttliche. So sagt auch Schiller: eh' sich der Zorn unlöschbar, der verderbliche, entflammt; ich höre die Stadt, die völkerwimmelnde, ertosen.

gens ist diese Wendung selbst der gemeinen Sprechart nicht fremd: ich habe die beiden Pferde gesehn, das braune und das weiße; er hat mir Schaumünzen gezeigt, silberne und goldene u. s. w.."

So tadelfrei, ja so wichtig und denkwürdig diese Erlaubniß, das Adjectiv auch hinter sein Hauptwort setzen zu dürfen, indessen in vielen Fällen ist, so darf doch daraus nie Undeutlichkeit oder Härte entstehen. Es ist z. B. ganz verwerflich, wenn es in der Uebersetzung der Oden des Q. Horatius Flakkus (,Berlin, bei Reimer, 1831, S. 17) heißt: „Einiger einziges Tun ist, Pallas, der nimmerberührten, Stadt mit ewigem Liede zu feiern."

Man kann sagen, daß die Substantiven auch durch (andere) Substantiven bestimmt werden, daß sie also auch Substantiven zu Bestimmungswörtern haben können. (Man vergleiche die erste Abtheilung des ersten Abschnitts in diesem Hauptstück, § 661, 662, Band 4, S. 82 — 85.)

Das findet besonders in folgenden zwei Fällen statt:

1) wenn ein Substantiv durch eine Apposition, die wieder ein Substantiv ist, näher bestimmt wird. (Man vergleiche l. c. § 659, Seite 67 — 81.) Nach unserm Grundsatze müsste das als Apposition bestimmende und erklärende Substantiv vor dem bestimmten stehen, und diesen Platz kann es auch wirklich einnehmen: das schöne Land Italien will ich durchreisen; ich verehre den großen Kuhrfürsten Friedrich Wilhelm; des Todes Bild, der Schlaf überfällt mich jetzt nur zu oft; die Quelle deines Unglücks, deine Thorheit ist Ursache auch deiner jetzigen Leiden; gewöhnlich aber setzt man die Apposition hinter das durch sie bestimmte und erklärte Substantiv: Friedrich Wilhelm, der ritterliche König, der Tapfere, der Gerechte soll leben! ich bereise Italien, das Land des ewigen Frühlings; der Schlaf, des Todes Bild, überfällt mich; die Hungersnoth, diese Geißel Gottes, drückt uns schwer; mein Freund, der Polizeidirector, will mir helfen. In manchen Fällen kann man jedes der beiden Wörter als die Apposition des andern ansehn. Sagt man z. B.: mein Vater, der König befiehlt euch Folgendes durch mich, so kann man sich als den Hauptsatz denken: mein Vater befiehlt, und dann ist der König die Apposition von Vater, der Begriff, durch welchen der Begriff Vater näher bestimmt werden soll: mein Vater, welcher nämlich, wie ihr wisst, König, euer König ist, und also das Recht hat zu befehlen, befiehlt durch mich. Man kann sich aber auch denken: der König befiehlt durch mich; er thut es

durch mich, weil er mein Vater ist; ich habe das Glück, ihn Vater zu nennen; und dann ist Vater die Apposition von König.

Voran stehn besonders die Gattungswörter als Appositionen der Eigennamen, wenn sie keine weitere Bestimmung haben, insofern man sie bei solchen Zusammenstellungen als Appositionen betrachten will: das Königreich Preußen, die Mark Brandenburg, die Stadt Kyritz, die Colonie Sechzehneichen, das Lustschloß Sanssouci, der Kaiser Nikolas, Herzog Karl, Doctor Fessel, der Bürgermeister Brunner, der Rathmann Damann, der Tagelöhner Homann, (der) Minister Manßen, Freund Berr, Mutter Torchiana, Schwester Ernestinchen; wenn aber dies Gattungswort noch Zusätze, Adjectiven u. dgl. erhält, so steht es gewöhnlich hinter dem Eigennamen, und so auch hinter andern Gattungswörtern, deren Apposition es ist (,und wird dann zwischen Komma eingeschlossen): Berlin, mein Geburtsort, ist schön; Kyritz, das unglückliche Städtchen, hat in acht Jahren viermal großen Feuerschaden erlitten; Altenstein, der Minister, den ich innigst, den ich vor allen verehre, hat meiner Kirche einen Organisten bewilligt; mein Vetter, der brave Mann, will mir helfen. (So auch, wenn kleine Sätze, Adjectiven u. dgl. gleichsam substantive als oder wie Appositionen bei Eigennamen, und so auch bei Gattungswörtern stehen: Potsdam, das ich so sehr liebe, worin ich so lange Zeit gewohnt habe, [für: das geliebte, lange Zeit mein Wohnort,] wird mit jedem Jahre schöner; das Land, das nach Regen dürstet, freut sich nun.) Doch kann die Apposition auch in diesem Falle (dem Grundsatze gemäß) voranstehen: der König von Preußen Friedrich der Einzige starb im Jahre 1786; der große Held und Retter Deutschlands Gustav Adolph, König von Schweden, starb i. J. 1632; mein väterlicher Freund, der Kriegsrath, ist seines Dienstes entlassen. (Die ich längst fürchtete, die Cholera kommt uns immer näher.)

Die Restrictionen, die einschränkenden Begriffe, die den Begriff eines andern Wortes auf ein besonderes Verhältniß einschränken, und fast immer die Partikel **als** bei sich haben, wenn man auch diese als Appositionen betrachten will, können ebenfalls bald vor bald hinter dem durch sie beschränkten Worte stehn: Cicero als Consul that, oder: Cicero that als Consul viel Gutes; doch auch: als Consul that Cicero viel Gutes. (Man sieht, daß bei diesem Voranstehn der Restriction auch das Zeitwort vor das beschränkte Wort tritt.) (Man sehe § 659, Seite 69.)

2) Auch wenn ein Hauptwort von einem andern abhangt, daß es sich auf die Frage wessen? durch den Genitiv oder auch durch eine Präposition auf dasselbe bezieht, könnte man es ein Bestimmungswort dieses Substantivs nennen. (Man sehe § 662.) Steht das erklärende oder bestimmende Wort im Genitiv, so kann es sowohl vor als hinter das bestimmte Wort gesetzt werden: der Vater meines Freundes, und: meines Freundes Vater. Vor dasselbe stellt es besonders die edlere und dichterische Sprache: des Todes Bild, des Lebens Freuden, der Sitten Reinheit, wir sind des Todes sichre Beute, Preußens König. (Ueber die hierbei stattfindende Weglassung des bestimmten Artikels vom bestimmten Worte sehe man § 666, Th. 4, S. 86: die Waise des Wohlthäters, des Wohlthäters Waise. Nur merke man sich, als Zusatz zu § 669, Th. 4, S. 98, daß der unbestimmte Artikel nie auf diese Art weggelassen, und daß deswegen der abhangende oder regierte Genitiv eines Hauptworts nie vor das regierende Hauptwort gesetzt werden darf, wenn dieses den unbestimmten Artikel hat, und haben soll oder muß. Für: ein Haus der Vorstadt, gieb mir eine Pfeife deines Tabaks, ein Buch deiner Bibliothek, das ist eine Eigenheit, eine Grille, ein Grundsatz der Mathematiker, darf man weder sagen: ein der Vorstadt Haus, eine der Mathematiker Eigenheit u. s. w., oder: der Vorstadt ein Haus, der Mathematiker eine Grille u. s. w., noch mit Weglassung des Einheitsartikels: der Vorstadt Haus ist abgebrannt, gieb mir deines Tabaks Pfeife, deiner Bibliothek Buch, das ist der Mathematiker Eigenheit, Grille oder Grundsatz. Die letzten Ausdrücke lassen sich brauchen, und es könnte also scheinen, in ihnen sei der unbestimmte Artikel weggelassen; allein bei etwas erhöheter Aufmerksamkeit sieht und fühlt man, daß, wenn sie gebraucht werden, der bestimmte Artikel hinzugedacht werden soll und muß, so daß sie bedeuten: das ist die Eigenheit, die Grille, der Grundsatz der Mathematiker. Eben so bedeutet: er ist meines Vaters Freund, eigentlich: der Freund meines Vaters, obgleich dieser Ausdruck ziemlich gleichbedeutend ist mit: er ist ein Freund meines Vaters. Aus diesem Grunde missfällt es, wenn z. B. Starklof, in seinem Roman: der verlorne Sohn, Mainz, 1829, Th. 1, S. 20, schreibt: Valerie, weitläuftiger Verwandten hülflos hinterlassene Waise, statt: eine Waise weitläuftiger Verwandten.)

Hat das durch den Genitiv bestimmte Hauptwort eine Präposition, so steht diese immer ganz voran, auch wenn der

Genitiv

Genitiv vor dasselbe gesetzt wird: mit der Bewilligung der Aeltern, mit der Aeltern Bewilligung. So schreibt Klopstock (im Messias, VI, 161): in der Nacht schwerduftenden Stunden. (Es versteht sich, daß diejenigen Präpositionen, die hinter dem durch sie bestimmten Worte stehen, diese Stelle auch behalten, wenn der Genitiv vor dasselbe gesetzt wird: dem Befehl der Aeltern zuwider, der Aeltern Befehl zuwider ging sie ins Theater.) Wenn das bestimmte Hauptwort ein Pronomen oder Adjectiv vor sich hat, so dürfen es sich höchstens Dichter, Redner u. s. w. in einzelnen Fällen erlauben, den regierten Genitiv zwischen (, nie vor) diese Wörter zu setzen. Die ruhige, einfache Sprache darf also weder mit noch ohne Präposition bei solchem Bestimmungsworte sagen: dieser des Todes Gedanke, (nie: des Todes dieser Gedanke,) theurer der Familie Wohlthäter, bei solcher der Sache Beschaffenheit, nach reifer der Umstände Ueberlegung, durch die große meines Freundes Güte *). (Es versteht sich, daß man hiermit den Fall nicht verwechseln darf, wenn solche Adjectiven einen Casus regieren, der dann nicht zum Hauptworte, sondern zu ihnen gehört, und auch bei, und zwar vor [nicht nach ihnen] steht: dieser des Todes würdige Verbrecher, solch ein des Diebstahls verdächtiger Mensch, durch solche den Traurigen eigenen Gedanken, [ein freilich sehr häßlich lautender Ausdruck,] durch gute, ihre Brüder liebende, ihnen ergebene, sich ihrer thätig annehmende Menschen. Man vergl. § 680, S. 109.) Wird ein Hauptwort durch eine Präposition mit ihrem Casus oder durch ein Umstandswort näher bestimmt und erklärt, so stehen diese Zusätze (fast immer) hinter demselben: der König von Spanien (, nicht: von Spanien der König) ist todt, (die) Liebe zur Tugend, ein Ueberfall von hinten, eine Nachricht von gestern (, sehr selten: von gestern eine Nachricht) giebt Miguels Entthronung an.

Eben diese Stelle bekommt der Infinitiv mit zu: Begierde zu lernen, Lust zu spielen, ausgenommen wenn derselbe die Gestalt eines Hauptworts annimt, in welchem Fall er vor

*) Gar lächerlich klingt uns auch aus dieser Ursach folgender Büchertitel: Neumann augustissimae Habsburgico-Austriacae immortalitas, der allerdurchlauchtigesten großmächtigesten und unüberwindlichesten, aus dem h. habsburgischen (u. s. w.) Kaiser ersterer Theil, darinnen Rudolphi des Ersteren (u. s. w.) zu höchst fröm— und rühmlichester, aller andern Kronen, Reiche und Thronen Folge und Nachfolge (u. s. w.) enthalten. 1660.

und hinter dem bestimmten, regierenden Worte stehen kann: er hat Lust, große Lust zum Lernen, er hat zum Lernen (große) Lust. (Und so sagt man denn auch zuweilen wohl: er hat zu spielen Lust, er zeigt zu lernen [große] Begierde.) Dient eine Präposition mit ihrem Casus (Hauptwort) zur Bestimmung eines Substantivs, so steht sie, wie der Genitiv, bald hinter bald vor dem Hauptwort: das ist Futter für das Vieh, (des Viehes,) die Furcht vor dem Tode kannte er nicht, und: für die Armen die Sorge kümmerte ihn nicht, rette von deinem Volk den armen Ueberrest (,wie Ramler schreibt, was aber freilich besser hieße: rette den Rest deines Volks).

Die höhere Sprechart trennt selbst den Genitiv von seinem regierenden Hauptwort durch dazwischen geschobene Wörter. So schreibt Göthe: hast du die Schmerzen gelindert jedes Beladenen? die Thränen gestillet jedes Geängsteten? Schiller: was soll der Inhalt sein des neuen Bundes? Klopstock: die von der Höhe fällt des Helikon; und so auch mit einer Präposition schreibt Wieland: das Ende naht von deinem Sündenleben.

826) In Ansehung der Topik der Bestimmungswörter des Zeitworts hat das unbestimmte Zeitwort, verbum infinitum, d. i. der Infinitiv, mag er im Subject oder Prädicat stehen, in der Regel alle seine Bestimmungswörter vor sich: dem Fehlenden alle Wege der Besserung abschneiden oder erschweren heißt ihn immer schwächer und fehlerhafter werden lassen oder selbst machen, und ihn mit Gewalt verderben. Dagegen hat das bestimmte Zeitwort, verbum finitum, in seinen verschiedenen Modus, (Indicativ, Conjunctiv u. s. w.,) das nur im Prädicat stehen kann, in der Regel seine Bestimmungswörter und Bestimmungen überhaupt hinter sich, und zwar, zufolge unsers allgemeinen Grundsatzes (§ 822), wieder nach dem Maße und der Rangordnung ihrer schärfern oder geringern Bestimmung, so daß die am stärksten bestimmende Bestimmung den Schluß der ganzen Rede macht: er liebt dich in der That heute wie gestern, und immer von ganzer Seele wahrhaft und innig.

Wir wissen schon, daß in den zusammengesetzten Zeiten (,Tempus) der Verben das Hülfszeitwort für das eigentliche bestimmte Verbum, und die mit ihm verbundenen Participien und Infinitiven für Bestimmungen desselben, und zwar für die wichtigsten, wesentlich nothwendigen gelten. Daher stehen diese in der Regel für die gewöhnliche, natürliche Wortfolge ganz am Ende ihres Satzes, und nehmen die andern Bestimmungen des Zeitworts vor sich, also zwischen sich und das Hülfszeitwort.

Dasselbe gilt für die Verben mit unvollständigen Prädicaten (wollen, sollen, müssen u. s. w.), die man wohl auch Hülfswörter im weitern Sinn nennt, mit denen, zur Vervollständigung ihres Prädicats, noch der Infinitiv eines andern Zeitworts verbunden ist. (Man sehe § 504, Theil 3, S. 16 und § 563, S. 253.)

Beispiele sind: wir haben gestern Abend zu unsrer großen Freude noch ganz spät den König gesehn; er ist schon sehr früh, aber doch, wie es schien, sehr ermüdet, und auch ganz missmüthig von der Jagd zurückgekehrt; er wurde überall sehr reichlich bewirthet; wir sind am ersten Feiertage überall sehr freundlich und gut bewirthet worden; ihr werdet also morgen gegen Abend gar stattlich nach Berlin fahren; du wirst bald nach Hause gerufen werden; er wird gewiß weit eher seine Feldarbeit vollendet haben, und nach Hause zurückgekehrt sein, als du denkst; wann wirst du endlich durch unsre Leistungen befriedigt worden sein! ich will dem Herrn von Herzen dafür danken; ich möchte die dummen Streiche vor meiner Abreise wohl noch einmal sehen; ich hätte ohne ihn wahrhaftig gar nichts arbeiten gekonnt; er soll noch in dieser Woche nach Hause geschickt werden; sie dürften sich doch sehr in mir geirrt haben; hast du dir in diesem Jahr schon neue Heringe kommen gelassen? wird er wohl auch während seiner Krankheit alle seine Arbeit verrichten gemußt haben? laß ihn doch ohne alle Umstände ruhig laufen!

Aber auch viele andern Verben, die ebenfalls in so fern und dann Verben mit unvollständigen Prädicaten genannt werden können, daß und wenn sie zur nähern Bestimmung, Vervollständigung ihres Begriffs mit einem andern Zeitwort in dessen Particip oder Infinitiv, mit oder ohne zu, verbunden werden, folgen der eben angegebenen topischen Regel: sieh, da kommt er in voller Carriere aus dem Walde zu uns her geritten, gesprengt, gefahren; er hilft mir schon die ganze Woche von früh bis spät in meinem Garten arbeiten; das heiße ich zu rechter Zeit ernst und nachdrücklich seine Freunde vertheidigen; ich habe diesen Morgen schwarze Gewitterwolken vom Horizont aufsteigen gesehn; er scheint ganz sanft zu schlafen, und von seinem Glücke freundlich zu träumen; er wünschte einige Stunden ohne alle Störung mit mir allein zu sein, zu bleiben, zu ar-

beiten. (Ueber diesen Gebrauch des Infinitivs mit zu und seine Stellung sehe man § 772, S. 504.)

Wenn bei der Ergänzung solcher unvollständigen Begriffe zwei oder auch wohl gar drei Verben im Particip oder Infinitiv zusammen kommen, so daß immer der eine Infinitiv den Begriff des andern ergänzt, näher bestimmt oder vervollständigt, so steht eben so immer das bestimmende vor dem bestimmten Verbum, und also das bestimmte zuletzt: ich *muß* ihn *kommen lassen*; er *hat* dir *arbeiten helfen gewollt*; (was hat er? gewollt; was hat er gewollt? helfen; was hat er helfen gewollt? arbeiten;) wir *werden* ihm seine Last *tragen helfen müssen*; man sagt, er *soll* sein Glück niemanden *wissen lassen wollen*. (Es versteht sich, daß diese letzte Art zu sprechen leicht dem Sinne nach undeutlich, und dem Ausdruck nach leicht widrig schleppend und hart wird, und daher nur *selten* zu brauchen ist.

Auf dieselbe Art, wie die zusammengesetzten Zeiten des Verbums seine Bestimmungen zwischen das Hülfszeitwort und den Infinitiv oder das Particip nehmen, stehen diese Bestimmungen auch bei den *unecht* zusammengesetzten Verben in denjenigen ihrer Conjugationstheile, in welchen die Zusammensetzung aufgelöset oder getrennt wird, zwischen dem Grundwort als dem bestimmten, finitiven Verbum, und dem Bestimmungswort oder der trennbaren Partikel, die als die genaueste, schärfste Bestimmung des Verbalbegriffs ihren Platz am Ende hat: mein Vater *fährt* heut Abend gegen zehn Uhr von hier *ab*; er *schickt* schon jetzt jeden sich bei ihm meldenden Besuch *weg*; tiberische Künste *hüllten* seinen Anschlag der Ruchlosigkeit in die dunkelste Nacht der tiefsten Verstellung *ein*; *schlug* dir wohl schon je etwas *fehl*? *hältst* du so *Haus*? So auch, wo eigentlich keine Zusammensetzung, aber doch ein zusammengehörender Begriff statt findet, und der bestimmende Begriff ein Adverb ist: es *wird* weder heut noch morgen noch je etwas *daraus*; *komm* doch morgen früh um zehn Uhr, wenn du hier vorbeigehst, zu mir *herauf*.)

Es erhält bei diesen Zusammensetzungen, und eben so auch vorher bei den Verben, die noch mit einem andern Verbum im Infinitiv oder Particip verbunden werden, das bestimmte wie das Grundwort seine ganze Verständlichkeit, seinen vollen Sinn und Nachdruck eben durch das Bestimmungswort; daher ist es eine ganz natürliche Regel, daß dies der Deutlichkeit wegen nicht durch allzuviele und zu lange zwischen beide gesetzten Einschiebungen von dem bestimmten Zeitwort getrennt werden darf. So wird ein correcter Schriftsteller nicht construiren: sie (die Frau oder die Sonne) ging schon früh, bald nach vier Uhr, als reichlicher Thau die dürre Erde erquickt hatte, und noch in hellen Perlen an den Halmen des Grases hing, und noch tiefe Ruhe in Wald und Thal, in Garten und Feld herrschte, auf oder spazieren. (Die Hülfe der Noth, daß man, der Deutlichkeit des Sinnes wegen, diese Bestimmung nicht an den Schluß des Satzes, sondern gleich hinter das bestimmte Zeitwort setzt: sie ging auf oder spazieren schon früh u. s. w., verstößt gegen unsern allgemeinen Grundsatz und gegen die eben besprochene Regel, und ist deswegen nur der höhern Redeart, Dichtern u. dgl. für seltne Fälle erlaubt.)

Von allen diesen Regeln für die Topik der Bestimmungswörter des Verbums erlaubt es sich indessen der Sprachgebrauch, besonders der höhern Redeart, nicht selten abzuweichen, und setzt z. B. die Nebenwörter hinter das Particip oder den Infinitiv: er will verreisen sehr früh, er hat es betheuert gestern und heute. Ja, Dichter unterlassen sogar zuweilen die Trennung zusammengesetzter Verben, wo sie statt finden sollte, wie Baggesen schreibt: vom Schlaf umtaumelt' er mit dem Sessel, für: er taumelte mit dem Sessel um; oder sie wenden dieselbe an, wie es nicht geschehn sollte; so schreibt Voß: und der Aetna zurück aus krummem Geklüft hallt; auf mit großem Geschrei fährt sämtlich die Schaar; hin, ach, sank Arkadia's Sproß, hin sanken Etrusker; für: der Aetna hallt aus dem Geklüft zurück, die Etrusker sanken hin. Auch Göthe schreibt: die Götter vorenthalten euch euer rechtmäßiges Erbtheil, für: sie enthalten euch euer Erbtheil vor.

827) Wie alles Unselbstständige, das Verbum finitum ausgenommen, seine Bestimmungen, es mögen Adverbien oder Hauptwörter mit oder ohne Präposition sein, gewöhnlich vor sich nimt, so thun dies namentlich auch die Beschaffenheits- und Eigenschaftswörter: sehr schön, äußerst angenehm, blendend weiß, verteufelt hitzig, Rühmens werth, des Wachens müde, zu allem, zu allen Dingen geschickt; ein recht, ein ganz vorzüglich schönes Haus, ein aller Achtung würdiger Mann, sein für alles Gute empfängliches Gemüth, ein anerkannt brauchbarer Mann; und eben so die concrescirten wie die unconcrescirten Participien: sein warm schlagendes Herz, ein aus weiter Ferne heut bei uns eintreffender Reisender, seine leicht erhitzte Phantasie, die mit Wein und Zucker gekochten Stachelbeeren, ein von jedem Rechtlichen mit Ver-

achtung wegzuwerfendes Buch. Bernhardt bemerkt (l. c. S. 298) hierbei unserm Grundsatze gemäß: „von mehren Bestimmungen kommt die bedeutendere zunächst an das bestimmte Eigenschaftswort, und die übrigen reihen sich alsdann (dann) nach ihrer größern oder geringern Wichtigkeit vor dieselbe: der meines Bedünkens in diesem halben Jahr außerordentlich fleißige (oder zu sehr belohnte, zu hart, ungerecht bestrafte) Schüler."

Dagegen stehen die Bestimmungen, welche vom Beschaffenheits- und Eigenschaftswort abhangen oder regiert werden, bald vor bald hinter demselben. Hinter demselben stehen namentlich gewöhnlich die Präpositionen mit ihrem (von ihnen regierten) Casus und die Infinitiven mit zu, wenn dieselben zur Bestimmung des Beschaffenheitsworts dienen: arm an Geld, höflich gegen jedermann, schön von Gesicht, leicht zu glauben, begierig gehört zu werden, fähig alles zu thun, ärgerlich zur Unzeit gelacht zu haben, beschämt öffentlich gestraft worden zu sein, geschickt jede Gestalt leicht anzunehmen; (im letzten Fall hangt der Infinitiv mit zu, anzunehmen, von geschickt ab, nicht von leicht, sondern dies leicht gehört zur Bestimmung von anzunehmen, ist eine Bestimmung dieses Worts;) doch kann man auch die Bestimmnng voranstellen, und sagen: an Geld arm, an Erfahrung reich kam er nach Hause, er ist es zu glauben geneigt. (Man sehe § 714, Seite 172, und § 713, S. 170.)

Sobald ein auf diese Art bestimmtes Beschaffenheits- zum Eigenschaftsworte concrescirt wird, müssen seine Bestimmungen der Regel nach vor ihm stehen: ein am Geiste schwacher Mensch, dieser gegen jedermann stets höfliche Mensch, sein von, mit schwerer Schuld belastetes, beladenes, unter schwerer Schuld seufzendes Gewissen, ein alles zu wagen fähiger Verbrecher, dieser lange zu schweigen unfähige, lange schweigen zu können hoffende Mensch, dieser zu vergessen leichte, zu lieben schwere Namen. (Es ist fast immer hart und undeutlich, die Präposition mit ihrem Casus hinter das Adjectiv oder concrescirte Particip zu setzen: ein reicher Mensch an Erfahrung, an Gnade bei Gott, dieser gütige Freund gegen mich, ein schönes Mädchen von Gesicht; und mit dem Infinitiv mit zu findet diese Umstellung noch weniger statt: sein geneigtes Gemüth zu verzeihen, der leichte Name zu vergessen, die schwere Nachricht zu glauben. [Doch ist freilich hier auch die Stellung, welche von der Regel gefordert wird, hart: die zu glauben schwere Nachricht; man verwandelt daher für diesen Fall den Infinitiv mit zu fast immer in das dritte Particip mit Adjectivform, dessen adverbiales Bestimmungswort dann das Adjectiv wird: die schwer zu glaubende Nachricht, der leicht zu vergessende, zu behaltende Namen.])

Bei den Adverbien und adverbialen Participien, die Casus regieren, stehen die regierten Wörter bald vor bald hinter diesen Redetheilen, ohne daß sich darüber bestimmte Regeln angeben lassen, und so daß die Stellung meistens von dem (natürlich durch Streben nach Deutlichkeit, Wohllautsgefühl u. s. w. geleiteten) Belieben des Sprechenden und Schreibenden abhangt: mein mir theurer Amtsbruder ist heut, des Lebens satt, 86 Jahr alt, gestorben; würdig jedes Lobes bleibt er allen unvergessen, die ihn achtend und liebend seiner jetzt beraubt sich fühlen. (Man vergl. § 715, S. 174, § 716, S. 180 und § 717, S. 183.) Werden dieselben zu Adjectiven concrescirt, so müssen die von ihnen regierten Casus vor ihnen stehen: dein alles Lobes würdiger Hofmeister, die ihres Mannes bedürfende Frau, die mir angenehme Nachricht, dein dem Trunke ergebener Bedienter, ein drei Ellen langes Schwert, der mich liebende Freund, nie: der würdige Hofmeister alles Lobes, ein langes Schwert drei Ellen u. s. w..

Umstandswörter können fast nur durch andre Umstandswörter bestimmt werden, und diese stehen dann fast immer der Regel gemäß vor ihnen: recht sehr, recht sehr früh komm zu mir; (drei Stunden zu früh;) so auch, wenn man die Präpositionen bei solchem Gebrauch auch zu den Umstandswörtern rechnen will: von oben, seit gestern, nach hinten; (man vergl. § 580, Band 3, S. 404;) (hintennach, wie hiernächst, dagegen, hingegen, wiederum, herum [wie umher], hieran, darauf, dahinter, hierin, woneben, hierüber, hierunter, hervor [und vorher], dazwischen, und so auch: vorbei, nebenbei, voran u. s. w. hören als Zusammensetzungen auf, hierher zu gehören;) nur erst und noch können auch hinten stehen: erst gestern und gestern erst ist er gekommen, noch heute und heute noch reise ich ab.

Wenn mehrere Umstandswörter neben einander stehen, sei es zur Bestimmung eines Umstands-, Beschaffenheits-, Eigenschaftsworts oder eines andern Redetheils, so findet ebenfalls der allgemeine Grundsatz und die Bemerkung Anwendung, daß das bestimmende Wort in der Regel vor dem bestimmten steht: recht sehr spät, gar zu sehr anmaßend, eine vielleicht nur gar zu kurze Dauer; die Umstandswörter der Zeit stehen dabei gewöhnlich vor den Umstandswörtern des Raums: er hat darüber gestern oder doch erst kürzlich (in diesen Tagen) hier (in unsrer Stadt) und zugleich dort (in der Residenz) schriftlich Rechenschaft abgelegt. Nur wenn ein Umstandswort durch zwei andre Umstandswörter oder Partikeln, deren eines (oder jedes) (eigentlich oder zugleich) eine Präposition ist, bestimmt wird, steht das bestimmte in der Mitte: von oben herab, von hier weg, nach unten zu.

Auch Zahlwörter und Pronomen nehmen in der Regel ihre Bestimmungen vor sich: fast hundert, gegen funfzig, nur die ersten sollen kommen, bloß wenige, nicht viele, ja nicht alle, nur („auch, noch) dieser, selbst jener; doch kann selbst, das ja auch ein Pronomen ist, auch hinten stehen: er selbst. (Man vergleiche § 709, Th. 4, S. 161, § 706, S. 152, § 720, S. 194 und § 704, S. 146.)

So stehen endlich auch die Bestimmungen des Infinitivs vor diesem: schnell laufen, (wie ablaufen, durchlaufen,) bald kommen, in den Wald gehen, schön geschrieben haben, du hast gut lachen. (Man vergleiche § 709, Th. 4, S. 161 und § 713, S. 170.)

Zweite Abtheilung.

Wortfolge der Theile eines Satzes.

828) Nach dem, was (§ 503, Band 3, Seite 8—15, und § 774, Band 4, Seite 526) über die Theile eines Satzes gesagt ist, wollen wir für die gegenwärtige Untersuchung die alte Annahme beibehalten, nach welcher Subject, Prädicat und Copula die wesentlichen Bestandtheile jedes Satzes sind.

[Zusatz. Lorberg nennt (in der schon citirten zweiten Lieferung seiner Zusätze zu Heyse's Sprachlehre, Wisbaden, 1828, Seite 57) unsre Copula, das Verbum finitum geradezu Prädicat, oder gebeugtes Zeitwort, und unser Prädicat, nämlich den Theil des Prädicats, der nicht im Verbum finitum, im bestimmenden Zeitwort enthalten ist, Zugehör. Für die Sache wird durch diese Wortbestimmungen nichts gewonnen.]

Es können diese drei Satzbestandtheile eine sechsfache Stellung gegen einander haben, indem ihre Folge sein kann:

1. Subject, Copula, Prädicat; (z. B. Cajus ist weise;)
2. Subject, Prädicat, Copula; (Cajus weise ist;)
3. Prädicat, Subject, Copula; (weise Cajus ist;)
4. Prädicat, Copula, Subject; (weise ist Cajus;)

5. Copula, Subject, Prädicat; (ist Cajus weise;)
6. Copula, Prädicat, Subject (;ist weise Cajus) *).

Wenn die Theile eines Satzes in derjenigen Folge stehen, in welcher der Verstand beim ruhigen, durch keine lebhafte Empfindung, Leidenschaft oder Nebenabsicht geleiteten Denken die durch die Satztheile bezeichneten Begriffe gewöhnlichst mit einander verbindet, so ist und heißt dies die natürliche oder ursprüngliche Wortfolge; wenn aber einer oder mehrere der Satztheile aus der ihnen nach dieser Bestimmung gebührenden Stelle heraus in eine andere treten, so nennt man dies eine versetzte Wortfolge, eine Versetzung der Wortfolge.

Mehrere Sprachlehrer, z. B. Bernhardt, belegen jede solcher versetzten Wortfolgen mit dem lateinischen Namen Inversion; andere beschränken diesen Begriff der Inversion, und legen ihn nur gewissen Arten der (Satz- und) Wortversetzungen bei.

So sagt Herling (l. c. Th. 1, S. 98): „1) die Veränderungen der Wortfolge, durch welche das grammatische

*) Freilich ist Heinsius's Bemerkung, daß es für die drei Hauptbestandtheile jedes Satzes in Ansehung ihrer Folge so viele Wortstellungen gebe, wie es Permutationen dreier Dinge giebt, also $3 \times 2 \times 1 = 6$, ganz unwichtig, aber doch richtig; wenn Herling dieselbe also (l. c. Th. 1, S. 99) tadelt, und Heinsius sagen läßt, es gebe so viele natürlichen Wortstellungen wie Permutationen, nämlich sechs, die folglich keine Inversionen wären, so muß hierbei wohl ein Missverständniß statt finden, da man doch nicht annehmen kann, Heinsius werde so etwas ganz Widersinniges gesagt haben, indem ja dann nach ihm gar keine Inversionen möglich wären. Mir liegt jetzt Heinsius's eigner Ausspruch nicht vor, um darüber entscheiden zu können. In der ersten Ausgabe seiner Sprachlehre der Deutschen, (des Teut erstem Theil,) Berlin, 1807, nennt derselbe bloß (S 329 und 337) die erste Art der Wortfolge: Subject, Copula und Prädicat, die natürliche, sagt, daß alle diese sechs Wortstellungen durch logische Gesetze bestimmt werden, (und nicht Inversionen sind,) und daß, wenn noch besondre Zwecke des Nachdrucks und der Lebhaftigkeit der Rede erreicht werden sollen, die Wortfolge oratorisch heiße, zu der besonders die Inversion gehöre, so daß diese Inversion oder Wortversetzung, welche einen Begriff aus seiner gewöhnlichen Stelle heraushebe, und ihn dahin setze, wo er die Aufmerksamkeit am meisten erweckt, besonders an die Stelle des Subjects, von der logischen Wortfolge abweiche. — — Freilich ist schon dies, obgleich nicht unrichtig, doch sehr ungenau ausgedrückt, indem Heinsius wenigstens hinzusetzen gemusst hätte, daß auch bei jeder Inversion doch immer eine der angegebenen sechs Wortfolgen der Hauptbestandtheile des Satzes statt finden muß.

Verhältniß der Wörter (,) oder ihre Stelle im System der Unterordnung oder Einordnung geändert wird, gehört nicht zu den Inversionen (,insofern solche Veränderung der Wortfolge eben nur zu diesem Zwecke dienen soll, hätte Herling [wie Heinsius in der hier unten stehenden Anmerkung] hinzusetzen gesollt); vielmehr werden durch solche Veränderungen neue Sätze mit mehr oder weniger verschiedener Bedeutung gebildet. [So ist, giebt Herling als Beispiel an, der Satz: er hat die Sache mit leider zu großer Eil betrieben, keine Inversion des Satzes: er hat die Sache leider mit zu großer Eil betrieben, und umgekehrt.] 2) Nicht die Gebräuchlichkeit einer Wortfolge für eine bestimmte Darstellungsweise eines Satzes, noch die Nothwendigkeit einer Wortfolge für bestimmte Satzweisen, hebt den Begriff der Inversion auf. (Man sieht, diese Bestimmung hebt die vorhergehende zum Theil auf. Sie lässt sich aber auf keinen Fall annehmen. Wenn eine gewisse Folge der Wörter für eine gewisse Art des Ausdrucks nach der bestimmten Festsetzung der Sprache durchaus nothwendig ist, so lässt sich diese Wortfolge nicht eine Intersion nennen. Nach ihr würden die Wortfolgen der Frage und des Befehls auch zu den Inversionen gehören, wie sie denn Herling wirklich dazu rechnet.) 3) Dagegen scheiden wir diejenigen Veränderungen der Wortfolge von dem Begriff der Inversionen aus, welche bloß rhythmischen Gründen, der Berücksichtigung des Wohllauts oder den Flexionsverhältnissen ihren Ursprung verdanken, und wo das anders gestellte Wort weder in seinem logischen Verhältnisse, noch in seiner Betonung rücksichtlich ihres Nachdrucks eine Veränderung erleidet."

„Das Wesen aller Inversionen besteht (,nämlich nach Herling,) darin, daß die Stellung des invertirten Wortes oder Satztheiles entweder durch den erhöhten Nachdruck, [z. B. er sprach über die Unglückliche aus das schreckliche Todesurtheil, lebendig begraben zu werden,] oder die erhöhte logische und sich deßhalb von der grammatischen trennende Bedeutung desselben bedingt wird. [So hat in: seinen Vater hat der Schlag gerührt, das grammatische Subject der Schlag eine höhere logische Bedeutung, und das Object (Vater) wird zum Subject der Empfindung gestaltet, wie in: der Vater ist vom Schlage gerührt (,geschlagtuhrt). In: du mußt dir eine andere Stelle suchen (,) in dieser Stelle bedarf man eines stärkern Armes, sagt der zweite Satz nur das den ersten Satz begründende Prädicat der Stelle aus, und die Stelle ist also das logische Subject des zweiten Satzes geworden.

In: gestern starb er ∾ der gestrige Tag war sein Todestag, (tödtete ihn, ließ ihn sterben,) erscheint gestern als das (logische) Subject.] Das invertirte Wort hat immer eine erhöhtere Betonung, wenn diese gleich nicht immer der Hauptton des Satzes ist."

Man versteht deutlich, was Herling sagen will, (und was er in seinem Werke ausführlicher auseinandersetzt,) und man wird nichts dawider einwenden können; (wir werden auch bald finden, daß alle angegebenen sechs Arten der Wortfolge bald Inversionen, bald nicht Inversionen sind;) doch aber ist es weder wahrscheinlich noch wünschenswerth, daß diese Darstellungsart in unsre Lehrbücher übergehe, da immer etwas Undeutliches, ja selbst Widriges darin liegt, in solchen invertirten Sätzen grammatische Prädicate, Nebenbestimmungen u. s. w. logische Subjecte nennen zu sollen. Wir bleiben deshalb bei den bisher gewöhnlichen Angaben, die wir theils schon aufgeführt haben, theils noch aufführen werden, daß und wie namentlich durch die eines beabsichtigten Nachdrucks wegen statt findende Voranstellung eines eigentlich nicht dahin gehörenden Worts oder Satztheiles die Wortfolge des Satzes, nach der Einrichtung und Festsetzung der Sprache, manchfach geändert wird, daß und wann dann besonders das Subject hinter das Zeitwort tritt u. s. w., ohne daß wir es wagen, diese Umstellungen alle logisch oder philosophisch begründen zu wollen.

Wir bemerken also in Ansehung der Inversionen im Allgemeinen nur ganz einfach: es steht dem Sprechenden und Schreibenden frei, wenn er einen Begriff und dessen sprachlichen Ausdruck herausheben, und die Aufmerksamkeit des Zuhörers oder Lesers ganz vorzüglich auf denselben hinlenken will, ihn aus seiner Ordnung, aus der ihm in der natürlichen Wortfolge gebührenden Stelle heraus zu nehmen, und ihm eine andere Stellung anzuweisen, und zwar besonders entweder ganz hinten am Ende des Satzes, außerhalb, wie Herling sagt, der Gränzen des Satzes, oder, was zu diesem Zwecke noch weit häufiger geschieht, ganz vorn am Anfange des Satzes in der Stelle, die eigentlich dem Subject desselben gebührt. In diesem Falle wird dann die ganze folgende Rede, der ganze übrige Theil des Satzes gleichsam als eine bloße Bestimmung des auf diese Art herausgehobenen Begriffs angesehen, und das Subject, an dessen Platz derselbe getreten ist, tritt dann namentlich hinter das Zeitwort.

Diese Wortversetzung oder Inversion, sagt Kolbe (in seinem Wortreichthum), ist eines der vorzüglichsten Mittel,

Lebhaftigkeit in den Ausdruck zu bringen. Denn mit Hülfe derselben hebt die Leidenschaft die Begriffe, die ihr die wichtigsten sind, hervor, indem sie den Zeichen derselben in der Wortreihe eine Stelle anweiset, die sie in der ruhigen Rede nicht einzunehmen pflegen.

Heinsius sagt: der Deutsche ist nicht gezwungen, in allen Fällen dem Gange des kaltblütigen Verstandes zu folgen, sondern er kann da, wo er es seiner Absicht gemäß findet, auch die Sprache der Einbildungskraft und der Empfindung unterschieben, d. h. er kann einen Begriff, welchen er vor andern bemerkbar machen will, aus seiner gewöhnlichen Stelle herausheben, und ihn dahin setzen, wo er die Aufmerksamkeit am meisten erweckt.

Und so verstattet der Genius unsrer Sprache ihr eine Freiheit in der Construction, die der griechischen und lateinischen wenig nachgiebt, und alle neuern europäischen Sprachen weit hinter sich lässt.

Stellt euch zwei sinnliche Geschöpfe vor, sagt Herder (in seinen Fragmenten), davon einer (eines) spricht, der (das) andere hört. Dem ersten ist das Auge die Quelle seiner Begriffe, und jeden Gegenstand kann er in verschiedenen Gesichtspuncten sehen. Dem andern zeigt er diesen Gegenstand, und es kann (dies) auf eben so verschiedenen Seiten geschehn. — Nun betrachtet die Rede als ein Zeichen dieser Gegenstände, so habt ihr den Ursprung der Inversion. Je mehr sich also die Aufmerksamkeit, die Empfindung, der Affect auf einen Augenpunct heftet, je mehr will er dem andern auch eben diese Seite zeigen, am ersten zeigen, im hellsten Lichte zeigen, — und dies ist der Ursprung der Inversionen.

Je mehr eine der neuern Sprachen, sagt Herder weiterhin, von Grammatikern und Philosophen gebildet worden ist, desto härtere Fesseln trägt sie. Jemehr sie ihrem ursprünglichen Zustande nah ist, desto freier wird sie sein. Je mehr sie lebt, desto mehr Inversionen; je mehr sie zur todten Büchersprache zurückgesetzt ist, desto minder.

Es ist wahr, sagt Kolbe weiter, daß unsre Sprache [namentlich vor der französischen] den unschätzbaren Vorzug voraus hat, daß sie neben ihrer gewöhnlichen Ordnung, die, weil sie den Redetheilen (Satztheilen) eine bestimmte Stellung anweiset, auch dem Philosophen genügt, noch zu einer ungewöhnlichen, nach Maßgabe der Umstände veränderlichen, sich hergiebt, die sie auch für den Dichter brauchbar macht. Sie ist also ein gleich nutzbares Werkzeug für den Verstand und für die Leidenschaft.

(In Beziehung darauf, daß man jeder invertirten Wortstellung eine gleichbedeutende natürliche Wortstellung an die Seite stellen kann, bemerkt Pauli [l. c.]: „bei Auflösung solcher Inversionen in die eigentliche Rangordnung muß man oft ein zusammengesetztes Wort zerlegen: nichts außer Gott ist vollkommen, heißt nicht (:) außer Gott ist noch das Nichts vollkommen, sondern: icht [, Wicht, d. i. irgend etwas, sammelwörtlich genommen für jedes Einzelne, Etwas] außer Gott ist vollkommen nicht; nichts ist nihilum privativum: irgend etwas nicht, und dies muß bei der Rangordnung getrennt werden, sonst würde das nihilum negativum, das Nichts, daraus. Eben so ist es mit Keiner [, nicht Einer]. Selbst die Bedeutung einfacher Wörter muß man [bei der Inversion oft] zerlegen: non modo facere, sed vix cogitare audebit; man löse vix in paene non auf, und verbinde non mit audebit, und dann non modo mit non audebit; eben so non modo facere, sed nequidem cogitare audebit, d. i. non modo facere ne oder non audebit, sed cogitare quidem [, daran zu denken, was man doch wenigstens, quidem, annehmen dürfte,] non audebit; eben so zerfällt scilicet in scire licet." — So richtig diese Bemerkungen Pauli's an sich sind, so sieht man doch sogleich, daß solche Auflösungen keine Eigenthümlichkeiten der Inversionen sind, also eigentlich nicht hierher gehören, sondern für jede Wortfolge gelten. Wenn man ohne Inversion sagt: ich habe nichts gesehn, so heißt das nicht: ich habe das Nichts, das nihilum negativum, gesehn, sondern: ich habe nicht irgend etwas gesehn.)

Bürger bemerkt Folgendes über die Inversiionen im Allgemeinen: „die Inversion oder Versetzung wird vorzüglich durch Wichtigkeit der Begriffe und den Wohlklang (gegen Herling) bestimmt. Wichtig ist ein Begriff, wenn von ihm hauptsächlich Deutlichkeit, Lebhaftigkeit und Rührung abhängen (abhangen). Alsdann (dann) soll er vorzüglich die Aufmerksamkeit auf sich ziehen, und das geschieht am besten durch die ungewöhnliche Stellung zu Anfang oder zu Ende des Satzes. (Man stoße sich nicht an diesem Ausdruck. Zufolge unsers allgemeinen Grundsatzes gehört freilich der wichtigste Begriff ans Ende der mit ihm verbundenen Begriffsreihe, aber doch nur, insofern die durch die Regel bestimmte Folge der Rede- und Satztheile dadurch nicht unterbrochen wird; dies thut die Inversion, sie verändert die natürliche, ursprüngliche, gesetzliche Wortfolge. Bürgers Bemerkung ist also richtig, aber nur nicht deutlich ausgedrückt.) Man sollte die Beispiele der Inversionen sammeln, um sie dann in Classen zu theilen; in einer Classe müßte man die Inversionen untersuchen, die sich bloß auf den Wohlklang beziehen, (welche Versetzungen aber Herling gar nicht Inversionen nennen will, was indessen bloßer Wortstreit ist,) in einer andern, die zur Deutlichkeit oder zur Kürze dienen, in einer andern, die dem Ton der Rede einen gewissen Charakter geben, (und das hat besonders Herling gethan, ohne daß wir indessen für unsern Zweck bei der gegenwärtigen Sprachlehre auf diese oratorische Untersuchung näher eingehn können,) in einer vierten, die den Nachdruck verstärken, und das Leidenschaftliche fühlbarer machen."

Einen Theil dieser Forderungen hat Adelung erfüllt, indem er (in seiner größern Sprachlehre) sagt: „die vornehmsten Arten der Wortversetzung sind folgende:

1) wenn ein Infinitiv oder Adverbium als das Bestimmungswort des Prädicats, (Zugehör würde Lorberg sagen,) es sey nun ein bloßes Beschaffenheitswort, oder ein Participium, oder auch ein Umstandswort, in die Stelle des Subjects gesetzt wird: noch immer liebst du die Sklaverei; mächtig sind die, welche mich hassen; dein ist alles; noch vor morgen soll es geschehen; dort stralen die edelsten Wahrheiten; nach und nach wurden wir vertrauter; betrübt sollte er seyn; gesagt ist es leicht; graben mag ich nicht.

2) Wenn ein Umstand oder die Präposition mit ihrem Casus in die erste Stelle gesetzt wird: bloß für andere ist dieser Ueberfluß da; wenn von ihrem Genusse unsre ganze Seele erfüllt ist; auf diese Art weiß man doch, woran man ist; selbst in dieser Nacht der Gefahr verläßt sie uns nicht.

3) Wenn der Casus des Zeitworts voransteht: eine solche Ruhe genießt die sterbende Unschuld; ihm sollte ich ungehorsam seyn? dir grünet das Thal, dir sprießen die Blumen; sein ganzer Reichthum ist eine elende Hütte.

4) Wenn der Accusativ dem Dativ vorgesetzt wird: ich gebe den Rath dir; laß diesen einzigen Trost der Unschuld.

5) Dahin gehören auch die Impersonalien, die mit dem Dativ verbunden werden, welche sich auf mehr als eine Art verbinden lassen: es grauet mir davor, mir grauet es davor, davor grauet es mir, mir grauet davor, davor graut mir.

6) Wenn in der fragenden Wortfolge der Nominativ, welcher hinter dem Verbum stehen sollte, vor dasselbe tritt, aber nur in der höhern Schreibart, und in Fragen (?) und Ausrufungen: die ewige Nacht, was ist sie schreckliches dem, der Gott fürchtet; die Blüthe (Blühte) der Gesundheit, wie

bald verwelkt sie in Kraftlosigkeit und Krankheit („bei Gellert). So auch, wenn in der höhern Schreibart ein Umstand zwischen das Verbum und den Nominativ gesetzt wird: die Freude des verjüngten Jahres, überall blickt sie hervor, für: die Freude blickt überall hervor, oder: überall blickt die Freude hervor.

7) Wenn das Verbum, das eigentlich an das Ende der Rede treten sollte, vor seinem Nennworte steht; — dies ist aber eben keine der schönsten Versetzungen, weil der Nachdruck dabei nichts gewinnt: daß, wer zu menschlich ist, nicht vernehme das Ach derer, die sterblich sind („bei Klopstock)."

Herling theilt alle Inversionen (l. c. S. 106) in zwei Classen, nämlich:

Erste Classe, ausschließende Inversion, wo der invertirte Satztheil außerhalb der Gränzen des Satzes, fast immer an das Ende desselben tritt, und dadurch allein keine Veränderung in den logischen Verhältnissen des Satzes bezeichnet wird, („so daß sie bloß rhythmische Versetzungen umfasst. Diese wollte Herling ja aber vorher gar nicht zu den Inversionen rechnen?) Sie ist, da sie den Satz zerstückelt, und dadurch der Wohlbewegung Eintrag thut, nur bei feierlichen Reden und bei vorzüglichem Nachdruck des Invertirten zulässig; sie kann statt finden sowohl in Hauptsätzen: ich theilte ihm mit das theuerste Geheimniß meines Lebens, als in Nebensätzen: da ich ihm mittheilte dies wichtige Geheimniß.

Tritt das Invertirte an den Anfang des Satzes, so wiederholt es sich im Satze durch ein Pronomen: solch einen Ausgang ich habe ihn nie vorher vermuthet. (Man vergleiche Adelungs Numer sechs.) (Im Lateinischen bleibt beim Relativsatz das Pronomen weg: virtute qui praediti sunt, soli sunt divites.)

Zweite Classe, wo die Inversion innerhalb der Sphäre eines Satzes statt findet, und eine Veränderung in den logischen Verhältnissen des Satzes bezeichnet wird. Sie zerfällt in zwei Unterarten, nämlich in:

1) Hauptinversionen, welche die wesentlichen Theile des Satzes betreffen, und das grammatische Subject hinter die Aussage, das eigentliche Verb („verbum finitum) setzen. Hierher gehört die Form der Hauptsätze, wenn sie nach Nebensätzen stehen: daß er es nicht thun würde, sah ich schon lange voraus, und die Form der Fragesätze und Befehlssätze: willst du mitgehen? heut sollst du, den Becher sollst du reinigen? (!) dir müsste ich es verschweigen? ihm musst du es verschweigen! (?) die man indessen freilich auch durch die natür-

liche Wortfolge ausdrücken kann: du willst mitgehen? du verschweigst es ihm! (?) (Auch Becker nennt in seinem Organismus der Sprache, S. 323 diese Frage- und Befehlssätze Inversionen der Satzverhältnisse.)

2) Nebeninversionen, welche nur innerhalb der bloßen Begriffsbeziehungen statt finden, innerhalb der Sphäre einer Begriffsdarstellung vorgehen. Hierher gehört die Stellung des Dativs hinter das Object: ich habe den Brief meinem Vater gegeben, wenn ich den Brief meinem Vater gegeben hätte; (man vergleiche Adelungs Numer vier;) ferner die Stellung eines oder mehrerer Adverbien zwischen das Verbum und ein demselben näher angehöriges Wort: ich habe diese Nachricht gestern erhalten.

Eine allgemeine Bemerkung, setzt Herling hinzu, ist es noch, daß das invertirte Wort alle die Wörter mit sich zieht, 1) welche in dem Systeme der Unterordnung [,nicht der Einordnung] mit ihm verbunden sind, mögen diese ihm sein untergeordnet: vor der Thür geschah die Frevelthat, nicht hinter derselben, [wo die Präposition das untergeordnete Substantiv mit sich gezogen hat,] oder übergeordnet: vor der Thür geschah die That, nicht vor dem Thor (,wo das invertirte Hauptwort Thür sein ihm zunächst übergeordnetes Wort, die Präposition mit sich gezogen hat]; 2) solche Wörter, welche mit ihm ihrer Bedeutung nach nur ein Wort bilden: glücklich genannt hat er den Armen [,wo glücklich nennen für ein einziges Wort gilt, wie ausnennen, wegjagen; glücklich hat er den Armen genannt hat eigentlich einen andern Sinn].

Bernhardt sagt (l. c. S. 296 und 303), daß in den Hauptsätzen alle unsre angegebenen sechs Wortfolgearten statt finden können, und dies ist ganz richtig; dann aber bemerkt derselbe, daß in den Nebensätzen die Copula hinter dem Prädicat stehe: ich weiß, daß er krank ist. Und so sagt auch Lorberg (l. c. S. 57 nach Wittmer), im Hauptsatze geht das Subject voran, ihm folgt das Prädicat, und das Zugehör steht am Ende; im Nebensatze folgt das Zugehör auf das Subject, und das gebeugte Zeitwort tritt ganz ans Ende des Satzes: wenn er in den Garten lauft. Bernhardt führt dabei als einzige Ausnahme die Sätze mit solchen Zeitwörtern an, welche (nach dem bisherigen, aber ganz verwerflichen Sprachgebrauch) die Vergangenheit mit dem Infinitiv (statt des Particips) bilden, bei denen die Copula vorantrete: er ist so schnell gelaufen, daß ihm keiner hat nachkommen können (,wofür es aber heißen muß: daß ihm niemand nachkommen gekonnt hat; man sehe § 771, Bd. 4, S. 494—504). Dies ist indessen unrichtig, denn unsre gleich folgende Untersuchung wird zeigen, daß auch die Nebensätze alle sechs Wortfolgearten annehmen können. Und Bernhardt gesteht dies auch selbst zu, indem er (Seite 305—308) die Veränderung der Wortfolge in Nebensätzen anführt. (Sollte also Beckers Behauptung [l. c. S. 379]: „die Konstruction in Nebensätzen wird nicht invertirt," gültig sein, so darf man keine der angegebenen sechs Arten der Wortfolge an sich für eine Inversion erklären.)

Uebrigens versteht es sich von selbst, daß jede Inversion, welche der Rede weder Nachdruck, noch Deutlichkeit, noch Lebhaftigkeit, noch Wohllaut, noch eine angenehme Abänderung der Ausdrucksart giebt oder auch nur geben soll, aufhört, eine Verbesserung und Schönheit derselben zu sein, und unzweckmäßig, widrig, fehlerhaft wird. Dies ist zum Beispiel namentlich der Fall: 1) wenn sie bloß um des Reimes und Sylbenmaßes willen gewählt wird: eh Treu zu schwören ward Kunst; wer heilig zu leben sich freut, und die Wege der Tugend zu gehen. Dichter erlauben sich dergleichen Versetzungen nur zu oft; sie werden aber deswegen und dadurch doch nicht zu Schönheiten.

2) Wenn die trennbaren Partikeln der zusammengesetzten Zeitwörter ohne hinreichende Ursache aus ihrer natürlichen Stelle gerissen werden: dann sehen Engel weinend an der Hölle junge Bundesgenossen, (wo an am Ende stehen sollte,) weg ist er gegangen, fort wäre er gereiset?

3) Wenn ein Wort zum Nachtheil anderer, welche billig oder gar nothwendig voranstehen müßten, vorgezogen wird: doch Unnatürliches, wie schwer man's oft erkennt, weit schwerer wird dennoch die Natur von Kunst getrennt (,wo zugleich die Auslassung des Bindeworts so im Nachsatze eine fehlerhafte Dunkelheit verursacht).

4) Wenn ein vorgezogener Casus, besonders der Accusativ, nicht als solcher in seiner grammatischen Form zu erkennen ist, und dadurch Zweideutigkeit entsteht (,indem man namentlich solchen Accusativ leicht für den Nominativ halten kann): die jovialische Luft durchschnitt der Vögel Schaar; so beweint dein Grab die Liebe; meine Rede hört deine Jugend; vorsichtige Menschen überraschen die Laster; die frohe Jugend züchtigt das ernste Alter oft zur Unzeit.

5) Wenn gleichgültige Wörter, welche keinen wahren Nachdruck gewähren können, aus ihrer Ordnung gerissen, und

namentlich an die erste Stelle gesetzt werden: ungestümer von stürmischer Freude wallt nicht das ängstliche Herz des Missethäters auf; und hätt' in Frieden bis an deinen Tod zu lassen dich der Herr beschlossen; zur Ordnung ward, was ist, eh etwas war, erlesen.

6) Ueberhaupt, wenn die Inversion Dunkelheit, Zweideutigkeit verursacht: er trachtet nur der Tugend nach dem Namen (,wo der Tugend der Genitiv sein soll); Sie erinnern mich durch Ihre Nachrichten mit Vergnügen an die alten Zeiten; (wer hat Vergnügen?) unglücklicher Weise lässt sich nicht leugnen, daß er falsche Mittel wählt; (das Leugnen wäre kein Glück; das Zugestehen ist an sich kein Unglück;) es ist in diesen Gegenden unsicher zu reisen, wenn man sie daher zu wählen genöthigt ist, nehme man Bedeckung. (Es muß heißen: daher wenn man, oder: wenn man daher sie u. s. w..)

7) Wenn dieselbe Art der Inversion zu häufig vorkommt, und dadurch ihre Wirksamkeit verliert, oder wenn sie wohl gar in einem und eben demselben Satze zwei oder mehrere male angewandt wird, wobei ein Eindruck derselben in der Regel den andern schwächen muß.

I. Natürliche, ursprüngliche, erzählende Wortfolge.

1. Subject. 2. Copula. 3. Prädicat.

829) Es heißt diese Wortfolge der Haupttheile eines Satzes darum die natürliche, ursprüngliche, erzählende, beschreibende, unterrichtende, (Becker nennt sie die gemeine oder directe Construction,) weil der Sprechende in ihr die Reihe seiner Vorstellungen so aufführt, wie sich dieselben seinem Verstande für die einfachsten, unverbundenen Sätze ergeben, wie er sie hat, ohne alle künstliche Wortverbindung, ohne alle künstliche Anordnung und Umstellung der Begriffe und Worte, und weil darin das Subject (unserm allgemeinen Grundsatze zufolge als das Unbestimmtere, Unwichtigere) den Anfang der Rede macht, hierauf die Copula folgt, insofern ein eignes Wort dazu dient, und dann das Prädicat (als das Bestimmte, Bestimmteste und Wichtigste) dieselbe beschließt: das Leben ist kurz, der Wein macht heiter, er übt Tugend, er schläft.

Es kann hierbei das Subject auch aus dem bloßen unbestimmten Personwort es bestehen: es lebe der König, es ist ein Mädchen, (mag man bei dieser Ausdrucksart den zweiten Nominativ, König, als eine appositionelle, nähere Bestimmung des Subjects, oder, wie namentlich im zweiten Beispiel

Mädchen, als das Prädicat zu betrachten haben, man sehe § 569, Band 3, S. 232, § 752, Band 4, S. 422, § 755, S. 426, § 756,) es giebt einen Aufstand, es freut mich, es ekelt mir (, wo Aufstand, mich und mir offenbar Theile des Prädicats ihrer Sätze sind, dessen andere Theile in den Zeitwörtern liegen, die außerdem zugleich die Copula enthalten).

830) Wenn das Prädicat, noch außer dem Theile desselben, der schon im Zeitworte steckt, aus mehreren Theilen und Worten besteht, so ist auch deren Folge unter sich nicht willkührlich und gleichgültig, sondern vorzüglich durch unsern allgemeinen Grundsatz (§ 822) bedingt. Ihm zufolge findet für solchen ausgebildeten oder zusammengesetzten Satz in der unverbundenen Rede der Regel nach gewöhnlich folgende Topik der Satztheile statt, die indessen zwar vorzüglich, doch nicht bloß für die jetzt besprochene erzählende, sondern mehr oder weniger zugleich auch für jede andre Art der Wortfolge gilt, bis auf die Aenderungen, welche sich aus dem Wesen dieser andern Wortfolgen von selbst ergeben, und insofern keine Inversionen dieselbe stören:

1) der Artikel, 2) das Adjectiv oder die Adjectiven (im weitern Sinn, mit Einschluß der meisten Zahlwörter- und Pronomenclassen), 3) das Hauptwort des Subjects, 4) die von ihm regierte oder abhangende Fallendung, 5) die Copula, das bestimmte Zeitwort, verbum finitum, 6) die erste von diesem Verbum regierte Fallendung, gewöhnlich der Dativ, 7) das Umstandswort, 8) die zweite vom Verbum regierte Fallendung, gewöhnlich der Accusativ, mit der von ihr abhangenden Fallendung, 9) das Verneinungswort, 10) das Beschaffenheitswort, 11) die Präposition mit ihrem Beisatze, mit dem von ihr regierten Casus, 12) der Infinitiv mit zu, 13) das Particip oder der Infinitiv, besonders wenn das Verbum in einem zusammengesetzten Tempus steht.

Beispiel. Die[1] meisten[2] und besten Grammatiker[3] auch[4] der neuern Zeit haben[5] uns[6] (, ihren Lesern) leider[7] (, wirklich, unleugbar, in der That) die[8] wichtige Lehre der Topik noch[9] immer nicht deutlich[10] vor[11] die Augen (, zur Anschauung, zur Erkenntniß, Einsicht) zu[12] bringen vermocht[13].

Es versteht sich von selbst, daß bei weitem die meisten Sätze nicht alle diese Satztheile enthalten: die[1] meisten[2]

Menschen[5] erkennen[8] die[8] hohe Würde ihrer Bestimmung nicht[9]; die[1] Vernunft[3] ist[5] oft[7] eine[8] bestochene Rathgeberinn; du[3] musst[5] dich[8] nicht[9] immer auf[11] sie verlassen[13].

831) Doch giebt es für diese allgemeine Regel der Topik der Satztheile, auch abgesehen von den Inversionen, eine Menge näherer Bestimmungen und Beschränkungen, die vorzüglich von der größern oder geringern logischen oder grammatischen Wichtigkeit der Redetheile in Verhältniß zu einander abhangen. Die wichtigsten dieser näher bestimmenden und beschränkenden Festsetzungen der Grammatik sind in dieser Hinsicht folgende:

Kommen der Dativ und Accusativ im Prädicate hinter dem Verbum zusammen, so stehet jener *gewöhnlich vor* diesem: ich gab den Fremden einen Abschiedsschmaus.

Hat aber der Accusativ ein zueignendes Pronomen bei sich, das auf das Subject zurückweiset, oder hat derselbe überhaupt schärfere und genauere Bestimmungen bei sich als der Dativ, so steht er gewöhnlich vor diesem: der Sterbende hat sein Vermögen fremden Leuten vermacht; erzähle solche Dinge, dergleichen Vorgänge keinem Menschen; theile so schreckliche Nachrichten, *diese* Nachrichten deiner Frau ja nicht mit. (Doch *kann* man auch nach der Regel sagen: er hat fremden Leuten sein Vermögen, alles vermacht; theile niemandem so schreckliche Nachrichten mit; sage dieser Frau deine Vermuthungen nicht; ja man wird gewöhnlich sagen: ich gebe heute den Fremden einen großen oder meinen Abschiedsschmaus, theile deiner Frau diese Nachrichten nicht mit, weil bei der Umkehrung *deiner Frau* leicht für den Genitiv gehalten werden kann.)

Ist *einer* dieser beiden Casus ein Pronomen, so stehet dasselbe unmittelbar hinter dem Verbum: gieb *ihm* diesen Rath, gieb *ihn* deinem Bruder.

Sind *beide* Casus Personwörter, so steht der Accusativ *gewöhnlich* vor dem Dativ: sage es mir, ich schicke ihn dir, sie ergaben sich (im Accusativ) ihnen, er bildete es sich (im Dativ) ein. Dem gemäß wird also: er hat sich uns, er hat uns euch aufgeopfert bedeuten: er hat sich selbst (für uns), er hat uns (für oder gegen euch) aufgeopfert. (Doch kann man diese Ordnung oft auch ohne alle Härte umkehren: sie maßten sich ihn an, er gab mir es, mir's, ich will ihr dich anvertrauen.) Gehört der eine Casus zu den Personwörtern, der andre zu einer andern Classe der Pronomen, so steht das Personwort in der Regel voran: ich will dir diesen geben, ich will dich demselben vorstellen, er hat mir dasjenige gezeigt, welches u. s. w., ich trat ihr meinen (Platz) ab.

Sind beide Pronomen keine Personwörter, so giebt es keine bestimmte Regel für ihre Stellung: der Mann hat diesen demjenigen versprochen, welcher sich zuerst melden wird, er hat demjenigen, diesem, demselben das gehalten, was er versprochen hatte. (Man sieht, die Deutlichkeit leitet hier das Ordnen; es ist dasjenige Pronomen zuletzt gesetzt, welches durch den folgenden Satz bestimmt wird.)

Durch die formelle Gleichheit des weiblichen zweiten und dritten Falls der Einheit, so wie des ersten und vierten Falls der weiblichen und sächlichen Einheit, und so auch eben dieser, ja oft aller Casus der Mehrheit entstehen bei Befolgung der vorhergehenden Regeln oft Zweideutigkeit und Dunkelheit; besonders weil namentlich die relativen Pronomen sowohl im Nominativ als Accusativ am Anfange ihrer Sätze stehen, und sich diese Casus dann oft schwer unterscheiden lassen. Deswegen stellt man grammatisch folgende drei Regeln auf, welche besonders für die (in den nächsten Paragraphen) folgenden Arten der Wortfolge gelten:

1) Der dritte Fall der weiblichen Einheit stehe, wenn er mit einem zweiten oder vierten Fall derselben zusammenkommt, in der Regel immer voran: er hat der Tochter der Aufwärterinn die Ehe versprochen; (man wird deshalb selbst nicht gern sagen: er wird der Aufwärterinn Tochter die Ehe versprechen, obgleich die Weglassung des Artikels von Tochter hier deutlich zeigt, daß der Aufwärterinn der Genitiv sein soll;) man muß Emilien Mignon vorziehen. (Doch bleibt diese Ausdrucksart immer undeutlich, da man weder bei allen Sprechenden noch bei allen Zuhörern immer die Kenntniß und Beachtung dieser Regel voraussetzen kann.)

2) Haben die Wörter des Subjects und Objects eines Satzes im Nominativ und Accusativ dieselbe Wortform, so stehe in der Regel immer das Subject vor dem Object: die Mutter (im Nominativ) hat die Tochter gelobt; die Preußen, welche (im Nominativ) die Franzosen besiegt haben; eine Frau, die (im Nominativ) ihr Kind, ein Kind, das (im Nominativ) die Mutter liebt.

3) Erlaubt in einem einzelnen Fall der Zusammenhang der Rede nicht, die Wörter eines Satzes nach dieser (zweiten) Regel zu ordnen, so muß man, wenn nicht der Zusammen-

hang den Sinn ganz deutlich macht, eine andre Construction wählen, und z. B. den objectiven Begriff durchs Passiv ausdrücken: die Tochter hat die Mutter als ihr liebstes Kind gelobt, die Tochter wurde von der Mutter gelobt; die Preußen, welche die Franzosen bei Leipzig, Belle Alliance und Paris als ihre Sieger anerkannt haben, von welchen die Franzosen besiegt sind u. s. w..

Wird der sächliche Gegenstand durch den Genitiv, der persönliche aber durch den Accusativ ausgedrückt, so steht in der Regel dieser vor jenem: man überführte den Angeklagten mehrerer Verbrechen, ihn dessen; ich versicherte die Frau meiner Freundschaft, sie derselben; er freut sich des Lebens; er beschuldigt seinen Freund dessen (,was er selbst begangen hatte).

Wenn ein Zeitwort mit zwei Accusativen verbunden wird, so steht in der Regel das eigentliche Object vor dem Accusativ, welcher den Prädicatsbegriff des Zeitworts vervollständigt: er schalt den Mann einen Verführer; (Verführer schelten ist der volle Verbalbegriff;) man hat ihn Hans getauft; (Hans taufen;) er nannte das Mädchen sein Alles, sein ganzes Glück (;Glück nennen). (Im Passiv: der Mann wurde ein Verführer gescholten u. s. w..) (So auch: ich halte ihn für einen guten Menschen.) (Will man den zweiten Accusativ eine Apposition des ersten nennen, was sich freilich eigentlich nicht recht vertheidigen lässt, so stimmt unsre jetzige mit der frühern Regel überein, daß die Apposition gewöhnlich hinter dem erklärten Worte steht: er sah den Mann, seinen Verführer; er besuchte seinen Freund, den Prediger, d. i. seinen Freund, welcher Prediger ist; er besuchte den Prediger, seinen Freund, d. i. den Prediger, welcher sein Freund ist.)

Wird einer der Casus beim Zeitwort durch eine Präposition mit ihrem Casus näher bestimmt, so steht dieselbe unmittelbar bei dem durch sie bestimmten Worte: der König von Preußen gewann die Schlacht bei Prag. Wird hingegen das Verbum des Satzes, sagt Adelung, außer dem Worte, das es unmittelbar regiert, noch durch eine Präposition mit ihrem Casus (Substantiv) (näher) bestimmt, so stehen diese Wörter gewöhnlich hinter dem vom Verbum regierten Worte: die reizendste Aussicht erfüllte unser Auge mit dem sanftesten Vergnügen; das machte einen tiefen Eindruck auf unsre Sinne; der Himmel gab dem Menschen die Vernunft zu seiner Führerinn. Sind es Umstände der Zeit und des Orts, so können diese zuweilen auch vorn stehn: die reizendste Aussicht erfüllte an diesem Orte unser Auge mit Freude u.

s. w.'; besonders wenn der Casus des Verbums kein Relativum oder Pronomen überhaupt vor sich hat: der Wind zerbrach vor drei Tagen einen Baum; aber: er zerbrach diesen Baum vor drei Tagen; ich fand in Berlin einige alten Bekannten, aber: ich fand meinen Freund in Berlin. Werden Zeit und Ort zugleich genannt, so gehet die Zeit voran: der Wind zerbrach vor drei Tagen im Walde einen Baum. Ist einer von den Casus des Verbums ein Pronomen, so folgt dies allemal unmittelbar auf das Verbum: ich fand ihn vor drei Tagen in Berlin.

Wird ein Verbum durch mehrere Substantiven mit ihren Präpositionen bestimmt, so stehet dasjenige zuletzt, welches dasselbe am genauesten und schärfsten bestimmt; Zeit und Ort gehn den übrigen Bestimmungen, und unter diesen die Zeit dem Ort vor: du rechnest ihn ohne Ursache unter die Ungetreuen; er trat wegen seiner Unschuld mit fröhlichem Gesichte vor das Gericht; das Glück stehet mit dem Tode in einem grausamen Bündnisse; der Gefühllose blieb an diesem Tage auf der schönsten Flur bei aller Anreizung der herrlichen Natur dennoch ohne alle Empfindung.

Auf eben dieselbe Art stehn alle unconcrescirten Bestimmungswörter hinter dem verbum finitum, und zwar wieder nach dem Maße ihrer Bestimmung, daher die Umstandswörter, und unter diesen die Umstände der Zeit und des Orts voran gehen, die Umstände des Umfanges, des Grades u. s. w. folgen, und das Beschaffenheitswort den Schluß macht: der Wind weht heftig, der Wind weht überaus heftig, der Wind wehete heut früh bei uns überaus heftig.

Kommt noch ein Casus des Verbums dazu, und dieser ist ein Pronomen, so gehet er allen übrigen Bestimmungswörtern vor: ich liebe ihn überaus zärtlich; er sagte es mir offenherzig. Ist er ein Substantiv, so steht es vor dem Beschaffenheitsworte, welches das Verbum am stärksten bestimmt: die größeste Last wird einem Geduldigen leicht; entdecke deinem Freunde deinen Gram offenherzig. Die Umstandswörter stehen da, wo sie etwas bestimmen, und nach dem Maße, wie sie bestimmen, so daß Zeit und Ort auch hier voran stehen: sie trinken gern guten Wein; ich schickte neulich meinen Bedienten über Land; ich sahe ihn noch diesen Morgen hier ganz heiter; sie waren sämmtlich angekleidet.

Sobald es indessen der Nachdruck erfordert, kann auch das Adverbium seinen eigentlichen Platz verändern: er sagte seinem Freunde seine Meinung offenherzig, er sagte offenherzig seinem Freunde seine Meinung, er sagte seinem Freunde offenherzig seine Meinung, und: offenherzig sagte er seinem Freunde seine Meinung.

Die Verneinung steht gewöhnlich unmittelbar bei dem Worte, dessen Begriff sie verneinet. Ist es das Verbum, so beschließet sie oft den Satz: ich sah ihn diesen ganzen Tag nicht. Verneinet sie den Begriff eines andern unselbstständigen Begriffs, so stehet sie vor demselben: ich habe ihn diesen ganzen Tag nicht gesehn; er war nicht zu Hause. Die Verrükkung verändert den Sinn: es ist dir nicht verstattet zu schwören, sagt etwas anders, als: es ist dir verstattet nicht zu schwören. (Man sehe § 709, Th. 4, S. 161.)

Die richtige Anwendung dieser Regeln, setzt Heinsius hinzu, hat einen großen Einfluß auf die Klarheit und Deutlichkeit der Rede; da sich nämlich die Bestimmungswörter nicht nur auf das Verbum, sondern auch auf das Substantiv beziehen, (u. s. w.) so kann ihre unrichtige Stellung in vielen Fällen über den wahren Sinn des Satzes ungewiß lassen. Dahin gehören besonders die Wörter allein, vornehmlich, besonders, wenigstens, selbst, nicht u. s. w.. So können wir z. B. sagen: ich allein habe ihn gesehn, und: ich habe ihn allein gesehn; ich wenigstens bin unbesorgt; ich selbst habe ihn gefunden, und ich habe ihn selbst gefunden. (Man sehe § 709.)

Uebrigens ist durch alle jetzt angegebenen einzelnen Regeln die Bildungs- und Versetzungsfähigkeit unsrer Sprache selbst für die natürliche Wortfolge noch keinesweges beschränkt und erschöpft.

Noch stehe hier die allgemeine Bemerkung, daß zwar die meisten Bindewörter die jetzt besprochene erzählende Wortfolge verändern, daß es deren aber doch auch einige giebt, welche die Wortfolge ungeändert lassen. (Es ist hierüber in der siebenten Abtheilung des ersten Abschnitts dieses Hauptstücks § 721—748 bei den einzelnen Conjunctionen ausführlich gesprochen.)

Diese Conjunctionen, welche keinen Einfluß auf die Wortfolge ihres Satzes haben, sind (nach der Auseinandersetzung in jener Abtheilung) namentlich besonders folgende: denn, aber und sondern, wenn dieselben allein stehen, und kein anderes Wort mit sich verbunden haben, das eine Aenderung der Wortfolge verursacht, vielmehr, zwar, auch, also, wenn sie nicht am Anfange eines Satzes, sondern nach einem oder mehreren Wörtern desselben stehen, doch, jedoch, wenn sie im Vordersatze stehen, oder wenn zwar vorhergeht, hingegen (oder hergegen), wenn es ein Substantiv und dergleichen begleitet, das einem andern entgegengesetzt ist, und die Wörter indessen, und, nämlich, allein, oder; entweder, weder und dennoch lassen die Wortfolge bald ungeändert, bald ändern sie dieselbe. Beispiele sind: (ich liebe ihn,) denn er ist, aber er ist auch ein guter Mensch; (ich liebe ihn nicht,) sondern ich kann ihn gar nicht leiden; er ist zwar kein guter Mensch, er ist vielmehr ein Heuchler, er ist auch mein Feind, (so auch, wenn auch adverbialiter steht: auch er ist mein Freund,) doch oder jedoch er ist jetzt unglücklich, ich mag ihm also nicht Schaden thun; indessen ich will es, ich will es indessen überlegen; (bei der Versetzung: indessen will ich es überlegen, steht indessen adverbial für: während dessen;) (ich weinte,) doch meine Rettung war nahe; (mein Vater schläft,) hingegen meine Mutter wacht für uns alle; (er ist gut,) und er liebt mich innig; nämlich er erfüllt alle seine Pflichten; allein er versäumt doch manches; entweder er ist mein Freund, er ist entweder mein Freund, (doch auch: entweder ist er mein Freund,) oder ich kenne die Menschen nicht; weder er will mir helfen, er will mir weder helfen, (doch auch: weder will er mir helfen, was freilich einen andern Sinn zulässt,) (noch kann ein andrer es thun,) ich erfülle dennoch alle meine Pflichten gegen ihn (,doch auch: dennoch erfülle ich meine Pflichten).

832) Diese erzählende Wortfolge findet nun, und zwar vorzüglich und gewöhnlich, in Hauptsätzen, doch zuweilen auch in Nebensätzen statt. Sie steht namentlich in allen Sätzen, welche keinen regierenden Redetheil, kein Adverbium und kein die Wortfolge veränderndes Bindewort vor sich haben, und deren Zeitwort im Indicativ oder Conjunctiv steht: er ist oder wäre nach Hause gekommen: sie scheint durch ihre heutige Arbeit ein Gegenstück zur gestrigen liefern gewollt zu haben; (nicht, wie Spindler in der Damenzeitung, 1830, Nr. 275, ganz verkehrt schreibt: sie scheint ein Gegenstück gebildet haben zu wollen, statt: bilden gewollt zu haben;) auch bei der dritten Person des Imperativs, wenn sie ohne weiteres Bestimmungswort zur Bezeichnung eines Wunsches (als oder wie ein Optativ) gebraucht wird: (ich befehle, flehe, wünsche,) der Bruder rette dich, er erlebe Freude an seinen Kindern, (ach) Gott helfe dir, Gott sei mir armem Sünder gnädig, alle guten Engel schützen dich! erhalten dir dein Glück, mögen sie dir sein! (Der eigentliche Imperativ verändert die Wortfolge: gehe Er, gehn Sie nach Hause, und wenn man in der zweiten Person sagt: geh nach Hause, so muß diese Ausdrucksform durch das Subject hinter der Copula, dem Zeitw

ergänzt [gedacht] werden: geh du nach Hause, sei [du] ruhig.) (Der eigentliche Optativ verändert immer die Wortfolge: erlebte er doch Freude an seinen Kindern!) In Folge unsers bisherigen (schlechten) Sprachgebrauchs giebt Bernhardt an, (man sehe § 830,) die erzählende Wortfolge stehe auch in den Nebensätzen, deren Verbum ein unvollständiges Prädicat bezeichnet, indem man sagt: (es wäre besser gewesen,) wenn oder daß er hätte kommen können, (ich weiß nicht,) ob oder wann er hat die Sache machen wollen, (er kommt heut nicht,) da, weil, indem er wird die Sache haben suchen müssen; diese Nebensätze müssen aber heißen: wenn, daß er kommen gekonnt hätte, ob, wann er die Sache machen gewollt hat, da, weil, indem er die Sache suchen gemusst haben wird. (M. s. § 771, Th. 4, S. 494 und vergl. § 834.) Dagegen steht diese erzählende Wortfolge wirklich in den Sätzen, welche das ihnen eigentlich gebührende Bindewort daß weglassen: ich glaube, er ist glücklich in Berlin bei seinen Kindern angekommen, und er wäre nun wohl zufrieden, er hätte jetzt wohl wieder Freude am Leben (,wenn er nur gesund wäre) für: daß er angekommen ist, daß er zufrieden wäre, und daß er Freude hätte. Der Sache, dem Zusammenhange nach, logisch sind dies Nebensätze, die nun in der erzählenden Wortfolge stehen; eben deswegen aber werden dieselben grammatisch von den Sprachlehrern meistens zu den Hauptsätzen gerechnet.

Fragen verändern wie die Befehle eigentlich die Wortfolge: kennst du das Land? doch drückt man auch sie oft in der erzählenden Wortfolge aus, und überlässt es dann der bloßen Betonung (und dem Fragezeichen), sie als Fragen zu bezeichnen: du kennst das Land? So kann auch die erzählende Aussage: du gehst nach Hause bald einen Befehl ausdrücken: du gehst nach Hause! bald eine Frage: du gehst nach Hause? Und Fragen, die nach dem Subject ihres Satzes fragen, müssen sogar die erzählende Wortfolge behalten: wer kommt jetzt? wer ist da? was liegt hier? wer stört mich? welche Zeit ist es? welch ein Thier liegt hier? wie: er kommt, ein Thier liegt hier u. s. w..

II. Verbindende Wortfolge.

1. Subject. 2. Prädicat. 3. Copula.

833) Bernhardt nennt diese Wortfolge, welche, im Gegensatze gegen die vorige, bei unverändert gelassener Stelle des Subjects, das Zeitwort, das Verbum finitum hinter

das Prädicat, also an das Ende des Satzes wirft, so daß alle Bestimmungen des Verbums, und zwar in der (§ 830 von uns) angegebenen Folge, vor demselben zu stehen kommen, mit Recht die Wortfolge der Nebensätze, insofern und da in der That meistens nur Nebensätze, und die meisten der Nebensätze dieselbe annehmen.

Sie findet nämlich in der Regel statt:

1) nach den meisten Bindewörtern, (die wir bereits einzeln in der siebenten Abtheilung des vorigen Abschnitts, § 721 — 748 ausführlich besprochen haben,) und zwar besonders nach denen, durch welche der Satz, wozu sie gehören, zu einem Nebensatze wird, der von einem andern Satze, als seinem Hauptsatze, abhangig ist, also nach: als, (z. B. die erzählende Wortfolge: ich bekam ihn heute zum erstenmal wieder zu sehen, geht durch als in die verbindende über: als ich ihn heut zum ersten mal wieder zu sehen bekam, [freute ich mich herzlich,]) als daß, auf daß, bevor, bis, da, dafern, daher, (wenn es relativ für woher u. dgl. steht: er war krank, daher er nicht mitgehn konnte, und deswegen unterblieb unser Spaziergang, [aber: er war krank, daher konnte er nicht mitgehen,]) damit, daß, demnach, (wenn es für weil u. dgl. steht, wie es freilich nur noch selten gebraucht wird: ich kann diesen Menschen, demnach er ein Narr ist, nicht versorgen, [aber: er ist ein Narr, demnach kann ich ihn nicht versorgen,]) eher (oder ehe, wenn es conjunctional steht: er stirbt, eh' er zur Ader läßt, [als Adverb hat es keinen oder nach seiner Stellung einen andern Einfluß auf die Wortfolge: er kann nicht eher kommen, eher kann er nicht kommen, als bis er zur Ader gelassen hat,]) falls, (im Falle,) gleichwie, je, (doch nur so, daß dies Wort das Adverbium, den Beisatz, mit dem es zusammen die Vergleichung, die Proportionalität ausdrückt, wie wir nachher noch etwas ausführlicher besprechen werden, zu sich zieht, und nur der übrige Theil des Satzes in die verbindende Wortfolge tritt: je inniger ich dich seit vielen Jahren liebe, desto u. s. w.,) indem, indessen (als Bindewort, wenn es für indessen daß steht: er stirbt, indessen du hier unnütz weinst, [aber: du weinst hier unnütz, indessen stirbt er, indessen verläßt ihn der Athem,]) insofern (als Bindewort: ich komme, insofern ich Zeit dazu habe, [aber adverbial: in so fern kannst du ruhig sein]), (das nur noch in Cancelleien u. dgl. übliche) maßen und immaßen, (d. i. im Maße, daß z. B. er mein Freund ist,) nachdem, nun, (insofern es ein causales Bindewort ist. nun du hier bist, bin ich ruhig.)

ob, obgleich, obschon, obwohl, und ob auch, ob zwar, (über deren Trennung von einander bereits § 741, Th. 4, S. 353 bis 361 gesprochen ist, in welcher Hinsicht Heinatz bemerkt, daß die Trennung dieser Bindewörter jedoch nicht statt findet vor bloßen Adverbien, die kein Zeitwort bei sich haben [, so daß sie mit den Bindewörtern einen abgekürzten, elliptischen, unvollständigen Satz bilden]: ich bin, obgleich oft, doch nicht immer zu Hause, d. i. ob ich gleich oft zu Hause bin, er stand, obschon [, ob wohl, ob auch, ob zwar] kränklich, doch eilig auf, d. i. ob er gleich kränklich war,) seit, seitdem, (das veraltete) sintemal, (das bedingende) so (für wenn: so du mich lieb hast), mehrere concessiven, consecutiven, comparativen Verbindungen u. dgl. mit so: sobald, sofern, soweit, sowie, (sobald er dich zu Hause sieht, sofern ich dir lieb bin, soweit ich die Sache kenne, so wie du mich behandelt hast,) auch so daß, (so daß ihr sie ruhig entlassen könnt,) wann, (wenn es nicht geradezu fragt: ich komme, wann du mich haben willst,) weil, (weil ich dich lieb habe,) wenn, wenn auch, wenn gleich, wenn schon, wenn nur, (wenn wohl, wenn zwar, welche Verbindungen jedoch selten gebraucht werden: wenn mein Vater auch hitzig ist, wenn unser Leben gleich kurze Zeit nur dauert, wenn gleich kurz nur unser Leben auf der Erde ist, man sehe vorher je und obgleich,) (eben so auch) wie wohl, wie fern, (ich komme, wie wohl ich krank bin, wiefern ihr mich gern seht,) und das einfache wie, (wenn es vergleicht, eine Art bestimmt u. s. w., und nicht gerade zu fragt: ich komme, mache es, wie ich dir schon gesagt habe,) wo nicht (, insofern dies, was freilich nur noch selten geschieht, bedingend gebraucht wird: komm doch, wo du nicht schon versagt bist [, aber: komm zu mir, wo nicht, (so) komme ich zu dir]).

2) Nach den relativen Pronomen welcher, der, wer und was, wenn dieselben eben relativ sind, und nicht unmittelbar, direct fragen: der Graf kam zu mir, der er, oder: welcher sich doch so vornehm dünkt, von welchem, dem ich dir schon so sonderbare Dinge erzählte, erzählt habe, was du wohl noch weißt, wissen wirst, wessen du dich jetzt erinnern mögest; wer er doch wohl eigentlich sein mag! wem er sich schon entdeckt hat.

3) Nach den relativen Partikeln weswegen, wo, wobei, woher, (von wannen,) wohin, womit, woran, worauf, woraus, worin, wovon, wozu u. s. w., wenn sie eben relativ, und nicht gerade zu fragend gebraucht werden: ich weiß nicht, weswegen er dich so ungerecht verfolgt, wohin

das ihn und dich und dein Gesuch führen soll, wozu er sich am Ende entschließen wird.

4) Eben so nach den Fragepartikeln ob, warum, (was,) was für, wie, (s. Nr. 1,) wo (,s. Nr. 3,) u. s. w., wenn dieselben nur umschreibend, indirect, und nicht geradezu, direct fragen: weißt du, ob oder warum er es gethan hat? wie ich die Sache anfangen muß? man fragte mich, wie das Dorf heiße oder heißt, wo er sich jetzt befinde. Was für nimt den Gegenstand, worauf es sich bezieht, unmittelbar nach sich, und stellt ihn also, wenn er nicht selbst das Subject ist, vor dasselbe: des Schicksals Schläge, was für harte (Schläge, Subject,) mich auch treffen mögen, schrecken mich nicht; ich weiß nicht, was für harte Schläge (Object) das Schicksal (Subject) mir noch zugedacht hat, was für harten Schlägen (Zweck, Dativ) das Schicksal mich noch aussetzen wird.

Eben so verhält es sich (,wie schon bemerkt ist,) mit mehreren der hier angegebenen Partikeln, die selbst in der Regel immer am Anfange ihrer Sätze, höchstens nach einem Bindeworte stehen, und von denen namentlich die vergleichenden je, so, wie (nach § 835) das Adverbium oder das Adjectiv (mit seinem Hauptwort), worauf sie sich beziehen, gleich hinter sich haben, so daß dieser Beisatz, wenn er nicht selbst das Subject des Satzes ist, vor dasselbe tritt: je länger du dich hier aufhältst, je mehrere Ausgaben dich hier treffen, du machst aber auch: je mehrerer Ausgaben wegen du hier in Verlegenheit kommst, desto schlimmer wird es mit dir; (nur wenn man in diesem Nachsatze wieder je statt desto setzt, so behält man gewöhnlich die dem desto gebührende (fünfte) Wortfolge: je mehreren Aerzten du dich anvertraust, je schlimmer wird es mit dir; doch sagt man auch in der verbindenden Wortfolge: je schlimmer es mit dir wird;) ich fürchte ihn nicht, so groß er auch ist oder sei, so große Gewalt ihn auch bekleidet, er auch hat, so oft, so sehr er auch droht, so mächtige Gönner ihn auch schützen, er auch hat, mit so mächtigen Gönnern er sich auch brüstet, wie grausam er mich auch schon behandelt hat, wie große Furcht hier auch herrscht, ihr auch habt, auf wie mächtige Gönner er sich auch beruft.

(Becker drückt diese Regel genauer, aber auch schwerfälliger und undeutlicher, l. c. § 383, so aus: „wenn in einem komparativen Adverbialsatze die Relativen so, wie, je als Adverbien der Intensität mit dem Faktor eines Satzverhältnisses verbunden sind; (:) so steht dieser Faktor mit dem Relativ vor dem Subjekte.")

Ganz ähnlich haben die relativen Pronomen (wie was für) ihr Nennwort, das Hauptwort, auf das sie sich unmittelbar beziehen, von welchem ihr Casus, namentlich wenn sie im Genitiv stehen, abhangt, gleich hinter sich: er war es, dessen Standhaftigkeit dich so entzückte, aber auch: du so lobtest; bei welchem der Fremden, bei dem, wem von, unter euch dreien ich das Geld finde, der ist verloren. Wenn der vom Zeitworte regierte Casus ein persönliches Pronomen ist, so tritt derselbe in dieser Wortfolge gewöhnlich vor den Nominativ des Subjects: wenn dich der Himmel segnet, einst damit beglücken sollte, wenn dir dies gefällig ist; doch nicht, wenn der Nominativ des Subjects ebenfalls ein persönliches, oder auch ein relatives Pronomen ist: wenn, da, weil er dich damit belohnen will; als ich ihm geholfen hatte; der Mann, welcher es gesagt, dich gelobt hat.

Schließlich noch folgende Bemerkung: so wie bei dieser Wortfolge das Adverb, Particip, der Infinitiv u. s. w. vor dem bestimmten Zeitwort als der Copula des Satzes steht, so schließt sich bei zusammengesetzten Zeitwörtern auch deren trennbare Partikel wieder unmittelbar an dieselben an: wenn ich mich an dich anschließe, weil du meine Bitten so gut ausführtest, daß nichts mir fehlschlug (,so ist das ganz natürlich).

834) Von diesen jetzt für die verbindende Wortfolge gegebenen Regeln war es eine bisher fast allgemein angenommene Ausnahme, die Copula, das bestimmte Zeitwort, wenn damit zwei oder drei Infinitiven oder Participien, oder Infinitiven und Participien zugleich verbunden sind, vor dieselben zu setzen, und selbst Becker erhebt dies noch (l. c. S. 383) förmlich zur Regel, indem er sagt: „wenn in dem Nebensatze das die subjektiven Beziehungen des Prädikats ausdrückende Verb oder auch ein anderes mit einem Infinitiv verbundenes Verb in einer zusammengesetzten Zeitform steht; (:) so wird gewöhnlich, um den fehlerhaften (??) Rhythmus zu verbessern, dasjenige Formwort, welches die verbale Flexion hat (,das Verbum finitum) vor das Prädikativ gestellt.“ So sagte man: wenn ich es werde durchgesehn haben, eh' ich dich will unterdrücken lassen, da ich ihn werde laufen lassen müssen, weil ich ihn habe geschenkt bekommen, weil er ihn sah gefahren kommen; und so schreibt auch Schiller: was du mir künftig magst zu hinterbringen haben; Prätzel (in Fabian und Sebastian, Leipzig, 1824, S. 3): die Geschäffte, die ihm waren übertragen worden; der Roman Ellen Percy (Th. 1, S. 256): er erhält die Vortheile, die sich meine arme

Mutter vergeblich um den Preis ihres Lebens hatte zu erlangen gestrebt. Dieser Abweichung von der gesetzlichen Topik folgte man besonders bei den Verben mit unvollständigen Prädicaten, bei deren zusammengesetzten Tempus man bisher, nach einem andern Sprachfehler, ihren Infinitiv statt des Particips nahm. So führt Becker für seine vorstehende Bemerkung die Beispiele an: „[nachdem ich davon war benachrichtigt worden, und:] wenn ich das hätte verhindern können, da ich ihn hatte kommen hören," und auch Schiller schreibt: kann ich vergessen, wie's hätte kommen können. So sagte man auch: bevor du mir deine Ankunft hast melden lassen, ob ich ihn gleich hätte verklagen können, wenn ich ihn nur hätte angeritten kommen sehen. Niemand kann leugnen, daß diese ganze Art der Wortstellung gegen unsre vorstehenden Regeln verstößt, deren Richtigkeit doch an sich jeder zugesteht. Warum will man sich also diese Regelwidrigkeit gestatten? Gewiß muß Becker selbst zugeben, daß sein Grund: die regelmäßige Wortstellung gebe einen fehlerhaften Rhythmus, in der That kein Grund ist. Worin läge denn das Fehlerhafte des Rhythmus? Daß derselbe oft hart ist, wollen wir nicht leugnen; allein niemand wird die dafür eingeführte Wortstellung schön nennen können, und niemand wird es selbst wohl nur zu bestreiten wagen, daß auch sie oft sehr schleppend, widrig und häſslich ist. Ist es nicht gleich widrig: da ich ihn laufen lassen müssen werde, und: werde laufen lassen müssen? ja ist die Wortfolge nicht widriger: die Vortheile, die ich hatte zu erlangen gestrebt, als: die ich zu erlangen gestrebt hatte? ja ist nicht selbst die richtige Ausdrucksart: wenn ich das verhindern gekonnt hätte, da ich ihn kommen gehört hatte, wie es kommen gekonnt hätte, bevor du es melden gelassen hast, wenn ich ihn nur angeritten kommen gesehn hätte, da du mir meine Last tragen helfen gewollt oder gemusst hast, ganz offenbar viel numeröser, fließender, klangreicher und wohllautender als die matte, lahme, schleppende, widrige und falsche Ausdrucksart: wenn ich das hätte verhindern können, wenn wir ihn hätten angeritten kommen sehen, da du mir meine Last hast tragen helfen wollen oder müssen u. s. w.?

So bleibe man denn, dies sollte billig ganz allgemeine Regel ohne alle Ausnahme sein, immer bei der richtigen Ausdrucksart, ohne je durch die falsche (mit dem Infinitiv statt des Particips) einen Sprachfehler zu begehen, und man erlaube sich auch nur in höchst seltnen Fällen ausnahmsweise eine Abweichung von der gesetzlichen Wortfolge. Wie durch die Berechtigung zu Inversionen namentlich die höhere und dichterische Sprechart z. B. in Beziehung auf die verbindende Wortfolge zuweilen in Abweichung von der Regel sagt: die Menschen thun besser, daß sie sich willig unterwerfen dem Schicksale, als daß sie meistern die Wege der Vorsehung: so mag sie auch zuweilen, doch nicht ohne hinreichende Entschuldigung sagen: da dir ist geholfen worden, wenn du es hast donnern gehört. Ist die richtige Wortfolge in einem einzelnen Falle wirklich hart und widrig, so giebt es Mittel genug in der Sprache, sie durch Aenderung der ganzen Construction des Satzes zu umgehen. So kann man z. B. für: wenn wir ihn länger leiden sehen sollen, da wir ihn noch länger leiden sehen müssen werden, sagen: da, wenn wir ihn länger leiden zu sehen genöthigt, gezwungen sind, genöthigt sein werden u. s. w.. (Man vergl. § 771.)

Hierher gehört auch folgende Bemerkung Beckers (l. c. S. 384): „aus demselben rhythmischen Grunde (?) werden in Nebensätzen die Verben sein und werden, wenn sie Hülfsverben sind, oft ausgelassen (,) z. B. ich verlor nicht alles, da solcher Freund im Unglück mir geblieben [ist]. Mir kam die Kunde zu, daß ihr meinem Oheim übergeben worden [waret]. Was war mein Dank dafür, daß ich, sein treuer Fürstenknecht (,) der Völker Fluch auf mich gebürdet [hatte], diesen Krieg, der nur ihn groß gemacht [hat], die Fürsten zahlen lassen [hatte].“

Man sieht, das letzte Beispiel, das überhaupt schlecht stylisirt ist, verschweigt drei mal das Hülfszeitwort haben, (oder eigentlich nur zwei mal, denn die Phrase: den Fluch auf mich gebürdet, muß man für eine, freilich auch wieder schlechte und verwerfliche Participialconstruction, für einen verkürzten Satz mit der Auflösung: der ich [dadurch] den Fluch der Völker auf mich gebürdet hatte, ansehen, wenn man nicht auch noch die Auslassung eines hier nothwendigen Bindeworts [und] voraussetzen will,) obgleich Becker nur von der Auslassung von sein und werden spricht, so daß er die Erlaubniß, auch haben auf diese Art wegzulassen, doch nicht geben zu dürfen glaubt. Und wenn es gleich Schiller selbst ist, aus dessen Schriften alle diese Auslassungsbeispiele entnommen sind, so bleibt auch wirklich diese Unterdrückung von haben, selbst beim Redner und Dichter, eigentlich immer ganz verwerflich. Ja sogar diese Auslassungen von sein und werden sind in der Regel um so mehr zu vermeiden, da durch sie die hier statt findende verbindende Wortfolge ihren ganzen Schlußstein verliert.

liert. Wenn man dieselben indessen Rednern und Dichtern für einzelne Fälle ausnahmsweise, doch nicht des Rhythmus, sondern etwa des Numerus und Wohllauts willen, da oft die vielen grammatisch nothwendigen Hülfsverben den Ausdruck in der That schleppend machen, und besonders wegen des Metrums gestatten will, so sollte man sich ihrer wenigstens in der niedern und selbst mittlern Schreibart nach aller Möglichkeit enthalten. (So kann man es nur tadeln, daß z. B. Wachsmann in seiner Erzählung: Brandenburgs Decius, in der Zeitung für die elegante Welt, 1830, Nr. 235 schreibt: Wenn wir nun aber, als ein wahrheitsliebender Autor, nicht umhin gekonnt, die Einzelnheiten anzugeben.) (Man sehe § 767, Th. 4, S. 474.)

Uebrigens findet diese verbindende Wortfolge nicht bloß in Neben-, sondern auch in Hauptsätzen durch eine Inversion derselben statt, doch freilich wohl bloß in der edlern, namentlich in der dichterischen Rede. So schreibt Schiller: und der König der lieblichen Tochter winkt, und wieder: und alle die Männer umher und Frauen auf den herrlichen Jüngling verwundert schauen, Göthe aber: wie er die Frühlingssonne spürt, die Ruh' ihm neue Arbeit gebiert.

Bernhardt bemerkt (l. c. S. 303) hierbei: „auch bei den Dichtern ist diese Wortstellung der Hauptsätze wohl nur in den einfachen Zeitformen zulässig." Sollte aber ein solcher nicht auch sagen dürfen: und der König der lieblichen Tochter gewinkt hat, winken wird, aber er mir selbst gewinkt hat, und, als vom Schlaf er früh erwachte, die Ruh' ihm neue Kraft gewährt hat, die Ruh' ihn wunderbar gestärkt hat, wenn und insofern man sagen darf: winkt, winkte, gewährt, gewährte?

III. Erste vergleichende Wortfolge.

1. Prädicat. 2. Subject. 3. Copula.

835) Ueber diese braucht nur noch sehr wenig gesagt zu werden, da wir ihr Wesen bereits (§ 833) besprochen haben. Es stehen in dieser Wortfolge fast nur oder doch vorzüglich die vergleichenden oder proportionalen Nebensätze mit den Partikeln je, so und wie: je größer du bist, so groß du auch bist, wie schöne Versprechungen du giebst (,ich verlasse mich nicht auf dich). Doch wissen wir schon (aus § 833), daß in solchen vergleichenden Vorder- oder Nebensätzen auch die zweite Wortfolge statt findet, sobald nämlich diese Vergleichungspartikeln sich auf ein Adjectiv des Subjects beziehen, das dann ne-

hen ihnen, also vorm Prädicat stehen muß: je größere Hoffnungen dich beleben, dir lächeln, so schöne Aussichten dich auch erfreut haben, wie die bösesten, (sehr) böse Menschen dich auch quälen (,sie sind und bleiben doch deine Brüder); so auch, daß zuweilen in den (nachfolgenden) Hauptsätzen, wenn in ihnen je statt desto genommen wird, eben diese Wortfolge sich brauchen lässt: je vernünftiger, größer du bist, je vorsichtiger du sein musst; je bessere Arbeit du lieferst, je größern Lohn du erhältst.

Auch ohne den Begriff der Vergleichung steht bei wie in manchen andern Fällen diese Wortfolge, namentlich wenn (nach unsrer allgemeinen Bemerkung § 833) das Prädicat ein bloßes Adverb oder Adjectiv mit seinem Hauptwort ist: ich möchte wissen, wie spät es ist, wie bald er kommt, wie theuer das Buch ist, wie viel Grad' es ist, wie viele Grade Kälte wir haben; auch bei wie so, wenn es eine Verwunderung u. dgl. ausdrückt: wie so freundlich er war! wie schöne, wie so schöne Bücher du hast!

Noch steht diese Wortfolge auf eine ähnliche Art in den Sätzen, welche eine durch welcher, wer oder was gebildete mittelbare Frage enthalten, die erzählend angeführt wird: er fragte uns, wer der Mann sei, wen er suche und was er wolle, welche Zeit es sei, welchen Tag (,so auch: wann) er komme, welche Freunde er mitbringe (,doch auch: mitbringen werde, in unsre Gesellschaft bringen wolle, wo also ein Theil des Prädicats [noch außer dem, welcher im Verbum finitum steckt,] hinter dem Subject steht): was für dummes Zeug er macht! was für Dinge das sind! (aber auch: was das für Dinge sind!) Uebrigens können auch Sätze andrer Art, denen eigentlich eine andre Wortfolge gebührt, durch Inversion die jetzt besprochene annehmen: als ihm erfüllet der schreckliche Traum war (,für: als der schreckliche Traum ihm erfüllt war, nach § 833).

Bernhardt bemerkt, daß diese Wortfolge wohl selbst bei Dichtern nicht in Hauptsätzen vorkommen möchte. Wir haben aber schon gesehn, daß die Nachsätze mit je, die doch offenbar Hauptsätze sind, sie nicht selten haben: je älter du bist, je dummer du wirst. Und sollte man nicht auch Sätze, wie die vorher angegebenen: so schöne Aussichten du hast, komm, wie so gütig ist Gott! u. s. w. am besten zu den Hauptsätzen rechnen?

IV. Zweite vergleichende Wortfolge.

1. Prädicat. 2. Copula. 3. Subject.

836) In denselben Sätzen, in welchen die Vordersätze (nach § 835) in der ersten vergleichenden Wortfolge stehen, müssen die Nachsätze, welche oder insofern sie die Partikeln desto, je (für desto), um so u. dgl. vor sich haben, der Regel nach, in der jetzt angegebenen Wortfolge aufgeführt werden, die man eben deswegen die zweite vergleichende nennt: je größer die Gefahr (ist), desto oder je näher ist der Retter; je ärmer er wurde, um so oder desto oder je mehrere Habsucht zeigte er; so gelehrt er ist, so große Kenntnisse verlangt er (von andern, von seinen Schülern, wird er auch von seinen Schülern verlangen, so daß also auch hier wieder [wie § 835] ein Theil des Prädicats hinter dem Subject steht, besonders zufolge der durch unsre Sprache im Allgemeinen fest bestimmten [und § 832 angegebenen] Ordnung und Wortfolge der Theile eines ausgebildeten einfachen Satzes, von denen namentlich der Infinitiv und das Particip in der Regel am Schlusse des Satzes stehen); du hast schöne Blumen, eben so schöne, noch schönere hat dein Vater (stets gehabt); du hast keine schönen Blumen, desto schönere, um so schönere hat dein Vater (stets gehabt.

Auch findet diese Wortfolge in solchen Sätzen statt, die mit den Bindewörtern wie als wirkliche Fragen, und mit wie und wie so auch als Ausrufe, Verwunderungen u. s. w. aufgeführt werden, wenn die Partikeln sich auf das Adverb, Adjectiv oder Hauptwort des darum zu ihnen gezogenen Prädicats beziehen: wie alt bist du? wie viel Tuch brauchst du (zum Rock)? wie viele Ellen nimst du? (aber auch wieder mit Nachsetzung eines Theils des Prädicats: hast du genommen? dir in Berlin gekauft?) wie groß ist des Allmächtigen Güte! wie herrlich prangt das Feld! wie dunkel ist es (heute schon um vier Uhr)! wie so milde sorgt Gott der Herr! (aber auch: hat er für uns gesorgt!) wie so dumpf tönen die Glocken! (Aber auch: wie befindest du dich? man sehe § 837.)

Doch drückt man solche Ausrufe auch durch die erste Vergleichsform (§ 835) aus: wie so dumpf die Glocken tönen! wie klug du bist! auch durch die verbindende Wortfolge: wie die Glocken so dumpf tönen! wie doch Gott alles so weislich geordnet hat! und auch durch die eigentliche Frageform (§ 837): wie sorgt doch Gott so gütig! wie hilft er den Seinen! wie rettet er die Frommen! Eben so stehen in dieser Wortfolge auch Fragen und Ausrufe, deren ganzes Prädicat das fragende Pronomen was ist („Bernhardt sagt: „in welchen das Prädicat mangelt oder einer Erläuterung bedarf"): was ist das Leben?! was willst du? (aber auch wieder: was wird er wollen? was hast du gekauft?) doch auch solche Fragen und Ausrufe, deren Prädicat ein anderes fragendes Pronomen mit oder ohne Hauptwort u. dgl. ist: was für Bücher liesest du? welche Bücher kauftest du (dir gestern? und auch wieder: hast du dir gestern gekauft)? wen siehest du? nach wem fragest du? über wen sprecht ihr? (habt ihr gesprochen?) (Bernhardt bemerkt noch: „diese Stellung ist auch nothwendig in den Eintheilungssätzen: die Jahreszeiten sind Frühling, Sommer, Herbst und Winter;" man könnte indessen streiten, daß dies Beispiel in der erzählenden Wortfolge stehe, und die Jahreszeiten das Subject des Satzes sei, wie in: die Jahreszeiten sind theils warm, theils kalt, entweder warm oder kalt, warme und kalte, die Erdbewohner (Subject) sind Europäer, Asiaten, Africaner, Americaner, (und, oder) Australier.)

Schließlich sei es noch bemerkt, daß alle vorstehenden Beispiele zeigen, diese Wortfolge findet (fast) bloß in Hauptsätzen statt; doch kann sie auch für Nebensätze angewendet werden, (besonders) wenn deren ihnen eigenthümlich gebührende Wortfolge invertirt wird: nachdem vollendet war das schreckliche Schauspiel; wenn, da, so mich, euch, unser Vaterland beschützet, gerettet hat der gütige Gott.

V. Fragende Wortfolge.

1. Copula. 2. Subject. 3. Prädicat.

837) Wir wissen bereits, daß Fragen, sowohl directe als indirecte, eigentliche als uneigentliche, durch jede der bisher besprochenen Wortfolgen ausgedrückt werden können.

Namentlich müssen diejenigen Fragen, welche nach dem (logischen) Subject ihres Satzes durch die fragenden Pronomen (als das grammatische Subject ihres Satzes) fragen, (Bernhardt sagt: wo das Prädicat für das Subject eintritt,) (nach § 832) durch die erzählende Wortfolge angegeben werden: was ist? wer ruft? wer ist da? was ist hier? (wie: er ist hier;) was geht hier vor? welcher dieser Knaben, unter diesen Knaben hat (am besten seine Lection) gelernt? ich hätte es gethan? er sollte es gesagt haben? (indem der Redende die Aussage, die Worte eines andern wiederholt;) was für Wetter ist (es)? (was ist es für Wetter, sagt man aber auch, so daß ein Theil des Prädicats am Ende steht.) Durch Inversion kann man (nach § 833) auch in der verbindenden Wortfolge fragen: ob du es wohl noch weißt? ob der König heut in Potsdam angekommen sein mag? wie er doch wohl eigentlich die Feinde erkennen gekonnt hat? So auch (nach § 835) in der ersten vergleichenden Wortfolge: wen ich suche? (fragst du;) welche Klage er haben mag? was für Zeug das ist?! (doch auch getrennt bei der Verwunderung: was das für Zeug ist!) so wie in der zweiten: kaufen, verreisen will dein Vater? geschwiegen hast du? schwarz ist dein Rock? schöne Kleider trägt er? Alle solchen Fragen muß man sich eigentlich als eine unvollständige Rede vorstellen, bei welcher noch ein Zusatz hinzugedacht werden muß, z. B.: ob du es wohl noch weißt? (das) möchte ich sehr gern erfahren; schöne Kleider trägt er? sagst du? (d. i. du sagst oder sagst du, schöne Kleider trägt er? oder: er trägt schöne Kleider?) (Lorberg meint zwar l. c. S. 59: „wenn auf die Frage: wem hast du das gesagt? erwidert wird: wem ich das gesagt habe? so muß als Ergänzung dieses Satzes nicht hinzugedacht werden: du fragst mich, sondern: fragst du mich? denn sonst dürfte ja auch hinter jenem Satze kein Fragezeichen stehen, welches immer von dem Hauptsatze, nie von dem Nebensatze abhangt." Allein dies ist doch wohl ein Irrthum; denn wenn man sagt: er rief: wen sucht ihr? wen der Mann doch suchen mag? so hangt offenbar das Fragezeichen von dem fragenden Satze allein, und nicht von dem Hauptsatze: er rief, ab. Man sehe das letzte Hauptstück.)

Mehrere Fragen und Ausrufe oder Verwunderungen müssen übrigens (nach § 836) selbst immer durch diese zweite vergleichende Wortfolge ausgedrückt werden: wie hoch ist der Berg Sinai? wie viele Ellen Zeug brauchst du? wie, so spät noch, so früh schon schläft er? (und diese darf man nicht für eine unvollständige Rede ansehen.) Wie (so) groß ist Gottes Güte! Die eigentliche, gewöhnlichste Wortfolge für directe Fragen ist indessen die jetzt zu besprechende, welche die Copula, das bestimmte Zeitwort vor das Subject setzt, und das Prädicat den Satz schließen lässt.

Und davon, daß unmittelbare Fragen in der Regel durch diese Wortfolge ausgedrückt werden, führt sie eben ihren Namen der fragenden Wortfolge: bist du mein Freund? liebst du mich? willst du mir helfen? hat dein Vater doch endlich den Dienst bekommen? wird die Sache bald fertig werden? ist die Sache endlich abgemacht worden? steigen wohl süße Gerüche von unentflammtem Weihrauch auf? soll denn des Himmels durch Christus theuer erkauftes Eigenthum durch unsre Sünde verloren gehen? Wir wissen schon, daß die kleinen persönlichen und andern Pronomen und Partikeln sich gern an das Zeitwort schließen; hierdurch kommen sie dann oft vor das Subject, wenn dies ein Hauptwort ist: erlaubt es dir dein Vater? für: erlaubt dein Vater es dir? (aber: erlaubt er es dir?) sieht dich da oben niemand? will uns heut dein Bruder begleiten? (aber: willst du uns heut begleiten?)

Hierher gehören auch die Fragen, welche vor der Copula eine die Frage einleitende Fragepartikel haben, die man freilich auch bald als das ganze Prädicat, bald als einen Theil desselben betrachten könnte: wo ist der Mann? wann hast du ihn gesehn? wie ist er zu dir gekommen? warum ist er nicht weggejagt worden? so auch die Ausrufe, Ver- und Bewunderungen: wie hat (doch) Gott alles so weislich geordnet? und bei der Trennung der Worte was für: was sind das doch für seltsame Begebenheiten? (Man sehe § 836.)

(Bürger bemerkt hierbei wieder: die Copula, namentlich sein, z. B. in: ist der Mann hier? sei in der Gemüthsstellung der unbestimmteste Theil der Rede, und fange darum dieselbe an.) Ferner steht nun aber diese Wortfolge, ohne zu fragen, besonders auch noch in folgenden Fällen:

1) in Anreden, Befehlen, Bitten und Aufmunterungen, wenn dieselben durch den Imperativ ausgedrückt werden, doch (wohl) nur, wenn das Subject ein Pronomen ist: sage du es mir; thut ihr, oder mit Weglassung des Subjects: thut euch doch Gewalt an! erlauben Sie ihm das nicht. (Sehr selten wird man sagen: erlaube der Herr hier keinen Streit; sein die Herren doch zufrieden!) [Der substantive Namen des angeredeten Gegenstandes kann am Anfange, in der Mitte und am Ende des Satzes stehen: (o,) Freund, Peter, rede (du) nur nicht mit; rede (du), (o) Freund, Peter, nur nicht mit; rede (du) nur nicht mit, Freund oder Peter! Wenn dieser Gegenstand noch durch eigne Sätze umschrieben wird, so steht er am schicklichsten voran: Herr oder Du, dessen Augen flossen, sobald sie Zion sahn, sende (Du) (Milder!) uns Trost herab.]

2) In Wünschen mit dem Optativ, wenn keine Partikel da ist, welche eine Aenderung der Wortfolge fordert: ginge der Mensch doch nach Hause! (aber: wenn er doch nach Hause ginge!) brächte er mir doch meine Pfeife mit! hätte ich das doch nicht gethan! wäre er doch dabei gewesen! würd' ich doch wie du begraben! möchte der Erfolg recht glücklich sein! Nur

wenn der Wunsch durch den Conjunctiv ausgedrückt wird, steht die erzählende Wortfolge: der Himmel segne dich! Gott wolle dich erhalten! (aber invertirt: das wolle Gott verhüten!)

3) In Sätzen, die eigentlich mit einem der Bindewörter da, ob, wenn anfangen sollten, in denen aber dieses Bindewort, und so auch in denen, in welchen von obgleich, obschon, ob auch, [da doch,] wenn auch, wenn gleich, wenn schon und ähnlichen zusammengesetzten oder —gestellten Bindewörtern das erste Wort weggelassen ist, das jedoch hinzugedacht werden muß: ist er ja oder doch mein Freund, er thut es gewiß, d. i. da er ja oder doch mein Freund ist; kommt er heute, und macht er die Arbeit, oder nicht, ich weiß es nicht, d. i. ob er heut kommt, ob er die Arbeit macht; kommt er heute und sagt ihr es mir, so komme ich zu euch, d. i. wenn er heut kommt, und wenn ihr es mir sagt; scheint auch oder gleich die Sonne, mich friert doch, d. i. ob auch, obgleich die Sonne scheint; ist er auch oder gleich arm, so soll er mir doch willkommen sein, d. i. wenn er auch, wenn gleich arm ist. So auch: du wärst nicht zufrieden, hättest du auch alle Reichthümer der Welt; und Schiller schreibt: hat sich der Landmann solcher That verwogen, ja dann bedarf er unserer (unser) nicht mehr; bleibst du der Tugend getreu, so wird es dir wohlergehn; Göthe: willst du genau erfahren, was sich ziemt, so frage nur bei edeln Frauen an. (Bernhardt sagt l. c. S. 314, es sind dies als Frage, Wunsch oder Befehl hingestellte Bedingungen und Einräumungen.)

Anmerkung. Giebt es noch mehrere Bindewörter, deren Weglassung durch Umänderung der Wortfolge ihres Satzes in die fragende angedeutet wird? Die bei weitem meisten verursachen durch ihre Auslassung gar keine, oder eine andere Veränderung der Wortfolge, z. B.: ich weiß, daß er gekommen ist, und: er ist gekommen; kommt er, so bin ich zufrieden, und: bin ich, oder: ich bin zufrieden.

4) Nach so im Nachsatze: wenn ich will, so kommt er, so holt er dich ab; sei noch so glücklich, so hast du doch noch unbefriedigte Wünsche; und auch ohne so, wenn dies Wort jedoch hinzugedacht werden soll oder muß: kommt er, holt er dich ab. So auch nach als, wenn es für als ob, als wenn steht: es schien ihn fast zu plagen, als hätt' er wen erschlagen, bei Bürger; er thut, als säh er mich nicht.

5) Nach den Partikeln also, daher, deswegen, darum, dann und desto, wenn dieselben ihre Sätze anfangen: es ist spät, also musst du mich verlassen, daher, deswegen, da-

rum kannst du mich nicht verlassen, (aber du musst mich also, daher verlassen,) dann kommt er nicht mehr; je später es ist, desto sicherer kannst du mich besuchen, desto mehrere, größere Bücher kannst du mir mitbringen (,so daß diese Partikel, wie wir schon wissen, das Adverb oder Adjectiv [mit seinem Hauptworte], worauf sie sich bezieht, gleich hinter sich nimt.

6) Nach den mit da, hier, dort, her und hin zusammengesetzten determinativen Partikeln, wenn dieselben ihren Satz anfangen: dahin, daher, daran, daraus, darauf, dabei, dadurch, dagegen, darin, damit, danach, daneben, darunter, davon, davor, dazwischen u. s. w., hierher, hierhin, hieran, hieraus, hierunter u. s. w., dorther, dorthin u. s. w., heran, herauf, heraus, herunter u. s. w., hinein, hinauf, hinaus u. s. w.: dahin ist es mit ihm gekommen; (aber: es ist mit ihm dahin gekommen;) dazwischen darfst du nichts legen; hierher soll er dich führen; hierhin musst du dich wenden; hieran erkenne ich meine Pappenheimer; dorther muß er kommen; heran könnt ihr nicht mehr kommen; hinein musst du dich begeben; hinunter senken sie den Sarg.

7) Nach da, auch, so, wenn diese Wörter (und so auch nach dem frühern [schlechten] Sprachgebrauch also) als Umstandswörter am Anfange ihrer Sätze stehen: wo ich bin, da sollt ihr auch sein; nein, so kann es nicht bleiben; (aber: er kann nicht da sein, es soll nicht so bleiben;) (so auch: also hat Gott die Welt geliebt, Gott hat die Welt also geliebt;) er kommt morgen, auch bringt er seinen Bruder mit, d. i. zugleich, sogar (;aber: und er bringt auch seinen Bruder mit). Man irre sich hier nicht: es muß sich' der steigernde Begriff hierbei auf den Inhalt des ganzes Satzes beziehen; sagt man: er kommt, auch seinen Bruder bringt er mit, so gehört auch nur zu Bruder, und nicht zum Begriff des ganzes Satzes, dessen Wortfolge es deshalb nicht verändert. (Man sehe die Lehre vom Gebrauch der Bindewörter.)

8) So nach unzähligen, nach allen Umstands- und Beschaffenheitswörtern, wenn sie durch Inversion am Anfange ihrer Sätze oder doch bloß nach einem Bindeworte stehen: dort siehst du deine Freunde; denn so haben sie es versprochen, und gewiß halten sie Wort; aber spät musst du nicht kommen; ich käme wohl, aber erstens habe ich keine Zeit, zweitens ist es schlechtes Wetter, und endlich erlaubt es mir mein Vater nicht; so etwas, solches, auch: solch einen Mann, so schönes Wetter habe ich noch nie gesehen; kurz ist das Leben; kürzlich habe ich ihn gesehn (;wie: eine kurze Zeit

habe ich ihn gesehn). Lorberg drückt diese Regel (l. c. S. 59) allgemeiner so aus: „zu dieser Wortfolge gehört auch der Fall, wenn irgend eine Nebenbestimmung den Satz eröffnet: jetzt ist der Knabe fleißig; heut schläft das Kind ruhig."

9) Auch bedient sich besonders die edlere und höhere Sprechart dieser Wortfolge sehr oft (rhetorisch), bloß dazu, um der Behauptung einer Aussage mehreren Nachdruck, festere Gewissheit zu geben, oder, wie Becker (l. c. S. 380) sagt, um das Verhältniß der Wirklichkeit auf nachdrückliche Weise zu bezeichnen. Man stellt dadurch die Aussage als eine allgemeine Wahrheit dar, der nicht widersprochen werden darf, die von jedermann anerkannt und zugegeben werden muß; deshalb fügt man ihr auch fast immer das Bindewort doch bei, das in ihr etwa die Bedeutung hat: es ist ja nicht zu leugnen, daß u. s. w..

So schreibt Schiller: ist Leben doch des Lebens höchstes Gut! hat die Königinn doch nichts voraus vor dem gemeinen Bürgerweibe! wart Ihr doch sonst so froh! kenn' ich sie doch kaum!

10) Hierher lässt sich auch der eigentlich sonderbare Fall rechnen, (wie es auch z. B. Bernhardt l. c. S. 304 und Becker l. c. S. 381 thun,) daß man, um das Subject eines Satzes hervorzuheben, und ihm einen höhern Nachdruck zu geben, dasselbe hinter die Copula setzt, aber zugleich noch an seine Stelle vor der Copula am Anfange des Satzes (, höchstens nach einem Bindeworte,) das unbestimmte Personwort es stellt. So erhält der Satz eigentlich zwei Subjecte, indem er unbestimmt und unpersönlich mit dem Subjecte es beginnt, und dann nach Nennung der Copula, durch das zweite Subject bestimmt und persönlich wird. Insofern man nun dies es ganz übersicht, es nicht als ein wahres Subject, sondern nur als ein ganz bedeutungsloses Anhängsel, Vorsetzwörtlein betrachtet, gehören solche Sätze zur fragenden Wortfolge. (Man thut also beim Gebrauch dieser Ausdrucksart, als ob man, indem man den Satz anfängt, noch nicht wüsste, ob demselben ein bestimmtes, persönliches Subject zukommen werde oder nicht; man kündigt das bestimmte Subject unbestimmt an. So singt in der edlern, dichterischen Sprache Ramler: es steigen Seraphim von allen Sternen nieder, und auch die einfachste Sprache des täglichen Lebens sagt: es ist ein Knabe da, der dich sprechen will, es ist ein Wolf geschossen worden.

11) Endlich steht diese Wortfolge auch noch, wenn durch die Inversion der Sätze, worüber wir bald näher sprechen wer-

den, der eigentliche Nachsatz von zwei (oder mehreren) Sätzen vorangesetzt wird: wo ich bin, sollen meine Jünger auch sein; daß du fleißig bist, weiß ich nicht, wirst du mich nicht überreden. (Doch stehen bei dieser Versetzung der Sätze auch andere Wortfolgen: ob du fleißig bist, das weiß ich nicht, davon kann ich nicht Auskunft geben; daß der König zu uns kommt, diese Nachricht freut mich sehr. Die folgende fünfte Abtheilung wird hierüber das Nähere besprechen.)

Es haben übrigens unsere Beispiele gezeigt, daß diese fragende Wortfolge sowohl in Haupt- als Nebensätzen statt findet: bringe du doch deinen Bruder mit, ist ein Hauptsatz; hätt' er auch keine große Lust dazu, ein Nebensatz.

VI. Wortfolge der Inversion.

1. Copula. 2. Prädicat. 3. Subject.

838) Wir wissen schon (aus § 828), daß die Benennung dieser Wortfolgeart durch Wortfolge der Inversion in so fern nicht passend ist und sein kann, als alle (sechs) Wortfolgearten in der Rede bald ohne, bald als Inversion statt finden können. So ist auch die jetzt zu besprechende (sechste) wenigstens für manche Arten der Hauptsätze die ganz natürliche und gewöhnliche Wortfolge, z. B., wenn wir (nach § 837, Nr. 10) das es nicht als Subject ansehen, in Sätzen wie: es lieben den Mann alle seine Bekannten, es helfe dem Armen der Reiche, es sind hier zu betrachten die Handlung selbst und ihre Folgen; besonders können oder müssen selbst die meisten Zwischensätze (nach der folgenden fünften Abtheilung) in derselben stehen: erbarmt euch, bat diese Hartherzigen meine arme Mutter, einer unglücklichen Wittwe; (wofür man freilich auch in der Frageform sagen kann: bat meine Mutter diese Hartherzigen;) ergreife doch, riefen dem Sinkenden die Leute am Lande (zu), die selbst ihn nicht zu retten vermochten, das schwimmende Brett. Namentlich steht diese Wortfolge auch nach dem die Art, eine Vergleichung oder Steigerung anzeigenden so (und dem veralteten also): so (also,) (,auf diese Art) rettete uns, seine Feinde, der brave Mann; so (,so sehr) hilft den Vertrauenden, erhebet die Demüthigen der gütige Gott; so (,eben so) unterstützte die Armen auch hier der Unbekannte, wie er es schon oft und an vielen Orten gethan hatte.

Dies letzte Beispiel ist eine Inversion für: der Unbekannte unterstützte die Armen hier eben so, auf dieselbe, auf gleiche, auf eben die Art, wie, in welcher er es schon oft gethan hatte;

solche Inversionen sind auch: er trank, da ergriff ihn, den Unglücklichen das Fieber; hier unterbrach den Zornigen der Richter; nun verleumdete niemanden mehr sein Mund. Und eben deswegen, weil diese Wortfolge meistens in solchen invertirten Sätzen vorkommt, hat man sie Wortfolge der Inversion genannt.

In Nebensätzen, sagt Bernhardt (l. c. S. 305), kommt diese Fügung wohl nicht vor; wenigstens ist sie nur eine seltene Inversion für dieselben: als verschwand aus unsern Augen der Elende; wenn entfernt ist vom Hause der Herr; wenn nicht sieht auf alles sein Auge, und nicht einrichtet alle Geschäffte er selbst (,so leidet das Ganze nur zu leicht den größesten Schaden).

Vierter Abschnitt.

Verbindung der Sätze mit einander und zu Perioden.

839) Wenn zwei oder mehrere Sätze mit einander zu größern Satzganzen, Satzgefügen und Perioden verbunden werden, so behält dabei entweder jeder einzelne Satz für sich seine volle Würde, Bedeutung und grammatische Form eben als Satz, oder es verlieren einer oder einige derselben dies ihre Satzform, und gehen in bloße Satztheile eines andern (,des Hauptsatzes) über, so daß sie ein Theil seines Subjects oder Prädicats werden, wobei sie sich oft zu einem einzigen Worte, zu einem bloßen Redetheil verkürzen, oder es behält auch kein einziger der verbundenen Sätze seine Form ganz unverändert, so daß ihre Verbindung dem sich durch dieselbe ergebenden Ganzen eine eigne Satzform giebt.

Alle diese Fälle müssen im gegenwärtigen Abschnitt näher besprochen werden. Und zwar wollen wir zuerst von der Verbindung der Sätze mit Sätzen für den Fall sprechen, wenn jeder derselben seine Satzform behält; dann von der Vertauschung der Sätze, insofern bei ihrer Verbindung ein Satz die Form einer andern Art von Sätzen annimt; hierauf von der Verkürzung und von der Zusammenziehung der Sätze, wobei ein Satz seine Satzform verliert, und in einen bloßen Satztheil eines andern Satzes übergeht; zuletzt aber wollen wir die Bildung der Perioden besprechen.

Die älteste und einfachste Art der zusammenhangenden Rede bestand und bestehet darin, daß man die einzelnen Sätze ohne alle äußern, grammatischen Zeichen ihrer Verbindung unmittelbar neben einander aufstellt. Dabei muß es dann aber oft schwer werden, das Verhältniß, in welchem sie zu einander stehen und stehen sollen, leicht und deutlich anzudeuten und aufzufassen; und dies musste eben Veranlassung zu einer künstlichern Verbindung derselben geben. Damit wir diese verschiedenen Verbindungsarten, um deren Auffassung für unsre Sprache sich die neuesten Grammatiker sehr große Verdienste erworben haben, genauer kennen lernen, sei es erlaubt, die Hauptangaben der vorzüglichsten unsrer neuesten Sprachlehrer hier aufzuführen, und mit Bemerkungen zu begleiten.

Zusatz. Je ungebildeter und ärmer eine Sprache ist, desto wenigere Mittel, und namentlich Bindewörter hat dieselbe für die Verbindung ihrer Sätze zu neuen Sätzen und Satzganzen (oder Satzgefügen und Perioden). Bei der erhöheten Ausbildung eines Volks und der damit unmittelbar verbundenen Ausbildung seiner Sprache müssen diese Mittel, und namentlich auch die Zahl der Bindewörter immer mehr und immer sinn- und kunstreicher vermehrt werden: es entstehen nach und nach verschiedene Formen und Arten der Sätze, Abkürzungen, Ellipsen derselben, Zusammenziehung mehrerer Sätze in einen einzigen, Erweiterung und Zusammensetzung derselben, Vertauschung der verschiedenen Formen der Sätze bei deren Gebrauch u. s. w., um dadurch der Sprache, bei der Verbindung der Sätze (zu Perioden), immer mehr Kürze, Fluß, (Numerus,) Rundung, Wohllaut und Schönheit zu geben.

So bedient sich die hebräische Sprache, als eine der ärmsten und ungebildetsten, nur sehr weniger Conjunctionen, fast bloß des Bindeworts und, zur Verbindung ihrer Sätze (und Perioden). Dagegen die griechische, als eine der reichsten und gebildetsten Sprachen, hat so viele und verschiedene Mittel zu diesem Zwecke, und namentlich auch so viele Bindewörter, daß selbst unsre deutsche ihr in diesem Vorzuge und in dieser Vollkommenheit noch immer nicht ganz gleich kommt.

(Mit der ganzen folgenden Untersuchung vergleiche man unsre Aufstellungen über die Eintheilung der Sätze in der ersten Abtheilung des zweiten Abschnitts dieses Hauptstücks, § 774 bis 778, Th. 4, S. 524 — 583.)

Erste Abtheilung.

Von derjenigen Verbindung der Sätze mit Sätzen, bei welcher jeder Satz ein voller Satz bleibt.

840) Herling sagt (l. c. Th. 2, S. 34) Folgendes im Allgemeinen über die Verbindung der Sätze: „Die logische Verbindung der Sätze beruht bloß in den Verhältnissen der Vorstellungen (,des Inhalts) der verbundenen Sätze. Die grammatische Verbindung ist eine Verbindung der Sätze als Satztheile (lieber bloß: Theile) zu einem Ganzen, zu einem (zusammengesetzten) Satze (,zu einem Satzgefüge, zu einer Periode). Diese Verbindung ist entweder unterordnend, subordinirend, in so fern der eine Satz bloß Satztheil (besser: Bestimmung) des andern, und zunächst von diesem getragen wird, (von demselben abhangt, durch ihn bestimmt wird,) oder sie ist beiordnend, coordinirend, in sofern sie beide als Theile eines Satzes zu einem andern Theile, sei dieser ein Wort oder ein Satz, in demselben grammatischen Verhältnisse stehen, z. B. beide (dem Sinne nach gleichsam) Subjecte oder Objecte oder Adverbien desselben Verbums, beide Adjectiven desselben Substantivs, beide Aussagen von demselben Subject sind (,dem Sinne nach ausdrücken) u. s. w.. So können Hauptsätze nur in grammatischer Beiordnung stehen, [wenn auch logisch einer dem andern untergeordnet ist,] Nebensätze können ihren Hauptsätzen nur untergeordnet, einander aber sowohl bei- als untergeordnet sein.

Die Sätze: er ist glücklich, er hat das große Loos gewonnen, sind nur logisch, aber nicht grammatisch verbunden. In der Periode: weil er mich so dringend bittet, ihn zu besuchen, und mir seinen Wagen geschickt hat, so will ich morgen zu ihm fahren, und Frau und Kinder mitnehmen, ist der verkürzte Substantivsatz ihn zu besuchen [,daß ich ihn besuchen soll oder möchte,] als Nebensatz dem Nebensatze weil er mich bittet grammatisch (und logisch) untergeordnet, dieser aber dem Nebensatze weil er den Wagen schickt beigeordnet, und beide sind den beiden einander grammatisch beigeordneten Hauptsätzen untergeordnet [,von denen der letzte ich will Frau und Kinder mitnehmen dem ersten ich will hinreisen logisch untergeordnet ist]." (Man vergleiche hiermit § 777, von Seite 536 an.)

841) Auf eine ganz ähnliche Art sagt Bernhardt (l. c. S. 308 — 344) über diese Verbindung der Sätze besonders Folgendes:

„Die grammatische Verbindung der Sätze ist entweder eine beiordnende oder eine unterordnende.

Beigeordnet heißt der Satz, welcher mit dem, an welchen er angefügt ist, gleiche grammatische Würde [und gleiche Wortfolge] hat, und nicht einen in denselben gehörigen Sprachtheil (Redetheil) umschreibt. Untergeordnet ist derjenige, welcher als Umschreibung eines in einen andern Satz gehörigen Sprachtheils diesem, welcher ihm übergeordnet ist und heißt, an grammatischem Werthe nachsteht. (Man sieht, daß diese Definitionen im Ganzen vollkommen mit der Erklärung des Haupt- und Nebensatzes übereinstimmen, ohne daß jedoch die Begriffe zusammenfallen.) Ueber die Zusammenordnung der Sätze gelten folgende allgemeinen Regeln: 1) ein Hauptsatz kann einem andern Hauptsatze nur beigeordnet sein: ich gehe fort (,) und du bleibst hier; 2) ein Nebensatz kann einem Hauptsatze nur unter-, und dieser ihm nur übergeordnet sein: ich weiß, daß er verreiset ist; 3) einem Nebensatze aber kann ein andrer Nebensatz entweder bei- oder untergeordnet sein. Im ersten Fall beziehen sich beide (oder alle) Nebensätze (,wenn deren mehr als zwei sind,) auf einen und eben denselben übergeordneten Satz, der in Gedanken vor dem zweiten (,vor jedem einzelnen) wiederholt werden muß: er gab nach, weil die Sache gleichgültig war, und [er gab nach,] damit er nicht als eigensinnig erschien; im andern Falle ist der eine Nebensatz bloß nähere Bestimmung des andern Nebensatzes, indem er einen in diesen gehörigen Sprachtheil umschreibt, weswegen er eine geringere grammatische Würde als dieser hat: überlege sorgfältig die That, damit du nichts zu bereuen hast, wenn sie geschehen ist. Zur Bezeichnung dieser Verbindung zweier Sätze dienen:

1) für die Beiordnung, sowohl bei Neben- als bei Hauptsätzen, die beiordnenden Bindewörter, die indessen oft auch ganz ausgelassen werden: er kommt, und ich gehe; (ich ließ fragen nämlich, ob er käme, oder ob ich ihn holen lassen solle;) der Lehrer ist krank, der Unterricht wird (daher) unterbrochen werden;

2) zur Anfügung der untergeordneten Sätze,

a) für die Nennsätze, und zwar für die aussagenden, wünschenden und befehlenden (u. s. w.), [der Satzartikel] daß, und für die fragenden, die einer formalen Ergänzung bedürfen, ob: ich fragte ihn, ob er zufrieden sei; [die fragenden Nennsätze, welche materiale Ergänzung bedürfen, und die man an ihrer Wortfolge und an den fragenden Deute- und Umstandswörtern, mit welchen sie anfangen, erkennt, z. B. ich fragte ihn, wer er sei, wie er heiße, haben kein unterordnendes Bindewort vor sich;]

b) für die Beisätze, die sich auf ein Besonderes oder auf ein Allgemeines beziehen, die rückbezüglichen Deute- und Umstandswörter; wage dich an keine Dinge, welche oder die du nicht kennst; er that alles, was er konnte; er war krank, weshalb er nicht kommen konnte;

c) für die Umstandssätze die unterordnenden Bindewörter [mit Ausnahme von daß und ob]: ich gehe, wenn du, da, indem, damit du Lärm machst."

(Bernhardts elf Classen der bei-, und zwölf der unterordnenden Bindewörter sind beim Abschnitt vom Gebrauch der Bindewörter angegeben, § 724, Th. 4, S. 215. Man sieht schon an ob, über welches Wort § 745 spricht, daß mehrere bei- und unterordnend zugleich sind. Uebrigens ist diese Annahme so vieler beiordnenden Bindewörter ein Vorzug Bernhardts vor Herling, der fast alle Bindewörter nur für die Adverbialsätze bestimmt.)

(Mit Bernhardts ganzer Angabe muß ebenfalls § 777 verglichen werden.)

842) Diesen beiden Angaben ist auch Schmitthenners (im Teut, Theil 2, S. 142 u. s. w.) ganz ähnlich.

Es nennt derselbe (in seiner Satzverbindungslehre) ein einheitliches Ganzes mehrerer Sätze (,die Verbindung mehrerer Sätze zur Einheit eines Ganzen) ein Satzgefüge oder Gesätze, und dies dann ein höheres, wenn darin wiederum Satz mit Satzgefüge oder Satzgefüge mit Satzgefüge zu einer grammatischen Einheit verbunden ist.

Derselbe sagt dann weiter: „die Anordnung der Sätze zu einem Gesätze geschieht entweder durch Beiordnung oder durch Unterordnung, und jedes Satzgefüge ist also entweder ein beiordnendes oder ein unterordnendes.

Insofern man das Verhältniß der Sätze, nach welchem sie entweder Haupt- oder Nebensätze sind, ihre grammatische Würde nennt, können nur Sätze von gleicher grammatischer Würde einander beigeordnet, und nur Sätze von verschiedener Würde einander über- und untergeordnet werden. Hauptsätze stehen zu Hauptsätzen jederzeit in dem Verhältnisse der Beiordnung, Nebensätze zu Hauptsätzen in dem Verhältnisse der Unterordnung, Nebensätze zu Nebensätzen endlich bald in dem Verhältnisse der Beiordnung, wenn sie mit demselben sich zugleich (und gleichmäßig) auf einen übergeordneten Satz beziehen, bald der Unterordnung, wenn sie zu näherer Bestimmung derselben dienen. (Das kann nur heißen: wenn der eine Nebensatz zur nähern Bestimmung eines andern Nebensatzes dient. Dies sind ja dann aber doch offenbar Sätze von gleicher grammatischer Würde, deren einer dennoch dem andern untergeordnet ist.)

Beispiele, in denen + die Beiordnung, ⌒ die Unterordnung, + ⌒ die Beiordnung im Verhältnisse der Unterordnung bezeichne, sind:

1) beigeordnete Sätze: Hunden und Igel werden ohne Stachel geboren, + aber wie sie nach der Geburt stechen, wissen wir alle („Fr. Richter);

2) beigeordnete Satzgefüge und Sätze: die heiligen Tiefen, ⌒ wo die Brunnen der Weisheit quillen, waren dem Menschengeiste verschlossen; + ängstlich bewahrte und bewachte den Schlüssel eine mächtige Priesterschaft;

3) untergeordnete Sätze: Geschichtsmaler ist ein wahrer Widerspruch, ⌒ da ein Maler nur einen Moment darstellen kann, + ⌒ und Geschichte nothwendig eine Reihe von Begebenheiten erheischt („Heinse). [Hier sind beide Erklärungssätze sich selbst bei-, dem Hauptsatze aber untergeordnet.)“ (Warum hat Schmitthenner kein Beispiel eines einem untergeordneten Satze untergeordneten Satzes gegeben? Ein solches ist: der Begriff eines Geschichtsmalers ist ein Widerspruch, ⌒ da ein Maler, ⌒⌒ der nur einen Moment darstellen kann, keine Reihe Begebenheiten darzustellen vermag, und [da doch] ⌒ Geschichte, ⌒⌒ wenn man dem gewöhnlichen Sprachgebrauch folgt, eine Reihe von Begebenheiten, ⌒⌒ wobei eine Zeitfolge gedacht werden muß, erheischt.)

843) Am ausführlichsten, und im Allgemeinen vollkommen wahr und richtig spricht Grotefend (l. c. S. 44—89), besonders in Beziehung auf Herlings (vorher angegebene) Aufstellung, über die Formen des Satzes in seiner Verbindung mit andern Sätzen. Es sei uns erlaubt, die wichtigsten seiner Angaben hier auszugsweise anzuführen, da auch seine logischen Bemerkungen und Bestimmungen zur Sache gehören, und von Bedeutung sind.

Er sagt vorzüglich Folgendes:

„Wenn Vorstellungen sich zu einem Gedanken verbinden, so sind dabei zwei Fälle möglich, nämlich

1) daß der Verstand jeder Vorstellung, die er zum Gedanken wählt, sowohl ihrem Inhalt als ihrer Form nach, gewiß ist, d. h. daß kein Zweifel obwaltet, ob diese oder jene

Ver-

Vorstellung unter dieser oder jener Form in den zu bildenden Gedanken treten solle, oder

2) daß der Verstand in Ansehung einer oder einiger Vorstellungen, sei es dem Inhalt oder der Form nach, ungewiß ist.

Im ersten Fall tritt der Gedanke als Urtheil hervor, und der Satz, der ihn ausspricht, ist ein Urtheilssatz; im zweiten Falle dagegen ist der Gedanke eine Frage, und der Satz, der ihn ausspricht, ein Fragesatz. (Dieser Unterschied der Sätze ist indessen kein formeller Unterschied.)

(Man sieht, Grotefend nimt bei dieser Abtheilung und Benennung die Wörter Frage und Fragesatz in einem allgemeinern Sinne, als es gewöhnlich geschieht, so daß sie nur die Ungewissheit im Ausdruck des Satztheils oder Satzes bezeichnen sollen, und er: [ich weiß nicht,] ob er kommen wird, wer er ist, was er wohl sein mag, wie schön ist diese Landschaft! auch zu den Fragesätzen rechnet, obgleich keine Antwort auf dieselben verlangt oder erwartet wird. Wir werden bald mehr darüber hören.)

Urtheile sind es, wenn man sagt: es donnert, man kommt, mein Bruder ist etwas geworden, du bist einmal hier gewesen, ich habe ihn irgendwo gesehen. Zwar weiß der Verstand im ersten und zweiten Satze das Subject, im dritten die Inhärenz des Prädicats, im vierten die Zeitbestimmung, im fünften die Ortsbestimmung nicht zu benennen; aber er sucht auch nicht nach der Benennung. Es ist gewiß, daß ein Es donnert, daß Personen kommen, daß der Bruder etwas geworden ist, gleich viel wer oder was, u. s. w.. Diese Gewissheit ist hinreichend, um die Sätze zu Urtheilen zu machen.

Zum Wesen eines Urtheils gehört übrigens nicht, daß es auf eine sinnliche Wahrnehmung oder auf einen Vernunftschluß gegründet sei. Das Bilden des Urtheils ist ein völlig selbstständiger Act des Verstandes. Ein falsches Urtheil: der Baum ist blau, ist auch ein Urtheil.

Jedes Urtheil hat, indem es vollzogen wird, (dem Ausspruche nach) unbedingte Gewissheit; doch kann diese Gewissheit durch ein anderes Urtheil entweder bestätigt oder aufgehoben werden: du bist glücklich, ich weiß oder ich vermuthe es, oder ich glaubte es bisher. Selbst wenn ein solches anderes Urtheil mit in das erste Urtheil als Dependenz des Prädicats aufgenommen wird, geht gleichwohl die Gewissheit nicht verloren. Denn nunmehr bildet das als Dependenz in das Prädicat aufgenommene Urtheil nur eine Einschränkung desselben, und mit dieser Einschränkung wird das Prädicat in eben der Gewissheit dem Subject beigelegt, wie vorher ohne diese Einschränkung, z. B.: du bist vermuthlich glücklich (, ich spreche es als gewiß aus, daß ich vermuthe: du bist glücklich); es verhält sich hier eben so, wie wenn andere Beschränkungen in das Prädicat treten: ich habe ihn wissentlich nie beleidiget, (so viel ich weiß, wusste,) du wirst nur mit deinem Freunde glücklich leben.

Erst dann, wenn ein Urtheil schon von einem andern abhangig (, als von ihm abhangend) gebildet wird, kann die von diesem herrührende Ungewissheit in dasselbe übergehen, und darin ausgedrückt werden, z. B.: ich glaubte, du wärest glücklich; angenommen, es sei so.

Zu den Urtheilssätzen gehören auch die Heischesätze, d. i. Urtheilssätze, die als Gegenstand eines Wollens ausgesprochen werden (: du sollst zu mir kommen. Die eigentlichen Imperativen will Grotefend nach S. 69 als Ausrufe gar nicht zu den Sätzen rechnen. Darin können wir ihm nicht beistimmen. Wie eine Frage, so ist auch der Ausruf ein Gedanken, in so fern er den Willen ausspricht, nur in abgekürzter Form, mit Auslassung eines ganzen Satzes ausgedrückt. Wie man sich bei der Frage: kaufst du den Garten? immer hinzudenkt: ich frage dich: kaufst du den Garten, ob du den Garten kaufest, so denkt man auch beim Imperativ: kaufe du den Garten? immer hinzu: ich will, befehle, bitte, wünsche, rathe, kaufe du den Garten, daß du den Garten kaufest. Vielleicht dienen eben deswegen die Fragen so elliptisch oft zu Befehlen, wenn man: kommst du? statt komm! sagt).

Der Fragesatz unterscheidet sich der Form nach von dem Urtheilssatze gar nicht.

Jeden Satz als eine Einheit kann der Grammatiker als formlos betrachten, sobald er die Art (und Weise) seiner Entstehung unberücksichtigt lässt. Die Form des einzelnen Satzes, insofern er ein Zusammengesetzter ist, gehört nicht hierher (, und ist früher besprochen); die Form des Satzes aber, der als eine Einheit betrachtet wird, ist die Art (und Weise) der Verbindung desselben mit einem andern Satze.

Hier unterscheiden sich zunächst zwei Formen, nämlich die Form der Beiordnung und der Unterordnung (, Coordination und Subordination).

Beigeordnet sind diejenigen Sätze, welche sich als Glieder

zur Rede an einander reihen, ohne daß der eine einen Theil des andern ausmacht; untergeordnet dagegen sind diejenigen, welche nicht ein Glied in der Rede, sondern nur den Theil eines Gliedes [eines andern Satzes] ausmachen.

Alle beigeordneten Sätze heißen Hauptsätze, die untergeordneten Unter- oder Nebensätze. (Grotefend bemerkt hierbei, daß auch unter den Vorstellungen, unter den Satztheilen eines einfachen Satzes Beiordnung statt finden kann. Uebrigens werden wir bald sehen, daß man in der jetzt besprochenen Abtheilung der Sätze neben den Haupt- und Nebensätzen noch die Relativsätze als dritte Art annehmen kann, und wir wissen schon, daß diese ganze Angabe nicht gut ist, da auch Nebensätze einander beigeordnet sein können.)

In der Beiordnung lassen sich zunächst drei Formen unterscheiden: die copulative, adversative und disjunctive.

Copulativ ist diejenige Beiordnung, in welcher die beigeordneten Sätze, sie mögen bejahend oder verneinend sein, als zugleich geltend erscheinen.

Diese copulative Form ist wieder zweifacher Art, je nachdem die Sätze durch ihr Aehnliches oder durch ihr Unähnliches auf einander bezogen werden; die erste, deren Zeichen und ist, heiße die compositive Form: mein Vater ist (nicht) zu Hause, und mein Bruder ist (nicht) ausgegangen; die zweite, deren Zeichen aber ist, heiße die dispositive Form: mein Vater ist (nicht) zu Hause, aber mein Bruder ist (nicht) ausgegangen. Im ersten Falle wird das Aehnliche der beiden Sätze: Vater und Bruder, im andern das Unähnliche: zu Hause sein und ausgegangen sein, in Beziehung gesetzt (,in Gedanken auf einander bezogen). (Wenn man sagt: mein Vater ist zu Hause, und mein Bruder ist auch zu Hause, so wird das Aehnliche der beiden Sätze: das Zu—Hause—sein des Vaters und das Zu—Hause—sein des Bruders auf einander bezogen; sagt man aber: mein Vater ist zu Hause, aber mein Bruder ist auch zu Hause, so wird das Unähnliche der beiden Sätze: Vater und Bruder, auf einander bezogen.)

Die Hinzufügung des Wortes zwar im ersten Satze, das, wie Herling sagt, ein Adverbium aus ze ware = in Wahrheit = es ist wahr, ist, deutet zwar schon auf ein Unähnliches im zweiten Satze hin, und kann nur ein aber nach sich haben; indessen die Verbindung beider Sätze wird auch durch dies zwar nicht geändert, und bleibt copulativ. (Grotefend bemerkt hierbei, daß es weiter keine Formen der copulativen Verbindung als die eben genannte compositive und dispositive giebt; die sogenannte numerative, partitive Verbindung u. s. w. gehören zu dem Inhalt, und nicht zu der Form des Satzes.) (Zur copulativen Beiordnung muß man auch Verbindungen mit weder, noch rechnen: er ist weder zu Hause noch im Garten, d. i. er ist nicht zu Hause, und er ist auch nicht im Garten; er will weder auf den Ball gehen, noch will er zu Hause bleiben. Hieraus sieht man schon, daß die wenigen Bindewörter, die Grotefend angiebt, die Sache nicht erschöpfen. Das ist hier indessen eine Nebensache.)

Adversativ ist diejenige Beiordnung, in welcher ein Satz durch den andern aufgehoben erscheint; ihr Zeichen ist sondern. Hier muß der erste oder vorhergehende Satz („besser: einer der beiden Sätze) jedesmal eine Negation, ein Verneinungswort enthalten.

Man kann die adversative Beiordnung durch Umkehrung der Satzfolge in eine copulative verwandeln, aber damit ändert sich immer auch zugleich der Sinn, z. B.: dieser Tisch ist nicht weiß, sondern [er ist] schwarz; dieser Tisch ist schwarz, und [er ist] nicht weiß. Im ersten Falle und Ausdruck wird ein positives Urtheil, das schon ausgesprochen oder gedacht war, durch die Negation nicht aufgehoben, und mit einem andern vertauscht; im andern Fall aber wird ein positives Urtheil und ein negatives verbunden. Im ersten Fall heißt es: das weiß sein des Tisches gilt nicht, das schwarz sein gilt; im letzten aber: das schwarz sein gilt, und das nicht weiß sein gilt auch. (Diese Unterscheidung ist offenbar etwas gekünstelt. Wenn man sagt: der Tisch ist weiß, aber nicht schwarz, so wird das jeder einen Gegensatz zu nennen geneigt sein, in welchem übrigens der zweite Satz die Verneinung enthält. Will man das nicht zugeben, nicht anerkennen, daß dieser Ausdruck gleichbedeutend sei mit: er ist nicht schwarz, sondern weiß, so müßte man ihn für grammatisch falsch erklären, und behaupten, es müsse und statt aber stehen: er ist schwarz, und nicht weiß, um dann Grotefends eben besprochene Bemerkung anwenden zu können.) Nicht copulativ, sondern adversativ ist auch folgende Verbindung: der Tisch ist nicht nur weiß, sondern auch schwarz. Es wird das nur [nichts anders als] weiß sein aufgehoben durch das auch schwarz sein. Nur und auch sind Adverbien, keine Bindewörter.

(Es versteht sich, daß aus dieser adversativen Beiordnung wieder eine copulative wird, wenn man die Construction ändert: dieser Tisch ist weiß, und [oder aber er ist zugleich auch] schwarz. Doch ließe sich auch wohl sagen, daß die ganze Verbindung durch nicht nur, sondern auch, insofern sie bloß für und [auch] steht, eine copulative Beiordnung bestimme; der Tisch ist nicht nur weiß, sondern auch schwarz, heißt: er ist weiß und [er ist dabei zugleich auch] schwarz. So sinnreich übrigens Grotefends Hülfsmittel ist, von der bisher allgemein als Bindewörter angenommenen Verbindung nicht nur — sondern auch die Theile nur und auch als Adverbien abschneiden zu wollen, damit der erste Satz nur weiß sein durch seine Negation nicht in Verbindung mit dem sondern des adversativen zweiten Satzes als aufgehoben erscheine, so kann man doch nicht umhin, dasselbe erkünstelt zu finden, indem gewiß kein Unbefangener in sondern auch als nachfolgend dem nicht nur eine Aufhebung des ersten Satzes durch den zweiten finden wird. Dagegen versteht es sich von selbst, daß z. B. er ist kein armer, sondern ein reicher Mann solche adversative Beiordnung ausspricht; in dieser darf aber auch nicht auch stehen. Wenn daher Grotefend weiter sagt:) Das auch kann fehlen, wenn das Prädicat (des beigeordneten Satzes) ein Majus in sich schließt, (einen höhern Grad der Aussage, der das Prädicat des ersten Satzes schon in sich schließt,) z. B. er ist nicht nur oder bloß wohlhabend, sondern reich (: so findet richtig eine wahre Aufhebung des ersten Satzes, des wohlhabend, nur oder bloß wohlhabend sein, als des Minus, als des niedrigern Grades statt, weshalb man auch das bloß oder nur ganz weglassen kann: er ist nicht wohlhabend; beim adversativen wird man dann aber nie auch setzen, so daß Grotefend billig nicht bloß sagen gesollt hätte, daß man in diesem Fall auch weglassen kann, da man es vielmehr weglassen muß, wogegen sich selbst, sogar oder dergleichen einschieben läßt: er ist nicht [nur, bloß, allein] wohlhabend, sondern selbst oder sogar reich. Das Minus verschwindet als sich von selbst verstehend, da es im Majus enthalten ist. So möchte es also wohl am natürlichsten sein zu sagen: er ist nicht nur mein Lehrer, sondern auch [zugleich] mein Freund, enthalte eine copulative, hingegen: er ist nicht mein Lehrer, sondern mein Freund, eine adversative Beiordnung; bei Verbindungen wie: er ist nicht nur [, bloß, allein] mein Lehrer, sondern mein Freund, müsste es vom Sinn abhangen, der ausgedrückt werden soll, je nachdem das [nur] Lehrer—sein als ein Minus durch das Majus Freund—sein ausgeschlossen werden soll oder nicht, ob man die Beiordnung adversativ oder copulativ nennen will. Es lässt sich vom Inhalt der Sätze zur Bestimmung ihrer grammatischen Form nicht immer und nicht ganz abstrahiren. Grotefend sagt ja auch selbst, daß grammatische und logische Formen keine Gegensätze sind, [S. 87,] sondern daß die grammatischen solche logischen Formen sind, die und in so fern sie in der Sprache ihre besonderen Zeichen erhalten haben. Darum kann der Sinn der Sätze auch auf die Benennung ihrer grammatischen Form Einfluß haben).

Disjunctiv endlich ist diejenige Beiordnung, in welcher ebenfalls der eine Satz durch den andern aufgehoben gedacht wird, nur ohne Entscheidung (,welcher der Sätze aufgehoben zu denken sei); das Zeichen ist oder, [entweder—oder,] z. B. dein Bruder ist (entweder) reich, oder [er ist] arm, d. h. ist dein Bruder reich, so ist das arm sein aufgehoben; ist dein Bruder arm, so ist das reich sein aufgehoben. Der Verstand verbindet die Sätze so, daß nach dem Ausdruck und der Satzform, wenn der eine gilt, der andere nicht gelten, daß er weggedacht werden soll; er hebt das eine durch das andere auf, so daß nur eines auf einmal gedacht werden soll. Ob in der That und Wahrheit wirklich nur ein Urtheil, oder ob keines gilt, oder ob beide gelten, das geht die Form nichts an.

Uebrigens versteht es sich von selbst, daß durch die eben genannten drei Formen der Beiordnung eben so wohl Fragsätze als Urtheilssätze verbunden werden können."

(Es ist schon vorher bemerkt, daß auch die Theile eines einzelnen Satzes, besonders eines solchen, der durch die Zusammenziehung zweier oder mehrerer Sätze gebildet ist, in solchem Verhältnisse der Beiordnung stehen können; so steht mein Bruder und eben so gesprochen in compositiv—copulativer Beiordnung im Satze: meinen Vater und meinen Bruder habe ich gesehn und gesprochen; in dispositiv—copulativer Beiordnung in dem Satze: mein Vater, aber noch mehr mein Bruder hat den Fremden zwar nicht erkannt aber gesprochen; adversativ stehen sie in: nicht mein Vater, sondern mein Bruder hat den Fremden nicht bewirthet, sondern nur gesprochen; disjunctiv endlich in: mein Vater oder mein Bruder hat ihn heut gesehn oder gar gesprochen.)

(Von diesen vier Bindewörtern und, aber, oder, sondern, welche die verschiedenen Arten der Beiordnung der Sätze ausdrücken, sagt Grotefend S. 77, daß sie im Grunde die einzigen sind, welche die Sprache hat. Darin kann man ihm nicht beistimmen.) (Ferner sagt Grotefend zur weitern Auseinandersetzung S. 54 Folgendes:)

„In der copulativ beiordnenden Verbindung der Sätze bieten sich folgende Erscheinungen dar:

1. Wenn der nachfolgende Satz eine Vorstellung, dem Inhalte nach, mit dem vorhergehenden Satze gemein hat, so wird diese (fast immer) nicht durch das Nomen, (das Wort dieser gemeinschaftlichen Vorstellung, sei es ein Haupt-, Beschaffenheits-, Umstands- oder Zeitwort,) sondern durch ein bestimmtes Pronomen (oder durch ein sich dazu eignendes Umstandswort u. s. w.) wiederholt. Beispiele sind: ich sah einen Menschen, der war stumm („d. h. und dieser Mensch war stumm); mein Freund war in Rom, da war ich auch, dahin komme ich nicht („d. h. und in Rom war ich auch u. s. w.); du kommst morgen, dann komme ich auch („d. h. und ich komme auch morgen); mein Freund ist glücklich, das bin ich auch („d. h. und glücklich bin ich auch); er lebt in Zufriedenheit, so lebe auch ich („oder so auch seine Frau, d. h. und ich lebe, und seine Frau lebt auch in Zufriedenheit; er hat ihn gesehn, so, eben so sein Sohn, d. h. und sein Sohn hat ihn gesehn).

Auf dieselbe Art kann auch der ganze vorhergehende Satz als eine Bestimmung des nachfolgenden gedacht, und in demselben vermittelst eines Pronomens oder Pronominaladverbs („Bindeworts u. s. w.) unter der erforderlichen Form wiederholt dargestellt werden, z. B.: du bist glücklich, das („d. h. daß du glücklich bist,) macht mir Freude, darüber freue ich mich, davon bin ich überzeugt, daher [„deswegen, deshalb, darum] bin ich ruhig; er spielte, da [„indem, nachdem, nachher, vordem, vorher] tanzten wir, außerdem that er nichts, ohne das konnte er nicht leben. Besonders wird oft durch den nachfolgenden Satz, der den vorhergehenden als Object in sich aufnimt, das in diesem enthaltene Urtheil näher bezeichnet als Gegenstand des Erkennens, Glaubens, Vermuthens, Besorgens, Wünschens, Befehlens u. s. w., z. B.: die Feinde werden nicht kommen, das sehe, weiß, vermuthe, besorge, fürchte, wünsche, hoffe, befehle ich. Oft ersetzt auch schon ein bloßes Adverbium einen ganzen solchen nachfolgenden Satz: der Feind wird gewiß, wahrscheinlich, vermuthlich, hoffentlich nicht kommen, und als Befehl wird ein Urtheil oft schon lediglich durch den Ton angekündigt, so daß der nachfolgende Satz ganz wegbleibt, z. B.: die Thür wird zugemacht! (das befehle ich.)

Wie auf diese Art Urtheilssätze in jeder Dependenzform in einen andern Satz hineingezogen werden können, so kann dies auch mit Fragesätzen geschehen: werden die Feinde kommen? das sehe ich voraus, das weiß ich nicht, das frage ich, das hoffe, fürchte, vermuthe, bezweifele ich; was wird aus dir werden? das macht mir Sorge, darüber bin ich in Sorge, davor zittere ich; wann wird er kommen? wie wird er aussehen? das musst du mir sagen, das möchte ich wissen, davor graut mir. So auch Verbindungen wie folgende: wie kann er dich beleidigt haben? das ist nicht wahrscheinlich; wie kann dies geschehen sein? das wundert mich, das begreife ich nicht u. dgl. m.. In allen solchen Verbindungen ist immer der ganze Fragesatz nach allen seinen Theilen in dem folgenden Satze durch das Pronomen (,Adverb oder Bindewort) wiederholt angedeutet.

2. Oft erscheint auch der nachfolgende Satz nur als eine Beigabe des vorhergehenden, was die Sprache theils durch eine veränderte Wortfolge bezeichnet, theils durch die Vertauschung des bestimmten Pronomens mit dem unbestimmten, (wie Grotefend sagt, das ist: des demonstrativen mit dem relativen Pronomen oder relativen Adverbien u. s. w.,) z. B.: ich sah einen Menschen, welcher oder der stumm war, mein Freund ist in Rom, was mir Freude macht, wo ich auch war, weshalb ich nachreisen muß. (Grotefend meint, hierher gehöre auch als, das im Allgemeinen Gleichstellung anzudeuten scheine, als welcher, alsdann [?], und als Bestimmungswort auch die Form all annehme, allwo, allhier, allwarum [?], so daß als z. B. in: man war in Verlegenheit, als ein Bote die Nachricht brachte, stehe für als wo, als wann, und so auch in: er war größer als ich dachte für: als wie. Diese Meinung möchte sich schwerlich beweisen lassen; doch ist die Sache weiter nicht wichtig. Man vergl. § 371, 2, Bd. 2, S. 301, 5.)

Diese Verwechselung der Zeichen, die Umsetzung der bestimmten in unbestimmte (,der demonstrativen in relative) Pronomen u. s. w. verändert nun gar nicht die Form des nachstehenden Satzes, der den vorstehenden ganz oder zum Theil in sich aufgenommen hat, und lässt die Art (und Weise) der Verbindung beider nicht im geringsten anders denken. Der Satz, der durch ein relatives Pronomen (,Adverbium, Bindewort, die veränderte Wortstellung u. s. w.) mit dem andern verbunden wird, geht dadurch nicht in einen integrirenden Theil desselben über, ob er gleich mehr an diesen hinangezogen wird, und in der Vorstellung etwas an Selbstständigkeit verliert. Deswegen kann man solche Sätze nicht zu den Nebensätzen rechnen, (wie Herling thut,) sondern sie bleiben Hauptsätze, und wenn man sie von diesen unterscheiden will, so kann man sie Relativsätze oder Beisätze nennen. Sollen dieselben gar nicht zu den Hauptsätzen gerechnet werden, so muß der Begriff von diesen enger, und von den Nebensätzen etwas anders gefasst werden; dann kann man alle Sätze in grammatischer Hinsicht, in Hinsicht ihrer Beziehung auf einander in die drei Classen der Haupt-, Bei- oder Relativ-, und Unter- oder Nebensätze theilen.

(Grotefend bemerkt hierbei sehr richtig, wenn die bloße Relation, Beziehung, das relative Pronomen hinreichend wäre, einen Satz zum Nebensatze zu machen, so würde man namentlich im Lateinischen ganze, anerkannte Hauptsätze und Perioden, die der Lateiner so gern durch qui im Lauf der Rede mit dem Vorhergehenden verbindet, zu bloßen Nebensätzen rechnen müssen.)

Es können diese Relativsätze selbst in einen andern Satz, gleichsam wie Enclaven, aufgenommen werden, ohne einen Theil desselben zu bilden: dein Bruder, den ich sehr lieb habe, wird mich besuchen. [Sie unterscheiden sich dann von den eigentlichen Parenthesen etwa nur durch ihr relatives Pronomen, Adverbium u. s. w.: dein Bruder (,ich habe ihn sehr lieb,) wird mich besuchen (,und solche Parenthesen wird doch niemand Nebensätze nennen).]

Dieselbe Erscheinung, welche wir hier an Urtheilssätzen wahrnehmen, zeigt sich auch an Fragesätzen. Die nähere Beziehung einer Frage auf ein vorangehendes Urtheil deutet die deutsche Sprache durch veränderte Wortstellung an, und wenn die Frage kein Fragwort hat, so erhält sie eine Partikel ob, [si, εἰ,] welche die Beziehung der Frage auf das Urtheil ausdrückt, z. B.: ich will den Menschen sehen; wer er sein mag? wir wollen den Mann anreden; ob er uns antwortet? [Videre volo hominem; quis sit? Appellare hominem volumus; si respondeat?]

Bei dieser Verbindung eines Urtheils mit einer Frage tritt

nun aber meistens eine elliptische Causalbeziehung ein, daß nämlich in der Ungewißheit einer Vorstellung kein Grund zur Zurückhaltung eines Urtheils liege. Diese Beziehung wird im Deutschen durch die Wörter („Adverbien sagt Grotefend,") auch, schon, zwar, gleich angezeigt: ich werde den Menschen anreden, wer [, wo, wie trotzig u. s. w.] er auch ist, was du auch sagen magst, ob er auch [, schon, zwar, gleich] trotzig aussieht. Dergleichen Fragesätze nun, mögen sie dem Urtheil folgen, vorangehen oder eingeschoben werden, bleiben doch immer, gleich den relativen Urtheilssätzen, Hauptsätze, so daß sie nicht integrirende Theile des Hauptsatzes bilden: wer du auch bist, ich will dich sehen; meinen Freund, wie lieb ich ihn auch habe, darf ich nicht verschonen; ich muß es thun, was du auch sagen magst, ob du auch zürnest" u. s. w.. [Grotefend bemerkt hierbei: „wenn ein Satz, der mit obgleich anfängt, scheinbar seinen Charakter als Fragesatz verliert, und als Urtheil gedacht wird, so verhalte es sich damit eben so, wie mit den Conditionalsätzen, in denen wenn für da oder weil zu stehen scheint, z. B.: obgleich mein Bruder reich ist = mein Bruder ist zwar reich; so auch: wenn dies nun ausgemacht ist = da dies ausgemacht ist." Das soll doch wohl heißen, daß auch obgleich eine Causalbeziehung in dieser Verbindung eines Urtheils mit einer Frage anzeige?]

(Der hier zum Grunde liegende Begriff der Frage ist zu sehr gegen den allgemeinen Sprachgebrauch, als daß Grotefend hoffen könnte, seine Benennungen und Abtheilungen in dieser Beziehung und Gestalt von allen Sprachlehrern anerkannt und aufgenommen zu sehen. Doch ist daran wenig gelegen; wie man in den vorigen Beispielen die Sätze: wer er auch ist, was du auch sagen magst, ob er gleich oder zwar trotzig aussieht u. s. w. auch nennen mag, Fragsätze, oder auch Urtheilssätze, und zwar Relativsätze u. s. w.: immer hat Grotefend gezeigt, daß sie nicht zu den Unter- oder Nebensätzen gehören, sondern Haupt- oder eben Relativ-, Beisätze sind. (Wie hieraus Appositionen werden, lehrt § 659.)

(Grotefend sagt S. 62 weiter:)

„Die Nebensätze können nur Dependenzen oder Inhärenzen eines andern Satzes ausmachen.

1. Die Urtheilssätze werden zu Dependenzen eines andern Satzes, indem sie entweder gerade zu in die Stelle der Dependenz eines Verbums treten, z. B.: ich sehe, [glaube, hoffe, vermuthe, wünsche u. s. w.,] du bist glücklich, (wo: du bist

glücklich grammatisch die Form eines Hauptsatzes hat, aber dem Begriff nach [logisch] ein Neben-, und zwar ein Dependenzsatz ist, für: daß du glücklich bist,) oder indem sie den Satzartikel daß, der zugleich eine Veränderung der Wortstellung oder —folge veranlasst, vor sich nehmen, und so dem Pronomen oder Adverb, (Pronominaladverb, sagt Grotefend,) das die Form der Dependenz anzeigt, beigefügt werden. (Wir wissen schon, daß es viele neuern Sprachlehrer lieben, was hier auch Grotefend thut, dies Bindewort daß, indem es den ganzen folgenden Satz gleichsam als ein Ganzes, als einen einzigen Begriff zusammenfasst, ihn gleichsam als etwas Selbstständiges aufstellt, den Satzartikel zu nennen.) Beispiele sind: ich weiß das, es, daß du gut bist, (gleichsam das Gut—sein, dein Gut—sein,) es dient dazu, daß du klug wirst, (gleichsam dem oder deinem Klug—werden,) so auch davon, daher, deswegen, daß, indem, nachdem, während dessen, daß, damit, so daß u. s. w.. Auf dieselbe Weise kann jeder Urtheilssatz auch in der Subjectsform auftreten, z. B. es ist mir lieb, daß du kommst (,d. i. dein Kommen ist mir lieb). Die Form dieser Verbindung wird zwar oft dadurch etwas verdunkelt, daß man bald dies Pronomen, Adverb u. s. w., bald daß weglässt; indessen ändert dies in der Sache nichts, z. B.: daß du kommst, ist mir lieb für: es, das, dies ist mir lieb, daß u. s. w., ich thue dies, daß oder damit du siehst für: damit, daß u. s. w., ich sehe, daß er groß ist, für: ich sehe es, das, daß u. s. w., nachdem er gekommen war, setzte er sich zu Tische für: er setzte sich zu Tische nachdem, daß er gekommen war, sie schlief, während ich arbeitete für: sie schlief während der Zeit, während dessen, (Grotefend sagt während dem,) daß ich arbeitete.

2. Wie die Urtheilssätze, so werden auch die Fragesätze zu Neben- oder Untersätzen, sobald sie an die Stelle des Subjects oder der Dependenz eines andern Satzes treten, doch nehmen sie nicht daß vor sich, und bedürfen auch meistens keines (Pronomens, Adverbs u. s. w. als) Andeuters ihrer Dependenzform [, welche gewöhnlich der Accusativ, ein Verhältniß ist, das als Accusativ des Hauptsatzes gedacht werden kann]. [Die Wortfolge der Theile des Fragesatzes stimmt mit der Wortstellung bei den Relativsätzen überein.] Beispiele sind: bist du mir gut? (das) war seine tägliche Frage; ich weiß (es) nicht, ich bin ungewiß [darüber], ob er kommt, was er ist, wie groß er wird, was er hat. (Wer diese letzten Bei-

spiele nicht zu den Frage-, sondern zu den Urtheilssätzen rechnet, für den gelten als Accusativfragen doch Beispiele wie: ich frage (es), was ist er? was will er?)

3. Von jenen Subjects- und Dependenzsätzen, die entweder Urtheils- oder Fragesätze sind, unterscheiden sich endlich noch diejenigen, welche nur zur Beschreibung einer Vorstellung dienen, und statt der Benennung dieser Vorstellung in den Satz treten. Diese Sätze heißen Correlativsätze. Es theilen sich nämlich die Urtheilssätze in bestimmte und unbestimmte, in Definitiv- und Indefinitivsätze, und diese letzten, die unbestimmten Urtheilssätze, die zur Umschreibung einzelner Vorstellungen dienen, heißen als Nebensätze Correlativsätze.

(Sie haben keine eigenthümliche Form. Wir haben diese Form schon in der copulativen Beiordnung gehabt, wo beide Sätze Hauptsätze waren: ich sahe jemanden, [einen, wen,] der war stumm, und so auch in Relativsätzen, wie: ich sah einen Mann, jemanden, der stumm war, ich sah das, was ich wünschte.) Ihr Wesen besteht darin, daß sich ein bestimmtes und unbestimmtes Pronomen (oder solche Adverbien, und überhaupt Partikeln) entsprechen. Aber es wird nicht, wie bei den Relativsätzen, der nachfolgende Satz an den vorhergehenden, sondern umgekehrt der vorhergehende Satz an den nachfolgenden angezogen, und zu diesem Behufe die Wortstellung des indefinitiven Satzes so geändert, wie in einem Relativsatze, wobei das unbestimmte Pronomen (oder Adverb), als die wichtigste Vorstellung des ganzen Satzes, in die erste Stelle tritt: welchen Menschen ich sah, der war stumm, was ich nicht weiß, das macht mich nicht heiß, wer tugendhaft ist, der ist glücklich, was ich wünschte, das sahe ich; so auch: wo du bist, da bin ich auch, wie groß der Vater ist, so groß ist auch der Sohn. (Wir kennen schon Grotefends von uns nicht angenommene Scheidung der Pronomen in definita und indefinita; bei der Bestimmtheit der Begriffe kann der Gebrauch dieser unbestimmten Benennung hier keine Irrung veranlassen.) In dieser Form nun (,und das ist, worauf es hier ankommt,) bildet der vorhergehende Satz einen integrirenden Theil des nachfolgenden, denn die Vorstellung, welche er umschreibt, ist für den (nachfolgenden) Satz nothwendig, und wird diesem in derjenigen Form einverleibt vorgestellt, welche das bestimmte Pronomen [pronomen definitum] anzeigt. [So ist: welchen Menschen ich sah, der war stumm, eben sowohl ein Subjectssatz wie: wer tugendhaft ist, der ist glücklich, eben weil beide in gleicher Form der stehen.] (Besser würden wohl in Beziehung auf die durch diese Correlativsätze be- und umschriebenen Casus des nachfolgenden Satzes diese Subjects-Nominativsätze heißen, wogegen jene Correlativsätze Genitivsätze heißen könnten, wenn die Nachsätze sind: dessen erbarmte ich mich, dessen erbarmt sich Gott, Dativsätze, wenn die nachfolgenden Sätze heißen: dem reichte ich die Hand, dem ist Gott gnädig, und Accusativsätze, wenn diese heißen: den wollte ich umarmen, den segnet Gott. Grotefend nennt so auch wo du bist in den vorigen Beispielen einen Locativsatz, wie groß der Vater ist einen Modalsatz u. s. w., und derselbe legt großes Gewicht auf diese Zerlegung der Correlativsätze, giebt auch noch an, daß Thiersch sie in seiner griechischen Grammatik, dritte Auflage, § 315, unwidersprechlich dargethan habe. Der nächste Paragraph, § 844, wird Schmitthenners Aufstellung in dieser Beziehung angeben; doch gestehen wir, daß diese ganze Annahme uns nicht als besonders wichtig erscheint. Dagegen hätte es Grotefend noch vorzüglich herausheben gekonnt, daß deswegen, weil diese Correlativsätze integrirende Theile des Hauptsatzes ausmachen, insofern sie einen Theil desselben umschreiben, sie nicht Hauptsätze sein können, sondern zu den Nebensätzen gerechnet werden müssen, und zwar sind sie Inhärenzsätze, wie er denn selbst sagt, daß nur sie allein Inhärenzsätze bilden können.)

„Die Stellung der Sätze und die Auslassung des bestimmten Pronomens bringen in der Form keine Veränderung hervor."

(Hiermit kann Grotefend nur sagen wollen: man mag setzen: was ich nicht weiß, das macht mich nicht heiß, oder bloß: was ich nicht weiß, macht mich nicht heiß, oder auch: das oder es macht mich nicht heiß, mich macht nicht heiß, was ich nicht weiß: immer ist was ich nicht weiß der Correlativ- und darum ein Dependenzsatz von das macht mich nicht heiß.

Aber eben um dieser Ursache willen, daß die Stellung keinen Unterschied im grammatischen Wesen, und namentlich in der Form der Sätze machen kann, wagen wir es nicht zu entscheiden, ob diese Correlativsätze so wesentlich von den Relativsätzen unterschieden werden dürfen, daß diese zu den Haupt-, und jene zu den Nebensätzen gehören. Was du mir gegeben hast, das alles nim in dieser Schachtel zurück, enthält zuerst einen Correlativsatz, den doch jeder zugleich auch einen Relativsatz zu nennen geneig. ist, besonders wenn man ordnet: nim alles wieder, was du mir gegeben hast. Und könnte man denn nicht auch bei dem bestimmten Relativsatze: nim die Bücher wieder, welche du mir gegeben hast, sagen, daß derselbe nichts thue, als das bestimmte Object des Hauptsatzes die Bücher umschreiben, wie man ihn denn auch gar leicht durch Concretion in einen integrirenden Theil dieses Hauptsatzes verwandeln kann? Nim die mir von Dir gegebenen Bücher zurück. Zwar sagt Grotefend noch:)

„Eine wesentliche Veränderung in der Form erleiden jedoch diejenigen Correlativsätze, in denen dem unbestimmten Pronomen [pron. indefinitum] ein Substantiv inhärirt. Ein solches Substantiv pflegt sich mit dem demonstrativen Pronomen zu verbinden, sobald die Stellung der Sätze sich umkehrt, und dann erscheint der Correlativsatz als Inhärenzsatz des Substantivs, der sich auch in vielen Fällen in eine einfache Inhärenz (als Satztheil) verkürzen lässt; z. B.: welchen Menschen ich gesehn habe, der u. s. w. = der (,derjenige, dieser) Mensch, welchen ich gesehn habe, = der von mir gesehene Mensch. Man sieht hier, wie sich der Correlativsatz von dem bloßen Relativsatze unterscheidet; denn wenn gleich auch dieser in eine Inhärenz übergehen kann, so bildet eine solche Inhärenz [,die eigentlich Apposition sein sollte,] doch nie eine nothwendige Bestimmung des Substantivs, während dies mit den aus Correlativsätzen entsprungenen Inhärenzen immer der Fall ist."

(Aber von dieser Bedingung der Relativsätze, daß sie, zu Inhärenzen umgestellt, keine nothwendigen Bestimmungen des Substantivs bilden müssen, hat Grotefend vorher bei den Relativsätzen nichts bemerkt. Derselbe sagt S. 57, 58 ausdrücklich, daß der Relativsatz, der den Theil eines andern Satzes, oder den ganzen Satz in sich aufgenommen hat, sei es durch ein bestimmtes oder unbestimmtes, relatives Pronomen, dadurch in einen Nebensatz übergeht, daß Sätze, die durch relative Pronomen an andere geknüpft werden, wohl andere Zeichen, aber ganz dieselbe Form haben wie diejenigen, die durch bestimmte Pronomen verbunden werden, indem die Art der Verbindung der Sätze durchaus nicht verschieden gedacht werde.

Er giebt als Beispiel solches Relativsatzes an: dein Bruder, den ich sehr lieb habe, versicherte mich u. s. w.. Soll dies nun nicht nach der jetzigen Bestimmung ein Correlativsatz sein, so muß er keine nothwendige Bestimmung des Hauptworts Bruder sein, er muß nicht als ein integrirender Theil des Hauptsatzes gedacht werden. Er muß also nicht stehen für: dieser dein Bruder oder derjenige Bruder, derjenige deiner Brüder, welchen ich sehr lieb habe, [nicht derjenige andre Bruder, welchen ich nicht liebe,] versicherte mich. Denn wenn dies der Sinn sein sollte, so wäre der Satz: welchen ich sehr lieb habe, doch wohl offenbar eine nothwendige Bestimmung des Substantivs Bruder, der Sinn: dein von mir sehr geliebter Bruder, und der Satz also ein Correlativsatz. Auf diese Art also hinge die grammatische Bestimmung der Satzformen ganz vom Inhalt ab, und man könnte wohl im Allgemeinen Relativ- und Correlativsatz definiren, aber in tausend Beispielen könnten dieselben Sätze bald Relativ- bald Correlativsätze sein. Will man die Sache so auffassen, so lässt sich im Allgemeinen nichts dagegen einwenden; nur dürfte man nicht jede andre Ansicht, Benennung und Abtheilung geradezu verwerfen. Man müsste dann die Abtheilung etwa so aufstellen:

Alle Sätze sind in Hinsicht der Beziehung auf einander beigeordnete ('Hauptsätze) oder untergeordnete ('Nebensätze);

die beigeordneten sind copulative, adversative oder disjunctive;

die untergeordneten sind Dependenzsätze und Inhärenzsätze. Sowohl die Haupt- als Nebensätze können Relativsätze sein, und sie sind es, wenn sie durch relative Pronomen oder Partikeln beiordnend oder unterordnend mit andern verbunden werden. Sind diese Relativsätze als Inhärenzsätze integrirende Theile ihrer Hauptsätze, so führen sie noch besonders den Namen Correlativsätze.)

(Endlich lehrt Grotefend S. 69 weiter:)

„Alle Vorstellungen, welche der Verstand verbindet, müssen in irgend einem Verhältnisse, d. i. in einer gewissen Beziehung zu einander stehen. Diese Beziehung ist, insofern sie gedacht wird, in jedem Fall eine logische. Nun aber sind die Beziehungen so unendlich manchfaltig, daß keine Sprache im Stande ist, sie durch besondere Zeichen alle von einander zu unterscheiden. Daher kann die Sprache nicht so viele verschiedenen Zeichen für die Formen der Vorstellungen und Sätze, d. i. für die Angabe der Arten dieser Beziehungen haben, wie es logische Formen derselben giebt. Die Zeichen aber, welche eine Sprache wirklich hat, um in und an ihren Wörtern die logischen Formen zu unterscheiden, heißen eben ihre grammatischen Formen, und diese sind also natürlich auch immer zugleich logische Formen; sie sind sprachliche Zeichen der logischen Formen. Sehr viele logischen Beziehungen haben demnach, wie gesagt, gar keine eigenthümlichen grammatischen Formen oder Zeichen der Beziehungen; aber auch, wo es deren giebt, nimt man sie doch oft gar nicht, oder nur unvollständig, wenn namentlich die logischen Formen in der Verbindung der Sätze und Satztheile doch schon deutlich sind, und man kurz und lebendig sprechen will, wie denn auch bei aller Verkürzung der Sätze die grammatische Form ganz oder zum Theil verloren geht, die überhaupt meistens nur einen Theil der logischen Form ausmacht und angiebt. Sagt man z. B.: mein Vater ist krank, ich kann nicht kommen, so haben beide Sätze, als Einheiten betrachtet, gar keine grammatische Form; sagt man: mein Vater ist krank, daher kann ich nicht kommen, wobei logisch beide Sätze als Hauptsätze im Verhältnisse der Beiordnung als Glieder der Rede stehn, jedoch der erste zugleich wiederholt (in dem Worte daher) sich im Verhältnisse der Unterordnung denken lässt, so ist die grammatische Form nur an dem Bilde des zweiten Satzes, an dem da in daher vollzogen; nur erst wenn man sagt: ich kann nicht kommen, weil mein Vater krank ist, wo nur ein Satz als Hauptsatz, Glied der Rede, und der andre bloß als Theil, demselben untergeordnet vorgestellt wird, ist dieser Satz selbst in die grammatische Dependenzform getreten." (Sagt man: da mein Vater krank ist, so kann ich nicht kommen, so haben beide Sätze eine grammatische Form zur Bezeichnung ihrer logischen Form oder Verbindung angenommen. Bei der verhältnissmäßig geringen Anzahl der grammatischen Formen ist es natürlich, daß dieselbe grammatische Form zur Angabe mehrerer logischen Formen oder Beziehungen dienen muß; dies hindert aber nicht, daß Grotefend doch Recht hat, wenn er S. 73 noch sagt:) „Zur Bezeichnung einer und derselben logischen Form können (umgekehrt auch) verschiedene grammatischen Formen gewählt werden, und das nicht nur bei mehreren mit einander verbundenen ganzen Sätzen, wie in dem vorigen Beispiel: mein Vater ist krank, ich kann nicht kommen, oder: daher kann ich nicht kommen u. s. w., sondern selbst in den Satztheilen eines einzigen Satzes: das Schloß des Königs, das königliche Schloß, das vom Könige bewohnte (, dem Könige gehörende) Schloß u. s. w..

Hier bezeichnet im ersten Ausdruck die grammatische Form

(des

(des Genitivs) nur das Verhältniß der Dependenz zwischen den Begriffen Schloß und König (,wie denn der Genitiv überhaupt die Verbindung zweier Vorstellungen im Dependenzverhältnisse, doch auch nur im Allgemeinen eben dies, und weiter nichts bezeichnet, ob es gleich sehr viele verschiedenen Arten der Dependenzen giebt, die man indessen nur dann erst durch andere, bestimmtere grammatischen Formen als den Genitiv angiebt, wenn die Bedeutung der Vorstellungen das logische Verhältniß nicht mehr mit Bestimmtheit erkennen läßt); im zweiten Ausdruck das königliche Schloß wird schon die Dependenz König durch eine Inhärenz (des Adjectivs) mit der Vorstellung Schloß verbunden dargestellt, und ein Merkmal des Schlosses bezeichnet; erst im dritten Ausdruck das vom Könige bewohnte Schloß (u. dgl.) ist die logische Form auch grammatisch erschöpft." (Man vergleiche § 646, Theil 4, Seite 3, § 650, S. 7 und besonders Seite 15 — 18.)

844) Grotefends Angabe der verschiedenen Arten von Correlativsätzen führt Schmitthenner (im Teut, Theil 2, Seite 122 u. ffg.) in der Satzformenlehre (,welche, sagt derselbe, die Form des Satzes angiebt, die er als Glied eines größern organischen Ganzen, eines Satzgefüges annimt,) noch weiter aus. Indem sich nämlich derselbe auf seine Theorie der Casus stützt, (man sehe Zusatz zu § 308, Theil 3, Seite 678 und § 658, Theil 4, Seite 64, und § 781, S. 568,) sagt er: „die Satzformenlehre hat es nur mit den Nebensätzen (,nicht mit den Hauptsätzen) zu thun, weil nur diese in gewisse Verhältnisse treten, und diesen gemäße Formen annehmen.

Dieselben acht Verhältnisse, in welche das Wort zu dem Worte zu stehen kommen kann, treten auch bei den Sätzen ein. Jede der [drei] Arten der Nebensätze hat darum eine achtfache Form; doch finden außer diesen noch Nebenformen statt, [wie bei dem Worte, wo dieselben durch die Präpositionen bezeichnet werden können,] und auch die zeitbestimmenden Sätze machen eine eigene Classe aus.

I. Die Formen des abhangigen Satzes.

Verhältniß.	Fallform.	Namen des Satzes.	Beispiel.
1. Subject.	Nominativ.	Subjectssatz.	Daß ein Gott ist, ist gewiß.
2. Adnominales Verhältniß.	Genitiv.	Genitivsatz.	Die Ueberzeugung, daß er redlich handelt.
3. Betheiligung.	Dativ.	Dativsatz.	Die Strafe dient dazu, daß der Sträfling sich bessere.
4. Object.	Accusativ.	Objectssatz.	Ich weiß, daß er kommt.
5. Art und Weise.	Modalis.	Modalsatz.	Er ist so schlecht, daß ihn niemand achtet.
Nebenform. a. Rücksicht.		Rücksichtssatz.	Je nachdem, daß jemand handelt.
b. Absicht.		Absichtssatz.	Damit, daß er sich bessere.
6. Ausgangspunct.	Causalis.	Causalsatz.	Indem daß alle wissen.
	Er theilt sich in	a. Illativsatz.	Darum daß es regnet.
		b. Ursachsatz.	Obgleich daß bekannt ist.
Nebenform ist der Erinnerungssatz.			
7. Ruhepunct.	Localis.	Localsatz.	Darin daß wir Recht thun.
8. Ziel.	Terminalis.	Zielsatz.	Dahin streben alle, daß sie glücklich werden.

9. Zeitbestimmende Sätze. Diese theilen sich in

a. die unmittelbaren Zeitsätze, welche nach den Verhältnissen des Ausgangspunctes, des Ruhepunctes und des Zieles [wohin] sich abtheilen,

α) woher: seit daß; seit Pallas aus des Vaters Haupt entsprang;

β) wo: indem daß; während Cäsar sich in Rom befand;

γ) wohin: bis daß; ich will, bis ich Asche werde, mich der Erde freuen;

und in b. die mittelbaren Zeitsätze, in welchen die Zeit nach den (uns bekannten) neun möglichen Verhältnissen vergleichend bestimmt wird.

II. Die Formen des Nennsatzes.

Verhältniß.	Fallform.	Namen des Satzes.	Correlate Deutewörter.
1. Subject.	Nominativ.	Subjectssatz.	Der, das, — Wer, was. (Wer schläft, der sündigt nicht.)
2. Adnominales Verhältniß.	Genitiv.	Genitivsatz.	Dessen, — Wessen. (Weß das Herz voll ist, deß geht der Mund über.)
3. Betheiligung.	Dativ.	Dativsatz.	Dem, — Wem. (Wem ein Amt wird, dem wird Verstand.)
4. Object.	Accusativ.	Objectssatz.	Den, das, — Wen, was. (Was sich liebt, das neckt sich u. s. w.)
5. Art und Weise.	Modalis.	Modalsatz.	So, — Wie.
Nebenformen: a. Verhalten.		Verhaltsatz.	(Desto, — Je;
b. Einschränkung.		Restrictivsatz.	Wo — Wo.)
6. Ausgangspunct.	Causalis.	Causalsatz.	Sofern, — Wiefern.
7. Ruhepunct.	Localis.	Localsatz.	
Arten: a. Ortsbestimmung.		Ortssatz.	Da, — Wo.
b. Zeitbestimmung.		Zeitsatz.	Dann, — Wann.
c. Bedingung.		Bedingsatz.	Denn, — wenn.
d. Einräumung.		Einräumungssatz.	Dennoch, — Wenn auch.
8. Ziel.	Terminalis.	Zielsatz.	Dahin, — Wohin.

III. Die Formen des Beisatzes.

Verhältniß.	Fallform.	Namen des Satzes.	Deutewort.
1. Subject.	Nominativ.	Subjectssatz.	Welcher, e, es. (Der Mensch, der Gott fürchtet, ist glücklich.)
2. Adnominales Verhältniß.	Genitiv.	Genitivsatz.	Dessen.
3. Betheiligung.	Dativ.	Dativsatz.	Welchem.
4. Object.	Accusativ.	Objectssatz.	Welchen.
5. Art und Weise.	Modalis.	Modalsatz.	Mit welchem u. s. w..
6. Ausgangspunct.	Ablativ.	Ablativ- oder Causalsatz.	Aus welchem u. s. w..
7. Ruhepunct.	Localis.	Localsatz.	An welchem u. s. w..
8. Ziel.	Terminalis.	Zielsatz.	Zu welchem u. s. w."

[In der nun folgenden Satzbiegung giebt Schmitthenner die Abwandelung der Sätze durch diese Verhältnisse an, die er auch Deklination (der Sätze) nennt. Bei den Fall- oder unmittelbaren Bestimmungssätzen geschieht dieselbe an dem Satze selbst, bei den Relativsätzen an dem die Beziehung ausdrückenden Deutworte. Die Biegung des Fallsatzes ist theils eine innerliche, wo das Verhältniß des Satzes durch innerliche Veränderung dargestellt wird, theils eine äußerliche oder umschreibende, wo das Verhältniß des Satzes durch Deutewörter und Satzpräpositionen (weil, bevor, indem u. s. w.) bezeichnet wird. Daß nennt auch er den Satzartikel, der bei den Sätzen indessen, wie der Wortartikel, oft wegbleiben kann, z. B. seit ich hörte für seit daß ich hörte. Die Beispiele hier bei Nr. I. machen den Sinn dieser Biegung und die Biegung selbst deutlich, und wir müssen uns begnügen, darauf zu verweisen.]

(Daß und warum wir nicht im Stande sind, auf diese ganze Ansicht und Abtheilung einzugehen, haben wir im Vorhergehenden bereits mehrere male bemerkt und auseinandergesetzt.)

845) Alle diese Aufstellungen der vorigen Paragraphen zeigen nun hinreichend, daß und wie zwei oder mehrere Sätze auf sehr verschiedene Art mit einander zu größeren Satzganzen verbunden werden können, ohne daß sie deswegen aufhören, vollständige Sätze für sich zu sein; aber auch, daß es nicht möglich ist, die fast zahllosen Fälle, die hierbei statt finden können, alle vollständig anzuführen. Der Grammatiker kann sich hierüber um so eher beruhigen, da es Sache des Denkens, und demnach der Logik ist, die Arten der Gedanken und ihrer Verbindung aufzustellen und zu classificiren, er aber nur die Verpflichtung hat, die sprachlichen Formen dieser Verbindungen aufzufassen und anzugeben. Und das ist für unsre gegenwärtige Abtheilung im Vorhergehenden geschehen.

Zweite Abtheilung.

Von der Vertauschung der Satzarten bei ihrer Verbindung mit einander.

846) Bekanntlich lässt sich wohl in jeder, selbst in der ärmsten, und um so mehr in einer so reichen Sprache, wie unsere deutsche ist, eine und eben dieselbe Vorstellung fast immer auf mehr als eine Art, durch verschiedene Wörter und Worte, die selbst verschiedene Redetheile sein können, ausdrükken, sogar ohne daß man dadurch immer berechtigt wird, diese Wörter für gleichbedeutende, für Synonymen zu erklären, ob sie gleich im Zusammenhange des Satzes, in welchem sie gebraucht werden, ganz oder doch fast ganz denselben Sinn geben. Beispiele sind: jetzt schlägt die Mittagsstunde, die Essglocke, die Betglocke, jetzt schlägt es Mittag, zwölf Uhr, die ersehnte Arbeitspause, die volle Zahl, die höchste Zahl, die Arbeitsfeier u. s. w.; ich höre singen, ein Singen, das Singen, Gesang, harmonische Töne, Harmonie, Melodie, Sänger, Gesungenes u. s. w.; er kommt bald, nach weniger, nach kurzer Zeit, in Kurzem, nach gar nicht langer Zeit u. s. w.. Gerade eben so drückt man auch sehr oft einzelne Vorstellungen durch ganze Gedanken, durch ganze Sätze, vollständige und unvollständige, elliptische oder verkürzte, aus; bei Münden ist ein bekanntes Belvedere, Bellevue, Lusthaus, Panorama, Sieh—dich—um; bei diesem nahm er die Flucht, Reiß—aus, und zertrat tausend Vergiß—mein—nicht, Mauseohren, Myrsolis; es schlägt zwölf Uhr, es schlägt: komm essen, du sollst essen, hör auf zu arbeiten! u. s. w.; ich höre singen, Gesang, daß man singt, man singt, daß gesungen wird, es wird gesungen

u. s. w.; er kommt sehr bald, unverhofft, eh' man es denkt, früher, als du glaubst, als es dir lieb ist, es wird nicht lange währen, du brauchst nicht lange zu warten u. s. w..

Und so ist es ganz natürlich, daß auch ein und eben derselbe Gedanken meistens noch weit mehr auf sehr verschiedene Art, oft mit gar keiner oder doch nur sehr geringer Veränderung des Sinnes durch sehr verschiedene Sätze, wobei sich statt vollständiger sehr oft auch unvollständige, abgekürzte, elliptische Sätze, ja einzelne Wörter nehmen lassen, ausgedrückt werden kann.

Wenn man z. B. den Gedanken ausdrücken will: der fleißige Schüler ist seinen Lehrern lieb, so kann man dafür auch sagen: der Schüler mit Fleiß ist, oder: er ist, wird durch Fleiß, wenn er fleißig ist, wenn er Fleiß beweiset, wenn er willig und thätig arbeitet, seine Kräfte anstrengt, sich ernst Mühe giebt, seinen Lehrern, denen die ihn belehren, unterrichten, unterweisen, anleiten, ausbilden, die ihm Unterricht geben, lieb, werth, theuer, angenehm, er macht ihnen Freude, gewinnt ihr Wohlwollen, ihre Zuneigung, Liebe u. s. w., u. s. w.. Alle diese und solche verschiedenen Ausdrucksarten pflegt man indessen nicht Vertauschungen, Vertretungen der ersten, sondern eben nur verschiedene Ausdrucksarten („Umformungen, sagt Herling,) zu nennen.

„Nur da, sagt Herling (l. c. Th. 1, S. 167,) wo das Gefüge (nach den Regeln der Logik und Grammatik) das Dasein eines Satztheils („Redetheils) von bestimmter Form („und eben so einer bestimmten Art der Sätze) fordert, und statt dessen ein anderer Satztheil („eine andere Art der Sätze) seine Stelle vertritt, sind wir befugt, ja gezwungen, den letzten als den Stellvertreter des ersten anzusehen. Bei jeder Vertretung muß eine solche Nothwendigkeit zu Grunde liegen." Dies erläutert sich ganz deutlich durch ein Beispiel. Wenn man sagt: vernünftige Menschen loben fleißige Schüler, Menschen, so fordert der Gedanken und das Zeitwort ein Hauptwort, den Ausdruck eines selbstständigen Wesens oder Dinges, sowohl zum Subject als zum Object. Dies erkennt nun auch die Sprachlehre so sehr an, daß sie, wenn man statt jenes Ausdrucks sagt: wir loben die Fleißigen, das wir und die Fleißigen nicht nur Stellvertreter von Substantiven, sondern geradezu wir ein substantives Pronomen, und die Fleißigen ein substantives Adjectiv, oder auch selbst ein Substantiv nennt, wodurch dieselben sogleich als Stellvertreter der Substantiven anerkannt werden. Eben so nennt man die

Sätze: (er nahm) Reiß—aus, ein Vergiß—mein—nicht, (er hatte) ein Stell—dich—ein, Rendez—vous (mit ihm), eben als Stellvertreter von Substantiven auch geradezu Substantiven.

Auf eine ähnliche Art kann man umgekehrt Substantiven, besonders mit Präpositionen, oft als Stellvertreter von Adverbien und Adjectiven betrachten: er kommt bei Zeiten statt früh; du findest ihn diesen Morgen nicht zu Hause, für heute früh; du bist wohl Tobias, d. i. blind, ein Mars, ein Held statt kriegerisch (gesinnt); du trinkst ein Faß, ein Quart für viel zu viel, ein Faß Wein für (zu) vielen Wein; sein Besuch zur Unzeit für unzeitiger, er geht zur Rechten (Seite) für rechts, (wie man bald Anfangs, bald anfangs schreibt,) so auch elliptisch von ganzen Sätzen: Doctor Luther, d. i. welcher Doctor ist, war; Rache! d. i. ich will mich rächen, du sollst dich rächen, möge Gott es rächen, bestrafen u. s. w.; guten Abend, d. i. ich wünsche, wir wünschen dir, euch, ihnen einen guten Abend u. s. w..

Namentlich stehen auch substantive Adjectiven mit Präpositionen für Adverbien: in Kurzem für bald, bei weitem für weit, sehr, auf's beste, am besten für bestens, das geht ins Weite statt weit; umgekehrt aber auch Umstands- für Beschaffenheitswörter, und überhaupt Adverbien für Adjectiven und Substantiven: die Post ist durch für durchgefahren, sie ist zu für zugeschlossen, die Kirche ist aus für geendigt, es ist hell Tag für heller, ganz Berlin für das ganze, es ist hell, steh auf für es ist Tag, der Tag ist angebrochen, steh, steig, komm aus dem Bett, von deinem Nachtlager.

847) Eben so werden nun auch Sätze verschiedener Art für einander gesetzt, mit einander vertauscht, so daß die eine Satzart, Satzform der Vertreter, Stellvertreter einer andern ist.

Ueber diese Vertauschung der Sätze sagt Herling (l. c. Th. 2, S. 112) besonders Folgendes:

„Man setzt statt der Nebensätze gern und oft Hauptsätze, um einen Gedanken mehr hervorzuheben, oder ihm neue Bestimmungen beizufügen; doch darf dadurch der Charakter der (logischen) Unterordnung nicht aufgehoben werden. Diesen Charakter der Unterordnung behält aber namentlich der statt eines Substantivsatzes (,sieh § 778, Th. 4, S. 540,) gesetzte Hauptsatz bei: 1) wenn der regierende Satz den Indicativ, der unmittelbar folgende regierte den Conjunctiv hat: ich glaubte nicht, du seist so furchtsam, für daß du seist; haben dagegen beide Sätze den Conjunctiv, so wird die Unterordnung undeutlich: du würdest es glauben, er werde oder würde überzeugt werden, wofür man beibehalten muß: daß er überzeugt werden würde; 2) wenn der regierende, dem Sinne nach affirmative Satz nothwendig den regierten als Substantiv(satz) fordert, und ohne ihn unvollständig wäre: du würdest glauben, oder du glaubst, oder glaubst du, er würde oder werde überzeugt werden, wo die Auslassung des Objects es im regierenden Satze die Unterordnung des folgenden Satzes bedingt; aber nicht: ich glaube oder behaupte nicht, er wird kommen (für: daß er kommen werde oder wird), wegen der Negation nicht. (Man wird zugeben müssen, daß Herling hierin Recht hat, da der Gebrauch des sogenannten Substantivsatzes hier offenbar nicht recht deutlich, im vorhergehenden Beispiele aber ganz deutlich ist, ob sich gleich wohl selbst die besten Schriftsteller Abweichungen von dieser Aufstellung erlauben, die ja auch Herling gar nicht verbietet; wenn derselbe aber auch Vertauschungen wie: er sagte, er könne nicht glauben, er werde es besser machen, nicht zu empfehlen nennt, so geht er wohl zu weit, da hier der Conjunctiv des letzten Satzes dessen Unterordnung unter den vorhergehenden deutlich genug macht. Doch hebt auch Herling selbst die zu weite Ausdehnung seiner Behauptung wenigstens zum Theil durch die folgende Bemerkung auf.) 3) Außerdem ist diese Vertauschung verstattet, wenn der vertauschte Satz ohne den regierenden selbstständig stehen, oder diesen überspringend sich an dessen vorhergehenden, den regierenden beigeordneten Satz anschließen kann, indem der regierende als eine bloße Aeußerung des darstellenden Subjects [in der ersten Person des Präsens], als ermahnend oder imperativisch wie eine bloße Parenthese oder Interjection betrachtet wird: ich leugne nicht, (eine Affirmation dem Sinne nach für: ich gestehe, gebe zu,) er ist mein Freund; ich zweifle nicht, es wird gelingen, gleichsam: es wird (,ich zweifle nicht,) gelingen; so auch: es scheint [für ich glaube, oder ja oder ei u. s. w.], es wird gelingen, du darfst nicht zweifeln, zweifle nicht, es wird gelingen; aber nicht: er zweifelt oder ich zweifele, es wird gelingen, weil hier der regierende Satz in die Reihe der Vorstellungen und Aeußerungen gehört, also nicht bloße parenthetische Aeußerung oder Interjection ist, sondern eine höhere Bedeutung hat. Auch wenn der regierende Satz eine Partikel (,Herling sagt Präposition,) entweder wirklich hat, oder nothwendig zur Ergänzung fordert, welche die grammatische Verbindung mit einem Nebensatze nöthig macht, darf dieser in keinen Hauptsatz verwandelt werden; so darf man nicht sagen, weil (oder vielmehr wenn) der Sinn undeutlich wäre: ich ärgere mich darüber, oder bloß ich ärgere mich, er hat Recht, für: daß er Recht hat. (Herling tadelt als Beispiel seiner Regel die Vertauschung: ich ärgere mich, wo nothwendig die Präposition darüber zu ergänzen sei, er ist nicht gekommen, weil hier ja der zweite Satz als ursachlich = denn er ist nicht gekommen verstanden werden könnte; aber ist denn der Sinn von: ich ärgere mich darüber, daß er nicht gekommen ist, nicht auch eine Angabe der Ursach des Aergers?) (Noch bemerkt Herling, daß bei Verbindungen wie: daß er so schnell abgereiset ist, hat mich bestürzt gemacht, es schien ihm gewagt, sich mit seiner Familie einzuschiffen, nie Vertauschungen der Substantivsätze statt finden können.)

Mit einem Adverbialsatze (, sagt Herling S. 115 weiter,) muß man den Substantivsatz vertauschen, wenn diesem der Begriff einer bloß bedingten Möglichkeit zugesellt werden soll: es wird mich freuen, wenn du mich besuchst. (Aber warum soll denn hier überhaupt eigentlich ein Substantivsatz stehen müssen? Sobald eine Bedingung angegeben werden soll, so ist ja der sogenannte Adverbialsatz unmittelbar und an sich nothwendig; es wird mich freuen, wenn du mich besuchst, ist ja ein andrer Sinn als: daß du mich besuchst. Herling wird sagen; es fehlt ein Substantiv, es wird mich freuen dein Besuch, darum muß eigentlich ein Substantivsatz folgen. Aber da so oft keiner folgt, so konnte ihn das aufmerksam machen, daß seine Satzabtheilung nicht probehaltig ist.) Außerdem aber nur dann, wenn der vertauschte Adverbialsatz seinen substantivischen Charakter nicht ganz verliert, damit er nicht als ein reiner Adverbialsatz aufgefasst werden könne. So liegt in: er will mich besuchen, und es wird mich freuen, wenn er seinen Bruder mitbringt, eine Zweideutigkeit, je nachdem der Adverbialsatz substantivisch verstanden wird: = und mich wird auch freuen der Besuch seines Bruders, oder als Adverb: = aber es wird mich nur, wenn er seinen Bruder mitbringt, freuen." (So richtig im Allgemeinen der Sinn dieser Behauptung ist, insofern sie im Grunde nichts weiter sagt als: sprich deutlich! so hat Herling doch nicht strenge genug geschieden. Wer genau sprechen will, muß im zuletzt angegebenen Sinn sagen: er will mich besuchen, aber es wird u. s. w., und noch genauer: aber das, dies wird mich nur freuen, oder er muß den Relativsatz nehmen: was mich [nur] freuen wird, wenn u. s. w.; dann macht der letzte Satz durchaus keine Zweideutigkeit; beim zuerst angegebenen Sinn, dessen auch indessen gar nicht in dem Satze liegt, welcher von keiner Freude über den Besuch des er spricht, ist dieser Satz, so wie er aufgeführt ist, ganz deutlich und richtig. Auch hier gilt übrigens unsre vorige Bemerkung, daß wenn gar nicht für daß gesetzt ist, der Adverbialsatz gar nicht für einen Substantivsatz steht.)

Umgekehrt setzt man auch oft einen Hauptsatz statt eines Adverbialsatzes, aber nur bei conditionalen Perioden, und dann stellt man den vertauschten Hauptsatz vor den regierenden Nachsatz, den man gewöhnlich mit so anfangen lässt: hast du das gethan, so muß es dich herzlich gereuen, für: es muß dich reuen, wenn du das gethan hast." [Herling erklärt diese Vertauschung und Umkehrung durch den Gedankengang: hast du das gethan? — Nun, (wenn das ist,) so muß es dich gereuen.]

In Ansehung der Vertauschung der Adjectivsätze bemerkt Herling, „daß sie durch die Relativen wer und was, und durch deren Casus und Zusammensetzungen (womit, wodurch u. s. w.) einleiten, wenn sie substantivisch gebraucht werden: wer dies nicht anerkennt, verdient getadelt zu werden; ich weiß nicht, womit (für mit was) ich dich erzürnt habe; du weißt nicht, mit wem du sprichst."

(Hier scheint mir vorzüglich die Schwäche der Satzabtheilungen Herlings sich deutlich zu zeigen. Er nennt die Sätze: wer dies anerkennt, mit wem du sprichst, [das,] womit ich dich erzürnt habe u. s. w. substantivische Adjectivsätze, aber nicht Substantivsätze selbst, und spricht doch von der Vertauschung der Adjectivsätze. Er kann die Vertauschung also nur darauf beziehen, daß diese substantivischen in solchen Verbindungen statt der von ihm so genannten reinen Adjectivsätze gebraucht werden, hier z. B. statt: der Mensch oder derjenige verdient getadelt zu werden, welcher dies nicht anerkennt. Und doch sagt er: „wer in Hinsicht der Orthographie das einzige Unveränderliche schreibt, [wo er selbst, wie alle guten Sprachlehrer, Unveränderliche groß schreibt, das Wort also nicht bloß wie ein substantivisches Adjectiv, sondern förmlich als oder wie ein Substantiv, mit allen Rechten der eigentlichen Substantiven betrachtet,] sollte auch [nicht das Einzige, sondern] das einzige, was unveränderlich im Menschen bleibt, ist sein Gewissen, schreiben." Wenn man das aber thun wollte, so müsste man den Satz was unveränderlich bleibt doch nicht mehr als einen [wenn auch substantivischen] Adjectivsatz, sondern als einen förmlichen Substantivsatz oder vielmehr als ein Substantiv selbst, wie sich Herling ja auch oft ausdrückt, betrachten *). Auch dies konnte also Herling darauf hinleiten, daß seine Abtheilung, die Relativsätze Adjectivsätze [und Nebensätze] zu nennen, nicht consequent durchzuführen ist. [M. s. Th. 4, S. 541.] Derselbe sagt ferner: „die Namen der Städte und Oerter haben wo, worin, womit u. s. w. als reine Adjectivsätze nach sich: Berlin, wo ich jetzt lebe," [so also auch: Berlin, worin ich mich umhertreibe, womit wenige Städte zu vergleichen sind,] und doch gleich darauf zur Erklärung und Begründung dieses Sprachgebrauchs: „der Namen der Stadt und des Orts wird in diesem Falle von der Sprache als eine adverbiale Ortsbezeichnung behandelt, wie hier, dort u. s. w., die von dem nachfolgenden substantivischen Adjectivsatze näher bezeichnet wird: bei Mainz, wie dort am Berge, wo der Main in den Rhein fließt" [,oder wo ich jetzt lebe]. So auch wieder S. 325: nach den Namen der Städte und Oerter, und auch wohl nach Gattungsnamen, insofern sie mehr als allgemeine Bestimmungen vor die hier immer sustantivischen Adjectivsätze treten, und nicht die Adjectivsätze, vielmehr adjectivische Bestimmungen jener Gattungsnamen sind, steht wo statt in welchem, in welcher u. s. w.: das Land, wo die Citronen blühen. Was ist denn nun also wo ich jetzt lebe eigentlich? ein reiner oder ein [vertauschter] substantivischer Adjectivsatz? **)

*) Diese Bemerkung zeigt auch schon, daß wir in Herlings Vorschlag für die Orthographie nicht eingehn können. Nie kann man solche Sätze als wahre Substantiven betrachten, oder sie gerade zu so nennen (,wenn dies gleich Herling mit andern Sprachlehrern oft thut). Wäre das der Fall, so dürfte auch auf keinen Fall ein Komma zwischen dem Adjectiv, hier einzige, und dem Substantivsatz was unveränderlich bleibt stehen, das doch Herling selbst macht, da zwischen den so innig verbundenen Begriffen und deren Wörtern, wie das Adjectiv mit seinem Substantiv sind, nie ein Komma stehen darf. Herling selbst schreibt ja auch das einzige Unveränderliche ohne Komma dazwischen. So schreibt auch jeder das Durch die Finger sehen, sein Ich liebe dich ohne Komma und mit einem großen Anfangsbuchstaben der substantivisch gebrauchten Redensart; sollte also Herlings Ansicht gegründet sein, so müsste man schreiben: das einzige Was unveränderlich bleibt ist das Gewissen, und das thut doch niemand, auch Herling selbst nicht.

**) Ich fürchte fast, ich habe Herling nicht verstanden, da ich diese Widersprüche gar nicht zu erklären weiß. Sollten hier wohl Druckfehler im Spiele sein? Herling erweiset mir zwar die Ehre, meine frühere Sprachlehre hier einige male als Belag seiner Aufstellungen anzuführen. Aber von den hier besprochenen Abtheilungen habe ich natürlich vor zwanzig Jahren noch nicht ein Wort gewusst.

Nach Herling sind: die Stadt Berlin, welche ich liebe, in welcher ich lebe, an welche ich denke, mit welcher ich zufrieden bin, reine Adjectivsätze; man kann aber auch vollkommen richtig sagen: die Stadt Berlin, worin ich lebe, woran ich oft denke; also müssen dies in dieser Beziehung doch auch reine Adjectivsätze sein? ferner wird Berlin, wo ich lebe, auch ein reiner Adjectivsatz genannt, und doch heißt: Mainz, wo der Main in den Rhein fällt, ein substantivischer Adjectivsatz!

Was giebt es denn, wenn dies alles wahr sein soll, für grammatisch formelle Unterschiede unter diesen verschiedenen Arten der grammatisch verschiedenen Satzarten? Daß es solche Unterschiede nicht giebt, erkennt Herling selbst an, indem er [S. 324] sagt: „nach den Relativen, welche einen substantivischen Adjectivsatz einleiten, richten sich auch die, welche einen reinen Adjectivsatz einleiten." Dann aber heißt es: „welcher und der in allen Geschlechtern und Verbindungen [,das soll doch wohl heißen: und in allen Verbindungen] mit Präpositionen leiten nur reine Adjectivsätze ein; wer nur solche Adjectivsätze, die statt eines Substantivs stehen [,also substantivische Adjectivsätze]; was außer diesen substantivischen Adjectivsätzen auch solche Adjectivsätze, die auf einen ganzen Satz, als auf ihr Substantiv, gehen: er hatte, was mir sehr leid that, seinen Bruder nicht mitgebracht." Und nun folgt die vorher angeführte Stelle, daß bei Städtenamen u. s. w. wo statt in welchem u. s. w. steht. — Herling wird nur sagen können: [Berlin,] wo ich lebe ist ein substantivischer, der hier für den reinen Adjectivsatz in welchem ich lebe steht. Ist das aber nicht Verwirrung? Es soll: [derjenige,] welcher mich liebt ein reiner, und wer mich liebt ein substantivischer Adjectivsatz sein! Uebrigens erkennt auch Grotefend keine substantivischen Adjectiv- und Adverbialsätze an.)

848) Ueber diese Vertauschung der Sätze sagt Bernhardt (l. c. S. 311) Folgendes: „Wie einzelne Redetheile oft aus ihrer Wortart heraus-, und in eine andre übertreten, so gehen auch die Satzarten in einander über. Die wichtigsten Fälle sind:

I. Ein Hauptsatz steht oft statt eines Nebensatzes, und zwar 1) statt eines Nennsatzes (, d. i. Substantivsatzes; man sehe § 779, Th. 4, S. 547): ich glaube, du bist krank; ich fragte: wodurch ist er unglücklich geworden? Doch können nicht für alle Nennsätze auf diese Art Hauptsätze genommen werden, namentlich nicht a) im Allgemeinen für alle diejenigen, deren Abhangigkeit von dem regierenden Satze durch die Vertauschung so sehr aufgehoben würde, daß dadurch eine Unklarheit der ganzen Aussage entstände; so wird für: ich war zufrieden, daß er aus Klugheit schwieg, niemand gern sagen wollen: ich war zufrieden, er schwieg aus Klugheit. (Bernhardt führt an: „es scheint, daß er gekommen ist, vertauscht man nicht in: es scheint, er ist gekommen, man müsste denn durch einen Doppelpunct die Abhangigkeit andeuten, wohl aber sagt man dafür: er ist, scheint es, gekommen.“ Das Kolon kann doch aber fürs Sprechen nicht helfen, und man wird es auch für dieses wohl dem Ermessen des Sprechenden anheim stellen müssen, es in diesem und vielen ähnlichen Fällen selbst zu bestimmen, ob er mit der Vertauschung sich auch deutlich genug ausdrücke. Am kürzesten und besten würde er hier sagen: er scheint gekommen zu sein. Die Grammatik kann solche Vertauschung eigentlich nicht verbieten.)

Ferner dürfen (nach Bernhardt) im Besondern nicht vertauscht werden b) diejenigen Nennsätze, vor denen ein Verhältniss, oder ein Umstandswort steht oder ausgelassen ist: daran, daß er nicht Theil nimt, erkenne ich ihn; ich zweifle [daran], daß er Wort hält; doch kann man auch sagen: man sieht daran: er will nicht;

c) solche, die nach einer im regierenden Satze enthaltenen Verneinung im Indicativ stehen: ich glaube nicht oder ich leugne, daß er mitgeht; doch aber: ich leugne nicht, er geht mit, er hat mich überrascht; (weil nämlich, meint Bernhardt gewiß, ich leugne nicht dem Sinn nach keine Verneinung sei; darüber ließe sich aber streiten;)

d) diejenigen, welche Subjecte (des Hauptsatzes) sind: daß wir sterben müssen, ist bekannt; wohl aber: es ist bekannt oder gewiß, wir müssen sterben.

2) Ferner steht ein Hauptsatz statt eines Umstandssatzes, und zwar a) statt eines bedinglichen, als Frage, Wunsch oder Befehl, und b) in eben diesen Formen statt eines einräumenden. (So sagt man: bist du krank, dann brauchst du nicht zu kommen, statt: da oder wenn du krank bist; möchtest du glücklich sein, nutze weise die Zeit, statt: wenn oder da du glücklich sein möchtest, zu sein wünschest; bleibe der Tugend treu, und du bist glücklich, statt: wenn du treu bleibst, so bist du glücklich.)

Merkwürdig ist hierbei, daß bei den Sätzen mit kaum — als der Haupt- zum Nebensatze, und umgekehrt der Neben- zum Hauptsatze wird: kaum ist er angekommen, als er Händel anfängt, für: er fängt Händel an, als oder nachdem er kaum angekommen war oder ist.

II. Ein Nebensatz tritt oft in eine andere Nebensatzart über, und zwar

1) wird ein Nennsatz oft zum Umstandssatze; hierher sind zu rechnen: a) die Wirkungssätze mit daß, so daß u. s. w.: er war zu müde, als daß er weiter gehn konnte (für: er war zu müde dazu, daß er weiter, so müde, daß er nicht weiter gehen konnte); b) die verkürzten Nennsätze, (wie Bernhardt die Infinitiven mit zu nennt,) statt eines bedinglichen Satzes: ihr thut wohl, dies ernst zu überlegen, statt: wenn ihr überlegt; c) alle Nennsätze, welche ein Verhältnisswort vor sich haben: ich bin mit dir zufrieden, statt daß ich zürnen sollte, außer daß du mir zu lange schläfst, trotz oder trotz dem daß du bei mir borgst; so auch die Sätze mit ungeachtet, während [dessen], seit [dem], und die Sätze mit indem, nachdem, zudem, inzwischen, unterdessen, indessen, bis, ehe, bevor, sofern, in so fern u. s. w., bei denen daß ausgelassen wird; eben so werden die Nennsätze mit daß zu Umstandssätzen, wenn die aus da und Präpositionen zusammengesetzten hinzeigenden Umstandswörter daran, dabei, dawider, dazu u. s. w. vor ihnen stehen; eben so bei damit = daß.

2) Oft wird auch ein Beisatz zum Umstandssatze. Hierher gehören nur die Beisätze mit rückbezüglichen Umstandswörtern. Sie sind wahre Beisätze, wenn sie sich als adjectivische Bestimmungen auf ein Besonderes oder auf ein Allgemeines beziehen, sei dieses durch ein Wort oder durch einen Satz ausgedrückt. Sie werden zu Umstandssätzen, wenn sie, bei weggefallener Beziehung, zum adjectivischen oder verbalen Prädicat oder zur Aussage des übergeordneten Satzes eine nähere Bestimmung der Zeit, des Raums, der Einschränkung, Vergleichung u. s. w. hinzufügen. Im übergeordneten Satze kann immer ein dem rückbezüglichen entsprechendes hinweisendes hinzugesetzt oder —gedacht, und der Nebensatz kann auch leicht in einen Hauptsatz verwandelt werden. So entsprechen einander z. B. da—wo, dann—wann oder wenn, so—wie, in so fern —in wiefern oder als oder wie. Da und die mit da zusammengesetzten Partikeln, dafern, daher u. s. w. werden zuweilen auch rückbezüglich gebraucht, wie wo, woher, wofern rc..

Beispiele sind: wahre Beisätze sind: er lebte in Berlin, wo er sich schon früher aufgehalten hatte; ich weiß nichts, wodurch ich ihn beleidigt hätte; er misshandelte seinen Bruder, worüber wir uns sehr wunderten; Umstandssätze sind: das Glück kehrt gern da ein, wo die Wünsche mäßig sind; ich komme (dann), wann du da bist; lebe (so), wie du, wenn du stirbst, wünschen wirst gelebt zu haben; er ließ von seinem Unternehmen (dann) ab, als (,Bernhardt sagt falsch wie) er es fehlschlagen sah. (Diese Beispiele enthalten ja aber keine vertauschten Sätze, die statt anderer Satzarten stehen, oder in andere übergegangen sind! Nach seiner Angabe muß er meinen, daß in allen diesen Beispielen die Beisätze, ohne Veränderung ihrer Form, zu Umstandssätzen geworden sind.)

3) Ein Beisatz wird zum Nennsatze. Dahin gehören die Sätze mit wer [derjenige, welcher] und was [dasjenige, welches]: wer die Tugend liebt, ist glücklich; was unsrer Gesundheit schadet, muß vermieden werden." (In dieser Angabe unterscheidet sich Bernhardt wieder von Herling.)

Zum Schlusse bemerkt Bernhardt: „von dem (diesem) Uebergehen der Satzarten in einander, welchen überall Nothwendigkeit zum Grunde liegt, ist die willkührliche Umwandelung der Sätze (Satzarten) in einander zu unterscheiden." Aber dies eben besprochene Uebergehen der Satzarten in andere war ja großentheils auch schon ganz willkührlich; es ist ja nicht nothwendig, daß man sagt: wir thun wohl, uns das Leben großer Männer oft als Beispiel vorzuhalten, ich glaube, du bist krank, da man eben so gut auch sagen kann: wenn wir uns das Leben großer Männer oft als Beispiel vorhalten, ich glaube, daß du krank bist.

Man sieht, Bernhardt hat schon über beides gesprochen, über Fälle, wo solche Veränderung geschehen muß, und über andere, wo es von der Willkühr des Sprechenden abhangt, welche Satzarten er nehmen will. (M. vergl. § 846.)

Dritte Abtheilung.

Von der Verkürzung der Sätze bei ihrer Verbindung mit andern Sätzen.

849) Bei der Zusammenziehung zweier oder mehrerer Sätze in einen, über welche die folgende Abtheilung sprechen wird, findet zwar auch immer eine Verkürzung der meisten dieser Sätze statt, z. B. wenn man die beiden Sätze: meine Aeltern sind angekommen, und meine Geschwister sind angekommen, zusammenzieht in: meine Aeltern und Geschwister sind angekommen; doch aber nennt dies die Sprachlehre, nach dem Sprachgebrauch oder der Terminologie der meisten Grammatiker nicht Verkürzung dieser Sätze, sondern sie

versteht unter diesem Ausdruck nur das, was wir in der gegenwärtigen Abtheilung besprechen werden.

Ueber diese Verkürzung der Sätze sind wir genöthigt gewesen, schon in den früheren Abschnitten unsers Lehrbuchs sehr vieles durchzunehmen, und darauf müssen wir uns also jetzt zurückbeziehen, und es als schon bekannt voraussetzen, um jede vermeidliche Wiederholung auch wirklich zu vermeiden.

So lässt sich (fast) jede Apposition für einen verkürzten Satz erklären, und das haben wir bei der Untersuchung der Appositionen (,namentlich § 659, Theil 4, Seite 67—81) ausführlich besprochen.

Eben so dient der Gebrauch der Participien, sowohl zur Verkürzung als zur Zusammenziehung der Sätze. Beides musste in vieler Beziehung schon die Lehre von den Participien, namentlich die Untersuchung über das Wesen und den Begriff derselben (§ 572 — 577, Th. 3, S. 311 — 387), und die Lehre von ihrem Gebrauch (§ 769, Th. 4, S. 480—484) besprechen, und die gegenwärtigen beiden Abtheilungen werden also nur noch dasjenige über die Participialconstructionen nachholen, was nicht früher durchgenommen werden konnte. Dasselbe gilt für die Lehren vom Gebrauch des reinen Infinitivs und des Infinitivs mit zu und um zu, über welche ebenfalls die Untersuchung über die Verbindung zweier Zeitwörter (,namentlich § 770, Th. 4, S. 484 — 494 und § 772, S. 504 bis 523) sprechen musste.

Es sei uns übrigens auch wieder für die gegenwärtigen beiden Abtheilungen erlaubt, die Aufstellungen der bedeutendsten neuern Grammatiker anzugeben, und mit unsern Bemerkungen zu begleiten.

850) Bernhardt sagt (l. c. S. 320) besonders Folgendes über die Verkürzung der Sätze:

„Der Zweck der Satzverkürzung ist theils die Verschmelzung eines Satzes mit dem ihm übergeordneten, also gleichsam die Rückwandelung desselben in den durch ihn umschriebenen Sprachtheil, (Redetheil,) theils die Erreichung einer zweckgemäßen Unbestimmtheit des logischen Verhältnisses. [Doch braucht eine solche Verkürzung, wenn sie gleich ursprünglich aus einem vollständigen Satze entstanden ist, bei ihrer jetzigen Anwendung selbst in Gedanken durchaus nicht mehr zu einem ganzen Satze ergänzt zu werden.]

Erlaubt ist solche Verkürzung nur dann, wenn weder der Sinn zweideutig, noch der darzustellende Gedanke verändert, noch die grammatische Beziehung unklar wird.

Nur

Nur Nebensätze können verkürzt werden *), und sie verlieren dabei das Subject, die Copula (,die, wie wir bald sehen werden, oft in den Infinitiv mit oder ohne zu übergeht,) und das verbindende Wort, [das Relativ oder unterordnende Bindewort,] also alles, wodurch das umschriebene Wort (,das der Nebensatz ausdrücken soll,) zum Satze geworden war."

Hierbei bemerkt Bernhardt: „die mit den Hauptwörtern als Bestimmungen unmittelbar verbundenen Eigenschafts- und beinamlichen Mittelwörter können, besonders wenn sie durch mehrere Bestimmungen und Ergänzungen hervorgehoben sind, nicht als verkürzte Sätze betrachtet werden. Dies gilt auch von den Infinitiven mit zu, (Bernhardt schreibt: das Selbe [??] gilt von dem hauptnamlichen Mittelworte,) welche mit Haupt-, Eigenschafts- (,Beschaffenheits-, Umstands-) und Zeitwörtern verbunden sind (,so daß grammatisch der Infinitiv mit zu von denselben regiert wird). (Man sehe § 772.)

Es findet die Verkürzung also statt:

I. bei Nennsätzen.

1. Wenn Nennsätze verkürzt werden, so fallen weg das Bindewort daß und das Subject; die Copula, und somit auch das dieselbe enthaltende Zeitwort, kommt in den Infinitiv mit vorgesetztem zu, wobei jedoch statt des Infinitivs der Zukunft gewöhnlich der Infinitiv der Gegenwart steht, weswegen in der Regel die umschreibenden Verben werden und wollen wegfallen: er versprach mir, daß er heute kommen werde oder wolle, abgekürzt: heute zu kommen (,doch auch: heute kommen zu wollen, aber nie: heute kommen zu werden, denn unsre Sprache bildet im Futurum gar keinen Infinitiv mit zu).

2. Die Verkürzung kann hier eintreten:

a) wenn der Nennsatz mit dem regierenden Satze dasselbe Subject hat: gewöhnt (ihr) euch, jedes zu seiner Zeit zu thun, und nichts zu verschieben;

b) wenn das Subject des Nennsatzes im regierenden Satze näheres oder entfernteres Object (Zweck) ist, und die vorher [unter a] angegebene Beziehung nicht eintreten kann, oder doch nicht näher liegt als die eben erwähnte: sie ermahnte ihn, sie rieth ihm, sein Versprechen zu erfüllen; (aber nicht: sie brachte die Rede darauf, sein Versprechen zu erfüllen, wenn nicht der Zusammenhang den Sinn ganz deutlich macht, weil dies nach a auch heißen könnte: daß sie sein Versprechen er-

*) Ueber diese Behauptung wollen wir § 853 sprechen.

füllen wolle;) hierher gehört auch die Fügung, wenn der Nennsatz ein allgemeines, unbestimmtes Subject hat, weil dies doch immer als näheres oder entfernteres Object im regierenden Satze gedacht werden kann: sie rieth, das Versprechen zu erfüllen, für: daß man, jedermann es erfüllen sollte, daß die Zuhörer, die Leute, Menschen es erfüllen sollten, daß es erfüllt werden sollte. Auch gehört hierher der Subjectsaccusativ bei finden, hören, sehen, der Accusativ mit dem Infinitiv (ohne zu, über den wir in der folgenden Abtheilung bei der Zusammenziehung der Sätze ausführlich sprechen werden): ich sehe ihn kommen.

Es muß aber diese Verkürzung unterbleiben, wenn sich das Zeitwort des Nennsatzes (nach der Festsetzung des Sprachgebrauchs) nicht mit dem Zeitwort des regierenden Satzes (im Infinitiv mit zu) zusammenfügen läſſt; man sagt nicht: er erzählte mir, eben angekommen zu sein, für: daß er eben angekommen sei. (Noch läſſt sich hier sogleich bemerken, daß man die aus Nebensätzen mit ohne daß abgeleiteten Verkürzungen mit dem Infinitiv mit zu und der Partikel ohne noch wieder in bloße Participien mit un verkürzen kann: wer kann die Wunder Gottes sehen, ohne daß er gerührt, ohne daß er zur Bewunderung hingerissen würde, verkürzt: ohne gerührt, ohne hingerissen zu werden, und wieder verkürzt: wer kann sie ungerührt, unentzückt, unentflammt sehen?)

II. Verkürzung der Beisätze.

1. Nur die Beisätze mit rückbezüglichen Deutewörtern können durch Weglassung des Deuteworts, des Subjects und der Copula verkürzt werden, und zwar in der Regel nur dann, wenn sie mit dem übergeordneten Satze dasselbe Subject haben. [Die Ausnahmen werden nachher sich ergeben.]

2. Es kommen hier folgende Fälle vor:

a) die Copula des Beisatzes ist sein; dann kann das Prädicat sein:

α) ein Hauptwort. In diesem Fall läſſt man das Deutewort (mit dem Subject des Beisatzes) und die Copula weg, und setzt das Prädicats-hauptwort (,sei es ein Substantiv oder ein substantives Adjectiv,) in die Fallform (,den Casus), wenn möglich auch in die Zahl- und Geschlechtsform des Wortes im übergeordneten Satze, auf welches sich das (weggelassene) Relativ bezogen hat, und so wird der verkürzte Beisatz zur Apposition, zum Gleichsatze oder hauptwörtlichen Halbsatze. (Beispiel: in seinem Hause ein Fremdling wandelte der Mann mit Erstaunen auf und nieder, und verwunderte sich über das Seinige. Mehrere Beispiele enthält § 659.)

β) Auch kann das Prädicat ein Beiwort sein, besonders ein Eigenschafts- (,Beschaffenheits-) oder Mittelwort, das durch ein Hauptwort oder durch einen ganzen Satz näher bestimmt ist. Hier treten dieselben Veränderungen und Beziehungen wie vorher, unter *α*, ein (,und Bernhardt nennt diese Appositionen beiwörtliche, und zwar eigenschaftswörtliche [,beschaffenheitswörtliche] oder mittelwörtliche Halbsätze). Beispiel: was bietet das äußere Leben dem Menschen anderes, als Freuden, flüchtig und ohne Gehalt, (auch: flüchtige und gehaltlose, d. i. die flüchtig sind,) und Leiden, an den unsterblichen Geist nicht hinanreichend (,auch: nicht hinanreichende an den Geist). (So verkürzt man auch: der Jude, welcher der zufriedenste und genügsamste unter meinen Gläubigern war, welcher aber der am meisten gefürchtete und gehasste aller Gläubiger war, nahm sich höchst edel, in: der Jude, der genügsamste unter meinen Gläubigern, aber der am meisten gehasste von allen, benahm sich edel; eben so verkürzt man: der Sohn, der durch die gute Aufnahme seiner Aeltern sehr glücklich war, der aber von der Reise höchst ermüdet war, verließ früh die frohe Gesellschaft, in: der Sohn, durch die gute Aufnahme glücklich, aber von der Reise ermüdet, verließ die Gesellschaft. So auch: die kleine Stadt deines Aufenthalts wird dir ein Sitz des Trostes werden, reich an Ruhe, erfreulich durch einfache, reine Genüsse, und auch nicht leer an herzerhebenden Hoffnungen, indem man dies auflösen kann: ein Sitz der Ruhe, welcher ist oder sein wird reich an Ruhe u. s. w.. Auch: o Anschlag, deiner werth, groß wie du selber bist, wie Ramler singt; zwei Retter, mir getreu und tapfer in dem Streite, d. i. welche sind, waren, sein werden getreu.) Wir wissen schon, daß man zwar jedes Adjectiv und Particip so durch einen ganzen Nebensatz auflösen kann, daß es uns aber nicht gefallen will, sie für verkürzte Beisätze zu erklären, und z. B. zu sagen: gutes Wasser ist eine große, hochzupreisende Wohlthat, stehe für und sei entstanden und verkürzt aus: Wasser, das gut ist, ist eine Wohlthat, welche groß ist, und hochzupreisend, welche hochgepriesen werden wird, soll oder muß. Hiermit stimmt auch Bernhardt überein. Nur ist noch zu merken, daß solche Beisätze mit Adverbien, wenn man sie in bloße Attributiven vor den durch sie bestimmten Hauptwörtern umwandelt, dann auch, wie die Beispiele zeigen, als Beiwörter oder Adjectiven concrescirt werden müssen. So geht eben: Wasser, welches gut ist, Friedrich, welcher beruhigt war, schwieg, über in: gutes Wasser, der beruhigte Friedrich schwieg. Hierher kann man auch Ausdrücke rechnen wie: Reiß, mit Milch gekocht, Leber, in Butter gebraten, schmeckt gut, oder: mit Milch gekochter Reiß u. s. w., für Reiß, welcher (oder: wenn er) mit Milch gekocht ist u. s. w.. (Noch musste Bernhardt hier hinzusetzen:

γ) Die Prädicate des verkürztes Beisatzes mit sein können auch Umstandswörter, oder, wie wir hier nach Bernhardt sagen müssen, Nebenwörter sein [, denn Bernhardt rechnet auch die Beschaffenheitswörter nicht zu den Beiwörtern]; so verkürzt man: o mein Bruder, der du jetzt endlich hier an meiner Seite bist zu meiner großen Freude, verlaß mich nie wieder, in: o mein Bruder, zu meiner Freude jetzt endlich hier an meiner Seite, verlaß mich nicht.)

b) Die Copula ist mit dem Prädicat in einem Zeitworte verbunden. Dann wird das Deutewort ausgelassen, das Zeitwort in das beinamliche Mittelwort der Gegenwart verwandelt, und dieses, wenn der Artikel davor kommt, (als Adjectiv) mit dem Worte in förmliche Uebereinstimmung gesetzt, auf welches das Relativ sich bezog; so entsteht wieder ein mittelwortlicher Halbsatz: der Jüngling, welcher vor Wehmuth weinte, verließ die Gesellschaft, verkürzt: weinend vor Wehmuth; er konnte mir, der (ich) ihn ernstlich bat, die Gefälligkeit nicht versagen, verkürzt: er konnte mir, dem ernstlich bittenden (oder Bittenden) es nicht versagen. [Auch dies ist ein Beispiel, daß der zu verkürzende Beisatz nicht immer mit dem übergeordneten Satze dasselbe Subject zu haben braucht.] (Hier konnte Bernhardt hinzusetzen: da unsre Participien so mangelhaft sind, und wir namentlich im Activ kein Particip der Vergangenheit und Zukunft haben, so muß das Mittelwort der Gegenwart auch für die Vergangenheit, wie das Beispiel zeigt, und selbst für die Zukunft stehen, wenn man verkürzen will, und die Deutlichkeit darunter nicht leidet: der Diener, der dem Herrn über acht Tage nachreisen will oder wird, wird es schon über 14 Tage bereuen, verkürzt: der Diener wird es, dem Herrn über 8 Tage nachreisend, schon über 14 Tage bereuen. Umgekehrt muß im Passiv das Particip der Vergangenheit auch die Gegenwart ausdrücken: mein Bruder, der jetzt so verfolgt wird, wird bald Gerechtigkeit finden, verkürzt: mein Bruder, jetzt so verfolgt, wird bald gerechtfertigt werden. Es versteht sich übrigens, daß durch solche Participien weder Härte noch Undeutlichkeit entstehen darf. So schreibt Werner, in seiner Mutter der Makkabäer, Wien,

1820, Vorrede, III, sehr schlecht: dies Verhältniß des, weil nur das reine Rechte wollenden, drum mißverstandnen und unstäten, großen Dante, zwischen Bianchi's und Neri's.)

[„Wenn sich das Rückdeutewort, bemerkt Bernhardt noch, auf ein Hauptwort des übergeordneten Satzes bezieht, vor welchem ein vorausbestimmendes (, determinatives) Deutewort entweder steht oder ergänzt werden muß, so darf der Beisatz nicht verkürzt werden: derjenige Mensch, welcher die Tugend um ihrer selbst willen liebt, wird nie die Lüge billigen." Dies ist vollkommen richtig, denn das determinative Pronomen derjenige fordert einen Beisatz mit einem relativen Pronomen; es bliebe ohne Halt und Erklärung und Auflösung, wenn das welcher oder der wegfiele. Ueberhaupt: sprich deutlich und grammatisch richtig!]

(Daß aus einem Beisatze, der sich auf den ganzen übergeordneten Satz bezieht, eine auf diesen ganzen Satz sich beziehende Apposition gebildet werden kann, ist schon § 659 auseinandergesetzt.)

III. Verkürzung der Umstandssätze.

1. Wenn ein Umstandssatz verkürzt wird, so fallen in der Regel weg das Bindewort, das Subject und die Copula.

2. Auch hier müssen dieselben Fälle, wie vorher, unterschieden werden.

a) Die Copula wird durch ein Aussagewort ausgedrückt. Dann kann das Prädicat sein:

α) ein Hauptwort: sein Vater, [obgleich er] der redlichste Mann [ist], wird sehr verfolgt;

β) ein Eigenschaftswort (, oder Beschaffenheitswort) oder ein beinamliches Mittelwort: ich kann, [da ich] einmal belogen [bin], dir nicht mehr glauben (; der letzte Krieg, [ob er gleich] der schlimmste von allen [war], hat uns doch großen Nutzen gebracht; dieser Krieg, [da, weil, wie er] unsrer ganzen Stadt höchst verderblich [. oder war], hat auch mich unglücklich gemacht.)

b) Die Copula ist mit dem Prädicat in einem Zeitwort verbunden: der Frühling kam, [indem er] alles mit Freude belebend [war = belebte].

3. Von den Umstandssätzen können diejenigen, welche ein Hauptwort zum Prädicat haben, unter den nachher anzugebenden Bestimmungen immer, die übrigen aber nur dann verkürzt werden, wenn sie mit dem übergeordneten Satze dasselbe Subject haben.

4. Eine Verkürzung erleiden hauptsächlich folgende Umstandssätze:

a) die bedinglichen: (wenn er) von der Sonne des Glücks beschienen (wird), ist der Stolze trotzig und vermessen, aber (wenn er) von den Schlägen des Schicksals getroffen (ist, worden ist oder wird), verzagt er; [die Fügungen: vorausgesetzt, (wenn—wird,) abgesehen davon, (wenn—wird,) die Sache von dieser Seite betrachtet, (wenn—wird,) welche grammatisch auf mehrere Arten erklärt werden können, lassen sich auch hierher rechnen;] (Bernhardt bemerkt hierbei, daß verneinende Bedingsätze oft durch sonst und wo nicht ausgedrückt werden; das ist wahr, aber fast nur für die niedrige Sprechart, denn die reinere und edlere wird sich sehr selten Verbindungen erlauben wie: schweig, sonst wirst du verabschiedet, oder wo nicht, so wirst du verabschiedet, für: schweig; wenn du nicht schweigst, wenn du das nicht thust, auch bloß: wenn nicht, oder noch besser mit Weglassung des Imperativs: wenn du nicht schweigst, so wirst du verabschiedet;)

b) die grundlichen: (da er) von ihm gehasst (wurde, war), (so) musste er entfliehen;

c) die ursachlichen (weil er) zu wenig gefasst auf Widersprüche (war), verlor er beim ersten gleich alle Besonnenheit; zu schwach, ein Treffen zu liefern, zog er sich zurück;

d) die zwecklichen: er that dies, um uns zu beruhigen; (es ist schon früher bemerkt, daß es falsch, oder doch schlecht wäre zu sagen: er übergab den Knaben seiner Schwester, um ihn zu erziehen, für: damit [daß] diese ihn erziehe, erziehen solle;)

e) die zeitbestimmenden: (als, indem er) von allen seinen Freunden verlassen (war, worden war), ging er nach Hause zurück (; froh über diesen Ausgang der Sache, und längeren Wartens müde, kehrte ich nach der Stadt zurück; des Blutes endlich satt, hob er die weitere Verfolgung des Feindes auf; ein Fehler ist's, wenn man zu großmuthsvoll den Frevler schont, den man bestrafen soll, bei Weiße, d. i. indem man zu großmuthsvoll ist, indem ich froh, müde war.) Bei dieser Verkürzung fällt oft namentlich das Bindewort indem weg, und zwar α) sowohl wenn das Prädicat des Umstandssatzes ein Hauptwort, als auch wenn dasselbe ein Eigenschafts-, (, Beschaffenheits-,) oder ein beinamliches Mittelwort ist: und so saß er, [indem er] eine Leiche [war], eines Morgens da; du hingst, [indem du] ein Schreckensmann [warst], an diesem Himmel in düsterm Scheine; [bei Schiller;] daß nicht, [indem sie]

Winden ein Raub [sind oder werden], sie [,indem sie] verwirrt durch einander [sind oder werden,] zerfliegen; [bei Voß;] so singt auch Schiller:

unbewusst der Freuden, die sie schenket,
nie gewahr des Armes, der sie lenket,
reicher nie durch meine Dankbarkeit,
fühllos selbst für ihres Künstlers Ehre,
gleich dem todten Schlag der Pendeluhr,
dient sie knechtisch dem Gesetz der Schwere,
die entgötterte Natur.

β) Auch fällt (sehr oft) indem weg, wenn das Prädicat des Umstandssatzes im bestimmten Verb mit der Copula verschmolzen ist: er saß, harrend [,indem er harrte] ohne Schmerz und Klage, bis das Fenster klang [,bei Schiller]. (Das Particip drückt hier besonders die Art und Weise, wie der Begriff des bestimmten Zeitworts des Hauptsatzes verstanden werden soll, aus: lachend ging er davon, d. h. er ging, indem er lachte; kämpfend sinkt er nieder, d. h. er sinkt, indem er noch kämpft.) Ja, man lässt in diesem Falle, wenn Zeitwörter wie haben, halten u. dgl. m. (,die sich im Zusammenhange des Satzes gleichsam von selbst zur Ergänzung darbieten,) entweder allein oder in Verbindung mit einem Eigenschafts- (,Beschaffenheits-) oder beinamlichen Mittelworte das Prädicat sind, sehr oft, außer dem Bindeworte, dem Subjecte und der Copula, auch noch dies Zeitwort habend, haltend und ähnliche ebenfalls weg, so daß das davon regierte nähere Object (,der Accusativ) mit seinen Nebenbestimmungen allein stehen bleibt: gern will ich große Thaten thun, die Leier in der Hand [habend, haltend, indem ich habe], bei Gleim; wie anders war's, als du Gebete lalltest, halb Kinderspiele, halb Gott im Herzen [habend, indem du hattest], bei Göthe; da saß die Priesterinn, (indem sie) sträubenden Haars (war), feurig den Blick (habend, indem sie hatte), und Antwort erscholl dem Befrager, bei Klopstock. (Doch ist solche Elision eigentlich nur der höhern, namentlich der dichterischen Rede erlaubt. M. s. § 851.)

f) Noch werden verkürzt die einschränkenden Umstandssätze, in welchem Falle indessen, wenn das Prädicat ein Hauptwort ist, als vor dasselbe gesetzt wird: der Mensch muß, als (d. i. in so fern er ist ein) vernünftiges Wesen, geachtet werden; wir müssen, als sittliche Wesen, unsterblich sein; endlich

g) die einräumenden: (ob sie gleich) auch von ihrem Vater gebeten (war, wurde, worden war), wollte sie doch nicht kommen; (ob er gleich) tiefgebeugt (war) von harten Beschwerden, verlor er gleichwohl seine Besonnenheit nicht. (Doch darf hierdurch weder Härte noch Undeutlichkeit entstehen. So wird man schon nicht gern sagen: die zärtliche Erinnerung, die sie dir auch getrennt oder auch fern noch widmet, und noch weniger: die sie dir fern noch widmet, für: ob sie gleich getrennt, fern ist.) (Man könnte zu diesen hier angegebenen Arten der verkürzten Umstandssätze noch mehrere andern hinzufügen, z. B. die comparativen, die meistens das Adverb gleich bei sich haben: wenn das lange Leben, gleich einem dreimal erzählten Mährchen, keine Freude mehr gewährt; gleich verschwenderischen Vornehmen, haben seine frühern Jahre seine spätern enterbt. Doch ist dies weiter nicht wichtig.)

5. Noch eine andre Verkürzung, die am häufigsten bei den einräumenden Sätzen statt findet, besteht darin, daß das Bindewort beim Prädicat steht, und nur das Subject und die Copula weggelassen werden: obschon (er) von allen hochgeehrt (war), war er doch nicht zufrieden." (Auch diese Sprechart gehört indessen fast bloß der höhern, besonders der dichterischen Rede an, und verursacht auch leicht Härte: er rühmt sich dieser That, obgleich mit Schande bedeckt.)

In Ansehung der (unter Nr. 3) aufgestellten Regel, Umstandssätze, deren Prädicat nicht ein Hauptwort ist, nur zu verkürzen, wenn sie und ihr übergeordneter Satz dasselbe Subject haben, bemerkt Bernhardt selbst, daß sich Dichter oft von ihr abzuweichen erlauben, und führt die Beispiele an: (indem sie) zu strengen Qualen aufgespart (ist), seh ich sie hülflos umherirren, bei Wieland; (als er) kaum in Salern angekommen (war), wirft ihn ein Fieber hin, auch bei Wieland; (indem, weil er) an die Erscheinungen gebunden (war), entfloh ihm die schöne Seele der Natur, (bei Schiller); er malte seine Geliebte, (so daß sie) sitzend, mit einem Kranze beschäfftigt (war). Strenge genommen müßte der Grammatiker diese Abkürzung freilich eigentlich immer verwerfen, besonders sobald der Sinn nicht ganz deutlich ist, wenigstens für die Prosa, wenn er sie auch der Poesie nicht geradehin für einen Fehler anzurechnen billig genug ist. Doch wird man wohl zugeben müssen, daß solche Umstandssätze, deren Subject nicht zugleich das Subject ihres übergeordneten Satzes ist, sei übrigens ihr Prädicat ein Hauptwort oder nicht, im Sprachgebrauch zu oft verkürzt werden, als daß sie sich von der Grammatik geradezu verbieten ließen, wenn sie diese Verkürzungen gleich weder schön, noch ganz correct findet. So sagen auch gute Schriftsteller: ich liebe den Mann, (da er) mein Wohlthäter seit gestern ist, und so auch: mir so wichtig seit gestern, für: welcher, oder weil, da, indem er mir wichtig ist. So wird also wohl nur die einzige alte Regel übrig bleiben: sprich deutlich! sage nicht: ich fand ihn weinend, verzweifelnd, jammernd, wenn es nicht der Zusammenhang der Rede ganz deutlich macht, daß die Participien, wie du willst, auf das Object ihn bezogen werden müssen. Und wenn du sie auf das Subject ich beziehen willst, der Hörer sie aber leicht auf das Object ihn beziehen könnte, so ändere deine Rede, wenigstens die Wortstellung, und sage z. B.: weinend, jammernd, verzweifelnd fand ich ihn.

Dabei bleibt auch unsre andere alte Regel gültig, daß wir haben sehr ungern weglassen, und deswegen in der Prosa sehr ungern oder nie sagen: die Braut trat festlich gekleidet, ihr Haar mit Blumen geschmückt herein, weil wir dies entweder auflösen müssen: geschmückt habend, indem sie geschmückt hatte, was wir nicht gern wollen, oder: indem ihr Haar geschmückt war, was wir eigentlich nicht sollen, weil dabei der verkürzte Satz auf das Object, und nicht auf das Subject bezogen werden muß. (Man vergl. § 769 und 851.)

Noch macht Bernhardt (S. 324) folgende wohl zu beachtende allgemeine Bemerkung über die grammatische Verkürzung der Sätze: „bei den verkürzten Beisätzen findet eine logische Unbestimmtheit statt, (das heißt nichts weiter als: sie lassen eine mehrfache Ergänzung und Bedeutung zu,) indem sie nicht nur als Bestimmungen des Hauptworts (nämlich des übergeordneten Satzes), sondern auch statt eines Umstandssatzes mit unbestimmtem logischen Verhältnisse stehen können. Namentlich sind dieselben an der Stelle des Nebenwortes hinter der Copula, oder wo sonst bei der Versetzung das Nebenwort stehen kann, [z. B. als Vordersatz,] entschieden adverbial gebraucht: der unglückliche Mann wurde, von so vielen Leiden heimgesucht, [= da, weil er u. s. w.,] allgemein bedauert." Schade, daß sich Bernhardt hier so unbeholfen ausdrückt. Indessen macht er seinen Fehler gleich wieder gut, indem er bald nachher (S. 328) ganz deutlich sagt: „auch bei den verkürzten Umstandssätzen tritt oft die Möglichkeit einer mehrfachen Ergänzung, und somit eine logische Unbestimmtheit ein: von Vorwürfen des Gewissens verfolgt, [ergänzt: da, wenn, weil, indem u. s. w.,] kann er nirgends Ruhe finden."

Dies ist vollkommen richtig. (Man vergl. § 851.) So wie das letzte Beispiel mit ganz verschiedener Bedeutung zeitbestimmend durch indem er von Vorwürfen des Gewissens verfolgt wird, bedingend durch wenn er geplagt, und causal durch da, weil er geplagt wird, kann er keine Ruhe finden, ergänzt, aufgelöset und erklärt werden kann: gerade eben so kann man das erste Beispiel in verschiedener Bedeutung nehmen: indem, da, weil, wenn, wann der Mann von Leiden heimgesucht, oder auch: der Mann, welcher heimgesucht wird oder wurde, wird oder wurde er stets allgemein bedauert. Indessen nur bei dieser letzten Bedeutung kann er ein verkürzter Bei- oder Adjectivsatz heißen (,für: der von Leiden heimgesuchte Mann wird bedauert); in den ersten Bedeutungen muß er zu den verkürzten Umstandssätzen gerechnet werden, eben weil man ja annehmen muß, daß die Verkürzung durch Weglassung eines Bindeworts mit dem Subject und der Copula entstanden sei.

851) Herling sagt (l. c. Th. 2, S. 27) Folgendes über die Verkürzung der Sätze, was auch noch aufzuführen erlaubt sei (,theils zur Bestätigung des Vorhergehenden, theils um mehrere seiner Behauptungen widerlegen zu können, und man verzeihe also die deshalb unvermeidlichen Wiederholungen):

„Oft verliert ein Satz wesentliche Bestandtheile, das Subject, die Aussage (,Copula) und das einleitende Bindewort, (Adverb oder Pronomen,) so daß ganz sein Charakter eines Satzes aufgehoben, und er zu einem bloßen Rede- und Satztheil verkürzt wird; weil man ihn aber doch schon durch die bloße Ergänzung dieser ausgelassenen wesentlichen Bestandtheile, [die man freilich zum Verständnisse selbst nicht in Gedanken zu ergänzen nöthig hat,] und etwa noch durch die Verben werden und wollen zur Umschreibung der Zeitformen [,Tempus] wieder vervollständigen kann [,wodurch er sich von einem elliptischen Satze, z. B. guten Morgen! unterscheidet]: so pflegt man auch solche Verkürzungen noch, der Bequemlichkeit des Ausdrucks wegen, mit Adelung verkürzte Sätze zu nennen. Der Zweck der Verkürzung ist zunächst eine innigere Verschmelzung der Sätze mit dem sie regierenden oder durch sie bestimmten Satze, und eine leichtere Bewegung der Perioden. (??)

Hauptsätze können nicht verkürzt werden.

Auch die Nebensätze lassen sich nicht immer und nicht alle verkürzen.

Zur Verkürzung der Substantivsätze gehört vorzüglich die Umstellung des (bestimmten) Zeitworts in den Infinitiv (mit zu): er drohte mir, die Stadt zu verlassen, verlassen zu wollen, verkürzt für: daß er die Stadt verlassen würde oder wollte. (Gewiß aber geht Herling zu weit, wenn er S. 33 sagt: „die Infinitiven [mit zu] werden in manchen Fällen durch die Topik als verkürzte Sätze hervorgehoben: es fängt zu donnern an, und: es fängt an, zu donnern." Nein, bei den Verben, welche zur Vervollständigung des durch sie nur unvollständig angegebenen Prädicats einen Infinitiv mit zu bei sich haben müssen, kann dieser für keinen verkürzten Satz erklärt werden: er fing an zu lachen, begann zu sprechen, er kam oben zu liegen. Siehe § 772.)

Bei dieser Verkürzung der Adverbial- und Adjectivsätze geht das Verbum in das Particip über: von allen verlassen, musste er unterliegen, für: da er von allen verlassen wurde, so musste er unterliegen; der Vater, ihn so herzlich liebend, verzieh ihm gern, für: welcher ihn so herzlich liebte; der Mann, von ihm so sehr beleidigt, konnte ihm nicht mehr trauen, als Adjectivsatz ergänzt: welcher von ihm so sehr beleidigt worden war, und in diesem Fall kann die Verkürzung auch heißen: der Mann, der von ihm so sehr beleidigte, konnte u. s. w.; als Adverbialsatz ergänzt: da er von ihm so sehr beleidigt worden war. Nur das Zeitwort sein wird ganz ausgelassen: dies Buch, mir sehr theuer und werth, verleihe ich nicht, für: da es oder welches mir sehr werth ist. (Gewiß hat Herling ganz Unrecht, wenn er auch in der Form: der von ihm so sehr beleidigte Mann, das von ihm so sehr beleidigte für einen verkürzten Satz erklären will, weswegen er auch ganz schlecht interpungirt: der, von ihm so sehr beleidigte, Mann, konnte ihm nicht trauen. Wenn bei dieser Wortstellung das [durch andre Nebenbestimmungen näher bestimmte] Particip für einen eignen verkürzten Satz gelten, und durch ein Komma deswegen vom Artikel der getrennt werden sollte, so wäre es ja ganz unmöglich, die unbestimmte Deklinationsform beleidigte zu erklären, und es müsste, ohne Beziehung auf der, die bestimmte Biegungsweise beleidigter stehen. Mit demselben Rechte könnte man dann auch sagen, in der gute Mann [,wohl gar geschrieben: der, gute, Mann,] sei gute ein verkürzter Adjectivsatz für: der Mann, welcher gut ist, war oder sein wird. Nein, bei dieser Wortstellung ist das Particip nichts als ein Adjectiv [,gewöhnlich mit dem Begriff der Zeit]. Und Herling sagt S. 33 auch selbst: „das Particip allein, in der Stelle des Adjectivs, und das Adjectiv selbst sind durch ihre Concretion mit ihrem Substantiv, besonders in so fern sie nicht durch mehrere Nebenbestimmungen hervorgehoben werden, zu eng verbunden, als daß man sie füglich als verkürzte Sätze ansehen dürfte." Dies ist gewiß wahr, auch selbst dann, wenn zum Particip, wie zum Adjectiv, Nebenbestimmungen kommen: der seit langer Zeit vieler Diebstähle verdächtige oder beschuldigte Mensch.)

„Ein Adjectiv-, und so auch ein Adverbialsatz, in welchem das seinem Subject, Substantiv oder Pronomen, (durch das Verbum sein) beigelegte Prädicat durch ein Substantiv ausgedrückt ist, wird bei der Verkürzung zur Apposition. So verkürzt man: Friedrich, welcher der erste Held seines Jahrhunderts war, und auch: Friedrich, obgleich er der erste Held seines Jahrhunderts war, wurde bei Hochkirch geschlagen, in: Friedrich, der erste Held seines Jahrhunderts, wurde bei Hochkirch geschlagen."

Da aber Deutlichkeit immer ein Haupterforderniß für alles Sprechen und Schreiben ist, so können solche Abkürzungen nur statt finden, wenn es der Sprachgebrauch erlaubt; und es können deshalb diese Nebensätze nicht alle und nicht immer, sondern nach Herling (S. 99) nur unter folgenden Beschränkungen verkürzt werden:

„I. die Substantivsätze: 1) wenn sie mit dem regierenden Satze dasselbe Subject haben: gewöhnt (ihr) euch, in jedem Menschen ein Kind Gottes zu erblicken, für: daß ihr in jedem ein Kind Gottes erblickt;

2) wenn das Subject des Substantivsatzes das nähere oder entferntere Object, der Accusativ oder Dativ des regierenden Satzes ist, und dabei keine Zweideutigkeit statt findet; so kann man verkürzen: wer den Bösen bewegt, daß er dem Laster entsage, in: dem Laster zu entsagen; es ist uns oder für uns Pflicht, daß wir die Wahrheit sagen, in: die Wahrheit zu sagen; daher muß bei Verkürzungen, die sich auf beide Arten vervollständigen ließen, in der Regel immer die erste zum Grunde liegen: er versprach oder versicherte, betheuerte ihr, morgen abreisen zu können, muß bedeuten, daß er, und nicht, daß sie morgen abreisen könne; wenn indessen der Inhalt der Rede den Sinn deutlich macht, so kann auch die jetzige zweite Verkürzung statt finden; wenn also gleich: er gelobte ihnen, morgen abzureisen, wegen der Bedeutung von geloben bedeuten muß, daß er morgen abreisen werde oder wolle, so kann man doch auch sagen: er erlaubte oder verbot ihnen, morgen abzureisen, für: daß sie morgen abreiseten, weil hier der Sinn des Verbietens und Erlaubens die erste Auflösungsart nicht zuläßt; dies ist selbst der Fall, wenn

der Substantivsatz ein allgemeines oder unbestimmtes Subject hat, das im regierenden Satze gar nicht angegeben, sondern nur hinzugedacht wird; so sagt man: er befahl, die Kirche zuzuschließen, für: daß man oder der Küster oder ein unbestimmtes Subject, der nächste Mensch, der an der Thür sei, die Thür zuschließen sollte, wobei zu dem regierenden Satze er befahl ein Dativ des Zwecks (oder entferntern Objects, wie Herling sagt,) hinzugedacht wird: er befahl dem man, dem Küster, den Leuten. (Es bleibt nur dabei, daß jede Undeutlichkeit vermieden werden muß. So kann im Satze: er bittet dich zu sprechen, der Accusativ dich entweder von bitten oder von sprechen regiert werden sollen. Im letzten Fall, bei dem Sinne: er bittet, daß er dich spreche, sprechen dürfe, kann man fürs Schreiben ein Komma hinter bittet setzen, und beim Reden muß man hinter diesem Worte mit der Stimme anhalten. Doch bleibt der Sinn, wenn man den Satz geschrieben vor sich sieht, immer undeutlich, da man nicht weiß, ob der Schreiber diese Regel beobachtet habe, und die Bedeutung nicht sein solle: er bittet dich, daß du sprechest.)

Es lassen sich aber die Substantivsätze nicht auf diese Art verkürzen, namentlich wenn das Verbum des regierenden Satzes nach der Bestimmung des Sprachgebrauchs sich nicht mit dem Infinitiv mit zu construiren läßt. (So sagt der Sprachgebrauch wohl, doch schon nicht recht gern: er bekannte, erkannte, sah ein, sich geirrt zu haben, aber sehr ungern und sehr selten nur: er merkte, er fühlte, sich geirrt zu haben; wohl: er glaubte, vermuthete, besorgte, fürchtete, war in Furcht, Sorge, sich geirrt zu haben, aber nicht recht gern: er meinte, dachte, sich geirrt zu haben, und ganz ungern: er war besorgt, angst, er zweifelte, sich geirrt zu haben; wohl: wir brauchen nicht Anstalten zu treffen, aber sehr ungern: wir bedürfen nicht, Anstalten zu treffen, und nie sagt man: er sagte (mir), krank zu sein, kommen zu wollen, ihn zu kennen; er erzählte mir, krank zu sein, jetzt in Potsdam zu leben, für: daß er krank sei, jetzt in Potsdam lebe u. s. w., obgleich zuweilen wohl in der vergangenen Zeit gefunden wird: er erzählte [mir], in Rom gewesen zu sein, dort Freunde gefunden zu haben u. s. w.. Aus den angegebenen Beispielen ergiebt sich übrigens, daß der Infinitiv mit zu oft activ aufgelöset werden muß, namentlich, wenn er den Accusativ eines Objects regiert: er zwang mich, [wie: der Befehl,] ihn zu küssen, daß er aber oft auch passiv genommen werden kann: er befahl [wie: der Befehl] zu läuten, d. i. daß geläutet werden, oder daß man läuten sollte.)

3) Eine dritte Abkürzung des Substantivsatzes besteht in der sogenannten Construction des Accusativs mit dem Infinitiv." (Ueber diese werden wir in der folgenden Abtheilung sprechen.) „Außer diesen Fällen kann der reine, eigentliche Substantivsatz nie verkürzt werden.

Dagegen findet, und das ist für die Construction der Sätze sehr wichtig, bei relativen Beziehungen oft noch neben der Verkürzung des reinen Substantivsatzes eine innigere Verschmelzung mit dem durch ihn bestimmten Satze dadurch statt, daß im ersten die Beziehung beider (Sätze) als eines einzigen Satzes zu einem andern ausgedrückt wird." (Sehr häufig sind nämlich Verbindungen wie: dies ist das Unendliche, dessen Gränzen zu erreichen wir vergebens streben würden, die man doch nicht anders auflösen kann als etwa: dies ist das Unendliche, das wir vergebens streben oder streben würden, in seinen oder dessen Gränzen zu erreichen, und das heißt: daß wir es in seinen Gränzen erreichen, oder: dies ist das Unendliche, und wir streben vergebens, dessen Gränzen zu erreichen, daß wir dessen Gränzen erreichen. Hier werden in der ersten verkürzten und zusammengezogenen Ausdrucksart durch den relativen Accusativ dessen Gränzen, das, der von erreichen regiert wird, zwei Sätze, der regierende Hauptsatz und wir streben vergebens, und der von ihm regierte oder bestimmte Nebensatz daß wir es erreichen, relativ mit dem ersten Hauptsatze dies ist das Unendliche verbunden. Einfacher ist diese Form: dies ist der Ort, den wir zu erreichen strebten, den wir zu sehen gekommen sind; einfach aufgelöset: dies ist der Ort, (und) wir sind gekommen, daß wir ihn sehen; das relative den des verkürzten regierten Satzes daß wir ihn sehen verbindet hier wieder sowohl ihn als den durch ihn bestimmten Hauptsatz wir sind gekommen wie einen einzigen Satz relativ mit dem Hauptsatze dies ist der Ort. Herling giebt noch das Beispiel an: „sie machen die Religion zu einer Maske für alles, was ihnen (sic) gut dünkt, unter einem ehrwürdigen Namen zu verstecken." Vergleicht man damit die Redeweise: ich habe schon Kuchen für jeden, den es mir belieben oder gefallen oder einkommen wird einzuladen, so sieht man, daß was wie den der Accusativ ist, welcher nicht von dünken und belieben, sondern von verstecken und einladen regiert wird, und daß dieser relative Accusativ die beiden ihm folgenden Sätze, die wie ein einziger betrachtet und behandelt werden, mit dem Hauptsatze verbindet. Diese wichtige, künstliche und schöne Sprechart, über welche hier nur vorläufig das Nothwendigste gesagt werden kann, ist so allgemein aufgenommen, und gehört so zum Wesen unsrer Construction, daß man dieselbe nur sehr hart und mühsam ändern und auflösen kann etwa in: zu einer Maske für alles dasjenige, was so ist, daß es ihnen [sie] gut dünkt, daß sie es unter einem ehrwürdigen Namen verstecken; Kuchen für jeden, der so ist, daß es mir belieben wird, daß ich ihn einlade. [Uebrigens konnte der Umstand, daß diese ganze relative Sprechart sich oft und am leichtesten durch einen Hauptsatz mit seinem Nebensatze auflösen lässt, der dann durch ein relatives Pronomen oder Umstandswort auf den ersten Satz bezogen werden kann, Herling wohl darauf aufmerksam machen, daß die Relativsätze mit welcher u. s. w. überhaupt nicht zu den Neben-, sondern weit eher zu den Hauptsätzen zu rechnen sind: dies ist der Ort, den wir zu sehn gekommen sind, d. i. und wir sind gekommen, ihn zu sehen. Selbst bei der letzten holperigen Auflösung mussten wir einen Relativsatz, was so ist, der so ist, zu Hülfe nehmen, um den zusammengezogenen Hauptsatz: es, das, dies dünkt gut, beliebt mir, zu erklären.] Zur Erleichterung der Auflösung solcher Sätze dient auch die uns schon bekannte Bemerkung, daß man überhaupt gar nicht nöthig hat, diese Infinitiven mit zu immer für verkürzte Sätze zu halten: ratio vivendi, die Art zu trinken, ich habe nichts zu trinken, ist etwas zu trinken da?

Es ist um so mehr nöthig, auf diese Constructionsart aufmerksam zu sein und zu machen, da sie selbst zu den Schönheiten eines gebildeten Styls gerechnet wird, und es sich nicht leugnen lässt, daß sie nicht nur sehr zur Abkürzung der Rede dient, sondern durch die dabei statt findende künstliche Verschlingung der Sätze auch in der That einen Beweis von des Redenden oder Schreibenden Gewandtheit in dem Gebrauch und der Behandlung seiner Sprache ablegt.

Deswegen wird sie auch von den besten Schriftstellern sehr häufig angewandt, und wenn dies nach unsern gegenwärtigen Regeln über die Verbindung der Sätze und mit vollkommner Deutlichkeit des Ausdrucks geschieht, so darf selbst die Grammatik nichts dagegen einwenden. Es findet bei ihr gewöhnlich eine doppelte, zuweilen sogar eine dreifache Unterordnung, die Unterordnung eines untergeordneten Satzes unter einen untergeordneten Satz, vermittelst der Relation statt.

Ganz einfache, deutliche und vollkommen grammatisch richtige Constructionen dieser Art sind: ich übernehme Ihren Auftrag, den ich mich zu Ihrer Zufriedenheit auszuführen bemühen werde, d. h. und ich werde mich bemühen, ihn auszuführen; das sind Arbeiten, die ich dir mit Vergnügen zu überlassen bereit bin, d. i. die so beschaffen sind, daß ich mit Vergnügen bereit bin, sie dir zu überlassen. (Aehnliche Constructionen, in denen aber die Construction des Accusativs mit dem Infinitiv vorkommt, werden wir in der nächsten Abtheilung besprechen. Wenn man z. B. sagt: das sind Arbeiten, die oder welche ich dich mit Vergnügen übernehmen sehe, so heißt das: die so beschaffen sind, daß ich mit Vergnügen sehe, dich sie übernehmen, d. h. daß du sie übernimst. [Man sieht, der Accusativ die, welche wird hier von zwei Verben zugleich bestimmt und regiert: die ich sehe, daß du sie übernimst.]) Undeutlich und schlecht ist dagegen die Verschlingung: die Kinder, die ich ihn misshandeln sehen oder zu sehen nicht länger ertragen konnte, nahm ich zu mir; dies soll heißen: Kinder, die in solcher Lage waren, daß ich es nicht länger ertragen konnte, zu sehn, ihn sie misshandeln, daß er sie [so] misshandelte. Pauli löset viele solcher verschlungenen Sätze auf eine andre Art sehr sinnreich auf, welche wir in der folgenden Abtheilung, § 862 und 867, besprechen werden.

Wir haben übrigens früher [§ 772, der hier überhaupt zu vergleichen ist, Seite 516] die Construction getadelt: Verhältnisse, die ich glücklich sein werde, ihn mit Sorgfalt unterhalten zu sehen. Man sieht jetzt, warum wir sie getadelt haben; sie enthält eine verwerfliche Verkürzung und Zusammenziehung der Sätze.

Ferner sagt Herling S. 102:)

„II. Ist ein Substantivsatz (nicht rein, sondern) adverbialisch gebraucht, so kann er nur dann verkürzt werden, wenn er mit dem durch ihn bestimmten Satze dasselbe Subject hat. So kann man: ich sagte dies, damit ich dich belehrte, zusammenziehen in: dich zu belehren, um dich zu belehren. (Solche Sätze nennt Herling Finalsätze.) (Dies um beim Infinitiv mit zu, das nach Adelung nur stehen soll, wenn eine Absicht angezeigt wird, scheint darauf hinzudeuten, daß man in frühern Zeiten für damit daß, wofür man jetzt bloß nimt damit, auch um daß, etwa statt darum daß, wie auf daß gesagt habe. Wenn nämlich solche Sätze, die Herling reine Substantivsätze nennt, vor ihrer Conjunction daß noch eine Partikel haben, die eigentlich Präposition ist, und so adverbial werden, so wird bei der Verkürzung diese Präposition nicht weggelassen. Man zieht auf diese Art mit ohne und statt oder anstatt zusammen: er sagte dies, ohne daß er dich beleidigen wollte, er

kam,

kam, anstatt daß er nach Hause gehn sollte, gehn gesollt hätte, zu mir, in: ohne dich beleidigen zu wollen, statt nach Hause zu gehn oder gehn zu sollen; so auch zuweilen, doch nicht ohne Härte: dieser Vorgang, außer [dem] daß er uns Besonnenheit lehrt, zeigt uns auch noch die Hinfälligkeit aller irdischen Macht, in: außer uns Besonnenheit zu lehren. Hingegen bei auf daß und damit für damit daß fällt in der Zusammenziehung auch das auf und damit weg, und es wird statt dessen zufolge des Sprachgebrauchs um vor den Infinitiv mit zu gesetzt; man verkürzt: thut [ihr] das, auf daß [,damit daß, damit, daß] ihr Ruhe findet, in: um Ruhe zu finden. [Daß man zuweilen, wenn keine Undeutlichkeit daraus entsteht, auch das um weglässt, bezieht sich wohl darauf, daß man in eben diesem Fall auch das damit und auf vor daß weglässt, und so correspondirt: er thut dies, Ruhe zu finden, dem: er thut dies, daß er Ruhe findet oder finde.] Deswegen eben scheint dies um [darum] statt damit, auf [daß], deren man sich beim Verkürzen der Sätze vorm Infinitiv mit zu nie bedienen darf, zu stehen. Wir haben übrigens schon früher bemerkt, daß es in der neuesten Zeit viele Grammatiker, und so auch Herling und Grotefend, lieben, daß den Satzartikel zu nennen, so daß ihnen jeder Satz mit daß gleichsam für ein einziges zusammengesetztes Wort gilt; dem zufolge nennen dieselben dann auch die vor daß stehenden Partikeln ohne, auf, statt, welche vor Hauptwörtern als Verhältnisswörter gebraucht werden, bei diesem Gebrauch vor daß ebenfalls Präpositionen. Ich habe schon eingestanden, daß ich mich mit dieser Ansicht nicht befreunden kann, und ich bleibe also auch bei Adelungs [z. B. im Artikel um im Wörterbuch ausgesprochener] Ansicht, das um, ohne, statt, außer bei diesem Gebrauch vorm Infinitiv mit zu als bloße Bindewörter zu betrachten. Muß doch jeder zugestehen, daß man das Bindewort als vor daß setzt, indem man z. B. sagt: ich habe ihn zu lieb, als daß ich ihm weh thun könnte, und daß man nun eben bei der Verkürzung dieses Satzes als daß in um verwandelt: ich habe ihn zu lieb, um ihm weh thun zu können; warum soll also dies um, das für die Bindewörter oder das Bindewort als daß steht, nicht auch selbst ein Bindewort sein? [Adelung nennt zwar eben diese Zusammenziehung sehr widerwärtig und oberdeutsch: er ist zu tugendhaft, um nicht ein Christ zu sein, bei Cronegk, die Sache spricht zu klar, um missverstanden werden zu können, weil hier keine Absicht angezeigt werden solle; allein der Sprachgebrauch hat dieselbe auch fürs Hochdeutsche zu allgemein aufgenommen, als daß sie nicht eine Erweiterung dieses Gebrauchs des um vorm Infinitiv mit zu begründen sollte, wenn man gleich zugeben muß, daß diese Verkürzung mit um für als daß nicht zu weit, nicht über die Gebühr, das heißt bis zur Undeutlichkeit der Rede ausgedehnt werden darf. Adelung geht noch weiter, indem er auch Zusammenziehungen wie: so vorsichtig ein Richter ist, um zu verbergen, daß u. s. w., bei Rabener, wenn ich Ruhe genug hätte, um mein Herz dem Vergnügen zu öffnen, bei Zimmermann, große Herzen sind bestimmt, um hier zu leiden, bei Cronegk, sehr unangenehme, durch den Gebrauch des französischen pour veranlasste Fehler nennt, in denen um am unrechten Orte stehe, weil hier kein eigentliches Verhältniß einer Handlung gegen ihre Absicht statt finde; allein auch dies kann man ihm nicht zugeben.] Und wie will man es denn erklären, wenn damit allein für auf daß gebraucht wird: der Mensch esse, damit er lebe? Will man sagen, beim Satze er lebe sei der Satzartikel daß ausgelassen, so fragt sich immer noch, was denn nun das damit grammatisch sei? Soll es auch Präposition sein wie ohne in ohne daß, wie kann es denn, und wie kann auch die Präposition auf in auf daß beim Verkürzen weggelassen werden?)

(Herling sagt ferner S. 102 in Folge seiner Behauptung, daß adverbialisch gebrauchte Substantivsätze nur dann verkürzt werden können, wenn sie mit dem durch sie bestimmten Satze dasselbe Subject haben: „die Verbindung: er wurde von der Fürstinn so sehr erhoben, um ihn zu wichtigen Geschäfften brauchen zu können, ist falsch, wenn beide Sätze nicht einerlei Subject haben, oder wenn er und ihn nicht Deuter desselben Substantivs sind." Aber hier hat sich Herling sehr geirrt. Es ist ja ihn nicht das Subject, sondern das Object des verkürzten Satzes, und das zum Grunde liegende, aber verschwiegene Subject dieses verkürzten Satzes ist sie oder die Fürstinn. Und doch ist diese Verkürzung, wie sie ihrem Sinne nach ganz deutlich ist, so auch ganz erlaubt und ganz sprachrichtig. Unzählig oft sagt man: man schickte ihn, oder man half ihm nach der Wache, um bestraft zu werden, um die Gewehre zu holen, wo den verkürzten Sätzen das Subject er zum Grunde liegt, das nicht einerlei ist mit dem Subjecte des regierenden Satzes man, sondern sich auf das Object ihn oder den Zweck ihm bezieht. Dies konnte Herling darauf aufmerksam machen, daß seine ganze Regel durchaus falsch ist, und daß auch bei diesen adverbialen, wie bei den reinen Substantivsätzen das ihrer Verkürzung znm Grunde liegende Subject sich sowohl auf das Subject als auf das [nähere oder entferntere] Object oder den Zweck des regierenden Satzes beziehen kann, sobald die Rede nur deutlich ist. Ja den verkürzten Sätzen kann selbst, wie wir schon wissen, ein Subject zum Grunde liegen, das im regierenden Satze gar nicht genannt wird: es geschah, um der Sache auf den Grund zu kommen, d. i. damit man komme; es wurde ein Reichstag gehalten, um Luthern zu verdammen, d. i. damit man verdamme. Dagegen hat Herling eben dieser Deutlichkeit wegen ganz Recht, daß man den [von ihm sogenannten adverbialen Substantiv-] Satz: er schmeichelte ihr, damit sie ihm die Stelle gäbe, nicht verkürzen darf in: ihm die Stelle zu geben. Wenn er aber weiter sagt: „er ist zu schwer, um ihn tragen zu können, ist eine fehlerhafte Verkürzung statt getragen werden zu können:" so hat derselbe zwar in Ansehung dieses Beispiels ganz Recht, da dasselbe undeutlich ist, und leicht falsch verstanden werden kann; wenn er aber dadurch die Regel andeuten zu wollen scheint, man dürfe nicht den activen Infinitiv mit zu, für den passiven Begriff nehmen, so ist das nur in Hinsicht der grammatischen Construction richtig, da freilich jeder verkürzte active Satz auch zur Auflösung activ ergänzt werden muß, aber nicht in Hinsicht des Sinnes oder Begriffs, welchen man am natürlichsten und einfachsten mit solchem Satze verbindet. Der Deutsche erkennt und fühlt es wohl, daß die vielen Hülfszeitwörter bei der Biegung seiner Verben die Rede oft schleppend und hart machen; daher erlaubt er es nicht bloß in vielen Fällen, sondern befiehlt es selbst, den passiven Begriff, dessen Ausdruck mehrere Hülfswörter fordert, mit der einfachern activen Form auszudrücken. So sagt man mit Billigung des allgemeinen Sprachgebrauchs: seine Absicht ist nicht zu verkennen, [kann nicht verkannt werden,] er ist schwer zu belehren, [daß er belehrt werde,] es ist schwer zu glauben, [daß es geglaubt werde,] es ist leicht zu begreifen, [für begriffen zu werden, daß es begriffen werde,] ich sah ihn nach Hause tragen, [für getragen werden, daß er getragen wurde,] ich hörte Vivat rufen, [für gerufen werden, daß Vivat gerufen wurde,] und so kann man mit der jetzt besprochenen Verkürzung der Sätze [,um so mehr, da wir ja die genannten Infinitiven mit zu nicht immer für verkürzte Sätze zu halten nöthig haben,] auch ganz gut sagen: die Menschenliebe befiehlt, alle möglichen Mittel anzuwenden, um Unglücklichen zu helfen, und Verirrte auf den rechten Weg zu bringen. Dies ließe sich wohl grammatisch auflösen: daß man Mittel anwende, damit man den Unglücklichen helfe, und damit man die Verirrten auf den Weg bringe; man denkt sich die Begriffe aber doch gewiß immer passiv: die Liebe befiehlt, daß Mittel angewendet werden, damit Unglücklichen geholfen werde, und Verirrte auf den rechten Weg gebracht werden. Herling will, der Satz: er ist zu stolz, um ihn lieben zu können, müsse bedeuten: als daß er [einen anderen] ihn lieben könnte, und gewiß soll er das eigentlich grammatisch bedeuten, wie man sagt: er ist zu stolz, um das zu thun, d. h. als daß er das thäte, und darum ist es im Allgemeinen undeutlich, und deswegen nicht gut, so zu sprechen, wenn der Sinn sein soll: um geliebt werden zu können, als daß man ihn lieben könnte. Sobald aber der Zusammenhang den Sinn ganz deutlich macht, erlaubt sich gewiß jeder classische Schriftsteller solche Constructionen mit dem activen statt des passiven Infinitivs mit zu, und das um so lieber, weil man dann den passiven Nominativ des Subjects, den die Sprache nie mit dem Infinitiv mit zu zu verbinden erlaubt, bei objectiven Verben in den die Rede deutlich machenden Accusativ des Objects verwandeln kann. So schreibt jeder, auch der beste Schriftsteller: es ist schwer, ihm Gnüge zu leisten, für: daß ihm Gnüge geleistet werde, er verdient es, ihm zu helfen, ihn zu retten, sobald der Zusammenhang zeigt, der Sinn sei, daß ihm geholfen, er gerettet werde, der Stein war zu groß, [um] ihn fortzutragen, für: als daß er fortgetragen wurde, würde, werden konnte oder könnte, die Sache ist zu wichtig, um damit so zu eilen, um sie übers Knie zu brechen, für: als daß damit so geeilt, sie übers Knie gebrochen würde, werden sollte, werden könnte oder dürfte. Uebrigens widerspricht sich Herling auch selbst, da er ja vorher den Satz: er wurde erhoben, um ihn brauchen zu können, für richtig erklärt hat, wenn er und ihn Deuter, Pronomen desselben Substantivs sind; wenn das aber sein soll, so kann der Infinitiv mit zu ja doch nur passiv aufgelöset werden: er wurde erhoben, damit er gebraucht werden konnte oder könnte.) (Noch bemerkt Herling auch hierbei wieder, daß man jede Zweideutigkeit vermeiden muß. „Es kann nämlich, sagt derselbe, 1) in manchen Verbindungen unentschieden sein, ob der verkürzte Substantivsatz rein substantivisch, oder adverbialisch zu nehmen sei, ob z. B., wenn man sagt: wir sagten ihr das Geheimniß, ihren Bruder zur baldigen Abreise zu bewegen, dies heißen soll, indem der verkürzte Substantivsatz Genitiv [?] ist: wie sie ihren Bruder zur Abreise bewegen könnte, [allgemeiner:

wie ihr Bruder zur Abreise bewogen werden könnte,] oder als adverbialer Finalsatz: damit wir ihren Bruder zur Abreise bewegten [bewögen]; dieser letzte Sinn wird sogleich deutlich, wenn man um vor den Finalsatz setzt, welches, wie jede andre Präposition, die substantivischen Sätze immer adverbial macht. 2) Oft wird durch die Verkürzung auch die logische Bedeutung zweideutig. (Hierzu lässt sich das Beispiel angeben: nun wurde Aristoteles nicht mehr angebetet, ohne verstanden zu werden. Soll das bedeuten: er wurde nun angebetet, weil oder indem er besser verstanden wurde als früher, oder soll es bedeuten: er wurde nun gar nicht mehr angebetet, denn man hatte ihn früher nur angebetet, weil man ihn nicht verstand? Herling giebt folgendes Beispiel an:) Sagt man: er hatte zu lange mit ihm gesprochen, um ihn sogleich überzeugen zu können, so kann das bedeuten entweder: damit er ihn überzeugen könnte, oder: als daß er ihn überzeugen konnte. Um diese Zweideutigkeit zu vermeiden, muß man die Stellung ändern: er hatte, um ihn zu überzeugen, zu lange mit ihm gesprochen, oder gar keine Verkürzung der Sätze eintreten lassen: er hatte lange mit ihm geredet, damit er ihn überzeugen könnte, und zwar zu lange, als daß er zur rechten Zeit wieder bei uns sein konnte." Indem es sich von selbst versteht, daß statt des letzten Satzes unter als daß jeder andere stehen kann, den der Sinn der Rede mit sich bringt, sieht man leicht, daß in dieser vollständigen Satzverbindung der zweite Satz: damit er ihn überzeugen könnte, nicht nur durch dies Flickwort könnte schleppend und unbestimmt wird, indem das Ueberzeugen—können von keiner Unterredung abhangt, da es durch innere Gründe bedingt ist, sondern daß gerade diese Vollständigkeit eine Undeutlichkeit desselben veranlasst, welche durch die Verkürzung wegfällt. Sagt man nämlich: er hatte lange mit ihm gesprochen, um ihn zu überzeugen, so ist der Sinn vollkommen deutlich. Ferner sieht man leicht, daß die vorgeschlagene Aenderung der Wort- oder Satzstellung die beabsichtigte Deutlichkeit hier wenigstens nicht bewirken kann, denn auch die Folge: er hatte, um ihn zu überzeugen, zu lange mit ihm geredet, ist undeutlich.

Im Allgemeinen wird jeder Leser und Hörer bei solcher Verbindung mit zu für zu sehr ein als daß nachher erwarten, und deshalb die Verkürzung mit als daß: er hatte zu lange mit ihm gesprochen, um ihn sogleich zu überzeugen, auflösen: als daß er ihn sogleich überzeugen gekonnt hätte. Diesen Fall würde man übrigens auch durch die Verkürzung ganz deutlich ausdrücken, wenn man den Infinitiv mit zu in die vergangene Zeit, in das Präteritum setzte: er hatte zu lange geschlafen, um ihn sogleich überzeugen gekonnt zu haben. Das kann nicht bedeuten: damit er ihn überzeugen könnte, sondern muß Raisonnement des Redenden sein: zu lange, als daß er seine Absicht, ihn zu überreden, erreichen gekonnt hätte. Zu loben ist solche abgekürzte Redeart freilich immer nicht.

Ferner lehrt Herling S. 104:)

„III. Adverbial- und Adjectivsätze, deren Prädicat nicht ein Substantiv ist, das beim Verkürzen zur Apposition wird, können eigentlich nur dann verkürzt werden, wenn sie mit dem durch sie bestimmten Satze dasselbe Subject haben. (Man vergleiche § 850.) So verkürzt man: da er von der Krankheit sehr ermattet ist, so wird er nicht abreisen können, in: von der Krankheit sehr ermattet, wird er nicht abreisen können [,wobei dann das Bindewort so immer wegfallen muß]. [Mit Recht tadelt Herling deshalb den Ausdruck bei Schiller: endlich trägt das Geschick ihn schlafend an Ithaka's Küste, weil das Particip schlafend, als verkürzter Adverbialsatz gedacht: da es schlafend war, nach der Grammatik auf das Subject des regierenden Satzes Geschick, und nicht auf dessen Object ihn, Odüsseus, bezogen werden muß. Und so sagt derselbe auch (S. 95): „sind die Adverbialsätze verkürzt, so können sie an der Stelle der Adjectivsätze, als deren Verkürzungen man sie doch auch alsdann ansehen könnte, oft eine Zweideutigkeit veranlassen, öfter eine Dunkelheit der grammatischen Beziehung: ohne Geschichte der Kunst gleicht die Weltgeschichte dem Polyphem, desjenigen Gliedes beraubt, aus welchem die Seele am hellsten hervorstrahlt, ist eine Satzfolge, die schon Adelung [über den Styl, I, 1,) tadelt.“ So ist es auch, wenn nicht falsch, doch undeutlich zu sagen: die Quelle, die in ein Marmorbecken, von Liebesgöttern gehalten, hinabfallend kühlenden Thau verspritzet. Hier soll gehalten dem Marmorbecken untergeordnet sein; die Grammatik bezieht es aber eigentlich auf das Subject Quelle. Doch setzt Herling eben so richtig hinzu:] Wo indessen die Verkürzung, wenn auch die Subjecte nicht dieselben sind, weder [wie vorher bei Schiller] eine Beziehung auf das Subject des durch sie bestimmten Satzes, noch sonst eine Undeutlichkeit veranlasst, erlauben sich dieselbe auch die besten Schriftsteller ohne alles Bedenken. So sagt Schiller: er trat zum Grafen, rasch zur That und offen des Verführers Rath, und streut ins Herz des Argwohns Samen, wo der verkürzte Satz bedeutet: da der Graf rasch und offen war, und Stolberg: du, Abendstern, winkst mir Freuden herab, kurz, wie sie Sterblichen lächeln, farbigen Blasen ähnlich, hauchender Weste Spiel, d. i. welche Freuden [nicht du] kurz und den Blasen ähnlich sind. Ja die Sprache erlaubt sich, selbst in der Prosa, mancherlei Verkürzungen, die man nur dadurch entschuldigen kann, daß man sie für Ellipsen erklärt; es sind besonders bloße absolute Accusativen, bei denen man sich habend oder andre ersten Participien von transitiven Verben hinzudenken muß, welche diesen Accusativ regieren." (Verführt sind wir Deutsche zu diesen grammatisch eigentlich immer verwerflichen Constructionen wahrscheinlich durch die lateinischen ablativos und die griechischen genitivos absolutos. Wir haben aber schon bei der Lehre von den Participien, [Band 3, § 576, S. 337, 379, 381 und jetzt § 850] gesehen, daß haben als Hülfswort, und eben so auch als transitives Verbum billig nie weggelassen werden soll, und daß das zweite Particip nie einen [thätigen oder gar transitiven] activen Begriff hat, [wie z. B. Stegmeyer noch in der Zeitung für die elegante Welt, 1830, Nr. 122 falsch schreibt: sein als Militair bekleideter Rang verschaffte ihm Anstellung,] und deswegen auch nie den Accusativ regieren kann. Nur in Nichtbeachtung dieser beiden Wahrheiten konnte man zur Einführung der jetzt besprochenen Verkürzungen veranlasst werden, welche doch immer, wie gewöhnlich sie auch sind, ganz gegen die Natur unsrer Sprache verstoßen, und darum von correcten Schriftstellern vermieden werden müssen. Indessen kann man bei dem manchfachen Zwange, dem die Dichter durch die Sprache doch schon unterworfen sind, ihnen wohl seltene Verstöße gegen diese Bemerkung verzeihen. So singt Jacobi: es kam aus ihrem Zauberreich, in der Hand den Wanderstab [habend, haltend, führend u. s. w.], Göttinn Phantasie herab, Ramler: dir bahnt den Weg die harte Nothwendigkeit, geschärfte Keil' und Nägel in eherner Hand [habend], Klopstock: da saß die Priesterinn, feurig den Blick, und Antwort erscholl dem Befrager; so sagt man selbst: sie sah ihn, seinen Hut in der Hand [habend], [und das soll nicht heißen: indem sie, sondern indem er seinen Hut in der Hand hatte,] hinaus gehn, wie Wieland singt: er stämmt sich auf und sieht, im schimmernden Gewand, die Krone auf dem Haupt, die Lampe in der Hand, Almansaris an seiner Seite stehen, und das heißt nicht, indem er, sondern indem Almansaris im schimmernden Gewande war, die Krone auf dem Haupt, und die Lampe in der Hand hatte. Die letzte Sprechart lässt sich noch am besten entschuldigen, indem es hier nicht nothwendig ist, bei den letzten Sätzen haben hinzuzusetzen, sondern man auch sagen kann: indem die Krone auf dem Haupt, und die Lampe in der Hand [ihm] war, s. § 576, Band 3, S. 380, und das Zeitwort sein ausgelassen werden darf. Am widrigsten dagegen ist Klopstocks Floskel feurig den Blick, etwa habend, emporrichtend, umherwerfend; er könnte dafür gesagt haben feurigen Blicks, da wir mehrere solcher bloßen Genitiven haben, die der ganz allgemeine Sprachgebrauch selbst in der einfachsten Sprechart anwendet, wenn man sie gleich in der That grammatisch eigentlich nicht recht erklären kann: er ging stehenden Fußes, eilenden Schrittes, unverrichteter Sache, zornigen Angesichts, verabredeter Maßen, ungerechter Weise fort u. s. w.. Man vergleicht sie gewöhnlich mit den absoluten Genitiven im Griechischen, welche die meisten Sprachlehrer auch für Ellipsen [eines Zeitbegriffs] erklären, so daß sie dann gleichsam auch solche verkürzten Sätze, wie wir hier besprechen, aber dabei zugleich elliptisch sind; andre sagen, daß dieselben die Stelle des lateinischen Ablativs vertreten, und, wie dieser, die Fragen womit, wodurch, wonach, wovon? u. s. w. beantworten. Die zweiten Participien, welche man auf diese schlechte Art mit dem Accusativ verbindet, [s. § 576, Band 3, S. 327,] kann man auch durch habend ergänzen, insofern ihre Verben Transitiven sind, die mit haben conjugirt werden. Wenn also gesagt wird: die Braut trat, ihr Haar mit Blumen geschmückt, festlich herein, gesetzt den Fall, diesen Fall ungerechnet, dies, diesen Schluß vorausgesetzt, angenommen, so kann man den dabei statt findenden Accusativ nicht durch die passiven zweiten Participien, sondern etwa nur durch das hinzugedachte habend erklären, welches diese passiven Participien, geschmückt, angenommen, in active Participien der Vergangenheit umwandelt: ihr Haar geschmückt habend für: indem sie ihr Haar geschmückt hatte, diesen Schluß angenommen habend für: wenn man di sen Schluß angenommen hat. Bekanntlich aber braucht unsre Sprache diese activen zweitheiligen Participien der Vergangenheit, wahrscheinlichst ihres Uebellauts wegen, gar nicht, weder für die Verben mit dem Hülfswort haben noch für die Verben mit sein, obgleich die französische sagt: ayant aimé, orné, ayant pris wie étant venu, étant arrivé. [Ueberdies kann sogar diese ärmliche Erklärungsart nicht einmal auf die Zustandswörter, namentlich mit sein, angewendet werden, da sie keinen Accusativ regieren. Wie will man also erklären: den Weg gekommen, kannte ich ihn sehr gut, den Baum hinuntergefallen, herabgestürzt, wollte ich wieder hinaufsteigen? Doch schreiben selbst schlechte Schriftsteller nur selten so incorrect.] Herling sagt: „es scheinen solche Accusativen, die als wahre absoluten Accusativen erscheinen, doch durch eine Construction nach dem bloßen Sinne, oder als Ellipsen erklärt werden zu müssen. Eine [vernünftige grammatische] Erklärung müsste den Accusativ auf seine ursprüngliche, allgemeine Bedeutung zurückführen [, wodurch freilich das Absolute davon wegfiele]." Da wir das aber nicht können, so bleibt es gewiß am besten, alle solchen Ausdrücke für die correcte Sprech- und Schreibart gerade hin zu verwerfen. Dagegen lassen sich Ausdrücke wie: dies vorausgesetzt, davon abgesehen, von diesen Nachtheilen abgesehen, darf er die Sache doch nicht wagen, ganz gut vertheidigen, indem man sie als abgekürzte Sätze ergänzt durch: indem dies [im Nominativ] vorausgesetzt ist oder **wird**, indem davon, von diesen Nachtheilen abgesehn **wird** [; nur nicht nach Herling durch: davon abgesehn **habend muß man schließen**, darf er die Sache doch nicht wagen]. Sehr richtig bemerkt Herling auch nach S. 107, daß man alle solchen Participialconstructionen meiden muß, die nicht sogleich, sondern erst am Ende des Satzes als Participien erkannt werden können, indem dadurch die leichte und schnelle Auffassung des Gedankens gestört wird, z. B. er betet sie an, aber **versichert**, nie der Ihrige werden zu können, legt er sich strenges Schweigen auf. Hier hält man **versichert** leicht für das Präsens des Indicativs. Man sehe § 576, Band 3, S. 379, 380.)

852) Schmitthenner sagt über die **Verkürzung** der Sätze (im Teut, II, S. 158 u. s. w.) Folgendes:

Bei **beigeordneten Sätzen** ist eine eigentliche Verkürzung nur dann möglich, wenn mehrere Sätze die Copula verschiedentlich (,verschieden) ausdrücken. Hierbei können folgende Fälle statt finden:

1) **die Copula wird in dem einen Satze durch ein abstractes, in dem andern durch ein concretes Zeitwort ausgedrückt.** Dann lässt sich

a) der Satz mit dem abstracten Zeitwort verkürzen. Das Prädicat desselben kann sein:

α) ein Hauptwort: und so saß er, eine Leiche, eines Morgens da, (Schiller,) für **und war** eine Leiche;

β) ein Beiwort: froh, daß die Sache so abgelaufen war, und des langen Wartens müde, ging ich nach

Hause für: ich war froh, müde, und ging nach Hause;

γ) ein Mittelwort der Vergangenheit, in welchem Fall man den verneinenden Satz durch Vorsetzung von un vor das Particip ausdrücken kann: von aller Furcht befreit, (noch unbefreiet,) eil ich zu dir zurück, d. i. ich bin befreit, und eile u. s. w..

b) Der Satz mit dem concreten Zeitwort lässt sich durch Verwandlung desselben in das erste Particip verkürzen: ich bin hoffend dort geblieben für: ich hoffte, und u. s. w..

2) Wenn die Copula in allen Sätzen durch ein concretes Zeitwort ausgedrückt wird, so lässt sich das Zeitwort des einen mit Verschweigung des anreihenden Bindeworts durch ein erstes Particip darstellen: die Sonne bricht, alles mit Freude belebend, hervor, für: sie bricht hervor, und belebt alles.

Außerdem lässt man oft Mittelwörter, wie habend, haltend u. s. w., und so auch bei Transitiven und und das Hülfswort haben ganz weg: dieser, die Augen im Koth, strecket die Beine gen Himmel, (Schiller,) für: habend, und hatte. (Ueber diese Weglassung des Hülfsworts spricht § 851 und § 850.) [Ein anderes Bindewort als und wird beim ersten Particip sehr selten weggelassen.]

Noch eine Verkürzung (der Hauptsätze) besteht darin, daß oft ein Hauptwort zur Erklärung eines ganzes Satzes oder Gesätzes dient, und dann die Würde eines Satzes annimt, indem man sich es ist dies (,es ist dies gleich, es ist dies ähnlich) u. dgl. hinzudenkt: schwer und dumpfig, eine Wetterwolke, durch die Ebne schwankt der Marsch (,bei Schiller, d. i. und es ist, war dies langsame Daher- oder Dahinschwanken des Zuges dem Zuge einer Wetterwolke gleich, ähnlich; eine comparative Auflösung, s. § 850.)

In Ansehung der Verkürzung über- und untergeordneter Sätze tritt besonders bei dem subjectiven Fallsatze der Fall ein, daß der Hauptsatz, welcher die Sprachform (,Modalität) desselben ausdrückt, in ihn (in den Fallsatz) in der Art verschlungen wird, daß er als ein Nebenwort der Sprachform erscheint, und bei dieser Verschlingung der Sätze tritt dann der Fallsatz als Hauptsatz auf: es giebt wahrscheinlich Regen für: es ist wahrscheinlich, daß es Regen giebt. (Freilich ist es nicht nothwendig, anzunehmen, daß ein solches einzelnes Adverb wirklich immer aus der Verkürzung eines ganzen Satzes entstanden sei; doch aber lässt es sich im Allgemeinen nicht leugnen, daß die Sprache nicht selten ein einzelnes Adverb oder Wort überhaupt durch die Stellung desselben gleichsam zur Würde eines verkürzten Satzes [oder zur Apposition] erhebt, und dadurch sein Verhältniß erweitert und ändert. Sagt man: du mit deinem regen Fleiße wirst die Arbeit gewiß vollenden, so soll das bedeuten: da du, der du so regen Fleiß hast; sagt man: du wirst gewiß mit deinem Fleiße u. s. w., so soll das bedeuten: es ist gewiß daß du u. s. w.. Man sehe Herling l. c. II. S. 122. Wie gesagt, nothwendig ist es nicht, solche kurzen Zusätze zur Erweiterung eines einfachen Satzes für verkürzte Sätze zu erklären, ob man es gleich thun kann, wie z. B. Fries l. c. S. 24—26 sagt: er ist ein Mann von Wort stehe für: der sein Wort hält, und so sei auch zu ergänzen: er ist der reichste Mann [, der] in der Stadt [wohnt]; ein Mann [, der] aus der Stadt [kam,] erzählte es; die Neigung [, die er] zum Spiel [hat,] ist sein Verderben; der Sturz [, den er] in den Graben [that,] bringt ihm den Tod; er hat einen Garten [, der] vor dem Thore [liegt]; er spricht vom Wolfe [, der] in der Fabel [vorkommt]; er trägt eine Binde [, die] um den Arm [gebunden ist]; er nahm Abschied ohne [daß er] Thränen [vergoß].)

Uebrigens lassen sich die meisten Fallsätze verkürzen, [vornehmlich, setzt Schmitthenner hinzu, in ihren Nebenfällen, Modalis u. s. w.,] und zwar (nach § 850 und 851):

1) die illativen Fallsätze sehr häufig so, daß als Verhältnißzeichen als gesetzt, und die Copula nicht ausgedrückt wird: als Geistlicher will er nicht in diese Gesellschaft gehen, für: da er ein Geistlicher ist;

2) die ursächlichen verlieren oft Copula und Satzvorwort, wenn der Haupt- und Nebensatz dasselbe Subject haben: zu furchtsam für den Thron, versäumte er oft seine Pflicht für: weil er zu furchtsam war;

3) die bedinglichen verlieren, wenn sie passivisch ausgedrückt sind, oft die Satzpräposition und das Hülfswort werden, auf welche Art das dann übrigbleibende zweite Participauch als Imperativ gebraucht wird, so daß solche Ausdrücke oft eine doppelte Erklärung zulassen: der Erde entrückt wirst du das Leben heller schauen für: wenn du entrückt wirst, entrückt worden bist, entrückt worden sein wirst, oder: sei, werde entrückt, und du wirst schauen;

4) auch die einschränkenden erhalten, wie die illativen, oft nach Weglassung ihrer eigenthümlichen Satzpräposition

und der Copula als Verhältnisszeichen als: als Christen müssen wir unsere Feinde lieben, für: insofern, inwiefern wir Christen sind;

5) die zeitbestimmenden Sätze verlieren oft das Satzvorwort (Bindewort) indem, vornehmlich wenn sie mit den Zeitwörtern haben und halten verbunden sind, die dann wegbleiben können; und so erklärt sich der oft vorkommende scheinbar unbezügliche Accusativ: gerne will ich große Thaten thun, die Leier in der Hand, für: indem ich die Leier habe oder halte. (Man sehe § 851.)

Eben so kann bei einem passivischen Satze nachdem und die Copula wegbleiben, wodurch sich der unbezügliche Nominativ erklärt: die Heerde eingepfercht, eilt frohen Sinnes der Schäfer heim, für: nachdem die Heerde eingepfercht worden ist. (Man sehe § 851.)

Endlich besteht noch eine andre Art der Verkürzung bei Fallsätzen darin, daß das Subject und die Copula ausgelassen werden, und das Satzvorwort bei dem Prädicate stehen bleibt; doch kann dieselbe nur dann eintreten, wenn Fallsätze statt daß noch ein anderes Verhältnisszeichen haben: obwohl von allen gebeten, wollte sie nicht kommen, für: obwohl sie gebeten wurde. (Man sehe § 850.)

Beisätze können, da sie das Merkmal eines Dinges ausdrücken, sehr oft durch Beiwörter vertreten werden, wobei sie indessen ihre Satzform behalten, und es giebt dafür folgende Fälle:

1) das Prädicat des Beisatzes ist ein Hauptwort. Wenn dann mit Hinweglassung des Bezugswortes und der Copula das Hauptwort, welches als Prädicat steht, unmittelbar mit dem Subject des Hauptsatzes verknüpft wird, so entsteht das, was man Gleichsatz, Apposition nennt: ein Gaul, der Schmuck von weißen Pferden, von Schenkeln leicht, schön von Gestalt, und wie ein Mensch stolz von Gebärden, trug seinen Herrn durch einen Wald, (Gellert,) für: der leicht von Schenkeln war u. s. w.. (Man sehe § 850.)

2) Das Prädicat ist ein Beinamen oder Mittelwort: o Anschlag, deiner werth, groß, wie du selber bist, (Weiße,) für: der deiner werth ist u. s. w..

3) Das Prädicat wird durch ein concretes Zeitwort ausgedrückt; dies kann, wenn es in der Gegenwart und Vorgegenwart steht, in das erste Mittelwort umgewandelt, und mit dem Hauptworte in Einstimmung gesetzt werden: er hat Wort gehalten, da er dich mit sanfter Neigung mir, dem sehnenden,

geeignet, (Göthe,) für: der ich mich sehne oder sehnte. (Man sehe § 850.) (So auch mit dem zweiten Particip: unsre Gegend, mit allem Nützlichen geschmückt, doch von der Kunst vernachlässigt, oder: unsre mit allem Nützlichen geschmückte, doch von der Kunst vernachlässigte Gegend befriedigt mich hinreichend. Und in der Verbindung des Particips mit un: die Thiere weiden auf ungepflügtem Rasen; sie trinken das Wasser, ungetrübt durch fremde Beimischungen, aus reiner Quelle, oder, weil und insofern dies zweideutig ist, da ungetrübt eigentlich auf das Subject sie bezogen werden möchte: das durch fremde Beimischungen ungetrübte, besser: nicht getrübte Wasser.)

853) Wir sehen aus diesen verschiedenen Aufstellungen, daß manche Sprachlehrer, z. B. Bernhardt, es leugnen, andere, z. B. Schmitthenner, es behaupten, daß Hauptsätze verkürzt werden können.

Es ist dies offenbar im Grunde nichts weiter als ein Wortstreit. Schmitthenner führt im vorigen Paragraphen (852) eine Menge Beispiele an, die er für verkürzte Hauptsätze erklärt, während Bernhardt und Herling in den vorhergehenden Paragraphen (850 und 851) eben dieselben Beispiele als verkürzte Nebensätze angeben. In: und so saß er, eine Leiche, eines Morgens da, — von aller Furcht befreit, eil ich zurück, — ich bin hoffend dort geblieben, — die Sonne bricht, alles mit Freude belebend, hervor, — dieser, die Augen im Koth, strecket die Beine empor, — froh, daß die Sache so abgelaufen war, und des langen Wartens müde, ging ich nach Hause u. s. w., erklärt Schmitthenner die Abkürzungen für Hauptsätze, und löset sie durch und auf: er saß da, und (er) war eine Leiche; ich eile zurück, und (ich) bin von Furcht befreit; ich blieb und hoffte; die Sonne bricht hervor, und belebt alles; ich ging, und war froh, und war müde; er streckt die Beine empor, und er hat die Augen im Koth. Bernhardt und Herling müssen diese Verkürzungen fast alle als Zeitbestimmungen durch Bindewörter, besonders indem, oder auch durch Relativpronomen auflösen: er saß da, indem er eine Leiche war; ich eile zurück, indem oder weil ich nun von aller Furcht befreit bin; indem oder weil oder da ich hoffte, (so) bin ich dort geblieben, oder: ich, der ich hoffte, bin dort geblieben; indem, da oder weil ich froh und des Wartens müde war, (so) ging ich nach Hause; der Gefallene, welcher die Augen im Koth hatte, streckte die Beine gen Himmel.

Wer hat nun Recht? Offenbar alle! Man sieht, bald

ist es dem Sinne und der Construction nach leichter, einfacher und natürlicher, die Verkürzungen durch und oder andere beiordnenden Bindewörter, bald sie durch indem, weil, da oder andre unterordnenden Bindewörter, oder durch Relativpronomen aufzulösen. Wer, wie Grotefend, die Relativsätze zu den Hauptsätzen rechnet, muß dann natürlich auch in ihren Verkürzungen verkürzte Hauptsätze erkennen. Und wir haben schon bemerkt, daß sich besonders verschlungene und künstlichere Relativconstructionen fast nicht anders als durch Hauptsätze auflösen lassen, z. B.: dies ist das Unendliche, dessen Gränzen zu erreichen wir vergebens streben würden, durch: und es ist das Unendliche; wir würden aber, oder: und wir würden vergebens streben, die Gränzen desselben zu erreichen, vergebens danach streben, daß wir sie erreichen. Namentlich lassen sich auch die Appositionen meistens besser durch Haupt- als durch Nebensätze auflösen. Wenn man z. B. sagt: das ist mein Vorgesetzter, mein Gönner, mein Freund, den ich so lange erwartet habe; nim ja den Präsidenten, deinen künftigen Vorgesetzten, gut bei dir auf: so ist es doch gewiß höchst natürlich, diese Appositionen dem Sinne nach aufzulösen: das ist mein Vorgesetzter, und er ist zugleich mein Gönner, ja er ist zugleich mein Freund; nim den Präsidenten gut auf, denn er ist dein künftiger Vorgesetzter. (Freilich könnte man hier wenigstens fast eben so leicht und natürlich auch auflösen: da, weil er dein Vorgesetzter ist; aber umgekehrt lassen sich auch fast alle vorher (§ 850 und 851) durch weil und da aufgelöseten Sätze eben so einfach und natürlich durch denn auflösen. Hierdurch wird also nichts entschieden.) Aehnliches lässt sich bemerken, wenn man z. B. sagt: drohend schwang er das Schwert; von kaltem Schrecken bleich, bat jeder um sein Leben. Ganz einfach ist die Auflösung: jeder bat um sein Leben, und jeder war dabei von kaltem Schrecken bleich, durch den großen Schreck bleich geworden.

So ist es denn also gewiß am besten, zuzugeben, daß auch Hauptsätze verkürzt werden können, daß verkürzte Sätze, Verkürzungen sich auch durch Hauptsätze auflösen lassen.

Schließlich sei es noch erlaubt, zur Empfehlung der Deutlichkeit, als des ersten und nothwendigsten Erfordernisses auch für diese der Sprache so sehr wichtige, aber so häufig gemissbrauchte Verkürzung der Sätze, die Stellen Quinctilians anzuführen, auf welche Herling (l. c. II, S. 106) ebenfalls aufmerksam macht.

Es sagt nämlich Quinctilian VIII, 2, 16: vitanda est

illa quoque ambiguitas, quae etiamsi turbare non potest sensum, in idem tamen verborum vitium incidit, ut, si quis dicat, visum a se hominem librum scribentem. Nam, etiamsi librum ab homine scribi pateat, male tamen composuerat, feceratque ambiguum, quanto in ipso fuit. Und wieder VIII, 2, 24: curandum non, ut intelligere possit, sed ne omnino possit non intelligere.

Vierte Abtheilung.

Von der Zusammenziehung der Sätze, und von der Construction des Accusativs mit dem Infinitiv.

854) Wir haben schon (§ 849) bemerkt, daß die Sprachlehrer noch über die Begriffe der Verkürzung und der Zusammenziehung der Sätze uneinig sind. Am einfachsten ist es wohl, wenn man unter verkürzten Sätzen alle diejenigen versteht, welche dazu dienen, nackte einfachen und zusammengesetzten Sätze auszubilden, in ausgebildete zu verwandeln, unter zusammengezogenen aber theils diejenigen, deren Verbindung zusammengesetzte Sätze bildet, (man sehe § 776, Seite 631,) theils diejenigen, die sich an andere, vorhergehende Sätze dadurch anschließen, daß sie einen Theil von sich, den sie mit diesen (vorhergehenden) gemein haben, wegfallen lassen, ohne doch dadurch zu verkürzten Sätzen zu werden. Wenn man z. B. die Sätze: der Bürgermeister ist ein treuer Staatsdiener, und auch sein Vater war (ist) eben so ein treuer Staatsdiener, verändert in: der Bürgermeister ist, darin seinem Vater gleichend, oder: gleich seinem Vater, ein treuer Staatsdiener, so ist der zweite Satz verkürzt worden, zu einem verkürzten Satze geworden; wenn man aber sagt: der Bürgermeister und sein Vater sind treue Staatsdiener, oder vielmehr: der Bürgermeister und (eben so) (‚auch) sein Vater ist ein treuer Staatsdiener, so sind beide Sätze zu einem einzigen zusammengesetzten zusammengezogen; sagt man: ein treuer Staatsdiener ist der Bürgermeister, auch sein Vater, so ist der letzte an den ersten gezogene ein (mit diesem) zusammengezogener Satz. Nach dieser Bestimmung, mit welcher die meisten der neuern Grammatiker übereinstimmen, haben wir die gegenwärtige Abtheilung von der vorigen geschieden, und es sei uns wieder erlaubt, auch für diese Zusammenziehung die Aussagen einiger dieser Grammatiker zu hören.

855) Herling sagt (l. c. S. 41) Folgendes über diese Zusammenziehung der Sätze:

„Mehrere Sätze, in welchen zwei oder mehrere verschiedenen Begriffe zu einem andern, sei dieser Subject, Prädicat, eine Nebenbestimmung oder die Aussage [,Copula] selbst, dieselbe Beziehung haben, können so zusammengezogen werden, daß jene verschiedenen Begriffe nur als ein einziger verbundener Begriff erscheinen. Diese Zusammenziehung der Sätze ist eine nicht bloß logische, sondern (zugleich) grammatische Verknüpfung. Die Begriffe erscheinen nur dadurch zur Einheit verbunden, daß sie als Satztheile zu einem andern Theile des Satzes eine und dieselbe grammatische Beziehung haben, d. h. alle Subjecte, Objecte oder Adverbien desselben Prädicats, oder alle Prädicate desselben Subjects sind u. s. w.. So ist: der Fürst und sein Bruder ist oder sind auf die Jagd gegangen, zusammengezogen aus: der Fürst ist auf die Jagd gegangen, und sein Bruder ist auf die Jagd gegangen; der zusammengezogene Satz: er und sie haben gestern mit ihren Kindern Haus und Hof, aber nicht die Stadt verlassen, hat die beiden Subjecte er und sie, und die drei Objecte Haus, Hof und Stadt, von denen die beiden ersten in der Aussage bejaht werden, das letzte aber verneint wird.

So können auch ganze Sätze zu ganzen Sätzen, wie zu einzelnen Begriffen gleiche Beziehung haben, und deswegen mit denselben zusammengezogen werden: da wir ihn kannten, und man aufmerksam auf uns hörte, so konnten wir ihn nicht loben, doch aber auch nicht öffentlich tadeln. (Doch begreifen viele Grammatiker diese Verbindung nicht unter der Zusammenziehung der Sätze.)

Von der Ellipse unterscheidet sich solche Zusammenziehung dadurch, daß das Gemeinschaftliche, welches nur einmal ausgedrückt ist, jedem der zusammengezogenen Sätze als Satztheil angehört, so daß keine Ergänzung nöthig ist; in: sie waren, wie wir alle, sehr erfreut darüber, gehört das Gemeinschaftliche waren sehr erfreut darüber des Hauptsatzes auch zu dem zusammengezogenen untergeordneten (Adverbial-) Satze: wie wir alle sehr erfreut darüber waren. (Es kann selbst die grammatische Form des ausgelassenen Theils des untergeordneten Satzes von der Form des Hauptsatzes etwas abweichen; nur darf die Rede nicht hart oder undeutlich werden. So sagt man ohne Anstoß: so wie er [nämlich vergnügt war], waren wir alle vergnügt, weil hier nur das Verbum sein, das so oft ganz ausgelassen wird, in beiden Sätzen eine verschiedene Form hat; aber man darf eigentlich schon nicht sagen: was du oder er oder ihr, wissen wir alle, statt was du weißt u. s. w..

In

In neuern Zeiten ziehen mehrere Schriftsteller namentlich adverbiale Causalsätze, wie Herling sie S. 133 nennt, mit ihren untergeordneten Sätzen zusammen, und Herling empfiehlt dies sehr, weil es die Kürze und Gewandtheit des Ausdrucks befördere, und auch einen untergeordneten Begriff eben als untergeordnet, und nicht als beigeordnet erscheinen lasse. Sagt man: „er war tapfer und seines [Vorgesetzten] Beifalls gewiß; dies bewog ihn, sich um das Amt zu bewerben:" so werden zwei Beweggründe der Bewerbung angegeben; sagt man aber: „er war, weil tapfer, seines Beifalls gewiß; dies bewog ihn u. s. w.:" so wird nur ein Grund der Bewerbung [,der Beifall] angegeben, so daß diese Ausdrucksart deutlicher ist, wenn der letzte Sinn ausgedrückt werden soll. Doch läßt sich nicht leugnen, daß dem Deutschen diese Zusammenziehung, weil tapfer für weil er tapfer war, wenigstens jetzt noch immer fremdartig erscheint, ob sie gleich bei andern Bindewörtern u. dgl. ganz allgemein gebräuchlich ist. Jedermann sagt: er war, obgleich klug, nicht kaltblütig und besonnen genug; er trug, wie vor einem Jahre, willig seine Last; aber man findet es noch hart zu sagen: er war, weil tapfer, der Sieger über alle; er ist, da tapfer, gewiß auch diesmal Sieger; er erzog, ungeachtet viele, wenige ausgezeichneten Männer.

Noch bemerkt in Ansehung der Zusammenziehung solcher untergeordneten Sätze Herling S. 132:)

„Kein Substantiv- oder adjectivischer Satz, und auch kein untergeordneter Raum oder Zeit bestimmender (Adverbial-) Satz erleidet eine Zusammenziehung. Niemand, oder doch nur ein schlechter Schriftsteller wird schreiben: daß wir es [nämlich wußten], wußten sie alle; er hat uns die Nachricht, welche sein Bruder, [nämlich schon bestätigt hat oder hatte, noch einmal] bestätigt; er gab uns dieselbe Antwort, welche sein Bruder [nämlich uns gab] (,obgleich die Lateiner so sprechen: peripatetici quondam iidem erant, qui academici)."

[Herling bemerkt hierbei, daß man mit dieser Zusammenziehung nicht die im untergeordneten Satze ganz erlaubte Weglassung des Infinitivs vom Zeitwort des Hauptsatzes verwechseln darf: gieb es, wem du (nämlich es geben) willst.]

Uebrigens muß jede Zusammenziehung, wenn sie ohne Tadel zu brauchen sein soll, nicht nur nach dem von uns aufgestellten Begriff der Zusammenziehung grammatisch richtig, sondern auch deutlich und zweckmäßig sein, und keinen Uebellaut, keine Härte und keinen Doppelsinn im Ausdruck veranlassen.

In dieser Hinsicht bemerkt Herling im Allgemeinen (S. 161) ganz richtig: „bei der Zusammenziehung von Satztheilen unter Satztheile fordert es zuerst die Sprachrichtigkeit, daß der zusammenziehende Theil als das Gemeinschaftliche bestimmt ausgedrückt sei, und daß dies Gemeinschaftliche, weil es ja sonst ein Anderes wäre, in derselben gleichen Beziehung zu allen zusammengezogenen Theilen stehe."

Schlecht sagt also Göthe: aber warum muß der Strom so bald versiegen, und wir wieder im Dorfe liegen? wo muß zu wir gezogen werden soll, was grammatisch doch nicht angeht, so daß beide Sätze kein Gemeinschaftliches haben.

Sehr wahr bemerkt Herling hierbei: „man entschuldigt dergleichen durch ein Kunstwort Enallage, wie denn überhaupt die Lehre von den syntaktischen (grammatischen) Figuren noch manche Asyle für entschiedene Fehler öffnet. Aber diese hören dadurch, daß man sie bei Classikern findet, nicht auf, Fehler zu sein."

Eben so schlecht singt Göthe: verlassen hab' ich Feld und Auen, die eine tiefe Nacht bedeckt; mit ahnungsvollem, heil'gem Grauen in uns die bessre Seele weckt. Hier muß vorm letzten Satze das die wiederholt gedacht werden, aber nicht als Objectsaccusativ des Plurals, wie das erste die steht, sondern als Subjectsnominativ der weiblichen Einheit, so daß bei der Zusammenziehung wieder nichts Gemeinschaftliches statt findet. So muß man auch die Redensart verwerfen: sie unterstützen, dienen und beschränken sich wechselseitig, weil sich hier zugleich der Dativ und Accusativ sein soll, und den Titel einer Abhandlung: was heißt, und zu welchem Ende studirt man Universalgeschichte? weil das letzte Wort zugleich der erste und vierte Fall sein soll. Aus derselben Ursache sind die Ausdrücke falsch und noch verwerflicher, weil in ihnen das ausgelassene Wort ein anderes als das gebrauchte ist: das ist eine Last, die er entweder abweisen oder unterliegen muß, wo das letzte Zeitwort den Dativ der (,welcher er sonst) vor sich fordert; er lief nach und auf den Berg, wo hinter nach der Dativ dem stehen muß, der nicht durch den Accusativ den vertreten werden kann.

Die Deutlichkeit erfordert es, daß das Gemeinschaftliche, das dem Zusammengezogenen bald vorangeht: ich verkaufte gestern meinem Bruder Haus und Hof, bald nachfolgt: der Mann, aber auch die Frau zankt den ganzen Tag mit dem Gesinde, bald theils vorangehen, theils nachfolgen kann, sich besonders im letzten Falle nicht unter dies Zusammengezogene verliere, und dadurch die Folge verwirrt, das Verständniß erschwert, oder Doppelsinnigkeit veranlasst werde.

Allen diesen Fehlern hilft oft schon die bloße Veränderung der Wortstellung oder Wortfolge ab.

Herling führt folgende Beispiele, in denen die größere Schrift das Gemeinschaftliche bezeichnet, zur Erläuterung an: „die Geschichte ist es, die dem Theologen über die Entstehung mancher Dogmen, dem Rechtsgelehrten über die richtige Bedeutung mancher Gesetze, und dem Sprachforscher Aufschluß über manche schwierige Stelle der Alten giebt. [Hier hat sich Aufschluß störend unter das Besondere geschlichen, und giebt allem Nachfolgenden die Bedeutung des Gemeinschaftlichen, als wenn gesagt werden sollte, daß auch der Theologe und Jurist als solche immer aus der Geschichte solchen philologischen Aufschluß über schwierige Stellen der Alten erhalten sollten. Will man das nicht ausdrücken, so ordne man: und dem Sprachforscher über manche schwierige Stelle der Alten Aufschluß giebt.] Um diesen Zweck zu erreichen, darf der Mensch nicht nur alle diese Mittel, sondern soll sie auch gebrauchen. [Deutlicher: um diesen Zweck zu erreichen, darf nicht nur, sondern soll auch der Mensch alle diese Mittel gebrauchen.] Er hat sich Ruhm und auch Geld im Spiel erworben. [Nach dieser Stellung muß man glauben, daß er sich auch Ruhm im Spiel erworben habe; soll das nicht ausgedrückt werden, so sage man: und im Spiele auch Geld erworben, oder etwa: er hat sich Ruhm im Kriege, und (auch) Geld im Spiel erworben.] Hätte man genauer Jesu und seiner Apostel Lehre und Lehrart geschieden, so wäre unser Glaubensgebäude nie so verdüstert worden. [Was diese dem Katholikon entnommene Stelle aussagen soll, kann man nicht aus ihr, sondern nur aus dem Zusammenhange der Rede wissen. Sie kann bedeuten: hätte man die Lehre und Lehrart Jesus von der Lehre und Lehrart der Apostel geschieden, aber auch: hätte man genauer Jesus und der Apostel Lehre von ihrer Lehrart, oder: und ihre Lehrart geschieden.] Ungerechte Strafen erbittern, nützen und bessern nie. [Hier wird man das nie, das auf nützen und bessern gehn soll, auch auf erbittern zu beziehn veranlasst; man setze also: erbittern nur, nützen und bessern (aber) nie.] So wurde er gefangen genommen, und bald darauf hingerichtet. (Dies lässt sich nur auflösen: und so wurde er bald darauf hingerichtet; der Ausdruck ist also sinnentstellend, wenn er z. B. der Schluß einer Beschreibung der Gefangennehmung eines Verbrechers sein soll, welche Beschreibung nichts von der Hinrichtungsart desselben enthält.]

Noch bemerkt Herling: „fast nur die Hülfsverben scheinen hier zu einer Ausnahme berechtigt,“ daß sie nämlich als Gemeinschaftliches bei zusammengezogenen Sätzen auch zwischen das Besondere, Zusammengezogene kommen können. So sagt man: sie sind gestern, und wir heute zur Kirche gegangen; wenn sie hier wären, und uns behülflich; da sie viel Geld haben, und wir keines, weniges oder nichts; weil er viel Geld hatte, und ich wenig. Und so sagt man auch mit den Verben unvollständigen Prädicats, die wie Hülfswörter, als Hülfswörter im weitern Sinn gebraucht werden: o, daß sie herkommen könnten, und wir bei ihnen wohnen! wenn er doch nach Hause kommen muß, und ich auch.

Man sieht, die Grammatik und der Gebrauch sind hier für die Hülfsverben nicht so strenge wie vorher bei Verwerfung der Wörter, welche verschiedene Casus ausdrücken sollen. Ja, sie erlauben sich die Weglassung des Hülfsworts nicht nur, wenn dasselbe Wort verschiedene Personen bezeichnet, sondern sogar nicht selten, wenn diese verschiedenen Personen durch verschiedene Ausdrücke bezeichnet werden. So sagt man wohl: ich hatte kein Geld, und meine Kinder auch nicht, statt: und meine Kinder hatten auch kein Geld; dein Vater war sehr heiter, überhaupt alle; wenn ich doch dabei wäre, und ihr auch, und unsre Kinder auch; so auch selbst: wenn du doch kommen könntest, und deine Frau auch! möchtet ihr doch glücklich sein, und alle die Eurigen! kannst du kommen, oder doch deine Frau, oder wenigstens deine Kinder? Daß dies indessen, strenge genommen, verwerflich ist, wissen wir bereits. (Man sehe § 767 und 768, Bd. 4, Seite 474 bis 480, § 756, Seite 427—432, verglichen mit § 576, Band 3, Seite 327—380.)

In Ansehung der übrigen Verben, die nicht Hülfsverben sind, ist Herling wohl zu strenge, wenn er für die Zusammenziehung in Hinsicht solcher Auslassungen sagt: sie fuhren gestern und wir heute zur Kirche, habe offenbar schon etwas Verletzendes; es heiße besser: gestern fuhren sie, heute fuhren wir zur Kirche. Nein, auch die besten Schriftsteller erlauben sich nicht selten solche Auslassungen und Einschiebungen des Zeitworts, wenn dieselbe Form auch verschiedene Personen bezeichnet, ohne daß selbst der gebildetste Leser sich dadurch verletzt fühlen wird, ob er gleich zugesteht, daß der vollständige Ausdruck in diesem Falle besser sei. Auch die correctesten Schriftsteller schreiben nicht nur: heute kommen meine Aeltern, morgen meine Geschwister zu mir, sondern auch: heute speisen wir, morgen unsre Kinder beim Minister; er kannte schon seit langer Zeit, ich aber erst seit wenigen Tagen das Gefährliche unsrer Lage (; indessen freilich besser und lieber: er beobachtete schon seit acht Tagen, ich aber beobachtete erst seit gestern den Gang der Krankheit, als: ich aber erst seit gestern u. s. w.). Das ist aber ganz richtig: nie darf der correcte Schriftsteller ein Zeitwort, höchstens die Hülfsverben ausgenommen, das in mehreren Sätzen in verschiedenen grammatischen Formen vorkommt, nur ein einziges mal setzen, und z. B. schreiben: ich wohne seit einem Jahre, mein Bruder erst seit einem Monat in dieser Stadt. (M. s. § 767 u. s. w..)

(Herling giebt noch mehrere guten Regeln und Warnungen für diese Zusammenziehung der Satztheile, die wir indessen übergehen dürfen, weil sie sich durch die allgemeinen Gesetze der Logik von selbst ergeben; zum Beispiel, daß man nicht sagen muß: er starb, ohne durch Fleiß sich und seinem Nächsten durch Wohlthaten genützt zu haben, sondern: ohne durch Fleiß sich, und durch Wohlthaten seinem Nächsten, oder: ohne sich durch Fleiß, und seinem Nächsten durch Wohlthaten genutzt zu haben u. s. w..)

856) Ueber diese Zusammenziehung der Sätze sagt Bernhardt (l. c. S. 316) Folgendes:

„Der Zweck und das Wesen der Zusammenziehung ist: die gleiche Beziehung verschiedener Begriffe auf einen oder mehrere andern darzustellen. Untergeordnete Sätze werden nur selten mit übergeordneten zusammengezogen, wie: er war, wie wir alle, sehr betrübt darüber. (Man sehe über diese nicht-gute Zusammenziehung § 855.)

Bei der Zusammenziehung beigeordneter Sätze kommen hauptsächlich folgende Fälle vor:

1. das Subject ist in den Sätzen gemeinschaftlich, das Uebrige [außer der Copula] verschieden. Dabei finden drei Fälle statt:

a) die Copula ist durch ein und dasselbe Aussagewort ausgedrückt: Karl ist nicht gelehrt, aber tugendhaft;

b) die Copula ist in einem Zeitworte mit dem Prädicat verbunden: die Kinder spielen und tanzen.

Wenn in diesem Falle die Sätze rein sind, so muß das Zeitwort in ihnen verschieden sein. Wenn sie aber ausgebildet, und die Nebenbestimmungen verschieden sind, so kann das Zeitwort eines und dasselbe, also Subject, (ein Theil vom) Prädicat und Copula gemeinschaftlich sein: er klagte hier und dort; sie verachtet Reichthum und äußere Ehre.

c) Es kann die Copula verschieden ausgedrückt sein, und zwar in dem einen Satze durch ein abstractes, in dem andern durch ein concretes Verb: er ist jetzt hier, und besucht mich doch nicht.

2) Das Subject und außerdem noch eine oder mehrere Bestimmungen oder Ergänzungen sind gemeinschaftlich: er ist durch die Beschwerden der Reisen krank und bettlägerig; er schreibt und lieset alle Briefe seines Hauses.

3) Das Prädicat ist gemeinschaftlich. Dann kann die Copula, wenn sie durch ein Aussagewort ausgedrückt ist, verschieden oder gemeinschaftlich sein: Friedrich ist, und Karl wird aufmerksam; Schiller und Göthe sind Dichter. Ist sie aber in einem Zeitwort enthalten, so muß sie gemeinschaftlich sein: Karl und Ernst spielen.

4) Das Prädicat und außerdem noch Bestimmungen oder Ergänzungen sind gemeinschaftlich: Eduard und Philipp haben gestern Hab und Gut verloren.

5) Die Copula ist gemeinschaftlich: der Mensch ist vernünftig, das Thier aber vernunftlos.

6) Die Copula und außerdem noch Bestimmungen sind gemeinschaftlich: er ist gestern gelobt, sie getadelt worden."

In Ansehung der hier (unter Nr. 3) angegebenen Sätze: Schiller und Göthe sind Dichter, Karl und Ernst spielen, haben wir uns schon früher gelegentlich dahin ausgesprochen, daß wir solche zusammengesetzten Sätze nicht gern zu den zusammengezogenen rechnen können; sie sind freilich entstanden aus den beiden Gedanken und Sätzen: Schiller ist ein Dichter, und Göthe ist ein Dichter; Karl spielt, und Ernst spielt; aber diese Sätze sind nicht grammatisch zusammengezogen, denn das Gemeinschaftliche derselben hat ja bei ihrer Verbindung eine andere grammatische Form angenommen; die Singulare ist, ein Dichter, spielt sind in die Plurale sind, Dichter, spielen umgewandelt. Es sind und bleiben also bloß zusammengesetzte Sätze mit mehreren Subjecten; zusammengezogene aber werden sie z. B. durch die Form: Schiller, und so auch Göthe ist ein Dichter; Karl und auch Ernst spielt.

857) Roth nimt (in seiner schon angeführten Sprachlehre, 1814,) den Begriff der zusammengezogenen Sätze beschränkter, als wir jetzt gethan haben, indem er von ihnen sagt: „sie werden meist mit und gebildet, und haben dies und gewöhnlich vorm letzten der zusammengezogenen Theile, welche Zusammenziehung man syndetisch nennt: Kinder wissen aus allem alles zu machen; ein Stab wird (ihnen) zur Flinte, ein Stück Holz zum Degen, und jeder Winkel zum Wachhause. (Wie durch und können die Satzglieder, die sowohl Subjecte als Prädicate sein können, auch durch andere anreihenden Bindewörter verknüpft werden. Ein Beispiel für das Prädicat ist: ich liebe A, B. C. und D.)

Außerdem wird dies und auch entweder vor alle Theile eines solchen zusammengezogenen Satzes gesetzt, welches (was) die polysyndetische Zusammenziehung heißt: so sprach er, und ging mit erhobenem Arme vorwärts, und stand und lief von neuem; oder es wird keiner der zusammengezogenen Theile durch und mit dem andern verknüpft, welche Zusammenziehung asyndetisch heißt: das ist ein königlicher Mann, den nichts besiegt als das Schöne und Göttliche, dessen Knie nichts beugt als Andacht. (Man sieht sogleich, daß dies Beispiel gar keine Zusammenziehung von Sätzen enthält; ein passendes Beispiel ist: er kam, sah, siegte. Uebrigens können solche Verbindungen sowohl bejahend als verneinend sein: der Vater, auch die Mutter, und nicht der Sohn, und nicht die Tochter waren auf dem Ball; er spielt nicht, singt nicht, tanzt nicht.) Oft beziehen sich mehrere durch und zusammengezogenen Sätze auf einander, und zwar auf doppelte Art: einer oder mehrere Theile des einen Satzes entsprechen nämlich einem oder mehreren Theilen des andern Satzes, und zwar entweder so, daß der Inhalt von diesen dem Inhalt jener unvereinzelt und im Ganzen zukommt, (wenn die Glieder des einen Satzes, sagt Schmitthenner, denen des andern zusammengenommen entsprechen,) oder so, daß die Theile des einen Satzes den Theilen des andern Satzes nur im Einzelnen entsprechen. Die eine (erste) dieser Beziehungsarten heißt nicht unschicklich syleptisch, (Syllepsis,) und die durch dieselbe bestimmte Art zusammengezogener Sätze heißen sylleptische Sätze; die andere (letzte) hingegen parallel, und die Sätze parallele Sätze; ein sylleptischer Satz ist: Lothar, Pipin und Ludwig, des Kaisers Ludwig des Frommen Söhne und öffentlichen Feinde; (man sieht, dies ist kein Satz; man setze z. B. hinzu: sind übel berüchtigt;) ein Parallelsatz ist: plötzlich stürzten Roß und Mann, und brachen Arm und Bein. Hier entspricht Bein dem Roß, und Arm dem Mann. (Man sieht, dies ist nicht ein Satz, sondern eine Periode von zwei beigeordneten parallelen Hauptsätzen. Ein Beispiel eines Parallelsatzes ist: Mann und Roß brachen hier Arm und Bein. Daß übrigens solche Sätze in der Regel verwerflich sind, wird uns nachher noch Herling sagen.)

Die Stellungsart paralleler Sätze, vermöge deren die sich auf einander beziehenden Theile derselben so gestellt sind, daß sich das erste Wort des folgenden Satzes auf das letzte des vorhergehenden, das letzte in jenem auf das erste in diesem bezieht, heißt Chiasmus („Durchkreuzung, wie ein griechisches Kreuz X, Decussativ) oder decussativ: (kommst du, singt Klopstock, von den unsterblichen sieben Hügeln,) den Hügeln, wo Scipionen Flaccus und Tullius, Urenkel denkend, tönender sprach und sang? Hier geht sprach auf Tullius, und sang auf Flaccus." (Auch diese Verbindungsart ist in der Regel verwerflich.)

Schmitthenner, der (in seinem Teut, II, von Seite 153 an) Roths Angaben wiederholt, setzt bei der asyndetischen Zusammenziehung noch hinzu: „eine besondere Art der asyndetisch verbundenen Sätze sind diejenigen, in welchen statt des Bindeworts der einem oder mehreren derselben gemeinschaftliche Satztheil wiederholt wird: du bist mir lieb, woher du auch kommst, von Petersburg lieb, von Warschau lieb, von Wien lieb u. s. w.."

Hierher kann man auch den Fall rechnen, wenn dieser mehreren Sätzen gemeinschaftliche Satztheil in den nachfolgenden Sätzen noch kleine Zusätze erhält, die er in den oder dem vorhergehenden nicht hat: wie schnell flieht unser Leben dahin, zu schnell für die volle Erfüllung unsers Berufs, nur zu schnell für eine recht besonnene Benutzung desselben, ach fast immer viel zu schnell für unsre Wünsche! In jenem Beispiel kann man sagen, lieb stehe statt der Bindewörter oder, auch, und u. s. w.: lieb, woher du kommst, kommest du entweder von Petersburg, oder kommest du von Warschau, oder kommest du von Wien. Im letzten Beispiel kann man aber freilich diese Auflösung allein nicht anwenden, da wegen seiner Anhängsel der gemeinschaftliche Satztheil in keinem Satze wegbleiben darf: wie zu schnell flieht das Leben für unsre Berufserfüllung dahin, und wie nur zu schnell auch für unsre besonnene Benutzung, und namentlich auch wie ach! fast immer viel zu schnell für unsre Wünsche. Doch sieht man, daß man auch im ersten Beispiel nicht gezwungen ist, den gemeinschaftlichen Satztheil lieb für den Stellvertreter eines Bindeworts zu halten und zu erklären: du bist mir lieb, woher du kommst, du bist mir lieb aus Petersburg kommend, (wenn du daher kommst,) und du bist mir auch lieb aus Warschau kommend, und du bist mir, aus Wien kommend, ebenfalls lieb. Auch sieht man, daß sich nicht bloß Adverbien, sondern auch andre Redetheile so wiederholen lassen, und daß man nicht immer gerade dasselbe Wort zu wiederholen genöthigt ist, sondern statt dessen ähnliche, synomime, erläuternde u. s. w. nehmen kann: du hast eine herrliche Reise gemacht, eine Reise für deine Gesundheit, eine Reise zu deiner Belehrung, eine Reise zu deinem Vergnügen; eine herrliche Reise, eine wohlthätige für deine Gesundheit, eine höchst vortheilhafte für deine Belehrung, eine sehr befriedigende für dein Vergnügen.

Herling sagt: „die sogenannte parallele Construction, die Parallelität, nach welcher einer oder mehre (ein oder mehrere) Theile der ersten Zusammenziehung nur auf einen oder mehre Theile der zweiten gehen sollen, und nicht sylleptisch die erste Zusammenziehung als ein Ganzes gemeinschaftlich auf alle Theile der andern, fehlt, verstößt besonders dagegen, daß bei der Zusammenziehung die Scheidung des Gemeinschaftlichen und Besondern genau, leicht erkennbar, und gleichsam hervorspringend sein muß, um so mehr, da die im Wesen der Zusammenziehung liegende schnellere Bewegung des Vortrags keine, ein langes Nachdenken gestattende Pause erlaubt. So sind fehlerhaft: das Schauspiel flößt uns Haß und Liebe gegen das Böse und Gute ein, desgleichen das von Roth gebilligte: und plötzlich stürzten Roß und Mann, und brachen Arm und Bein. Man muß umformen: das Schauspiel flößt uns Haß gegen das Böse, und Liebe gegen das Gute ein" u. s. w..

Und gewiß hat Herling hierin vollkommen Recht.

858) Viele Sprachlehrer sagen: der aus mehreren zusammengezogene Satz muß Einheit haben, so wie jeder der zusammengezogenen Sätze vor der Zusammenziehung diese Einheit für sich hatte, und das heißt, es muß in dem Prädicat des zusammengezogenen Satzes nur ein einziges bestimmtes, finitives Zeitwort stehen. Darum sei keine andere Zusammenziehung der Sätze möglich und denkbar, als daß ihre verschiedenen Subjecte und Prädicate so in einander fließen, daß sie nur ein einziges solches Verbum finitum behalten.

Aus dem Vorstehenden sieht man indessen, daß diese Angaben zwar für unzählige zusammengezogenen Sätze vollkommen passen: der Vater und die Mutter liebt die Tochter eben so wie den Sohn, aber nach den jetzigen Bestimmungen der neuesten Grammatiker doch durchaus nicht für alle, indem man sonst: er ehrt und liebt seinen Freund, Cäsar kam und sah und siegte bei Pharsalus, nicht zusammengezogene Sätze nennen dürfte.

Ueber die Construction des Accusativs mit dem Infinitiv.

859) Diese Verbindungsart der Sätze, deren wir im Vorhergehenden schon sehr oft gedenken mussten, und über welche wir jetzt ausführlich sprechen wollen, wird von einigen Sprachlehrern zur Verkürzung, von andern zur Zusammenziehung der Sätze gerechnet. Wenn man sagt: ich sehe dich kommen, für: ich sehe, daß du kommst, so ist offenbar der abhangige Nebensatz: daß du kommst, mit Verlust seiner Satzform gleichsam zum Objecte des Hauptsatzes ich sehe geworden, und in so fern findet eben so unleugbar eine Satzverkürzung statt, wie in: ich sehe dich, den Kommenden, wo der Satz: welcher kommt, ins Particip der Kommende verkürzt ist. Dem gemäß sieht man diese Construction des Accusativs mit dem Infinitiv wohl am einfachsten und besten für eine Satzverkürzung an. In der That lässt sich eigentlich kein Grund absehen, weswegen man sie nach dem jetzigen Sprachgebrauch der Grammatik eine Zusammenziehung nennen dürfte, als etwa die Bemerkung, daß die ganze Construction nur ein Verbum finitum (nach § 858) enthält.

Doch ist diese verschiedene Benennung oder Beziehung weiter von gar keiner Wichtigkeit.

Anmerkung. Selbst im Auslande klagt man über die Mängel unsrer bisherigen Sprachlehren in Hinsicht ihrer Angaben für den Gebrauch des Accusativs mit dem Infinitiv. So führt Fries (l. c. S. 56) an, daß in Beziehung auf die Stellen Lessings: habe ich es mir jetzt merken lassen, (daß ich eine Philosophinn bin,) ich möcht es gern dem König Philipp wissen lassen, laß mich die Wahl wissen, Apels: (sie hütete sich,) ihrem Schwager davon wissen zu lassen, läß mich doch mehr wissen, und des Taschenwörterbuchs der deutschen Sprache: laß dich nichts gegen ihn merken, einen etwas wissen lassen, d. i. ihm Nachricht geben, eine Kopenhagner Zeitschrift (, die nyeste Skilderie of

Kiöbenhavn, im März 1823,) die Frage und Klage aufstellt: „wir haben so viele, und sogar voluminöse, deutsche Sprachlehren, aber vergebens sucht man darin genügenden Unterricht von dem Gebrauche des Accusativs oder Dativs in diesen Redensarten. Was ist die Ursache, daß dieses immer übergangen wird? Ist es, weil es keine feste Regeln für diesen Gebrauch giebt, oder weil die, die es sollten, dieselben nicht gekannt haben? (Diese Fragen beantwortete Fries durch eine Abhandlung über jene Redensarten, welche wir auch im Folgenden benutzen werden.)

860) Wir wollen jetzt zuerst die Theorie aufstellen, *) nach welcher die Natur unsrer Sprache und der Sprachgebrauch unsrer besten Schriftsteller die Anwendung des Accusativs mit dem Infinitiv für's Deutsche so festgesetzt haben, daß schwerlich auch noch in der Zukunft je eine Erweiterung des Gebrauchs dieser Construction für uns statt finden dürfte, wie denn mehrere Versuche dieser Art, die in früherer Zeit von Lessing, Kant, Voß u. s. w. gemacht wurden, vom Sprachgebrauch entschieden zurückgewiesen sind. Nachher wollen wir die Angaben einiger der bedeutendsten Grammatiker theils zur Bestätigung unsrer Aufstellung, theils zur Widerlegung entgegenstehender Ansichten aufführen.

Vorläufig ist noch zu bemerken, daß in keinem einzigen Falle die Anwendung dieser Construction nothwendig ist, sondern daß man immer auch andre Ausdrucksarten statt ihrer wählen kann, ob sie gleich oft die bei weitem beste ist.

861) Um diese Construction des Accusativs mit dem Infinitiv deutlicher nach ihrem Wesen zu erkennen, müssen wir einleitend Folgendes bemerken:

In gewöhnlichen einfachen Sätzen ist das Band, die Copula zwischen Subject und Prädicat oder namentlich Object ein bloßes Zeitwort: ich sehe den Mann. Außerdem giebt es

*) Man nehme diesen Ausdruck nicht zu strenge. Eine Theorie, wann, nach welchen Regeln diese Construction gebraucht werden müsste, giebt es, wie man bald sehen wird, für Deutsche nicht. Der Lateiner sagt: der Accusativ mit dem Infinitiv muß stehen, wenn eine Anzeige, Behauptung u. dgl., hingegen ut, ne, wenn eine Aufforderung, ein Befehl, Wunsch u. dgl. ausgedrückt werden soll. Weder diese noch eine ähnliche Regel gilt fürs Deutsche. Es lässt sich also nur eine Art Theorie über den Sprachgebrauch angeben, wann er bei gewissen Verben diese Construction anzuwenden geneigt und gewohnt ist.

aber auch sehr viele Sätze, in welchen diese Subjects- und Objectsverbindung ein aus zwei (oder selbst mehreren) Vorstellungen (und Wörtern) zusammengesetzter Begriff ist, der dann immer (natürlich schon in sich einen Theil des Prädicats des Satzes enthält, und für sich) als ein Ganzes, als ein zusammengesetzter Begriff, als ein Zusammenhang von Vorstellungen betrachtet werden muß, der eben im Ganzen, in seinem ganzen Umfange durch seine regierende Kraft gegen das Object dahin wirkt, daß dies als sein Object in den vierten Fall oder Accusativ tritt. (Diese Wahrheit hat vorzüglich Pauli ausführlich aufgestellt, und wir werden deshalb seine Angaben in der Folge, § 866, auszugsweise mittheilen.)

Jenes zweite zum einfachen Verbum hinzukommende Wort, durch dessen Hinzufügung der Begriff des Verbums oft erst objectiv wird, kann nun besonders entweder ein Adverb oder ein Hauptwort oder wieder ein Verbum sein.

862) 1. Wenn auf diese Art Adverbien nach ihrem Begriffe mit dem Begriff des Zeitworts verbunden, und die Wörter dieser Begriffe deshalb neben einander oder zusammengestellt (,nicht zusammengesetzt) werden, so dienen sie zur Erweiterung des im Zeitwort liegenden Prädicatsbegriffes, so daß der ganze erweiterte Begriff oft ein ganz neuer, ein ganz andrer als der einfache Verbalbegriff ist. (Im Altdeutschen nahm man zu diesem Zweck auch nach lateinischer und griechischer Art das Adjectiv, wo wir das Adverb setzen. So übersetzt Ulphilas *με λεγεις ἀγαθον*, quid me dicis bonum durch hwamik quithis thiutheigana; doch wir sagen nicht mehr so, was nennst du mich den guten, sondern gut.)

Beispiele sind: wir wollen hier Pfeifenköpfe [feil haben], auch mit topischer Trennung dieser zusammengehörigen Theile des Verbalbegriffs: hier haben wir Pfeifenköpfe feil; kannst du das [gut finden]? das soll dich [zufrieden stellen], [ruhig machen]. (Man sieht, hier haben die einfachen Verben haben, finden, stellen, machen ihre ursprüngliche Bedeutung durch die Zusammenstellung mit feil, gut, zufrieden, ruhig mehr oder weniger verloren, und die Verbindungen stehen etwa für ausbieten, billigen, befriedigen, beruhigen.) Beispiele, in denen Zustandswörter durch solche Verbindung mit Adverbien objectiv werden, sind: du musst (dir) die Krankheit [weg oder fort schlafen], (d. i. verschlafen,) [fort lachen], ich habe mich [müde gesessen], ich sitze mich müde, das Gewitter donnerte ihn todt, du wirst dich [wund liegen]. Pauli bemerkt hierbei: „wenn man sagt: ich finde ihn gut, ich breche den Nagel los, so sind dies durchaus keine Zusammensetzungen, sondern die Begriffe gut— finden, los—brechen gehören nur zusammen, wie in: ich habe ihn (hier fehlt wohl gut, los, frei) gesehn; auf den Feind losbrechen ist eine wahre Zusammensetzung der Begriffe." So richtig dies für das erste Beispiel ist: ich finde ihn gut, schlecht, gesund, heiter, so wenig lässt sich diese Behauptung für das zweite Beispiel zugeben: die Steine werden ja nicht gebrochen, (wie er gefunden wird,) sondern nur losgebrochen, z. B. von der Mauer, wie abgebrochen, abbrechen, das doch jeder für eine Zusammensetzung anerkennen wird.

Hierher gehören besonders auch die Verbindungen der Zustandswörter sein und werden mit Adverbien, wenn sie auch meistens jetzt veraltet, oder doch nur in der Sprache des gemeinen Lebens gebräuchlich sind: einen Mann [gewahr oder ansichtig werden], etwas, eine Sache (,doch gewöhnlicher im Genitiv einer Sache) [theilhaftig, müde, überdrüssig werden oder sein]*). (M. s. § 709, Bd. 4, S. 162 und § 713, S. 170

---

*) Der Deutsche spricht hier durch die Hinzufügung des Adverbs zum Zeitwort immer viel bestimmter als der Grieche, Römer und Franzose mit den doppelsinnigen Adjectiven und adjectiven Participien. So bemerkt Pauli, wie wir weiter unten, § 867, ausführlicher angeben werden, φωκιονα οὐτε γελαςαντα τις οὐτε κλαυσαντα ειδεν bedeutet so unverbunden: Phocion ließ es niemanden merken, wenn er lachte oder weinte, (also: wer hat den lachenden oder weinenden Phocion jemals gesehn?) hingegen verbunden gedacht: φωκιονα [οὐτε γελαςαντα οὐτε κλαυςαντα] τις ειδεν bedeutet: er weinte und lachte nie; (also: wer hat ihn jemals lachend oder weinend [,lachen oder weinen] gesehn?) vidit corruptos boves sagt so unverbunden nicht, daß er die Abgezehrtheit der Ochsen bemerkt habe; (also: er sah die abgezehrten Ochsen [,hielt sie aber vielleicht für fett];) hingegen verbunden gedacht: [vidit corruptos] boves bedeutet: er sah, daß die Ochsen abgezehrt waren; (also: er sah die Ochsen abgezehrt; freilich eine harte Art des Ausdrucks, aber wir sagen doch auf ganz ähnliche Art: ich sah, fand ihn krank, matt, abgezehrt;) (Pauli sagt: [vidit corruptos] boves heißt: vidit boves quam corruptos, dies: er sah die Ochsen abgezehrt, spricht die Mitgegenständlichkeit des Beiworts aus;) naves omnes incolumes duxit bedeutet so unverbunden: alle unbeschädigten Schiffe brachte er an Ort und Stelle, (die beschädigten ließ er zurück,) aber verbunden gedacht: naves omnes [incolumes duxit], bedeutet: alle (ohne Ausnahme) brachte er unbeschädigt an Ort und Stelle; invenere fores clausas, bedeutet so unverbunden: sie fanden die verschlossenen Thüren, die sie suchten; hingegen verbunden gedacht: [invenere clausas] fores bedeutet: sie fanden die Thü-

und § 869.) Pauli macht folgende Bemerkung, welche sich auf diese Verbindung von Adverbien mit sein und werden bezieht: „die einzige Vorstellung, in welcher die reinen Bedeutungen mehrer Wörter zusammengehn, wird unter eine andre Form gebracht, damit ein Casus eintreten könne, den die erstere Form der Vorstellung ausschließt: etwas [inne werden], [gewahr werden], [habhaft, los, ansichtig werden], [zufrieden, gewärtig, überzeugt, gewöhnt, nütze, gesonnen, auch los sein], er [Christus] ist es [Fleisch und Blut] theilhaftig geworden, Ebr. 2, 14, ich weiß und bin es gewiß, Röm. 14, 14." Auch von diesen Redensarten gilt unsre vorige Bemerkung, daß sie jetzt fast alle nur noch in der Sprache des gemeinen Lebens gebraucht werden, und wir wissen auch bereits, was indessen eigentlich nicht hierher gehört, daß sie, wenn man dieselben braucht, jetzt meistens statt des Accusativs den Genitiv bei sich haben, wie denn für ihr Object es, das, etwas in den meisten gar kein Accusativ eines wirklichen Hauptworts gesetzt werden kann, wodurch es wahrscheinlich wird, daß es, etwas, das wohl der Genitiv sein soll: ich bin es, dessen, meiner Sache gewiß, aber nicht: meine Sache; Christus ist dessen, des Fleisches und Blutes theilhaftig geworden, aber nicht: das Fleisch; ich bin dessen überzeugt, aber nicht: das; doch freilich auch: ich werde den und des Menschen, ihn und seiner gewahr, los u. s. w.. [So schreibt Schefer, im Frauentaschenbuch, November 1831, S. 46: das bin ich zufrieden; besser: damit. M. vergl. § 804, Th. 4, S. 654.] Pauli führt noch die Redensart an: etwas im Stande sein, das bin ich im Stande; bei ihr denkt man sich aber gewiß am besten den Accusativ das als regiert von dem ausgelassenen zu thun, wie: den Gang bin ich im Stande, d. i. fähig, bereit, nämlich: zu thun. Eben so lässt sich wohl der Accusativ bei: das bin ich gesonnen, erklären. Anders verhält es sich mit dem

---

ren, die sie vielleicht gar nicht suchten, (oder für geöffnet gehalten hatten,) verschlossen; on lui fit envisager l'empereur irrité contre lui bedeutet so unverbunden: man ließ ihn den gegen ihn erbitterten Kaiser sehn, betrachten; aber verbunden gedacht: on lui fit [envisager irrité contre lui] l'empereur bedeutet: daß der Kaiser gegen ihn erbittert sei [; also: als erbittert gegen ihn ließ man ihn den Kaiser sehn, ihm denselben erscheinen, ob er es gleich vielleicht gar nicht war). — Ein Beispiel der Verbindung eines Adverbs mit dem Zeitwort ist fürs Lateinische: habeo cognitum insulas, beim Plinius, wo cognitum zu habeo gehört.

Ausdruck: etwas nütze sein, er ist etwas, viel, nichts nütze, wo der Sprachgebrauch nie ein Hauptwort zum Accusativ nimt: er ist einen Thaler nütze, wie man auch beim Verbum nutzen oder nützen nur selten solches Hauptwort braucht: diese Arbeit nutzt einen Thaler. Dieser Accusativ erklärt sich wohl am besten nicht als das Object von nütze sein, sondern allgemein als Antwort auf die Frage wie viel? Man vergleiche § 654, Th. 4, S. 24, und § 713, S. 173. Pauli ist geneigt, solche Accusativen des Maßes, Gewichts, Werths u. s. w. überhaupt für Objecte von Zeitwörtern anzusehen, denn er fragt: „ist es vielleicht auch so [wie bei: ich bin es gewiß u. s. w.] bei: einen Fuß [lang, breit, weit sein], einen Kopf groß, größer, einen Monat alt, einen Thaler werth sein; [stehen diese Ausdrücke vielleicht für] etwa einen Monat alten, einen Thaler machen, kosten, d. i. seinem Werthe nach einen Thaler als Maas [Maß] des Werthes [aus]machen?

Man sieht indessen, daß die Antwort auf diese Frage: wird der Accusativ in den Redensarten: das Thier ist einen Centner schwer, wiegt einen Centner, von schwer sein, wiegen regiert? oder steht derselbe zufolge der allgemeinen Regel, daß die Angaben des Gewichts, Maßes, Werths, der Größe u. s. w. durch den Accusativ ausgedrückt werden? weiter von keiner besondern Wichtigkeit ist.

Zur Unterstützung seiner Frage und Meinung führt Pauli auch noch das lateinische Beispiel an: quid sim dignus, in Plaut. Capt. 5, 2, 6, und bemerkt dabei: „es erlaubt die Umdenkung von dignum esse zu mereri.")

(Es ist uns hier nicht weiter wichtig, daß man statt eines solchen Adverbs oft einen ganzen Satz, einen sogenannten Umstands- oder Adverbialsatz nehmen kann, wie man z. B. sagt: der Mann, den ich dir, indem oder damit ich meine Pflicht erfüllte, empfehlen musste, für pflichtmäßig, oder: daß er seine Pflicht erfülle, für als pflichttreu, pflichterfüllend.)

863) 2. Die Verbindung eines Hauptworts (oder eines Stellvertreters desselben, eines Adjectivs oder Pronomens) mit einem Zeitwort zur Erweiterung, Vervollständigung oder Umänderung des Verbalbegriffs ist freilich für den jetzigen Sprachgebrauch meistens ebenfalls veraltet, oder der Rede des alltäglichen Lebens überlassen, gehört aber doch unstreitig zum Wesen des Baues unsrer Sprache. Zwar sagt man nicht mehr mit Opitz (im siebzehnten Jahrhundert): was Anmuth hat mir deine Rede erregt! was Lust er sich versagt! (wo

indessen Opitz vielleicht was auch bloß statt was für als Bestimmungswort von Schaden, Lust gesetzt hat,) aber man sagt doch noch allgemein: alles, was er mir [Schaden gethan hat], (soll er mir ersetzen,) und selbst Voß schreibt (dichterisch): achtet ihr das euch Schande?

Wie sich in diesen Ausdrücken die beiden Accusativen dadurch erklären lassen, daß man sagt: der Accusativ Schaden wird von thun, gethan haben, und der Accusativ was von dem zusammengesetzten Begriff und Ausdruck Schaden thun, eben so wird der Accusativ Schande von achten, und das von dem erweiterten Verbalbegriff Schande achten regiert: ganz auf dieselbe Art lassen sich auch die zweiten Accusativen in den Ausdrücken des gemeinen Lebens: ich will dich [Boten schicken], das will ich [Mode machen], magst du es mir auch nicht [Dank wissen], ob du es gleich [Ursach hast], und ich will dich [Lügen strafen], und deinen guten Ruf [Preis geben], wenn du es mir [Schuld giebst], daß man dich [Ader gelassen hat]; (freilich lieber und gewöhnlicher: daß man dir zur Ader gelassen hat;) willst du das (,deine Aussage, Beschuldigung) nicht [Wort haben]? nur dadurch erklären und auflösen, daß man den durch ein Hauptwort erweiterten Begriff des Zeitworts Boten schicken, Mode machen, Dank wissen, Wort haben u. s. w. als ein einziges (zusammengesetztes) überleitendes Zeitwort betrachtet, das seinem ganzen Begriffe nach den Accusativ seines Objects regiert *). (Es läßt sich hiermit der Fall vergleichen, wenn

*) So sagt auch Pauli: zwei Dinge, wie z. B. das und Dank in: das weiß ich dir Dank, können nie zugleich (nämlich zur Bezeichnung verschiedener Verhältnisse) nächster Gegenstand der Rede (,des objectiven Verbalbegriffs wissen) sein; darum muß man eben so einzeln construiren: das verhält sich eben so zu Dank wissen, wie Dank zu wissen. Die Römer construiren eben so, und zwar in noch weit mehreren Fällen als wir: quod ego Diis [gratiam habeo]; [poscere, rogare, cogere, celare, eludere, accusare aliquid] aliquem; [manus injicere] aliquem, beim Plautus, so daß man nicht nöthig hat, in zu suppliren oder abzulösen; num [quid vis] me; ne [quid exspectes] amicos, quod tute agere possis: quae te [leges belli erudivit] genitrix? [mittunt legatum] Lepidum, d. i. sie schickten als Gesandten den Lepidus, aber: mittunt Lepidum legatum heißt: sie schickten den Gesandten Lepidus, wobei der Zweck des Absendens unbestimmt bleibt; [salutant regem] Lysimachum, sie begrüßten den Lysimachus als König, aber: salutant Lysimachum regem, sie begrüßten den König Lysimachus. So sagen auch die Griechen: [μαχην νικαν] τινα,

wenn ein Hauptwort den Genitiv zweier andern in verschiedenen Verhältnissen derselben regiert. Wenn man z. B. sagt: des Königs Regierung seines Staats, so hangt, nach § 656, Th. 4, S. 28 u. § 662, S. 60, der Genitiv Königs gleichsam in subjectiver Beziehung von Regierung ab, der König ist das regierende Subject, der Genitiv Staats aber hangt in objectiver Beziehung von Regierung, oder vielmehr von der Verbindung der vereinigten Begriffe des Königs Regierung, die königliche Regierung, der regierende König ab, der Staat wird regiert von diesen.) (Freilich kann man in vielen solcher Ausdrücke dies zweite Object nicht durch wahre Substantiven, sondern nur durch solche Pronomen das, es, wie die angegebenen Beispiele enthalten, bezeichnen, und es mag also wohl sein, daß diese Pronomen in diesen Ausdrücken ursprünglich gar nicht Accusativen, sondern Genitiven waren und sein sollten, wie in: ich versichere, bitte, frage, lehre es [für dessen] dich, das [für dessen] überredest du mich nicht; doch kommt es uns jetzt auf diese Untersuchung hier nicht an. Man vergleiche § 794, b, S. 604.)

Auch bei den Verben nennen, heißen, schelten, schimpfen, taufen und achten, die (nach § 794, a, S. 602,) zwei Accusativen regieren, kann man diese beiden Accusativen dadurch erklären und auflösen, daß man den einen die Vervollständigung, nähere Bestimmung, das Object des unvollständigen Prädicats nennt, welches durch das einfache Zeitwort ausgedrückt wird, z. B. (einen) Schwächling nennen, heißen, schelten, schimpfen, achten, Heinrich taufen, und daß man dann den andern Accusativ als das Object des so erweiterten Prädicatsbegriffs ansieht: er hat ihn [einen Schwächling genannt, geheißen, gescholten, geschimpft, geachtet], [Heinrich getauft]. (Man sehe § 794. a.) (Daß man indessen auch diese Ausdrucksarten für den Accusativ mit dem Infinitiv erklären kann, werden wir bald, § 869, näher besprechen.) (Dagegen gehören nicht hierher Redensarten wie: ich will dich einen sichern Weg, den besten Weg führen, denn führen kann

---

[σημα τιθεις] νικην, ihnen Sieg bezeichnend, für σημαινων; und so auch die Franzosen: [battre dos et ventre] quelqu'un, eine diesen sonst ganz fremde Griechheit, und Racine: ne vous informez point ce que je deviendrai (.wie: ich lehre dich das). Aehnlich ist: facere ludos [Erwirkfall] aliquem [Hinwirkfall], beim Plautus; τεσομαι σε δικην, σε ist Gegenstand des gesammten τεσομαι δικην, büßen machen, δικην ist Gegenstand des bloßen in τεσομαι eingewickelten τιειν.

nicht den Weg zum Object seiner Kraftäußerung haben, der Weg wird nicht geführt, sondern dieser Accusativ den besten Weg drückt einen allgemeinen Begriff, eine Art und Weise, auf die Frage wie? wie weit? wie lang? u. dgl. aus, so daß der Sinn ist: ich will dich sicher, aufs beste, aufs kürzeste u. s. w. führen.) *)

Uebrigens sind alle so gebräuchlichen Zusammenstellungen von Haupt- und Zeitwörtern zu einem einzigen Begriff, mit Ausnahme der Wörter nennen, heißen, schelten, schimpfen, taufen, achten, denen man beliebige Hauptwörter zusetzen kann, ganz allgemeine Redensarten, und die Hauptwörter können deshalb in der Regel keinen Artikel annehmen.

Dies ist auch der Fall, wenn man solche Redensarten in die leidende Form, ins Passivum setzt.

In Hinsicht dieser Umsetzung fragt es sich nun: wird bei ihr der zum Verbum gehörende ergänzende Prädicatsaccusativ in der passiven Ausdrucksform in den Nominativ verwandelt, oder bleibt er Accusativ? In Ansehung jener Verben nennen, heißen, schelten u. s. w. ist es ausgemacht, daß sie im Passiv zwei Nominativen bei sich haben: er wurde ein Narr genannt, geschimpft u. s. w.; daraus läßt sich schon vermuthen, daß auch bei diesen allgemeinen Ausdrücken im Passiv zwei Nominativen stehen müssen. Man sagt auch wirklich nie: er wurde Boten (im Accusativ) geschickt, sondern: er wurde Bote (im Nominativ) geschickt; und so sollen wahrscheinlichst, und müssten eigentlich auch wohl in: was uns Schaden gethan worden ist, diese Tracht ist Mode gemacht (worden), dein Ruf wurde Preis gegeben, der Kranke wurde Ader gelassen u. s. w., nicht nur was, Tracht, Ruf, Kranke, sondern auch Schaden, Mode, Preis, Ader auf gleiche Weise im Passiv Subjectsnominativen sein, wie diese Begriffe im Activ Objectsaccusativen sind.

(Indessen ist dies doch in andern Sprachen nicht immer der Fall. **))

---

*) Wir können also Pauli nicht beistimmen, der einen langen Weg führen auch unter den vorstehenden Beispielen, wie: das weiß ich Dank, aufführt.

**) Pauli ist der entgegengesetzten Meinung, denn er sagt (l. c.): „solche zusammengesetzten Begriffe setzt man auch zusammen mit unverändertem Accusativ (u. s. w.) ins Passiv: er wurde [Lügen gestraft], es wurde [Mode gemacht], [Preis, ihm Schuld gegeben], haltet an den Satzungen, die ihr gelehrt seid

864) 3. Außerdem wird nun aber auch vorzüglich oft in jeder, der einfachen und alltäglichen, wie der correctesten und

---

2 Theſſ. 2, 15, was er gefragt wurde." Pauli führt zum Belage hier auch das Beispiel an: er wurde [einen langen Weg geführt], über welches wir uns aber schon dahin erklärt haben, daß es gar nicht hierher gehört. Scheinbarer dient zur Unterstützung seiner Meinung seine Angabe der Beispiele: [über den Zeitgeist erhaben] sein, [in einen Streit verwickelt] sein, indem er bei ihnen bemerkt: „wäre nicht das ganze über den Zeitgeist erheben, in einen Streit verwickeln passiv genommen, so müsste es heißen: über dem Zeitgeist erhaben sein, in einem Streit verwickelt sein." Zu diesem Ausspruch will Pauli also, daß man hinzudenke: „wie hier bei der Umsetzung der Redensart ins Passiv die Präposition fortdauernd den Casus regiert, welchen sie beim activen Verbum regiert und regieren muß, da sie doch eigentlich beim passiven Begriff einen andern Casus regieren müsste: so bleibt auch der Objectsaccusativ, der beim activen Zeitwort steht, unverändert der Accusativ, wenn man dies Verbum auch ins Passiv setzt, indem man sich nicht das Verbum allein, sondern die ganze Redensart mit ihrem Accusativ ins Passiv umgesetzt denkt." Man sieht indessen leicht, daß auch dies durchaus kein stringenter Beweis für die Beibehaltung des Accusativs beim Passiv ist. Es ist ja nämlich doch eigentlich gar kein Schluß: weil man sagt: wir sind in einen Streit verwickelt, darum muß es heißen: er ist Boten geschickt worden, so daß Boten der Accusativ sei; und dann ist es ja auch gar nicht einmal nothwendig, daß man sagt: wir sind verwickelt in einen Streit, sondern es ist hier auch der Dativ in einem Streit vollkommen eben so gut und gewöhnlich wie der Accusativ in einen Streit. Ueberdies lässt sich dieser nur dadurch rechtfertigen, daß man bei verwickelt sein, wir sind verwickelt eine Ellipse annimt, und sich das Wort worden hinzudenkt: sie sind verwickelt worden; wohinein? in was? in einen Streit. Solche Erklärung lässt sich aber bei: er ist Boten geschickt (worden), gar nicht anbringen. (Man sehe § 628, Theil 3, Seite 574.)

Die Griechen und Römer müssen sich freilich die Begriffe anders gedacht haben, denn sie haben unleugbar zuweilen ganze Redensarten so aus dem Activ ins Passiv umgewandelt, daß sie den vom Activ regierten Objectsaccusativ auch beim Passiv, und zwar beim passiven Particip stehn lassen. Es giebt Pauli folgende Beispiele an, die aber doch immer für uns und den Gebrauch unsrer Sprache keine Vorschrift sein können: „haec recinunt juvenes dictata senesque laevo suspensi loculos tabulamque lacerto, Hor. Ep. I, 2, 54; (wir können uns hier den Begriff von suspensi nicht anders als activ denken: indem sie angehängt haben;) την κεφαλην αποτεμνεται; das κατα, das man sich hinzuzudenken vorschlägt, erklärt nichts; την κεφαλην αποτεμνειν ist gleichsam ein einziges Wort, das ins Passiv gesetzt wird; bei (την κεφαλην αποτεμνειν) τινα als Träger gedacht, wird im Passiv τις Träger (Subject) sein, wie id ani-

edelsten Art zu sprechen ein Verbum selbst, und zwar in seiner Infinitivform, zur Ergänzung des unvollständigen Prädicats eines Zeitworts hinzugesetzt. Und dies ist es, worüber wir jetzt eigentlich hier näher zu sprechen haben.

Es sind bei dieser Hinzusetzung eines Infinitivs zu einem Zeitwort mehrere Fälle zu unterscheiden.

a) Das Zeitwort haben wird in der niedrigen Sprechart mit vielen Zustandswörtern zu einem einzigen zusam-

---

madversum est von animum adversum est; (?) so wird θαυματιον περιβαλλεται mit einem Schlage im Ganzen passive gedacht und abgewandelt; so: quid tibi [hanc rem curatio], wo das Hauptwort (curatio) die Fügung des Zeitworts [curare rem] behalten hat; justitia est [scriptis legibus obtemperatio]; περι της [νομοθεσιας τη των ἑλληνων πολει], Plat. leg. 9 (,p. 18); bei: canes habendum est ist habendum nicht das Gerundium, [denn dies stellt bedingte, oblique Verhältnisse des Infinitivs vor, der keine Nothwendigkeit ausdrückt,] sondern Mittelwort, und canes habendum est ist das leidentlich umgeschlagene [canes habere], und bildet wie eundum est ein leidentliches Impersonale, das auf einen zwar in sich bestimmten, vom Sprechenden aber unbestimmt gelassenen Träger hinweiset; so ταυτα ποιητεον εστι; so auch im Mittelwort der Vergangenheit (, wie auch schon suspensi loculos war): dicere et quaerere, [quae dicto quaesitoque] opus est, Gell. 14, 2, von quae—dicere; justam rem esse oratum a vobis volo, d. i. το orare certam quandam justam rem, beim Plautus; aeternas poenas in morte timendum, Lucret. I, 112; multa agendum, Lucret. I, 139; parem a rege petendum, beim Virgil; nunquam negotii suscepti eum pertaesum est, beim Cornel; tui nos puditum est, scilicet aliquod; das nos bleibt sonderbar im Passiv am pudet hangen: aliquid [nos puditum tui] est, wie man sagt: die Figur ist überall, wo sich darauf bezogen wird, abzuändern; (solche Ausdrücke kommen freilich bei deutschen Schriftstellern vor, sind und bleiben aber immer verwerflich;) Cyrenaici, quos non est veritum in voluptate summum bonum ponere, Cic. fin. 2, 13; man denkt sich: aliquid [veret reprehensionem] me, davon ego [reprehensionem vereor], ich werde den Tadel scheuen gemacht; so non [veriti sunt in voluptatem summum bonum ponere]; nun ein quicquam hinzugedacht giebt veritum est quicquam, und indem man die beiden andern Gegenständlichkeiten quos und ponere mit hinüberzieht zum Träger (Subject) des Leidentlichen, hatte man die obige Construction; coctum non vapulatum conductus fui, Plaut. Aul. 3, 3, 9; die Absicht in vapulatum kommt nur dem Handelnden, nicht dem Leidenden zu; bona [ereptum euntur], die Güter leiden unter der Handlung des [ereptum ire]; vultum movetur setzt ein übertragenes vultum movere voraus; juvenem manus post terga revinctum, Aen. II, 57; Phoenissa mentem expleri nequit, Aen. I, 713; virgo, oculos dejecta decoros, Aen. XI, 480.

mengesetzten Begriffe verbunden, welcher nun in der Kraft eines überleitenden Zeitworts den Accusativ des Objects neben sich verlangt: er hat Theer an den Füßen kleben. Hier kann auf keinen Fall das Zustandswort kleben den Accusativ Theer regieren; von dem bloßen objectiven Begriff haben allein kann man den Accusativ auch nicht gut ableiten, denn dies Verbum enthält den Grund der Infinitivform des Zustandsworts kleben in sich, so daß dieser Infinitiv gleichsam das Object von haben abgiebt, und es ist uns logisch widrig, anzunehmen, daß dasselbe regierende Zeitwort haben zwei verschiedene Objecte in verschiedenen Verhältnissen, kleben und Theer, bei sich haben solle, die dann wieder, des Sinnes wegen, mit einander verbunden gedacht werden müßten, so daß für den Verstand immer eine Ellipse statt fände, die er sich in Gedanken ergänzen müßte: er hat kleben an den Füßen, er hat Theer an den Füßen, und zwar ist es eben der Theer, der ihm an den Füßen klebt.

Daher bleiben nur zwei Wege übrig, auf denen man diese Ausdrucksart befriedigend erklären kann. Entweder muß man sagen: die beiden Begriffe haben und kleben werden unmittelbar mit einander vereinigt, verschmolzen, zu einem einzigen Begriffe zusammengesetzt gedacht, kleben—haben, und von diesem zusammengesetzten Begriff wird als oder wie von einem objectiven Zeitwort der Accusativ des Objects Theer regiert; oder man muß sagen: die Redensart ist in Ansehung des Wortes haben elliptisch, so daß das eigentliche Object von haben ganz ausgelassen ist, und durch den Begriff es, das, die Sache, den Zustand hinzugedacht werden muß: er hat es (erreicht), er hat das, er hat den Zustand, d. i. er ist in dem Zustande, und es bilden nun die Begriffe Theer und kleben die Construction des Accusativs mit dem Infinitiv (,die wir bald näher besprechen werden): er hat es, daß Theer an den Füßen (ihm) klebt. Pauli nimt die erste Erklärungsart an, und sagt (l. c.) in dieser Hinsicht: „auffallend sind die Redensarten: er hat einen Käfer an sich sitzen u. s. w.; ein Ding, das man hat, ist, insofern man es hat oder besitzt, eigner Thätigkeit beraubt; daher werden in diese Fügung nur zustanddeutige Verben eingelassen. Es soll hier einen Käfer (dem Sinne nach) denkthümlicher Träger (Subject) zu sitzen sein; gleichwohl ist es (grammatisch) als Gegenstand (Object) bezeichnet. Wäre es nun Gegenstand von Sitzen, so könnte es nicht denkthümlicher Träger des Sitzens sein. Es muß also, da es auch nicht Gegenstand von Haben sein kann, ohne dem Sitzen die Eigenschaft unmittelbarer Gegenständlichkeit zu entreißen, nothwendig als Gegenstand von sitzen — haben betrachtet werden. Auf diese Art ist es (das einen Käfer) nicht nur Gegenstand, nämlich zu den beiden Wörtern sitzen — haben, gleichsam zu dem einsigen Strahle, in welchen die Bedeutungen jener Wörter zusammenfließen, sondern auch denkthümlicher Träger, nämlich zu dem einzelnen Sitzen, worin denn der Widerstreit seiner sprachthümlichen Eigenschaft mit seiner denkthümlichen sich löset. Denn widersprechend ist nicht, was sich entgegensteht in verschiedenen Rücksichten. Es wurde aber Käfer als Gegenstand, nicht als Träger bezeichnet, eben weil es nicht in Bezug auf sitzen, sondern in Bezug auf Sitzen—haben gedacht werden sollte."

Ganz eben solche Redensarten mit haben, wie die beiden angegebenen, sind auch folgende: er hat einen Beutel aus der Tasche hangen, eine Spinne an sich laufen, einen Kasten neben sich stehen, Geld auf Zinsen stehen oder liegen, einen Hund vor sich liegen, ein Schwert über sich schweben, Federn am Rocke sitzen, Vieh auf der Weide gehen u. s. w.. (Man vergleiche § 772, Th.4, S. 514.)

865) b) Einige Zeitwörter, besonders fühlen, hören, sehen, lassen, und manche andern, namentlich lehren, machen, wissen, finden fordern in einigen besondern Constructionen, insofern sie unvollkommne Prädicate bezeichnen, zur Vervollständigung des Prädicats noch den (bloßen) Infinitiv eines andern Zeitworts neben sich: ich fühle regnen, hörst du donnern? hast du blitzen gesehn? Gott lässt regnen, wann er will.

Man sieht leicht, daß diese Infinitiven meistens wie substantive Infinitiven stehn, so daß ihr Begriff wie selbstständig, wie ein Hauptwort gedacht wird: ich fühle stechen, ein Stechen, das Stechen, einen, den Stich; hörst du ein, das Donnern, einen, den Donner; siehst du ein, das Blitzen, einen, den Blitz; Gott lässt zu, giebt das Regnen, einen, den Regen. (Es lässt sich dieser Fall also mit § 863 vergleichen. Man sehe auch § 867.) Wir haben früher (§ 770, Th.4, S. 484) schon ausführlich darüber gesprochen, daß und wann viele Verben auf eine ähnliche Art mit Infinitiven andrer Verben verbunden werden; der jetzige Fall unterscheidet sich dadurch, daß die eben genannten Zeitwörter auch noch ein Hauptwort mit dem Begriff des Subjects zum Infinitiv setzen können, worüber wir nun ausführlicher sprechen müssen: ich fühle mein Herz schlagen, ich höre die Canonen donnern, ich sehe die Wolke blitzen, Gott lässt die Wolken regnen.

866) c) Diese Verbindung der Verben fühlen, hören, sehen, lehren, lassen, machen (,finden) (,wissen) mit dem Infinitiv eines andern Zeitworts und dem Accusativ eines Hauptworts oder andern Redetheils, der für oder in Beziehung auf ein Hauptwort steht, (eines Pronomens oder Adjectivs,) bei welcher der Begriff dieses Accusativs als ein Object, objectiv, und zugleich auch in einer andern grammatischen Beziehung als ein Subject, subjectiv gedacht werden kann, ist nun die Construction, welche in der Sprachlehre unter dem Namen der Construction des Accusativs mit dem Infinitiv bekannt ist. Ihre Anwendung und ihr Gebrauch ist für die deutsche Sprache sehr beschränkt, weit beschränkter als im Griechischen und Lateinischen, und so fest bestimmt, daß sich nicht erwarten lässt, unser jetziger Sprachgebrauch werde sich in der Zukunft noch je einmal ändern, und eine erweiterte Anwendung zulassen. (Warum die Anwendung dieser Ausdrucksart so beschränkt ist, warum man z. B. nicht eben so gut sagen darf: ich erblicke, bemerke ihn kommen, wie: ich sehe ihn kommen, das möchte wohl niemand mehr im Stande sein anzugeben. Usus est tyrannus, und es hält sehr schwer, sich seiner Oberherrlichkeit zu entziehen. Es gehört wenigstens lange Zeit dazu, und viele und gute Unterstützung, wenn ein Versuch dazu nicht misslingen soll.) Doch aber ist diese Construction so allgemein gebräuchlich und so wichtig, daß sie auch nicht übersehen werden darf, sondern gehörig beachtet werden muß.

Wie und wann dieselbe in unsre Sprache gekommen ist, möchte sich wohl nie mehr bestimmt auffinden lassen: desto deutlicher ist dagegen ihre Bedeutung, der Begriff, welcher durch sie ausgedrückt werden soll. Die grammatische Erklärung derselben aber ist doppelt.

Wenn man nämlich sagt: ich sehe (den Mann, den Edeln,) ihn kommen, so lässt sich entweder annehmen, ihn kommen sei ein verkürzter Satz, der entstanden sei aus dem Satze: daß er (,der Mann, der Edle) kommt, wie denn dem Sinne nach ihn kommen unstreitig die Bedeutung dieses Satzes daß er kommt hat, und es sei also der ganze Ausdruck eine Zusammenziehung der beiden Sätze: ich sehe (es), daß er kommt, in den einzigen: ich sehe ihn kommen; oder man kann denselben geradezu auch genetisch für einen einzigen Satz erklären, in welchem nämlich der Prädicatsbegriff von ich sehe durch den Begriff kommen in kommen—sehen erweitert sei, und dieser erweiterte Prädicatsbegriff kommen—sehen regiere nun den Accusativ seines Objects ihn.

Auf diese Art sieht Pauli die Sache an, indem er sagt: „Gegenständlichkeit verschmilzt gedenkweise mit dem Aussageworte zu einem einsigen Ganzen, und hilft in dieser Verschmelzung eine neue Gegenständlichkeit beherschen. Hier ist nun die verschmelzende (verschmilzende) Gegenständlichkeit erstens (A) eine reine [,nicht hauptwörtliche] Urweise, (der Infinitiv, und dies ist der Fall, den wir jetzt zu besprechen haben,) wodurch die folgende Gegenständlichkeit trägerhaltig wird, und diejenige Fügung entspringt, welche als Accusativus cum Infinitivo bekannt ist. Ich sah ihn kommen. Wovon hangt Ihn ab? Von Sah? Dann bleibt aber das doch ebenfalls abhangige Kommen ohne Bedingung und gleichsam schwebend, indem zu Sah bereits, als Ausdruck des nächsten Gegenstandes, Ihn getreten, folglich dem Kommen aller Grund unmittelbarer Abhangigkeit, in welcher allein es sich vorstellen läßt, hinterzogen wäre. Von Kommen, wie Adelung will? Dann druckte aber Ihn den Gegenstand des Kommens aus, und es soll (doch) denkthümlicher Träger (Subject) desselben sein. Nur ein Ausweg. (??) Befasse Sahe kommen in Eins, als: Ich [kommen—sahe], so wird Kommen als nächster oder unmittelbarer Gegenstand von dem einzelen Sahe, von der vereinten Kraft aber des Kommen sahe, d. i. von dem in seiner Bedeutung durch Kommen nur näher bestimmten Sahe wird ihn abhangen *) u. s. w.. So gehn sinken—

*) Pauli giebt nun mehrere Beispiele aus fremden Sprachen an: „[incedere video] eum; il le [fit trembler]; la forteresse, qu'on croyoit devoir leur resister, est tombée en leur pouvoir; les trouppes éva cueront les places, qu'elles se [trouveroient occuper] encore; les poëtes feignent, cette Niobe avoir été transmuée en rocher, bei Montaigne; on voit rarement le successeur avoir les qualités de celui qui u. s. w.; la ville voit se continuer les travaux de l'année passée u. s. w.." (Wenn man im Deutschen gleich sagt: man sieht ihn kommen, so wird man doch nicht mit dem Franzosen sagen wollen: man sieht selten den Nachfolger die Eigenschaften des Vorgängers haben; unser Gebrauch des Accusativs mit dem Infinitiv ist so beschränkt, daß wir schon diese Construction, so richtig sie auch ist, zu hart finden. Römer und Griechen finden aber bei solchen Verbindungen durchaus kein Bedenken, wie denn Pauli sagt:) „Häufig liegt eine unmittelbare Gegenständlichkeit mit Urweise in der andern eingeschachtelt: omnia jam fient, fieri quae posse negabam, d. i. [(negabam posse) fieri]

lassen in senken, schaumen—machen in schäumen über." (Also zwei Begriffe und Worte in einen Begriff und ein Wort.

quae, wo posse fieri die eine Gegenständlichkeit fieri mit Urweise posse ist, zugleich aber dies fieri posse wieder als einsige Urweise zu dem neuen denkthümlichen Träger quae angesehen werden muß; velle se senatum frequentem adesse proscribit, d. i. ([(proscribit velle adesse) frequentem] senatum) se; *Βιων ἔφη δειν τον ἀγαθὸν ἄρχοντα, παυομενον της αρχης μη πλουσιωτερον, ἀλλ' ἐνδοξοτερον γεγονεναι*, d. i. [([(*εφη δειν*) *γεγονεναι*] *πλουσιωτερον μη, ενδοξοτερον ἀλλὰ*) *παυομενον αρχης της*] *ἄρχοντα ἀγαθὸν τον*, er nicht — einen — reichern — sondern — einen — geehrteren — Mann — geworden — sein — müssen — einen die Herrschaft niederlegenden sagte den guten Herrscher. Häufig findet man: dixerunt, omnia ex sententia processurum esse; dies erklärt sich nun so: [(dixerunt esse) processurum] omnia; es wird processurum dem omnia vorausgedacht, also davon unabhangig; so auch non (putavi facturum hoc) eam; ähnlich *ἡ δε τροφη αὐτῳ ην ακριδες;* oté deux ou trois endroits cet ouvrage est excellent; je les (femmes) (ai vu danser). Der Franzose pflegt zu Zeitwörtern, nach denen sonst der Accusativ mit dem Infinitiv folgt, statt des Accusativs den Dativ zu nehmen, wenn vom Infinitiv selbst ein Accusativ einzeln oder in einem ganzen Satze abhangt: les paroles, qu'il avoit oui dire à son gouverneur, die er gehört hatte, als sie sein Hofmeister sagte (, die er seinen Hofmeister sagen gehört hatte). Wenn hier der Accusativ son gouverneur in den Dativ à son gouverneur verwandelt wird, so hielt der Franzose den Accusativ son gouverneur für die von der Gegenständlichkeit que dire bedingte und vermittelte; er mußte sich also denken: paroles les il (avoit oui dire que) gouverneur son. (?) Eben so ist es bei rarement fait on signifier quelque bonheur aux comêtes; man mußte erst denken: on fait rarement signifier bonheur quelque comètes les; unmittelbar nach fait ist noch kein aux comètes möglich; man mußte erst fait signifier verbinden. Versteckt: l'esprit de la conversation consiste bien moins à en montrer beaucoup, qu'à en faire trouver aux autres, wo dem trouver ein Gegenstand nur in der durch en geschehenden Andeutung des Ganzen gegeben ist, worin dieser Gegenstand liegt. Ein völliger Satz: faites leur sentir, combien il est doux de jouir dans la solitude des plaisirs innocens. Der Franzose ist hier dem noch faselhafteren (?) Griechen ähnlich; die Lebhaftigkeit übereilt den Verstand; er giebt seinem Sprachkörper Glieder, Gelenke, Bewegung mehr nach einem schwanken Schein des Richtigen oder Gefälligen, als unter Anleitung einer sicher wägenden, alles Unbestimmte ausschließenden Ueberlegung; drei unmittelbare Gegenständlichkeiten so nah bei einander, wie que, dire, son gouverneur, waren ihm zu einförmig". (Wie dem auch sei, im Deutschen dürfen wir nie sagen: lasst ihnen fühlen; die Worte, die er dem Hofmeister sagen gehört hatte. Uebrigens nennen wir sagen auch nicht geradezu einen Accusativ.)

Wenn Pauli vorher bemerkte, die einzige Erklärung des

Und so soll man sich kommen — sehn auch als oder wie einen einzigen Begriff denken.)

Accusativs mit dem Infinitiv bestehe darin, bei: ich sah ihn kommen, erst kommen mit sah zu verbinden, und dann kommen—sehen den Accusativ ihn regieren zu lassen, so nimt derselbe diese Behauptung wenigstens zum Theil dadurch wieder zurück, daß er fortfährt: „man kann die Accusativen selbst bei der einfachen Construction des Accusativs mit dem Infinitiv, und noch mehr bei zusammengesetztern Sätzen, auch durch hinzugedachte Auslassungen erklären: video incedere Cajum, i. e. tanquam eum qui incedat." So giebt ja Pauli zu, daß man: ich sehe den Cajus kommen, auflösen könne: ich sehe den Cajus als einen solchen, welcher kommt; und so kann er auch nicht leugnen, daß die ergänzende Auflösung noch einfacher ist: ich sehe, daß er kommt. Als zusammengesetztere Beispiele für diese Auflösung durch hinzugedachte Auslassungen giebt Pauli folgende an: „qui haec nuper disserere coeperunt, cum corporibus simul animos interire; — haec, interire, dico animos: hier ist interire die unmittelbare Gegenständlichkeit; es wird wie angedrängte Erklärung zu einem sich selbst unmittelbar gegenständlich verhaltenden Worte gebraucht; eben so, wenn die Rede das Bereich einer Präposition ausmacht, die den Accusativ regiert: ουκ εστι οια τε ταυτα απιστεισθαι δια το μαντιν ειναι τον ειποντα, wobei δια supplirt werden muß."

Und nun fährt Pauli fort: „solche Regeln (für das Lateinische) also: nach decet, probabile est, scilicet folgt der Accusativ mit dem Infinitiv, sind falsch, und erschöpfen nie alle gleichen Fälle: nos mori necesse est ist zu stellen mori nos [Urstand, Subject] necesse est; bei facile intelligitur, corporis voluptatem non satis esse dignam hominis praestantia, eamque contemni oportere ist der Rang: non esse dignam praestantia hominis voluptatem corporis et oportere contemni eam intelligitur facile, und eam contemni wird nicht regiert von oportere, sondern man muß denken: oportere, dico tamquam id, quod oporteat, το contemni, dico tamquam id quod [contemni oporteat] eam.

Die ganze Regel heißt also: ein ganzer Satz, den du an der Stelle eines einzigen Wortes in irgend einem Verhältnißfalle denkst, muß (??) in der Darstellung aufhören, Satz zu sein, und in die Fügung trägerhaltiger Gegenständlichkeit gebracht als Theil dem vorausgedachten Satze verwoben werden. Ein einziges Wort vertreten können aber nur Sätze, deren Vorstellung sich in die eines einzelen Begriffs zusammenziehen läßt, z. B. daß dies der Fall ist = das Vorhandensein dieses Falles; daß = das; also jeder sieht dies den Fall mit dem Satze sein; (so spricht aber kein guter deutscher Schriftsteller, wie wir nachher noch besonders bemerken werden;) dagegen Sätze, die mit Grunddeutigkeit (quod), mit Absicht- oder Erfolgdeutigkeit (ut, mit Rückknüpfung (qui, cum, ubi) behaftet sind, können nicht als Stellvertreter einzeler Wörter gelten. [Bei Reden wie fieri solet, ut scheint es nur, (sagt Pauli,) als ob der Satz mit ut, wie

Wenn man dagegen diesen Ausdruck ich sehe ihn kommen auf die erste Art für eine Zusammenziehung zweier Sätze erklärt, so sagt man, ich sehe ist der regierende Hauptsatz, und ihn kommen ist der verkürzte abhangige, regierte Nebensatz des Accusativs mit dem Infinitiv, bei dessen Auflösung man zur Bezeichnung jener Abhangigkeit zuerst ein Bindewort daß nimt, das freilich beim Sprechen auch weggelassen werden kann, dann den Subjectsaccusativ ihn in den eigentlichen Casus des Subjects, das ist in den Nominativ, und endlich den Infinitiv in die bestimmte Aussage, das verbum und tempus finitum umsetzt, also ich sehe, daß er kommt; ich sehe, er kommt; ich sah ihn kommen löset sich auf in: ich sah, daß er kam, und: ich werde ihn kommen sehn in: ich werde sehen, daß er kommen wird.

Wie in diesem Beispiel der active Infinitiv kommen bei der Auflösung auch active, hier neutrale Bedeutung hat, so kann man nicht nur auf ähnliche Art passive Infinitiven mit passiver Bedeutung, sondern auch active Infinitiven mit passiver Bedeutung nehmen, denn man sagt: ich sehe, sah ihn geschlagen werden, d. i. daß er geschlagen wird, wurde, und auch: ich sehe, sah ihn schlagen, ich werde ihn schlagen sehen, in eben dieser passiven Bedeutung: daß er geschlagen wird, wurde, daß er geschlagen werden wird. (Wir werden über diesen passiven Gebrauch bald, § 871, mehr sprechen.)

---

ein einzeles Wort, den Träger ausmache; er ist aber nur die Ergänzung eines ausgelassenen Trägers: fieri solet id, unde sequitur, ut u. s. w.]"

Wir haben diesen, wie die vorhergehenden und folgenden kurzen Auszüge aus Pauli's Angaben deswegen hier mitgetheilt, damit der aufmerksame Leser die fremden Sprachen um so leichter mit der unsrigen in Hinsicht des Gebrauchs des Accusativs mit dem Infinitiv vergleichen könne. Es wird sich daraus unter andern die Wahrheit unsrer Behauptung ergeben, daß wir im Deutschen wahrscheinlichst nie die Construction des Accusativs mit dem Infinitiv weiter, und namentlich auf die Art ausdehnen werden, wie es die Griechen und Römer gethan haben. Wenn z. B. Cicero, de Oratore, sagt: nescire quid antea, quam natus sis, acciderit, id est, semper puerum esse, so dürfen wir das nicht übersetzen: nicht wissen, was vorher, ehe du geboren wurdest, geschehn ist, (das) heißt, immer einen Knaben sein oder bleiben, sondern wir müssen sagen: immer ein Knabe sein oder bleiben, weil heißen in dieser Bedeutung im Deutschen nicht mit dem Accusativ und dem Infinitiv construirt werden darf, ob man gleich in einer andern Bedeutung von heißen ganz richtig spricht: ich heiße dich gehen, ich heiße dich Vormund sein.

Andre Beispiele mit andern regierenden Verben, die aber alle ganz eben so wie ich sehe ihn kommen construirt, aufgelöset und erklärt werden, sind folgende: ich höre ihn rufen, ich fühle die Nadel stechen, ich lehre ihn singen, (§ 867,) ich lasse ihn stehen, laufen, (§ 871,) ich fand ihn schlafen, du wirst das Buch auf dem Tische liegen finden, (daß es oder das da liegt,) ich hieß ihn schweigen, ich machte ihn lachen, wie jedoch die gute Schriftsprache sehr selten sagt *).

Wir haben überhaupt schon bemerkt, daß die Anwendung dieser Construction in unsrer Sprache sehr beschränkt ist. Es ist aber nicht Sache der Grammatik, sondern der Wörterbücher, bei jedem Verbum anzugeben, in wiefern es mit dem Accusativ und Infinitiv nach der Einführung des Sprachgebrauchs construirt werden kann. So kann man nach Belieben construiren: ich heiße dich gehn, und: ich heiße dir zu gehn; (m. s. § 794, a, Th. 4, S. 602 und § 870;) bei finden sagt man zwar: ich fand ihn (schlafend aber auch) schlafen, lachen, weinen u. s. w., und (nach § 870) auch: ich fand ihn den Acker bauen, aber man findet es schon schleppend zu sagen: ich fand ihn die Kinder mit jener Ruthe schlagen u. s. w.. (Daß man statt des Infinitivs bei finden auch das Particip, also eine ganz andre Construction nimt, haben wir § 575, 576, Th. 3, S. 318, 327 bemerkt.)

867) d) Ein etwas andrer Fall, der aber doch dem eben besprochenen nicht nur sehr ähnlich ist, sondern nicht selten auch in der That ganz mit demselben zusammenfällt, besteht darin, daß und wenn der Infinitiv die Bedeutung eines Hauptworts hat, gleichsam ein Hauptwort ist, und sich auch wirklich mit einem Hauptwort, und zwar meistens mit diesem substantive genommenen Infinitiv selbst, vertauschen lässt. (Man sehe § 865.)

Wenn man z. B. sagt: ich weiß ihn wohnen, so

---

*) Mit machen verbindet man den Accusativ mit dem Infinitiv jetzt fast nur noch in der Volkssprache. So sagt man: ich machte ihn lachen, weinen, schreien, gehen, laufen, verzweifeln. Luther schrieb freilich noch: wer einen Blinden auf dem Wege irren macht, 5 Mos 27, 18; du hast die Feinde lästern gemacht, 2 Sam. 12, 14; der Israel sündigen macht, 1 Kön. 14, 16; du machest mich leben, Jes. 38, 16 Doch sagt auch die edlere Sprache: ein Schatten macht uns zittern, diese Freude macht mich alles vergessen, und Adelung bemerkt, daß man diese Wortfügung wohl ohne Noth tadelt, da sie sehr alt ist, und die Franzosen ihr faire eben so brauchen.

soll das nicht heißen: ich weiß, daß er wohnt, sondern wohnen ist gleichsam ein Hauptwort, (das) Wohnen, wie man sagt Dank wissen, und der Sinn ist: ich weiß sein Wohnen, seine Wohnung. Auf eine ähnliche Art bedeutet ich lehre ihn rechnen eigentlich nicht: ich lehre, daß er rechnet, denn der Er, der Schüler braucht dabei eigentlich nicht wirklich zu rechnen, sondern der Sinn ist nur: ich lehre das Rechnen, vielleicht bloß die Theorie des Rechnens, die Regeln der Rechenkunst, und zwar ihm, (ich mache, daß er rechnen, das Rechnen theoretisch oder praktisch oder in beider Hinsicht lernt,) wie: ich zeige ihm das Rechnen, ich lehre ihm die Geschichte. (Man vergl. § 794, b, S. 604.)

In andern Verbindungen mit lehren bleibt indessen die Auflösung des Infinitivs durch den Verbalbegriff und daß unbestreitbar die einfachste, z. B. in: si sol mich sprechen leren, bei Heinrich von Waldeck; den wolt es leren rechte tun, bei der Windsbeck; lehr mich thun nach deinem Wohlgefallen, Ps. 143, 10; einen Hund tanzen, einen Vogel pfeifen lehren. Jene Auflösungsart durch ein Hauptwort kann man dagegen nicht bloß bei wissen und lehren, sondern auch bei den meisten der vorigen Redensarten (des § 866) anwenden: ich fühlte ihn stechen, d. i. seinen Stich, er hieß mich schweigen, d. i. (befahl) mein Schweigen, daß ich schwieg, schweigen sollte; wenn auch nicht bei allen, wie sich denn z. B. ich fand ihn schlafen, ich ließ ihn gehn, nicht bequem in: ich fand sein Schlafen, seinen Schlaf, ich ließ seinen Gang (noch eher: sein Gehen) (zu), auflösen lässt; ja in manchen auch jener Redensarten (des § 866) ist es selbst noch bequemer und einfacher, sie durch ein solches Hauptwort als durch das Zeitwort (nach § 866) aufzulösen, wie z. B. ich höre ihn laufen besser aufgelöset und erkläret wird durch: ich höre sein Laufen, seinen Lauf, Gang, als durch: daß er lauft, da dies sogar einen ganz andern Sinn haben und geben kann.

Deswegen ist es wohl am einfachsten, daß man diese beiden Fälle (des § 866 und 867) zusammenfasst, und dabei bemerkt, daß sich der Begriff des Infinitivs meistens durch ein Hauptwort, und namentlich durch den substantiven Infinitiv selbst ausdrücken lässt, ja daß er in manchen Fällen so aufgelöset werden muß.

Pauli scheidet unterdessen den gegenwärtigen Fall ebenfalls ganz vom vorhergehenden. Nachdem derselbe nämlich als Angabe der verschiedenen Gegenständlichkeiten, welche mit dem

Aussageworte zu einem einzigen Ganzen verschmilzen, zuerst (, wie wir § 866 angeführt haben, sub A.) die reine Urweise genannt hat, fährt er nun fort:

„B) Oder die verschmelzende (verschmilzende) Gegenständlichkeit ist eine hauptwortliche Urweise (, ein substantiver Infinitiv): ich [lehrte rechnen] ihn. Hier ist nicht trägerhaltige Gegenständlichkeit. Rechnen hat den Rang eines Hauptworts, ist eigentliches nomen verbi [, wie Priscian die Urweise überhaupt nennt]; er lehrt ihn rechnen und (ihm) das Rechnen ist nicht mehr unterschieden als: er lehrt ihm Geschichte und die Geschichte. (Wir haben über die Construction des Worts lehren § 794, b, S. 608 — 613 ausführlich gesprochen. Als Beispiel, daß schon in der ältesten Zeit der Begriff lehren mit zwei Accusativen verbunden wurde, das sei hier nachträglich bemerkt, kann das Hebräische dienen. Es steht Gen. 41, 39: הוֹדִיעַ אֱלֹהִים אוֹתְךָ אֶת־כָּל־זֹאת, er hat dich alles wissen gemacht, אֲאַלֶּפְךָ חָכְמָה Hiob 33, 33, ich will dich Weisheit lehren, דֶּרֶךְ הֲבִינֵנִי Ps. 119, 27, den Weg lehre mich, 2. Mos. 18, 20 הִזְהַרְתָּה אֶתְהֶם אֶת־הַדֶּרֶךְ, lehre sie die Rechte; so auch 2 Mos. 15, 25; Ps. 27, 11; 86, 11; 119, 33; 5 Mos. 4, 1; Ps. 25, 4; Jer. 2, 33; Koh. 12, 9.) Die Urweise ist jedesmal (auf diese Art) ein Hauptwort, wenn sie etwas in der Welt des Satzes für sich Bestehendes anzeigt; [ich höre klingeln, ad sedare sitim fluvii vocant;] sie ist dagegen kein Hauptwort, wenn sie etwas in der Welt des Satzes nicht für sich Bestehendes ausdrückt; solche Unselbstständigkeit, die man von der Abhangigkeit, in die ein Wort durch die Fügung des Satzes tritt, wohl unterscheiden muß, kommt ihr nur dann zu, wenn sie als vergangene, gegenwärtige oder künftige und bloß gedachte Wirklichkeit einem bestimmten Träger beigelegt wird: ich sah ihn abreisen, ich will fortgehn, wo der Träger ich als wirklich das Fortgehn in der Zukunft vollbringend gedacht werden soll, fortgehn demnach als etwas ihm Anhangendes, nicht von ihm Gesondertes gedacht wird. Ganz anders ist der Fall bei: ich lehre ihn rechnen; man denkt das Rechnen weder vom Lehrling noch Lehrer vollzogen, auch nicht in der Zukunft; in der Welt des Satzes ist Rechnen so gut von Ich und Er, wie Er von Ich gesondert; es hangt zwar ab, da es von Ich dem Er beizubringen ist, aber nicht an; ich weiß ihn wohnen, d. i. seine Wohnung; wäre wohnen die reine Urweise, so sagte der Satz: ich weiß, daß er wohnt, wie: ich weiß ihn nachgiebig sein *). Uebrigens ist diese Form, welche durch Verschmelzung der reinen (und hauptwortlichen) Urweise entspringt, wohl un-

---

*) So auch, sagt Pauli noch, χαιρειν λεγειν τινα, Lebewohl sagen; χαιρειν ist Hauptwort und Namen dessen, was gesagt wird; als eigentliche (reine) Urweise genommen hieße der Satz: sagen, daß jemand sich freue; aliquem domo exire prohibere."

Es sei uns erlaubt, um im Auszuge eine volle Uebersicht der ganzen Aufstellung Pauli's zu geben, hier noch kurz aufzuführen, was derselbe weiter sagt, da uns dies Gelegenheit zu einigen nicht unbedeutenden Bemerkungen geben wird:

„C. Oder die verschmelzende Gegenständlichkeit ist ein unmittelbares Hauptwort: das weiß ich dir Dank. (Nun folgt das, was wir § 863 von Pauli angeführt haben. Dann fährt derselbe fort: „Hieher gehören auch Redensarten wie:) Wir haben Alles [Gutes von ihm gesprochen], d. i. lauter Gutes, Nichts als Gutes, Nichts Böses, unterschieden von der Redensart ohne Worteinung: wir haben alles Gute von ihm gesprochen, d. i. wir haben nicht nur Nichts Böses von ihm gesprochen, sondern auch ihm alles mögliche Gute angerühmt. (Man sieht wohl ungefähr, was Pauli sagen will, nämlich: beim ersten Ausdruck soll Gutessprechen als ein einziger Begriff gedacht werden, wir haben Gutes gesprochen, und das war alles, was wir [Gutes] gesprochen haben, also: lauter Gutes, nichts als Gutes; im letzten Ausdruck soll Gutes nicht zu sprechen, sondern zu alles gehören, weswegen es auch, als durch alles bestimmt, die unbestimmte Deklinationsform angenommen hat: alles Gute, das sich von ihm sagen ließ, haben wir gesprochen. Indessen sieht man, daß, so richtig der letzte Ausdruck ist, der Sinn des ersten mühsam, undeutlich und willkührlich dem Ausdruck angepasst ist, wie denn auch wohl noch kein guter Schriftsteller oder Grammatiker denselben angenommen hat. Wir müssen also bei unserm frühern Ausspruch, § 498, Theil 2, Seite 656, bleiben, daß wir diese Form: alles Gutes von jemandem sprechen, ganz verwerfen.) So auch: die Schweine streuen, statt: [Stroh streuen] wo den Schweinen falsch wäre; Wurzeln [im Accusativ] abgraben, d. i Erde abgraben, einen ausholen, statt: Gesinnungen, Pläne, Geheimnisse ausholen, einen Teig ausbringen, statt: das Unreine ausbringen, sich verfangen, statt: Luft verfangen, einen an- und ausziehen, statt: [die Kleider—anziehn], ein Ei ausschlagen, statt: das Innere ausschlagen, einen Baum ausschlagen, statt: Späne ausschlagen, einen Wald abräumen, statt: Holz abräumen, einen Acker stürzen, statt: Erde stürzen, einen Acker lesen, statt: Steine ablesen, Linsen lesen, statt: Unreines auslesen, eine Stadt entsetzen, statt: die Feinde entsetzen, einen vertreten, statt: die Stelle vertreten, einen auskaufen, statt: die Waaren auskaufen, die Zeit auskaufen, statt: Vortheil auskaufen, diem disponere, d. i. seine Theile in Ordnung bringen, χωραν φερειν και άγειν, d. i. Sachen und Vieh, contredire, servir, menacer, croire, informer quelqu'un, statt: quelque chose à quelqu'un". (Es lässt sich nicht leugnen, daß bei allen diesen, wie bei mehreren ähnli-

ter allen Fügungen mit zwei unmittelbaren Gegenständlichkeiten die leichteste."

868)

lichen Redensarten Ellipsen statt finden, daß Begriffe hinzugedacht, und mit dem Begriff des Zeitworts unmittelbar verbunden und vereinigt gedacht werden müssen. Und eben bloß in dieser Hinsicht gehören die Redensarten hierher. Indessen lässt sich doch bemerken, daß der Deutsche bei seiner Construction solcher Verben den ausgelassenen Begriff ganz fallen lässt, ihn wenigstens als selbstständigen Objectsbegriff ganz übersieht und vergisst, denn sonst ließe sich der bei ihnen stehende Accusativ nicht erklären. Niemand darf und wird sagen: wir haben die Schweine Stroh gestreut, wir haben die Wurzeln Erde abgegraben statt den Schweinen und den Wurzeln; es muß daher der Begriff Stroh, Erde entweder ganz weg, oder mit dem Begriff streuen und abgraben so innig verbunden und verschmolzen gedacht werden, daß man in ihrer Vereinigung durchaus keinen Objectsbegriff findet oder ahnet, wenn man den Objectsaccusativ Schweine und Erde erklären und vertheidigen will. Indessen ist in Ansehung des ersten Ausdrucks der Sprachgebrauch noch getheilt, indem auch sehr gute Schriftsteller und Sprachlehrer mit dem Dativ den Schweinen streuen sagen, so daß diese sich durchaus noch einen Objectsaccusativ: etwas, Stroh, Unterlage, Futter u. s. w, hinzudenken müssen; und für diesen Dativ spricht die Bemerkung, daß der Accusativ die Schweine leicht einen andern Sinn veranlassen kann, nach welchem man sich die Schweine als Object des Streuens, als gestreuet denken würde, wie man denn diesen Accusativ überhaupt nur dadurch rechtfertigen kann, daß man sagt, streuen stehe figürlich und elliptisch für: durchs Streuen be- oder versorgen u. dgl.. Bei den andern hier angeführten Redensarten muß man zwar einen ähnlichen figürlichen oder elliptischen Gebrauch der Verben annehmen; doch erscheint der Accusativ leichter als der allein richtige Casus bei ihnen; niemand wird sagen wollen: den Wurzeln abgraben, ich holte ihm aus u. s. w., weil man diesen Dativ selbst nicht nehmen könnte, wenn auch das ausgelassene Object hinzugesetzt würde, indem es nicht heißt: ich grabe den Wurzeln, sondern: von den Wurzeln Erde ab, nicht: ich hole dir Geheimnisse aus, sondern: von oder aus dir hole ich sie heraus u. s. w., und darum muß der Accusativ stehen, und der Verbalbegriff figürlich genommen werden. Uebrigens kann diese unsre Bemerkung ein Belag dafür sein, wie vielerlei bei der Construction der Verben zu beachten ist, und sie kann also für einen Zusatz zur zweiten Unterabtheilung der zweiten Abtheilung des zweiten Abschnitts im gegenwärtigen Hauptstück gelten, der Th. 4, nach § 801, S. 650 stehen könnte.)

„D. Oder die verschmelzende Gegenständlichkeit ist ein Beiwort (Adjectiv). (Im Deutschen giebt es diese Verbindung oder Construction nicht; wir nehmen, wo der Lateiner, Grieche, Franzose für sie das Adjectiv nimt, das Adverb, und darüber ist § 862 gesprochen. Dieser § 862 und § 863 enthält schon viele

868) e) Nun lassen sich auch schon auf eine ganz ähnliche Art etwas zusammengesetztere Redensarten ganz leicht er-

---

von Pauli angeführten Beispiele, und dabei die Bemerkung, daß diese Ausdrucksart fast immer doppelsinnig ist. Dies zeigen auch die folgenden, wie Pauli selbst angiebt:) Adiit Dionysium priorem, d. i. Dionysius den ältern, aber: [adiit priorem] Dionysium, d. i. zuerst; (also ein Adverbialbegriff;) eo die acerbum habuimus Curionem, d. i. den unfreundlichen Curio, aber eo die [acerbum habuimus] Curionem, d. i. er war unfreundlich; ταδε ειματ᾽ ἐχω κακα, ich habe diese schlechten Kleider, aber τα ειματα [ἐχω κακα], ich habe an diesen Kleidern sehr schlechte Kleider; Cajum lymphatum agere, den wahnsinnigen Cajus umhertreiben, aber Cajum [lymphatum agere], ihn wahnsinnig machen; τυτο ἐλευθεραν ἦγε την Ἑλλαδα, dies beherrschte das freie Griechenland, aber: τυτο [ἐλευθεραν ἦγι] την Ἑλλαδα, dies erhebt Griechenlands Freiheit; ils [ont éa tués] deux officiers, sie haben (als ihren Verlust in der Schlacht) zwei getödtete Officiere (,aber tué, sie haben getödtet). Das tamquam hilft oft nichts zur Erklärung; es ist = ad tam, d. i. την, rationem, qua oder dico, puto tam rationem, qua, z. B.: Canius quaerit, num feriae piscatorum essent, quod eos [nullos videret], das nullos videre ist ein nur verstärktes non videre; μελαιναν την τριχα ἐχει, d. i. [μελαιναν ἐχει]; il a les inclinations basses, er hat die niedrigen Neigungen, wäre Unsinn; (?) es heißt il [a basses] les inclinations, die, d. i. alle seine Neigungen hat er, sind niedrig. (So auch: cela les femmes rend heureuses; credit ei, quem fidelem putat; ὁ κυριος τοὺς φιλοὺς ἐποιησε πλουσιους.)

E. Oder die verschmelzende Gegenständlichkeit ist ein ganzer Satz: wir haben unsern Bruder gesandt, den wir oft gespürt haben, daß er fleißig sei, statt: den wir [fleißig sein ge- oder verspürt haben], 2 Kor. 8, 22; wer seinen Seelsorger weiß, daß er zwinglisch lehre, soll heißen: wer seinen Seelsorger [zwinglisch lehren weiß]; es soll: wer weiß zum Gegenstande nicht seinen Seelsorger, sondern das Ganze bekommen: [daß sein Seelsorger zwinglisch lehre]; warum will man dies Ganze zerreißen, und worauf (will man) das eine Stück, den Seelsorger, als Gegenstand besonders hinstellen, um es nachher, indem man das ergänzende Stück, wie eine häßliche Schleppe, nachstreifen lässt, hinten noch einmal im Redeverhältnisser Er zum Vorschein zu bringen? illum, ut vivat, optant statt [vivere optant]; ἐστιν ὁ πατηρ μυ, ὁ δοξαζων με, ον ὑμεις λεγετε, ὁτι Θεος ὑμων ἐστι, Joh. 8, 54, statt ὁν ὑμεις [Θεον ὑμων ειναι λεγετε]." (Luther übersetzt ganz wörtlich: welchen ihr sprecht, er sei euer Gott.) (In Ansehung des ersten Beispiels bedarf es kaum der Bemerkung, daß sowohl der gute Sprachgebrauch der neuern Zeit als die Logik der Grammatik, um uns dieses Ausdrucks zu bedienen, weder zu sagen erlauben: der Bruder, den wir gespürt haben, daß er fleißig sei, noch: den wir fleißig sein gespürt haben. Die letzte Ausdrucksart wäre richtig, wenn der Sprachgebrauch nach spüren den Accusativ mit dem Infinitiv klären und auflösen. Wir werden bald hören, daß der Infinitiv mit zu nie so wie der bloße Infinitiv (ohne zu) mit einem Accusativ die jetzt besprochene Construction bilden kann; wohl aber kann derselbe bei den angegebenen Verben diesen dann von ihm abhangenden Accusativ mit dem Infinitiv bei sich haben oder regieren. So sagt man: ich wünsche ihn ankommen zu sehen, und das heißt und löset sich auf: ich [zu sehn wünsche], ich wünsche zu sehn, ihn ankommen, daß er kommt, ankommt, ankomme, so daß der Accusativ mit dem Infinitiv ihn ankommen von zu sehen abhangt. (Freilich hat man bei diesem Ausdrucke, und so auch bei ähnlichen, oft noch Neben- oder andre Begriffe, indem man z. B. damit ausdrücken will: ich wünsche zu sehn [die Art, die Art und

---

zu nehmen erlaubte. Das thut er aber nicht. Es fände dann nur die einzige Bemerkung statt, daß hier dieser Accusativ relativ sei, wie wir wirklich sprechen: der Bruder, den ich krank werden, den ich kommen und fallen sah. [Man sehe § 870.] Bei der ersten Ausdrucksart müsste der Accusativ den von spüren regiert werden, und das erlaubt hier der Sinn der Rede nicht, denn nicht er, der Bruder, sondern sein Fleiß wurde gespürt, es wurde gespürt, bemerkt, daß er fleißig war. Es muß also heißen: von dem wir gespürt, bemerkt haben, daß er fleißig ist oder war, wie man auch die richtige und vom Sprachgebrauch erlaubte Redensart: den ich krank werden sah, auflösen kann in: von dem ich sah, daß er krank wurde.

Alles dies gilt eben so für das letzte Beispiel; es muß heißen: Gott, von dem ihr sprecht, er sei euer Vater, weil es nicht heißen kann: den ihr sprecht, indem nicht er sondern nur etwas, eine Sache, eine Aussage von ihm, über ihn gesprochen wird, und weil sprechen nach der Einführung des Sprachgebrauchs nicht den Accusativ mit dem Infinitiv regieren darf, so daß sich nicht sagen lässt: ich spreche ihn selig, euer Vater sein, ich spreche, ihn weggehn.

In Ansehung des zweiten Beispiels ließe sich der Accusativ mit dem Infinitiv zur Noth wohl entschuldigen, ja selbst rechtfertigen: der Seelsorger, den ihr zwinglisch lehren wisst, ich weiß ihn zwinglisch, Ketzereien lehren, d. i. daß er zwinglisch, Ketzereien lehrt; doch aber ist diese Ausdrucksart ganz gegen den Sprachgebrauch, der wissen nur in sehr wenigen, durch ihn ganz fest bestimmten Fällen mit dem Accusativ mit dem Infinitiv verbindet, denen er dann noch dazu eine eigenthümliche Bedeutung beilegt: ich weiß ihn wohnen. (Man sehe § 867.) Noch weniger darf man sagen: wer seinen Seelsorger weiß, daß er zwinglisch lehrt, denn es wird wieder nicht der Seelsorger, sondern etwas von dem, über den Seelsorger, seine Lehrart gewusst; darum muß es heißen: wer von seinem Seelsorger weiß, daß er zwinglisch lehrt, [nicht lehre,] oder: wer [es] weiß, daß sein Seelsorger zwinglisch lehrt.)

Weise], wie er ankommt, oder: ich wünsche ihn [gleich] zu sehen, wenn, wann, sobald er ankommt; auf diese Materie, auf diesen Inhalt der Begriffe braucht sich die Grammatik indessen nicht einzulassen. Der Zusammenhang der Rede muß das deutlich machen, und es gilt dabei unsre alte Regel: sprich deutlich! nim eine andere Ausdrucksart, wenn der Accusativ mit dem Infinitiv oder der Infinitiv mit zu deinen Sinn nicht deutlich ausdrückt.) Eben so sagt man auch: ich glaube ihn sprechen zu hören, d. i. ich [zu hören glaube], ich glaube zu hören, ihn sprechen, daß er spricht; (oder auch: wie er spricht; es ist mir, als ob ich ihn sprechen hörte;) er rieth mir, ihn gehn zu heißen, das ist: er [zu heißen rieth], er rieth zu heißen, (d. i. zu befehlen,) ihn gehn, daß er gehe, ging. (So auch: du befahlst mir, oder: es ist das Beste, meine Absicht u. s. w., ihn gehn zu lassen, d. i. es zuzulassen oder anzuordnen, daß er gehe. Man sehe § 872.)

869) f) Wir haben schon früher darauf aufmerksam gemacht, (§ 769, S. 484, § 772, S. 514, Th. 4, § 862 und 863,) daß auch die Constructionen, in denen der Verbalbegriff durch ein Adverb oder Hauptwort erweitert und näher bestimmt wird, durch den Accusativ mit dem Infinitiv aufgelöset und erklärt werden könnten, indem man annähme, daß bei ihnen eine Auslassung, Elision, eine elliptische Art zu sprechen statt finde, und namentlich das Zeitwort sein zu ergänzen, hinzuzudenken sei.

Wie man zuweilen, wenn gleich selten, spricht und schreibt: er hieß mich ruhig sein, d. h. er hieß, befahl, daß ich ruhig sei, sein sollte, du sahst mich ärgerlich sein, wie werden, bleiben, (und wie es in Philippi's Zeitschrift Merkur, 1826, Nr. 23, S. 91 selbst ohne Adverb heißt: „doch fühlte ich mich seyn," in dem Sinne: doch fühlte ich, daß ich da bin, war,) so könnte man sagen: bei ich sah ihn ruhig, ich finde ihn gesund fehle sein, und ihn sein sei der Accusativ mit dem Infinitiv, der von sehen, finden abhange, und aufgelöset werden müsse: ich sah, daß er ruhig war; ich finde, daß er gesund ist.

Eben so könnte man bei Hauptwörtern sagen: wie man zuweilen, wenn gleich selten, spricht: ich sehe ihn König sein, ich laß ihn Herr sein und bleiben, ich ließ die Schule Schule sein, (man vergleiche § 874,) so sei dies sein ausgelassen in Redensarten wie: ich sah ihn König, ich fand ihn Herrscher, (und war zufrieden,) ich weiß dich Vater, ich lasse den Rector oder den Eiteln Rector, und sie müßten also aufgelöset werden: ich sah ihn König sein, ich sah, daß er (ein) König war, ich weiß dich Vater sein, daß du (ein) Vater bist, ich lasse den Eiteln oder den Rector Rector sein, (werden, bleiben,) ich lasse es zu, daß er (der) Rector (wird,) ist (und bleibt).

Doch ist diese ganze Annahme nicht haltbar, ja sie ist geradezu verwerflich, und zwar aus mehreren Gründen. Nämlich

1) solcher Redensarten, die zum Muster und zur Analogie dienen sollen, sind nur sehr wenige.

2) In den durch diese Auflösung zu erklärenden Redensarten steht das Hauptwort, bei welchem man sein ergänzen will, nach dem fast allgemeinen Sprachgebrauch im Accusativ, und dieser kann doch, wie wir bald, § 874, sehn werden, bei sein nicht stehen. Man sagt: ich sah ihn unsern Freund, König, ich fand ihn euern Herrn, ich weiß dich den Vater dieses Landes. Daher bleibt wohl nichts übrig, als den zweiten Begriff (nach § 863) zum Zeitwort zu ziehen, durch welches dann sein Accusativ als Objectsverhältniß bestimmt wird: ich ihn [König sah], [Herrn fand], ich dich [(unsern) Vater weiß].

3) Dazu kommt aber noch, daß es solcher Redensarten, wie wir bis jetzt besprochen haben, nur sehr wenige giebt, die man mühsam zusammensuchen muß, und daß man diese Auflösungsart besonders dazu benutzen will, den Accusativ bei solchen Zeitwörtern zu erklären, die außerdem nie mit dem Accusativ mit dem Infinitiv construirt werden. Da ist es denn doch wohl ganz natürlich, daß man den Einwurf macht: wenn ein solches Verbum sonst nie den Accusativ mit dem Infinitiv bei sich hat, so kann auch die zweideutige Construction nicht der Accusativ mit dem Infinitiv sein, denn durch diese Annahme würde die ganze Regel (des § 865 und 866) über die Verben, welche so construirt werden, aufgehoben. Wir wollen dies etwas näher besprechen. Man sagt also nach der jetzigen Annahme: bei achtet ihr das euch Schande, fehle sein, und die Auflösung sei: achtet ihr (dafür), daß das, dies euch Schande sei; eben so löse sich auf: achtest du ihn deinen Herrn (sein), in: daß er dein Herr sei, ist; glaubst du mich seinen Freund (sein), in: daß ich sein Freund sei oder bin; ich unterzeichne, unterschreibe mich ihren Diener in: ich unterschreibe, daß ich ihr Diener bin; eben so, sagt man ferner, verhalte es sich mit den beiden Accusativen bei den Verben nennen, heißen, schelten, schimpfen, taufen: ich nenne, heiße, schelte, schimpfe dich einen Narren, ich taufe dich Christian, und so auch: ich grüße dich (, d. i. ich begrüße dich als) Kö-

nig, Helden, Friedensfürsten (,oder, wie man hier auch wohl mit dem Nominativ sagt: Held, Friedefürst), sei, nach Ergänzung von sein, aufzulösen: ich nenne, schimpfe dich, daß du ein Narr bist, ich taufe dich, daß du Christian bist, seist, heißest, ich grüße dich, daß du König bist, einst sein wirst, werdest.

Aber in dieser Auflösung findet lauter Verwirrung statt. Es zeigt sich nämlich in ihr bei den letzten Wörtern eine bedeutende Abweichung von der regelmäßigen Auflösung des Accusativs mit dem Infinitiv, indem hier, zufolge der Analogie der Auflösung (des § 870) von: ich höre dich einen Brief vorlesen, in: ich höre, daß du einen Brief vorliesest, die Auflösung nicht heißen müßte: ich nenne, heiße dich, daß du ein Narr bist, ich taufe dich, daß du Christian bist oder seist, wie man doch auflösen will, obgleich auch diese Auflösung nicht einmal genau den Sinn giebt, welchen die Redensart ausdrücken soll, sondern: ich nenne, heiße, schimpfe, daß du ein Narr seist oder bist, ich taufe, daß du Christian seist oder bist, ich grüße, daß du König bist, und dies giebt doch gar keinen vernünftigen oder wenigstens einen ganz andern Sinn, als durch die Redensart ausgedrückt werden soll; diese Auflösung entspricht also eben so wenig dem Sinn der Ausdrücke wie der grammatischen Auflösungsform des Accusativs mit dem Infinitiv. Ferner fände nach ihr die Construction des Accusativs mit dem Infinitiv auch nach nennen, heißen, schelten, schimpfen, taufen und nach sehr vielen andern Verben, als grüßen, achten, glauben, unterschreiben, unterzeichnen u. s. w. statt, und davon giebt es doch außerdem kein einziges Beispiel in der ganzen Sprache. Endlich stände nach ihr bei sein der Accusativ des Prädicats, indem in: ich nenne mich deinen Freund (sein), glaubst du mich deinen Freund (sein)? bei der Auflösung: ich nenne (mich), glaubst du, daß ich dein Freund bin, ich als der Subjects-, und dein Freund als der Prädicatsbegriff des letzten Satzes erscheint. Aber bei sein muß (auch nach § 874 wie nach § 804) das Prädicat im Nominativ stehen.

(Uebrigens ist es sonderbar genug, daß der Sprachgebrauch in: ich grüße dich, König, Held, Friedefürst u. dgl. den Nominativ nimt.)

Aehnliche Bemerkungen lassen sich dagegen machen, wenn man bei: ich heiße dich willkommen, ich spreche dich selig u. s. w., sein suppliren, und dich sein für den Accusativ mit dem Infinitiv erklären wollte.

So ist es denn gewiß am besten, diese Auflösungsart zu verwerfen, und bei den frühern unverändert zu bleiben.

870) α. g) Jetzt machen uns nun auch zwei Accusativen bei dieser Construction des Accusativs mit dem Infinitiv weiter keine Schwierigkeiten. Wenn nämlich der Infinitiv ein objectives Zeitwort ist, so kann (oder muß) er auch seinen Accusativ des Objects bei sich haben: ich sah, hörte, hieß (, ließ) ihn (Subject) einen Degen (Object) holen, d. h. ich sah, hieß, (befahl,) daß er einen Degen holte; wer hieß dich solche Sachen glauben, vornehmen, d. i. wer hieß, daß du solche Sachen glaubtest, vornahmst; (glauben, vornehmen solltest;) (man vergl. § 875;) ich werde dich die Flöte blasen lehren, hören, d. i. ich werde hören, daß (und wie) du die Flöte bläsest, blasen wirst; ich fand ihn seinen Garten bestellen, seinen Sohn wiegen; ich fühlte die Mücke mich stechen, d. i. daß (und wie) die Mücke mich stach; ich fühlte mich das Weib verachten, d. i. daß ich das Weib verachtete; aus Schilf lehrte er sie Flöten machen (, bei Geßner). Daß durch Appositionen auf diese Art selbst drei, vier und mehrere Accusativen zusammenkommen können, versteht sich von selbst: ich sah ihn, meinen ärgsten Feind, das Gewehr und den Degen, die gefürchteten Waffen, die schrecklichen Mordwerkzeuge ergreifen.

870) β. h) Auch die schon früher (, z. B. § 851) erwähnte beziehende, relative Construction verursacht nun beim Accusativ mit dem Infinitiv weiter keine Schwierigkeit, selbst wenn außer dem (Accusativ des relativen Pronomens) noch ein zweiter Accusativ in ihr vorkommt. Es gehören dahin Redensarten wie folgende: das ist der Mann, den ich kommen sah, den ich Aepfel essen sah, den ich dich schlagen sah. Der Sinn der beiden ersten Beispiele, auch ihre grammatische Construction ist ganz deutlich; aber ihre grammatische Auflösung lässt sich nicht so leicht wie in den bisherigen Fällen (, ich sah ihn kommen, ihn Aepfel essen u. s. w.,) angeben, und man kann sich zu diesem Zwecke wohl nur der (§ 851 angegebenen) Auflösungsart anderer relativen Sätze bedienen. Wie wir (§ 851) die Sätze: dies ist der Mann, dessen Tugend wir mit Bewunderung sahen, dessen Tugend zu erreichen wir vergebens streben, auflösen etwa in: der Mann, an oder von welchem wir sahen seine Tugend mit Bewunderung, in Hinsicht dessen, oder: und wir streben vergebens, zu erreichen seine Tugend, so werden wir auch die relative Construction des Accusativs mit dem Infinitiv auflösen: dies ist der Mann, den oder von

welchem ich sah, daß er kam; daß er Aepfel aß. Immer bleibt den kommen, den essen der Accusativ mit dem Infinitiv, der von sah abhangt. Das letzte Beispiel ist doppelsinnig, soll aber (nach § 872) zufolge des Sprachgebrauchs wegen seiner Wortstellung (,Topik) bedeuten: der Mann, von welchem, oder in Hinsicht dessen ich sah, daß er dich schlug, (nicht: daß du ihn schlugst,) so daß den schlagen der von sah abhangende Accusativ mit dem Infinitiv, den also der Subjectsbegriff, dich aber der von schlagen regierte Objectsbegriff ist. Aehnliche Beispiele dieser Art sind: dies ist der Mann, dessen Familie oder den ich unglücklich werden sah, dessen Tugend zu erreichen ich dich streben sah. Auch diese können in Hinsicht ihres Sinnes nicht anders aufgelöset werden als etwa: der Mann, in Ansehung dessen oder dessen Familie ich sah, von dem, von dessen Familie ich sah, daß er oder sie unglücklich wurde oder werden würde; den werden, Familie werden (unglücklich) bilden den von sah abhangenden Accusativ mit dem Infinitiv; von welchem, in Hinsicht dessen ich sah, oder und ich sah, daß du strebtest zu erreichen seine Tugend, die Tugend desselben; dich streben ist der von sah abhangende Accusativ mit dem Infinitiv (,und der Infinitiv mit zu: zu erreichen hangt von streben, so wie der Objectsaccusativ Tugend von erreichen ab); der Wein, dessen Kraft ich mich wunderbar stärken sah, fühlte, durch dessen Wunderkraft ich den Kranken sichtbar gestärkt werden und sich erholen sah.

Andre Beispiele dieser Art sind: meine Geschäffte, die ich dich mit Vergnügen übernehmen lasse, (sieh § 871,) ängstigen mich nicht, d. i. in Ansehung deren ich (es) mit Vergnügen lasse, zulasse, daß du übernehmest, übernimst sie; die Mücken, die ich mich stechen fühle, d. i. die oder von welchen ich fühle, daß sie mich stechen; das Lied, welches ich ihn singen, vortragen hörte, gefiel mir, d. i. welches oder von welchem ich hörte, daß er es sang; meine Frau, die ich das Dienstmädchen rufen, und leise ihr Zimmer öffnen hörte. Man könnte so auch sagen: meine Frau, die ich hier sein, weggegangen sein, ausgeschlafen haben, Kopfweh haben, ihr Kind säugen, vermisst werden, vermisst worden sein hörte, wusste u. dgl. m.; aber der Sprachgebrauch hat unzählige Beispiele solcher Art, wahrscheinlich weil er sie für zu hart oder für undeutlich hielt, nicht eingeführt.

871) i) Das wichtigste Zeitwort für den Gebrauch des Accusativs mit dem Infinitiv ist unstreitig das Verbum las-

sen. Die vielen und vielerlei Bedeutungen dieses Zeitworts haben wir bereits früher (§ 801, Th. 4, S. 659) ausführlich angegeben. Die meisten frühern Sprachlehren haben angenommen, nach diesen verschiedenen Bedeutungen richte sich auch die gramatische Construction der mit lassen verbundenen Sätze, und namentlich der Gebrauch des Accusativs mit dem Infinitiv dabei. Das ist aber sowohl im Allgemeinen als auch in der Art, wie man diese Behauptung auf die Construction des Worts anwenden wollte, durchaus unrichtig, obgleich natürlich der Inhalt der Rede immer auf ihre Construction Einfluß haben, und diese allgemeine Wahrheit sich namentlich auch bei lassen bewähren muß.

Wenn dieses Wort ohne Verbindung mit einem andern Verbum steht, so kann es, wie sich von selbst versteht, auch nicht den Accusativ mit dem Infinitiv bei sich haben, sondern als überleitendes Zeitwort, in der Bedeutung sowohl von zulassen, (zugeben, erlauben, gestatten,) unterlassen, überlassen, als von anordnen, befehlen, besorgen, bewirken, machen, veranlassen, veranstalten, nur den Accusativ des sächlichen oder persönlichen Objects, oft in Verbindung mit andern Wörtern und Redetheilen, namentlich einem Adverb oder einem in Vereinigung mit einer Präposition adverbiell gebrauchten Hauptwort: laß das (zu, erlaube das, wobei man sich freilich eigentlich schon einen Infinitiv ausgelassen denkt, den man in Gedanken hinzusetzt: laß das geschehen, oder: unterlaß das, den Spaß, wobei man sich auch wieder einen Infinitiv hinzudenkt: laß das bleiben, sein), laß mir das, (überlaß mir das, den Spaß, den Brief, den Burschen,) laß mir Ruhe, laß mich (los), laß mich zufrieden, in Ruhe, ungeneckt, ohne Störung, ungestört.

Wenn nun aber noch ein Verbum mit lassen verbunden wird, so ist es ebenfalls nicht nothwendig, daß dies im Infinitiv stehende Verbum mit einem hinzugesetzten Accusativ den Accusativ mit dem Infinitiv bilde. So haben die eben angeführten Sätze: laß das sein, laß das, den Spaß bleiben einen doppelten Sinn, indem sie bedeuten können: unterlaß das, und auch: laß (es zu, gieb zu, nim an), daß dies (der Fall) sei, bleibe. Im ersten Fall ist es gewiß am besten, beide Verben vereinigt sich als einen einzigen, zusammengesetzten Begriff zu denken: sein—lassen, bleiben—lassen, d. i. unterlassen, der in seiner Zusammensetzung (nach § 864) und durch sie die Kraft eines objectiven Zeitworts erhält, und deshalb den Objectsaccusativ regiert: [laß—sein] [laß—bleiben] das, den

Spaß. Hingegen in der zweiten Bedeutung dieser Sätze findet solche Zusammensetzung der Begriffe offenbar nicht statt, und deshalb ist es für diesen Fall gewiß am besten, das sein, das bleiben für eigne, in deu Accusativ mit dem Infinitiv verkürzte Sätze zu erklären, welche aufgelöset werden müssen etwa durch: laß, d. i. erlaube, gieb zu, nim an, oder auch ordne an, befiehl, daß dies, dieser Spaß sei, (statt finde, geschehe,) bleibe (,fortdauere u. s. w.). (Wollte man auf eben diese Art auch die erste Bedeutung dieser Ausdrücke auflösen: laß, mache, daß dies bleibe, d. i. unterbleibe, daß dies nicht sei, so müsste man ja erst den gar nicht angedeuteten verneinenden Begriff hineintragen, sich bleiben in unterbleiben, nicht bleiben, und sein in nicht sein umdenken, und das wäre doch offenbar eine Willkühr, die sich durch nichts entschuldigen ließe.) (So ist auch in: [Hört, ihr Herren, und] lasst euch sagen, kein Accusativ mit dem Infinitiv, denn euch ist der Dativ, wie man spricht: laß [es] dir sagen.)

Beispiele mit dem Accusativ mit dem Infinitiv bei lassen sind folgende: laß es gut sein, es dabei bewenden, sein Bewenden haben, (veraltete Ausdrücke,) d. i. daß es bewendet, sein Bewenden habe dabei, damit ruhe; laß ihn schlafen, mich (nach Hause) (dahin) gehen, d. i. erlaube oder befiehl, daß ich gehe; (so könnte man also sagen, die kurze Umschreibung des Imperativs im Lateinischen, Französischen u. s. w.: eamus, bibamus, allons, buvons, marchons u. s. w., werde im Deutschen durch zwei Sätze: lasst uns gehn, lasst uns trinken, ausgedrückt, deren einer der Accusativ mit dem Infinitiv sei: lasset [es], wollet, vergönnt, ordnet, gestattet, daß wir gehen, daß wir trinken, man vergl. § 765, Th. 4, S. 461;) er will uns hören lassen, wie er singt, d. i. er will lassen, zulassen, einrichten, daß wir hören; er ließ einen Vogel fliegen; laß mich nur machen; laß das Feuer nicht ausgehen; er ließ den Arm sinken, alles zu Grunde gehen; er hat sich den Wein vortrefflich schmecken, und jetzt auch Austern aus Hamburg kommen gelassen, d. i. er hat gelassen, gemacht, daß der Wein gut schmeckte, angeordnet, daß Austern kommen, gekommen sind; (sich ist der dativus commodi;) der Gärtner hat die Blumen erfrieren gelassen; wir werden unsern Wagen vor der Thür halten lassen; nein, ihr sollt nicht so lange ihn warten, halten, die Pferde frieren, den Kutscher faulenzen lassen; laß dir das gesagt sein, wir mussten alles stehn und liegen lassen. Beispiele, in denen der Infinitiv wieder einen (zweiten) Accusativ des Objects regiert, sind folgende: laß ihn die Zeitung lesen, d. i. ordne an, richte ein, oder erlaube, daß er die Zeitung lese: er ließ mich das ganze Gewicht seiner Würde fühlen, d. i. er machte, daß ich fühlte dies Gewicht; er ließ ihn die ganze Strenge seines Zorns empfinden; er ließ sie die Briefe sehen, hören, lesen, d. i. er erlaubte, ließ zu, daß sie die Briefe sah oder sahen; er wolt sys lassen wissen vor, Theuerdank, Cap. 84; laß michs wissen, Cap. 66;) er ließ mich seine Absicht merken, ich aber ließ dich nichts oder nur wenig, nur einen kleinen Theil derselben merken, dies ist, wie auch Adelung vollkommen richtig auflöset, er ließ, richtete (es) so ein, daß ich merkte seine Absicht, ich aber ließ, richtete (es) so ein, daß du nur einen kleinen Theil derselben, oder gar nichts (als Accusativ); merktest ich werde dich meine Ankunft, ich werde es dich wissen lassen, d. i. einrichten, daß du wissest es, meine Ankunft. (Hiermit verwechsele man ja nicht Ausdrücke wie: laß dir nichts merken, laß es dir nicht merken, d. i. abmerken, die wir am Ende dieses Paragraphen als richtig anerkennen werden.)

Wir haben es schon angedeutet, und werden es bald (§ 872) näher besprechen, daß wir sehr oft, weil uns der Gebrauch des passiven Infinitivs meistens zu hart vorkommt, den activen Infinitiv in passiver Bedeutung brauchen. Das findet nun auch bei lassen statt. Und so sagt man: laß ihn auslachen, statt: ausgelacht werden, wie man auch vollkommen richtig sagen kann, d. i. laß (es) zu, richte (es) ein, daß er ausgelacht werde; laß den Todten beerdigen; er ließ die Jesuiten aufheben, fortjagen, aus dem Lande schaffen; laß ihn rufen; es ließ sich ein Gespenst sehen; hierdurch läßt sich leicht Mitleid, Lachen erregen, d. i. das Lachen läßt es leicht zu, daß es hierdurch erregt werde; er will sich, er will seine Tochter, seinen Gesang, sein Instrument hören lassen, d. i. er will lassen, einrichten (es), daß er, seine Tochter, sein Gesang, sein Instrument gehört werde; er ließ das Feldgeschrei hören; er ließ sich einen Stuhl geben, d. i. daß ihm ein Stuhl gegeben wurde; er läßt sich durch jeden Wind bewegen, sehr leicht betrügen, durch jede Kleinigkeit rühren, d. i. er läßt es zu, daß er bewegt, betrogen, gerührt wird; das Holz läßt sich nicht dehnen, d. i. läßt nicht zu, daß es ausgedehnt werde; er läßt sich nichts sagen, d. i. daß ihm etwas gesagt, verboten werde. So auch: er hat mir einen Ueberrock machen gelassen, laß dir die Arzenei holen, laß mir (im L'hombrespiel) den König ausspielen, anspielen, so habe ich das Spiel gewonnen, d. i. gieb zu, nim an, daß mir der König an-, ausgespielt werde, befiehl, daß dir die Arzenei geholt werde, er hat angeordnet, (zugelassen,) daß mir ein Rock gemacht worden ist. Dagegen behält der Infinitiv seinen activen Begriff in: er hat mich den Rock machen gelassen, d. i. er hat befohlen, erlaubt, daß ich den Rock machte, mache; ich lasse dich die Arzenei holen, ich ordne an, erlaube, daß du holst die Arzenei; laß mich den König ausspielen, d. i. gieb zu, nim an, daß ich ausspiele den König. So auch in: er will uns, mich seine Tochter, seinen Gesang, sich, sein Instrument hören lassen, d. i. daß wir hören, daß ich höre seine Tochter, ihn u. s. w.. (Man sieht, bei dieser Construction wird das reflexive sich im Dativ und Accusativ genommen, sobald der Begriff auf das Subject des bestimmten, finitiven Zeitworts geht: der Mann, die Frau ließ, die Leute ließen sich [im Accusativ] hören, uns sich hören, [sie hören wäre nicht die Frau, die Leute, sondern ein andrer vorhergenannter Gegenstand, z. B. die Violine, die Walzer,] sich [im Dativ] Stühle geben. Bei der Auflösung fällt dies reflexive Pronomen weg: die Leute ließen, richteten ein, daß sie [im Nominativ] gehört wurden, daß wir sie [im Accusativ] hörten, daß ihnen Stühle gegeben wurden.)

Daß durch diese doppelten Accusativen sehr leicht Undeutlichkeit des Ausdrucks entstehen kann, indem es sich nicht deutlich zeigt, welcher Accusativ der Subjects-, und welcher der Objectsbegriff sein soll, ist sehr natürlich; eben so natürlich aber auch die Regel: sprich deutlich, vermeide jede Undeutlichkeit, und nim also eine andre Construction, wenn durch den Accusativ mit dem Infinitiv deine Rede undeutlich wird. Was soll z. B. der Sinn sein von: laß den Knaben die Mutter rufen? Das ist durch die Wörter oder Worte und durch die Form dieses Satzes durchaus nicht völlig bestimmt. Weil man aber doch nicht gern Constructionen dieser Art (bloß ihrer Unbestimmtheit wegen) ganz entbehren will, so hat der Sprachgebrauch sich durch die Wortfolge zu helfen gesucht, und die Regel festgesetzt; daß von den beiden Accusativen der erste den Subjects-, und der zweite den Objectsbegriff ausdrücken soll, und diese Regel wird in der That von den meisten guten Schriftstellern fast immer beobachtet. Wenn man sie kennt, und diese Kenntniß auch bei den Zuhörern und Lesern vorauszusetzen berechtigt ist, so mag man sprechen und schreiben: laß den Knaben die Mutter rufen, denn nach ihr kann dies nur bedeuten: laß es zu, oder befiehl, daß der Knabe die Mutter rufe, nicht aber: daß die Mutter den Knaben rufe. (Die Undeutlichkeit, daß lassen sowohl erlauben als befehlen u.

dgl. bedeuten kann, lässt sich freilich nie wegbringen, denn Heinsius hat ganz Unrecht zu behaupten: ich lasse mir einen Ueberrock machen, müsse den Sinn haben: ich besorge, befehle es, daß der Rock mir gemacht werde, hingegen: laß mich lesen, müsse bedeuten: erlaube es, daß ich lese; sondern es kann jene Redensart auch eben so gut anzeigen: ich lasse es [zwar] zu, erlaube es [wohl], daß mir der Rock gemacht werde, [aber ich bezahle gewiß nichts dafür, denn es geschieht gegen meinen Willen, ohne mein Geheiß,] und diese: befiehl doch, daß ich nun lese [, denn ohne deinen Befehl lässt man mich gar nicht lesen, komme ich gar nicht zum Lesen].)

Eben so wie Undeutlichkeit muß man natürlich auch jede Härte vermeiden. So ist es nicht falsch, aber verwerflich hart, wenn Wieritz (in Gubitz's Gesellschafter, 1831, Nr. 19,) schreibt: er kam, die Augen tiefsinnig vor sich hinstarren lassend, die Straße herauf. (Solche Härte kann freilich bei einem Schriftsteller nicht auffallen, der bald nachher ganz falsch schreibt: er goß ein wenig Bier in die bei sich führende Phiole.) *)

Was die vorher erwähnte Frage betrifft, ob es heißen muß: ich ließ mir oder mich von der Sache nichts merken, so hat sich Fries um ihre Beantwortung das meiste Verdienst erworben. Daher möge seine Belehrung hierüber (l. c. S. 56—75) auszugsweise hier folgen. Es sagt derselbe (S. 64): „die Redensart merken lassen wird gebraucht: 1) mit dem Subjects-Accusativ, z. B. er läßt mich merken, daß er dir wohl will (,) — seinen Verdruß; 2) ohne Subjects-Accusativ, z. B. er läßt merken, daß er dir wohl will (,) — seinen Verdruß; 3) scheinbar reflexiv, z. B. er läßt sich merken, daß er dir wohl will ( ) — seinen Verdruß. Im ersten und zweiten

*) Wie unrichtig selbst noch Grammatiker der neuesten Zeit über die Construction von lassen urtheilen, zeige folgende Stelle aus Stephani's (schon früher angeführten) Bemerkungen (, Theil 2, S. 83): „lassen wird bald in einem ruhigen [zugebenden], bald in einem selbstthätigen Verstande genommen. Die Redeweise (:) das Mädchen ließ den Liebhaber ihre (statt seine) Abneigung merken (,) will sagen, sie wirkte so thätig auf ihn, daß er ihre Abneigung merken mußte. Die Redeweise aber: das Mädchen ließ dem Liebhaber ihre Abneigung merken, hat den Sinn: sie blieb ruhig, ließ es durch ihr Nichtsentgegensetzen zu, daß er ihre Abneigung merkte. So wichtig erscheint für die Sprachkunde der Grundsatz; (:) erforsche den Geist der Sprache, wenn du den Sinn der Worte richtig deuten willst." Hätte doch Herr Stephani nur selbst diesen Grundsatz ernster beachtet!

Falle hat das Verbum merken die Bedeutung: spüren, daß etwas ist oder geschieht, und er läßt mich merken (,) — er läßt merken heißt so viel, als (wie): er macht, daß ich merke, daß man merkt; im dritten Falle aber hat es fast nie diese Bedeutung, sondern steht gewöhnlich für anmerken, abmerken, d. h. bei oder an jemand (jemandem) spüren, daß etwas ist oder geschicht. Hat der Infinitiv merken in dieser Verbindung die erste Bedeutung, so ist das reflexive Pronom Subject des infinitivischen Satzes, steht also im Accusativ, erfordert dann aber auch eigentlich das Wort selbst zu seiner nähern Bestimmung, und so kann man allerdings sprechen: laß dich [selbst] deinen Verdruß nicht merken, d. h. mache, daß du [selbst] deinen Verdruß nicht merkst, so wie man sprechen kann: du lässest dich selbst diesen Fehler fühlen, statt: du wirfst dir selbst diesen Fehler vor; wie selten aber wird man solche Ausdrücke gebrauchen, die fast in jeder Verbindung in das Gesuchte fallen! Steht dagegen merken für an- oder abmerken, so ist das reflexive Pronom nicht Subject des infinitivischen Satzes, und steht daher im Dativ, welchen beide diese Verba (an- und abmerken) erfordern, so daß man z. B. sprechen muß: laß dir deinen Verdruß nicht merken (,) — laß dir nicht merken, daß du es kannst (,) laß dir nichts [davon] merken, d. h. mache, daß man dir deinen Verdruß nicht anmerkt, (anmerke,) — daß man dir nichts [davon] abmerkt; (abmerke; diese Auflösung ist dem Sinne nach richtig, grammatisch muß sie indessen in Hinsicht auf den Accusativ mit dem Infinitiv heißen: mache, daß dein Verdruß nicht gemerkt, daß nichts davon gemerkt, dir an- oder abgemerkt werde;) im Grunde aber ist das reflexive Pronom ganz überflüssig, denn laß deinen Verdruß nicht, laß nichts [davon], laß nicht merken, daß du es kannst sagt gerade dasselbe. (Sehr richtig, und das dir ist im Grunde nichts als der bloße dativus commodi.) Doch (,setzt Fries zur Entschuldigung und Rechtfertigung dieses Dativs hinzu,) kann die reflexive Redensart, die am häufigsten gebraucht wird, wenn das sächliche Object kein Substantiv oder kein Satz, sondern ein Wort von einem sehr allgemeinen Begriffe ist, wie es, etwas, nichts, etwas davon, nichts davon, (alles, viel, wenig,) zur Verstärkung des Ausdrucks (,und zur Angabe der nähern Beziehung der Person zum Inhalt der Rede) dienen, insonderheit wenn bei merken lassen der Nebenbegriff eines vorsetzlichen Strebens, etwas zu äussern (äußern) oder zu verheimlichen, ausgedruckt werden soll. Orsina bei

Lessing (in der Emilia Galotti) hätte also sprechen können (gekonnt): habe ich es jetzt merken lassen (gelassen), daß ich eine (Philosophinn) bin u. s. w.; da (indem) sie aber die reflexive Redensart gebraucht, so spricht sie sehr richtig: habe ich es mir jetzt merken lassen u. s. w., denn die Rede ist davon, ob Marinelli, und vielleicht andere es ihr angemerkt haben. So haben auch (ganz richtig) z. B. von Halem: laß dir nie merken, daß du verstehst, was diese Leute auf Spanisch sagen, und Meth. Müller: ohne daß ich es mir gerade merken ließ, mußte ihn wohl mein Benehmen auf das, was ich erwartete, aufmerksam gemacht haben, Vollbeding [im gramm. krit. Wörterbuch]: ich ließ mir nichts davon merken, [machte, daß mir nichts davon angemerkt wurde,] Heinsius [im volkthüml. Wörterbuch]: laß dir nichts davon merken, das Handwörterbuch der deutschen Sprache: laß dir nichts gegen ihn merken. Was übrigens diese letzte Redensart: sich etwas gegen einen merken lassen, für einen („jemanden, ihn) etwas merken lassen, betrifft, so läßt sich mit gutem Fug dawider einwerfen: 1) daß z. B. laß dir etwas gegen ihn merken, aufgelös't so viel sagt, als: mache, daß man dir etwas [z. B. Wohlwollen, Gleichgültigkeit] gegen ihn anmerke, (genauer: daß dir etwas gegen ihn ge-, ab-, angemerkt werde,) also nicht das sagt, was es sagen soll; (man will nämlich mit dieser Redensart ausdrücken: mach, daß er etwas [davon] merke;) 2) daß z. B. laß dich etwas gegen ihn merken, aufgelös't so viel sagt, als: mache, daß du etwas gegen ihn merkst, also Unsinn ist." *)

---

*) Fries bemerkt: Adelung sagt in seinem gramm. krit. Wörterbuche: „laß dir nichts merken ist eben so unrichtig, als laß mir es nicht empfinden, lassen sie mir es thun, und: einen etwas wissen lassen, ihm Nachricht davon geben, nicht einem, weil hier die Construction des Accusativi mit dem Infinitivo Statt findet." — Aber in der zweiten Ausgabe dieses Wörterbuchs, Leipzig, 1796, steht diese Stelle gar nicht, und man kann Adelung nur vorwerfen, daß er in dieser Ausgabe die eben besprochene Schwierigkeit ganz unberührt gelassen hat. Fries giebt ferner an, daß im Taschenwörterbuch der deutschen Sprache falsch gelehrt wird, man solle sagen: laß dich nichts gegen ihn merken. Mehrere Fehler im Gebrauch des Accusativs mit dem Infinitiv wollen wir am Ende dieser Abtheilung angeben; jetzt wollen wir nur umgekehrt einige richtigen Beispiele aus neuern Schriftstellern anführen, um zu zeigen, daß die von uns als richtig anerkannte Sprech- und Schreibart doch auch schon von vielen gehörig gewürdigt ist. Es schreibt richtig Göthe im W. Meister, Th. 3, S. 315: ich ließ mir nichts merken; Kruse in der Geschichte des Herrn v. Morbiere, Leipzig, 1825, Th. 3,

Gegen diese ganze Auseinandersetzung kann gewiß kein unbefangener Leser etwas einwenden, und wir halten dafür, daß durch sie diese grammatische Schwierigkeit völlig beseitigt sei. Man wird sich davon um so leichter und deutlicher überzeugen, wenn man auch nur ein einziges hierher gehöriges Beispiel ganz einfach auf die von uns angegebene Art auflöset. Kann es also heißen: laß dich deine Absicht, etwas (davon), nichts (davon) merken? Antwort: nein! denn dieser Accusativ dich müsste der Subjectscasus sein, der mit merken die Construction des Accusativs mit dem Infinitiv bildete, welche aufgelöset werden müsste in: laß, daß du merkest deine Absicht, nichts davon, und das wäre Unsinn. Oder man müsste sagen, merken stehe für merklich machen, und demgemäß auflösen: laß, richte (es) ein, [dich merken, d. i. dich merklich machen] es, d. h. daß du merklich machest (das Object) es; aber auch dies ist offenbar eine höchst gezwungene und unzureichende Erklärung. Kann es heißen: laß dir deine Absicht, etwas, nichts davon merken? Antwort: ja! denn hier ist Absicht, etwas, nichts der Subjectscasus, der mit merken, welcher active Infinitiv passive Bedeutung hat, die Construction des Accusativs mit dem Infinitiv bildet, so daß der Dativ der Person dir ein bloßer dativus commodi ist, der immer ohne alle Verletzung der Construction und meistens auch ohne alle Veränderung des Sinnes ganz weggelassen werden kann; die Auflösung ist also: laß, mach, daß deine Absicht, etwas, nichts gemerkt, angemerkt, abgemerkt werde, und zwar dir, bei dir. Kann man sagen: laß mich deine Absicht, etwas, nichts davon merken? Freilich kann und muß man so sprechen, denn der Sinn ist und soll sein: laß, daß ich merke deine Absicht, etwas, nichts davon. (Uebrigens zeigt Fries's und unsre Auseinandersetzung auch, wie Unrecht Heinsius hat, wenn er behauptet, merken und auch empfinden ließen bei dieser Construction keine passive Bedeutung zu. Es sind ja ganz gewöhnliche Redensarten: er ließ seine Absicht merken, [und nun schwieg jeder,] er ließ Geld [bei sich] merken, [und nun nahm man ihn willig auf,] und diese können doch nur

S. 10: hüte dich, dir merken zu lassen, daß u. s. w.; Müllner im Mitternachtsblatt, 1829, Nr. 28: laß dir nur nichts merken; Westold, Th. 2, S. 200: laß dir gegen Niemanden etwas merken (; freilich ist, wie wir wissen, die Construction mit gegen schlecht und falsch, und es muß heißen: laß niemanden etwas merken).

aufgelöset werden: er richtete es so ein, daß seine Absicht, daß Geld [bei ihm] gemerkt wurde. Und so kann man auch sagen, ob dies gleich seltener geschieht, laß deine Strenge empfinden [, und nicht bloß ankündigen, so wird man schon nachgiebiger werden].)

Da uns Fries nun über diese Redensart so einfach und gründlich belehrt hat, so kann er darauf Anspruch machen, auch mit einer andern Auseinandersetzung gehört zu werden, wodurch er den Dativ in: ich werde es dir wissen lassen, vertheidigt, wenn der Sinn dieser Redensart sein soll: ich werde es dir kund thun, ich werde dir Nachricht davon geben. Wir können dies nicht annehmen, sondern behaupten, es muß immer heißen: ich werde es, die Sache dich wissen lassen, sei der Sinn: ich werde zulassen, als auch: ich werde veranlassen, machen, daß du es wissest. Immer ist dich wissen, der Accusativ mit dem Infinitiv, dich also der Subjectscasus, der Subjectsaccusativ, es, die Sache aber der von wissen regierte Objectsaccusativ. Wir wollen Fries um so williger hören, da das Meiste, was er anführt, wieder vollkommen richtig ist. Es sagt derselbe also (S. 66): „Die Redensart jemand etwas wissen lassen sagt eben so viel, als (so viel wie): erlauben, gestatten, zulassen, daß jemand etwas weiß, zu wissen bekommt [(,) erfährt], wird aber auch in der Bedeutung jemand Nachricht von etwas geben gebraucht. Im ersten Falle ist der Subjects-Accusativ unwidersprechlich richtig, und daher spricht man z. B. laß mich es doch wissen (,) — er hat dich es also doch wissen lassen, (gelassen,) d. h. gestatte doch, daß ich es wisse, zu wissen bekomme (,) [erfahre(,)] — er hat also doch zugelassen, daß du es zu wissen bekamst [(,)es erfuhrst], wenn man jemand um die Mittheilung einer Nachricht ersucht, und wenn jemand eine Nachricht nicht verheimlicht hat. Eben so ist auch der Subjects-Accusativ in den von Adelung bei dieser Redensart aus Gellert angeführten Beispielen: aber meine Frau darf ich es nicht wissen lassen und: o (,) ließe mich der Himmel wissen, wer mir im Schlaf die Hand geküßt, allerdings richtig, denn sie sagen nur: meine Frau darf es nicht wissen, zu wissen bekommen (,) [erfahren (,)] — mögte (möchte) ich doch wissen, zu wissen bekommen [(,)erfahren], wer mir im Schlaf die Hand geküsst hat, und können aufgelös't werden: ich darf nicht zulassen, daß meine Frau es zu wissen bekommt [(,)erfährt], — erlaube (erlaubte) doch der Himmel, daß ich wüßte, zu wissen bekäme [(,)erführe], wer u. s. w.." (Hierin liegt, nach unsrer Ueberzeugung, Fries's gan-

zer

zer Irrthum. Er legt eine viel zu hohe Wichtigkeit auf die Bedeutung von lassen in dieser Redensart, und will den Dativ, wenn es veranlassen, Nachricht geben, den Accusativ, wenn es zulassen bedeutet. Das würde aber wieder auf die frühere Annahme so vieler Grammatiker hinführen, die ganz verwerflich und falsch ist, und auch von Fries selbst nur für diesen einzigen Fall benutzt wird, nach welcher, wenn lassen so viel wie veranlassen, veranstalten, machen, anordnen, befehlen bedeutet, der Dativ beim Infinitiv stehen, und dieser dann passiv erklärt werden, wenn lassen aber zulassen, gestatten, erlauben heißt, der Accusativ beim Infinitiv gesetzt, und dieser dann activ genommen werden sollte. Nach dieser (falschen) Regel, deren Verwerflichkeit im Allgemeinen Fries selbst anerkennen muß, da er laß mich merken, wie wir gesehn haben, auch für die Bedeutung: mach, daß ich merke, für richtig erklärt, sollte also: laß mir ein Kleid machen, immer bedeuten: befiehl, veranlasse, daß mir ein Kleid gemacht werde, laß mich ein, das Kleid machen aber: erlaube, laß zu, daß ich es mache. Das ist aber ganz unrichtig, und: laß mich das Kleid machen kann eben so gut: befiehl, ordne an, daß ich es mache, wie: laß mir es machen, erlaube, daß es mir gemacht werde, bedeuten. Und gewiß wollte auch Gellert durch die naive Rede des Mädchens: o, ließe mich doch der Himmel wissen, wer mir im Schlaf die Hand geküsst hat, nicht den Wunsch ausdrücken: wenn es doch der Himmel erlaubte, daß ich es wüsste, sondern: wenn es doch der Himmel gäbe, verfügte, so fügen, veranstalten, anordnen, veranlassen, lenken und regieren wollte, daß ich erführe, wer mich geküsst hat.

Durch diese einfache Bemerkung aber fällt Fries's ganzes Raisonnement als unstatthaft weg, wenn derselbe weiter sagt:) „Daraus folgt aber noch keineswegs, daß die Redensart wissen lassen in der Bedeutung Nachricht geben (, das ist aber doch nichts weiter als wissen machen,) (ebenfalls) den Subjects-Accusativ erfordern müsse, denn dann ist nicht, wie in den angeführten Beispielen, die Rede von dem Wunsche, der Zulassung, daß jemand etwas erfahre, oder von der Nothwendigkeit, daß jemand etwas nicht erfahre, sondern von der Mittheilung [(,) der Handlung des Mittheilens] einer Nachricht; in dieser Bedeutung aber entspricht wissen lassen der Redensart zu wissen thun, die sowohl unmittelbar als mittelbar [, wissen lassen hingegen eigentlich nur mittelbar] Nachricht geben bedeutet, und nur eine Verkürzung des Ausdrucks zu wissen thun lassen zu seyn scheint, (;) und so erklärt es sich von selbst, warum man im täglichen Leben immer (?) den Dativ damit verbindet (,) und z. B. spricht: ich werde es dir, Ihnen wissen lassen, d. h. dir (,) Ihnen es zu wissen thun lassen, oder vollständig aufgelöst: ich werde veranstalten, daß man es dir, Ihnen zu wissen thut, (thue,) daß es dir, Ihnen zu wissen gethan wird (,werde). Durch den Gebrauch des Dativs unterscheidet man bei dieser Redensart die uneigentliche Bedeutung sehr genau von der oben erwähnten, den Accusativ erfordernden eigentlichen Bedeutung, und daher ist Lessing, wenn er [im Nathan] einen Ausdruck der täglichen Rede gebraucht, nicht zu tadeln, daß er die Wortfügung der täglichen Rede behält; vielmehr ist es sehr zu billigen, daß er die verschiedenen Bedeutungen einer und derselben Redensart genau unterscheidet: und möcht' es gern dem König Philipp wissen lassen, d. h. dem König zu wissen thun lassen, und: laß mich die Wahl wissen, d. h. erlaube, daß ich die Wahl wisse [(,) erfahre]. Besser wird es freilich in andern Fällen seyn, sich dieser im Grunde provinziellen, nämlich ursprünglich gewiß niedersächsischen, und immer etwas platten Redensart in der Schriftsprache zu enthalten, welche auch ganz entbehrlich ist, da man ja: einen von etwas benachrichtigen, unterrichten (,) — einen (einem) etwas anzeigen, schreiben, etwas sagen lassen, Nachricht von etwas geben, gebrauchen kann; will man sich aber derselben bedienen, so verdient ohne Widerrede die Verbindung mit dem Dativ den Vorzug, wie diese sich, außer von Lessing, auch gebraucht findet, z. B. von Kind: sie versprach, mir zu seiner Zeit das Nähere wissen zu lassen, von Kotzebue: nur machte er zur Bedingung, daß man seiner Mutter es wissen lasse, von Schiller: thu mir den Gefallen, meiner Schwester wissen zu lassen, daß man sie hier erwarte, (erwartet,) von W. v. Schütz: Gozzi, dem sie ihre Ankunft wissen lassen, erschien. — Aber Apels: sie hütete sich, ihrem Schwager davon [statt ihren Schwager etwas davon] wissen [d. h. erfahren] zu lassen, läßt sich nicht vertheidigen."

Zu dem hier von Fries gegebenen Verzeichnisse von Sünden, die er gern entschuldigen möchte, werden wir bald noch einen langen Nachtrag machen. Daß übrigens seine Vertheidigung des Dativs ihren Zweck verfehlen muß, leuchtet gewiß von selbst ein. Man sieht recht deutlich, wie Fries sich gequält hat, Gründe zusammen zu bringen, mögen dieselben auch noch so unbedeutend sein. Zuerst sucht derselbe mit Mühe einen

Ausdruck zu wissen thun auf, den die correcte Sprache gar nicht mehr braucht, und der dem wissen lassen als wissen machen, zu wissen veranlassen gleichbedeutend sein soll, und bei welchem die Person im Dativ stehen muß; dann vermuthet er, dieser schlechte Ausdruck sei als eine Verkürzung aus dem noch schlechtern Ausdruck zu wissen thun lassen entstanden, und aus diesem Schein macht er den raschen Schluß, daß es sich aus ihm von selbst (??) erkläre, warum man immer (,was nicht einmal wahr ist,) im täglichen Leben mit wissen lassen den Dativ verbinde. (Daß diese Art seines Ausdrucks es schon von selbst anzudeuten scheint, die edlere, correctere Sprache nehme also nicht den Dativ, übersieht Fries ganz.) Dann spricht er undeutlich davon, daß dieser Dativ sehr genau die uneigentliche Bedeutung (,wessen denn? des Worts lassen? oder des Ausdrucks wissen lassen?) von der eigentlichen, die mit dem Accusativ verbunden werde, unterscheide, und aus dieser inhaltlosen Angabe folgert er: daher ist Lessing nicht zu tadeln, daß er die Wortfügung der täglichen Rede (,der also doch der Gebrauch des Accusativs als eine Wortfügung der edlern, correctern Rede entgegenstehen muß,) behält, wenn er einen Ausdruck der täglichen Rede gebraucht. Dabei begeht er aber ein Falsum, indem er Lessing einen falschen Sinn unterschiebt, denn dessen Ausdruck: laß mich die Wahl wissen, soll ja nicht, wie Fries vorgiebt, bedeuten: erlaube, daß ich die Wahl wisse, sondern: mach, richte es ein, ordne es an, daß ich sie wisse, benachrichtige mich davon, thue sie mir kund; also gerade das, was Fries die uneigentliche Bedeutung nennt, welcher der Dativ zustehe. Fries fühlt das auch selbst, und weiß sich nun nicht anders zu helfen, als daß er die ganze Redensart wissen lassen in der activen Bedeutung wissen machen, benachrichtigen, verleumdet, und sie provinciell, niedersächsisch, ja dänisch (lade vide) nennt, ob sich dies alles gleich nicht beweisen läßt, und den Rath giebt, sich ihrer in der Schriftsprache ganz zu enthalten, indem sie immer platt sei. Das ist aber so wenig in der Wahrheit begründet, daß sie vielmehr selbst in der edelsten Sprache gebraucht wird, wie denn ein herrliches Kirchenlied anfängt: Herr, laß mich wissen, wenn ich fehle, eile du mir beizustehn, (d. h. mach, [nicht erlaube,] daß ich wisse,) wogegen die Stellvertreter, die Fries für dies wissen lassen vorschlägt, theils in ihrer Bedeutung abweichend, theils gerade nur in der Sprache des täglichen Lebens brauchbar, kalt, matt, schleppend und zum Theil selbst in der That etwas platt sind.

Uebrigens wagt schließlich Fries den Accusativ auch nicht zu verwerfen oder falsch zu nennen, sondern sagt nur, der Dativ verdiene ohne Widerrede den Vorzug. Dagegen müssen wir uns aber doch eine so lebendige Widerrede erlauben, daß wir geradezu behaupten, der Dativ ist ganz falsch, und grammatisch weder zu rechtfertigen, noch selbst nur zu erklären und zu entschuldigen.

872) Wir haben schon (§ 871 und 801, Th. 4, S. 646 — 649) bemerkt, daß wir im Deutschen bei dieser Construction des Accusativs mit dem Infinitiv sehr oft, ja gewöhnlich den activen Infinitiv auch dann nehmen, wenn der Begriff seines Zeitworts passiv verstanden werden soll, weil der passive Infinitiv wegen des Hülfsworts werden uns in der Regel schleppend und widrig klingt. Wir sagen also ich höre ihn rufen, nicht nur um auszudrücken: ich höre, daß er ruft, sondern gewöhnlich auch für: ich höre, daß er gerufen wird, ob wir gleich für diesen passiven Begriff auch mit vollem Recht und vollkommner grammatischen Richtigkeit sagen können und dürfen: ich höre ihn gerufen werden (, wie der Lateiner den passiven und activen Sinn durch sein audio patrem vocare und vocari unterscheiden muß). (So steht z. B. im literarischen Conversationsblatt, 1821, Nr. 262: man hat nirgends wie [als] in Polen Fürsten von Ratten verzehrt werden gesehn.)

Dieser unser Sprachgebrauch hat nun aber den bedeutenden Nachtheil, daß sehr viele Redensarten an sich doppelsinnig sind, so daß bei ihrem Gebrauch nur der Zusammenhang der Rede darüber entscheiden kann, in welcher Bedeutung der Sprechende oder Schreibende dieselben verstanden wissen will. So kann z. B.: ich sah meinen Vater schlagen, nach diesem Gebrauch bedeuten sowohl: daß er schlug, als auch: daß er geschlagen wurde; wenn man aber sagt: ich sah meinen Vater die Trommel schlagen, oder: ich ging in seine Classe, und sah ihn gerade ein unartiges Kind schlagen, so kann das nur bedeuten: daß er, der Vater, die Trommel, das unartige Kind schlug, denn die Trommel kann, und das Kind wird doch wohl, wie unartig es auch sei, nicht den Vater, seinen Lehrer u. s. w. schlagen; (eben so ist schlagen activ zu nehmen in: das ließ, das machte sein Herz rascher, höher schlagen;) hingegen: es brachen gerade Räuber, Feinde ins Haus, als ich ankam, und ich sah schon den Vater schlagen, eh ich zur Hülfe eilen konnte, wird bedeuten: daß der Vater geschlagen wurde. Auf eine ähnliche Art wird man sich schlagen activ oder neutral denken in: er hörte die Uhr, den Thurm, die Glocke zwölf schlagen, dagegen passiv in: er hörte zwölf Uhr, Mitternacht, die Trommel, Feuerlärm schlagen, d. i. daß zwölf Uhr, die zwölfte Stunde geschlagen wurde nämlich von dem Thurm, der Glocke, der Uhr, dem Glöckner u. s. w.. (Insofern lassen bald erlauben, bald befehlen u. s. w. bedeutet, kann also eine Redensart mit lassen gar einen vierfachen Sinn haben. So kann: ich ließ das Kind sehen, bedeuten: 1) ich erlaubte, daß das Kind sah, 2) daß es gesehn wurde, 3) ich richtete es ein, daß es sah, 4) daß es gesehn wurde.) Es versteht sich, daß jede Zweideutigkeit, wenn der Zusammenhang der Rede sie nicht von selbst aufhebt, auf irgend eine Art, namentlich durch Veränderung der Construction, vermieden werden muß. Zu diesem Zwecke kann man in der That nicht selten auch gerade dadurch am einfachsten und besten gelangen, daß man wirklich den passiven statt des activen Infinitivs zu nehmen kein Bedenken trägt. Warum will man nicht wirklich sagen: ich hörte dich gerufen, ich sah dich geschlagen, laß sie nur bestraft, laß mich nur geschimpft werden, wenn: ich hörte dich rufen, sah dich schlagen, laß sie bestrafen, mich schimpfen im Zusammenhange der Rede leicht activ verstanden werden kann, und doch passiv genommen werden soll? Die vermeintliche Härte die durch werden entstehen soll, ist doch wenigstens gewiß nicht groß.

Eine ganz andre Bemerkung ist es aber, daß die Verben selbst, die den Accusativ mit dem Infinitiv bei sich haben, wenn dies der Fall ist, vom Sprachgebrauch sehr selten ins Passiv gesetzt werden. So verwandelt man z. B. die Redensarten: (ich, er oder) man hörte ihn Feuer rufen, man sah ihn Wasser tragen, man fand ihn schlafen, man fühlte sein Herz (rascher) schlagen u. s. w., sehr selten in: er wurde Feuer rufen gehört, Wasser tragen gesehn, schlafen gefunden, sein Herz wurde (rascher) schlagen gefühlt. (Daß bei diesem passiven Ausdruck kein Accusativ mit dem Infinitiv mehr statt findet, ergiebt sich von selbst. In früher Zeit nahm man in demselben für den Infinitiv das adverbiale erste Particip, und sagte: er wurde Feuer rufend gehört u. s. w., was jetzt ebenfalls nicht mehr geschieht. Daß hieraus aber nicht folgt, der Infinitiv sei überhaupt in der Construction des Accusativs mit dem Infinitiv aus diesem Particip entstanden, werden wir bald [§ 878] näher besprechen.)

Wieder ein ganz andrer Fall ist die Frage: findet in Redensarten wie: ich helfe ihn fortbringen, er hat euch befreien geholfen, die Construction des Accusativs mit dem Infinitiv statt? Der Schein kann hier sehr leicht täuschen und verführen. Es scheint, als wären diese Redensarten sehr ähnlich den Ausdrücken: ich sehe ihn fortbringen, er hat mich befreien, sie sterben gesehn, in denen ganz unbestritten der Accusativ mit dem Infinitiv steht. Aber in der That sind diese Fälle doch ganz verschieden, und man darf ihn fortbringen, befreien nicht für den Accusativ mit dem Infinitiv erklären. Diese Construction steht nämlich überhaupt nie bei dem Zeitwort helfen, und wollte man die eben angegebenen Redensarten und ähnliche durch sie erklären, so müsste man eine diesem Worte einzig und allein zustehende Eigenthümlichkeit voraussetzen und annehmen, nach welcher der Infinitiv allemal passiv genommen werden müsste, und nie activ aufgelöset werden dürfte und könnte. Man müsste auflösen: ich helfe, daß er fortgebracht wird, er hat geholfen, daß ich befreit wurde, und nicht: daß er fortbringt, daß ich befreiete. Denn wenn diese active Auflösung ebenfalls statt finden dürfte, so müsste man auch sagen können: ich helfe dich ihn, die Sache, es fortbringen, er hat mich die Gefangenen, die Thiere, mich mich befreien geholfen. So spricht und schreibt aber durchaus kein gebildeter Deutscher, sondern dafür heißt es nach dem ganz allgemeinen Sprachgebrauch: ich helfe dir ihn fortbringen, er hat mir die Gefangenen befreien geholfen, er hat mir mich befreien geholfen u. s. w.. Sollte ihn fortbringen, mich befreien der Accusativ mit dem Infinitiv sein, und der Infinitiv passive Bedeutung haben, so müsste man doch auch wirklich statt des activen den passiven Infinitiv nehmen können; gewiß wird aber jeder Ausdrücke wie: ich helfe ihn oder die Sache, den Degen fortgebracht werden, er hat mich befreit werden geholfen, für ganz undeutsch, dem Charakter unsrer Sprache ganz widersprechend erklären. Und so bleibt denn nichts übrig, als daß wir (nach § 865) annehmen, der Infinitiv gehöre unmittelbar zu helfen als Ergänzung des durch helfen nur erst unvollständig angegebenen Prädicats, zu dessen voller Angabe dann noch der Accusativ komme, als der von der Vereinigung beider Verben, die nun die Kraft eines Transitivs haben und behalten, regierte Accusativ des Objects: ich fortbringen helfe ihn, er befreien geholfen hat mich. Deswegen darf dieser dem helfen beigefügte Infinitiv auch nie ein Zustandszeitwort, sondern muß eben ein Transitiv sein. Nie sagt man: ich helfe dich gehn, schlafen, widersprechen u. s. w..

Daß diese unsre Angabe die richtige ist, beweiset auch die

Vergleichung, wenn man statt helfen eines der Verben nimt, die wirklich den Accusativ mit dem Infinitiv bei sich haben können. So kann: ich sehe (wie ich helfe) ihn fortbringen, er hat mich befreien gesehn (wie geholfen), passiv bedeuten: ich sehe, daß er fortgebracht wird, er hat gesehn, daß (und wie) ich befreiet wurde, und dann kann man auch mit dem passiven Infinitiv sagen: ich sehe ihn fortgebracht werden, er hat mich befreit werden gesehn; aber der Sinn kann auch activ sein: ich sehe, daß (und wie) er fortbringt, er hat gesehn, daß (und wie) ich befreiete, und bei dieser activen Bedeutung kann dann auch noch ein Objectsaccusativ hinzugefügt werden, der vom Infinitiv regiert wird: ich sehe ihn seine Bücher fortbringen, d. i. daß er fortbringt seine Bücher; er hat mich die Gefangenen befreien gesehen, d. i. daß ich befreiete die Gefangenen. (Man vergl. § 807.)

873) Sollte man aber den im Deutschen so sehr beschränkten Gebrauch des Accusativs mit dem Infinitiv nicht erweitern können? Das hat man schon seit Jahrhunderten gefragt und gewünscht, und manche bedeutenden Schriftsteller haben allerlei Versuche in dieser Hinsicht angestellt; allein bis jetzt sind sie alle an der Festigkeit oder dem Eigen- und Starrsinn unsers Sprachgebrauchs gescheitert, so wenig dieser auch bei manchen solcher Versuche einen Grund seiner Weigerung anzugeben vermag. Warum soll man z. B. nicht auch sagen dürfen: ich bemerke ihn kommen, ich werde ihn kommen gewahr, ich erkenne, ich weiß ihn kommen, ich sehe ihn kommen ein, ihn Recht haben ein u. s. w., wie man sagt: ich sehe ihn kommen? warum nicht: ich vernehme ihn kommen, ich erfahre, es wird mir gesagt ihn kommen, wie: ich höre ihn kommen? warum nicht: ich empfinde die Biene stechen, wie: ich fühle die Biene stechen? ich erlaube, ich befehle ihn kommen, wie: ich lasse ihn kommen? Und doch darf niemand so sprechen, weil es der Sprachgebrauch verboten hat, der selbst nicht einmal gern: ich schaue, ich erblicke ihn kommen, statt: ich sehe ihn kommen, sagen läßt.

Eben so ist es auch allein der Sprachgebrauch, welcher z. B. die Redensart: ich höre den Vater kommen, immer in dem Sinne zu nehmen befiehlt: ich höre des Vaters Kommen, seine Fußtritte, wie er kommt, aber nicht in dem Sinne: ich höre, ich erhalte die Nachricht, daß er (schon, eben jetzt, heute) (,morgen) kommt (,kommen wird). Auf dieselbe Art heißt: ich habe Paganini spielen gehört, immer: ich habe sein Spielen, sein Spiel gehört, ich habe ihn, den spielenden Paganini gehört, indem, als er spielte, oder wie er spielt, nicht aber: ich habe gehört, erfahren, die Nachricht gehört, bekommen, daß er spielt, spielen kann. (Bernhardt hat für diese Beschränkung eine recht gute Regel aufgestellt, die wir § 877 angeben werden.)

In Ansehung des so sehr beschränkten Gebrauchs dieser Construction bemerkt Pauli (l. c.): „wir könnten den (ihren) Gebrauch auch ausdehnen wie der Franzose: einen kommen sagen, wie einen todt sagen; (doch braucht man freilich diesen in der Sprache des gemeinen Lebens wohl vorkommenden Ausdruck: jemanden todt sagen, man sagt den Kaiser todt, d. i. daß er todt sei, nicht für einen Accusativ [Kaiser] mit dem [ausgelassenen oder zu ergänzenden] Infinitiv [sein] zu erklären;) ich will nicht mein Urtheil wahrer als das deinige sein behaupten, neque ego hoc meum judicium unquam verius quam tuum esse adfirmabo." Es ist wieder nur der Sprachgebrauch, der es nicht erlaubt, auf diese Art zu sprechen.

Dagegen ist es freilich eine ungewöhnliche, uns auch wohl hart scheinende, aber doch eigentlich nicht verwerfliche, und selbst nicht vom Sprachgebrauch verbotene Art des Ausdrucks, wenn Schleiermacher (in seiner Abhandlung über das Berliner Gesangbuch, Berlin, 1830, S. 30) schreibt: „ich verzweifele daran (,) Sie meine Gedanken bei diesen Briefen theilen zu machen. Es muß dieser Satz construirt werden: ich verzweifele daran, zu machen, zu bewirken (was? es, dies fehlende Object von machen wird nun durch den folgenden Accusativ mit dem Infinitiv näher angegeben:) Sie (Subjectsaccusativ) theilen, d. i. daß Sie theilen meine Gedanken, (Objectsaccusativ, regiert von theilen,) nämlich: mit mir, d. i. Sie fassen, auffassen, annehmen, haben zu machen meine Gedanken, daß Sie bei diesen Briefen, über diese Briefe dieselben Gedanken haben wie ich.

874) Wenn man das letzte Beispiel nicht aufmerksam überdenkt, so könnte man leicht auf den Gedanken kommen, Sie zu machen solle der Accusativ mit dem Infinitiv sein, und es könne also bei dieser Construction statt des bloßen Infinitivs auch der Infinitiv mit zu stehen; und es haben wirklich mehrere Grammatiker diese Behauptung aufgestellt. Sie ist aber ganz falsch, und nie kann der Infinitiv mit zu zur Bildung der Construction des Accusativs mit dem Infinitiv dienen.

Wir können deshalb selbst Adelung nicht beistimmen, der namentlich in Ansehung des Wortes lehren (im Wörterbuch unter lehren) zwar ganz richtig angiebt, daß hinter diesem Worte der Accusativ mit dem Infinitiv ohne zu folgt, und ausdrücklich sagt, „daß vor dem Zeitwort (lehren) und nah hinter demselben das Wort zu alle Mahl ein Fehler seyn würde," so daß es heißen müsse: si sol mich sprechen leren, bei Heinrich von Veldeck, Herr lehre mich thun nach deinem Wohlfallen, Ps. 143, 10, aus Schilf lehrte er sie Flöten machen, ein Kind singen lehren, er lehrte sie gütig sein, bei Geßner, aber doch meint: „nur alsdann, wenn der Infinitiv ein wenig weit hinter dem Zeitwort lehren steht, ist das zu erträglich (,) und oft nothwendig. Gleich einem ungezähmten Rosse, das noch kein Gebiß des Reiters gelehrt hat, seine Schritte mit Vorsicht abzumessen, bei Dusch. Der Knabe (,) den Irin gelehrt, auf jede Schönheit der Natur zu merken."

Nein, solche verwirrten und verwirrenden Lehren darf die Grammatik nicht aufstellen, daß nah bei einem (regierenden) Zeitwort, hier lehren, der bloße Infinitiv stehn müsse, und der Infinitiv mit zu ein Fehler sei, hingegen ein wenig weit, vier oder fünf Wörter davon dieser Infinitiv mit zu stehen könne.

Man sieht indessen leicht, daß und worin Adelung sich hierbei geirrt, und daß er verschiedenartige Gegenstände unter einander geworfen hat. Alle von ihm angeführten Beispiele sind richtig; sie gehören aber zu verschiedenen Fällen, und verschiedenartigen Constructionen. Wir kennen (aus § 772, S. 506 — 514, Th. 4, verglichen mit § 851) den Gebrauch des Infinitivs mit zu, der vorzüglich eine moralische Wirkung, ein zu Thuendes bezeichnet, und namentlich (aus Seite 514, verglichen mit § 795, Th. 4, S. 608 — 610), daß und wann derselbe auch bei lehren steht. So kann also bei lehren eine doppelte Construction statt finden, sowohl der Accusativ mit dem Infinitiv, als der bloße Infinitiv mit zu. Es hangt aber durchaus nicht davon ab, wie nah oder entfernt der Infinitiv dem lehren steht, daß demselben zu beigefügt wird, oder nicht, sondern bald von dem Sinne, der ausgedrückt werden soll, bald von der Willkühr des Sprechenden oder Schreibenden, welche Construction derselbe wählen will. So sind Adelungs erste Beispiele lauter Accusativen mit dem Infinitiv, und bei ihnen kann (nach § 772) nicht noch zu stehen. So muß es ohne zu heißen: er lehrt mich singen; er hat mich drei Jahre hintereinander für schweres Geld singen (,und nicht: zu singen) gelehrt, (und ich singe doch noch schlecht,) d. h. er hat gelehrt, daß und wie ich singe, singen soll, daß ich singen lerne, lernen sollte. In den letzten beiden Beispielen Adelungs aber findet eine andere Construction statt, nämlich der von lehren abhangende Infinitiv mit zu: kein Gebiß hat das Roß gelehrt, abzumessen seine Schritte; Irin hat den Knaben gelehrt, zu merken auf jede Schönheit der Natur; (ganz ähnlich wie S. 514: er hat ihn gelehrt, dem Herrn stets kindlich zu vertrauen;) nothwendig ist diese Construction indessen in diesen Beispielen nicht, sondern man kann auch in ihnen den Accusativ mit dem Infinitiv nehmen: das Roß, das noch kein Gebiß seine Schritte stets mit Vorsicht abmessen gelehrt hatte, oder auch: das noch kein Gebiß gelehrt hatte, die Schritte stets mit Vorsicht sorgsam messen (,und so würde die höhere, dichterische Redeart am liebsten sprechen; man vergl. § 870, β); der Knabe, den Irin gelehrt hatte, auf seines Lehrers Worte achtsam merken. Dagegen wäre der Accusativ mit dem Infinitiv verwerflich in der Redensart: die Erfahrung hat mich zu rechter Zeit schweigen gelehrt, denn hier verlangt der Sinn, daß das Object des Lehrens angegeben werde: die Erfahrung, böse Erfahrung, die ich gemacht habe, hat mich gelehrt, sie lehrt es nicht allen Leuten; dann fragt sich ferner: was denn? was ist die Wirkung, das zu Thuende dieses Lehrers? Diese Frage muß in der Regel durch den Infinitiv mit zu beantwortet werden, und daher ließe sich für diesen Fall wohl sagen: es ist nothwendig, daß hier bei lehren nicht der Accusativ mit dem Infinitiv stehe, sondern lehren seinen Objectsaccusativ regiere, und ihm dann der Infinitiv mit zu folge; wenigstens ist diese Construction unstreitig bei weitem die bessere; also: die Erfahrung hat mich gelehrt, zur rechten Zeit zu schweigen, nachzugeben, oder: die Erfahrung hat mich zu rechter Zeit nachzugeben und zu schweigen gelehrt. In der That gäbe der Accusativ mit dem Infinitiv strenge genommen hier eigentlich auch einen ganz andern Sinn, als der Infinitiv mit zu ausdrücken soll. Dieser deutet einen allgemeinen Unterricht an, immer zu rechter Zeit zu schweigen; jener aber nur mehr einen einzelnen Fall; man denkt sich: die Erfahrung hat mich diesmal, bei diesem Vorgange zur rechten Zeit schweigen, nachgeben gelehrt, oder gelassen, gemacht. Diese Unterscheidung fühlt und erkennt man noch deutlicher in Redensarten wie: mein Vater hat mich gelehrt, die Schule nie ohne die höchste Noth zu versäumen, oder: er hat mich die Schule nie ohne die höchste Noth zu versäumen gelehrt; d. h. es war seine Lehre, daß ich nie die Schule ohne Noth versäumen sollte; für diesen Sinn wird niemand sagen wollen: er hat mich gelehrt, die Schule nie ohne Noth versäumen, oder: er hat mich die Schule nie ohne Noth versäumen gelehrt. Bei dieser Ausdrucksart würde man geneigt sein, hinzuzudenken: aber in der Noth lehrte er mich die Schule versäumen, d. h. als er oder ich in der Noth war, lehrte er, daß ich die Schule versäumen sollte.

Wie gesagt, der Infinitiv mit zu bei einem (bestimmten, regierenden) Zeitwort bildet nie mit einem daneben stehenden Accusativ die Construction des Accusativs mit dem Infinitiv, sondern der Accusativ ist das Object entweder des bestimmten Zeitworts, oder des Infinitivs mit zu. Wenn man z. B. sagt: ich bitte dich zu kommen, so ist es durchaus falsch, dich zu kommen für den Accusativ mit dem Infinitiv erklären zu wollen, obgleich die Auflösung beider Ausdrucksarten (fast) dieselbe ist, sondern dich ist der von bitten regierte Objectsaccusativ, und zu kommen hangt auch von bitten ab. Derselbe Fall findet statt in den Sätzen: er erinnerte mich zu schweigen; man zwang ihn nachzugeben. Der Sinn ist: ich bitte (dich), daß du kommst; er erinnerte (mich), daß ich schweigen sollte; man zwang (ihn), daß er nachgab, nachgeben sollte. Dagegen in: er bittet, dich zu sprechen, ist dich der von sprechen regierte Objectsaccusativ, und der Sinn ist: er bittet (dich oder einen andern), daß er dich spreche, sprechen dürfe. (Theilt man ab: er bittet dich, zu sprechen, so wird dich wieder von sprechen regiert, und der Sinn soll sein: er bittet dich, daß du sprechest, oder auch wohl gar: er bittet dich, daß er spreche, sprechen dürfe. (Man sieht also, daß diese Ausdrucksart leicht Undeutlichkeit veranlassen kann.) Dieselbe Auflösung gilt für die Sätze: er erinnerte, mich anzuhören, d. i. daß man mich anhöre, anhören solle, mich zu verhaften, gefangen zu nehmen, d. i. daß ich verhaftet, gefangen genommen werden sollte; man zwang, drang darauf, ihm seine Bitte nachzugeben, ihn zu begnadigen.

Es ist also ganz unrichtig, wenn Bernhardt (l. c. S. 246) bei der Construction des Accusativs mit dem Infinitiv, mitten unter Sätzen wie: heiß mich schweigen, er sieht die Fürsten alles aufbieten, auch die Stelle Lessings: wenn du dich fühlst dieser weise, versprochene Mann zu sein, und die Stelle Wielands aufführt: er glaubt alle Windchen, die ihn lüften, von Sonnemon geschickt zu sein. Die Stelle Lessings ist grammatisch richtig, und löset sich auf: wenn du dich fühlst, (so daß dich der von fühlen regierte Objectsaccusativ ist,) wie: wenn du glaubst, dir zutrauest, dir schmeichelst, dir bewusst bist, dich dafür hältst, dich rühmest, zu sein der weise Mann. Hingegen die Stelle Wielands ist grammatisch falsch; der Sinn ist: er glaubt, daß alle Winde von Sonnemon geschickt sein oder wären, und die Winde (geschickt [worden]) zu sein ist construirt wie ein Accusativ mit dem Infinitiv, der doch nach glauben überhaupt nicht stehen, und noch weniger zu beim Infinitiv haben kann. Es gehört diese Stelle also zu solchen Versuchen, den Gebrauch des Accusativs mit dem Infinitiv zu erweitern, die verunglükken mussten, weil sie ganz gegen die Natur dieser Construction verstießen. (Man vergl. § 876.) (Weniger widrig und schlecht wäre der Versuch gewesen: er fühlt, [weiß,] alle Windchen, die ihn lüften, zu seiner Kühlung günstig wehn.)

Mit Recht giebt Pauli (l. c.) von solchen Versuchen an, daß sie überhaupt kein richtiges Deutsch sind, indem er sagt: „der Oberdeutsche sagt zu (, nimt den Infinitiv mit zu statt des bloßen Infinitivs): jeder mache es, wie er sich's dienlich zu sein erachtet; (hier sollte also hinter erachten das es zu sein wie oder als der Accusativ mit dem Infinitiv gebraucht sein;) Lessing ahmt nach: Lügen ausstaffiren, die man Lügen zu sein weiß; Kant: die Convenienz des Staats verlangt die öffentliche Meinung seiner Absicht gemäß gestimmt zu sein. Allein man sehe zu, ob dies nicht gegen die schriftdeutsche Sprachgewohnheit zu sehr verstößt. Wir sind gewohnt, nach Wörtern, welche (,) wie Wissen, eine bloße Richtung der Seele auf etwas anzeigen, die mit zu behaftete Urweise (den Infinitiv) als ein dem Träger (Subject) des Satzes Beigelegtes zu nehmen: er verlangt zu trinken, er weiß zu leben; man weiß Lügen zu sein würde demnach heißen: man weiß das Sein der Lügen [Wesen] anzunehmen. (Da dies nicht der Sinn sein soll, so muß die ganze Construction verworfen werden. So sagt auch Herling, Th. 2, Seite 101: „Sätze wie: wir wünschten, sie [die Rede] kürzer zu seyn, sind immer fehlerhaft;" und wieder: „bei dem Accusativ mit dem Infinitiv kann im Deutschen das zu nicht stehen.") Einen andern Fall machen Wörter, die eine überwirkende Handlung bezeichnen: er zwang ihn die Wahrheit zu hören." (Diese Construction ist richtig: er zwang ihn (Object), zu hören die Wahrheit (, Object, von hören regiert. Immer aber ist auch sie kein Accusativ mit dem Infinitiv.) Daß man schon vor Jahrhunderten solche Versuche, die Construction des Infinitivs mit zu zu erweitern, gemacht hat, die eben so verunglückt sind, zeigt die Stelle von Lohenstein: „ganz Europa schauet Ew. Durchlaucht in Dero erlauchten Herrn

Vaters Fußstapfen vollkömmlich getreten zu sein." (Hier soll Ew. Durchlaucht als Subjectsaccusativ mit zu sein oder gar mit dem Infinitiv der Vergangenheit (§ 876) getreten zu sein zusammen wie oder als ein Accusativ mit dem Infinitiv betrachtet werden.)

Umgekehrt begeht Heyse (l. c.) einen Fehler dadurch, daß er in manchen Fällen den bloßen Infinitiv nehmen will, wo der Infinitiv mit zu stehen muß. So behauptet derselbe, es sei besser zu sagen: wer hieß dir solche Sachen vornehmen? als: dich, oder: vorzunehmen. Nein, dieser Ausdruck: wer hieß dir solche Sachen vornehmen? könnte höchstens aufgelöset werden: wer hieß, befahl dir, (Sachen vornehmen, d. i.) daß solche Sachen vorgenommen wurden, werden sollten; und das drückt doch den Sinn der Phrase nicht deutlich aus, da es bei dieser Auflösung ganz unbestimmt und unentschieden bliebe, ob der Du die Sachen vorgenommen, oder ob dies ein anderer gethan hat. Es muß dem gemäß entweder heißen mit dem Accusativ und Infinitiv: wer hieß dich solche Sachen vornehmen, d. i. wer befahl, daß du vornehmest solche Sachen, oder mit dem Infinitiv mit zu und ohne Accusativ des persönlichen Subjects: wer hieß dir, solche Sachen vorzunehmen?

875) Wieder ein ganz andrer Fehler, den wir noch rügen müssen, besteht darin, daß man beim Accusativ mit dem Infinitiv eines Zustandswortes (sein, werden, bleiben, scheinen, heißen u. s. w.) den zur Vervollständigung des im Infinitiv liegenden Prädicatsbegriffes noch hinzugesetzten Begriff ebenfalls in den Accusativ setzt, da er doch im Nominativ stehen muß. (Man vergleiche § 869.) Wenn man z. B. sagt: laß mich dein Kind sein und bleiben, laß sie Lügner scheinen, ich sehe ihn noch König werden, laß sie Christen heißen, (sie sind es nicht,) so müssen Kind, Lügner, König und Christen Nominativen sein, und können nicht in Accusativen übergehen, denn die Construction des Accusativs mit dem Infinitiv besteht ja bloß darin, daß die Conjunction (daß) des in dieselbe zu verwandelnden Satzes weggelassen, der Subjectsnominativ in den (Subjects-) Accusativ, und das bestimmte, finitive Zeitwort (tempus sive verbum finitum) in den Infinitiv verwandelt wird; alle übrigen Theile des Satzes also, die noch in demselben vorkommen (mögen), müssen unverändert bleiben, und deswegen muß auch der Prädicatsnominativ bei den (Infinitiven der) Zustandsverben (sein, werden, bleiben, scheinen, heißen) unverändert Nominativ bleiben, und es giebt durchaus keinen Grund, auch diese Prädicatsno-

minativen eben so wie die Subjectsnominativen in den Accusativ zu verwandeln. So muß es denn heißen: laß mich dein Freund (,und nicht: deinen Freund) sein und bleiben, laß ihn ein Lügner scheinen, ein Christ heißen, (er ist es nicht,) ich sehe ihn noch ein Betrüger werden; eben so auch: laß ihn der erste, unser Führer sein, er läßt seinen Sohn Soldat, Graf, ein ordentlicher Mensch werden, man ließ ihn erster Vorsteher, laß doch den Knaben noch Knabe bleiben, laß diesen Schwächling der Klügere scheinen, der Gute heißen u. s. w.. (So schreibt auch Tromlitz [v. Witzleben] in der Abendzeitung, 1829, Nr. 41 richtig: laß mich dein guter Engel sein, und Mügge in Gubitz's Gesellschafter, 1831, Nr. 58: laß mich dein Sohn sein, hingegen Schiller falsch: laß diese Halle den Schauplatz werden eures [euers] Wechselmords.) Man irre sich nur hierbei nicht. In dem Beispiel: laß ihn ein Christ, der Gute, mein Freund heißen, (er ist es nicht,) hat heißen den neutralen oder passiven Begriff, und deswegen steht das Prädicat dabei im Nominativ: laß, daß er heiße, genannt werde ein Christ; wenn hingegen heißen in der Bedeutung von nennen den transitiven Begriff hat, so wird der Prädicatsbegriff zum Object, und zwar sogar zu einem zweitheiligen Object, zu einem doppelten Objectsbegriff; und dieser muß dann auch bei der Construction des Accusativs mit dem Infinitiv der Accusativ, ein zweifacher Accusativ bleiben. Wie man: befiehl oder erlaube, daß er den Thäter nenne, daß er selbst seinen Sohn einen Lügner nenne, umwandelt in: laß ihn den Thäter nennen, seinen Sohn einen Lügner nennen: gerade eben so wandelt sich bei heißen die Construction: befiehl oder erlaube, daß er selbst seinen Sohn einen Lügner heiße, um in: laß ihn seinen Sohn einen Lügner heißen. Nur braucht man heißen auf diese Art, in dieser Bedeutung stets mit einem doppelten Objectsbegriff und Accusativ, und nie mit einem einfachen Objectsaccusativ, indem man nicht sagt: befiehl, daß er den Thäter heiße, und also auch nicht: laß ihn den Thäter heißen. (Laß ihn der Thäter heißen, bedeutet, wie wir jetzt wissen: laß, daß er heiße, genannt werde der Thäter.) (Diese doppelte Construction bei heißen mag wohl den Fehler veranlaßt haben, daß man auch bei Zustandswörtern das Prädicat in den Accusativ setzte, indem man die Fälle nicht unterschied.) (Man vergleiche § 794, a, Th. 4, S. 602.) (Fries stimmt l. c. S. 60, 62, 63, 87 ganz mit unserer Auseinandersetzung überein.)

876) Endlich ist noch zu bemerken, daß es ganz fester und bestimmter Sprachgebrauch ist, bei der Umwandelung eines Satzes in den Accusativ mit dem Infinitiv immer den Infinitiv des Präsens, der gegenwärtigen Zeit (im Activ oder Passiv) zu nehmen, mag das Zeitwort des verkürzten Satzes in der gegenwärtigen oder in einer vergangenen oder in einer zukünftigen Zeit stehen. Diese Festsetzung musste auf den ganzen Gebrauch dieser Construction den bedeutendsten Einfluß haben. Es war nach ihr z. B. gar nicht mehr möglich, die Sätze: (ich höre, ich sehe, ich weiß, ich sah, wusste, werde hören,) daß Friedrich der Einzige 46 Jahr regiert hat, daß aber Friedrich Wilhelm III 64 Jahr regieren wird, durch den Accusativ mit dem Infinitiv auszudrücken, da man nicht sagen darf: ich sehe, höre, weiß, ihn so lange regiert haben, regieren werden. Dagegen kürzt man wirklich nach dieser Regel ab: ich sehe, daß er kommt, daß er geschlagen wird; ich sah, daß er kam, daß er geschlagen wurde; ich habe gesehn, daß er gekommen ist, geschlagen worden ist; ich hatte gesehn, daß er gekommen war, geschlagen worden war; ich werde sehen, daß er kommen wird, geschlagen werden wird; wenn ich gesehn haben werde, daß er gekommen sein wird, geschlagen worden sein wird, in: ich sehe ihn kommen, ihn schlagen oder geschlagen werden; ich sah ihn kommen, ihn schlagen oder geschlagen werden; ich habe, hatte ihn kommen, (nicht gekommen sein,) ihn schlagen oder geschlagen worden (,nicht: geschlagen worden sein, und noch weniger: geschlagen haben) gesehn; ich werde ihn kommen, ihn schlagen oder geschlagen werden (,nicht: kommen werden, geschlagen werden werden) sehn; wenn ich ihn kommen, ihn schlagen oder geschlagen werden gesehn haben werde. (Man vergl. § 536, Th. 3, S. 109.) *)

*) Es ist sehr sonderbar, daß die frühern Lehrbücher über die deutsche Sprache fast alle auch nicht ein einziges Wort darüber sagen, daß die im Lateinischen jedem ersten Anfänger so ganz bekannte Wortfügung des Accusativs mit dem Infinitiv auch in unsrer Muttersprache gar nicht ungebräuchlich ist. Viele der frühern Grammatiker, wenn sie über dahin gehörige Fälle zu sprechen doch nicht unterlassen können, thun dies nicht nur sehr oberflächlich, sondern entscheiden oft auch geradezu ganz falsch über dieselben, entweder in Hinsicht auf die Begründung dieser Construction, oder sogar in Hinsicht auf den Gebrauch derselben. Selbst der vortreffliche Adelung sagt in seinem Lehrgebäude, Th. II, S. 444, daß im Ausdruck: ich sah ihn kommen, der Accusativ ihn von kommen abhange.

Die meisten der neuern Grammatiker unsrer Sprache umge-

877) Jetzt wollen wir noch die Aussprüche einiger der bedeutendsten neuern Grammatiker über diese Construction hören.

---

gehen entweder ebenfalls diese Construction, scheinbar wenigstens, recht absichtlich, oder sprechen doch viel zu kurz und gleichgültig darüber. Deswegen hielt ich es, wenn ich meiner selbst erwähnen darf, für nothwendig, nicht nur in meinen frühern Sprachlehren, sowohl in der größern, (im zweiten und dritten Bande,) als in der kleinern, (Potsdam, 1813,) diese Construction ausführlicher zubesprechen, auch im Jahr 1820 eine eigne Abhandlung darüber als Osterprogramm des Potsdamer Gymnasiums herauszugeben, sondern auch in der gegenwärtigen Grammatik alles zusammenzufassen, was sich Bedeutendes über diese Satzverkürzung, oder wie man solche Construction nennen will, sagen lassen möchte.

Wie nothwendig es aber ist, daß endlich einmal diese Sache ernstlich zur Sprache komme, das zeigen die unzähligen Fehler, welche sich nur zu viele der ältern, neuern, und selbst der neuesten deutschen Schriftsteller in dieser Hinsicht zu Schulden kommen lassen. Daß diese Beschuldigung nicht zu hart ist, zeige das folgende lange Sündenregister der neuern Literatur, dessen Länge die Wichtigkeit der Sache entschuldigen möge, und das sich leicht hundertmal so groß machen gelassen hätte.

Es schreibt: Göthe in Wahrheit und Dichtung, Theil 3, S. 256: ich ließ ihr (statt sie) alle meine Briefe sehen; die Baroninn Fouque im Mitternachtsblatt, 1827, Nr. 94: seine Nähe ließ ihr Störung ahnen; Müller im Mädchen von Ithaka, Th. 1, 1823 (: das macht mich glauben, und doch) S. 198: man ließ ihr merken; die Zeitschrift Minerva, 1822, Septbr., S. 459: ihre gute Erziehung konnte es ihnen nicht vergessen machen; Kind in den Lindenblüten, Th. 4, 1819, S. 147: er hütete sich, es dem Rector merken zu lassen; Krug v. Nidda in den Darstellungen, Leipzig, 1822, (S. 16: laß mich's nicht nennen, was mich drückt, und doch) S. 19: ihre Religiosität ließ mir Blicke ins Innere der Natur thun; Schlegel in der Uebersetzung der Dichterliebe von Calderon: Freunde, lasst mir wissen; Fr. v. Gördens in der Aglaya, 1823, (S. 73: laß mich dich trösten, und doch) S. 47: er hatte ihnen die Pflanzen kennen lernen (für: er hatte sie die Pflanzen kennen gelehrt, natürlich ein andrer Sinn als: er hatte sie die Pflanzen kennen lernen gelassen, und: er ließ sie Geschichte lernen, Mathematik treiben u. s. w.); v. Hennings in der Eidora, 1823, S. 78: die Luft, die Rousseau einst seiner Julie und ihrem Preux einathmen ließ; S. 80: ich ließ es ihr nicht entgelten; (doch ließe sich dieser Dativ zur Noth entschuldigen, wenn man sich entgelten als vergelten dächte: er ließ nicht, es entgelten, vergelten, daß es entgolten, vergolten wurde ihr;) Clauren (im Vergißmeinnicht, 1823, S. 326: das Herzblut, das er stürmischer schlagen gehört, das er die Wangen dunkel hatte färben gesehn, [für: färben gesehn hatte,] und doch) im Dijonröschen: gerade solchen (statt solche) Menschen möchte ich

ren. Wir haben schon bemerkt, daß fast alle viel zu wenig von ihr sagen. So giebt Bernhardt (l. c. S. 245, 246, 322)

fühlen lassen; (richtig S. 242: ich that mir die möglichste Gewalt an, es ihn nicht merken zu lassen, und doch) in der Grenzcommission: sie verlangt dem Mädchen nichts merken zu lassen; Ellen Percy, Th. 2, S. 17: ich bat ihn, mir diese durchsehn zu lassen; (und doch S. 93: die Arbeiten, die sie mich machen gesehn [hatte];) Methus. Müller in der Gräfinn von Fargy, Th. 1, 1823, S. 98: sie ließ ihrer Freundinn merken; S. 228: es ist gefährlich, ihr die Gefahr ahnen zu lassen; Th. 2, (S. 14: es ist besser, ihn urtheilen zu lassen, und doch) S. 148: er empfahl, ihr die freie Luft genießen, und nicht dem Nachdenken sich hingeben zu lassen; (S. 212: sie konnten mich nicht ahnen lassen, und doch) S. 204: er wandte sich ab, um der Person nichts merken zu lassen; Göthe im W. Meister, Th. 1 (S. 34: ein Augenblick, den mich ihre Nachlässigkeit treffen ließ, und doch) S. 89: man muß es den Kindern nicht merken lassen; S. 98: er ließ ihr seinen Plan sehen; Dr. Christian Müller in den Farnkräutern, 1824, (S. 38: sie ließ es unsern Gustav merken, und so sehr oft richtig, und doch) S. 88: meinem Bruder darf ich nichts merken lassen; Em. v. Hohenhausen in der Penelope, 1824, S. 12: ich bitte mir mein Pathgen sehn zu lassen; Bührlen im Martinsabend, Leipzig, 1825, Th. 2, S. 33: man muß es ihr mannigmal fühlen lassen; Schlegel im spanischen Theater, Berlin, Th. 2, Calderon, S. 134: dich begleitend wollt' ich dir meine Größe lassen sehen; von Kurowsky-Eichen in der Odinskirche, 1825, S 28: er lässt mir durch die Nacht schauen; (S. 31: du lehrtest mich diese Deutung lesen, und doch) S. 54: du ließest ihr die Härte ahnen; Betty Gleim im Analysirbuch, Frankf. a. M., 1819, S. 67: ich lasse ihm wissen, daß ich kommen will; Göthe (im W. Meister, Th. 3, S. 200: heiß mich nicht reden, heiß mich schweigen, und doch) im Torq. Tasso, Leipzig, 1790, S. 65: wenn ihr mich behalten wollt, so laßt es mir durch Eintracht sehn; Isidore Grünau in den Grafen von Nordheim, Leipzig, 1825, S. 7: er ist bemüht, mir glauben zu machen; (und so sehr oft;) S. 12: die Begeisterung machte den Frauen vergessen; Kruse in der Geschichte des Herrn von Morbiere, Leipzig, 1825, Th. 1, S. 183: soll ich mich scheuen, Ihnen, meinem Schüler, meine Bewegung sehn zu lassen? S. 210: er versprach, mir morgen seinen Entschluß wissen zu lassen; Th. 3, (S. 19: der Lärm ließ meinen Bruder vermuthen, S. 41: alles läßt mich tief fühlen, und doch) S. 41: diese Anschläge werden Ihnen die Nothwendigkeit fühlen lassen: Fr. Jakobs im Taschenbuch Minerva, 1826, S. 256: ihr wollt es mir nur nicht merken lassen; derselbe in den Reisegefährten, Frankfurt, 1825, Th. 1, S. 159: sie ließ seiner Geliebten die Kränkung entgelten; Orphea, 1826, S. 325, 346, 349: sie lassen ihr merken, der Mutter, mir nicht; W. Blumenhagen im Taschenbuch Minerva, 1828, S. 252: die Gefahr, meine Uniform diesen Flüchtlingen sehn zu lassen; Wieland in der

bloß Folgendes über dieselbe an: „bei den Wörtern heißen, lassen u. s. w. steht, wenn sie mit einem Infinitiv verbunden

---

Uebersetzung der Briefe des Horaz, Th. 2, S. 25: er ließ den ansehnlichsten Männern mehr davon merken als u. s. w.; Gerle in seinen Novellen, Th. 2, S. 177, Leipzig, 1821: er ließ ihr nur von weitem hoffen; Präzel im Taschenbuch Minerva, 1817: du ließest dem Reisegefährten es merken; Caroline Pichler, ebendaselbst, S. 187: sie sollten ihm lernen lassen, was er brauchte; A. v. Blumenröder im Boten aus der Heimath, Sondershausen, 1822, S. X: Seelenkunde wird Ihnen die vollen Accorde herausfinden lassen; (und doch S. 24: ihre Monologen lassen mich diese Entbehrung nicht empfinden;) Caroline Fouque im Gasthof im Taschenbuch Minerva, 1820, (S. 19: laß dich das Verschiedenartige nicht stören, und doch oft falsch, z. B.) S. 3: der Briefstempel läßt dir ahnen; G. Jördens in der Zeitung für die elegante Welt, 1822, Nr. 148: er ließ ihnen seinen Plan errathen; Nr. 150: sie machte der Gräfinn glauben; Miltitz in den Orangeblüten, Leipzig, 1822, Th. 1, S. 11: die Kaiser ließen ihre schweren Waffen den Italienern fühlen; S. 103: sein Herr lasse ihm wissen; S. 243: er ließ die Maulthiere tränken, und ihnen ein Bund Stroh verzehren; Schlingloff im Mitternachtsblatt, 1828, Nr. 149: dürfte ich den Tod vergleichen, ich ließ ihm (statt ihn sich) leise niederneigen still auf blumenvolle Hügel; Krug von Nidda, ebendaselbst, Nr. 151: der Blick reichte hin, mir die Generalinn erkennen zu lassen; Nr. 152: er ließ mir Hand und Siegel des Generals sehen; Betari im Taschenbuch der Rosen, Leipzig, 1830, S. 335: man läßt ihm merken, daß u. s. w.; (Tromlitz schreibt S. 478 und immer richtig: sie ließ die Gräfinn ahnen;) W. v. Schütz in der Urania, 1823, S. 424: es ließ es der Kammerfrau wissen; der Zufall hatte mir ihn begegnen lassen; S. 427: ich ließ ihm meinen Schmerz darüber empfinden; (und doch richtig S. 432: die Entfernung ließ mich die Gegenstände nicht unterscheiden; S. 435: sie ließ den Grafen den Brief lesen;) in der Urania, 1826, S. 249: er ließ mir merken; Spindler im Juden, Stuttgard, 1829, Th. 3, (S. 106: sie ließ das Fräulein hineinsehn, und doch) S. 344: sie ließen mir den Vater wiederfinden; Müchler in der Abendzeitung, 1829, Nr. 204: die Kunst, Andern fühlen zu lassen; Wachsmann in d. Zeitung f. d. elegante Welt, 1830, Nr. 234: Ihr, Herr Stallmeister, habt die Güte, mir Eure Wohnung wissen zu lassen; Tromlitz im Berliner Taschenkalender, 1826, (S. 141: wenn sie das Mädchen etwas entgelten ließen, und doch) S. 132: wer unserm Geschlecht nicht die Würde des Mannes fühlen lassen kann; Kruse in Deobats Geburt, Leipzig, 1823, (Th. 2, S. 94: ich ließ sie in mir den Vermittler erblicken, und doch) Th. 1, S. 51: ich ließ ihr die Tonsur sehn; S. 187: ich werde ihr alle Gesichtspunkte erblicken lassen; Fanny Tarnow in Falconnet und William, Leipzig, 1826, Th. 1, S. 127: sie flehte, ihr den Todten noch einmal sehn zu lassen; Julie v. Richthofen in Zanina, Leipzig, 1825, (S. 57:

sind, das Subjekt im Wenfalle [accusat. cum infinitivo]: heiß mich nicht reden, heiß mich schweigen, denn mein Geheim-

laß mich dir die Zeit schildern; S. 41: Erfahrung lehrt mich meinen Stab wegwerfen; S. 71: die Einbildungskraft, welche mich immer den Geliebten unter den [die] Todten zählen, und mich mit vieler Ueberwindung von Portugal [mich] trennen ließ, und doch) S. 74: der Tausch, den mir das Glück genießen läßt; (ganz falsch ist die Construction S. 201: das Verhältniß, welches der Lebensüberdruß ihn ausweichen hieß; es muß heißen: welchem, nämlich: der Lebensüberdruß hieß, befahl, ihn ausweichen, daß er auswich [welchem?] dem Verhältnisse;) dieselbe im Berliner Kalender, 1828, S. 210: (der Weg, welchen die Pflicht ihn wandeln ließ, und doch vier Zeilen weiter:) die Zeit sollte mir den rechten Augenblick erfassen lassen; Clauren im Vergißmeinnicht, 1827, S. 46: er gab sich Mühe, ihr den Schmerz nicht merken zu lassen; (und doch richtig S. 47: ich werde Sie meine Authorität [Autorität] fühlen lassen, S. 366: er läßt sie fühlen;) Bronikowsky im Roman Er und Sie, Leipzig, 1827, S. 106: er ließ den Hoffnungen des Neffen ihren Gang nehmen; Kruse in Castelli's Huldigung den Frauen, 1829, S. 161: ich nehme Anstand, diesen braven Männern erblicken zu lassen, wie u. s. w.; S. 155: die Anstrengung, die ihr den Schmerz fühlen ließ; S. 148: er ließ ihr seine Ankunft wissen; S. 158: mein Geschrei ließ dem Bösewicht alles befürchten; Weingarten, ebendaselbst S. 221: ich ließ ihn den Zusammenhang wissen; (Holzmeister schreibt richtig S. 285: er ließ den Mann nichts bemerken;) Mügge in Gubitz's Gesellschafter, 1831, Nr. 57: nicht umsonst sollst du mir den Wein schneiden gelehrt haben; (so auch vorher: er lehrte ihr zeichnen; und doch Nr. 52: laß mich den Augenblick benutzen, er sah ihn zwischen den Felsen verschwinden;) G. Schilling in der Abendzeitung, 1828, Nr. 86: laß dich dem Bösen mit einem Haare fassen, und du bist sein; du hattest mich kleiden helfen (für geholfen: du hattest geholfen, mich kleiden, daß ich gekleidet wurde,) um seine Frau den Unterthanen sehn zu lassen; (ein umgekehrter Fehler steht in Kuhns Freimüthigem, 1829, Nr. 100: er läßt dich weniger Zärtlichkeit blicken, wofür es entweder heißen muß: erblicken, sehen, oder dir statt dich, indem dann blicken für erscheinen, sich zeigen steht, wie man sagt: ein Sonnenblick für Sonnenschein, die Sonne blickt durch die Wolken, statt scheint, erscheint; dich blicken müßte aufgelöset werden: daß du blickest wenigere Zärtlichkeit, und so transitiv für erblicken braucht man das intransitive blikken nicht;) W. Müller in der Urania, 1828, S. 89: er ließ diesem seine Uebermacht empfinden; Lewald in Lotz's Wintergrün, 1828, (S. 39: er bemühte sich, sie die Warnung erblicken zu lassen, und doch) S. 105: das Schweigen ließ mir ihre Absichten erblicken; Tromlitz im rheinischen Taschenbuch, 1828, S. 266: er wollte ihr ahnen lassen, daß u. s. w; in der Abendzeitung 1828, derselbe Nr. 43: wenn sie dem Mann ihren Haß fühlen lassen wollen; Emilie Sonnenberg in Alme,

niß ist mir Pflicht, bei Göthe. Er ließ mich den Anordner des Festes sein. (Und dies ist noch dazu falsch, da es nach

---

1822, Nürnberg: ihre Affectation war ihm zum Ekel, welches (was) er derselben nicht undeutlich merken ließ; Sartorius in d. Zeitung für d. elegante Welt, 1831, Nr. 18: (darauf beruht es,) um dem Prinzen seine Reise antreten zu lassen; Müllner im Mitternachtsblatt, 1828, Nr. 162: das hätt' ihm die Parze noch erleben lassen sollen; Nürnberger im Frauentaschenbuch, 1828, S. 3[?]8: sie lassen ihm merken, S. 351: er hatte ihr oft merken lassen, daß u. s. w.; Kind in s. Tasch. z. geselligen Vergn. 1831, S. 104: ihre Tracht ließ mir die Türkinn erkennen; Kruse, ib S. 205: er beschwor mich ihm die Kranke sehen zu lassen; S. 212, tiefer, als er mir merken lassen wollte; S. 213: die Eltern ließen mir nur geringe Hindernisse befürchten; (und doch S. 219: er schwor mich meine Mitwirkung nie bereuen lassen zu wollen, S. 246: ich nahm nicht Anstand ihn durch ein paar Ausdrücke merken zu lassen;) L. Robert im Münchner Tasch. f. Damen, 1831, S. 173: ich ließ es ihr nicht merken; (und doch S. 177: laß es mich allein entgelten;) C. Pichler im Agathokles, Wien, 1808, Th. 1, S. 180: dein Brief hat mir die Ankunft deines Lehrers hoffen lassen; F. Tarnow in den Lilien, Leipzig, 1821, Th. 2, S. 268: sie gelobte, Keinem die Schwäche ihres Herzens errathen zu lassen; Erhart in: über höhere Lehranstalten, Berlin, 1818, S. 225: man muß die theologische Facultät noch eine Zeitlang (?) lassen, nur lasse man der philologischen die Philologie lehren; Kayser im Reformationsalmanach, Erfurt, 1817, S. LX: der Kaiser ließ dem unglücklichen Fürsten das Gewicht seiner Macht fühlen; so auch im Hermes, Th. 9, 1821, S. 34: er ließ ihm das Vae victo fühlen; in den Zeitgenossen, 1821, Heft 22, S. 143: Fox ließ es ihm fühlen; Spindler im Juden, 1829, Th. 2, S. 314: die Angst ließ ihr den rechten (Weg) nicht finden; Göthe in W. Meisters Wanderjahren, Th. 1, S. 85: er ließ ihnen die schönste Besitzung sehen; (doch richtig S. 111: sie machen Andere viel leiden;) Archibald's Umrisse, Magdeburg, 1821, S 245: eine Thür läßt dem Blick in eine kleine Hauscapelle streifen; die Baroninn Fouque in den Herren von Montmorenci, Leipzig, Th. 1, 1822, (S. 52: die Lords, die es jetzt ihre Füchse entgelten lassen, und doch) S. 65: er ließ es Andern entgelten; S. 51: wir wollen Ihnen glauben machen, S. 162: das war geeignet, ihr unsre Theilnahme finden zu lassen; S. 223: sie sollen ihm ihr Uebergewicht fühlen lassen; S. 237: die Entfernung ließ ihr das weniger gefährlich ansehen; v. Wedell im Cavalier, Berlin, Th. 1, 1822, S. 131: noch ehe der Dampf den (statt die) Belagerten das Unglück sehen ließ; Döring in Ipsilon, Th 3, S. 56: die Bäume ließen dem Wanderer ihr Rauschen hören; (S. 60: ich schwöre, ihn sein Verbrechen büßen zu lassen; also richtig;) Karl Richter in Waverlei, Zwickau, Th. 2, 1823, S. 216: ich bitte Sie mir die Papiere sehn zu lassen; Miltitz im Sonnenblick, Berlin, 1822, S. 1: lehr dem

§ 875 heißen muß: der Anordner. Nun folgen die schon
§ 874 gerügten Fehler: er glaubt alle Winde von Sonnemon

Erdensohn fühlen; (und doch richtig S. 4: lehr mich weise sein;) Jacobs in seinen Erzählungen, Leipzig, Th. 1, 1829, S. 198: ich ließ diesen (statt diese) Herren meine Ueberlegenheit fühlen; Tromlitz in der Erzählung Johanna in der Abendzeitung, 1829, (Nr. 41: wenn Dich der Wahnsinn das Schrecklichste begehen ließe; laß mich dein guter Engel sein; Nr. 49: er ließ ihn Freiheit hoffen: und doch) Nr. 42: laßt euern Freunden wissen; Nr. 49: der Auftrag, ihm reisen zu lassen; Spindler im Bastard, Th. 1, S. 205: er ließ ihm neue Felder sehn; S. 220: sie lassen ihm im Händedruck den Freund ahnen; S. 315: er wollte ihr im Scheiden fühlen lassen; (richtig steht Th. 2, S. 22: ihr laßt mich merken, Th. 3, S. 168: sie wollte ihn ihren Groll empfinden lassen; S. 25: ihr habt den Verräther den Geist aufgeben gesehn; auch passiv richtig S. 7: ihr laßt ihn todt beten, d. i. ihr, Hexen, lasst, macht es, daß er todt gebetet werde; und doch wieder: (Th. 3, S. 183: ich bitte Gott, meine Verleumder Lügen strafen, und meinen Richtern ihre Lügen durchschauen lassen zu wollen; Th. 2, S. 334: was läßt ihr meiner Seele ahnen? S. 327: es fehlten ihr Worte, der Nebenbuhlerin das Gewicht ihres Sieges empfinden zu lassen; dies Spottgelächter ließ der getäuschten Isabelle das Schicksal, das ihrer wartete, in der Ferne schauen; die Modenzeitung, 1831, Nr. 8, S. 62: die Frau, deren Rathschläge ihm mehrere Sendungen glücklich ausführen ließen; die Zeitschrift Miscellen u. s. w., 1831, Heft, 1, S. 168: der Beduine ist jederzeit (?) bereit, sein Mahl mit dem Gaste zu theilen, ohne diesem seine eigne Noth merken zu lassen; Tromlitz in der Cornelia von 1831, (S. 31: laß mich in die Zukunft blicken, und doch) S. 73: diese Grundsätze sollen mir dem Ende meiner Laufbahn ruhig entgegen sehn lassen, und S. 75: sie ließ der Frau ihre Ungnade fühlen; Nork im Gesellschafter von Gubitz, 1831, Nr. 32, S. 158: er war klug genug, den Bewohnern seinen Reichthum merken zu lassen. Man sieht, dies lange Sündenregister enthält (fast) lauter Fehler, die durch falsche Construction des Zeitworts lassen entstehen. Wie die Schriftsteller diese Dativen indessen entschuldigen wollen, z. B. in: laß ihm nichts merken, es mir sehn, dich dem Bösen fassen, mir eine Tasse Kaffe trinken u. s. w., lässt sich eigentlich gar nicht begreifen. Am scheinbarsten ist noch folgende Entschuldigung: Schiller schreibt (in Cotta's Ausgabe, Th. 11, S. 213): die Schönen wissen ihm die Kränkungen vergessen zu machen; dies löse man auf: sie wissen zu machen, die Kränkungen vergessen, d. i. daß sie vergessen werden, und zwar ihm, das ist der dativus commodi, in Beziehung auf ihn, von ihm, ihm zum Besten; und so könnte man überhaupt, besonders bei lassen, den Dativ sehr oft für einen bloßen dativus commodi erklären, der nur eine nähere Beziehung andeuten solle: laß die Briefe sehen, lesen, und zwar mir, d. i. zu meinem Besten, für, durch mich, von mir u. dgl. Daß indessen auch diese Entschuldigung nichts taugt,

geschickt zu sein u. s. w.. Dann heißt es weiter:) Er sieht die Fürsten Alles aufbieten, und doch bleibt er ruhig. Hörst du die Uhr zwölf schlagen? Er macht das Herz höher schlagen durch seine gehaltvollen Reden." Außerdem macht Bernhardt bloß noch die wichtige Bemerkung (S. 322): „dieser Akkusativ mit dem Infinitiv tritt aber nur da ein, wo das Zeitwort des regierenden Satzes (,das machen, lassen, sehen, hören u. s. w.) zugleich das Subjekt und das Zeitwort des Nennsatzes (,des abgekürzten Satzes, den Infinitiv) als Objekt umfaßt. Dahin gehört z. B. folgender Satz nicht: ich höre, daß mein Freund die Reise nicht unternehmen will."

Wir haben uns schon dahin ausgesprochen, daß wir uns mit dem Ausdruck dieser Regel nicht befreunden können. In: ich höre ihn singen, nennen wir weder singen noch ihn Objecte von hören, sondern entweder (nach § 864 und 865) singen den Ergänzungsbegriff des durch hören nur unvollständig angegebnen Prädicats, und dann ihn das Object des vereinigten Begriffs singen—hören, oder (nach 866) ihn das Subject und singen das Prädicat des objectlosen abgekürzten Satzes, in welchem Falle hören gar kein Object bei sich hat. Doch darauf kommt hier gar nichts an. Der Sinn dieser Regel ist deutlich und wichtig. Ihr zufolge darf bei den Verben, mit welchen nach der Einführung des Sprachgebrauchs der Accusativ mit dem Infinitiv verbunden werden kann, denn von allen übrigen Verben ist gar nicht die Rede, diese Construction doch nur dann wirklich stehen, wenn der Begriff dieser Verben sich unmittelbar sowohl auf das Subject als auf das Prädicat des verkürzten Satzes bezieht. Dies ist im vorigen Beispiel der Fall, denn ich höre sowohl singen, das Singen, als auch ihn; das Sing'en und auch er wird

---

hat unsere Auseinandersetzung gezeigt. Offenbar löset sich Schillers Satz vernünftiger, richtiger und einfacher auf: die Schönen wissen zu machen, ihn vergessen, d. i. daß er vergisst, und zwar die Kränkungen. In Ansehung der übrigen Fälle, in denen der Accusativ mit dem Infinitiv stehen kann oder muß, schreiben fast alle Schriftsteller richtig, indem diejenigen unter ihnen, die sich der Gründe für ihre Schreibart nicht deutlich bewusst sind, theils dem Gebrauch folgen, theils es doch fühlen, wie ganz unpassend der Dativ sein würde. So wird wohl niemand schreiben: ich höre, sehe dir kommen. Sollte nun aber nicht auch jeder ganz einfach weiter schließen können: wie es heißen muß: ich sehe dich kommen, spielen, so muß es auch heißen: ich lasse dich kommen, spielen, und so auch: ich lasse dich Charten spielen, Kaffe trinken, die Zeitung lesen, etwas merken u. s. w.?

von mir gehört. (Und wenn man sich auf diese Art ausdrückt, dann kann man auch ganz gut mit Bernhardt sagen: singen und ihn sind Objecte von hören.) Dies ist aber nicht der Fall im Ausdruck: ich höre, daß er kränkelt; hier hört der Ich weder das Kränkeln noch den Ihn, oder Er, sondern nur eine Nachricht über beide Begriffe; darum darf der letzte Satz nicht in den Accusativ mit dem Infinitiv: ich höre ihn kränkeln, abgekürzt werden. Dies ist unstreitig der Sinn der Regel Bernhardts. Und niemand wird leugnen können, daß sie interessant und wichtig ist. Aber gilt sie auch für alle Fälle des Gebrauchs dieser Construction? Das ist eine andre Frage! Für die Verben der Bezeichnung der Sinne (verba sensualia) sehen, hören und fühlen ist ihre Gültigkeit wohl unbestreitbar: ich sehe, höre und fühle ihn singen, aber: daß er kränkelt, und auch das ist schon ein Gewinn für die Grammatik. Dasselbe gilt auch für lehren: ich lehre ihn singen, d. i. ich lehre singen, das Singen und ich lehre ihn; dagegen: ich lehre, daß der Aderlaß bei der Cholera schadet, und nicht: den Aderlaß schaden, denn ich lehre wohl schaden, das oder den Schaden, jedoch ich lehre nicht den Aderlaß. Bei den übrigen Verben aber, die hierher gehören, ist ihre Anwendung zwar ähnlich, doch nicht ganz dieselbe. Bei: ich lasse ihn laufen, den Degen holen, ich machte ihn lachen, kann man sich wohl die Infinitiven, um Bernhardts Ausdruck zu behalten, als oder wie Objectsbegriffe des bestimmten Zeitworts denken: laufen lassen, holen lassen, lachen machen, aber doch nicht die Subjects—personen: ich lasse, mache ihn, ob sich gleich auf eine ähnliche Art wohl sagen lässt: lassen und machen beziehe sich auch unmittelbar auf ihn: ich lasse ihn, überlasse, erlaube ihm etwas, ich mache ihn, bringe ihn zu etwas, zum Lachen. Aber warum erlaubt der Sprachgebrauch nicht, eben so zu sagen: ich mache ihn vernünftig werden, sein Vermögen bekommen? Diese Regel, auf die eben angegebene Art erläutert oder erweitert, würde so zu sprechen gestatten.

Dieselben oder doch ähnliche Bemerkungen gelten auch für wissen und finden. Bei: ich fand ihn schlafen, sehr gut wohnen, ich weiß ihn wohnen, kann man sagen, finden und wissen beziehe sich mit einem objectiven Begriffe auf ihn, wohnen und schlafen, ich weiß, fand wohnen, das Wohnen, die Wohnung, und ich weiß ihn, ich fand ihn, ich fand schlafen, das Schlafen. Warum erlaubt aber der Sprachgebrauch nicht, auf dieselbe Art zu sagen: ich weiß, wusste den König schon funfzig Jahr regieren, für: daß der König schon funfzig Jahr regiert. Diese Regel würde so zu sprechen gestatten, da ich ihn und das Regieren weiß oder wusste. Und wenn der Sprachgebrauch: ich fand ihn mich betrügen, nur sagt, in so fern ich ihn beim Betrügen, beim Betruge unmittelbar fand oder ertappte, dagegen zu sprechen befiehlt: ich fand, daß er mich betrog, sobald ausgedrückt werden soll, daß ich dies Resultat mittelbar, nach und nach, etwa durch Untersuchung der Rechnungen gefunden, gewonnen habe: wie lässt sich diese Unterscheidung mit Bernhardts Regel vereinigen?

Man sieht leicht, daß sich solcher Fragen unzählige aufwerfen lassen, und daß diese Regel also nicht immer Hülfe und Belehrung bringt, und auch den eingeführten Sprachgebrauch weder begründet noch beschränkt, und also überhaupt nicht in allen Fällen dieser Construction Anwendung leidet. Bernhardt wird freilich sagen können: als so umfassend habe ich sie auch nicht aufgestellt, sondern sie soll nur angeben, wann sich der Accusativ mit dem Infinitiv nicht anwenden lässt, und welche Umstände und Bedingungen (als conditio sine qua non) statt finden müssen, wenn er anwendbar werden soll, ohne doch zu bestimmen, daß er dann auch genommen werden müsste, oder auch nur immer anwendbar sei." Doch auch so viel leistet, wie wir jetzt gesehn haben, diese Regel nicht.

878) Becker nennt (in seiner so oft citirten Sprachlehre) diese ganze Construction des Accusativs mit dem Infinitiv gar nicht, sondern sagt bloß (§ 86, S. 124): „der partizipiale (gewöhnliche) Infinitiv hat zuweilen die Bedeutung eines regierten Kasus, doch nur bei den Verben: heißen, nennen, helfen, lehren, lernen, z. B. er hieß ihn gehen [,das heißt Gott versuchen, hilf mir arbeiten, er lehrt, lernt schreiben]." Man sieht, bloß das erste Beispiel enthält einen Accusativ mit dem Infinitiv. Daß wir übrigens diese Erklärung, gehen, versuchen u. s. w. sei ein von heißen regierter Casus, ganz verwerfen, brauchen wir kaum noch einmal zu bemerken. Nach ihr regierte also heißen im Sinn befehlen wenigstens gleichsam zwei Accusativen, ihn und gehen, denn für einen andern Casus als den Accusativ könnte doch gehen nicht erklärt werden. Weil Becker so verwirrt über diesen Gegenstand denkt, darum spricht er eben auch so oberflächlich z. B. über die Construction von lehren, wie wir bereits (§ 794, b, Th. 4, S. 611) angegeben haben, indem er (S. 337) sagt: „bei dem Verb: lehren ist der Sprachgebrauch schwankend. Man braucht gewöhnlich, wenn die Sache(?) durch einen Infinitiv ausgedrückt wird, den Akkusativ der Person:

er lehrt ihn tanzen oder schreiben." Nach dieser Angabe scheint es, als wäre es wenigstens kein großer Fehler, auch mit dem Dativ zu sprechen: er lehrt ihm tanzen, da der Accusativ ihn nichts für sich hätte, als daß der Sprachgebrauch denselben gewöhnlich nehme, und da Becker selbst den Gebrauch des Accusativs in: er lehrt ihn das Tanzen, gegen die Analogie streitend (,also falsch) nennt.

Noch bemerkt derselbe:

„der Infinitiv wechselt zuweilen in der Form mit dem Particip des Präsens (,) und das Particip hat die Form des Infinitivs nach den Verben: hören, sehen, fühlen, finden, machen (,) z. B. ich höre ihn sprechen [sprechend], ich sehe ihn tanzen [tanzend], ich fand ihn schlafen, du machst mich lachen."

Dabei macht Becker noch die Anmerkungen: „nach sehen, hören, finden u. s. f. steht im Englischen (wirklich) das Particip des Präsens statt unseres Infinitivs. Auch im Altdeutschen findet man noch das Particip (,) z. B. do si den hochgemûten vor ir stende sah, im Nibelungenliede, Vers 1181."

Man sieht hieraus, daß Becker es als entschieden voraussetzt, daß der Infinitiv in dieser Construction aus dem Particip entstanden sei, und für dasselbe stehe. Das glauben wir aber beides nicht. Es ist nämlich diese Behauptung 1) viel zu wenig historisch aus dem Altdeutschen und den mit ihm verwandten Sprachen belegt; 2) sie passt gar nicht für lehren, denn ich lehre ihn singen kann nicht stehen für singend, weswegen Becker diese Redensart auch anders erklären musste; 3) eben so wenig passt dieselbe für wissen; in ich weiß ihn wohnen kann wohnen nicht durch wohnend erklärt werden; 4) auch nicht für lassen; es kann: ich lasse ihn laufen, holen, nicht stehen für: ich lasse ihn laufend, holend; 5) selbst Beckers eigne Beispiele müssen durch das Particip auf verschiedene Art aufgelöset werden; bei: ich sehe, höre, fühle, finde ihn lachen, d. i. lachend, kann man nur sagen, das adverbiale Particip stehe für das adjectivische: ich sehe, höre, fühle, finde ihn, den Knaben lachend, d. i. den Lachenden, den lachenden Knaben, denn das adverbiale Particip bezieht sich eigentlich auf das Subject: lachend sehe, höre, fühle, finde ich den Knaben, ich sah lachend den Knaben, ich hörte die Rede lachend, d. i. indem ich lache, lachte. So lässt sich aber die Verbindung mit machen nicht auflösen; du machst mich, den Knaben, lachen, wird man nicht auflösen wollen: du machst mich lachend, den Lachenden, den lachenden mich, den lachenden Knaben. (Auch Adelung nennt die Participialform: er macht ihn weinend, unerträglich.) 6) Endlich ist bei dieser Behauptung auch ganz übersehen, daß es ganz allgemeiner und zugleich schon alter Sprachgebrauch ist, den activen Infinitiv auch in passiver Bedeutung zu brauchen; aber auch eben so allgemeiner und alter Sprachgebrauch ist es, das Particip des Präsens nie in passiver Bedeutung zu nehmen. Wie will man nun erklären: ich sah den Mörder hinrichten, ich hörte Feuer rufen? Will man auch hier die Behauptung wagen: hinrichten und rufen stehe für hinrichtend und rufend? Dann bliebe ja eben nichts übrig als zu sagen, es stehe in: ich sah den Mörder hinrichtend, ich hörte Feuer rufend, das Particip passiv für hingerichtet werdend, gerufen werdend, ich sah den hingerichtet werdenden Mörder, ich hörte das gerufen werdende Feuer. Und selbst dies bliebe noch immer eine höchst gezwungene, widrige Auflösung. (Daß im Englischen der Infinitiv und das erste Particip dieselbe Endung haben, ing, daß man im Dänischen blive staande für stehen bleiben, und im Baierischen [am Lech] das Laufend, Schießend für Laufen, Schießen, so auch liegend bleiben u. s. w. sagt, sind offenbar lauter Wahrheiten, die hier nichts entscheiden können. Uebrigens ist auch gerade umgekehrt das Particip wenigstens im Deutschen gewiß jüngern Ursprungs als der Infinitiv, wie denn Schmidt l. c. S. 24, sagt, lesend sei entstanden aus lesen der. Dieser bestreitet es auch, daß in ich habe lesen wollen das wollen statt eines Particips stehe, was Herling und Becker ebenfalls, wie wenig es auch paßt, zur Begründung ihrer Behauptung aufführen, das Altdeutsche habe da Participien genommen, wo wir jetzt Infinitiven setzen.) (Man vergl. 879.)

879) Herling stimmt fast ganz mit Bernhardt und Becker in seinen Angaben über die Construction des Accusativs mit dem Infinitiv überein; er sagt nämlich (in der Lehre von der Verkürzung der Sätze, l. c. Th. 2, S. 99—101) Folgendes: „Wenn das Verbum des regierenden Satzes zugleich das Subject und das Verbum des (von diesem Hauptsatze abhangenden Neben- und zwar) Substantivsatzes als Objecte(!) umfassen kann, so wird in der Abkürzung des Substantivsatzes das Subject in den Accusativ (,und das Verbum in den Infinitiv) gestellt. Diese Construction heißt der Accusativ mit dem Infinitiv. [Ich sehe, daß die Mauer einfällt. = Ich sehe die Mauer einfallen, denn die Mauer und das Fallen sind hier (gleichsam) Objecte des Sehens.]" (Man sieht Herling hat sich hier zu bestimmt ausgedrückt durch sein.

es wird dann, statt zu sagen: es kann dann genommen werden zur Abkürzung die Construction des Accusativs mit dem Infinitiv. Derselbe fährt fort, wieder ganz mit Bernhardt, § 877, übereinstimmend:) Dies ist nicht immer der Fall. (Z. B. nicht in:) Ich höre, [sehe, fühle,] daß mein Vetter in England den Vorschlag nicht annehmen wird. Hier wird nur die Nichtannahme, aber nicht zugleich der Vetter das Object jener Verben. Die lateinische und griechische Sprache weicht hier in Ansehung der Beschränkung jener Bedingung (,conditio sine qua non nannten wir dieselbe § 877,) von der deutschen ab, (Richtig!) und das Verbum machen selbst in der letzteren bei einigen Redensarten: ich machte ihn lachen. (Dies haben wir ebenfalls bereits § 877 bemerkt.) Auch die Verbindungen: ich lasse ihn laufen, und andere können so erklärt werden." (Das möchte, nach § 877, doch sehr schwer fallen. Noch sagt Herling S. 101:) Der Infinitiv in dieser Construction ist wohl eine alte Participialform = ich höre die Nachtigall singende. Eine genetische Erklärung des Accusativs mit dem Infinitive, besonders da, wo derselbe Subject des bestimmten Satzes ist, in andern (,) z. B. der lateinischen und griechischen Sprache, fehlt noch, um uns hier zu einer bestimmtern Ansicht leiten zu können." (Wenn sich Herling hier weniger bestimmt und entscheidend als Becker, § 878, ausdrückt, so spricht leider doch auch er Th. 1, S. 349 ganz geradezu: „nach hören, sehen, fühlen, finden haben die Participien jetzt die Form eines Infinitivs angenommen. Ulphilas sagt Matth. 9, 9: gasahw manna sitandan [partic. act. accus.] at motai. = Er sah einen Mann sitzend [sitzenden] am Zoll; jetzt (:) er sah ihn am Zoll sitzen."

Warum mag Herling hier nur die vier Verben hören, sehen, fühlen und finden nennen?)

880) Endlich Schmidt (l. c. de infinitivo S. 16—20) sagt: „Insofern ein Accusativ und ein Infinitiv eng mit einander verbunden werden, wird entweder der Accusativ dem Infinitiv, oder der Infinitiv dem Accusativ verbunden, und es giebt daher eine Construction des Infinitivs mit dem Accusativ, und eine Construction des Accusativs mit dem Infinitiv.

Die Construction des Infinitivs mit dem Accusativ ist von doppelter Art, indem in ihr der Infinitiv entweder der Nominativ oder auch selbst der Accusativ ist. (?!) Der Infinitiv ist der Nominativ, wenn man z. B. sagt: constat Ciceronem dixisse, wo der Accusativ Ciceronem auf eben die Art von dixisse abhangt, wie z. B. in cupido invisere der Accusativ invisere von cupido. (???) So sind auch in: siquidem est eorum [rusticorum], gemmare vites, lascivire agros, laetas esse segetes, luxuriosa frumenta, Cic. Orat. c. 24, die Infinitiven Nominativen, von welchen doch Accusativen abhangen *).

Der Infinitiv ist der Accusativ, wenn man z. B. sagt: cupio legere Homerum.

Eben so giebt es eine doppelte Art des Accusativs mit dem Infinitiv; nämlich der Infinitiv ist entweder das eigentliche Object, und hangt vom Accusativ ab, dem er hinzugefügt wird, oder er ist das diesem Accusativ beigesetzte Object, und hangt zugleich mit diesem Accusativ von irgend einem dritten Begriffe ab.

Der Infinitiv ist z. B. das eigentliche Object des hinzugefügten Accusativs, wenn man sagt: Caesar consilium capit dimittere, und daß diesem Infinitiv dimittere nun ein neuer Accusativ, z. B. equitatum, hinzugefügt werden kann, ergiebt sich von selbst.

Der Infinitiv ist das dem Accusativ beigesetzte Object, mit welchem Accusativ er von irgend einem dritten Begriff abhangt, z. B. wenn Cicero sagt: miror Antiochum non vidisse; so auch in: Cicero dicit, et mundum deum esse et coelum; hier hat dicit zwei Objecte, deren eines (esse) es dem andern (mundum) beisetzt (apponit); auch wird überdies noch ein nothwendiges Prädicat hinzugefügt; daher deum. Es giebt übrigens auch eine Construction des Nominativs mit dem Infinitiv. Wenn man z. B. sagt: Titus videtur legere, so ist Titus das Subject des Zeitworts videtur, welches sein Object legere hat; wenn man sagt: Titus videtur esse magnus so ist wieder Titus das

*) Schmidt bemüht sich nun zu zeigen, daß laetas das Object sei, und darum im Accusativ stehe. Er sagt: „offenbar ist esse das Subject, und die Sache, auf welche esse bezogen (directum) gedacht wird, ist, weil sie nicht Subject sein kann, Object, und wird deswegen im Accusativ hinzugefügt. Denn wenn jemand glaubte, in solchen Sätzen könne das dem Infinitiv beigefügte Substantiv für das Subject gehalten werden, so fiele er in denselben Fehler, als wenn er sagte: laetae segetes sunt esse, oder: esse est laetae segetes; vites sunt gemmare, oder: gemmare est vites; und dies ist doch Unsinn. Man könnte zwar die Begriffe laetus und esse in Gedanken zu einem einzigen verbinden; die Lateiner zogen es aber vor, die Sache so zu denken, daß sie laetus mit dem andern Substantiv (segetes) verbanden, freilich in demselben Sinne, welcher entstanden wäre, wenn sie laetus und esse in einem einzigen Begriffe gedacht hätten.

Subject, esse das Object des Zeitworts videtur, und das Prädicat magnus ist dem Subject angepasst (accommodatur)."

Wir hielten uns für verpflichtet, die Aufstellung Schmidts, ob wir gleich von ihr fast gar nichts als richtig anerkennen können, hier im Auszuge aufzuführen, da sie so manches Eigenthümliche enthält. Eine Widerlegung derselben scheint uns indessen nach der weitläuftigen Auseinandersetzung, welche wir jetzt über die Construction des Accusativs mit dem Infinitiv gegeben haben, durchaus nicht mehr nöthig zu sein. Sie ergiebt sich von selbst.

Fünfte Abtheilung.

Von den Ellipsen und Parenthesen als Mitteln zur Verkürzung und Zusammenziehung der Sätze (und Perioden.)

881) Der Begriff Ellipse wird von verschiedenen Sprachlehrern sehr verschieden bestimmt. Das Wort Ellipse bedeutet an sich nichts als Auslassung; darin sind aber alle Sprachlehrer einig, nicht jede Auslassung beim Sprechen eine Ellipse nennen zu wollen; es fragt sich also nur, welche Auslassungen sollen Ellipsen heißen? Sehr richtig bemerkt für diese Bestimmung Herling (l. c. Th. 1, S. 158): „das Wesen der Ellipse beruhet darin, 1) daß eine Ergänzung eines Begriffs, wenn auch nur in Gedanken, nothwendig ist; 2) daß die Ergänzung aber an sich höchst unbestimmt ist(,) und oft nur durch den Zusammenhang oder eine durch den Gebrauch bewirkte Uebereinkunft eine größere Bestimmtheit erhalten hat." *) Aber der Ausdruck Herlings: „die hinzuzu-

*) Herling setzt noch hinzu: 3) daß in der ergänzten Darstellung der elliptische, individualisirte Begriff (,der durch die Ellipse ausgelassen wird,) eine untergeordnete Betonung hat." Und hierüber bemerkt derselbe Seite 160 noch weiter: „der individualisirende (,ausgesprochene, nicht—weggelassene) Begriff (,den wir eben eine Ellipse nennen,) ist in grammatischer Hinsicht der getragene, untergeordnete (Begriff); aber er umfaßt in seiner Bedeutung den übergeordneten (,) und ist deßwegen (fast immer) der betontere." Wenn man z B. sagt: aufs Pferd gestiegen, oder in der Sprache des gemeinen Lebens: ich komme von Mießner's, so muß man sich hinzudenken: es werde aufs Pferd gestiegen, ich komme von Mießners Hause, Familie u. dgl., und diese Auslassungen bestimmen als grammatisch übergeordnet die Formen: aufs Pferd gestiegen, so wie den (von Haus regierten) Genitiv Mießners; doch aber haben nicht

denkende Ergänzung muß an sich höchst unbestimmt sein, und nur durch den Zusammenhang der Rede oder den Sprach- und Redegebrauch größere Bestimmtheit erhalten," ist sehr unbestimmt; und daher mag es wohl kommen, daß Herling selbst diese seine eigne zweitheilige Regel auf eine Art anwendet, die wir großentheils nicht billigen können. Es sagt derselbe nämlich: „nicht selten werden Begriffe ausgelassen, welche die Verknüpfung zweier andern vermitteln, z. B. das Dorf am Berge [nämlich: liegend], oder welche in ihren untergeordneten, sie individualisirenden Bestimmungen enthalten erscheinen, z. B. er will immer das Beste, [wo das Adjectiv Beste dadurch zum Hauptwort wird, daß ein Substantiv, an welchem es als Merkmal haftet, ein Etwas, ein Seyn dabei unbezeichnet (geblieben) und ausgelassen ist,] oder welche durch den Sinn der Verknüpfung und den Gebrauch ihnen einverleibt sind, z. B. die Guten [,nur die Menschen, nicht die guten Thiere] kommen in den Himmel. Diese Auslassungen heißen Ellipsen." Nein das können wir nicht zugeben. Fast kein Sprachlehrer dehnt den Begriff der Ellipse so weit aus. Namentlich kann man sich bei der Verknüpfung zweier Begriffe den Begriff des Seins, Daseins, besonders in der Participialform seiend, anwesend, oder, da die Sprache diese Form seiend nie braucht, statt derselben statt findend, sich befindend u. dgl. so unzählig oft hinzudenken, daß man fast jede Rede elliptisch nennen müsste, wenn man jeden Ausdruck, bei welchem man sein hinzudenken kann, elliptisch nennen wollte. So heißt denn der Ausdruck das Dorf am Berge nicht elliptisch, ob man gleich seiend, wofür Herling hier liegend gesagt hat, hinzudenken kann, das am Berge seiende, liegende, sich befindende Dorf, denn man wird doch zugeben müssen, daß man bei solchem Ausdrucke in der That fast nie auch nur mit dem leisesten Gedanken an die Auslassung seiend, liegend wirklich denkt, daß also die Hinzusetzung liegend, seiend selbst im Gedanken nicht nothwendig ist, und geschehen muß. Kein Mensch vermisst bei dem Ausdruck das Dorf am Berge etwas, das hinzugesetzt, hinzugedacht werden müsste. Herlings eigne zweite Bestimmung zur Angabe des Wesens der Ellipse, daß die Ergänzung bei ihr an sich

---

sie, sondern die grammatisch untergeordneten, regierten Formen aufs Pferd, Mießners in der Rede den Hauptton. Indessen hierauf gehn wir nicht näher ein, da sich weiter keine wichtige Folge daraus ergiebt.

höchst unbestimmt sein muß, zeigt es selbst am besten, daß man das Dorf am Berge keine Ellipse nennen darf, denn hier findet durchaus keine Unbestimmtheit statt, sondern man muß, wenn man einen Zusatz dabei anbringen will, seiend hinzudenken, wofür man nur, weil der Sprachgebrauch dies Wort nicht nimt, beliebige Stellvertreter desselben setzt: liegend, stehend, ruhend, sich befindend (,gebaut) u. s. w., die aber alle den Zusatz nicht unbestimmt machen, indem sie alle nichts als den Begriff seiend umschreiben sollen; eigentlich kann das Dorf ja weder liegen noch stehen noch ruhen noch sich befinden, sondern es ist, und zwar wo ist es? am Berge.

Was wir jetzt so weitläuftig angegeben haben, gilt nun auch für unzählige Ausdrücke, die Herling nach diesen seinen Angaben Ellipsen nennen will, die wir aber durchaus nicht dafür anerkennen können.

So nehmen wir also nicht an, daß elliptisch sind die Ausdrücke: das Haus an der Landstraße, der Vogel auf dem Dache, in der Luft, der Garten hinter, neben der Kirche, der Aufseher über die Gefangenen, die Wunde über, unter dem Auge, der Schlaf vor Mitternacht, der Sieg bei Leipzig, der Gang nach dem Eisenhammer, der Strich durch die Rechnung u. s. w., u. s. w..

Eben so wenig können wir aber auch die als Substantiven gebrauchten Adjectiven für Ellipsen anerkennen; eine Ergänzung ist bei ihnen so wenig nothwendig, daß sich eine solche gar nicht einmal mit Bestimmtheit angeben lässt. Wenn man sagt: alles Große erregt unser Erstaunen, alles Erhabene unsre Bewunderung, alles Sittliche, Moralische, Gute unsre Liebe, so sieht man freilich, daß diese Adjectiven hauptwörtlich, für Hauptwörter stehen, aber welche Hauptwörter will man bei ihnen ergänzen? Das ist zwar unbestimmt genug, wie die Ergänzung bei einer Ellipse sein soll, aber nicht deswegen, weil es der Hauptwörter so viele giebt, die sich hier ergänzen ließen, sondern weil sich gar kein wahres Substantiv finden lässt, das hier eine genügende Ergänzung gäbe. Wollte man z. B. sagen, alles Große stehe für alle großen Thaten, so wäre dieser Begriff zu eng, denn es giebt auch Großes in Reden, Entschlüssen, Gedanken, Entsagungen, Leiden, Unterlassungen, Aussichten, Natur- und Kunstwerken, Forschungen u. s. w., u. s. w.. Wollte man sagen, alles Große stehe für alle großen Dinge, so wäre umgekehrt dieser Begriff zu weit, denn es giebt eine Menge großer, langer Dinge, die man nicht etwas Großes nennt, und nicht anstaunt, z. B. Bohnenstangen, Casernen u. s. w..

Nur Herlings letzte Angabe zur Bestimmung einer Ellipse können wir demnach als richtig anerkennen, daß Ausdrücke elliptisch sind, bei denen die nothwendig hinzuzudenkenden, an sich unbestimmten Ergänzungen durch den Sinn der Verknüpfung und den Gebrauch diesen Ausdrücken einverleibt sind, oder als ihnen einverleibt gedacht werden, wodurch dann eine feste Bestimmung entsteht. So lässt sich beim Satz: Gott will die Guten, die Frommen, oder: die reinen Herzens sind, einst ewig selig sein lassen, im Allgemeinen vielerlei hinzudenken: Wesen, Geschöpfe, Geister, Engel, Menschen, Christen, Thiere u. s. w.; aber der Sinn und Gebrauch beschränkt diese Ergänzung auf das einzige Wort die (,diejenigen) Menschen: die guten, frommen Menschen, diejenigen Menschen, die reinen Herzens sind, und darum lassen sich: die reinen Herzens sind, die Frommen, die Guten, hier elliptische Ausdrücke nennen.

Eben so haben wir auch vieles gegen die nun folgenden Angaben Herlings einzuwenden. Es sagt derselbe: „die Nothwendigkeit (einer Ergänzung, die also einen Ausdruck als elliptisch bestimmt,) wird erzeugt, wenn entweder zwei Begriffe mit einander verknüpft werden, die ihrer Natur nach nicht unmittelbar verbunden werden können; oder wenn die Form eines Wortes einen Begriff fordert, der dieselbe bedingt."

Gegen diese Angaben an sich lässt sich gewiß nichts einwenden; allein Herling macht von ihnen eine Anwendung, die wir durchaus nicht zugeben können; er fährt nämlich fort:

„Das erstere (erste) findet bei der Verknüpfung zweier Substantive, sei es durch Casus oder Präposition, statt: der Glanz der Sonne ∾ von der Sonne kommend; die Hütte am Berge [befindlich, gelegen]. Das andere findet bei der Form eines Adjectivs statt, welches immer zu seinem Träger ein Substantiv verlangt: die Besten, ergänze Menschen, oder eines Adverbs, welches ein Verb oder Adjectiv verlangt: der Zug ist schon lange vorbei [gezogen], er ist zarten Alters ∾ ein Mann (?) von zartem Alter, oder bei einem Casus, welcher ein Verb als sein Regens (regierendes Wort) fordert: die Messer herbei = bringt die Messer herbei. Oft werden mehrere Begriffe zugleich gefordert: guten Morgen = ich wünsche dir einen guten Morgen. So: frisch auf! Kameraden! auf's Pferd, auf's Pferd! in's Feld, in die Freiheit gezogen."

Herling stellt früher (S. 44) das Grundgesetz auf: „es kann kein Seyn (Hauptwort) mit einem andern Seyn ohne

Ver-

Vermittlung eines Thätigkeitsbegriffs (Zeitworts), und keine Thätigkeit (Zeitwort) mit einer Thätigkeit in Beziehung treten, ohne daß die eine zu einem Seyn gestaltet wird. Selbst im attributiven Genitiv: die Vögel des Waldes, müssen wir eine solche verbale Vermittlung anerkennen, und die Umschreibung der Genitive durch Präpositionen im Walde läßt darüber keinen Zweifel."

Auf dieses sein angebliches Grundgesetz der Sprache stützt sich Herling jetzt, indem er den Ausdruck der Glanz der Sonne, wo der Genitiv stehe für kommend von der Sonne, elliptisch nennt. Allein ob sich Herling gleich auf das Semitische und Sanskrit beruft, um seine Angabe als ein Grundgesetz der Sprache überhaupt aufzustellen, so müssen wir es doch wagen, dasselbe geradezu zu verwerfen. Wir haben uns schon oft darüber ausgesprochen, wir können weder zugeben, daß bei solchem Genitiv: der Sohn, das Eigenthum des Mannes, die Hälfte des Weges, und bei jeder Präposition, die ja immer nur ein Stellvertreter eines Casus ist, ein Zeitwort zum Grunde liege, oder auch nur als zum Grunde liegend gedacht werde, noch auch daß jeder Infinitiv mit oder ohne zu und um zu und jedes Particip als Hauptwort zu denken sei: sitzen bleiben, es fängt an zu frieren, er lieset um zu lernen, etwas geschenkt bekommen. Und so können wir denn auch im Glanz der Sonne und in allen ähnlichen Genitivausdrücken durchaus keine Ellipse erkennen. (Wenn man aufrichtig sein will, so kann man gewiß nicht leugnen, daß es eine sonderbare Auflösung sei, sagen zu wollen, der Genitiv der Sonne stehe für: kommend von der Sonne, und sei darum ein elliptischer Ausdruck. Ueberdies soll der Glanz der Sonne oft auch gar nicht einmal den von der Sonne kommenden, sondern den in ihr ruhenden, sich befindenden, seienden Glanz anzeigen, wie denn z. B. bei einer Sonnenfinsterniß der Glanz der Sonne an sich ganz unverändert bleibt, aber nicht zu uns kommt.) Freilich ist auch Becker in Ansehung jenes sogenannten Grundgesetzes ganz der Meinung Herlings, indem er (l. c. S. 285) sagt: „auch das attributive Satzverhältniß mit einem substantivischen Attribut (,) z. B. der Glanz der Sonne (,) muß (?), da ihm ein prädikatives Verhältniß [(,) der Glanz kömmt von der Sonne (,)] zum Grunde liegt, nicht als Beziehung eines Seins zu einem Sein, sondern als Beziehung einer Thätigkeit [von der Sonne kommen] zu einem Sein [Glanz] aufgefaßt werden," und derselbe setzt dies späterhin (S. 309 — 312) weitläuftiger auseinander, wobei er namentlich bemerkt: „der attributive Genitiv bezeichnet im Allgemeinen das Attribut als ein thätiges Sein, welches auf ein gethanes Sein bezogen ist, jede Beziehung eines Seins auf ein anderes Sein ist durch den Begriff einer Thätigkeit vermittelt: von der Sonne ausgestralter Glanz;" allein alle solchen Bemerkungen sind doch im Grunde nichts weiter als Begriffsbestimmungen, die hier namentlich angeben, was für und welche Verhältnisse der Genitiv nach der Einrichtung der Sprache bezeichnet. Eben aber weil der Genitiv solche Kraft und Bedeutung hat und umfasst, weil er z. B. oft den Begriff einer Thätigkeit in sich schließt, lässt sich nicht sagen, daß bei seinem Gebrauch noch ein Begriff der Thätigkeit, ein Verbum hinzugedacht werden müsse, und deswegen eine Ellipse statt finde. (Diese Folge zieht Becker auch nicht aus seinen Aufstellungen.) Dieselbe Bemerkung gilt auch für die Präpositionen, bei deren Gebrauch also nicht immer das Stattfinden einer Ellipse angenommen werden kann. Sagt man: der Vogel im Walde, so kann man freilich angeben, dies bedeute: der Vogel, der da ist, sich befindet, aufhält im Walde, der im Walde seiende Vogel; aber dies Sein, Dasein, Statt finden kann man fast bei allen Begriffen, und namentlich auch bei allen Adjectiven hinzudenken, ohne daß man diese Adjectiven deswegen elliptische Ausdrücke nennen wird. Das thut auch Becker nicht, ob er gleich (l. c.) ausdrücklich sagt: „das attributive Adjectiv bezeichnet im Allgemeinen das Attributiv als eine Thätigkeit, welche auf ein thätiges Sein bezogen ist (,) z. B. der fleißige Schüler." Darum also ist grammatisch auch der Vogel im Walde eben so wenig eine elliptische Redensart wie der fleißige Schüler, d. i. der Schüler, welcher fleißig ist.

Daß wir auch thue Gutes keine Ellipse nennen, haben wir schon ausgesprochen, wogegen wir in: die Guten sollen selig werden, eine Ellipse anerkennen, weil man sich Menschen hinzudenken muß.

Die Ausdrücke mit Adverbien können wir ebenfalls nicht immer Ellipsen nennen. In: der Zug ist schon lange vorbei, räumen wir die Ellipse ein, weil man sich gegangen, gefahren, geritten, gezogen, gekommen u. dgl. hinzudenken muß; nicht elliptisch sind aber die Ausdrücke: der Zug ist fort, der Mann da, hier, dort will dich sprechen, ob man gleich auflösen kann: der Mann, der dort ist, steht, sitzt, sich befindet, auf dich wartet u. s. w.. (Herlings Beispiel: er ist zarten Alters kann nur hierher gehören, insofern dieser Genitiv als ein Adverb ung angesehn wird; wer wollte das aber eine Ellipse nennen? Daß Herling auflöset: ein Mann [besser ein Mensch] von zartem Alter, so daß also der Genitiv nach seiner Meinung vom ausgelassenen Wort Mann abhangen soll, ist bloße Willkühr, [die übrigens hier gar nicht einmal in den Zusammenhang passt,] indem der Gebrauch des Genitivs in diesem, wie in vielen ähnlichen Fällen: er ist guten Muths, er geht festen Schrittes vorwärts, in der Bedeutung des Genitivs selbst seine volle Begründung findet.)

Dagegen ist es vollkommen richtig, daß jeder bloße Casus, besonders der Accusativ, insofern sich seine Setzung in einem einzelnen Falle durch keine grammatische Regel, sondern nur durch die Annahme erklären lässt, er werde von einem ausgelassenen Worte, einem Zeitworte regiert, dann als eine elliptische Redensart betrachtet werden muß. Das ist z. B. der Fall in den Ausrufen: den Löffel her (gieb, gebt, bringt u. s. w.)! guten Morgen (wünsche ich)! den Kopf weg (haltet)! den rechten Fuß vor (setzet)! u. s. w.. (Man vergl. § 882.) So enthält auch die Stelle Schillers, welche Herling anführt, eine Menge Ellipsen: (seid) frisch auf! (steigt) auf's Pferd! (es werde) ins Feld gezogen! (d. i. lasst uns ziehn, oder zieht ins Feld!) (Daß: den Rappen gezäumt! zwar auch eine elliptische, aber schlechte Ausdrucksart ist, haben wir bereits § 576, Band 3, S. 382 besprochen. Man vergleiche § 765, Bd. 4, S. 458 — 460.)

882) „Nach diesen Vorbemerkungen (, fährt Herling l. c. fort,) lassen sich (nun) die Ellipsen im einfachen Satze auf folgende Classen zurückführen: 1) bei dem individualisirenden Attribut ist das individualisirte Substantiv zu ergänzen (, und zwar): a) beim Adjectiv das concrescirte Substantiv: die Unsterblichen (nämlich Götter oder Geister oder Freunde z. B. harren deiner), b) beim Genitiv das regierende Substantiv, *α*) in der Volkssprache: er war gestern in des Müllers [Hause], *β*) in der Schriftsprache nur bei besondern Formen: das ist bei uns Rechtens (, die Bestimmung, Entscheidung des Rechts) [, häufiger in andern Sprachen: ὁ φιλιππου (υἱός), εἰς την φιλιππου (χωραν)].

(Dieser Gebrauch eines bloßen, von einem ausgelassenen Hauptwort elliptisch abhangenden Genitivs hat in der Volkssprache mancherlei Sonderbarkeiten und Eigenthümlichkeiten. So sagt man z. B. im Brandenburgischen bei Personennamen besonders mit bei: ich war gestern bei Müllers, Ulrichs, so daß man sich etwa das Wort Familie hinzudenkt, mag ich den Mann Müller oder Ulrich selbst zu Hause getroffen, gesehn und gesprochen haben, oder nicht, ja selbst, wenn der Mann todt ist, so daß ich nur bei der Wittwe und den Kindern u. dgl. gewesen bin. Eben so: hast du nichts von Holzens gehört, d. i. vom Hause, von der Familie Holze's, zu welcher er selbst gehören kann oder nicht, ich habe nicht an Fischers gedacht, d. i. an Fischers Familie. Auch mit manchen Gattungsnamen spricht die Volkssprache eben so elliptisch, läßt dann aber den Artikel derselben fast immer weg. So sagt man wohl nur in wenigen Gegenden Deutschlands mit Herling: er war in des Müllers, sondern, wenn man den bloßen Genitiv auch beim Gattungswort wie beim Eigennamen Müller nehmen will: er war bei Müllers für: im Hause, in der Familie des Müllers; so auch: ich war bei Stadtrichters, d. h. im Hause, bei der Familie des Stadtrichters, [fand ihn, den Stadtrichter aber nicht zu Hause,] bei Ministers sind heut Fremde, [doch nicht bei ihm, dem Minister, sondern bei der Frau,] einen Gruß von Bürgermeisters, denkst du auch an Landraths? [Da man nie oder doch nur höchst selten sagt mit dem Genitiv des Artikels: einen Gruß von des Bürgermeisters, an des Landraths, so könnte es doch wohl sein, daß die gemeine Redeart, welche allein sich auf diese Weise ausdrückt, und welche den Plural so gern durch s bezeichnet auch mit dieser Endung s eher die Mehrheit als den Genitiv bezeichnen wollte, zwar nicht mehrere Bürgermeister und Landräthe, aber doch: von dem Bürgermeister und den Seinigen, an den Landrath und die Seinigen. Dies wird noch wahrscheinlicher dadurch, daß man wohl selbst sprechen hört: denkst du noch an die Landraths? und daß man auch Gattungswörter weiblichen Geschlechts, die doch den Genitiv nie mit s bezeichnen, auf diese Art braucht: komm mir nicht mit Frauens, er ist bei Mädchens gewesen, wie verwerflich dies auch ist. Dagegen wird bei Eigennamen, und zwar bei weiblichen Vornamen, die doch den Genitiv so oft durch s bezeichnen, selbst in dieser Volkssprache jemand, der die verheiratheten Geschwister Heinrich, Ferdinand, Fritz, Ernestine, Lais hat, wohl sagen: ich bin bei Heinrichs, Ferdinands, Fritzens gewesen, das wäre dann: bei Heinrich und den Seinigen, aber nie: ich bin bei Ernestinens, Laissens gewesen, auch wenn diese Frauen Wittwen sind, und Kinder haben, eben vielleicht, weil man eine Familie nie nach der Frau benennt. Doch ist diese ganze Sache von keiner Wichtigkeit, und welcher Meinung man auch sei, immer bleibt diese schlechte Ausdrucksweise elliptisch.])

(Bei dieser Bestimmung Nr. 1 hat Herling den Fall ausgelassen, daß elliptisch das Subject wegbleibt, wenn man z. B. kommt statt kommt ihr, kann sein, kann sein statt das kann sein sagt.)

Ferner sagt Herling:

„2) Bei dem individualisirenden Adverb oder einem Casus ist der individualisirte verbale Begriff, oder das Regens des Casus ausgelassen (nach § 881), und zwar a) entweder beim Prädicat: er ist vorbei [gegangen], die Post ist schon durch (gefahren), schon zu (gemacht, geschlossen), zurück (gekommen); (so auch: der Herr ist schon auf, nämlich gestanden; aber die Ausdrücke dieser Art: die Classe, die Stunde ist aus taugen nichts, weil man hier nicht weiß, was man suppliren soll;) das ist meinem Bruder [gehörig]; (dies Beispiel ließe sich verwerfen, insofern niemand mihi est pecunia eine Ellipse nennt, und man es eben so fürs Deutsche einen provinciellen Gebrauch nennen könnte, daß sein mit dem Dativ ein Zugehören, einen Besitz ausdrücke; passende Beispiele sind nach § 881 und Nr. 3: das Messer, den Degen [gebt] her, den Arm vom Tische [nehmt];) b) oder bei irgend einem andern Satztheile, was jedoch im Deutschen fast gar nicht statt findet: der dort [nämlich stehende Mensch, Mann] ist mein Vetter [, aber in andern Sprachen häufiger vorkommt: ὁ μεταξὺ (καίμενος, ὤν) τόπος, ἡ αὔριον (ἡμέρα)].

3) Das eigentliche Verb des Satzes ist zu ergänzen, und zwar α) entweder (nach § 881 und hier Nr. 2, a) allein: der Mann, der gestern hier gewesen [ist], und dir Wein gebracht [hat], will Geld haben; (daß diese Auslassung in der Regel verwerflich ist, lehrt § 767, Band 4, S. 474 — 478;) [der Hebräer lässt die Copula sehr oft aus, und sagt: groß der Herr, groß meine Schuld, für: groß ist der Herr, meine Schuld;] (und so sprechen auch wir sehr oft, besonders in der höhern und dichterischen Redeart, z. B. wenn Klara Schmidt sagt: „dein Gott so groß! dein Geist so schön! wie könnten wir zum letzten mal uns sehn!" wo die erste Zeile steht für: dein Gott ist so groß, und dein Geist ist so schön, oder für: da dein Gott so groß, und dein Geist so schön ist;) β) oder in Verbindung mit einem oder mehreren Satztheilen, in welchem Falle ein einfacher oder zusammengesetzter Begriff die Geltung eines ganzen Satzes erhält: guten Morgen! aufs Pferd!" (Man sehe § 881. Ein anderes Beispiel ist Lessings Dialog: Hinz: Was doch die Großen alles essen! Gar Vogelnester, eins zehn Thaler werth! Kunz: Was? Nester? u. s. w..

Hier muß man die Ellipsen ergänzen: gar Vogelnester essen sie, deren eines zehn Thaler werth ist. Was sagst du? oder: was will das sagen? Nester essen sie? oder: äßen sie bloß?) (Solcher Ellipsen sind sehr viele im Gebrauch, welche die Sprachlehre geradezu verwirft, z. B. die Infinitiven, die man statt ganzer Sätze brauchen will, indem man etwa sagt: weggehen! hier bleiben! Zulage haben! für: du sollst, ihr sollt, ich will, muß weggehen, ihr sollt hier bleiben, und dann Zulage bekommen.)

883) Wir haben aus dem Bisherigen gesehen, daß die elliptischen Sätze immer (logisch) einen vollständigen Sinn geben, obgleich dieser Sinn nicht immer genau bestimmt ist, daß sie aber grammatisch, um volle grammatischen Sätze zu sein, immer nothwendig eine Ergänzung fordern, indem in ihnen grammatisch wesentliche Theile des Satzes fehlen.

Durch diese Bestimmungen ist der Begriff der Ellipsen deutlich und genügend getrennt von den Begriffen: 1) der abgekürzten oder verkürzten Sätze, die zwar auch einen vollständigen Sinn geben, aber keiner Ergänzung bedürfen (nach § 849 — 853), z. B. er arbeitet, um Geld zu verdienen; sein Bruder, vernünftiger als er, obgleich nicht so beliebt wie er, will durch die Arbeit seinen Geist ausbilden; 2) der abgebrochenen Sätze, in denen umgekehrt zwar wesentliche Satztheile fehlen, die aber auch keinen vollständigen Sinn geben. Es ließe sich bei diesen wohl noch die Unterscheidung anbringen, daß man diejenigen abgebrochenen Sätze Ellipsen nennte, bei denen der Sprechende und Hörende (,der Schreibende und Lesende) sich die Auslassung hinzudenken, wenn z. B. jemand sagt: du weißt wohl, er ist ein ...., und der Angeredete antwortet: ja, ja, schweig nur; dagegen lassen sich doch diejenigen abgebrochenen Sätze auf keinen Fall Ellipsen nennen, in denen entweder der Sprechende oder der Hörende oder beide die Auslassung nicht zu ergänzen wissen. Dies ist z. B. der Fall in folgenden Gesprächen:

A. Ich hörte gestern, dein Bruder sei .....; ach, ich habe das Uebrige vergessen.

B. Ich weiß es recht gut; es ist mir aber sehr lieb, daß du es vergessen hast.

C. Ich hörte gestern, dein Bruder sei ....; nein ich mag es dir gar nicht sagen.

D. Das ist unklug von dir gehandelt; ich möchte das Gerücht gern wissen.

E. Der Sterbende sprach: mein Bruder F. soll .... Bei diesem Worte verlor er das Bewusstsein.

F. Das schmerzt mich aufs tiefste; sein letzter Wille würde mir heilig gewesen sein.

3) Noch muß man von den bisher besprochenen grammatischen die logischen Ellipsen unterscheiden, die als Wortellipsen nichts als Auslassungen von Vorstellungen oder Begriffen sind, welche man sich bei einem auf diese Art unvollständig ausgedrückten Gedanken hinzudenken muß. Nach dieser Bestimmung sind alle grammatischen Ellipsen zugleich logische; umgekehrt aber giebt es sehr viele logischen, die nicht zugleich grammatische sind, nämlich alle diejenigen, welche keine grammatisch wesentlichen Theile ihres Satzes sind. Wenn man z. B. sagt: der Kreissecretair benahm sich höchst ungeschliffen, ich schwieg, ich gedenke es ihm; der Mensch, so ein Mensch, ein solcher Mensch muß seiner Strafe nicht entgehen, so muß man sich logisch hinzudenken: ich schwieg, aber ich gedenke es ihm, denn dieser grobe Mensch, ein so grober, solch ein grober Mensch, wie er, muß der Strafe nicht entgehen. Grammatisch ist dieses Hinzusetzen, ja selbst das Hinzudenken nicht nothwendig; darum findet hier keine grammatische, sondern nur eine logische Ellipse statt.

Weit häufiger noch sind die logischen Ellipsen ganzer Sätze, von denen wir sehr bald (§ 884) sprechen werden.

884) Bei der Verbindung mehrerer Sätze mit einander (zu einer Periode) kann die grammatische Ellipse auf eine doppelte Art statt finden, nämlich theils so, daß eben um der Verbindung der Sätze willen der eine derselben einen oder mehrere seiner Theile wegläßt, wodurch wieder eine Wortellipse entsteht, theils so, daß ein ganzer Satz, den man jedoch hinzudenken muß, weggelassen wird; und dies giebt dann eine Satzellipse. Wie durch die Wortellipse, die Auslassung einzelner Wörter elliptische Sätze entstehen, so entstehen durch die Satzellipsen, durch die Auslassung ganzer Sätze elliptische Perioden. Daß bei einer Periode eine solche grammatische Ellipse statt findet, muß sich immer durch die grammatische Form des ausgesprochenen Satzes zu erkennen geben.

Beispiele solcher Wortellipsen oder elliptischen Sätze in verbundenen Sätzen oder Perioden sind: ich weiß nicht, lebt er oder ist er todt; (für: ob er lebt oder todt ist;) daß er gestern noch lebte, weiß ich, (für das weiß ich,) doch lebend oder todt, (für: sei er lebend oder todt, mag er leben oder todt sein,) seinen Wunsch erfülle ich doch. Solcher Ellipsen (,und so auch der Satzellipsen) bedient sich besonders die höhere Sprechart zur Kürze, Rundung und Lebendigkeit der Darstellung, zur Schattirung und Nuancirung der Begriffe, zur absichtlichen Verdeckung und Versteckung des Sinnes, insofern sich dieser durch die Ellipse in seiner Unvollständigkeit nicht ganz deutlich ausspricht, und zur Erreichung anderer rhetorischen Zwecke (gleichsam als rhetorische Figuren).

So führt Herling zum Belage dieser Behauptung folgenden Monolog von Weiße an:

Mich schaudert's! — Still (sei es)! — Wer ruft? (Ruft) Die Stimme Heinrichs? — Ja. (Sie ruft.)
(Ruft sie) Noch einmal? (Ja, sie ruft) noch einmal! — Da kommt sein Schatten, da (kommt er)!
Er schreitet auf und ab! — Er flieht; — er naht sich wieder.
Er steht; — sein Auge rollt! — (Sein Auge) gießt Flammen auf mich nieder.
Er droht, — (er) winkt, — (er) winkt (noch einmal). Wohin (soll ich folgen)? (Er winkt) umsonst; — (denn) ich folge nicht!
Er flieht; — die Erde bebt; — (gehe und bleibe) weg, schreckliches Gesicht!

Beispiele von elliptischen Perioden, in denen ganze Sätze, bald Haupt- bald Nebensätze ausgelassen sind, die aber (nothwendig) (wenigstens) in Gedanken ergänzt werden müssen, sind folgende: daß du kein Wort sagst! (Nebensatz;) (nämlich: befehle, rathe ich dir, wünsche ich, lässt dich dein Freund erinnern, und dergleichen Hauptsätze mehr, die jedesmal der Zusammenhang der Rede zu erkennen geben muß;) wüsste ich nur den Weg! (für den Nebensatz: wenn ich nur den Weg wüsste;) (nämlich: so würde ich ruhig sein, kommen, die Zeit nicht versäumen, so wollte ich ihn dir gern zeigen, und dergleichen Hauptsätze mehr;) er würde es besser machen; (Hauptsatz;) (nämlich: wenn er dürfte, wenn er hier wäre, wenn er in eine ähnliche Lage käme, und dergleichen Nebensätze mehr;) ich will es ihm zeigen. (Hauptsatz.) (Nämlich: wie er die Arbeit machen muß, was er zu thun hat, daß ich Recht habe, daß er Unrecht gethan hat, daß er mir Gehorsam schuldig ist u. dgl. m..) (Mehrere solcher Beispiele enthält § 764, Th. 4, S. 458, § 765, Th. 4, S. 459. Auch gehören hierher die § 882 von Klara Schmidt und Lessing angeführten Beispiele.)

Daß es auf eine ähnliche Art auch logische Satzellipsen geben kann und muß, folgt aus dem Begriff der Satzellipse. Sie finden allemal statt, sobald bei einer Rede ein ganzer Gedanken nothwendig zu ergänzen ist. Darum ist wieder jede grammatische Satzellipse auch immer zugleich eine logische; das Dasein einer bloß logischen aber, die keine grammatische ist, lässt sich nicht, wie diese, durch die Form des ausgesprochenen Satzes, der elliptischen Periode erkennen. Darum kann es sehr oft zur Streitfrage werden, ob eine Rede logisch elliptisch ist oder nicht, indem man sehr oft über die Nothwendigkeit einer hinzuzudenkenden Ergänzung, darüber, ob wirklich ein Gedanken ausgelassen ist oder nicht, uneinig sein wird. Ein Gedanken kann sehr oft durch einen andern erläutert, näher bestimmt, erweitert, beschränkt werden, ohne daß dies gerade nothwendig ist, so daß man eine Ellipse voraussetzen müsste. Eben deswegen gehört aber auch die nähere Untersuchuug hierüber nicht in die Grammatik, sondern in die Logik.

Beispiele von logischen Satzellipsen sind: bist du wirklich schon hier? du bist doch ein guter Kerl! Im ersten Satze deutet das wirklich, im zweiten das doch darauf hin, daß man sich ganze Sätze hinzudenken soll, ob diese gleich nicht genau bestimmt sind. Beim ersten etwa: du pflegst sonst der letzte zu sein, später zu kommen, nicht Wort zu halten, dich saumselig finden zu lassen u. s. w.; beim zweiten etwa: ob du gleich es oft nicht zu sein scheinst, oft verkannt wirst, manche dummen Streiche machst u. s. w.. Noch ein Beispiel ist folgendes: ich bin Zeuge seiner Rührung, seiner Thränen, der Eil gewesen, mit welcher er seine Börse zur Unterstützung des Verunglückten hingab; wer von euch behauptet, daß er hartherzig sei? Hier deutet der erste Satz an, daß man sich beim letzten hinzudenken muß: wer von euch behauptet nun noch, ist noch so ungerecht, so anmaßend zu behaupten, er sei hartherzig, da ich das Gegentheil sicher weiß, es auch sage, beweise, und seine Mildherzigkeit behaupte.

885) Uebrigens gehe man nicht zu weit, auch da Ellipsen finden zu wollen, wo sie gar nicht sind, oder wo man es doch nicht nöthig hat, die Rede elliptisch zu nennen. Herling nimt (l. c. Th. 2, S. 45) Ellipsen an in: „er thut, als wenn er krank wäre = als er thun könnte, wenn er krank wäre; prüfe es genau, so wirst du die Wahrheit einsehen, wo man ergänzen soll: wenn du es prüfst; (S. 124:) ich will ihm sogleich sagen, daß er kommen solle, und: daß

er kommen sollte, bei welchen elliptischen Sätzen eine zarte Verschiedenheit statt finden soll; der letztere [letzte] sei, weil die möglichere (??) Ergänzung (:) wenn du so gütig seyn wolltest, oder dgl. die Forderung mildere, nicht befehlend, wie der erstere" (erste). Aber im ersten Beispiele könnte man wenigstens hinter als nicht suppliren: er thun könnte, denn: als er thun könnte ist gar kein Deutsch, sondern es müsste heißen: wie er thun könnte, wenn er krank wäre; doch gäbe auch diese Ergänzung einen ganz andern Sinn, als durch: als wenn er krank wäre, ausgedrückt werden soll. (Der Sinn ist: er nimt den Schein eines Kranken an, stellt sich krank, er hat sich wie ein Kranker.) Daher ist es gewiß besser, ganz einfach dabei zu bleiben, daß die erläuternd umschreibenden Bindewörter als ob, als wenn nach der ihnen zustehenden Bedeutung auf solche Umschreibungen der Sätze führen. (Man vergleiche § 371, Th. 2, S. 301 und § 374, S. 314.) Wollte man diese Umschreibungen, diese Angaben der Begriffe, welche durch diese Bindewörter ausgedrückt werden, Ellipsen nennen, so müsste man fast bei jedem Bindewort solche Ellipsen annehmen. So könnte man ja z. B. auch sagen: ich taumele wie ein Betrunkener, er thut wie nicht gescheut, er hat sich noch als Mann wie ein Kind benommen, der Vater und die Mutter oder ihr Bruder soll kommen u. s. w. wären lauter Ellipsen, die man ergänzen müsste: ich taumele auf eben die Art, wie ein Betrunkener taumelt; er thut so, als ob er nicht gescheut wäre; er hat sich noch zu der Zeit, als er schon Mann war, so benommen, wie sich ein Kind benimt; der Vater soll kommen und die Mutter soll kommen, oder statt ihrer soll ihr Bruder kommen.

Noch weniger können wir Herlings zweites Beispiel eine Ellipse nennen, sondern wir sagen ganz einfach, der Imperativ prüfe steht statt des Indicativs oder Conditionalis: wenn du prüfst, prüfen wirst, prüftest, und es ist also in: prüfe, so wirst du die Wahrheit einsehn, durchaus gar nichts zu ergänzen.

Endlich in Ansehung des dritten Beispiels können wir Herlings Meinung am wenigsten beitreten. Freilich können bei sollen Ellipsen statt finden: du solltest vorsichtiger sein, (etwa: wenn du vernünftig für dich sorgen wolltest, man sehe § 763, Th. 4, S. 456, verglichen mit den Ellipsen S. 454,) aber hier findet in: ich will ihm sagen, daß er kommen solle oder sollte, beim Conjunctiv solle durchaus keine Ellipse statt, und der Conditionalis sollte, weit entfernt, einen mildern Sinn als der den Imperativ umschreibende Conjunctiv auszudrücken, weil er elliptisch sei, und die Ergänzung fordere: wenn er so gütig sein wolle oder wollte, darf hier eigentlich gar nicht stehen. Es ist in der Regel ein Sprachfehler, eine Verwechselung der Modus, sprechen zu wollen: ich will ihm sagen, daß er kommen sollte, wenn er wollte, er sollte nur kommen, wenn er Lust hätte; es muß heißen: daß er kommen soll oder solle, er soll, solle nur kommen, (wenn er wollte oder will, wenn er Lust hätte,) und nur ausnahmsweise darf man einmal sagen: ich will ihm anzeigen, daß er billig kommen sollte. Das ist aber ganz richtig, wenn man so mit dem Conditionalis spricht, daß man sich dann die Rede elliptisch denken muß, etwa: wenn er klug handeln, sich Liebe erwerben wollte u. s. w.. (Natürlich wäre sollte auch als Imperfect im Indicativ richtig: ich will ihm sagen, daß er gestern kommen sollte; heut bedürfen wir seiner nicht mehr.)

886) Was nun die Parenthesen betrifft, die auch oft, doch nicht immer, zur Abkürzung der Rede und zur Zusammenziehung der Sätze dienen, so ist es sonderbar, daß es schwer fällt, diesen so einfachen Begriff zu erklären.

In der Schriftsprache versteht man darunter, das leidet keinen Zweifel, jeden Ausdruck, sei es ein einzelnes Wort, oder (als Satztheil) mehrere Wörter, oder ein ganzer Satz oder eine Periode, der zwischen die bekannten Zeichen ( ) oder [ ] geschrieben ist. Wollte man aus dieser Bemerkung die Erklärung der Parenthese ableiten, so müsste bestimmt werden, was man beim Niederschreiben einer gesprochenen Rede die Verpflichtung oder die Erlaubniß hat, zwischen solche Klammern zu setzen, und da der Sprachgebrauch auch für die Tonsprache, für die gesprochene Rede von Parenthesen, parenthetischen Ausdrücken, Sätzen und Perioden spricht, so müsste man verpflichtet sein, auch in der mündlichen Rede diejenigen Ausdrücke Parenthesen zu nennen, und etwa durch den Tonfall, durch Senkung oder Erhebung der Stimme als solche zu bezeichnen, welche man nach jenen Bestimmungen in Klammern setzen müsste, wogegen man die Erlaubniß hätte, auch solche Ausdrücke Parenthesen zu nennen, nennen zu dürfen, welche man beim Schreiben zwischen Klammern setzen könnte, ohne doch dazu verpflichtet zu sein. Dies wäre gewiß die einfachste, leichteste und natürlichste Bestimmung.

Nun kann aber jene Angabe, was in Klammern stehen muß oder darf, offenbar nur Sache der Ueberlegung, logischer Vorstellungen und Entscheidungen sein, und unzählig oft wird es ganz vom Gefühl, von der Meinung und Ansicht, ja bloß von der Willkühr des Schreibenden (und Redenden) abhangen, ob derselbe einen Gedanken, eine Vorstellung durch eine parenthetische Absonderung vom Zusammenhange der übrigen absondern und ausscheiden will oder nicht. Es lässt sich darüber keine Regel, sondern nur die allgemeine Bemerkung aufstellen, daß der Schreibende gewöhnlich das in eine Parenthese setzen wird, dessen Inhalt er dem Leser als nicht zum Hauptinhalt seines Vortrags gehörig, als unwesentlich, unwichtiger, sich von selbst verstehend, fremdartig u. dgl. andeuten will. Und daher lässt sich denn in der That der Begriff der Parenthese nur sehr allgemein und unbestimmt festsetzen.

887) Wir nennen nämlich grammatisch und logisch zugleich im Allgemeinen Parenthese jeden sprachlichen (geschriebenen oder gesprochenen) Ausdruck, der von der übrigen Rede als nicht nothwendig und wesentlich zu ihr gehörend durch den Redeton oder durch Schriftzeichen (die Klammern) abgesondert wird. Nach dieser freilich sehr unbestimmten Bestimmung gehört logisch nichts zur Parenthese, als daß ihr Inhalt nicht nothwendig zur Rede gehört, und deshalb ohne wesentliche Veränderung des Sinnes weggelassen werden kann, grammatisch aber, daß sie auf den grammatischen Bau der übrigen Rede durchaus keinen Einfluß hat, so daß bei ihrer Weglassung die Construction und grammatische Form derselben auch nicht die geringste Veränderung leidet.

Die Parenthese selbst aber kann, insofern sie aus einzelnen Wörtern, Satztheilen, abgekürzten oder zusammengezogenen Sätzen besteht, ihrer grammatischen Form nach durch die Form des Satzes, mit welchem sie verbunden ist, bestimmt werden; auch wenn sie einen eignen ganzen Satz bildet, kann dies der Fall sein, doch ist es nicht nothwendig; wenn sie dagegen eine eigne Periode oder ein noch größeres Satzgefüge, einen ganzen Vortrag u. dgl. enthält, so muß sie auch ihre eigne, für sich bestehende, unabhangige grammatische Construction haben.

Gewöhnlich stehen die Parenthesen mitten in einer Rede; daher nennt man sie mit einem deutschen Namen, bei Ermangelung eines bessern und ganz passenden, noch am besten Einschiebungen, Einschiebsel. Die gewöhnlichste Benennung ist Zwischensätze; diese passt aber nicht, da unzählige Parenthesen nicht Sätze, sondern nur Wörter und Satztheile, oder umgekehrt ganze Perioden sind.

Beispiele von Parenthesen sind: ich lehre ihn (und auch seine Schwester) („hättest du das wohl gedacht?) Botanik, (d.

i. Pflanzenkunde,) Naturgeschichte (oder vielmehr Naturbeschreibung) überhaupt, und im nächsten Winter auch (,wenn das Glück gut ist, wenn nicht die schändliche Cholera [, verwünscht sei sie!] einen Querstrich macht,) auch Zoologie (,Thierkunde) (, sollte ich aber damit nicht angefangen haben?) und Mineralogie. (Für diesen letzten griechischen Namen giebt es kein deutsches Wort. Das müssen selbst die ärgsten Sprachreiniger [,zu Deutsch Puristen] gestehen.)

Der Schluß dieses Beispiels zeigt schon, daß nicht jede Parenthese ein Einschiebsel ist, sondern sehr oft auch am Ende der Rede stehen kann. Eben so kann sie aber auch eine Rede oder einen Satz anfangen. Ein Beispiel sei folgender Dialog:

A. Du hast Unrecht gethan. (Das alte und neue Testament sagt dir ja:) Du sollst nicht stehlen. Unterwirf dich also willig der Strafe (,die übrigens gewiß nicht zu hart sein wird).

B. (Antwort.) (Ich muß nur gute Miene zum bösen Spiel machen, und sprechen, wie er es haben will.) Ja, liebster A., ich sehe mein Unrecht ein.

Ganz falsch wäre die Art des Gebrauchs der Parenthese in folgenden Beispielen: sei nur ruhig, (ich kann dir im Vertrauen sagen, da) ich gestern zuverlässige Nachrichten erhalten habe; es muß heißen: sei nur ruhig, (kann ich dir im Vertrauen sagen, denn) ich habe gestern zuverlässige Nachrichten erhalten.

888) Aus dieser einfachen Aufstellung ergiebt sich sogleich, daß wir Herling durchaus nicht beistimmen können, wenn derselbe (l. c. Th. 1, S. 163) sagt: „jeder Ausdruck, der die Glieder eines Satzes trennt, ohne mit ihm grammatisch verbunden zu seyn, heißt eine Parenthese. Sie muß, als ein selbstständiger Ausdruck, (??) die Geltung eines ganzen Satzes haben, da in der Sprache nur Gedanken dargestellt werden (,) und keine vereinzelte (n) Begriffe. (Ist das wahr? und ist es, wenn es wahr wäre, ein Grund für die aufgestellte Behauptung?) Dagegen kann sie, (sagt derselbe Th. 2, S. 51,) eben weil sie in keiner grammatischen unterordnenden Verbindung mit dem einschließenden Satze steht, auch nur ein Hauptsatz oder eine elliptische Periode sein. Wo sie nur (, heißt es Th. 2, S. 164,) aus Einem Worte besteht, muß dieses ein elliptischer Satz seyn: er hat sich — unbegreiflich! — nicht dazu bewegen lassen (gelassen) ∾ was mir unbegreiflich ist. Die Interjectionen (,heißt es ferner (Th. 2, S. 52,) als Ausdrücke von Empfindungen, deren Inhalt durch einen

ganzen Satz [,ein vollständiges Urtheil] erklärt und ausgedrückt werden kann, und der Vocativ können, sofern sie zwischen den Gliedern eines Satzes oder einer Periode stehen, als Parenthesen angesehen werden: aber ach! wie sehr habe ich mich in ihm betrogen ~ aber wie sehr habe ich mich — es schmerzt mich! — in ihm betrogen!" (In Ansehung des Vocativs setzt Herling Th. 1, S. 165, noch besonders hinzu: „der Vocativ hat gleichsam eine zwiefache Seite. Als bloßer Aufruf, die angeredete Person der Aufmerksamkeit auf die Rede zuzuwenden, hat er die Natur eines selbstständigen Hauptsatzes, ähnlich den Interjectionen: diesen Vorwurf macht dir, Freund! [amice] [oder ach!] so gar dein Bruder; als nähere Bestimmung der zweiten Person hat er die Natur eines verkürzten Adjectivsatzes, einer Apposition: aber du, mein Freund, [amicus meus,] [oder: der du mein Freund bist!] hättest mich vertheidigen müssen [gemusst]." [Aber ist hier denn Freund, insofern man amicus dafür setzen kann und will, noch der Vocativ? Doch das mag hingehen!] Uebrigens aber:)

Alle diese Behauptungen Herlings müssen wir, wie gesagt, als falsch verwerfen. Ist es namentlich nicht ganz verwerflich, die Interjectionen dann und darum Parenthesen nennen zu wollen, wenn und weil sie zwischen den Gliedern eines Satzes stehen? wird denn dadurch ihr Wesen, ihr Begriff und ihr Verhältniß geändert? Nein, wie in: ach, du bist sehr zu beklagen! und: er seufzte noch ach! und starb, niemand an sich ach eine Parenthese nennen wird, so wird diese Interjection auch dadurch nicht zur Parenthese, daß man sagt: du bist ach! sehr zu beklagen. Wohl aber kann man sie parenthetisch nehmen und nennen: (ach ~ es schmerzt mich,) du bist sehr zu beklagen! du bist (,ach ~ es schmerzt mich,) sehr zu beklagen! du bist sehr zu beklagen (,ach ~ es schmerzt mich)! Eben so ganz verwerflich ist es, die Vocativen: kommen Sie, thut Ihr es, komm, Herr Bruder! es lieben dich, Herr, oder König, oder Friedrich Wilhelm, deine Unterthanen, Parenthesen nennen zu wollen; auch wenn sie als Appositionen stehn: kommen Sie, meine Herren, mit mir; auch du, mein Sohn? (et tu, mi fili?) ich will dir, Louis, etwas sagen; ich erwarte dich, Gustav, mit Sehnsucht. Höchstens ließe sich das für den Fall rechtfertigen, wenn der Vocativ (nach Art des sogenannten dativus commodi, und noch weniger als dieser,) gar keine Beziehung auf den Inhalt der Rede hat, also etwas an sich ganz Fremdartiges anzeigt, das man auch zugleich als einen elliptischen Satz betrachten kann. Wenn man

z. B. sagt, eine Ausdrucksart, die besonders der Volkssprache eigenthümlich ist: die Holländer haben (dir), Franz, die erbärmlichen Belgier tüchtig geschlagen, so bedeutet der Vocativ Franz etwa: höre zu, Franz, ich muß es dir sagen, es ist richtig, mir gar zu sehr lieb, und dir gewiß auch u. dgl. m., und deswegen läßt sich dieser Vocativ als (eine dem Inhalt der Rede fremdartige) Parenthese betrachten. Daß aber selbst solcher Vocativ im Allgemeinen doch nicht so betrachtet wird, beweiset schon der Umstand, daß es beim Schreiben wohl nie jemandem einfällt, das Franz wirklich in Klammern zu schließen.

Dagegen hat Herling (,um doch auch über diesen Gegenstand etwas Gutes von diesem achtbaren Sprachforscher anzuführen,) ganz Recht, wenn derselbe (l. c. Th. 1, S. 163) sagt: „logisch, dem Inhalte der Vorstellung nach, muß die Parenthese mit ihrem Satze zusammenhängen, (hangen,) denn sonst wäre kein Grund vorhanden, sie einzuschieben." Nur zeigt das letzte Beispiel, daß auch dieser Zusammenhang oft nur äußerst locker ist. (Man vergleiche übrigens § 653, Th. 4, S. 22 — 24, und § 754, S. 425.)

Schließlich sei es noch bemerkt, daß die höhere, dichterische Redeart, sowohl im ernsten als scherzhaften Style, die Parenthesen sehr oft zu rhetorischen Zwecken (gleichsam als rhetorische Figuren) braucht, besonders um der Rede, durch absichtliche Unterbrechung der grammatischen Construction, mehrere Lebhaftigkeit zu geben. Doch bezeichnet man solche Parenthesen sehr selten schriftlich durch Klammern.

Als Beispiele führt Herling (l. c. Th. 2, S. 233) folgende zwei schönen Stellen Klopstocks an:

Ich sah, — o, sagt mir, sah ich, was jetzt geschieht?
erblickt' ich Zukunft? — mit der britannischen
sah ich im Streitlauf Deutschlands Muse
heiß zu den krönenden Zielen fliegen!

In des kommenden Mittlers Gebehrde
war, in dem Antlitz des Ueberwinders, mit göttlicher Ruhe
überstralt (,Urkräfte begannen durch sie,) war Allmacht!

(Nur die Wiederholung des war muß die Grammatik hier tadeln.)

Sechste Abtheilung.

Ueber die Perioden.

889) Es ist sehr sonderbar, daß die deutschen Grammatiker, nachdem wir Deutsche nun schon so unzählige Millionen Perioden gesprochen und geschrieben haben, noch immer nicht darüber einig sind, was sie eigentlich eine Periode nennen wollen.

Da ein Einzelner sich hierüber keine entscheidende Stimme anmaßen darf, so bleibt uns wieder nichts übrig, als die verschiedenen Aufstellungen einiger unsrer besten Sprachlehrer anzugeben.

Bürger sagt über den Begriff, das Wesen und die nähere Bestimmung der Perioden (in seinem schon citirten Lehrbuche des deutschen Styls) Folgendes: „Wird der Satz, er sey ein einfacher oder zusammengesetzter, bis zu einer gewissen beträchtlichen Länge (?) erweitert, so entsteht daraus eine Periode. Ich sage bis zu einer gewissen beträchtlichen Länge; denn zwischen bloß erweiterten Sätzen und einer Periode läßt sich die Grenzlinie nicht genau zeichnen. Daher sind die Theoristen in der Erklärung einer Periode sehr unbestimmt. Manche nennen schon jeden Satz eine Periode. Allein schon der Nahme Periode [Umweg, Umschweif] scheint eine Verbindung mehrerer Haupt- und Nebensätze zu einem schönen Ganzen zu erfordern. Die Periode unterscheidet sich daher nicht nur durch die größere Länge und Ausführlichkeit, sondern durch genaue Verkettung mehrerer einander untergeordneter Sätze, und besonders durch die Suspension (?) des Sinnes von einem bloß ausgebildeten und erweiterten Satze. Die Verkettung durch Conjunctionen und die Suspension des Sinnes entscheidet darüber. Folgendes ist eine Periode: so schön auch die Anstalten waren, so blieben sie doch darum unwirksam, weil nicht nur die Nation arm war, sondern auch Niemand den nöthigen Vorschuß thun wollte.

Eben daher würden auch mehrere bloß copulative, continuative und disjunctive Sätze, zwischen zwei Puncte gestellt, nicht eine Periode zu heissen verdienen, weil die bloße Nebeneinanderstellung, nicht aber die Verkettung vorhanden seyn würde, welche der Leser nicht eher fahren lassen kann, als bis er an das letzte Glied gelangt ist." (Dies ist die Erklärung des Begriffs der Suspension, und wie sich gegen diese ganze Angabe Bürgers überhaupt wohl nichts Bedeutendes einwenden lassen dürfte, so ist es namentlich gewiß auch richtig, daß es

zum

zum Wesen einer Periode gehört, daß ihr voller Sinn nicht eher als mit dem letzten Worte derselben ganz vollständig und deutlich wird und werden darf, indem ihre Theile so unter einander verbunden sein müssen, daß erst nach dem letzten Worte der Aufschluß des Sinnes vollkommen deutlich, und die Aufmerksamkeit des Zuhörers oder Lesers befriedigt wird.)

890) Man sieht, Bürger hat eigentlich keine Definition der Periode aufgestellt, sondern mehr genetisch angegeben, wie sie entsteht, und was zu ihrem Wesen gehört und nicht gehört. Er lässt es unentschieden, ob sie nur einen Hauptsatz enthalten darf, oder deren auch mehrere umfassen kann. Eben so allgemein drückt sich auch Reinbeck aus, wenn er (in seinem Handbuch der Sprachwissenschaft, Band 1, Abtheilung 2, Duisburg, 1814, S. 264) bloß sagt: „die Periode ist die Verbindung mehrerer Sätze zu einem schöngeordneten Ganzen. Als ein Ganzes kann eine Periode nur einen Hauptgedanken enthalten, welcher nach allen (?) seinen Modificationen durchgeführt wird, und die Darstellung, Beschränkung und Durchführung dieses Hauptgedankens bestimmt die Gränze der Periode." Niemand wird gegen diese Behauptung, jede Periode müsse nur einen Hauptgedanken aussprechen, etwas Gründliches einwenden können, aber der Begriff Gedanke wird dann, wie hier, in einem allgemeinern Sinne genommen, so daß er nicht auf den engen Begriff einer Verbindung von Vorstellungen, die sprachlich durch einen Satz ausgedrückt wird, sich beschränkt, (nach welchem engen Begriff Bernhardt, wie wir gleich hören werden, auch mehrere Hauptgedanken für eine Periode zulässt,) sondern zu seinem sprachlichen Ausdruck auch mehrerer Sätze bedürfen kann. In der That muß man die Behauptung so vieler Grammatiker, daß jede Periode nur einen Hauptsatz (und einen oder mehrere Nebensätze) enthalten dürfe, geradezu verwerfen. Dieser Meinung ist auch Herling, (wie wir bald zu bemerken Gelegenheit haben werden,) und Becker sagt (l. c. S. 375) ebenfalls: „wenn zwei Sätze, die vermöge ihres Inhalts einander gewissermaßen ergänzen, als Vordersatz und Nachsatz in einer rhythmischen Form zu einer Einheit verbunden werden; (,) so nennt man ein solches Satzgebilde eine Periode. (Dies ist zwar wahr, aber daraus folgt nicht, daß jede Periode nur zwei Sätze enthalten dürfe, wie denn auch Becker selbst sogleich fortfährt.) Der ergänzende Satz ist zwar dem andern Satze nicht immer, wie ein Nebensatz dem Hauptsatze, durch die grammatische Form, aber immer durch seinen Inhalt untergeordnet. Auch

besteht jede Periode eigentlich nur aus Einem Vordersatze und Einem Nachsatze, obgleich beide wieder aus zwei oder mehr (mehreren) einander beigeordneten oder untergeordneten Sätzen bestehen können."

Hier ist zwar die Behauptung unrichtig, (wie wir bald näher sehen werden,) daß jede Periode aus Vorder- und Nachsatz bestehen müsse; desto sicherer ist es aber wahr, daß nicht nur mehrere Neben-, sondern auch mehrere Hauptsätze zu einer Periode gehören können.

Am entschiedensten spricht sich über diese Wahrheit Bernhardt aus, der (l. c. S. 314 u. ffg.) besonders Folgendes sagt: „Wie einzelne Wörter zur Bildung eines einfachen Satzes zusammengefügt werden, in welchem die Verbindung zwischen Subject und Prädicat nur einmal vorkommt, so kann man auch mehre Sätze zu einem zusammengesetzten Satze oder zu einem Gesätze verbinden, in welchem jene Verbindung zwei oder mehre male enthalten ist.

Mehre Sätze, welche verbunden sind, um einen oder mehre Hauptgedanken mit ihren Nebenbestimmungen darzustellen, bilden eine Periode in weiterer Bedeutung. Sie heißt beiordnend, wenn die nähern Bestimmungen durch Hauptsätze, unterordnend, wenn sie durch Nebensätze dargestellt werden. (Dieser Wortbestimmung folgen nur wenige Sprachlehrer.)

Unter Periode im engern Sinn versteht man den Gliedersatz, d. i. das aus Vorder- und Nachsatz bestehende Gesätze. (Diese Bestimmung ist gut; ihr sollte man allgemein folgen.) Als Vordersatz kann (fast) nur der seinem Nachsatze (gewöhnlich) vorgesetzte Umstandsatz angesehen werden. [Von den übrigen Nebensätzen lassen sich höchstens noch die substantivischen Beisätze mit wer und was (für: wenn Jemand, Etwas) dahin rechnen.] Nachsatz heißt der dem Umstandsatze nachgestellte Hauptsatz."

891) In Ansehung der Theile einer Periode (im engern Sinn des Worts) sagt Bernhardt Folgendes: „Der Vordersatz (,antecedens, protasis,) [die Hebung, Arsis] und der Nachsatz (,consequens, apodosis,) [die Senkung, Thesis] heißen die Glieder [Kola] der Periode. Beide können auch zusammengesetzt sein: Vordergesätze, Nachgesätze. Die dem Vorder- und dem Nachsatze beigeordneten Sätze heißen auch Glieder. Daher zweigliedrige und mehrgliedrige Periode.

[Wie viele Glieder eine Periode haben dürfe, lässt sich

nicht gut im Allgemeinen bestimmen. Doch dürfte die Deutlichkeit selten mehr als vier Glieder gestatten, besonders wenn diese von einiger Länge sind, und untergeordnete Sätze bei sich haben.] (Reinbeck bemerkt hierbei: „eine Periode, zu deren Vortrag der Athem gerade zureicht, heißt eine Pneume; die, welche über das Maß des Athems geht, eine Tasis, extensio;" doch werden diese Ausdrücke sehr selten gebraucht.)

Dies drückt Reinbeck so aus: „es kann die Periode (engern Sinnes, von welcher wir jetzt sprechen,) aus einem Vordersatze und einem Nachsatze, oder aus mehrern Vordersätzen und einem Nachsatze, oder aus einem Vordersatze und mehrern Nachsätzen, oder aus mehrern Vordersätzen und mehrern Nachsätzen bestehen, und daraus entstehen zwei-(,) drei-(,) viergliedrige Perioden [, über welche (Gliederzahl) selten hinausgegangen wird]."

Jene Bestimmung Bernhardts erweitert Bürger noch auf folgende Art: „die Theile einer Periode sind entweder Glieder oder es sind Absätze derselben. Diejenigen Bestimmungen des Subjects oder des Prädicats (des Hauptgedankens, hat Bürger wahrscheinlich hinzugedacht), welche für sich als besondere Sätze betrachtet werden können, sind die Glieder einer Periode, membra, κωλα. Diejenigen Beisätze aber, die nur als Bestimmungen eines andern Satzes einen Sinn haben, und also für sich keinen vollständigen Sinn haben, heißen Absätze, incisa, κομματα" (;doch wird dieser Ausdruck selten gebraucht). Wir haben schon bemerkt, daß nicht in allen Perioden, namentlich nicht in den Perioden im weitern Sinn des Worts, ein Vorder- und ein Nachsatz statt zu finden braucht; indessen führen auch die Theile solcher Perioden den Namen Glieder.

Bernhardt selbst führt folgendes Beispiel einer Periode im weitern Sinn auf: „(1) Das, (a) was man mündlich auszudrücken gelernt hat, kann man auch sehr leicht schriftlich ausdrücken; (2) das, (b) was man in einem Gespräche deutlich zu machen versteht, wird man doch weit leichter in einem Buche auf eine genugthuende Weise erklären: (3) aber nicht umgekehrt wird man mündlich zu sagen wissen, (c) was man (α) umgeben von Büchern, mit der Feder in der Hand, mühsam aufs Reine bringt, (4) und viele der Vorstellungen, (d) welche wir am Ende eines langen Studiums deutlich gefasst zu haben glauben, erscheinen uns selbst nur wie ein Nebel, (ϰ) wenn wir einen Versuch machen, (β) sie andern in einfachen und kurzen Worten beizubringen. (Garve.)"

Niemand kann wohl leugnen, daß dies Beispiel nur eine einzige Periode ist. Offenbar hat sie aber weder einen Vorder- noch einen Nachsatz, sondern mehrere Satzverbindungen, Gesätze oder Satzfügungen, die mit einander zu einem Ganzen, zu einem Satzganzen, Ganzen von Sätzen, zu einer Periode verschlungen sind. Wie viele Glieder hat dieselbe? Das lässt auch Bürgers nicht bestimmt genug ausgedrückte Feststellung unentschieden. Unstreitig sind die mit 1, 2, 3, 4 bezeichneten Hauptsätze: das kann man schriftlich ausdrücken u. s. w., Glieder der Periode; eben so unstreitig sind α und β: umgeben von Büchern, sie andern beizubringen, nicht Glieder, sondern nach Burgers Ausdruck Absätze; was sind aber die vier Relativsätze a, b, c, d: was man auszudrücken gelernt hat u. s. w.? Solche Sätze rechnen zwar viele zu den Neben-, viele aber auch zu den Hauptsätzen, und immer sind es volle, vollständige Sätze, die an sich einen vollständigen Sinn haben; daher gehören auch sie wohl besser zu den Gliedern als zu den Absätzen der Periode. Endlich der bedingende Nebensatz $\varkappa$: wenn wir einen Versuch machen, ist eben dieser Unentschiedenheit unterworfen. Mehrere Sprachlehrer nennen übrigens solche Satzverbindungen, welche Bernhardt Perioden im weitern Sinn nennt, einfache Perioden, insofern sie eben nicht in Verbindungen von Vorder- und Nachsätzen, sondern in einzelnen Sätzen bestehen, deren Subjecte oder Prädicate oder beide Theile durch Neben-, Zwischen-, verkürzte Sätze u. s. w., oder durch andre einfachen Sätze, welche denselben Hauptgedanken jener Sätze von verschiedenen andern Seiten darstellen, näher bestimmt, umschrieben, erläutert, erweitert sein können u. s. w.; dagegen nennen sie Bernhardts Perioden im engern Sinn zusammengesetzte, die also immer aus Vorder- und Nachsätzen bestehen müssen, welche ebenfalls wieder durch Nebensätze u. s. w. zur Angabe von Bedingungen, Ursachen, Gründen, Zeit- und Ortsumständen u. s. w. näher bestimmt und erweitert sein können.

Folgende Periode Fichte's ist auch eine einfache; die ersten drei Sätze in ihr stehen unter sich in gar keiner unmittelbaren Verbindung, haben aber alle zu den beiden folgenden adversativen Hauptsätzen dieselbe gleichmäßige Beziehung, doch ohne Unterordnung; nur: wie sie verschwanden, ist ein Nebensatz: „die Sonne gehet auf und gehet unter, und die Sterne versinken und kommen wieder, und alle Sphären halten ihren Cirkeltanz; aber sie kommen nie so wieder, wie sie verschwanden, und (sondern) in den leuchtenden Quellen des Lebens ist selbst Leben und Fortbildung."

Noch ein Beispiel einer einfachen Periode sei folgende Stelle Spaldings, welche den Hauptgedanken enthält, daß jeder Mensch von Natur eine Anlage zur Erforschung der Wahrheit hat: „ich spüre, daß zur Erforschung der Wahrheit in meinem Geiste eine Anlage ist; ohne geborgten Zierrath, ohne Glanz und Reiz für Einbildungskraft und Witz zieht mich doch alles mächtig an sich, worin ich Folgerung und Zusammenhang erblicke, wodurch ich zu neuen Begriffen und zu neuen Verbindungen derselben gelange; ein natürliches, unwiderstehliches Bestreben nach Erkenntniß ist stets in mir geschäfftig, und ich sehe das weite Reich der Wahrheit als mein Eigenthum an, von dessen verschiedenen mir bequem gelegenen Gegenden ich nur durch Anstrengung meines Nachdenkens Besitz nehmen darf, ein Besitz, der mich glücklicher macht, als ein König durch Eroberung der Welten werden kann."

892) In Ansehung der zusammengesetzten Perioden kann man annehmen, daß es ihrer so viele Arten giebt oder geben muß, wie es verschiedene Arten von Vordersätzen in Hinsicht auf ihre Verbindung mit den Nachsätzen giebt. Wir wissen aber, daß zur Verbindung zweier Sätze im Allgemeinen besonders die Relativpronomen und die Bindewörter dienen, und daß es solcher Bindewörter (nach § 722 — 748, Th. 4, S. 201 — 418), und so auch der Sätze (nach § 776 — 787, S. 531 — 584) sehr viele Arten giebt, daß aber auch mit Weglassung aller Bindewörter sehr oft die bloße grammatische Form der Sätze (, die Imperativ-, Ausrufs-, Frageform u. s. w.) zur Verbindung der Sätze hinreicht. Darum muß es auch sehr viele Arten von zusammengesetzten Perioden geben, die sich namentlich nach den Benennungen der Arten und Bindewörter ihrer Vordersätze classificiren lassen. So wird eine Periode, deren Vordersatz mit dem Nachsatze durch eine concessive Conjunction verbunden ist, eine concessive Periode heißen können. Es ist indessen eben deswegen, weil wir im Vorhergehenden alle Classen der Bindewörter aufgeführt haben, ganz überflüssig, auch nur die Namen der verschiedenen Arten der Perioden anzugeben, oder für jede einzelne Art ein Beispiel aufzustellen. Es mögen daher drei Beispiele zur Erläuterung genügen.

Eine **bedingende** oder conditionale zusammengesetzte Periode in Frageform, in welcher durch Inversion der Sätze (,worüber wir bald, § 908, näher sprechen werden,) der Nachsatz vor dem Vordersatze steht, ist folgende (aus den Schriften des Grafen Vittorio Alfieri): wenn unter allen Geschäfften, welche Menschen treiben, das edelste, erhabenste, heiligste und, ich möchte sagen, göttliche darin besteht, andern Einsichten zu verschaffen, ihr Herz zu bewegen, und mit Liebe für die Tugend und einem edeln Wetteifer in der Ausübung derselben zu entflammen: taugt dann zu diesem wichtigen Unternehmen derjenige, welchem die Noth gebietet, verworfen zu sein, oder sich dazu zu machen?

Ein Beispiel einer causalen zusammengesetzten Periode ist folgende (aus Engels Traum des Galilei): jede hier im Erdenleben durcharbeitete, mühevolle Stunde wird dort in jener Ewigkeit fruchtbar an Glückseligkeit, an einer Glückseligkeit, die derjenige nie fühlen kann, welcher leer an Erkenntniß in jene Welt tritt. (Wenn hier die Periode schlösse, so wäre sie eine einfache; aber sie fährt fort:) Und darum, Freund, will ich nie, auch nicht im höchsten, zitternden Alter aufhören, nach Wahrheit zu forschen, denn wer sie hier suchte, dem blüht dort Freude, wo er nur hinblickt, in jeder bestätigten Einsicht, in jedem vernichteten Zweifel, aus jedem verschwindenden Geheimniß, aus jedem entweichenden Irrthum.

Eine ganz kurze, aber doch zusammengesetzte vergleichende Periode liefere uns Cornelius Nepos, der im Miltiades (, Capitel 6: ut enim populi nostri bis reperimus) sagt: denn so wie die Ehrenbezeigungen (honores) unsers Volks in frühern Zeiten selten und geringfügig (tenues), und eben deswegen ruhmvoll waren, jetzt aber zu häufig (effusi) und nicht geachtet (,veraltet, obsoleti) sind: so finden wir, daß es bei den Athenern ehemals auch gewesen ist (,sic olim apud Athenienses fuisse reperimus).

893) Die Lehre vom Periodenbau, d. i. die Angaben und Regeln, wie Perioden gebildet, richtig, gut und schön construirt werden, was zu einer tadelfreien Periode gehört, wie und wodurch eine Periode fehlerhaft wird u. dgl. m., dies alles gehört eigentlich nicht in die Grammatik, sondern theils zur Sprachlehre im weitern Sinn des Worts, nämlich zur Rhetorik, (der Lehre von der sogenannten Wohlredenheit,) theils zur Logik (als der Denk- oder Vernunftlehre überhaupt). Wir dürfen uns also für den Zweck des gegenwärtigen Lehrbuchs darauf beschränken, hier nur zu einer Uebersicht dieser Lehre vom Periodenbau das Allgemeinste und Nothwendigste darüber anzugeben.

894) Die Satz- und Periodenbildung, bemerkt Bernhardt (l. c. S. 332), hat (historisch und logisch) folgenden Gang genommen: „ursprünglich gebrauchte man die reinen einfachen Sätze; bald jedoch führte die Verwandtschaft des Inhalts mehrer (mehrerer) solcher Sätze [,die indessen unter sich nicht nothwendig verbunden zu sein brauchten,] das beiordnende Gesätze herbei; die Möglichkeit einer mannichfaltigen (manchfaltigen) Ausbildung der Satztheile durch Bestimmungen und Ergänzungen, die der eine Satz, ohne überladen zu werden, nicht mehr fassen konnte, und welche daher in Nebensätzen umschrieben wurden, brachte das untergeordnete Gesätze hervor; und hierauf entstand der Gliedersatz, namentlich auch indem mehre(re) Gesätze mit einander zu einem größern [stilistischen] Ganzen verbunden wurden."

Ein solcher Gliedersatz, eine solche Periode muß, lässt sich ganz im Allgemeinen bemerken, deutlich, ohne Härte und Schwerfälligkeit der Gedankenfolge und des Ausdrucks, ohne widrige, schleppende Weitschweifigkeit sein, und die Aufmerksamkeit des Zuhörers oder Lesers nicht nur stets rege erhalten, sondern auch noch mit jedem neuen folgenden Theile oder Satze immer mehr steigern. Deshalb muß man in der Regel für eine Periode nicht zu viele Sätze in einander schieben, wodurch Dunkelheit des Sinnes veranlasst wird, der Parenthesen sich nach Möglichkeit enthalten, insofern durch sie die Deutlichkeit und Rundung der Rede Nachtheil litte, nicht zu entfernte, verschiedenartige Vorstellungen zusammendrängen, und nicht Sätze mit einander verbinden, welche keinen leichten und ungezwungenen Zusammenhang haben. Ohne daß man nöthig hat, die Länge der einzelnen Theile und Sätze einer Periode, und namentlich des Vorder- und Nachsatzes, ängstlich gegen einander abzumessen, muß in der Regel doch ein gewisses Verhältniß, wenn auch keine volle Gleich- und Ebenmäßigkeit, bei ihnen statt finden, besonders soll der Vordersatz gegen den Nachsatz, wenn das Verhältniß der Unterordnung bei ihnen zum Grunde liegt, nicht zu kurz, und noch weniger zu lang sein, und immer darf die ganze Periode nicht zu sehr ausgedehnt werden, damit sie der Sprechende, bei der gewöhnlichen Länge und Stärke des menschlichen Athems, mit allen durch den Sinn der Rede gebotenen Abänderungen des Steigens und Fallens der Stimme, ohne Ermattung und Erschöpfung hersagen könne. Uebrigens versteht es sich von selbst, daß man in der Regel weder mitten in einem Satze noch mitten in einer Periode die einmal angefangene Construction oder Art der grammatischen Bildung verlassen, und eine andere nehmen darf, indem sonst ein Satz, eine Periode ohne Ende, ohne Schluß bleiben, und ein andrer, eine andere ohne Anfang sein würde.

895) Diese einfachsten, sich fast ganz von selbst ergebenden allgemeinen Bemerkungen dehnt Bernhardt zu folgenden allgemeinen Regeln über den Periodenbau aus:

„Bei der Verbindung der einfachen Sätze zu zusammengesetzten und beider zu Perioden kommt es hauptsächlich an: a) auf die richtige Zusammenfügung derselben nach ihrem logischen Verhältnisse zu einander; b) auf die Zusammenstimmung des Inhalts und der Form; c) auf die gehörige Formung der einzelen (einzelnen) [einfachen oder zusammengesetzten] Sätze. Hierüber giebt es folgende Hauptregeln:

1) das logische Verhältniß der verbundenen Sätze muß leicht erkannt werden können, wenn nicht etwa (in einzelnen, besonderen, doch seltenen Fällen) die Unbestimmtheit der logischen Verhältnisse (dem Sprechenden oder Schreibenden) zweckdienlich ist, und man (absichtlich) die Möglichkeit einer willkührlichen (verschiedenartigen) Ansicht der Satzverhältnisse oder, bei verkürzten Sätzen, einer mehrfachen Ergänzung statt finden lassen will.

2) Sätze, die einander (in einer Periode) beigeordnet werden sollen, müssen in einem innern (logischen) Zusammenhange stehen.

3) Das logische Verhältniß zweier beigeordneten Sätze muß sich auf dieselben im Ganzen erstrecken. [Beispiel: er kann nicht ausgehen, denn er ist krank. Falsch ist: In dem Kriege zeichnete sich ein junger Mann aus; er war nämlich erst achtzehn Jahr alt. (Hier bezöge sich der beigeordnete zweite Hauptsatz nur auf einen einzelnen Satztheil, junger, des ersten. Verbessert wird dieser Fehler, wenn man den zweiten Satz als einen Nebensatz dem ersten für den näher zu bestimmenden Begriff unterordnet: in diesem Kriege zeichnete sich ein junger Mensch, der erst 18 Jahr alt war, besonders aus.)]

4) Wenn das Gemeinschaftliche zweier zusammengezogenen Sätze ein beiordnendes Bindewort ist, so haben sie eine gleiche logische Beziehung. Für diejenigen dieser beiordnenden Bindewörter, welche die Konjunktion und nicht vor sich nehmen, gilt diese Regel immer; bei denjenigen aber, welche und vor sich vertragen, nur dann, wenn sie am Anfange des ersten der zusammengezogenen Sätze stehen, und diese eine gleiche (dieselbe) Wortfolge haben. [Beispiele: Er wich nicht, sondern kämpfte wacker (,) und be-

hauptete das Feld. (Hier muß man sich vorm letzten Satze das sondern des vorhergehenden Satzes hinzu-, dann aber und wegdenken.) Er war träge und ungehorsam; dennoch lobten ihn seine Eltern täglich, und durfte der Hauslehrer ihm kein hartes Wort sagen; (hier muß man sich beim letzten Satze, der mit dem vorhergehenden dieselbe Wortfolge hat, hinter dem und das dennoch als das Gemeinschaftliche beider Sätze wiederholt denken; darum haben beide Sätze eine gleiche, dieselbe logische Beziehung zum ersten Hauptsatze;) verschieden (der logischen Beziehung, und darum dem Sinne nach) von: und der Hauslehrer durfte ihm kein hartes Wort sagen (; denn in dieser Form hat der letzte Satz eine andre Wortfolge als der vorhergehende, auf dessen dennoch er auch nicht mehr bezogen zu werden braucht; darum hat er auch eine andre logische Beziehung als dieser). Falsch ist: er wurde sehr hochgeachtet; denn er hatte dem Staate große Dienste geleistet (,) und war selbst dabei reich geworden.] (Da hier im letzten Satze das Subject er fehlt, derselbe also mit dem vorhergehenden zusammengezogen ist, so müsste man nach der Grammatik auch das denn auf ihn beziehen, und voraussetzen, daß er dieselbe logische Beziehung wie der vorhergehende zum ersten Satz habe. Das ist aber nicht möglich, da niemand hochgeachtet werden wird, weil er reich geworden ist; darum ist die Construction falsch.)

5) Wenn einem zusammengezogenen Satze ein einfacher oder zusammengezogener Satz beigeordnet wird, so bezieht sich dieser immer auf den ganzen zusammengezogenen Satz, nie auf einen (einzelnen Satz oder) Theil (desselben). [Beispiel: Er konnte seine Meinung nicht begründen (,) und hatte alle seine Freunde gegen sich; deßwegen mußte er sich für besiegt erklären. (Er erklärte sich für besiegt, nicht weil seine Freunde gegen ihn waren, auch nicht weil er keine Gründe für sich hatte, sondern nur weil beide Umstände zugleich statt fanden, weil er weder Gründe noch die Beistimmung seiner Freunde für sich hatte.)]

6) Wenn mehrern zusammengezogenen Sätzen ein Umstandssatz angefügt ist, so kann dieser sich entweder a) nur auf einen beziehen, in welchen er alsdann gewöhnlich eingeschlossen wird: er musste den Fehler eingestehen, und, weil er sich gegen die Gesetze vergangen hatte, die bestimmte Strafe leiden; oder b) auf alle, namentlich wenn er sich an das Gemeinschaftliche jener Sätze knüpft: er wurde gelobt, und bekam

eine bessere Anstellung, nachdem er dem Staat diesen Dienst geleistet hatte.

7) Die grammatische Würde eines Satzes muß mit der logischen Würde desselben (desselben) übereinstimmen. Namentlich muß (in der Regel) jede Hauptthatsache in einem Hauptsatze, jeder Nebenumstand in einem Nebensatze dargestellt werden. Die Hervorhebung oder die Zurücksetzung [(,)das in den Schatten Stellen] eines Gedankens wird vorzüglich auch dadurch bewirkt, daß man a) einem Satze eine mehr oder weniger auffallende (auffallende) Stellung anweiset, b) ihm eine weitere oder engere Form giebt. Ein verkürzter Satz hebt (nämlich) den Gedanken gewöhnlich weniger hervor, als der vollständige, und die Zusammenziehung eines Satzes mit einem andern stellt in der Regel (eben so) seinen Inhalt mehr in Schatten. — Hierher gehört (auch) die Darstellung eines Gedankens in mehren Sätzen (zur größern Hervorhebung desselben): diese Idee ist es, welche uns über das ganze Dasein Licht giebt, statt: diese Idee giebt uns über das ganze Dasein Licht. — Oft dient jedoch (umgekehrt), nach längern Gesätzen, die nachdrückliche Kürze eines Satzes eben so sehr zur Hervorhebung des Dargestellten (,wie sonst die Verlängerung des Ausdrucks).

8) Bei der Verbindung mehrer Sätze zu einem stilistischen Ganzen müssen die logischen Hauptsätze so an einander gereihet werden, daß der Verstand mit Leichtigkeit von einem Hauptgedanken auf den andern übergehen kann.

9) In den Sätzen, welche zu einem Gesätze verbunden werden, muß ein gewisses Ebenmaß Statt finden.

10) Dieses Ebenmaß darf dagegen für die Theile eines Gesätzes nicht Statt finden bei den zu einem größern Ganzen verbundenen, durch Punkt oder gleichgeltende Zeichen verschiedenen Sätzen und Gesätzen. Hier müssen vielmehr einfache Sätze (,doch ohne daß man darauf zu ängstlich zu sehen braucht,) mit zusammengesetzten, Gliedersätze mit andern Gesätzen abwechseln. Stellt man (nämlich z. B.) die Gedanken, die nicht gleiche logische oder rhetorische Würde haben, in lauter einfachen Hauptsätzen neben einander, so entsteht der (sehr verwerfliche) zerschnittene Stil (Styl) ohne Wechsel von Licht und Schatten (,) und abstoßend durch seine Einförmigkeit."

896) Reinbeck giebt (l. c. S. 165) Folgendes über den grammatischen Periodenbau im Allgemeinen an:

„In dem Bau der Periode sind die wesentlichen Eigenschaften: Bestimmtheit, Einheit, Kraft und Wohlklang.

Bestimmtheit entspringt hier (für die Grammatik) aus der Stellung der Wörter [,nicht aus der Wahl derselben, wie in der Verstandesdarstellung], und dabei ist besonders zu sehen auf die Stellung der Adverbien, der Nebenumstände und des relativen Pronomens.

Die Einheit verlangt:

1) daß der Gesichtspunkt nicht in einem Satze zu oft gewechselt werde; daß namentlich auch Vordersatz und Nachsatz wirklich zu einem Begriffe (im weitern Sinn des Wortes) gehören;

2) daß man nicht Dinge in einem Satze häufe, die eigentlich in mehrere vertheilt werden sollten;

3) daß man Parenthesen (nach Möglichkeit) vermeide;

4) daß jeder Satz vollständig geschlossen, ihm keine Schleppe angehängt werde.

Zur Erreichung der Kraft des Ausdrucks ist erforderlich:

1) alle überflüßige (überflüssigen) Wörter wegzuschneiden;

2) Aufmerksamkeit und Sparsamkeit im Gebrauche der Partikeln und Bestimmungswörter;

3) das Hauptwort oder die bedeutendsten Wörter an die Stelle zu setzen, wo sie den stärksten Eindruck machen; durch Inversionen oder überhaupt durch die Anordnung der Begriffe;

4) die Glieder des Satzes müssen (in der Regel) aufsteigend und mit zunehmender Wichtigkeit auf einander folgen [Climax];

5) nie muß ein unbedeutendes Wort schließen; (diese Regel leidet durch die Grammatik selbst viele Beschränkungen und Ausnahmen, indem z. B. sehr oft unbedeutende Hülfsverben die Perioden schließen und schließen müssen;)

6) in der Stellung und Anordnung des Ausdrucks müssen die Gegensätze im Gedanken hervortreten.

Die Untersuchung über den Wohlklang der Periode betrifft a) den Wohlklang an sich (,) und b) die Darstellung des Inhalts durch den Ton." (Hierüber lässt sich grammatisch weiter nichts Allgemeines angeben. Fehler dagegen werden wir bald, § 898, rügen.)

897) Herling macht ganz im Allgemeinen (l. c. II, S. 196) folgende Bemerkung über den Bau einer guten Periode: „die Regeln der Syntax der nicht zusammengezogenen Hauptsätze und ganzer Perioden gründen sich alle auf die Forderungen der Wahrheit, Deutlichkeit und leichten Erkennbarkeit des ausgedrückten logischen Verhältnisses; (,) der grammati-

schen Richtigkeit ihrer Verknüpfung; (,) der leichten Ueberschaulichkeit eines stylistischen Ganzen in Beziehung auf den logischen Hauptgedanken, welcher das Mannigfaltige (Manchfaltige) zu einer Einheit verbindet; (,) der schon dadurch größtentheils bewirkten Wohlbewegung des Ganzen und der Angemessenheit des Baues in den einzelnen Perioden und im Ganzen mit dem Stoffe und den Zwecken der Darstellung."

898) Wir wollen jetzt eben so allgemein ganz kurz das Wichtigste über die Fehler anführen, die beim Bau der Perioden nur zu häufig, selbst von sonst recht achtbaren Schriftstellern begangen werden.

Eine Periode ist fehlerhaft:

1) wenn sie mehrere (durch Hauptsätze ausgedrückten) Nachsätze hat, und diese nicht alle zu dem einfachen oder (aus mehreren Sätzen) zusammengezogenen Vordersatze dasselbe Verhältniß haben.

Beispiel: als die Schlacht bei Leipzig geliefert, und der Sieg der Alliirten bekannt geworden war, verließen die meisten kleinen deutschen Fürsten Napoleon, und selbst sein Schwager fiel von ihm ab. (Hier hat der letzte Nachsatz eine andre Construction als der erste, zugleich auch ein andres (logisches) Verhältniß als dieser zum Vordersatze, indem die deutschen Fürsten wegen, Murat aber nur nach der Niederlage bei Leipzig von Napoleon abfielen, und darum ist die Periode schlecht gebaut und verwerflich; noch verwerflicher wäre sie, wenn man dem letzten Nachsatze auch grammatisch die Construction des ersten gäbe, wodurch die Annahme veranlasst werden müsste, daß beide in demselben Verhältnisse zum Vordersatze stehen sollten, was doch nicht der Fall ist: verließen ihn die Fürsten, und fiel selbst sein Schwager von ihm ab; richtig und fehlerfrei wird hier der Ausdruck nur dadurch, daß man den letzten Nachsatz zu einer eignen, neuen Periode erhebt: verließen ihn die deutschen Fürsten. Bald darauf oder nachher fiel selbst sein Schwager von ihm ab.)

2) Wenn sich der Nachsatz oder die Nachsätze nicht auf das Ganze, sondern nur auf einen oder einige der mehreren Vordersätze beziehen.

Beispiel: da ich meine Arbeit vollendet habe, und es so schönes Wetter ist, so will ich noch ein Stündchen, ohne einen Ueberrock anzuziehn, spazieren gehn. (Hier hat die Vollendung der Arbeit keinen Einfluß auf die Weglassung des Ueberrocks. Erträglich wird diese Periode, wenn der Nachsatz etwa heißt: so will ich noch ein Stündchen spazieren gehn, und dabei keinen Ueberrock anziehen; dadurch, daß der letzte Satz nun die Gestalt eines Hauptsatzes angenommen hat, wird der Zuhörer und Leser leichter dahin geführt, den ersten Satz des Nachsatzes auf den ersten Satz des Vordersatzes, und den zweiten Satz des Nachsatzes bloß auf den zweiten Satz des Vordersatzes zu beziehen.) Das gilt auch für zusammengezogene Vordersätze: sie wollte nicht, und er konnte nicht mitgehen, denn er hatte Kopfweh. (Durch Auflösung der Zusammenziehung wird die Periode richtig: sie wollte nicht mitgehen, und er konnte nicht mitgehen, denn er hatte Kopfweh, weil er Kopfweh hatte; der causale Nachsatz gehört bloß zum zweiten Satze). Eben so fehlerhaft sind die Perioden: da die Cholera in unsrer Stadt ausgebrochen ist, und die Einwohner in großer Furcht sind, so hat ein Truppencordon sie jetzt gänzlich gesperrt; da er das Geheimniß wusste, und es den Feinden verrathen hatte, so wurde er seines Amtes entsetzt. (Die letzte Periode ist richtig, wenn er auch deswegen abgesetzt ist, weil er das Geheimniß erfahren hat.)

3) Wenn umgekehrt der (einfache oder zusammengesetzte, ein- oder mehrtheilige Vordersatz, der sich der Regel nach auf den ganzen Nachsatz und alle einzelnen Hauptsätze desselben beziehen muß, sich nur auf einen oder einige, aber nicht auf alle Theile des Nachsatzes bezieht.

Beispiel: weil er die Richtigkeit meiner Bemerkungen einsah, so bezahlte er die geforderte Summe (Geld), und bezog eine andre Wohnung. (Wenn diese Periode richtig sein soll, so muß die Anerkennung der Richtigkeit der Bemerkungen ihn veranlasst haben, eine andre Wohnung zu beziehen; ist das nicht der Fall, und verließ er die Wohnung vielleicht nur aus Aerger über die Bemerkungen, so muß der letzte Satz vom eigentlichen Nachsatze, etwa durch ein entgegensetzendes Bindewort, geschieden werden, wobei derselbe jedoch ein verkürzter, mit dem Nachsatze zusammengezogener Satz bleiben kann; man wird dann also etwa sagen müssen: bezog aber [bald] eine andere Wohnung, oder besser: so bezahlte er die Summe; doch bezog er [bald] eine andere Wohnung. Soll dieser letzte Satz gar keine Beziehung auf den Vordersatz haben, so muß er auch [durch einen Punct] ganz von demselben getrennt werden, so daß man etwa sagt: so bezahlte er die Summe. Doch bezog er [bald nachher] eine andre Wohnung, oder besser: doch hat er bald nachher eine andere Wohnung bezogen; oder noch besser mit Veränderung der Wortfolge des Nachsatzes: und er bezog [auch bald] eine andre Wohnung, oder: er bezog auch oder übrigens bald eine andre Wohnung, oder noch besser mit Veränderung der Wortfolge und des Tempus des Zeitworts zugleich: er hat auch oder übrigens oder aber bald eine andere Wohnung bezogen.) Eben so fehlerhaft ist die Periode: weil er mich betrogen hatte, so ließ ich ihn ins Gefängniß werfen, und (ich) fand daselbst schon seinen Vetter; hier kann nämlich der letzte Satz, seines Sinnes wegen, gar keine Beziehung auf den Vordersatz haben, wie er denn auch eine andere Wortfolge als der Nachsatz hat, da man nicht sagen kann: so fand ich daselbst schon seinen Vetter; deswegen darf er nicht durch und [und ein bloßes Komma oder gar ganz ohne Interpunctionszeichen, wie z. B. Herling vor das und kein Komma setzt,] mit dem Nachsatze verbunden werden, weil dadurch grammatisch der Schein entsteht, er solle auch ein Nachsatz des Vordersatzes sein.

4) Es bezieht sich diese unsere Bemerkung natürlich auch auf den Fall, wenn die Periode zwar grammatisch nicht aus einem eigentlichen Vorder- und Nachsatze besteht, wenn aber doch der nachstehende Satz ein solches Bindewort (daher, darum deswegen, denn, aber u. dgl.) hat, durch welches derselbe grammatisch ganz, nach allen seinen Theilen, auf den vorstehenden ein- oder mehrtheiligen Satz bezogen wird. Die Periode ist dann fehlerhaft, wenn logisch nur ein Theil der nachstehenden Sätze auf diesen Vordersatz bezogen werden soll. Wenn man z. B. sagt: er hatte mich betrogen; deswegen, darum oder daher ließ ich ihn, oder: ich ließ ihn daher in das Gefängniß werfen, und fand daselbst schon seinen Vetter, so muß sich grammatisch das daher u. s. w. auch auf den durch und mit dem ersten verbundenen letzten Satz des Nachsatzes beziehn, und dieser muß also auch eine logische Folge des Vordersatzes: er hatte mich betrogen, sein, was doch hier nicht der Fall sein kann. Deshalb ist die Periode fehlerhaft und verwerflich. (Herling meint zwar, l. c. S. 177, sie sei es nur, wenn der Vetter nicht auch desselben Betruges wegen dahin gelangt war; dies ist aber gewiß ein Irrthum, zu welchem Herling vielleicht durch das Wort schon verleitet ist, welches wohl veranlassen kann, daß man die ganze Rede für elliptisch halten, und hinzudenken will: der bereits um dieses Betruges willen in das Gefängniß geworfen war. Eine solche Ellipse ist indessen ohne Zweifel eben so verwerflich, wie diese Construction der Periode zu ihrer Bezeichnung. Richtig wäre dieselbe freilich, wenn die Periode etwa hieße: er hatte mich betrogen, und es war ein eignes Gefängniß für

diejenigen bestimmt, welche des Betruges gegen mich überführt werden würden; ich ließ ihn daher in dies Gefängniß führen, und fand daselbst schon seinen Vetter. Doch selbst bei diesem Vordersatze schließt man die Periode weit deutlicher und besser ohne und, etwa: wo ich schon seinen Vetter fand.) (Richtig wäre die Periode: er hatte mich betrogen; ich ließ ihn daher in das Gefängniß werfen, [wo ich schon seinen Bruder fand,] und einen Monat darin bleiben, das ist: und ich ließ ihn daher einen Monat darin [im Gefängnisse] bleiben.)

Eben so fehlerhaft ist die Periode: kein Bürger, selbst der Gastwirth nicht, wollte den Kranken bei sich aufnehmen, denn dieser fürchtete sich am meisten vor der Ansteckung. (Richtig wird sie, sobald man nur ordnet: kein Bürger wollte den Kranken bei sich aufnehmen, selbst der Gastwirth nicht, denn dieser fürchtete sich am meisten vor der Ansteckung; durch diese Wortfolge besteht nämlich die Rede gleichsam aus zwei Perioden: kein Bürger wollte den Kranken aufnehmen. Selbst der Gastwirth wollte ihn nicht bei sich aufnehmen, denn dieser fürchtete sich am meisten. Der Kürze des Ausdrucks wegen ist nur mit der ersten Periode der Vordersatz der zweiten, welche allein einen Nachsatz hat, zu einer einzigen zusammengezogen. [Man vergleiche § 900.])

Sehr richtig bemerkt Herling (l. c. S. 178): „wenn man sagt: alle, selbst seine Freunde, ließen ihn ohne Hülfe, denn diese (Freunde) behaupteten, es gebe gar keine Hülfe gegen die Cholera, so ist diese Verbindung nur dann fehlerlos, wenn die Behauptung der Freunde auch die andern alle veranlasst hat, ihn ohne Hülfe zu lassen;" wenn hingegen unbestimmt bleiben soll, warum ihn diese alle ohne Hülfe gelassen haben, und der angegebene Grund nur die Ursach ausdrücken soll, warum seine Freunde ihn ohne Hülfe ließen, so ist die Periode fehlerhaft. (Richtig wird sie wieder, wenn man sagt: alle ließen ihn ohne Hülfe, selbst seine Freunde, denn diese behaupteten u. s. w.)

5) Wie für diese Bindewörter, so gilt es auch für die Pronomen sächlichen Geschlechts (das, dieses, was, [welches,] solches u. dgl.), wenn diese auf ein Ganzes mehrerer mit einander verbundenen vorhergehenden Sätze, das wie ein Vordersatz steht, folgen, daß sie dann in der Regel sich eben auf das Ganze, auf jeden einzelnen dieser Sätze beziehen müssen, und es, wenn nicht immer geradezu fehlerhaft, doch wenigstens fast immer undeutlich wird, sie auf einen einzelnen oder einige derselben beziehn zu wollen. Wenn man z. B. sagt: ich bewies ihm, daß er sich geirrt hatte, und dies är-

gerte ihn nicht wenig, so kann niemand wissen, worüber sich der Er geärgert hat, ob über den Irrthum, oder über den Beweis desselben. Nach unsrer eben aufgestellten Bemerkung verlangt die Grammatik eigentlich, daß der letzte Sinn statt finde, daß sich dies auf das Ganze der vorhergehenden zusammenhangenden Sätze beziehen soll, daß sich der Er darüber geärgert haben muß, seinen Irrthum von mir bewiesen, oder von mir bewiesen zu sehen. Da man indessen nicht wissen kann, ob der Zuhörer oder Leser diese grammatische Regel kennt, und als richtig anerkennt, und ob derselbe dies auch beim Sprechenden oder Schreibenden voraussetzt: so ist es gewiß am besten, sich solcher Construction ganz zu enthalten, sobald sie Undeutlichkeit veranlasst, und es bleibt also nichts als unsre alte Regel übrig: sprich deutlich! Richtig und deutlich ist z. B. die Periode: er äußerte sich sehr bitter darüber, daß man den König vertrieben hat, was jedermann auffiel; hier wird und darf niemand (schon wegen des Imperfects auffiel gegen das Perfectum vertrieben hat) den letzten Satz auf den mittlern, auf die Vertreibung des Königs beziehen, sondern derselbe kann nur auf das Ganze, auf den Tadel der Vertreibung bezogen werden. Richtig und erlaubt, doch nicht deutlich genug ist die Periode: er äußerte sich sehr bitter darüber, daß man den König vertrieb, (vertreiben wollte,) was jedermann auffiel, wenn nämlich diese Periode mit der vorhergehenden denselben Sinn haben soll. Fehlerhaft und verwerflich ist die Periode: er äußerte sich sehr bitter darüber, daß man den König vertrieb, (vertreiben wollte, vertrieben hatte,) was die gefährlichsten Folgen haben konnte, wenn sich der letzte Satz nicht auf seine Aeußerung, sondern nur auf die Vertreibung beziehen soll. Deutlich wird der Sinn, wenn man zum Schlusse den Conjunctiv oder Conditionalis nimt: was die gefährlichsten Folgen haben könne oder könnte, denn hierdurch erscheint der letzte Satz als ein Theil der Aeußerung, der Rede des Er, der deswegen dem Sinne nach nur auf den mittlern Satz, auf die Vertreibung bezogen werden kann und darf. Man sieht hieraus, daß unsere Regel ihre Einschränkungen leidet, denn da die Periode in der zuletzt angegebenen Form ganz deutlich ist, so muß ihr Gebrauch auch erlaubt sein; deswegen konnten wir sie eben nicht ganz allgemein aufstellen, sondern mussten hinzusetzen: sie gilt gewöhnlich oder in der Regel.

6) Eben diese Regel (Nr. 5 und 4) gilt, wie für die Pronomen, so auch für die demonstrativen und relativen Pronominaladverbien (darauf, hierauf, worauf, daran,

hieran,

hieran, woran, dazu, hierzu, wozu u. s. w.). Ganz deutlich und richtig ist die Periode: er beschloß nun, selbst das neue Haus zu kaufen, und darauf (,hierauf) war ich nicht vorbereitet, (d. i. auf diesen seinen Entschluß,) daran (,hieran) hatte ich nicht gedacht, worauf ich gar nicht vorbereitet war, woran ich gar nicht gedacht hatte. In der letzten Form ist die Periode elliptisch: er beschloß, das Haus zu kaufen, und daran hatte ich nicht gedacht, nämlich: an diesen Beschluß, daß er diesen Entschluß fassen könnte. Verwerflich ist der Undeutlichkeit wegen diese Periode, wenn ihr Sinn sein soll: ich hatte nicht daran gedacht, das Haus zu kaufen, daß ich das Haus kaufen wollte oder könnte. Deutlich und darum richtig wird sie z. B. schon durch die bloße Tonsetzung: er beschloß nun, das Haus zu kaufen, und daran hatte ich gar nicht gedacht. Deshalb gilt auch für diese Regel dieselbe Beschränkung wie für die vorhergehende.

7) Fehler, Verstöße gegen den Wohllaut und das Ebenmaß, die Eurhythmie und Symmetrie (wie der Sätze, so auch) der Perioden, durch welche die leichte Verbindung, die wohlgefallende Abwechselung und die Volltönigkeit ihrer Theile ge- oder ganz zerstört werden, entstehen besonders

a) durch Nebeneinanderstellung hart und widrig auszusprechender Laute: pralerisch schwingt kampffertig das Schlachtschwert der Gefürchtete;

b) durch Nebeneinanderstellung von vielen Vocalen, die gleichmäßige Mundöffnungen zu ihrer Aussprache fordern, wodurch entweder Hiatus, solche dauernden Oeffnungen, oder widrige Schließungen des Mundes entstehen: froh öffnet Wonne im hoch sich hebenden Busen deine Erwählete zu unserm Unglücke alle Abend am Arm des Ehemannes das Fenster;

c) durch Zusammenstellung vieler einsylbigen Wörter: der Mann, der den Rath nicht nutzt, den der Freund ihm giebt, ist ein Narr;

d) durch Zusammenstellung vieler Wörter gleichen oder fast gleichen Klanges, gleicher Vor- oder Nachsylben, wenn deren nicht absichtlich zur Erreichung bestimmter Zwecke, die an sich keinem Tadel unterliegen, gewählt werden: eben geben im Streben nach längerm Leben mit Beben die Genesenden die Becher des Rebensafts, die neben ihnen sich erheben, unberührt wieder zurück; Sie verlangen, mein verehrter Verwandter, ein Verzeichniß der Verstorbenen und Vermißten; mit neuem, gestärktem, gutem, frohem Muthe; (nur ganz tonlose, fast verschluckte Biegungssylben, deren Häufung oft nicht vermieden werden kann, verursachen keinen, oder doch sehr geringen Uebelklang: gute, liebe, theure, verehrte Freunde;) (der bekannte alte Vers in Breslau: wenn mancher Mann wüsste u. s. w. hat seinen Gleichklang scherzend absichtlich gewählt;)

e) durch Nebeneinanderstellung vieler Wörter mit gleicher Länge und gleichem Falle, Numerus und Rhythmus, vorzüglich wenn sie Reime bilden: ālle guten Menschen üben freudig ihre Pflichten, mögen sie auch ihnen noch so schwer und sauer werden; er nahm den Mann gefangen, und da er sah, daß seine Pläne ihm gelangen, blieb er stets uns nah;

f) durch Nebeneinanderstellung vieler Wörter mit demselben Anfangsbuchstaben, wenn dabei keine Absicht zum Grunde liegt: man macht mir manchmal Mühe mehr als nöthig; (in dem bekannten Verse: Wonne weht von Thal und Hügel u. s. w., dient der Anfangsbuchstabe w absichtlich zu einem Tongemälde des Inhalts;)

g) durch zu häufige Wiederholung desselben Worts, wohl noch dazu in verschiedener Bedeutung, wieder wenn dabei nicht eine vernünftige Absicht zum Grunde liegt: habt Acht, daß die acht Verbannten die acht Jahre ihrer Acht recht in in Acht nehmen;

h) durch Nebeneinanderstellung vieler langen, schleppenden Wörter: die konstantinopolitanischen Revolutionsmänner vernachlässigten unvernünftiger Weise die unerlässlichsten Vorsichtsmaßregeln;

i) durch das Anfangen oder Schließen vieler einander nahe stehenden Sätze (und Perioden) mit demselben Worte, wieder wenn dabei keine vernünftige Absicht zum Grunde liegt: damals geschah es, da er mich um Verzeihung bat, da entließ ich ihn der Haft; da er nun nicht wusste, wohin er gehen sollte, so blieb er da, wo er war; — wenn er schon erzählt hat, daß er mit dem Lotterieloos, das ihm sein Bruder geschenkt hat, hundert Thaler gewonnen hat, so kann ich auch sagen, daß er gelogen hat.

k) Zu dem gewissen Ebenmaße, das zwischen den Theilen, den Sätzen einer Periode statt finden muß, gehört es, daß in der Regel, wenn nicht eine besondere Absicht es anders gebietet, die einander beigeordneten Sätze nicht von zu ungleicher Länge, nicht der eine zu kurz und der andre zu lang sein, untergeordnete Sätze ihre übergeordneten an Umfang nicht zu weit übertreffen, und daß nicht zu lange Zwischensätze die

Gleichförmigkeit und die Deutlichkeit der Rede stören müssen. Am wenigsten darf der Zwischensatz den durch ihn bestimmten so schneiden, daß nur ein verhältnißmäßig zu kleiner Theil desselben zum Schlusse übrig bleibt. (Vergleich Nr. 8.)

Aus diesen Ursachen müssen alle folgenden Perioden getadelt werden: da der Winter nah ist, und ich troß aller meiner Mühe leider noch immer in der Nähe kein Brennholz für mich finden gekonnt habe: so muß ich mir schon Torf kaufen, ob ich ihn gleich nicht liebe. — Wenn du heut Nachmittag nach der Vesperstunde Dich auf einige Zeit von Deiner Arbeit los machen kannst: so besuch mich. — Er hat mich nicht besucht, sich überhaupt um mich wenig, ja eigentlich gar nicht bekümmert; doch aber wollen meine Frau und ich ihn in dieser Woche bei unsrer Geburtstagsfeier, um in unsrer kleinen Stadt bei unsrer so geringen Geselligkeit kein böses Beispiel zu geben, zu uns einladen.

8) Ein großer Fehler gegen die Deutlichkeit der Perioden besteht darin, wenn man in einen Zwischensatz wieder einen andern Zwischensatz, und in diesen vielleicht selbst noch einen dritten, oder gar noch einen vierten einschiebt und einschließt, wodurch das Ganze eine förmliche fortgesetzte Einschachtelung wird: ich habe meinen Bruder, seitdem er aus Frankreich, wohin er in der Julirevolution, zu welcher Zeit er eben seine Studien vollendet hatte, mit einigen Freunden gereiset war, wieder zurückgekehrt ist, noch immer nicht gesehn.

Ganz unerträglich wird solche Einschachtelung, wenn (nach Nr. 7, k) die Zwischensätze oder Parenthesen ihre übergeordneten Sätze nah an deren Ende durchschneiden, so daß am Schlusse der Periode nichts als kleine Wörter, nachhinkende Begriffe, Flick- und Fülltöne, und im Deutschen namentlich besonders Partikeln, Hülfszeitwörter als die bestimmten, finitiven Verben ihrer Sätze, Infinitiven und Participien als Verbtheile, zum bestimmten Zeitwort, verbum finitum, ihres Satzes gehörig, übrig bleiben: es kam mir sonderbar, ihn hier, wo er, so viel ich weiß, nichts zu thun hat, zu sehen, vor; alle Mängel, welche aus der Unüberlegtheit der Menschen, die sie selbst, weil sie das Leben nicht ernst genug nehmen, verschuldet haben, entstehen, schaden; am 17ten August 1786 ist Friedrich, dem noch kein Geschichtskenner den Namen des Einzigen, wenn er nicht partieiisch, was man nur zu leicht wird, war, streitig gemacht hat, gestorben.

9) Umgekehrt aber ist es auch eine schlechte, verwerfliche Construction der Perioden, wenn man, ohne Einschiebung,

in einer leiterförmigen Abstufung, gleichsam in einem Antiklimax, immer einen Satz dem andern unterordnet, so daß jeder vorhergehende Satz dem folgenden, wie der Hauptsatz dem Nebensatze, übergeordnet ist: er hat uns erzählt, daß sein Bruder nun bald von der Reise zurückkommen wird, welche er im vorigen Jahre angetreten hat, um neue Verbindungen für das Handlungshaus anzuknüpfen, dessen Theilnehmer (Compagnon, Associé) er geworden ist.

Ganz besonders widrig und verwerflich ist diese unterordnende Anreihung, wenn sie bei allen oder doch den meisten Sätzen durch das Bindewort daß geschieht: er erzählte, daß sein Bruder geschrieben hat, daß seine Schwester wolle, daß alle Geschwister es erfahren sollten, daß sie ihn zum Haupterben in ihrem Testamente eingesetzt hat.

10) Es versteht sich von selbst, daß sich solcher Fehler gegen den Periodenbau noch sehr viele aufführen ließen.

So kann man z. B. sagen: wie ein Satz, der dem Sinne nach nur einen von mehreren zusammengezogenen Sätzen beigeordnet sein soll, nicht als eine Beiordnung der ganzen Zusammenziehung grammatisch aufgestellt werden darf, (wie man nach Nr. 2 nicht sagen darf: sie wollte und er konnte nicht kommen, denn er hatte Kopfweh,) so darf auch ein Satz, der einem übergeordneten Satze beigeordnet ist, nicht grammatisch so gestellt werden, als ob er einem untergeordneten beigeordnet wäre. Als Beispiel für diese Wahrheit führen fast alle neuern Grammatiker das Distichon Kästners an: so hoch war noch kein Sterblicher gestiegen, als (wie) Kepler stieg, und starb in Hungersnoth. (Hier ist der Hauptsatz: er starb in Hungersnoth dem Hauptsatze: so hoch war noch niemand gestiegen, beigeordnet; durch das und aber sieht es aus, als ob der Schlusssatz dem untergeordneten Satze: wie Kepler stieg, grammatisch beigeordnet sein sollte. Und deswegen tadelt man diese Periode. Daß sie nicht schön gebildet ist, lässt sich nicht leugnen; doch aber dürfte man zur Entschuldigung bemerken, das und verbinde und ziehe zusammen den letzten Satz mit dem Ganzen des Vorhergehenden, und darum sei die Construction nicht falsch; strenge genommen ist aber diese Entschuldigung falsch, denn der durch und zusammengezogene Satz, der kein Subject [zu starb] hat, muß grammatisch immer zu dem Subject des Satzes bezogen werden, mit welchem er zusammengezogen ist, und das ist zu: kein Sterblicher. Da der Sinn dies indessen nicht zulässt, sondern das Subject des untergeordneten Satzes Kepler für ihn verlangt, so muß mit vollem Recht die Periode verworfen werden. Sie bleibt eben so verwerflich, wenn man sie umändert in: so hoch wie Kepler ist noch niemand gestiegen, und starb in Hungersnoth. Grammatisch richtig, aber dem Sinne nach logisch schlecht wird sie, wenn man sie umändert in: so hoch ist noch niemand gestiegen, wie Kepler [stieg], der doch in Hungersnoth starb. Daher bleibt nichts übrig, als die Zusammenziehung aufzuheben, und die Periode aus zwei Hauptsätzen bestehen zu lassen, deren erster einen Nebensatz bei sich hat, und deren letzter, wenigstens dem Sinne nach, adversativ ist, wenn man nicht den ersten concessiv denken will: [obgleich noch niemand so hoch gestiegen war, wie Kepler stieg, so starb er doch in Hungersnoth; oder:] so hoch war noch kein Sterblicher gestiegen, wie Kepler stieg; — er starb in Hungersnoth! oder: und doch starb er, oder: und er starb doch, oder: dessen ungeachtet starb er in Hungersnoth.)

Auch kann man sagen: es dürfen (nach den Gesetzen der gesunden Vernunft, der Logik) in den Nebensätzen oder durch die Nebensätze nicht solche Gedanken den Hauptgedanken angefügt werden, die zu diesen nicht passen, indem dadurch die Rede verwirrt, undeutlich, oder gedehnt und schleppend, oder schwülstig wird. So sind ganz verwerflich die Perioden: Friedrich der Einzige, welcher gern Tabak schnupfte, war der erste Held und Weise seines Jahrhunderts; ich habe gestern Mittag, namenlose Wonne ergreift mich bei der entzückenden Erinnerung, Kartoffeln und Bratwurst gegeben.

Aber eben weil sich alle solchen Bemerkungen und Regeln dem denkenden Sprachfreunde sehr bald von selbst, zum großen Theil aus den Regeln über die Bildung der Perioden (in den vorigen Paragraphen, namentlich § 892,) ergeben, so ist es nicht nöthig, sie weiter mühsam zu suchen und aufzustellen.

Wer sagt es sich z. B. nicht selbst, daß man in einem Ganzen von einfachen und zusammengesetzten Sätzen und Perioden die einzelnen, um häßliche Einförmigkeit zu vermeiden, nicht mit einer und eben derselben Conjunction, ja selbst nicht mit gleichbedeutenden, mit solchen Bindewörtern anfangen muß, die zu derselben Classe der Conjunctionen gehören, wenn diese Gleichförmigkeit nicht gerade Absicht des Sprechenden, und also zweckmäßig ist, wie z. B. bei Vergleichungen, Gegenüberstellungen u. s. w., in welchem Falle sie dann zu den Satzfiguren gehört!

Oft sind es ganz geringe Kleinigkeiten, wodurch eine Periode undeutlich und fehlerhaft wird; um desto sorgfältiger muß man deswegen bei ihrer Bildung sein. So schreibt z. B. Bretschneider in Zimmermanns Kirchenzeitung, 1831, Nr. 122: „die Geschichte zeigt uns, ... wie durch Christum (Christus) die Frömmigkeit in ihrem wahren Lichte dargestellt ist, nämlich als uninteressirte Liebe zu Gott und dem Vollkommenen selbst, die (, soll das heißen die Frömmigkeit oder [, was wahrscheinlicher ist,] die Liebe?) nur geboren werden kann in einem Geiste, der sich seiner Unsterblichkeit bewusst ist, und daher vor Christo (Christus) nicht vorhanden sein konnte." Was konnte nun vor Christus nicht vorhanden sein? welches Wort ist hinter und ausgelassen? Nach den Regeln des Periodenbaues wird der letzte Satz (mit und) am natürlichsten mit dem unmittelbar vorhergehenden verbunden, wenn es kein grammatisches Zeichen giebt, daß eine andre Verbindung statt finden soll; dem gemäß müsste er hier mit dem Relativsatze: der sich der Unsterblichkeit bewusst ist, verbunden, und deswegen hinter und ergänzt werden der oder welcher, nämlich Geist. Dagegen möchte sich aber die Logik auflehnen, denn kein vernünftiger Mensch wird behaupten wollen, daß vor Christus kein Geist vorhanden sein konnte, der sich seiner Unsterblichkeit bewusst war. Es wird also wohl die hinter und hinzugedacht werden müssen. Dies die kann sich nun nicht auf Unsterblichkeit beziehen; soll es aber auf Liebe oder Frömmigkeit bezogen werden? Wahrscheinlich wollte Bretschneider sagen: vor Christus konnte es keine wahre Frömmigkeit geben, da er diese Frömmigkeit zuerst in ihrem wahren Lichte dargestellt hat, und er wollte also hinter und das die ergänzt, und auf Frömmigkeit bezogen wissen. Wie man auch über den Inhalt, den Sinn dieser Periode denken mag, ihre grammatische Bildung ist gewiß schlecht.

Siebente Abtheilung.

Ueber die Zusammenziehung der Sätze unter andere Sätze und Satztheile in einer Periode.

899) So äußerst wichtig diese Zusammenziehung und Verbindung mehrerer Sätze zu und in einer Periode für den Periodenbau ist, so mussten doch schon die vorige und die vierte Abtheilung des gegenwärtigen Abschnitts im Allgemeinen die Grundsätze und die allgemeinen Regeln darüber angeben, und wir dürfen uns daher, da unser Werk kein (logisches und ästhetisches) Lehrbuch des guten Styls sein, sondern nur das Gram-

matische für die Styllehre festsetzen soll, jetzt und hier damit begnügen, die grammatischen Grundlagen zur Bildung grammatisch richtiger Perioden in Ansehung der Zusammenziehung eines Satzes unter einen andern, nebst einigen allgemeinen Bemerkungen darüber, aufzustellen.

900) Deine Perioden müssen grammatisch und logisch richtig gebaut, wohllautend, deutlich, bestimmt, in Ansehung ihrer Theile zweckmäßig und symmetrisch geordnet, in Ansehung ihres ganzen Baues aber dem durch sie auszudrückenden Inhalt und dem Zweck der Darstellung angemessen sein! — Das ist der Grundsatz, der auch hier wieder gilt.

So ist es z. B. undeutlich, wenn jemand sagt: du theiltest mir die traurige Nachricht vom Tode deiner Schwester mit, und daß sie ihre Gesellschafterinn zur Erbinn eingesetzt hat oder habe, ob der Sprechende die Einsetzung der Gesellschafterinn zur Erbinn auch als eine traurige Nachricht andeuten will oder nicht, und darum taugt diese Periode nichts; ganz fehlerhaft und verwerflich wäre sie, wenn der letzte, mit dem einen Theil des ersten Satzes: du theiltest mir die traurige Nachricht mit, zusammengezogene Satz hieße: und daß sie ein sehr großes Vermögen hinterlassen habe oder hat, denn diesen Satz will der Sprechende gewiß nicht auf das traurige bezogen wissen, und doch befiehlt die Grammatik, den letzten abhangigen Satz auf den ganzen regierenden Theil des ersten Hauptsatzes zu beziehen, und das ist auf: du theiltest mir die traurige (doppelte) Nachricht mit (,nämlich erstens, daß deine Schwester gestorben ist, und zweitens, daß sie viel Geld hinterlassen hat). (Richtig ist die Periode, sobald man das Wort traurige wegläßt.) Will man diesen Begriff ausdrükken, so muß man etwa sagen: du theiltest mir die Nachricht mit, daß leider oder zu unser aller Trauer deine Schwester gestorben ist, und daß sie ein großes Vermögen hinterlassen hat; nicht: daß sie aber oder indessen ein großes Vermögen hinterlassen hat, wenn man durch diesen Umstand nicht ausdrücklich einen Trostgrund, sich über ihren Tod zu beruhigen, angeben will; soll das nicht geschehen, so ist es noch besser, die beiden so verschiedenartigen Umstände gar nicht zu einer Periode zusammenzuziehen. Unbestimmt ist es, wenn z. B. jemand sagt: so bist du denn Prediger geworden! Ich (ich) wünsche dir Glück dazu, daß du endlich einmal versorgt bist. Soll das eine Periode, oder sollen es deren zwei sein, die weiter gar keinen Zusammenhang haben? d. h. soll das dazu, das wegen des daß offenbar mit dem letzten Satze verbunden ist, sich auch auf den ersten Satz beziehen oder nicht? Die Grammatik entscheidet darüber nichts, denn ein solches demonstratives Conjunctionaladverb kann auch auf einen vorhergehenden Satz, auf eine vorangestellte Periode gehen. Man spreche also bestimmter, und sage z. B., wenn das dazu zugleich auf den vor- und auf den nachstehenden Satz gehen soll: ich wünsche dir Glück dazu, und daß (d. h. und auch zugleich dazu, daß) du (überhaupt) nun versorgt bist. (Soll dazu nicht zurückbezogen werden, so sage man etwa in einer neuen Periode: Ich wünsche dir dazu, daß du versorgst bist, Glück. [Nun kann z. B. auch folgen: daß du aber Prediger geworden bist, dazu kann ich dir nicht Glück wünschen.]) So ist es auch unbestimmt, wenn man z. B. sagt: der Häuser, welche ich gekauft und verkauft habe, sind zehn. Am natürlichsten versteht man dies so, daß ich zehn Häuser gekauft, und eben dieselben auch wieder verkauft habe. Soll das der Sinn nicht sein, so spreche man bestimmter und sage etwa: der Häuser, welche ich theils (entweder) gekauft, theils (oder) verkauft, oder: welche ich gekauft, mit denen welche ich verkauft habe, sind zehn.

Unzweckmäßig geordnet ist z. B. folgende Periode: im Juli reise nach dem Brocken, weil du den Weg nicht weißt, nim deinen Bedienten mit, und bleibe oben, bis du bei recht heiterm Himmel aus dem Brockenhause die Sonne aufgehn gesehn hast. Hier verleitet die Satzstellung, den Causalsatz mit weil auf den vorangehenden Satz zu beziehen, da er doch den Grund des folgenden angeben soll. (Wegen des vierten Satzes mit und kann man den zweiten mit weil auch nicht durch die Interpunction vom ersten deutlicher absondern. Mehr von dieser Topik enthält der folgende Abschnitt.) Richtig wird sie, sobald man z. B. sagt: reise nach dem Brocken, nim, weil du den Weg nicht weißt, den Bedienten mit, und u. s. w.. Undeutlich, übellautend und zweckwidrig geordnet ist z. B. auch folgende gar sehr schlechte Periode von Görres: dieser war's, der den großen Kampf mit Marbod, unter dem die Einwanderung nach Böhmen, wo Bojoheim stand, erfolgte, unternahm.

Dem Inhalt unangemessen ist es z. B., Sätze als Vordersätze, die eine ganz verschiedene logische Beziehung zu ihrem ein- oder mehrtheiligen Nachsatze haben, oder als Nachsätze zusammenzuziehen, wenn sie in einer ganz verschiedenen Beziehung zu ihrem Vordersatze stehen. So sind folgende Perioden verwerflich: war er auch ein reicher Mann, und gab er auch einmal recht reiche Geschenke: so konnte ich diese doch nie mit frohem Muthe annehmen. (Hier ist der erste Vordersatz, der für: ob er gleich reich war, concessiv, der zweite aber, der für: wenn er einmal viel gab, gesetzt ist, conditional; darum taugt die Periode nichts. Richtig wird sie, wenn man z. B. sagt: war er auch ein reicher Mann, so konnte ich doch, gab er auch einmal reiche Geschenke, [und noch besser: wenn er auch einmal .... gab, weil selbst schon die Gleichmäßigkeit des Ausdrucks der verschiedenartigen Gedanken: war er auch, gab er auch, verletzend ist,] diese nie mit frohem Muthe annehmen.) Eben so verwerflich ist: wie er den Armen geholfen hat, so hat es (oder: eben so sehr hat es) keiner von euch gethan, und (das) soll niemand erfahren. Hier ist der erste Nachsatz comparativ, vergleichend, und das wie [mit dem so] steht für: so sehr wie, eben so wie; der zweite Nachsatz setzt für wie die Bedeutung: auf welche Art und Weise, voraus. Nicht so verwerflich, aber doch auch widrig sind die Perioden: als wir kamen, auf die man lange gewartet hatte, indem wir zum Tanze nothwendig waren, und man die Tische fortgeschafft hatte, fing der Ball an. (Widrig sind hier die Zwischensätze, und daß als beim ersten Satze consecutiv und causal zugleich, beim vierten bloß consecutiv ist.) So auch die Periode: als wir schliefen, und die Kinder ausgeschlafen hatten, fuhr die Amme mit ihnen spazieren. (Das Widrige liegt hier nicht in den verschiedenen Zeiten [Tempus] der Verben der Vordersätze, denn man wird z. B. ohne Anstoß sagen: als wir schliefen, und die Gesellschaft fortgegangen war, setzten sich die Bedienten zu Tische, so auch: da wir hier zusammen sind, und der Bote die Zeitungen gebracht hat, so lasst uns dieselben lesen; sondern das Widrige liegt darin, daß der Gegensatz der Vordersätze durch nichts angedeutet ist. Die Periode wird also verbessert, wenn man nur sagt: als wir nun schliefen, die Kinder aber ausgeschlafen hatten, fuhr die Amme spazieren.) Widrig ist auch die Periode: nachdem wir uns vom Spaziergange erholt hatten, und als der Marktthurm zehn Uhr schlug, setzten wir uns zu Tische. (Auch hier bezeichnen die Vordersätze zu verschiedenartige Verhältnisse, als daß man sie gern so gleichmäßig als Zeitbestimmungen neben einander stellte. Die Periode verliert ihr Widriges, sobald man z. B. nur ordnet: nachdem wir uns .... erholt hatten, setzten wir uns, als schon der Thurm zehn Uhr schlug, zu Tische.)

Noch mehr verstößt es gegen die Angemessenheit des Ausdrucks zum Inhalt einer Periode, wenn man Perioden ganz einfachen Sinnes in der höhern, dichterischen Sprechart (,und umgekehrt das Höhere, Edlere in der niedrigen Sprache des gemeinen Lebens) ausdrücken will. (Beispiele für diesen Fehler finden sich nur zu häufig bei gar sehr vielen Schriftstellern.)

Eben so ist es dem Inhalte unangemessen, einen Gedanken und seinen sprachlichen Ausdruck, der für sich besteht, und noch durch nachfolgende erläutert wird, an vorhergehende anzuflicken, so daß seine Bedeutsamkeit verloren geht. Ein Beispiel ist folgendes: wie Hans Sachs und Jakob Böhm, so haben überhaupt sehr viele Schuhmacher wissenschaftlich, besonders bald als Dichter durch lebendige Einbildungskraft, bald als theologische oder philosophische Forscher durch tiefsinniges Nachdenken, sich ausgezeichnet, und diese Bemerkung ist alt. Schon Phädrus läßt einen Mann, welcher wunderhafte Arzenei bereitete, einen Schuhflicker sein. Hier bezieht sich die letzte Periode als Erläuterung und Beweis auf den Satz: diese Bemerkung (der ersten Periode) ist alt. Aber dieser Satz ist als bloßes Anhängsel durch und (nach einem bloßen Komma) der ersten Periode angeflickt, so daß er beim Lesen (und Hören) seine Selbstständigkeit verliert, und keine Aufmerksamkeit erregt. Und das ist Unrecht. Um diesen Fehler zu vermeiden, muß man den Satz zu einem ganz eignen, für sich bestehenden, zu einer Periode erheben, (ihn zwischen Puncte schließen,) und etwa sagen: „ausgezeichnet. Dies ist eine (bereits) sehr alte Bemerkung. Phädrus schon läßt u. s. w.." (Man kann selbst das und nach dem Puncte behalten, und sagen: „ausgezeichnet. Und dies ist eine sehr alte Bemerkung. Phädrus u. s. w..) Ein ähnlicher Fehler gegen den Periodenbau ist es, wenn man einen Gedanken, der sich nur auf einen untergeordneten Theil, auf ein einzelnes Wort oder auf einen Nebensatz des ersten Theils einer Periode bezieht, als deren zweiten (oder folgenden, letzten) Theil in der Form eines Hauptsatzes folgen läßt. Als Beispiele für diesen Fehler führt Herling (l. c. Th. 2, S. 200) folgende an: 1) Adelung schreibt (in seinem Lehrgebäude, II, § 787): „diese Wortfolge ist die erste und einfachste (,) und heißt daher die natürliche, obgleich, ich gestehe es, dieser Ausdruck eben nicht der schicklichste ist; allein ich weiß keinen andern, der nicht wenigstens eben so viele Unbequemlichkeit hätte." Hier bezieht sich, dem Sinne nach, der letzte Theil der Periode (von allein an) bloß auf den untergeordneten concessiven Nebensatz des ersten: obgleich er nicht der schicklichste ist. Das ist aber periodisch Unrecht. Man muß diesen Concessivsatz also zum Vordersatze einer eignen Periode erheben, sei es als Neben- oder Hauptsatz, und ihm dann den Schlusssatz, sei es adversativ oder conclusiv, als Hauptsatz folgen lassen. Man construirt also etwa: „natürliche. Obgleich dieser Ausdruck nicht der schicklichste ist, so weiß ich doch keinen andern"...; oder: „natürliche. Zwar ist dieser Ausdruck .... nicht der schicklichste, aber oder allein oder indessen ich weiß keinen andern" u. s. w.. 2) Bernhardi schreibt in seiner Sprachlehre: „Nun giebt es aber eine dritte Form, welche wir die Form der Inhärenz nennen wollen, und zu welcher, wie aus dem Folgenden sich zeigen wird, auch die Form der mittelbaren Dependenz gerechnet werden muß, und deren Entstehung wir uns zuförderst (zuvörderst) so denken können. Eine jede Substanz hat in einer gewissen Bedeutung Merkmale." In dieser durch die Häufung und Verwickelung der Adjectivsätze undeutlichen und höchst schleppenden Periode ist es zuerst verwerflich, daß der letzte Theil (Eine jede [besser jede] u. s. w.) zu einer eignen Periode erhoben ist, denn er bezieht sich auf das so des vorstehenden Satzes, dessen Auseinandersetzung er ist, weswegen er (nach der Lehre der Interpunction) nicht durch einen Punct von ihm geschieden, sondern durch ein Kolon mit ihm verbunden sein sollte (; nämlich: so denken können: jede Substanz u. s. w.). Dieser Periodenbau ist aber auch verwerflich eben darum, weil die letzte neue Periode sich dem Sinne nach nur auf einen Nebentheil der ersten beziehen kann. Es wird dieser Fehler desselben gebessert, wenn man die beiden letzten Theile zusammen eine neue Periode sein lässt, indem man etwa sagt: „gerechnet werden muß. Die Entstehung derselben oder dieser (dritten) Form (zuvörderst, oder: um davon zuerst zu sprechen,) können wir uns so denken: jede Substanz hat Merkmale."

Ein diesem Fehler ganz nah verwandter ist es, wenn man bei der Zusammenziehung mehrerer Sätze einen Hauptgedanken, der unmittelbar und nothwendig in die Reihe der ausgesprochenen Gedanken gehört, durch einen untergeordneten Nebensatz ausdrückt, indem ihm doch der Rang eines Hauptsatzes gebührt. Wenn man z. B. sagt: er beging mehrere Verbrechen, weswegen er gefangen gesetzt wurde, und erhielt erst gestern seine Freiheit wieder, so sieht man durch Anwendung des Hülfsmittels, das Herling hierbei angiebt, nämlich durch Weglassung des in der Form eines untergeordneten Relativsatzes ausgedrückten Gedankens: weswegen er gefangen gesetzt wurde, an dem Reste der Periode: er beging Verbrechen, und erhielt erst gestern seine Freiheit wieder, daß dieser seinem Inhalt nach keinen vollen und zusammenhangenden Sinn mehr giebt. Daraus folgt, daß der weggelassene Gedanke kein abhangiger Nebengedanke, sondern ein nothwendiger Hauptgedanke der Rede ist, und daß es darum Unrecht war, ihn durch einen Nebensatz auszudrücken. Man ändere ihn also etwa um in: er beging mehrere Verbrechen, wurde deswegen gefangen gesetzt, und erhielt erst gestern seine Freiheit wieder. Ein umgekehrter Fehler endlich besteht darin, daß man bei dieser Zusammenziehung einen zufälligen, nicht nothwendig zur Sache gehörenden Nebengedanken durch einen Hauptsatz ausdrückt, ihm dadurch zu viele Würde beilegt, und die Aufmerksamkeit des Hörers oder Lesers über die Gebühr auf ihn lenkt. Wenn man z. B. sagt: Richters Quintus Fixlein muß besonders jeden Schulmann aufs höchste interessiren, der müde der Schullast, die viele, lange Jahre schwer ihn drückte, sich nach dem ruhigen Pfarramt sehnt; dieser Roman befindet sich auch in der Ausgabe seiner sämtlichen Schriften, welche in Berlin bei Reimer erschienen ist, und ich habe ihn darin gefunden, als ich den vierten Theil dieser Ausgabe durchblätterte: so ist hier offenbar die ganze zweite Hälfte dieser Periode (von dieser Roman an) ihrem Inhalte nach von gar keiner Bedeutung, da es sich eigentlich von selbst versteht, daß in einer Ausgabe der sämmtlichen Werke eines Schriftstellers auch jedes einzelne sich, in irgend einem Theile, befinden muß, und da der Umstand, daß ich diesen Theil durchblättert habe, ganz bedeutungslos ist. Es ist darum sehr Unrecht, diesen bedeutungslosen Inhalt dadurch grammatisch und stylistisch so hervorzuheben, daß man ihn durch mehrere Hauptsätze ausdrückt. Gebessert wird diese Periode also etwa durch folgende Ausdrucksweise: Richters Roman Quintus Fixlein, der in Reimers Ausgabe der sämmtlichen Schriften Jean Pauls den vierten Theil ausmacht, (oder noch kürzer: Reimers Ausgabe seiner sämtlichen Schriften, Th. 4,) muß besonders u. s. w..

Achte Abtheilung.

Verbindung mehrerer Perioden mit einander.

901) Auch über die Verbindung mehrerer Perioden mit einander zu einem größern Satzgefüge, zu einem stylistischen Ganzen, können wir uns grammatisch eben so, wie bei der Verbindung und Zusammenfügung mehrerer Sätze zu einer

Periode, sehr kurz fassen, da die allgemeinen Regeln (des § 900 u. s. w.) für beide Verbindungsarten dieselben sind. Reinbeck stellt diese (l. c. I, 2, S. 170) so auf: „es müssen (in der Regel, wenn es nicht eine besondere, vernünftige Absicht ist, anders zu construiren,) 1) die Perioden weder in der Construktion, (nicht einmal in ihrem Anfange oder Schlusse,) noch in der innern Vertheilung der Theile, noch in der Wahl der Töne, einander zu ähnlich seyn;

2) längere Perioden mit kürzern wechseln;

3) die Uebergänge von der einen zur andern ungezwungen herbeigeführt, und dargestellt werden;

4) die volltönendsten Perioden den Schluß machen."

Hierzu kann man sogleich noch im Allgemeinen hinzusetzen: es müssen die Perioden in der Regel weder zu lang noch zu kurz sein, und am wenigsten dürfen viele zu langen oder zu kurzen Perioden unmittelbar auf einander folgen.

902) Wir haben zu diesen Regeln nichts als noch folgende Bemerkung hinzuzusetzen: Wie bei der Verbindung einzelner Sätze zu einer Periode, so darf auch bei der Verbindung mehrerer Perioden keine Einschachtelung, keine oft wiederholte Ein- und Unterordnung der folgenden in und unter die vorhergehende statt finden, eben weil dadurch die logische Deutlichkeit der Gedanken leidet. Herling führt für diesen Fehler (l. c. II, S. 209) folgendes Beispiel an: Gewiß kann der Einsiedler das Glück nicht genießen, das diejenigen genießen können, welche in geselligen Verhältnissen mit andern Menschen leben. (1) Er verlässt den Weg seiner Bestimmung. (2) Es ist die Bestimmung des Menschen, mit andern zu leben. (3) Dies sieht man schon aus der Natur des Menschen. (4) Sie führt ihn zu dem Bedürfnisse gegenseitiger Hülfe und Unterstützung. — Hier wird bei den vier letzten Perioden die erste durch die zweite, diese durch die dritte, und diese durch die vierte erläutert oder begründet, und dadurch wird man vom Hauptgedanken der Anfangsperiode, zu deren Bestimmung alle vier dienen sollen, abgezogen. Die Undeutlichkeit hört auf, wenn man diese etwa auf folgende Art mit einander verbindet: Er verlässt dadurch den Weg seiner Bestimmung, indem es eben zur Bestimmung des Menschen gehört, wie schon seine Natur, die ihn zum Bedürfnisse gegenseitiger Hülfe und Unterstützung führt, deutlich zeigt, mit andern in Verbindung zu leben.

Fünfter Abschnitt.

Topik der Sätze in Perioden und der Perioden.

Erste Abtheilung.

Folge der Sätze in einer Periode, besonders nach ihrer Unterordnung.

903) Diese Lehre von der Topik der Sätze, d. i. von der Stellung, Ordnung oder Folge der zu einer Periode mit einander verknüpften einzelnen Sätze, welche also zeigt, welche Stelle die Sätze nach ihrem Verhältnisse unter einander in den Perioden einnehmen, hangt unmittelbar mit unserm vorigen vierten Abschnitt, und namentlich mit dessen sechster Abtheilung zusammen.

Es gilt auch für sie wieder die allgemeine Bemerkung, daß man den einzelnen Sätzen einer Periode in der Regel diejenige Stellung und Ordnung giebt, durch welche die Deutlichkeit so wie der Wohllaut und die Rundung der Periode am meisten befördert wird. Deswegen müssen Appositionen, Appositionssätze, und so auch Zwischensätze und Parenthesen fast immer ihren Platz unmittelbar hinter dem erklärten oder näher bestimmten und beschriebenen Begriffe oder Gedanken und deren Worte oder Satze einnehmen, Relativsätze (mit relativen Pronomen) aber gleich oder doch sehr bald hinter dem Substantiv oder Satze stehen, worauf sie sich beziehen.

So wird man ordnen: wahre Menschenliebe (Apposition:) diese erste, höchste Pflicht jedes Christen, (Relativsatz der Apposition:) der seines Namens würdig sein will, beglückt durch ihre wohlthätigen Folgen auf die Veredlung unsers Charakters, (Nebensatz dieses ersten Theils des Hauptsatzes:) wenn sie besonnen und fromm geübt wird, den Menschenfreund weit mehr, als sie ihm je lästig und drückend werden kann, (Concessivsatz des letzten Comparativsatzes:) ob es sich gleich, (conditionaler Zwischensatz:) wenn wir aufrichtig sein wollen, nicht ableugnen läßt, daß die Opfer, (Relativsatz:) welche sie von uns fordert, uns zuweilen, (Zwischensatz:) besonders wenn wir sie gegen Undankbare üben müssen, sehr schwer fallen können. Fehlerhaft ist es also z. B., wenn Kant schreibt: es soll kein Friedensschluß für einen solchen gelten, der mit einem geheimen Vorbehalt zu einem künftigen Kriege gemacht worden; es muß des Sinnes wegen geordnet werden: es soll kein Friedensschluß, der mit einem geheimen Vorbehalt . . . . gemacht worden ist, für einen solchen gelten.

904) Herling sagt (l. c. Th. 2, S. 88): „bei der unterordnenden Verbindung der Sätze gilt im Allgemeinen das aus der Wortfolge (der einzelnen Wörter eines Satzes) abgeleitete Gesetz, daß die Nebensätze in dem Satze, welchem sie untergeordnet sind, die Stelle einnehmen können, welche die einzelnen Sprachtheile, (Redetheile und Satztheile,) deren Namen sie tragen, (und die durch sie umschrieben werden,) in einem Satze einnehmen. Diese Stellung der untergeordneten Sätze kann daher die natürliche Stellung derselben heißen. Man vergleiche: die Nachricht machte mich gestern ganz traurig, mit: daß er abreisen würde, machte mich, als ich es erfuhr, ganz traurig. (Hier steht der sogenannte Substantivsatz, daß er abreisen würde, an dem Platze des Substantivs, die Nachricht, und der Adverbialsatz, als ich es erfuhr, an der Stelle des Adverbs, gestern.) So haben auch, wegen der verschiedenen Stellung des Adverbialsatzes, einen etwas verschiedenen Sinn die Perioden: er hat mir, weil ich ihn darum bat, gestern das Geld gegeben, und: er hat mir gestern, weil ich ihn darum bat, das Geld gegeben. Nur die Adjectivsätze stehen nicht an der (gewöhnlichen) Stelle der Adjective, sondern folgen ihrem Substantive: der Mann, welchen du kanntest, lebt nicht mehr (,wie: der Mann, der erwartete, oder: der kranke, [statt: der erwartete Mann, der kranke Mann,] oder: der Mann aus Rom lebt nicht mehr).

Indeß nehmen die Nebensätze außer dieser natürlichen Stellung noch sehr häufig mehrere andere(n) Stellungen an(,) und die natürliche ist nicht grade bei allen Arten die häufiger vorkommende" (,d. i. die gewöhnliche). Besonders, sagt Becker (l. c. S. 391), fordert die Deutlichkeit und die rhythmische Form des ganzen Satzes dann eine andre Stellung der Nebensätze, wenn diese einen großen Umfang haben, (lang sind,) oder wenn mehrere Nebensätze zugleich mit dem Hauptsatze verbunden sind.

Wieder sagt Herling (l. c. S. 136): „Die Sprache hat mehrere Mittel, einen Gedanken in Verbindung mit einem oder mehren (mehreren) andern nach dem Grade seiner logischen oder rhythmischen Würde hervorzuheben, oder in den Schatten zu stellen. Das erste (und vorzüglichste, allein hierhergehörende, grammatische) Mittel ist die verschiedene grammatische Würde, welche, gleich den Nebenbestimmungen in einem einfachen Satze, die untergeordneten Sätze unter sich und im Verhältnisse zum Hauptsatze haben. Sie folgen nach ihrem Range also (so): 1) der Hauptsatz, um deßwillen die Nebensätze, als Nebenbestimmungen (,) da sind. (;) Hier geht der unabhängige (unabhangige) Hauptsatz dem abhängigen (abhangigen) vor. (;) 2) Der Substantivsatz als Subject oder Object, weil sie als nothwendige Bestandtheile des Satzes angesehn werden, und selbst als Genitiv, weil er gewöhnlich als eine explanative Apposition des regierenden Nomens oder des Objects erscheint; 3) der Adverbialsatz, insofern er unter den willkürlichen Nebenbestimmungen das Verbum, den Repräsentanten des ganzen Satzes, bestimmt; 4) der Adjectivsatz, insofern er bloß eine willkürliche Nebenbestimmung eines Substantivs des Satzes ist.

In Ansehung dieses Mittels der Hervorhebung oder des in den Schattenstellens (Schatten Stellens oder: In—den—Schatten—stellen's) eines Satzes gilt das Gesetz: (,) daß die grammatische Würde und Form mit der logischen oder der rhetorischen Würde eines Satzes zusammen stimmen müsse."

905) In Ansehung der (im vorigen Paragraphen erwähnten) Veränderung der natürlichen Folge der Sätze in einer Periode giebt Becker (l. c. S. 392) folgende Auseinandersetzung:

„Subjektivsätze (Subjectivsätze) nehmen entweder (als die natürliche Satzfolge) die Stelle des Subjektes ein, oder treten, dem Prädikate nachfolgend, an das Ende des Hauptsatzes; (,) und der nachfolgende Subjektivsatz wird alsdann (dann) durch das an der Stelle des Subjekts stehende Pronom: es angedeutet (,) z. B. (:) daß er schon heute ankommen werde, ist nicht wahrscheinlich, oder: es ist nicht wahrscheinlich, daß er u. s. w..

Kasualsätze stehen, wenn sie nicht bloß durch das (Bindewort, oder, wie Becker sagt,) Relativ: daß, sondern zugleich durch ein ausgedrücktes Demonstrativ (,) z. B. davon, davor, dadurch, darum, dazu, verbunden sind, ebenfalls entweder an der dem Objektiv gehörigen Stelle vor dem Prädikativ, oder treten (,) dem Prädikativ nachfolgend (,) an das Ende des Hauptsatzes; (,) und in dem letztern (letzten) Falle behält das Demonstrativ die Stelle des Objektivs vor dem Prädikativ (,) z. B. (:) Er wird dadurch, daß er verreiset, nichts gewinnen (,) und: Er wird nichts dadurch gewinnen, daß er verreiset. Ist der Kasualsatz blos durch das Relativ — daß, damit — verbunden (,) und das Demonstrativ

tiv nicht ausgedrückt; (,oder:) so steht er insgemein (gewöhnlich) nach dem Prädikativ am Ende des Hauptsatzes. (;) Die durch: damit eingeleiteten Sätze stehen jedoch zuweilen auch vor dem Prädikativ (;) z. B. (:) Ich habe nicht geglaubt, daß er verreisen würde, Ich (ich) habe den Brief durch einen Boten abgeschickt, damit er zur rechten Zeit ankomme, oder: Ich habe den Brief, damit er zur rechten Zeit ankomme, durch einen Boten abgeschickt. (Man vergleiche § 906.) In attributiver Beziehung stehende Substantivsätze folgen dem Substantiv der Beziehung meistens unmittelbar nach (,) z. B. (:) Ich habe die Hoffnung, daß er wieder gesund werde, aufgegeben. Seltener stehen sie nach dem Prädikativ (,) z. B. (:) Ich habe die Hoffnung aufgegeben, daß er u. s. w..

Die Supinen (,d. i. Sätze oder Redensarten, die durch den Infinitiv mit zu oder um zu ausgedrückt sind,) werden in topischer Hinsicht als (und wie) verkürzte Substantivsätze behandelt. Sie stehen oft vor dem Prädikativ an derjenigen Stelle, welche ihnen als Faktoren im Hauptsatze zukömmt (zukommt) (,) z. B. (:) Er hat die Gelegenheit, ein Amt zu erlangen, versäumt; Er hat, um den Homer lesen zu können, Griechisch gelernt. Sie nehmen aber, besonders, wenn (besonders wenn) sie sich zu einem objektiven Satzverhältnisse von größerm Umfange erweitert haben, meistens die Stelle nach dem Prädikativ am Ende des Satzes ein (,) z. B. (:) Er hat die Gelegenheit versäumt, ein einträgliches Amt zu erlangen; Er hat Griechisch gelernt, um den Homer in der Ursprache lesen zu können.

Die Adverbialsätze behalten häufig (nach der natürlichen Satzfolge) die Stelle des Adverbs vor dem Prädikativ (,) z. B. (:) Er hat mir, nachdem er das Geld gezählt hatte, einen Empfangschein gegeben; ich will, wenn (da, weil) du es verlangst, hier bleiben. Sie treten aber (jedoch) auch an das Ende des Hauptsatzes (,) z. B. (:) Er hat mir einen Empfangschein gegeben, nachdem er u. s. w.; ich will hier bleiben, wenn (,da, weil) du es verlangst. Häufiger aber treten sie vor das Subjekt an die Spitze des Hauptsatzes (,) (dem man dann, besonders wenn sie lang sind, sehr oft noch das Bindewort so vorsetzt,) z. B. (:) nachdem er das Geld gezählt hatte, gab er u. s. w.; Wenn (,da, weil) du es verlangst, (so) will ich u. s. w.. (Man sieht, der Hauptsatz verändert dann nach § 837 die Wortfolge, und im ersten Beispiel muß er auch das Tempus des bestimmten

Zeitworts, der Copula verändern. Dies kann jedoch auch oft unterbleiben, besonders wenn der Adverbialsatz eine Aenderung leidet: erst nachdem er das Geld gezählt hatte, hat er mir einen oder den Empfangschein gegeben.)

Auch der Attributivsatz (Relativsatz), welcher dem Substantiv der Beziehung (nach der natürlichen Satzfolge) unmittelbar nachfolgen soll, nimmt (nimt) häufig (oft), besonders wenn er einen großen Umfang hat, die Stelle nach dem Prädikativ am Ende des Hauptsatzes ein (,) z. B. (:) Ich habe heute den Grafen, welcher uns vor drei Jahren auf dem Lande besucht hat, gesehen, und besser: Ich habe heute den Grafen gesehen, welcher uns .... besucht hat. Diese Stellung ist jedoch nicht wol (wohl) zulässig, wenn das Substantiv der Beziehung nicht als Hauptwort unmittelbar vor dem Prädikativ stehet (;man wird) z. B. (nicht sagen:) ich habe den Grafen in Frankfurt bei dem Bruder gesehen, welcher uns u. s. w.. (Diese Stellung ist um so verwerflicher, da sie zugleich den Sinn undeutlich macht, indem ja der Relativsatz nach unsrer Regel hier auf den Bruder bezogen werden müsste, und doch auf den Grafen gehen soll. Zufolge der letzten Bemerkung wird man indessen selbst nicht gern sagen: ich habe den Grafen heut vor acht Tagen in Frankfurt auf der Messe gesehen, welcher uns u. s. w..) Die Stellung eines Adjektivsatzes unmittelbar vor dem Prädikativ ist in rhythmischer Hinsicht besonders alsdann fehlerhaft; (,) wenn das Prädikativ des Hauptsatzes dem Hauptworte des Hauptsatzes und dem Hauptworte des Nebensatzes in der Betonung untergeordnet ist (;man darf) z. B. (nicht sagen:) er sieht mit Bewunderung den Mann, vor dem Jeder sich beugt, an; er gehet einen Vertrag, den er nicht halten kann, ein.“ (Man sehe § 895.)

In einer Anmerkung setzt Becker noch hinzu: „die Versetzung der Nebensätze, welche bloß der Deutlichkeit wegen und um des bessern Rhythmus willen statt findet, ist meistens zugleich als eine Inversion des Satzverhältnisses anzusehn, durch welche der Nebensatz hervorgehoben wird, und diese Hervorhebung wird alsdann zugleich durch die Betonung bezeichnet.“ (Wir werden über diese Inversion der Sätze in der nächsten Abtheilung näher sprechen.)

906) Bernhardt giebt in Ansehung der Casualsätze (§ 905) ihre Stellung auf folgende Art (l. c. S. 346) an: „diese Nennsätze stehen a) als Subjekt (Subject oder Nominativ) vorn; b) als Genitiv nach dem regierenden Worte: der

Zweifel, ob Dem auch so sei, (des So—sein's) beunruhigte mich; c) als Dativ vor dem Prädikate oder nach dem regierenden Worte: (ich drohte, die mich schützten, [d. i. den Schützenden,] jetzt mit dem Tode;) sein Hauptfehler lag darin, daß er nicht besonnen genug blieb; (d. i. in dem Nicht—besonnen—bleiben;) d) als Accusativ vor dem Prädikat oder als näheres Objekt hinter dem ganzen regierenden Satze: (ich habe, die mich schützten, bedroht;) ich habe erfahren, was ihn beleidigt hat (,d. i. seine Beleidigung).

Der Beisatz steht vor dem bestimmten Worte oder Satze (: was sich liebt, das neckt sich); doch steht derselbe auch: a) ein Besonderes bestimmend, hinter dem bestimmten Haupt- oder Personworte: ich habe den Mann, welcher so ungerecht behandelt worden ist, sehr bedauert; b) ein Allgemeines, durch einzele (einzelne) Worte Ausgedrücktes bestimmend, nach diesem: ich habe alles, was er mir gesagt hat, wieder vergessen. Ist Das Etwas, (vergessen? ist das etwas,) worüber man sich freuen darf; c) einen ganzen Satz bestimmend, nach diesem. Er hat seinen Bruder öffentlich beschimpft, was Niemand (,niemand) billigen wird."

Im Allgemeinen bemerkt Bernhardt über die logisch abhangigen Nebensätze, daß sie in der Regel nach ihrem logischen Verhältnisse auf einander folgen. „Namentlich (,sagt derselbe,) gehen der Satz und die Einräumung dem Gegensatze, das Erläuterte der Erläuterung, das zu Begründende (,Zu—begründende) der Begründung, der Grund der Folge, Das, (das,) womit verglichen wird, dem Verglichenen voran."

Zu diesen Angaben führt Bernhardt, folgende Beispiele auf: „Er geht nicht selbst mit, sondern schickt einen Bevollmächtigten. Zwar ist er fleißiger geworden; (,) aber seine Lehrer sind doch mit ihm nicht zufrieden; In Deutschland giebt es viele Universitätsstädte, namentlich (gehören zu ihnen): Wien, Berlin, Göttingen u. s. w.. Er konnte nicht kommen; (,) denn er war krank. Er war dem Tode nahe; daher konnte er an solche Dinge nicht denken. Das unverdorbene Kind empfindet Schmerz, wenn es seine Eltern (Aeltern) betrübt hat; eben so soll der brave Schüler seinen Lehrern stets Freude zu machen suchen." Im Allgemeinen lässt sich bemerken, daß man es vermeiden muß, einem untergeordneten Satze einen solchen Platz oder eine solche Gestalt, grammatische Form zu geben, daß er überhaupt, oder doch bis zum Ende der Periode für eine Beiordnung gehalten werden kann, oder daß es undeutlich bleibt, welchem Satze er untergeordnet werden soll.

Zur Vermeidung dieser Undeutlichkeit dient besonders die Veränderung der grammatischen Form des untergeordneten Satzes, daß er nicht mit dem übergeordneten dieselbe Form behalte. Man schließt nämlich in der Regel von der Gleichheit der grammatischen Form zweier oder mehrerer neben einander stehenden Sätze auf gleiche grammatische Würde derselben, daß sie einander beigeordnet sind; von der Verschiedenheit der Form aber schließt man in der Regel auf ungleiche Würde, und namentlich auf die Unterordnung des folgenden Satzes unter den vorhergehenden. So muß man denn z. B. nicht construiren: da er erfuhr, daß sein Bruder angekommen war, und den Wechsel nicht bezahlen wollte, sondern: und da er den, oder: und daß dieser den Wechsel u. s. w.; nicht: er erfuhr, daß sein Bruder angekommen war, und bei aller herzlichen Liebe, welche beide Brüder von jeher verband, wollte er doch für ihn nicht bezahlen, sondern: aber er wollte doch bei aller u. s. w., oder: und .... doch nicht bezahlen wollte; nicht: Gott, welcher den Himmel erschaffen hat, welcher dit ganze Erde umfasst, wird seine Erdenkinder nicht vergessen, sondern etwa: Gott, welcher den Himmel, der die ganze Erde umschließt, geschaffen hat u. s. w.; nicht: ich weiß, daß Sicherheit genug da ist, daß ich mein Geld erhalte, sondern: und daß ich mein Geld erhalte oder erhalten werde, oder: mein Geld zu erhalten, zu meinem Gelde zu kommen; oder in diesem Sinn der Unterordnung: es ist Sicherheit genug da, daß ich mein Geld erhalte.

907) Wir haben bis jetzt von der Stellung der untergeordneten, logisch abhangigen Nebensätze in einer Periode gesprochen. Was die beigeordneten, logisch unabhangigen Sätze betrifft, mögen dies Hauptsätze sein, die wegen der Verwandtschaft des Inhalts, oder Nebensätze, die wegen gleicher Beziehung auf einen andern Gedanken und Satz an einander gereiht sind, so lässt sich über deren Topik in einer Periode grammatisch noch viel weniger sagen; denn in welcher Ordnung und Folge man solche beigeordneten Sätze aufführen will, das ist in der That grammatisch fast immer ganz gleichgültig; gewöhnlich aber wird diese Folge logisch durch den Inhalt der Sätze bestimmt, und zuweilen auch durch den äußern Umfang der Sätze, insofern nämlich der kürzere Satz gern dem längern vorantritt.

So ist es grammatisch ganz gleichgültig, in welcher Ordnung man folgende Sätze an einander reiht: zwischen Spanien und Frankreich sind die Pyrenäen; in Italien gehn die Apenninen von Ober- bis Unteritalien; in der Schweiz nehmen die Alpen den größesten Theil des Flächenraums ein; in Deutschland haben wir besonders das Rhein-, Harz-, Fichtel-, das Tyroler, das sudetische Gebirge und den Anfang der Karpaten u. s. w.. (Du siehst also, daß es in allen Ländern Europa's Gebirge giebt.) Man muß aber die angegebene Ordnung behalten, sobald man aus irgend einer Ursache oder Veranlassung die Absicht hat, die Gebirge von Westen nach Osten, und von Süden nach Norden anzugeben. Eben so muß es wegen der wirklichen Folge der Zeit heißen: ich habe heut vielerlei gethan; zuerst, als ich aus dem Bett aufgestanden war, habe ich mich gewaschen und angekleidet; dann habe ich gefrühstückt; hierauf bin ich in die Schule gegangen; in ihr habe ich vier Stunden geschwitzt und mich gelangweilt; nachher habe ich Mittagbrod essen gemusst, worauf es mir vergönnt wurde, Mittagsruhe zu halten; als ich geweckt wurde, musste ich Kaffe trinken; gegen Abend hat mich ein zweistündiger Spaziergang sehr müde gemacht; noch mehr hat mich die dann folgende Ausarbeitung meiner Schulaufgaben angegriffen; das Beste ist jetzt das ruhige Abendessen, bei welchem ich mich von des Tages Last und Hitze erhole. — Grammatisch könnte man diese Sätze beliebig unter einander werfen.

Zweite Abtheilung.

Von der Versetzung oder Inversion der Sätze in den Perioden.

908) Die Versetzung oder Inversion der Sätze, namentlich der Nebensätze, denen man andre Stellen anweiset, als ihnen eigentlich in den Perioden nach der natürlichen Satzfolge gebühren, hat weit öfter einen grammatischen und rhetorischen Zweck, besonders den Wohllaut, die Abrundung, die Vermeidung der Gleichförmigkeit und die leichtere Verbindung der Perioden unter einander, als einen logischen, vorzüglich die Deutlichkeit des Inhalts und die Hervorhebung einzelner, gewisser Gedanken. Wir wissen z. B. schon (aus der vorigen Abtheilung und aus dem vorhergehenden Abschnitt), daß man auf diese Art zu irgend einem der eben angegebenen Zwecke einen Nebensatz sowohl an den Anfang als an das Ende der Periode hin versetzen kann. So kann man für: er hat das Buch, als er den Inhalt desselben kannte, dem Buchhändler zurückgeschickt, auch sagen: als er den Inhalt desselben kannte, hat

er das Buch u. s. w., so wie: er hat das Buch .... zurückgeschickt, als er den Inhalt desselben kannte. Ja, man erhebt selbst solche Nebensätze nicht selten zu eignen Hauptsätzen und ganzen Perioden, besonders Adverbialsätze der Zeit, ohne daß sich dies immer fehlerhaft nennen lässt. Man construirt z. B. wohl: Er war von der Reise zurückgekehrt. Er erhielt sogleich die Nachricht vom Tode seines Bruders. Sein Schmerz über diesen Verlust war unbeschreiblich. Offenbar bilden diese drei Hauptsätze und Perioden eigentlich nur eine einzige Periode, in welcher zwei jener Hauptsätze zu Nebensätzen werden, indem man z. B., und zwar wohllautender, fließender und besser, sagt: kaum war er von seiner Reise zurückgekehrt, so erhielt er die Nachricht vom Tode seines Bruders, (oder als er die Nachricht, oder: als er auch schon die Nachricht .... erhielt,) worüber (oder: über welchen Verlust), sein Schmerz unbeschreiblich groß war. Geradezu verwerflich und förmlich fehlerhaft wird solche Erhebung und Umstellung eines Nebensatzes nur, wenn sie den Sinn der Rede undeutlich machen, oder gegen die Gesetze der Logik verstoßen. Wenn man z. B. construirt: er leugnete die That, wobei er aufs heftigste gegen seinen Wohlthäter schmähte; dies (,oder. Dies) machte ihn allgemein verächtlich: so weiß man nicht, worauf der letzte Hauptsatz geht, was ihn verächtlich machte. Nach der Grammatik muß der letzte Hauptsatz auf den ersten sich beziehen, und also sein Leugnen, vielleicht mit Einschluß des Schmähens, ihn verächtlich gemacht haben. Soll das nicht der Sinn sein, sondern der letzte Satz nur auf den vorstehenden Relativ bezogen werden, so muß man die Construction ändern, und etwa sagen: .... wobei er, was ihn allgemein verächtlich machte, aufs heftigste .... schmähte.

Sehr richtig bemerkt Herling (l. c. Th. 2, S. 207) in dieser Hinsicht: „der Zusammenhang der Perioden wird gestört, wenn ein Satz als eine Periode zwischen sie (zwei andere Perioden) tritt, der nur als Nebensatz der einen behandelt werden sollte, oder wenn überhaupt eine Periode in ihrer (logischen) Beziehung die vorhergehende Periode, insofern diese nicht ausdrücklich als logisch untergeordnet bezeichnet ist, überspringt. [Beispiel. Recht sehr freute mich dein letzter Brief. Ich muß nur bedauern, daß ich ihn erst jetzt beantworten kann. Ich sah in demselben nicht nur dein freundliches Zartgefühl, sondern u. s. w.. — Offenbar sollte hier die zweite Periode ein bloßes Adjectiv (?) des Briefes, also logisch untergeordnet werden (,indem man etwa sagt:

recht sehr freute mich dein letzter Brief, den es mir nur sehr leid thut, erst jetzt beantworten zu können; aus demselben ersah ich u. s. w., oder besser: dein letzter Brief, den es mir sehr leid thut, erst jetzt beantworten zu können, hat mir recht viele Freude gemacht, denn ich sah aus demselben u. s. w..)] Ist aber (,fährt Herling fort,) die logische Unterordnung einer Periode, die sich zwischen zwei andere, Hauptgedanken darstellende Perioden schiebt, leicht beim Uebergange erkennbar, so hat die Folge und Stellung nichts Verwerfliches. [Beispiel: Keiner (niemand) traute dem Andern (andern). Ihr Haß war zu fest gewurzelt. Jeder fürchtete, von dem Andern verrathen zu werden; wo (werden. Hier ist) der zweite Satz nur Erläuterung des ersten ist." (Deswegen, will Herling sagen, ist es erlaubt, ihn zwischen die erste und dritte, die dem Sinne nach zusammenhangen, einzuschieben. — Das ist zwar richtig; doch wird die einfache und natürliche Redeart lieber sagen: niemand traute, da der gegenseitige Haß zu tief gewurzelt war, dem andern, und jeder fürchtete, vom andern verrathen zu werden.)]

Eben so richtig bemerkt Herling (l. c. Th. 2, S. 120): „Noch verwerflicher sind die Inversionen der Satzfolge, wie sie zuweilen bei Dichtern vorkommen, wenn die logische oder grammatische Beziehung eines (Haupt- oder Neben-) Satzes dadurch zweideutig wird. So sagt Müllner:

Ich bettl' um Liebe nicht. Was meine Lippe beut,
Mißfiel's, ich trüg's mit Kraft.

Hier ist der (zweite, nämlich der) substantivische Adjectivsatz von zweifelhafter Beziehung, und kann entweder unmittelbar dem (letzten) Hauptsatze, oder zunächst dem conditionalen Adverbialsatze Mißfiel's (,) oder beiden zugleich in wiederholter Beziehung, so daß das es in beiden darauf hindeutete; untergeordnet seyn. Der Sinn indeß ist nur zweideutig."

Dem Dichter kann man wohl zuweilen solche Inversion verzeihen; der einfache Prosaiker aber muß sagen: ich bettle nicht um Liebe. Wenn das, was meine Lippe beut, (was ich sage,) missfiele, ich würde es (das) mit Kraft ertragen.

909) Wir wollen noch nach Bernhardt (l. c. S. 347 bis 351), zum Beweise, daß vermittelst der Inversion alle Arten der untergeordneten Sätze in einer Periode sowohl am Anfange derselben, als voranstehende oder Vordersätze, als auch am Schlusse, als Hintersätze, (d. i. die hinter dem übergeordneten Satze stehen,) und in der Mitte als Zwischensätze, (d. i.

welche zwischen die Glieder des übergeordneten Satzes eingeschoben sind,) stehen können, Beispiele dieser verschiedenen Stellungen angeben, und dabei einige Bemerkungen Bernhardts anführen.

„I. Der Umstands- oder Adverbialsatz;

1) als Hintersatz: ich ging weg, als er ankam;

2) als Zwischensatz: ich reisete, als ich dies hörte, schnell ab; wenn ein solcher Umstandssatz als Zwischensatz in einen Hauptsatz eingeschoben werden soll, so darf er (der Regel nach) erst hinter der Copula desselben eintreten; soll er aber die Glieder eines Nebensatzes trennen, so kommt er (der Regel nach) hinter das Subject: es ist, wie du weißt, vom Herodot erzählt, daß Krösus, als Solon zu ihm kam, von diesem für den glücklichsten Menschen erklärt zu werden hoffte;

3) als eigentlicher Vordersatz: als er ankam, (so) brachte man ihm eine traurige Nachricht.

II. Der Nenn- oder Substantiv- und namentlich der Casualsatz. (Bernhardt rechnet, wie wir wissen, auch Relativsätze zu diesen Sätzen.)

1) Als Hintersatz: ich habe erfahren, was ihn beleidigt hat; (Objectiv- oder Accusativsatz;) steht ein solcher Satz als Nominativ- oder Subjectivsatz hinten, so nimt der Hauptsatz das Subject es an: es ist unbestritten, daß die Tugend glücklich macht;

2) als Zwischensatz: wem ist, daß wir sterben müssen, (Subjectivsatz,) unbekannt; daß sie den Satrapen, ihr Herrscher komme, (Objectivsatz,) verkünden; (bei Klopstock;)

3) als voranstehender Satz: nicht vorwärts kommt der Nachen, (Objectivsatz,) merken wir jetzt (bei Voß).

III. Der Bei- oder Adjectivsatz; (auch hierzu gehören nach Bernhardt wieder Relativsätze;)

1) als Hintersatz: er hat seinen eignen Bruder beschimpft, was niemand billigen wird;

2) als Zwischensatz: ich habe den Mann, welcher so ungerecht behandelt worden ist, sehr bedauert;

3) als voranstehender Satz: den der Sterne Wirbel loben, den des Seraphs Hymne preis't, dieses Glas dem guten Geist überm Sternenzelt dort oben; (bei Schiller;) besonders bei den Beisätzen mit wer und was: wer die Tugend übt, ist glücklich; was du thun mußt, das schiebe nicht auf.

910) Als Fehler bei den Versetzungen der Sätze führt Bernhardt besonders noch folgende an:

1) wenn in einem untergeordneten Satze, der dann gewöhnlich als Zwischensatz gesetzt ist, das Hauptwort steht, welches in den übergeordneten Satz gehört, und in diesem durch ein Deutewort vertreten wird: wir gaben, da wir die Bücher nicht gebrauchen konnten, dieselben unsern Freunden; es muß heißen: wir gaben die Bücher, da wir sie oder dieselben nicht brauchen konnten, (nicht: wir gaben, da wir dieselben nicht brauchen konnten, die Bücher) unsern Freunden;

2) wenn umgekehrt ein in einem übergeordneten Satze enthaltenes Hauptwort in den voranstehenden untergeordneten Satz gehört: da er zu weit ablag, so verkauften wir den Garten; es muß heißen: da der Garten zu weit ablag, so verkauften wir denselben;

3) wenn einem Hauptsatze, welcher mit und einem vorangehenden andern Hauptsatze beigeordnet ist, ein untergeordneter Nebensatz, der in denselben eingeschoben werden müsste, vorangestellt wird, so daß dieser Nebensatz das und vor sich bekommt, der Hauptsatz aber nachfolgt: er kam nicht, und weil er niemanden bei sich hatte, so konnte er auch den Grund seines Wegbleibens nicht melden lassen; es muß heißen: er kam nicht, und konnte auch, weil er u. s. w.;

4) wenn ein Umstandssatz als Zwischensatz vor die Copula, oder gar nach der Conjunction und vor das Subject des übergeordneten Satzes zu stehen kommt: Karl, als er noch ein Knabe war, wurde für sehr talentvoll gehalten; daß, wenn er käme, ich sehr erfreut sein würde, konnte er sich denken; es muß heißen: Karl wurde, als er u. s. w.; daß ich, wenn er käme, sehr u. s. w.. (Eben so fehlerhaft ist z. B. die Construction: daß Ew. Wohlgeboren mit diesem Schreiben beschwerlich zu fallen, ich mir die Freiheit nehme; wenn, Ihnen Nachricht davon zu geben, ich wage, für: wenn ich, Ihnen u. s. w.; daß ich, Ew. Wohlgeboren . . . . zu fallen, mir die Freiheit nehme, und noch besser: daß ich mir die Freiheit nehme, Ew. Wohlgeboren u. s. w..)

Gewiß hat Bernhardt Recht, daß dies vier förmliche Fehler gegen den guten Periodenbau sind; sie werden indessen selbst von guten Schriftstellern so sehr häufig begangen, daß man es kaum wagen darf, diese Sprechart geradehin als fehlerhaft zu verwerfen und zu verbieten; man muß immer fürchten, daß jene Schriftsteller als rechtfertigende Autoritäten derselben genannt werden dürften.

911) Ueber die Verbindung mehrerer Perioden mit einander und die dabei statt findende Umsetzung oder Inversion

derselben kann außer dem, was wir in dem gegenwärtigen Abschnitt und in den letzten Abtheilungen des vorigen gelegentlich angeführt haben, grammatisch nichts weiter festgesetzt werdern, sondern es ist bloß Sache der Styllehre, die rhetorischen, ästhetischen und logischen Bemerkungen zu sammeln und zu ordnen, welche sich als Gesetze oder Verbote für diese Verbindung und Umstellung der Perioden angeben lassen.

Sechster Abschnitt.

Von den Wort- und Satzfiguren.

---

912) Auch diese Lehre von den sprachlichen Figuren gehört dem größesten Theile ihres Inhalts nach gar nicht mehr zur Grammatik, sondern ebenfalls theils zur Styllehre, theils zur Logik, theils zur Deklamatorik, theils zur Poetik u. s. w.. Da man indessen doch außer den wirklichen grammatischen auch viele andern Arten von Wort- und Rede- oder Satzfiguren noch immer ebenfalls geradezu grammatische nennt, so müssen wir schon wenigstens eine kurze Uebersicht dieser Figuren angeben.

913) Obgleich die Sprachlehrer in ihren Angaben des Begriffs der sprachlichen Figuren sehr von einander abweichen, so verstehen doch fast alle im Allgemeinen unter Figuren (σχηματα) nichts als Wendungen der Sprache, Modificationen, Gestaltungen des Ausdrucks, die als Abweichungen von der Sprache des gemeinen Lebens, von der gewöhnlichen Sprechweise, zur Beförderung des Wohllauts, der Anschaulichkeit, der Lebhaftigkeit, des Nachdrucks der Rede und ähnlicher grammatischen, logischen und rhetorischen Zwecke dienen sollen. (Aeltere Sprachlehrer unterschieden die Tropen als namentlich diejenigen Wendungen, durch welche man ein Bild statt eines eigentlichen Ausdrucks setzt, ganz von den Figuren; die neuern, denen wir folgen wollen, erkennen in ihnen nichts als eine einzelne Art der Figuren.) (Die Griechen verstanden unter Schema besonders eine gute Stellung [oder auch Gebärde] in der Rede; die Römer bedienten sich dafür bald, z. B. Cicero, des Ausdrucks ornamentum, bald figura. Dieser Namen Figur als grammatischer Kunstausdruck, terminus technicus, er-

klärt sich am leichtesten dadurch, daß sie Mittel sind, den sprachlichen Ausdruck besonders auf eine von der gewöhnlichen abweichende Art zu gestalten.) Auch über die Ab- und Eintheilung oder die verschiedenen Arten der Figuren sind die Sprachlehrer sehr uneinig. Fast alle neuern schließen die grammatischen Figuren im engsten Sinn oder die Wortfiguren, die als Abweichungen von der gewöhnlichen Wortbildung und Wortfügung besonders im Hinzuthun oder Weglassen oder Vertauschen einzelner Buchstaben und Sylben und Wörter bestehen, ganz von den rhetorischen oder Redefiguren aus, welche die Verstärkung der Wirkung der Rede bezwecken; Adelung (in seinem Lehrbuch über den deutschen Styl, und so auch Heinsius im Auszuge aus demselben S. 91) will auch die Figuren für den Verstand, (Definition, Beweis, Syllogismus u. s. w.,) die er allein (in einem andern Sinn also) rhetorische nennt, nicht als Redefiguren anerkennen, indem er sagt: Figuren können nur solche Modificationen des Ausdrucks sein, welche wirklich geschickt sind, eine der untern Kräfte der Seele in Bewegung zu setzen. In Ansehung der Eintheilung dieser Redefiguren aber nehmen einige folgende drei Classen derselben an: solche, die sich beziehen 1) auf die bestimmten Worte, (Wortzusammensetzung, Epitheton, Inversion, Wiederholung, Apostrophe, Ausruf,) 2) auf die ganze Wendung des Gedankens, (Beschreibung, Vergleichung, Gleichniß, Personification, Anrufung, Andeutung, Häufung, Antithese, Zergliederung, Steigerung, Hyperbel, Metapher, Allegorie,) und 3) als musikalisch poetische Figuren auf den Klang (,Wortspiel, Echo, Annomination, Alliteration, Assonanz, Reim). (Man sehe z. B. das Conversations—lexicon.) Nach dieser Ansicht spricht Pölitz ausführlich über die Figuren (in seiner allgemeinen Sprachkunde von Seite 181 an, die man also nachlesen kann). Noch andere theilen alle Figuren in grammatische, rhetorische und ästhetische, welche namentlich dem Gesetze des Schönen folgen. Sehr ausführlich spricht Adelung (im eben angegebenen Lehrbuch über den Styl) von den Figuren, (so daß die Untersuchung in Heinsius's Auszug von Seite 91 bis 162 geht,) und nimt dabei vier Classen derselben nach den untern Kräften der Seele an, nämlich Figuren für 1) die Aufmerksamkeit, 2) die Einbildungskraft, die er wieder in zehn untere Classen theilt, deren eine die Tropen bilden, 3) die Gemüthsbewegungen und Leidenschaften und 4) den Witz und Scharfsinn. Diese Eintheilung nach den Gemüthsvermögen verwirft Reinbeck (in seinem Handbuch der

Sprachwissenschaft, Band 1, Abtheilung 2, Essen, 1814, S. 23), da nur selten ein Gemüthsvermögen allein wirkt, so daß bei dieser Abtheilung stets Streit über die Gränzen entstehe. Er theilt die Figuren in Figuren für den Verstand, als besondere Mittel der Sprache zur Darstellung der Vorstellungen des Verstandes, und in Figuren für die Einbildungskraft, als besondere Mittel der Sprache zur Darstellung der Vorstellungen der Einbildungskraft; und diese theilt er wieder in grammatische, welche auf Inhärenz oder auf Identität, oder auf Modalität und Ungewöhnlichkeit, und in musikalische, welche auf der Sprachdarstellung durch Klänge beruhen. Dagegen übergeht er ganz die Wortfiguren. Diese wollen wir zuerst besprechen, dann aber seiner Abtheilung folgen, wobei wir indessen bemerken müssen, daß sowohl er als die meisten neuern Grammatiker in dieser Lehre vieles aus Bernhardi's (allgemeiner) Sprachlehre (,Berlin, 1803,) entnommen haben, wenn sie gleich diese ihre Quelle nicht angeben.

914) Sehr richtig bemerkt Adelung, die Wortfiguren, die er grammatische nennt, sind in den meisten Fällen Sprachfehler, denn sie sind in der That meistens aus Unbekanntschaft mit der Grammatik, oder aus einem falschen Geschmack oder aus der Noth ungewandter Dichter entstanden. Schon Gottsched bemerkt spöttelnd: „die [lateinischen] Sprachlehrer haben sich eine gute Anzahl von Kunstwörtern erdacht, womit sie gewisse Unbeständigkeiten im Reden, allerlei Unrichtigkeiten in Wörtern und Redensarten, oder Abweichungen gewisser Mundarten und guter Schriftsteller zu entschuldigen gesuchet (haben). Sie haben ihnen den schönen Namen der Figuren gegeben, und sie (,) zum Unterschiede der rednerischen, nur grammatische genennet."

Heyse führt folgende Wortfiguren (in seiner größern Sprachlehre) an:

„Anastrophe, die, verkehrte Wortsetzung, wenn ein Wort, das vorn stehen sollte, hinten steht: (z. B. wenn) herum statt umher, hernach statt nachher (gesagt wird). (Grammatisch erlaubt ist: deswegen oder desswegen statt wegen dessen.)

Aphäresis, die, Kürzung eines Worts von vorn: rauf statt herauf, 's ist statt es ist.

Apokope, die, Endverkürzung eines Worts: Güt' statt Güte, schön Wetter statt schönes Wetter.

Asyndeton oder Asyntheton, das, Verschweigung der Bindewörter: er kam, sah, siegte statt und siegte.

Ellipsis, die, Weglassung eines Worts, das leicht hinzugedacht werden kann: nichts weiter (sage u. dgl.). (Diese

Figur, so auch schon die vorhergehende, gehört offenbar nicht hierher zu den grammatischen Figuren.) (Man sehe § 922.)

Enallage, die, Vertauschung oder Verwechselung eines Worts mit dem andern: dein Geiz, alles zu wollen, statt deine Habsucht. (So auch: die Herthasee statt der Herthasee.) (Andere verstehen darunter nur die Vertauschung der grammatisch gesetzmäßigen Person mit einer andern.)

Epenthesis, die, (schlechte) Einschaltung eines Buchstabens oder einer Sylbe: Genade statt Gnade, versammelen statt versammeln. (Daraus statt draus könnte man als eine gute Epenthesis anführen.)

Inversion, die, Versetzung eines Satzes: errungen früh schon hat er seine Palme. (Auch diese Figur gehört nicht hierher. Man sehe § 922. Als eine falsche Wortversetzung könnte man z. B. angeben: Gott, der dich hat geschaffen, statt geschaffen hat. Gottsched nennt das Tmesis.)

Krasis, die, Zusammenziehung zweier Sylben in eine, oder zweier Wörter in eines: sag's statt sage es, überm statt über dem (,Voss's statt Vossens).

Metathesis, die, Buchstabenversetzung, um einen andern Sinn heraus zu bringen, gewöhnlich Spielerei: Erde statt Rede, lauf statt faul. (So auch manglen, Mauren statt mangeln, Mauern.)

Paragoge, die, (fehlerhafte) Endverlängerung eines Wortes: dahero statt daher, dorten statt dort, gewisslich statt gewiß.

Parenthesis, die, Einschaltung, ein eingeschlossener Satz: der letzte Schlummer, welcher Tod heißt, führt uns zur Ruh.

Pleonasmus, der, Wortüberfluß: nasses Wasser, es kann vielleicht wohl möglich sein. (Das ist Tautologie der Wörter.)

Polysyntheton oder Polysyndeton, das, Anhäufung eines Satzes mit denselben Bindewörtern (,Wiederholung desselben Bindeworts): ihm sei Ehre und Lob und Dank und Ruhm. (Die drei zuletzt genannten Figuren gehören nicht hierher. Man sehe § 922.)

Prosthesis, die, (fehlerhafte) Versetzung eines Buchstabens oder einer Sylbe vor ein Wort: dieweil (,alldieweil) statt weil, beneben statt neben (,allhier statt hier, also, wenn es für so steht).

Synkope, die, Wortverkürzung oder Zusammenziehung eines Worts durch Wegwerfung eines Buchstabens oder einer Sylbe aus der Mitte des Worts: drin statt darin, Superndent statt Superintendent. (So auch ewge, größte statt ewige, größeste.) (Unter der schon bei der Inversion genannten Tmesis verstehen manche die Trennung dessen, was gewöhnlich zusammen gesetzt ist, z. B. los kann ich mich nicht reißen.)

Zeugma, das, Verbindungsmittel oder die Vereinigung zweier Hauptwörter oder Sätze durch ein Verbum, oder mehrerer Subjecte mit einem Prädicat, oder mehrerer Prädicate mit einem Subject, das sich nur zu einem oder einigen derselben schickt: dir will ich Milch und Blumen auf dein Grab streuen." (Auch diese Figur gehört nicht hierher.)

(Scherzhaft setzt Gottsched noch hinzu: „endlich, damit gar kein orthographischer Fehler ohne Entschuldigung bleiben dürfe, wenn nur ein recht gelehrter Grammatikus darüber kömmt, der sich zu rathen und zu helfen weiß: so hat man auch noch eine Antithesin oder Vertauschung, da man schlechterdings ein x für ein u setzen kann: Z. B. entfahen für empfahen [empfangen] u. s. w.." In der That führen selbst noch ganz neue Grammatiker als Wortfiguren auf die Hypallage, als die Vertauschung der Redetheile unter einander, Synesis, als den Mangel der grammatischen Uebereinstimmung des Subjects und Prädicats, und so auch die Vertauschung der Casus unter einander, die Vertauschung des Genus, des Numerus u. s. w.. Man vergl. § 923.)

915) Ueber die Figuren für den Verstand sagt Reinbeck (l. c. S. 93) besonders Folgendes: „die Verstandesfiguren sind Wendungen der Sprache, welche aus dem Streben des Verstandes nach Einheit und Allgemeinheit hervorgehen. Die einfachste Vereinigung ist die Subsumtion zweier [in Succession] neben einander gestellten Begriffe, d. i. die Bestimmung ihres Verhältnisses zu einander. Da nun diese Subsumtion nur durch ein Urtheil möglich ist, und das Urtheil sich in der Sprache im Satze darstellt, so ist der Satz selbst (die Satzform) die erste Verstandesfigur.

Es beruhen diese Verstandesfiguren auf Succession, (Coordination und Subsumtion,) Identität und Wahrheit; sie theilen sich in Figuren für einzelne Begriffe, im Satze dargestellt, und in Figuren für Reihen von Begriffen, in (doch nur kurzen) Reihen von Sätzen dargestellt.

Wird ein Begriff in seinen wesentlichen Merkmalen dargestellt, so heißt dies in der (Verstandessprache oder) philosophischen Sprachdarstellung eine Definition.

Wird der Begriff nicht bloß nach seinen wesentlichen Merkmalen dargestellt, sondern überhaupt nach solchen, welche ihn von andern zu unterscheiden vermögen, so heißt das Description, Beschreibung. (Man vergleiche § 916, aus welchem sich auch ergeben wird, daß diese Description als eine mit der Exergasie verbundene Individualisirung angesehen werden kann, weswegen sie auch ganz aus der Zahl der Figuren ausgeschlossen werden könnte, um so mehr, da sie sich selten auf einen Satz oder eine kurze Reihe von Sätzen beschränkt.)

Erhebt man die in einer Vorstellung dunkel gedachten Merkmale ins Bewusstsein, um sie dadurch (klar oder) deutlich zu machen, so heißt dies Exposition, Erörterung.

Wird der Namen eines Begriffs nach seiner verschiedenen (eigentlichen und uneigentlichen) Bedeutung, oder werden die einander ähnlichen Begriffe gegenseitig durch einander bestimmt, so heißt dies Distinction.

Wird ein Begriff nach seinem Verhältnisse zu einem andern bestimmt, so kann das Verhältniß der Gleichheit [Identität] statt finden, oder das Verhältniß des Höhern und Niedern. Der höhere Begriff heißt Gattung, [genus,] der niedere heißt Art [,species]. Dieses Verhältniß bestimmt den Umfang, die Sphäre des Begriffs, und die Begriffe sind dann einander coordinirt, wenn sie beide zu einem höhern Gattungsbegriff gehören, oder subordinirt, als Genus und Species. Diese Eintheilung heißt Division.

Findet eine solche Eintheilung in Hinsicht des in einem Satze ausgedrückten Verhältnisses zwischen Subject und Prädicat statt, so ist dies eine Partition. (M. vergl. § 916.)

Vergleicht man mehrere Urtheile mit einander, und bestimmt ihr gegenseitiges Verhältniß [nach Grund und Folge], so entsteht der Schluß.

So findet der Verstand in den Sprachformen, als Formeln betrachtet, (d. i.) in den Verstandesfiguren, ein schickliches Organ für seine Darstellung. An sich sind diese Formen leer; sie erhalten erst Bedeutung durch die Begriffe, welche in ihnen dargestellt werden. Allen Verstandesfiguren liegt ein innerer Sinn zum Grunde: sie sind Ausdruck des Erkenntnisses, und bezwecken eine Beziehung auf den Verstand."

Wir haben schon bemerkt, daß sehr viele Sprachlehrer alle jetzt (in diesem Paragraphen) angegebenen Bestimmungen gar nicht zu den Figuren rechnen, und also gar keine Verstandesfiguren in Reinbecks Sinne annehmen.

Ausführlicher müssen wir nun nach Reinbeck sprechen über die

Redefiguren der imaginativen Sprachstellung.

916) I. Figuren der Inhärenz.

In Ansehung der Redefiguren für die imaginative Sprachdarstellung, welche Reinbeck (nach § 913) grammatische nennt, bemerkt dieser (l. c. S. 23) in Beziehung auf die Figuren der Inhärenz, welcher die Begriffe Substanz und Accidenz, die durch Substantiv und Attributiv dargestellt werden, zum Grunde liegen, daß dieselben für diese Sprache der Einbildungskraft entstehen, wenn die darzustellende Vorstellung, die für die Einbildungskraft ein Bild ist, durch eine ganze Reihe Accidenzen oder Epithete individualisirt oder anschaulicher gemacht wird.

So entsteht 1) die (Figur der) Description oder Schilderung, wenn die Vorstellung (,das Bild) durch Aufführung der in ihr enthaltenen Theile, Eigenschaften, Veränderungen, kurz alles dessen, was ihr möglicher Weise zukommt, dargestellt wird. (Man sehe § 915.)

(Beispiel. Wir hatten eine herrliche Reise: das Wetter war sehr schön, der Weg vortrefflich, der Wagen bequem, und die Reisegesellschaft höchst unterhaltend.)

Anmerkung. Adelung macht hieraus zwei Figuren: Beschreibung, descriptio, und Schilderung, hypotyposis, energia, effictio, demonstratio, die beide durch Angabe von Merkmalen des genannten Gegenstandes alles das Manchfaltige an demselben entwickeln, das der Absicht des Sprechenden oder Schreibenden gemäß ist, die sich dadurch von einander unterscheiden sollen, daß die Beschreibung diese Merkmale zum Unterrichte des Verstandes angiebt, die Schilderung oder malerische Beschreibung aber einen sinnlichen, in Raum und Zeit anschaulichen Gegenstand nach seinen Theilen darstellt. Diese Unterscheidung wird indessen fast gar nicht beachtet.

2) Die (Figur der) Distribution, Individualisirung, [imaginativen] Zergliederung, Vereinzelung entsteht, wenn die allgemeine Vorstellung (,das Bild) durch Aufführung der unter ihr enthaltenen Theile, Eigenschaften, Veränderungen u. s. w. dargestellt, also in ihre einzelnen Theilvorstellungen oder Merkmale aufgelöset wird. (M. vgl. § 915.)

(Beispiel. Die ganze Familie war außer sich für Freude. Der Vater sprach in Rührung ein leises Dankgebet zu Gott; die Mutter lachte und weinte abwechselnd in sichtbarem Entzücken; der Sohn jubelte laut, und die Tochter hüpfte und tanzte unaufhörlich im Zimmer umher.)

Man

Man könnte hier noch eine andre Figur, die Charakterisirung, als die Hervorhebung eines wahren, aber speciellen Merkmals, annehmen, die meistens in einem Epitheton besteht, das des Nachdrucks und der Schönheit wegen statt aller übrigen Epitheten hervorgehoben wird, z. B. hier geht der sorgenvolle Kaufmann, der leichtgeschürzte Pilger u. s. w. (in Schillers Tell), der Jüngling edlen Gefühles, und von welcher die Distribution nichts als eine Erweiterung ist.

3) Exergesie oder vielmehr Exergasie heißt die Figur, welche die Vorstellung (,das Bild) nach ihren Theilen von mehreren Seiten darstellt, oder welche sie durch Danebenstellung von Synonymen schärfer begränzt. Sie stellt, zum Zwecke der Verdeutlichung, coordinirte Begriffe neben die Hauptvorstellung.

(Beispiele. Die Genie's sind Seher, von Gott Angehauchte; bist du denn besser als ich? ein höheres Wesen, andern Ursprungs, reicherer Kräfte und erhabnerer Bestimmung? —

Wenn man, was freilich [nach § 919, Nr. 5] billig nicht geschehn sollte, auch lange Reihen von Sätzen, ein volles stylistisches Ganzes zu den Figuren rechnet, so ist auch Folgendes eine Exergesie: Wie groß ist des Allmächtigen Güte gegen uns! Wie schön ist die Erde, die wir bewohnen! wie segensreich die Abwechselung der Jahreszeiten auf ihr! wie kunstvoll und weise ist die Einrichtung des Körpers der Menschen! wie erhaben sind die Anlagen und Kräfte des Geistes derselben!)

(Man sieht, diese drei Figuren sind einander sehr ähnlich.)

4) Cumulatio, (cumulus,) Häufung ist die Häufung der Merkmale der Vorstellung (,des Bildes).

(Beispiel. Religion der Gottheit! du heilige Menschenfreundinn, Tochter Gottes, der Tugend erhabenste Lehrerinn, Ruhe, bester Segen! wie Gott, dein Stifter, unsterblich, schön wie der Seligen Einer, und süß, wie das ewige Leben! Schöpferinn hoher Gedanken! der Frömmigkeit seligster Urquell! oder wie sonst dich die Seraphim, Unaussprechliche, nennen. [Klopstock im Messias, IV.])

Anmerk. Eine gewisse Ueberfülle der Merkmale heißt Pleonasmus. Man sehe § 914. Beispiel. Sieben lange Jahre für sieben Jahre. Diese Figur ist nur gut oder doch erträglich, wenn die Ueberfüllung wirklich zur Belebung des Bildes beiträgt.

5) Wenn die auf einander folgenden Merkmale oder Vorstellungen nach dem Range ihrer innern Bedeutung geordnet werden, so heißt das Klimax, Gradation, Steigerung.

(Beispiel. Klopstock lässt Satan sprechen im Messias II.: ja euch auch, die quälet die ewige Nacht des Abgrunds, und in der Nacht des Strafenden Feuer, im Feuer Verzweiflung, in der Verzweiflung Ich, euch auch will vom Tod' Er befreien.)

Wenn die Vorstellungen in absteigender Ordnung auf einander folgen, so heißt die Figur Antiklimax.

(Beispiel. Wenn wir wahrhaft gut und groß sind, so sind und bleiben wir es überall, auf dem Thron, im Palast und in der Hütte.)

(Es ist nicht viel mehr als Wortstreit, wenn manche Sprachlehrer behaupten, es gebe gar keinen Antiklimax, sondern was so genannt werde, sei auch ein wahrer Klimax. So sei die Steigerung im vorhergehenden Beispiel: wer wahrhaft gut ist, bleibt es auch, nicht nur auf dem Throne, wo es leicht ist, gut zu sein, sondern auch im Pallast, wo dies wegen der regeren Leidenschaften der Bewohner schon schwerer wird, ja selbst in den Hütten, wo es der Armuth, Noth und starken Reizung zur Sünde wegen am schwersten ist, gut zu bleiben.)

917) II. Figuren der Identität.

Der Identität liegt der Zusammenhang der Sphären zweier Vorstellungen, welche dieselben Theilvorstellungen unter sich enthalten, zum Grunde, nach welchem eine die andere hervorruft. Wenn zwei Vorstellungen der Imagination (, zwei Bilder) in diesem Verhältnisse zu einander stehen, daß die eine immer die andere hervorruft, so heißt und ist die hervorrufende Vorstellung das Hauptbild, und die hervorgerufene das Gegenbild. Bei ihrer Darstellung, bei welcher immer das grammatische Princip der Inhärenz statt findet, tritt entweder jede der beiden Vorstellungen, wenn gleich in Beziehung auf die andere, doch ohne Vertauschung mit ihr, und als selbstständig auf, oder die Vertauschung findet wirklich statt. So muß es also für die Identität: Figuren der Gegeneinanderstellung, die eine Vergleichung voraussetzen, und die Aehnlichkeit oder Unähnlichkeit des Haupt- und Gegenbildes nachweisen sollen, und Figuren der Vertauschung oder Verwechselung geben. Diese haben, insofern sie sich auf Aehnlichkeit gründen, die Figuren der Gegeneinanderstellung zum Grunde, und sie übertragen das Sprachzeichen der einen der beiden identischen Vorstellungen auf die andere. Diese Uebertragung ist entweder nur in dem Darstellenden gegründet, so daß keine Verwechselung der Vorstellungen statt findet, sondern bloß auf eine Vorstellung eine Darstellungsform übertragen wird, die ihr eigentlich nicht zukommt, oder die Verwechselung liegt in den Vorstellungen selbst. Die Figuren dieser Art heißen Tropen.

918) A. Figuren der Gegeneinanderstellung.

1) Wenn das Hauptbild als Hauptsache erscheint, und auf Aehnlichkeit mit dem Gegenbilde nur durch ein Vergleichungswort hingewiesen wird, so heißt die Figur Comparation, Vergleichung.

(Beispiel. Der Mensch geht, wie die Erde, von Westen nach Osten; aber es kommt ihm vor, er gehe mit ihr von Osten nach Westen; vom Leben ins Grab. Jean Paul Richter. Es war, als ob die Menschheit auf der Wanderung wäre. Schiller.)

2) Wenn das Gegenbild als Hauptsache erscheint, und ausführlich dargestellt wird, wogegen des Hauptbildes nur einfach und kurz Erwähnung geschieht, so heißt eine solche ein geschlossenes Ganzes bildende Vergleichung als Figur ein Simile, Gleichniß.

(Beispiel. Der Prediger ohne Tugend ist ein lebloser Zeiger, der die Stralen der Sonne auffängt, und sie auf seiner Oberfläche, ihm selbst unnütz, von fremden Augen bemerken lässt. Gellert.)

3) Vom Gleichnisse unterscheidet sich das Beispiel, Exempel, (die Exemplification,) das eine Vorstellung oder eine ganze Ideenreihe durch einen concreten Fall näher erläutert, wodurch jene Vorstellung anschaulicher wird, oder das einen einzelnen Fall als Belag für eine allgemeine Behauptung aufstellt.

(Beispiel. Auch die Deutschen haben große Schlachten gewonnen. Bei Rossbach trieb eine kleine Schaar tapfrer Brennen das zahlreiche Heer der stolzen Gallier zur schmählichsten Flucht.) (Solche stylistischen Ganzen nennt man aber nicht gern Figuren; man sehe § 919, Nr. 5.)

4) Wenn das Hauptbild durch das Gegenbild geschildert, wenn nämlich die Aehnlichkeit im Gegenbilde nach allen einzelnen Beziehungen, die von diesem angegeben werden, durchgeführt wird, so heißt die Figur Parallele.

(Beispiel. Homer ist ein mächtiger Strom, dessen klare Fluten sanft zwischen blumigen Ufern dahin gleiten; wo die Gestade ihn drängen, da eilet er brausend und rascheren Laufes fort, und zwischen Felsenwänden rollet er donnernd und schäumend hindurch.)

Diese Parallele unterscheidet sich dadurch vom Gleichnisse, das sich bloß an eine Hauptähnlichkeit hält, und das Gegenbild für sich, selbstständig durchführt, daß sie durch jeden Zug des Gegenbildes, den sie angiebt, das Hauptbild schildert.

5) Wird die Aehnlichkeit nur als in einigen Merkmalen empfunden, dagegen in andern Merkmalen die Verschiedenheit dargestellt, so heißt die Figur Antitheton.

(Beispiel. Die Mönche haben, wie die Anzünder der öffentlichen Laternen, eine Leiter und viel Oel; aber mit dem Oel löschen sie die Lampen aus und den eignen Durst, und mit der Leiter reichen sie die, die wieder anzünden, — dem Galgen. J. P. Richter.)

6) Aus solcher Darstellung zweier in einigen Merkmalen ähnlichen, in andern aber gerade entgegengesetzten Vorstellungen entsteht der Contrast, der also dem Antitheton sehr ähnlich ist, weswegen Adelung diese Figur auch geradezu Contrast nennt. Ueberhaupt wird dieser Begriff des Contrastes von den Schriftstellern in einem sehr verschiedenen Sinne gebraucht. Das Conversationslexicon von Brockhaus sagt (unter dem Artikel Contrast): ein Haupthinderniß, daß es bisher noch nicht gelungen ist, das Wesen des Contrastes genau zu bestimmen, liegt in der Verwechselung desselben mit der Antithese.

7) Es besteht nämlich die Antithese, der Gegensatz (auch) in der Vereinigung verschiedenartiger, ganz unähnlicher, oder einander entgegengesetzter Vorstellungen; sie hat als Verbindung, Zusammenfassung von Entgegensetzungen, wobei sie einem Gegenstande bald nur scheinbar sich widersprechende, bald wirklich einander entgegengesetzte Prädicate beilegen kann, den Zweck, den Gegensatz dieser Vorstellungen noch auffallender hervortreten zu lassen.

Wenn man aber den Begriff der Antithese auf diese Art bestimmt, dann muß man unter dem Contrast nur solche Vereinigung verschiedenartiger Begriffe verstehen, wodurch dieselben als Aehnlichkeiten, in der Absicht, sie zu vergleichen, vereinigt werden. Der Contrast als Figur will auf die Aehnlichkeit ungleicher, oder ungleich, entgegengesetzt scheinender Dinge, die Antithese auf die Unähnlichkeit aufmerksam machen.

(Beispiele des Contrastes sind: Friedrich, dieser so gefürchtete, schreckliche, friedliebende Weise. Engel. Ihre Kleidung barg und zeigte ihren Wuchs. Herder. Nero läßt seine Freunde rufen; aber der arme Herr der

Welt hatte keine Freunde mehr. Glückseliger Verlust von schadenvollen Gütern. Haller. Die verdammte Liebe macht tausend dumme Streiche; der Verstand schlägt die Hände über den Kopf zusammen. Tieck. Es haben mich gute Freunde gebeten, daß ich ihnen die Ehre erzeigen möchte, einige tausend Thaler von ihnen zu borgen. Rabener.

Man sieht also, sagt das Conversationslexicon, der Contrast ist kein Gegensatz, sondern ließe sich eher ein Abstich nennen.)

Die Antithese theilt Adelung in zwei Hauptarten, je nachdem entweder gleich lautende oder verschieden lautende Namen entgegengesetzter oder doch verschiedener Begriffe mit einander verbunden werden, und nennt diese Art die Antithese in engerer Bedeutung, (z. B. unselig Mittelding von Engel und von Vieh, du pralst mit der Vernunft, und du gebrauchst sie nie, bei Haller, du, zugleich mein Engel und mein Teufel,) jene aber Paronomasie. Von dieser nimt Adelung noch die Unterarten an: Ploce oder Ploke, als den Gebrauch desselben Wortes oder nah verwandter Wörter in wesentlich verschiedener Bedeutung, (z. B. sie feiern die Auferstehung des Herrn, denn sie sind selbst auferstanden aus niedriger Häuser dumpfen Gemächern, bei Göthe,) die Antimetabole oder Commutatio, als eben solcher Gebrauch beimodificirter Bedeutung, (z. B. die arme Armenbüchse, im Kriege selbst ist das letzte nicht der Krieg,) und die Antanaklasis als die unmittelbare Wiederholung desselben Worts in verschiedener Bedeutung („z. B. theurer, ja theurer Vetter, denn du kostest mir viel Geld; ich habe mich versprochen, [falsch gesprochen,] versprochen [verlobt] aber nicht; Jupiter vermisste oft im Himmel den Himmel). (M. vergl. § 926.)

B. Figuren der Verwechselung.

919) a) Tropen als Figuren der Uebertragung der Vorstellungen.

Ein Tropus, eine Trope ist im Allgemeinen die völlige Umtauschung zweier ähnlichen Vorstellungen, so daß die eine an die grammatische Stelle der andern tritt. Eine solche Umtauschung findet immer zu dem Zwecke statt, daß die ausgesprochene Vorstellung die ausgelassene beim Leser oder Hörer mehr oder weniger deutlich hervorrufen soll. Solche Vorstellungen, die einander hervorrufen, sind entweder immer beisammen, oder sie folgen auf einander, oder sie sind bloß einander ähnlich. Dies begründet die drei Arten der Tropen, die es eigentlich nur geben kann, nämlich aus dem Zusammenhange des Immerbeieinanderseins zweier in sich verschiedenen Vorstellungen, wo das Verhältniß der Subordination der einen unter die andere statt finden muß, ergiebt sich die Trope der Synekdoche als des Zusammenhangs der Subordination; aus dem Zusammenhange des Immeraufeinanderfolgens solcher Vorstellungen, wo das Verhältniß der Succession eintritt, ergiebt sich die Trope der Metonymie als des Zusammenhangs der Succession; und aus dem Zusammenhange der Aehnlichkeit solcher Vorstellungen ergiebt sich die Trope der Metapher als eben des Zusammenhangs der Aehnlichkeit.

Das Charakteristische bei allen Tropen, sagt Bernhardi (l. c. S. 86, welchem Reinbeck bei dieser ganzen Aufstellung gefolgt ist), macht immer die geflissentliche Verdunkelung des Hauptbildes, und dessen Darstellung als Nebensache, und das Setzen beider Bilder als identisch aus.

1) Die Synekdoche, welche die Begriffe in Hinsicht ihrer Quantität vertauscht, im Grunde nur eine Abart der Metonymie, setzt den höhern Begriff für den niedern, oder umgekehrt, also: den Theil für das Ganze, (z. B. eine Flotte von hundert Segeln,) oder das Ganze für den Theil, (z. B. der Wald rauscht,) das Geschlecht für die Gattung, (z. B. der Sterbliche statt der Mensch,) oder die Gattung für das Geschlecht, (z. B. der Geizige, der mit gierigen Blicken nach harten Thalern schielt,) die Gattung für die Art (oder das Individuum, welche Art der Synekdoche zuweilen noch den besondern Namen der Autonomasie erhält, z. B. der Weise auf dem Thron statt Friedrich der Große), oder umgekehrt, (z. B. er ist ein Alexander statt Held, Eroberer,) eben so die Einheit für die Mehrheit, (z. B. kein Gräschen beuget sein Tritt,) und umgekehrt, (er verprasst seine Gelder,) die bestimmte Zahl für die unbestimmte, (die tausendjährige Eiche,) die Eigenschaften für das Wesen, (z. B. man sah hier die Jugend und Schönheiten der Stadt statt die jungen und schönen Personen,) u. dgl. m..

2) Die Metonymie (, d. i. Vertauschung, Verwechselung,) setzt mit Beibehaltung der grammatischen Geltung für einen Begriff einen andern, der Nähe oder Causalität nach ihm verwandten Begriff, folglich namentlich das Frühere für das Spätere, oder umgekehrt, also: die Wirkung für die Ursach, (z. B. der Segen rauscht herab statt der Regen, welcher Segen bringt, Rudolph nahm die kalte Tochter in den Arm, statt todte,) oder umgekehrt, (z. B. ihm rann das Mitleid die

Wange herab statt die Thränen,) (so auch antecedens pro consequenti, die Metalepsis: zieh tapfer gegen die Feinde statt streite,) der Stoff für die Form, (z. B. das tödtliche Blei statt Kugel,) oder die Form für den Stoff, (z. B. die Kugel, die wir bewohnen, statt Erde,) das Zeichen für die Sache, (z. B. den Lorbeer erringen statt Sieg,) oder umgekehrt, (z. B. aus seinem Auge spricht der Sieg statt Hoffnung oder Freude des Sieges,) das Werkzeug für das Werk oder den Wirkenden, (z. B. man lobt den Meißel des Künstlers, die Werke des Meißels, statt der Bildhauer,) oder umgekehrt, (z. B. ich lese den Homer, hier hast du eine warme Stube für den Winter statt Holz,) die Zeit oder den Ort für das darin Befindliche, (continens pro contento, z. B. der melodische Wald statt die Singevögel, Geschichte des Mittelalters, ich hasse Belgien,) oder umgekehrt, (z. B. beim Frühstück ließ er sich rasiren statt zur Zeit des Frühstücks, seine Lügen kamen an den Tag statt das Licht, den Altar berauben statt Kirche, Kirchengemeine,) das Abstracte fürs Concrete, (z. B. in diesem Hause wohnen Stolz und Neid,) und umgekehrt, (z. B. Zunge und Griffel machen den Menschen zu dem, was er werden soll,) u. s. w..

3) In der Synekdoche und Metonymie, welche eine Vorstellung durch darunter enthaltene Theil- oder nothwendig damit verbundene Nebenvorstellungen bezeichnen, liegt auch die Periphrase oder Umschreibung, welche einen Gegenstand, ohne ihn zu nennen, ganz durch solche mit ihm in einem innern Zusammenhange stehenden Vorstellungen oder durch Nebenideen, namentlich durch ein grammatisch weitläuftigeres Synonym (,aber nicht durch ein einzelnes Merkmal) darstellt.

(Beispiel. So sagt Ramler statt: o du Canone, umschreibend: o du, dem glühend Eisen, donnernd Feuer aus offnem Aetnaschlunde flammt.)

Anmerk. Mit der Periphrase oder Namenvertretung für die imaginative Sprachdarstellung muß man nicht die Paraphrase, als die Umschreibung bloß zur größern Verständlichkeit und Deutlichkeit eines Begriffs oder einer Reihe von Vorstellungen, verwechseln. Wenn man z. B. sagt: Gott ist ein Geist, er ist also unkörperlich und unsichtbar, so daß ihn noch nie ein Mensch mit den Augen des Leibes gesehen hat, oder auch nur sehen kann: so ist der ganze letzte Theil dieser Periode eine Paraphrase des Begriffs Geist; dagegen ist die denkende, empfindende und wollende Kraft des Menschen eine Periphrase von Geist.

4) Die Metapher, die wichtigste und gewöhnlichste, in der schlichtesten Prose, wie in der erhabensten Poesie gleich gebräuchliche Figur, welche mit Beibehaltung der grammatischen Stellung und Geltung zwei ähnliche Begriffe vertauscht, legt, als ein kurzes Gleichniß, dem Hauptbilde ein Merkmal des Gegenbildes bei; dies Merkmal wird aber entweder namentlich oder nur nach seinen Eigenschaften, entweder durch ein einzelnes Wort, oft selbst durch Substantiven als Epithete, oder durch eine Reihe von Vorstellungen, angegeben.

(Beispiele. Die Hoffnung [als Schiff gedacht] scheitert; der [als Feuer gedachte] brennende Kuß; das Licht der [als Sonne gedachten] Wissenschaften; der Lenz [d. i. der erste, reizendste Theil] des [als Jahr gedachten] Lebens; die Ehre, die [als Blumen gedacht] auf deinem Scheitel blüht, will ich zu einem Kranze pflücken für mein Haupt, sagt Shakespeare in Heinrich IV.) (Oft ist die Metapher nur sehr wenig von der Vergleichung verschieden. So kann man Hippels Satz: erziehen heißt aufwecken vom Schlaf, mit Schnee reiben, wo's erfroren ist, abkühlen, wo's brennt, metaphorisch, eine Metapher nennen, insofern man aufwecken vom Schlaf u. s. w. als vertauschte Begriffe für thätig machen u. s. w. betrachtet, eine Vergleichung aber, wenn man den Ausdruck für eine Abkürzung erklärt etwa von: mit dem Erziehen verhält es sich wie mit dem Aufwecken vom Schlaf u. s. w.)

Anmerk. Manche Sprachlehrer nennen diejenigen Tropen dieser vier Arten, welche in der Absicht, einen anstößigen Ausdruck zu vermeiden, gesetzt sind, Euphemismen.

5) Wenn das Hauptbild in der Darstellung ganz verschwindet, und das Gegenbild nach allen angegebenen Beziehungen an dessen Stelle tritt, so entsteht die Redefigur der Allegorie, die gewöhnlich eine ganze Reihe von bildlichen Vorstellungen umfasst, welche für die Reihe des Subjects und der Prädicate der eigentlichen Vorstellungen gesetzt wird, und welche namentlich eine ganze Gedankenreihe durch ähnliche, sinnlichere Begriffe darstellt.

(Beispiel. Pflücket die Rosen, eh' sie verblüh'n, für: genießet die Freuden des Lebens, eh' sie verschwinden, so lange ihr's noch vermöget. Die Wahrheit flieht vor der keuchenden Verfolgung ihrer feurigsten Liebhaber.)

Anmerk. 1) Hierher kann man auch die allegorischen Anwendungen der Mythologie rechnen, wenn man z. B. ein schönes Frauenzimmer eine Venus, schwere Arbeiten herkulische, den Trost, Schutz, welchen Weisheit und Wissenschaft gewähren, Minervens Aegide nennt u. s. w.. 2) Es darf übrigens nicht vergessen werden, daß man nach dem Begriff der Figur darunter immer nur Phrasen, einzelne, zu einer Periode gehörende Redensarten, nicht aber ein stylistisches Ganzes versteht. Dem gemäß muß man die Figur der Allegorie sorgfältig von der Art der bildlichen Erzählung unterscheiden, die man als ein stylistisches Ganzes eine Allegorie nennt. Diese Bemerkung des Doppelsinns der Bedeutung als Figur und als stylistisches Ganzes gilt auch für viele (noch folgenden) andern Arten der Figuren in Hinsicht ihrer Benennung.

6) Unter der Metapher liegt endlich auch noch die Allusion, die Anspielung, welche, wie Bernhardi (l. c. S. 94) sagt, nur ein Bild in das Gedächtniß zurückruft, dasselbe aber nicht mit dem Hauptbilde identisch setzt, oder welche, wie Reinbeck sagt, eine Vorstellung oder eine Reihe von Vorstellungen durch Hindeutung auf einen mehr oder weniger bekannten ähnlichen Fall bezeichnet, der fast immer aus der Geschichte entnommen ist.

(Beispiele. Der prometheische Funke, statt des Lebens Funke, das Leben. Mein Vater hielt die Sprachen nach dem Thurm zu Babel so nothwendig, wie vielerlei Essen nach dem höchst betrübten Sündenfall. Hippel. [Diese Beispiele kann man auch zur Mythologie rechnen.] Ich hasse den Samielwind der Hofluft, der über lauter liegende Menschen streicht, und den zu Pulver macht, der aufrecht stehen bleibt. J. P. Richter. [Reinbeck führt dies Beispiel als eine Allusion an. Man könnte es auch geradezu eine Allegorie nennen, da hier lauter Gegenbilder statt der Reihe der gar nicht genannten Hauptbilder stehen. Der Sinn ist: ich hasse das Leben am Hofe, insofern man die Demüthigung der Hofleute fordert, und diejenigen unglücklich macht, welche ihre freie Selbstständigkeit bewahren wollen.])

Anmerk. Zu den vielerlei Fehlern, die man beim Gebrauch der Tropen vermeiden muß, gehört namentlich auch die **Verletzung der Einheit**, welche Quinctilian inconsequentiam rerum foedissimam nennt, durch welche man Haupt- oder Nebenzüge zusammenpaart, welche kein Ganzes ausmachen können, oder z. B. bei der Metapher gar zwei verschiedene Metaphern von einem und eben demselben Gegenstande braucht. Wenn namentlich in der Metapher das Prädicat dem Subjecte nicht angemessen ist, und sich mit ihm nicht zu einem einzigen Bilde vereinigen lässt, so nennt man diese Verletzung der Einheit **Katachrese**, z. B. seine That wurde ins schwärzeste Licht gestellt.

920) b) **Figuren der Uebertragung der Darstellung.**

1) Hierher rechnet man gewöhnlich zuerst die **Personification**, **Prosopopöia**, **Persondichtung**, wenn der Darstellende in der imaginativen Sprachdarstellung das Leblose, Unsinnliche wie lebende Wesen, Personen darstellt, indem er ihm namentlich beilegt:

a. Eigenschaften beseelter Wesen: der **wüthende** Sturm, die **brütende** Rache;

b. Handlungen: der Frühling **schmückt** die Fluren;

c. besonders Leben, Handlungen der Willkühr und Rede: **leite** mich auf deiner Spur, süße heilige Natur; die Natur **ruft** uns zu: genieße deines Daseins. Redet der Darstellende das Leblose, das Unpersönliche an, so nennt man das **Apostrophe**, **Anrede**: komm, sanfter Schlaf, erquicke mich.

[**Anmerk.** Der alte **Justi** sagt (in seiner Anweisung zu einer guten deutschen Schreibart, Leipzig, 1758, S. 94): „die **Figur** Prosopopoeia ist ganz und gar unnatürlich." Sollte er damit bloß tadeln wollen, daß die Grammatiker diese Personification eine Redefigur nennen? Dies ist wahrscheinlich, da sich doch wohl das Personificiren an sich für die Rede gar nicht verwerfen lässt. Uebrigens haben die ältern Sprachlehrer diese Figur, wenn man durch sie abwesende oder auch verstorbene Personen oder leblose Dinge **redend** einführt, noch besonders **Sermocinatio** genannt. (Man sehe § 923.)]

2) In Ansehung der Bestimmung des Begriffs der **Ironie** sind die Sprachlehrer noch sehr uneinig. Reinbeck sagt mit den meisten: „wird die Vorstellung durch das **Gegentheil** dargestellt, um durch den **Contrast** zwischen Vorstellung und Darstellung sie zu erhöhen oder zu erniedern, wie wenn

man ein schönes Pferd einen Karrengaul, einen feigen Menschen einen Helden nennt: so heißt dieses in der imaginativen Sprachdarstellung Ironie. Gemeiniglich ist sie eine Figur des Spottes." (Ein verstelltes Eingehn in die Eigenthümlichkeit eines andern, um denselben zu verspotten.) Andere lassen den Begriff des Gegentheils und Contrastes ganz aus der Bestimmung weg, wie er denn etymologisch eigentlich auch gar nicht im Worte Ironie (εἰρωνεία d. i. Verstellung) liegt. So sagt das Conversationslexicon: „man versteht unter Ironie jene feinere Art des Spottes, welche unter der Maske treuherziger Einfalt, oder der Unwissenheit, die Fehler, Inconsequenzen und Schiefheiten der anmaßenden Thorheit hervorhebt und lächerlich macht, oder dadurch lächerlich werden läßt, daß sie gerade das Gegentheil zu thun (oder auszusagen) scheint." Doch ist auch weder jene Maske der Einfalt noch diese Anmaßung der Thorheit immer für die Ironie nothwendig.

(Noch bemerkt dies Lexicon: „eine gewisse Abart von der echten Ironie ist die Persifflage, welche derselben Mittel, wodurch jene auf Belehrung und Besserung zielt, sich bedient, um mit Andern ein boshaftes Spiel zu treiben." (??))

Reinbeck theilt die Ironie auf folgende Art in:

„a) Wird ein Sterbender verspottet, so heißt sie Sarkasmus. (Es ist richtig, daß ein Sarkasmus bei den Griechen ursprünglich oder vorzüglich den hohnsprechenden Jubel über einen sterbenden oder gefallenen Feind bezeichnete; jetzt aber versteht man gewöhnlich unter Sarkasmus, das ist Hohn, eben nichts als beißende Spöttereien und bittere Anzüglichkeiten ganz im Allgemeinen, so daß man Reinbecks Definition nicht beachtet.)

„b) Trifft der bald feine, bald beißende Spott einen Lebenden, so heißt die Ironie Diasyrmus."

(Man bedient sich vielmehr dieses Kunstausdrucks Diasyrmus nur noch sehr selten, und wenn man es thut, so versteht man darunter gewöhnlich mit dem Conversationslexicon eine Redefigur, welche der Gegensatz der ins Große übertreibenden Hyperbel, s. § 921, ist, nämlich die übertriebene Verkleinerung eines Gegenstandes.)

„c) Die spöttische Wiederholung der Worte eines Andern heißt Mimesis." (Nach dieser Erklärung gehört die Mimesis oft auch unter die Anaphora.)

Ferner sagt Reinbeck:

„3) Wird eine Darstellungsart scherzhaft auf das ihr Unangemessene angewendet, so entstehen zwei Figuren:

a) Parodie, die scherzhafte Nachahmung des Fehlerhaften, sowohl in einzelnen Ausdrücken, als in Wendungen und in der ganzen Haltung derselben.

b) Travestie, die Durchführung eines Ganzen, für den Zweck der Unterhaltung, in einer andern, dem Gegenstande nicht angemessenen Manier." (Als Figuren müssen und können beide nur in einzelnen Redensarten oder Sätzen bestehen.)

Auch mit dieser Begriffsbestimmung stimmen andere Sprachlehrer nicht überein. Das Wort Parodie heißt nichts als Nebengesang. Es ist richtig, daß die Griechen darunter scherzhafte Gedichte, oder auch scherzhafte einzelnen Theile eines Gedichts verstanden; wir aber verstehen darunter, wie das Conversationslexicon sagt, ein (kleineres oder größeres) Werk, in welchem ein ernstes poetisches Werk mit Veränderungen seines Gegenstandes in ein anderes selbstständiges, entweder ernstes oder komisches Gedicht umgebildet wird. Gewöhnlicher ist freilich der letzte Fall, so daß Parodie als gleichbedeutend mit Travestie („d. i. Umkleidung, Verkleidung,) im engern Sinn genommen wird, von der sie sich eigentlich dadurch wesentlich unterscheidet, daß sie sich einer vorhandenen, (daseienden,) gegebenen dichterischen Einkleidung eines ernsthaften Gegenstandes zur Darstellung eines andern auch ernsthaften oder lächerlichen Stoffes bedient, wogegen die Travestie die scherzhafte Darstellung desselben Gegenstandes oder Stoffes ist, der bereits ernsthaft behandelt ist, so daß sie etwas groß Dargestelltes, scherzhaft oder zum Spott als klein darstellt. (So ist des Präsidenten Leopold von Rohr Lob der Gärtnerei eine ernsthafte Parodie der Glocke Schillers, hingegen Blumauers Aeneide eine Travestie der Aeneide Virgils. Es ergiebt sich übrigens von selbst, daß diese Werke als große Dichtungen, als stylistische Ganzen (nach § 919, Nr. 5) nicht Figuren genannt werden können, und daß also die erklärten Wörter nicht bloß Redefiguren bezeichnen. Nach diesen Bemerkungen können wir Reinbeck nicht beistimmen, wenn derselbe l. c. S. 70 sagt, die Parodie setze immer etwas Fehlerhaftes voraus, und bestehe in einer Uebertreibung des Fehlerhaften, wodurch es lächerlich werde.)

921) III. Figuren der Modalität und Ungewöhnlichkeit.

Sie sind Wendungen der Sprachdarstellung, denen die Empfindung des Darstellers, und meistens auch zugleich das Streben nach Ungewöhnlichkeit zum Grunde liegt.

Reinbeck theilt dieselben auf folgende Art ab:

922) „A. Der Modalität gehören besonders an:

1) der unwillkührliche Ausbruch eines erschütternden Gefühls, der Ausruf, die Exclamation, bald als Empfindungslaut: ach, bald als ganze Formel: welch ein Tag des Schreckens (ist der heutige)!

2) Der Wunsch, der wörtliche Ausdruck einer innern Empfindung oder Leidenschaft, ein Verlangen nach dem Besitze eines Gegenstandes.

3) Die Beschwörung, die dringende Bitte um etwas, mit Anführung der Beweggründe zur Erhörung. (??)

4) Die Betheuerung, die feierliche Bestätigung, um einen Andern von etwas zu überzeugen; sie wird Schwur, sobald Gott (oder Götter) dabei zum Zeugen und Rächer angerufen wird (oder werden).

5) Verfluchung und Verwünschung, Detestation.

6) Die Hyperbel, Uebertreibung, wenn eine Vorstellung über ihr Maß erhoben, oder unter ihr Maß erniedrigt wird (; s. § 919; Diasyrmus).

Anmerk. Geschieht diese Verkleinerung aus Bescheidenheit (des Darstellers), so heißt sie (auch wohl) Litotis.

7) Die Ellipse, Auslassung, wenn im Feuer der Rede die Mittelbegriffe ausgelassen, nur die Hauptvorstellungen angegeben werden, und alle Nebenvorstellungen wegbleiben: bis hierher — und nicht weiter. (Man sehe § 914, verglichen mit § 881. Es ist hier nur die Rede von den grammatischen Ellipsen, die eine Darstellung unvollendet lassen. Die logischen, die in der Auslassung eines zwar gedachten, aber gar nicht oder nur unvollständig ausgedrückten Begriffs oder Gedankens bestehen, und deren es unzählige giebt, gehören nicht hierher.)

Hierzu gehören:

a) die Interruption, Abgebrochenheit: Soll ich gehen? — Soll ich bleiben? — Er winkt mir? — Wohin? — Ich folge dir nicht!

b) das Asyndeton, dissolutio, Weglassung der Verbindungswörter zwischen mehreren Sätzen oder Wörtern im heftigen Affect; (man sehe § 914, § 857 und § 748;)

c) die Aposiopese, Reticenz, reticentia, suspensio, praecisio, Abbrechung, Verschweigung. (Unter dieser freilich sehr unbestimmten Benennung versteht man namentlich alle Ellipsen, die nicht zu den vorigen Arten derselben gehören, besonders das plötzliche Abbrechen eines Gedankens, so daß der Sinn desselben nicht vollendet wird. Beispiele sind Gellerts: komm ich hinauf zu dir, so soll dein Blut — — —, und Neptuns Drohung: quos ego — — — beim Virgil. Herling sagt l. c. Th. 2, S. 233: „verwandt mit diesen die Lebendigkeit der Darstellung bezweckenden Unterbrechungen ist die Parenthese, durch welche nicht allein der Gedanke, der so zwischen andere sich eindrängt, sondern auch diese, deren Folge sie unterbricht, hervorgehoben werden. Man sehe Nr. 10. Unter Aposiopese versteht derselbe, S. 229, jede überraschende und durch irgend eine Ueberraschung des Erkenntnißvermögens oder des Gefühls erzeugte Hemmung der Gedankenreihe.)

d) Auch die Emphase als die Zusammendrängung eines ausführlichen Gedankens in ein Wort oder wenige Worte ließe sich hierher rechnen, z. B. ich bin ruhig, denn sie ist es, und es ist Abend.

8) Das Polysyndeton, Häufung der Bindewörter, wodurch die Phantasie gezwungen wird, bei den einzelnen Vorstellungen zu verweilen. (Man sehe § 914, 857 und § 748.) Die gewöhnliche Verbindung der Glieder einer Rede ist syndetisch, d. h. sie setzt zwischen die beiden letzten eine Verbindungspartikel.)

9) Die Präteritio, Uebergehung, wenn man etwas, das (was) vielleicht der Hauptgedanke ist, nur im Vorbeigehn erwähnt, und sich stellt, als ob man nicht davon reden will (,indem man doch aber eben davon redet); oder auch (wenn man) durch eine unvorbereitete Wendung zu einer andern Vorstellung von der vorhergehenden und nicht erschöpften übergehn zu wollen scheint (,ohne daß man es doch sogleich thut).

10) Die Parenthese, das Einschiebsel, Aufnahme eines mit der Hauptidee verwandten Gedankens, (den man einschiebt,) um sie anschaulicher zu machen (u. s. w.. Man sehe § 886 — 888).

11) Die Anticipation, Protopsis, Vorausnehmung:

a) wenn das in der Zeit Spätere vorausgesetzt wird: was ich sang und empfand; (es ist dies Hysteron proteron, selbst Virgils moriamur et in arma ruamus nicht ausgenommen, fast immer eine verwerfliche Figur;)

b) wenn man einer Sache einen Namen giebt, der ihr späterhin erst zukommen wird: mächtige Ruinen.

12) Das Unerwartete, (προςδοκεια,) die Ueberraschung. Adelung sagt: „als Figur versteht man unter dem Unerwarteten eine solche Ideenverbindung, die man nach dem gewöhnlichen Gange der Vorstellungen nicht erwarten konnte,

und unter der Ueberraschung einen hohen Grad des Unerwarteten. Beispiel. Er war außer sich, nahm einen Strick, rannte auf den Boden, und erhängte sich nicht."

(Reinbeck führt das Beispiel von Gellert an:

O Ruhm, dring in der Nachwelt Ohren,
du Ruhm, den sich mein Greis erwarb!
Hört, Zeiten, hörts! — Er ward geboren,
er lebte, nahm ein Weib, und starb.)

Anmerk. Adelung sagt: „auch das Paradoxe ist eine Art des Unerwarteten, und besteht darin, daß ein Ausspruch einer allgemein angenommenen Meinung, oder dem gesunden Menschenverstande zu widersprechen scheint, z. B. die Stunden werden uns oder sind länger als die Jahre. Auch das Naive ist als Figur eine besondre Art des Unerwarteten, ein hoher Grad des Natürlichen, verbunden mit einer unschuldigen Offenherzigkeit, wie denn dieser französische Ausdruck naiv wahrscheinlich vom lateinischen nativus des Mittelalters, d. i. offenherzig, freimüthig und natürlich, herkommt." Doch lässt sich dies Naive, Paradoxe und so auch das Unerwartete überhaupt eigentlich wohl gar nicht zu den Figuren rechnen, da dieser Ausdruck sonst seine Gränzen verliert, und man mit eben so vielem Rechte auch das Lächerliche, Rührende, ja selbst das Abgeschmackte u. s. w. als Figuren aufführen müsste.

13) Die Inversion, Umstellung, Heraushebung einer Vorstellung, welche der Einbildungskraft vorzüglich wichtig ist, aus der gewöhnlichen Wortfolge und Hinstellung, (dahin,) wo sie vorzüglich anschaulich wird." (Man sehe § 828 und § 838.)

923) „B. Aus dem Streben nach Ungewöhnlichkeit entstehen besonders:

1) die Apostrophe, Anrede, [welche mit der Persondichtung (§ 919) zusammenhangt,] wenn man das Leblose und Unsinnliche als Person, oder das Abwesende als gegenwärtig anredet (,natürlich ohne eine Antwort zu erwarten).

Sie heißt Sermocinatio, wenn der vorher bloß erzählend (erzählungsweise) angeführte Gegenstand plötzlich angeredet wird; auch wenn man abwesende Personen redend einführt. (Man vergleiche § 920.)

2) Die Invocation, Anrufung, [mit der Anrede und Persondichtung verwandt,] wenn man den Beistand höherer Wesen (,Apolls, der Musen u. s. w.) anruft.

3) Die [ästhetische] Frage, Interrogation, welche sich von der gewöhnlichen Frage dadurch unterscheidet, daß die Antwort nicht der einzige Zweck (des Fragens) ist; sie heißt:

a) Epinome, wenn man aus Ueberzeugung von der Unleugbarkeit seiner Behauptung fragt;

b) Communication, Mittheilung, wenn man den Leser (oder Zuhörer gleichsam) mit zu Rathe zieht, und um seine Meinung fragt. (Was sollt' ich thun? sollt' ich dem Rufe folgen? was hättet ihr an meiner Stelle gethan? Ich ließ mich bald bereden.)

c) Ratiocination, wenn man nach dem Grunde einer Behauptung oder Handlung fragt.

d) Subjection, wenn man seinen Zuhörer oder Gegner durch eine Frage zur Widerlegung oder zu einem Einwurfe auffordert.

4) Dubitatio, Zweifel, wenn man sich selbst einen Einwurf gleichsam im Namen des Lesers oder Hörers macht.

5) Epanorthosis, Correction, Verbesserung, wenn man das Gesagte, wie auf Veranlassung eines andern wieder zurück nimt, und etwas, meistens etwas Stärkeres dafür sagt.

Beispiel. Wir wollen, — doch nur wir? der Herr will durchaus, daß ihr diesen Rath annehmen sollt. (Mosheim.)

6) Concession, Einräumung, wenn man zwar den (gemachten oder gedachten) Einwurf des Lesers oder Zuhörers zugiebt, aber zeigt, daß er der eigentlichen Behauptung nicht entgegensteht. Man nennt diese Figur noch besonders Präoccupation, wenn sie in der Begegnung, Beantwortung eines noch gar nicht einmal gedachten Einwurfs besteht.

7) Die Hypallage, Umänderung („nicht die § 914 angegebene Wort-, sondern die Redefigur,) wenn der gewöhnliche Gedanke oder die gewöhnliche Rede abgeändert wird, um eine Vorstellung dadurch herauszuheben. — Man setzt (auf diese Art, zu diesem Zweck) Beiwörter zu Substantiven, zu denen sie (eigentlich) nicht gehören [:der sokratische Becher statt der Becher eines sokratischen, mäßigen Zechers]; für das Adjectiv ein Substantiv [:in der Umschattung des Waldes statt in dem schattigen Walde]; für das Adverb das Adjectiv [:er schickte den schnellen Achates zu den Schiffen statt schnell den Achates]" (u. s. w.).

8) Das Anakoluthon als die absichtliche Abweichung von der grammatischen Construction, als hätte man am Ende der Rede deren Anfang vergessen.)

Schließ-

Schließlich muß noch in Ansehung dieser Figuren bemerkt werden, daß, obgleich viele derselben als Epitheton erscheinen können, doch das Epitheton selbst keine Figur, sondern bloß eine allgemeine Form für die Figuren ist, auf welche sie sich fast alle zurückführen lassen. Dagegen könnte man zu den jetzt besprochenen Figuren wirklich noch rechnen: den Ausruf, die Declamation, eine solche Darstellung eines Gedankens, als sei derselbe erst im Augenblick der Erscheinung eines neuen Gegenstandes entstanden; den Dialog, als die Einführung einer zweiten Person, oder mehrerer Personen, welche mitsprechen, und auf die Rede des Sprechenden antworten; eben so den Monolog, das Selbstgespräch; die Anführung, als die Darstellung eines Gedankens durch die (citirten) Worte eines andern; ganz ähnlich ist die Vertauschung der Schreibart, als das Eingehen in die Darstellungsart eines andern; die Vergegenwärtigung, als die Versetzung vergangener oder künftiger Begebenheiten in die Gegenwart u. s. w.. Man sieht indessen leicht, daß es wohl sehr schwer sein dürfte, alle Mittel zur Erreichung eines ungewöhnlichen Ausdrucks in der Rede vollständig aufzuführen und zu benennen.

924) Auch die Synonymen werden von vielen Sprachlehrern als Redefiguren aufgeführt, und Reinbeck sagt über dieselben (l. c. S. 74) im Allgemeinen Folgendes: „so wie zwei Vorstellungssphären durch einander [und zwar in den Tropen] als identisch dargestellt werden können, so läßt es sich auch denken, daß eine und dieselbe Vorstellungssphäre zwei Darstellungsformen habe, und daß diese als durchgängig identisch angesehn werden, und dies würden Synonyme sein. [Ja, alle Figuren beruhen eigentlich auf Synonymität, und besonders sind die Tropen als wahre Synonyme zu betrachten.] Strenge genommen kann es übrigens Synonyme im engsten Sinne gar nicht geben, denn dadurch, daß sich zwei Wörter in akustischer Hinsicht unterscheiden, erweiset sich schon, daß bei ihrer Bildung eine verschiedene Ansicht statt gefunden hat, und daß also ihre Bedeutung nicht völlig gleich sein könne, ob es gleich oft schwer, und vielleicht selbst unmöglich ist, ihre Verschiedenheit anzugeben, und sie dann also als gleichbedeutend erscheinen." Zu dieser in Reinbecks Sinne ganz richtigen Bemerkung setzt derselbe indessen auch selbst sogleich einschränkend hinzu: „die Nationen theilten sich in Horden und Stämme, und bei diesen entstand das nämliche Bedürfniß, gewisse Gegenstände (,welche sie etwa gleichzeitig, doch unabhangig von einander kennen lernten,) zu bezeichnen, und zwar natürlich in

den Lauten des gemeinsamen Sprachstammes. Daher findet man vorzüglich so verschiedene Namen für einerlei Frucht, z. B. für die Beeren, für einerlei Blumen, essbare Kräuter und auch für Hausthiere." Und wie diese nun, da sie nichts als verschiedene Namen desselben Gegenstandes oder Begriffs sind, z. B. Spatz und Sperling, für Synonyme im engsten Sinne gelten müssen, so versteht es sich von selbst, daß zu denselben ganz eben so und eben deswegen auch Wörter verschiedener Sprachen gehören, die nur Uebersetzungen von einander sind, z. B. Geographie und Erdbeschreibung. Ein solches Synonym bildet aber keine Figur des übersetzten oder provinciell ganz gleich bedeutenden Wortes. Indessen auch über sie als Figuren, insofern Wörter nur sinnverwandt sind, so daß sie zwar verschiedene Bedeutungen haben, diese aber doch einander so ähnlich sind, daß ihre Verschiedenheit nicht leicht bemerkt werden kann, wenn man z. B. Aussicht für Hoffnung setzt. braucht hier weiter keine Auseinandersetzung zu folgen, da wir bereits im zweiten Bande dieser Grammatik, § 266, Seite 100 bis 104, über diese Synonymen gesprochen haben.)

925) Ueber die musikalischen Figuren giebt Reinbeck (l. c. S. 152) besonders Folgendes an:

„Es kann bei ihnen Rücksicht genommen werden auf die Bedeutung, den Begriff, oder nur auf den Ton als solchen.

926) Musikalische Figuren mit Rücksicht auf Bedeutung. Sie beruhen auf Identität nicht bloß der tönenden Sphären, sondern auch der Begriffssphären.

1) Die Verknüpfung zweier Sprachsphären, welche (fast) gleich tönen, wobei aber auch eine bestimmte Betrachtung der Bedeutung beider vorkommt, heißt Wortspiel (im weitern Sinne).

Arten des Wortspiels sind:

a) Die Charade, das Sylbenspiel.

Beispiel: meine beiden letzten sind für die beiden ersten bestimmt; meine beiden ersten werden in die beiden letzten gelegt; das Ganze thut dies. (Todtengräber.)

b) Das Anagramm, Buchstabenspiel.

Beispiel. Amor, — Roma, — Maro, — mora, — Omar.

c) Der Logogryph, die anagrammatische Charade.

Beispiel. Ich bin nichts; nim mir den Kopf, so bin ich etwas. (nichts, ichts; kein, ein.)

d) Das Chronogramm, in welchem die Jahrzahl

einer Begebenheit durch die lateinischen Buchstaben, die zugleich Ziffern sind, angedeutet wird.

(Es braucht wohl nicht wiederholt zu werden, daß zufolge unsrer Bemerkung [§ 919, Nr. 5], nur Phrasen und Theile von stylistischen Ganzen Figuren zu nennen, nur wenige Sprachlehrer geneigt sind, solche stylistischen Ganzen a bis d zu den Figuren zu rechnen.)

2) Wird das letzte Wort eines Ausspruchs, Verses wiederholt, besonders als Antwort auf eine Frage, so heißt die Figur Echo, mag das Wort ganz oder mit Weglassung eines oder mehrerer seiner Anfangsbuchstaben wiederholt werden.

Beispiel.

Sage mir Echo was Schuld ist, daß du bloß ein Laut
bist geblieben?
Lieben.

Ach, ich muß sterben!
Sterben.

Anmerk. Diese Figuren Echo und Anagramm, zu denen er noch das Räthsel selbst und das Sprüchwort, aber auch die Onomatopöie und Parodie hinzufügt, nennt Adelung Afterfiguren; dagegen führt derselbe die Maximen, Sentenzen oder Denksprüche, d. i. kurze Sätze der Rede, welche allgemeine Wahrheiten enthalten, als eine Figur auf, doch natürlich nicht als eine musikalische, sondern als eine Figur des Witzes (,d. i. der Fertigkeit, feine und verborgene Aehnlichkeiten unter verschiedenen,) und des Scharfsinns (,d. i. der Fertigkeit, feine und versteckte Verschiedenheiten unter ähnlichen Dingen leicht und schnell zu entdecken).

3) Die Wiederholung desselben Lautes durch einzelne Wörter oder ganze Redensarten, wobei die Bedeutung bestimmt in Betracht kommt, heißt Conduplication, Adjection, Repetition. Es giebt mehrere Arten; die vorzüglichsten sind:

a) Anadiplose, Wiederholung desselben Worts oder derselben Wörter zugleich am Ende des einen und am Anfange des darauf folgenden Satzes.

Beispiel. — — ich will's nicht achten und reden;
reden will ich — — —.
(Klopstocks Messias, II.)

b) Anapher, anaphora, Wiederholung desselben Wortes am Anfange mehrerer auf einander folgenden Sätze.

Beispiel. — — gieb mir, die du mir gleich erschufst!
Ach, gieb sie mir, die leicht zu geben;
gieb sie dem bebenden, bangen Herzen.
(Klopstock.)

c) Annomination, Paregmenon, Parechesis, Paramoiosis, Wiederholung mehrerer Wörter desselben Stammes kurz hinter einander.

Beispiele. Die Stille ward stiller.
Er sah die blanken Speere blinken.
(Klopstock.)

d) Antanaklasis, Dilogie, Wiederholung desselben Worts in verschiedener Bedeutung.

Beispiel. Lasst uns leben, o Freunde, so lange wir leben.

(Man vergleiche die Antithese § 918.) Zu ihr kann man auch das Wortspiel rechnen als die Benutzung eines zweideutigen Worts, Homonyms, oder zweier ähnlich lautenden Wörter, um einen Doppelsinn hervorzubringen. Beispiel. So lange Friedland waltet, wird nicht Fried im Land.)

e) Epanalepsis, Wiederholung der Anfangsworte des ersten Gliedes am Schlusse des letzten.

Beispiel. Weinet um mich, ihr Kinder des Lichts! er liebt mich nicht wieder!
Ewig nicht wieder! Ach, weinet um mich!
(Klopstocks Messias, II.)

f) Epanodas, Umkehrung, Versetzung der Worte bei der Wiederholung.

Beispiel. Ach, unselige Dido, mit keinem glücklich vermählet!
Jener stirbt, du entfliehst! Dieser flieht, du stirbst.
(Ausonius.)

g) Epiphora, Wiederholung am Ende der Sätze.

Beispiel. Eine getreue, leutselige Zähre, die seh' ich noch immer!
netzte sein Antlitz; ich küsste sie auf; die seh' ich noch immer!
(Klopstocks Messias.)

h) Epizeuxis, unmittelbare Wiederholung.

Beispiel. — — — weg,
weg, weg von dieser Stelle.
(Schiller im Don Carlos, I.)

i) Ploce, Syllepsis, Wiederholung desselben Worts in eigentlicher und bildlicher Bedeutung in derselben Rede.

Beispiel. Er zerstörte den Frieden in seinem Hause, um den Frieden in seiner Brust zu retten.

(Man vergl. d die Antanaklasis und § 918 die Antithese).

k) Polypteton, Wiederholung desselben Hauptwortes in verschiedenen Casus, oder desselben Verbs in verschiedenen Zeiten, Modus und Personen.

l) Symploce, das ist Anaphora und Epiphora zusammen.

m) Manche Sprachlehrer nehmen auch noch den Refrain, als die Wiederholung (derselben oder) einer nur wenig veränderten Phrase am Anfange oder Schlusse einer neuen Gedankenreihe, zu einer eignen musikalischen Figur auf.

Beispiele: durch Nacht zum Licht! Durch Sturm zur Ruh! — Fließ hinab mein stilles Leben; fließ, o fließ hinab mein Leben.

4) Durch den Klang selbst kann der Inhalt des Begriffs nur dargestellt werden, indem man durch die Wörter die Naturtöne nachbildet. Ist dies bloße Nachahmung des rohen Naturlauts eines unarticulirten, die Natur nachbildenden Tons als articulirten (Empfindungs- oder Haupt-) Wortes, ohne weitere Bedeutung, wie in ein Kickericki, Koax, Trara, plumps, da liegt er, u. dgl., so heißt die Figur Onomatopöie. Diese ist indessen in der Schriftsprache nur für's niedrig Komische zu brauchen. Dagegen lassen sich auch in der anständigen Sprechart anwenden folgende zwei Nachahmungen, zu denen unsre Sprache besonders geeignet ist:

a) die Congruenz als die Nachahmung des Hörbaren durch bedeutsame articulirten Laute: es wallet und siedet und brauset und zischt, bis zum Himmel spritzet der dampfende Gischt; das ächzende Kind; das Brüllen, Krachen, Rollen des Donners, das Rieseln, Murmeln, Plätschern des Baches, das Flüstern des Windes im Schilfe, das Heulen, das Sausen des Sturms, das Brausen des Meers, das Zischen, Sprudeln des kochenden Wassers, das Sumsen, Summen der Bienen, das Lispeln des Laubes, das Rasseln der Ketten, das Schnalzen, Schmatzen der Zunge, das Schnappen der Schafe, das Quaken der Frösche u. s. w..

b) Die Harmonie, als diejenige Nachahmung des Hörbaren, durch welche der natürliche Gang der zu bezeichnenden Sache durch den künstlichen Gang der Rede dargestellt wird, besonders also die Aehnlichkeit des Rhythmus mit der Bewegung des geschilderten Gegenstandes.

Höchst bekannt sind die Beispiele:

Das Stacheln der Ferse, das Schrecken des Rufs
verdoppeln den Donnergaloppschlag des Hufs u. s. w.
(Bürger.)

Αὖτις ἔπειτα πέδονδε κυλίνδετο λᾶας ἀναιδής.

(Homer.)

Hurtig mit Donnergepolter entrollte der tückische Marmor.

(Voß.)

Quadrupedante putrem sonitu quatit ungula campum.
Illi inter sese magna vi brachia tollunt.

(Virgil.)

Wenn Pastor Schmidt
mit schwerem Schritt
die Straße tritt:
Gott segne Euch, Herr,
schrei'n um ihn her
die Pflasterer,
und sehn in Ruh
dem Rammen zu.

927) Rein musikalische Figuren.

Diese beruhen, ohne alle bestimmte Rücksicht auf Bedeutung, ganz auf der Identität der tönenden Sphären, welche entweder vollständig oder nur partiell ist.

Die vollständige Identität ist der Gleichklang aller tönenden Elemente, also der Vocale und Consonanten, und das ist der Reim in den Versen der Gedichte. Die partielle besteht entweder im Gleichklang der Vocale, welcher Assonanz heißt, (z. B. schwankend wankt der Schwache hin ans Grab,) oder der Consonanten, welcher Alliteration genannt wird.

Ein höchst bekanntes Beispiel für diese Alliteration sind die schönen malenden Verse von Bürger:

Wonne weht von Thal und Hügel,
weht von Flur und Wiesenplan,
weht vom glatten Wasserspiegel,
Wonne weht mit weichem Flügel
des Piloten Wange an.

Siebentes Hauptstück.

Von der Interpunction.

928) Die Interpunction, deren deutsche Benennung Schreibzeichenlehre, Satzzeichnung und Satzzeichnungslehre uns nicht recht gefallen wollen, besteht als praktische Anwendung im Gebrauch, und als grammatische Lehre in der Anweisung zum Gebrauch und zur Anwendung gewisser schriftlichen Zeichen für die Schriftsprache, durch welche vom Schreibenden für die Augen des Lesenden eben das geleistet werden soll, was der Sprechende durch das Anhalten der Stimme, die Redepausen, durch die Erhebung, Senkung und den verschiedenen Accent des Tons, seiner Betonung, dem Ohr des Zuhörers leistet. Sie muß sich also theils auf einzelne Wörter, theils auf ganze Sätze und Perioden beziehen, und sowohl zur Verbindung als zur Trennung derselben dienen, und sie ist also offenbar nicht weniger für das leichtere und deutlichere Auffassen und Verstehen, als für den mündlichen Vortrag (, das Ablesen und Deklamiren) des Geschriebenen von der höchsten Wichtigkeit *).

929) Es lässt sich nicht leugnen, daß die bis jetzt eingeführten Interpunctionszeichen, die sogenannten Schrift- oder Unterscheidungszeichen nicht alles leisten, was man gern durch sie bewirken möchte, weswegen noch immer neue Vorschläge

*) Welcher Leser kann ohne sie den Sinn verstehen z. B. von: ich habe den Brief nicht aber das Geld erhalten, er hat zehn Ducaten in jedem Beutel fünf und zwanzig Thaler im Geldkorb?

zur Vermehrung derselben geschehen, wie wenige Hoffnung zu deren allgemeiner Anerkennung auch da ist; doch aber wollen wir es nicht undankbar verkennen, daß unsre Schriftsprache durch sie einen großen Vorzug vor der Schreibung der Alten gewonnen hat, die ihrer noch ganz oder fast ganz entbehrten.

Anmerk. Die Hebräer hatten gar kein eigentliches Unterscheidungszeichen; die Griechen nichts als [.] und [;]; von den Römern sagt zwar Grotefend, schon dem Cicero seien [, ; : .] bekannt gewesen, und man schreibe die Erfindung dieser Zeichen mit Wahrscheinlichkeit dem griechischen Sprachlehrer Aristophanes von Byzanz im zweiten Jahrhundert vor Christus zu, von welchem wenigstens mit Gewißheit die griechischen Accentzeichen herrühren; doch ist auf jeden Fall der Gebrauch dieser Zeichen bei den Römern noch höchst beschränkt gewesen.

In Ansehung der germanischen Völker sagt Ludewig in seiner systematischen Darstellung der deutschen Interpunctionslehre, Halle, 1831, ($6\frac{1}{2}$ Bogen, einem Werkchen, das wohl das beste über diese Interpunctionslehre genannt werden kann,) S. 7: in ihren schriftlichen Producten aus den frühesten Zeiten findet sich nur der Punct als einziges Unterscheidungszeichen, den z. B. Ulphilas als den Repräsentanten aller Unterscheidungszeichen braucht. Bei den alten Franken findet sich bald nach der Zeit Karls des Großen das Komma, und zuweilen auch schon, doch noch ohne bestimmte Regeln des Gebrauchs, das Kolon, z. B. in Tatians Harmonie der Evangelien, ums Jahr 860. Die Angelsachsen haben diese Zeichen selbst im elften Jahrhundert noch nicht, dagegen das Zeichen ·.·, das bei ihnen wohl ein noch größeres Unterscheidungszeichen als der Punct sein sollte, der sogar bis zum funfzehnten Jahrhundert in vielen Schriften das einzige Unterscheidungszeichen abgiebt, in manchen indessen bald weiter oben, bald in der Mitte des Schlußbuchstabens, bald weiter unten gesetzt wird, welche verschiedene Stellung wohl seine größere oder geringere Bedeutsamkeit anzeigen sollte. Im Anfange des sechzehnten Jahrhunderts fängt das Komma, als Unterscheidungszeichen zwischen kleineren Sätzen, den Punct immer allgemeiner zu verdrängen an. Um diese Zeit erscheint auch zuerst das Fragezeichen. Valentin Ickelsamer kennt bereits [. , : ?] und das Zeichen der Parenthese. (Man sehe § 11, Th. 1, S. 33.) Luther bedient sich in der ersten Ausgabe seiner Uebersetzung des neuen Testaments, vom Jahre 1522, auch schon des Fragezeichens (,Komma's und Punct's). Das

Semikolon und Ausrufungszeichen kam erst im siebzehnten Jahrhundert nach und nach in Gebrauch. So spricht Schottel in seiner teutschen Sprachkunst, Wolfenbüttel, 1651, von [. , : ?] und vom Mittelstrichlein, Hinderstrich, (Apostroph,) Einschlußzeichen (parenthesis), und auch vom Ausrufungszeichen *).

930) Man kann die Zeichen der Interpunction eintheilen in 1) eigentliche Satzzeichen, die dann wieder zerfallen in a) Satztheilzeichen, oder logische Abtheilungszeichen, welche die Glieder eines Satzes oder einer Periode abtheilen oder von einander trennen, oder welche, wie Bernhardt (l. c. S. 387) sagt, die Sätze und Satztheile nach ihrem verschiedenen Verhältnisse zu einander abtheilen, die Gedankenreihen in ihre größern und kleinern Theile gliedern, und auch die verschiedenen Stimmabsätze und Pausen ausdrücken, welche der Sprechende macht, theils um die durchs Sprechen ausgeströmte Luft wieder zu ersetzen, theils um dem Zuhörer zur Ueberdenkung und geistigen Verarbeitung des Gesprochenen Zeit zu lassen; [, ; : . Parenthese und Gedankenstrich;] **) und b) in Satzton- oder Affectszeichen, welche auch solche Sprachpausen, und dabei zugleich die Stimmhaltung und den Ton der lebendigen Stimme bestimmen und ersetzen, und seinen Affect oder eine Gemüthsbewegung bezeichnen; [? !] 2) nicht-eigentliche Satzzeichen oder grammatisch-orthographische Unterscheidungszeichen, die sich nach Ludewig eintheilen lassen in a) Buchstabenzeichen, [Apostroph, Lückenzeichen, Trennungspuncte, Cedille,] b) Sylben- und Wortzeichen, [Binde-, Trennungszeichen, Accente, Quantitäts-, Nachdruckszeichen,) c) Redesatzzeichen,

---

*) Gewiß hat Scaliger Unrecht, wenn er in seinem Werke de accentibus sagt: virgulae et cola nostra tempestate inventa a Manutio, cum antiqnis prorsus incognita fuerint. Aldus Pius Manutius Romanus, der i. J. 1458 in Venedig eine Druckerei anlegte, die bis dahin gewöhnliche Mönchsschrift abschaffte, und dafür die sogenannte Antiqua einführte, auch die Cursivschrift erfand, hat zwar die Unterscheidungszeichen verbessert, aber gewiß nicht zuerst das Komma und Kolon gebraucht. Höchstens könnte derselbe der Erfinder des Semikolons sein, dessen Gebrauch sich indessen erst lange Zeit nach ihm verbreitet hat.

**) Wir können also Beckern nicht beistimmen, wenn derselbe l. c. S. 415 sagt: „Interpunktionszeichen bezeichnen nicht eigentlich ein logisches oder auch ein grammatisches Verhältniß der Sätze, sondern lediglich die durch die lebendige Rede bezeichneten Ruhepunkte, je nachdem diese größer oder kleiner sind."

[Abbrechungs-, Anführungs-, Wiederholungs-, Ergänzungs-, Fortweisungszeichen,] und d) in nicht-classificirbare Zeichen [,wozu namentlich das Gleichheits-, Anmerkungszeichen, das Absatz- oder Abschnittszeichen und der Paragraph, so wie die logischen Eintheilungszeichen gehören].

Wir wollen jetzt in der eben angegebenen Ordnung über alle diese Zeichen sprechen; doch nur in gedrängter Kürze, da Schmitthenner ganz Recht hat, wenn er in seinem Werkchen: die Lehre von der Satzzeichnung oder Interpunktion, Frankfurt, 1824, (6 Gr.) sagt: „die Regeln einer richtigen Satzzeichnung ergeben sich (,wenigstens in den bei weitem meisten Fällen) für den, der in den Geheimnissen des Satzbaues eingeweiht ist, fast von selbst.“ Nur über das Komma müssen wir ausführlich sprechen, da eine gründliche Bestimmung über den Gebrauch dieses Zeichens sehr schwer ist. (Wir wollen dabei dem Gange Ludwigs folgen, weil wir dadurch Gelegenheit finden, den Gebrauch des Komma's von allen Seiten zu betrachten, und uns über vielerlei sonderbare Aufstellungen der neuesten Grammatiker auszusprechen.)

Erster Abschnitt.

Von den eigentlichen Satzzeichen.

Erste Abtheilung.

Von den Satztheilzeichen oder Abtheilungszeichen.

931) In Ansehung dieser Zeichen gilt ganz vorzüglich die allgemeine Bemerkung, daß die Schriftsteller im Gebrauch, und auch die Sprachlehrer in der Angabe der Regeln für diesen Gebrauch derselben gar sehr von einander abweichen, daß freilich viele Behauptungen selbst der neuesten Grammatiker ganz verwerflich sind *), daß es aber doch immer eine sehr

*) So müssen wir z. B. Bernhardts allgemeine Regel über den Gebrauch dieser Zeichen, l. c. S. 388, fast ganz verwerfen. Es sagt derselbe: „der Schlußpunkt scheidet die grammatisch in sich abgeschlossenen Sätze und Gesätze, der Strichpunkt [das Groß-Komma] die einander beigeordneten, und der Einstrich die untergeordneten Sätze von den übergeordneten. Der Doppelpunkt

große Menge von Fällen giebt, in welchen mit gleichem Rechte namentlich ein Komma entweder gesetzt oder weggelassen, oder auch mit einem Semikolon, Kolon oder Puncte vertauscht werden kann. Es hangt sehr oft von der Willkühr des Schreibenden ab, wie eng und unmittelbar er Gedanken und Vorstellungen mit einander verbinden, oder wie scharf und auffallend er sie von einander trennen, und welche Interpunctionszeichen er deswegen anwenden will.

A. Das Komma.

932) Das Komma, der Strich, Einstrich, Beistrich soll im Allgemeinen dazu dienen, diejenigen Theile eines einfachen oder zusammengesetzten Satzes, die nicht unmittelbar zusammengehören, die weder beim Denken der Verstand, noch beim Sprechen die Stimme unmittelbar mit einander verbindet, von einander zu trennen, insofern diese Trennung nicht (nach den Regeln der folgenden Paragraphen) durch ein anderes Satzzeichen bezeichnet werden muß. In der letzten Beziehung nennt man das Komma das kleinste Satzzeichen, da es die zu trennenden Glieder, Satztheile oder Sätze, am wenigsten (,im Sprechen durch den kürzesten Anhalt der Stimme, durch die kleinste Stimm- oder Redepause) von einander trennt, und die andern (; : .) heißen größere Satzzeichen *). Dieser Grundsatz ist indessen so allgemein und unbestimmt, daß er an sich wenigen Nutzen gewährt. Wir sind deshalb genöthigt, die einzelnen Fälle näher zu betrachten, in welchen das Komma angewendet werden muß oder kann.

---

trennt in mehrsätzigen Gliedersätzen Vorder- und Nachsatz und kennzeichnet das Objekt. Wo der Strichpunkt nicht ausreicht, da tritt der Doppelpunkt ein, und wo der Einstrich nicht genügt, kömmt der Strichpunkt an dessen Stelle." Von allen diesen Behauptungen ist bloß die erste ganz richtig, alle andern sind nur halb wahr, oder ganz falsch.

*) Da das Komma bei der geringen Anzahl unsrer Schreibzeichen so sehr viele und verschiedene Verhältnisse der Begriffe und Gedanken trennen und andeuten muß, so läßt es sich schon denken, daß es in manchen Fällen eine weit geringere Bedeutung, Kraft und Würde als in andern hat. So sagt Herling l. c. S. 397: „die Folge: er hat schändlich betrogen, sowohl seinen Bruder, als auch mich selbst, giebt drei Sätze, von denen die beiden letzten zum ersten im explanativen Verhältnisse stehen, den allgemeinern Begriff specificirend." Das erste Komma hat also hier eine höhere Würde, als das zweite (,insofern

I. Das Komma bei der Zusammenziehung einzelner Satztheile und unvollständig ausgedrückter Sätze.

933) Eine Zusammenziehung von Satztheilen geschieht (nach § 776, Seite 532, Th. 4, und § 899, 900) durch Abkürzung der Sätze zur Zusammenziehung mehrerer Sätze in einen einzigen zusammengesetzten Satz, und sie besteht darin, daß verschiedene einander beigeordneten Satztheile sich gleichmäßig, gemeinschaftlich auf einen oder mehrere andern beziehen. (Indem wir jetzt vom Gebrauch des Komma's bei solchen Zusammenziehungen sprechen wollen, ist also nicht die Rede von den abgekürzten Sätzen, über welche § 849 bis 853 näher gesprochen ist.)

Bei dieser Zusammenziehung von Satztheilen werden dieselben neben einander gestellt, aber entweder so, daß sie dabei durch Bindewörter mit einander verbunden werden, oder so, daß dies nicht der Fall ist.

Wenn keine Bindewörter zwischen den zusammengezogenen, einander beigeordneten Satztheilen stehen, so ist es die erste allgemeine Regel, daß jedesmal ein Komma die einzelnen von einander trennt, weil jeder einzelne der elliptische Stellvertreter eines ganzen Satzes ist, und es als allgemeiner Grundsatz besteht, daß Sätze durch Interpunctionszeichen von einander getrennt werden müssen. Man kann in diesem Fall die Komma als Stellvertreter der Bindewörter betrachten (,und zwar besonders der verbindenden, der copulativen und conjunctiven, § 726, Th. 4, S. 230, § 727, S. 242, doch auch der disjunctiven Conjunctionen, § 738, S. 343. Indessen ist es durchaus unwichtig, deswegen zwei Arten Komma anzunehmen, das verbindende und trennende, wie z. B. Heinatz, l. c. S. 424, ein einschließendes und ein trennendes Komma annimt).

Beispiele sind: der Vater, die Mutter, die Geschwister sind todt: (d. i. der Vater und die Mutter und die Kinder sind todt;) du mußt arbeiten, dich unterhalten, spazieren gehen,

---

man nämlich vor als ein Komma setzt). Deswegen wäre also das Komma hinter betrogen nicht das kleinste Zeichen, und darum hat, statt des Komma's vor als, Radlof mit guten Gründen vorgeschlagen, noch ein kleineres Zeichen als das Komma einzuführen, ein Halbkomma, das noch geringfügigere Redeeinschnitte, Redepunkte, Sinnanhalte als das Komma bezeichnen sollte; es ist aber höchst unwahrscheinlich, daß solcher Vorschlag jemals angenommen werden dürfte. (Im vorigen Beispiel müßte dann vor als ein Halbkomma stehn.)

schlafen, um keine lange Weile zu empfinden; (d. i. du musst entweder arbeiten oder dich unterhalten oder spazieren gehen u. s. w.;) er bekomme eine arme, thätige, reiche, vornehme Frau, keine wird ihn retten; (d. i. er bekomme eine arme und thätige, oder eine [unthätige] reiche und vornehme Frau;) er ist gewaltig, reich und vornehm (,unterschieden von: er ist gewaltig reich und vornehm, d. i. sehr reich und vornehm).

So einfach diese Regel ist, so fast unübersehbar vielfach und zusammengesetzt ist die Summe der Fälle und Regeln, die in Ansehung des Komma's dann statt finden, wenn die einander beigeordneten Satztheile durch Bindewörter zusammengezogen werden. Bei diesen Bindewörtern muß nämlich bald zugleich ein Komma stehen, bald darf dies nicht der Fall sein, bald hangt es von der vernünftigen Ueberlegung, Wahl und Entscheidung, bald aber auch in der That von der bloßen Willkühr des Schreibenden ab, ob er ein Komma setzen will oder nicht.

Wir wollen uns bemühen, die einzelnen Fälle, welche statt finden können, (indem wir dem Gange Ludewigs folgen,) vollständig, doch kurz aufzuführen.

Die Bindewörter sind bekanntlich (nach § 722, S. 202, Th. 4,) theils beiordnende, theils unterordnende.

Wenn zusammenzuziehende Satztheile durch beiordnende Bindewörter verbunden werden, und diese von der Art, von solcher Bedeutung sind, daß sie die zusammengezogenen Satztheile gleichsam, gewissermaßen zu einem einzigen Begriffe vereinigen, also zwei Subjecte, Objecte, Prädicate, Attribute u. s. w. gleichsam wie ein einziges, wie eines darstellen, so ist es eine zweite allgemeine Regel, daß dann kein Komma zwischen solche Satztheile (und vor diese Bindewörter) gesetzt wird.

Aber welche sind nun diese Bindewörter? Die Antwort auf diese Frage lautet fast bei jedem Grammatiker verschieden.

Im Allgemeinen lässt sich bemerken, es giebt auch nicht ein einziges Bindewort, das immer auf die eben angegebene Art gebraucht würde, und also nie ein Komma vor sich litte.

Ganz richtig giebt Ludewig mit den meisten Grammatikern an, daß sowohl — als (auch) bei dieser Verbindung zusammengezogener Satztheile immer, und und oder aber gewöhnlich diese Kraft und Eigenschaft haben, und also in dieser Beziehung kein Komma vor sich dulden: sowohl der Vater als (auch) die Mutter ist oder sind mir gut; er hat mich sowohl belogen als betrogen; Gott lässt sowohl den guten als bösen Menschen sterben; (wir müssen es also unrichtig nennen, daß Herling ein Komma setzt: er hat sowohl meinen Bruder, als auch mich selbst betrogen;) er beweint schon seinen Vater und seine Mutter; das sind weise, thätige und liebreiche Menschen; ich will dir Papier oder Federn schenken; entweder das Kind oder die Mutter will ich beschenken, oder: soll mich beschenken; ich will entweder singen oder sterben; sein oder nicht sein ist die Frage; kauf blaues oder rothes Papier.

Ludewig will zwar bei diesem Gebrauch des oder ein Komma davor setzen; das müssen wir aber verwerfen. (Man sehe § 934.). Dagegen ist es ganz richtig, daß man gegen diese Regel in einzelnen Fällen auch vor alle Bindewörter bei ihrem jetzt besprochenen Gebrauch ein Komma setzen kann. Wenn man nämlich beim Vortrage rhetorisch einen größern Nachdruck bewirken will, so hält man zuweilen bei mehrern durch Bindewörter, namentlich durch und verbundenen Wörtern vor jedem einzelnen mit der Stimme ein, so daß eine Redepause eintritt, und dann kann man auch beim Schreiben vor alle so (polysyndetisch) gebrauchten Bindewörter ein Komma setzen: mich hat heut angeredet der König, — und die Herzogin, — und der Kronprinz, — und die Kronprinzeß. (Es ist dies also ein Fall, wo man das Komma nach Belieben weglassen oder auch setzen kann, wenn man sich durch vernünftige Gründe dazu bestimmt.)

Uebrigens müssen wir hier auch gleich ganz im Allgemeinen warnen, die jetzigen Angaben ja nicht falsch zu verstehen, und nicht zu vergessen, daß hier nur vom Komma bei Zusammenziehungen von Satztheilen die Rede ist.

Es ist nämlich, wie wir schon angedeutet haben, eine dritte allgemeine Regel, daß, wenn nicht besondere Umstände anders darüber verfügen, verschiedene Sätze immer durch Satzzeichen, also wenigstens durch ein Komma, von einander getrennt werden müssen. Dem gemäß muß auch ohne allen weitern Zweifel vor diesen drei Bindewörtern sowohl—als auch, und, oder (wenigstens) ein Komma (oder ein größeres Zeichen) stehen, wenn sie (ganze) Sätze grammatisch verbinden, z. B.: ich will heut spazieren gehn, und du sollst mich begleiten *); entweder musst du dich ändern, (oder: du musst dich entweder

*) Unausstehlich ist es, auch in diesem Fall das Komma vor und wegzulassen, wie doch Ludewig, Herling, Bernhardt, Becker u. s. w. leider unzählig oft thun. Wer kann ohne Anstoß in einem Athem lesen, wie z. B. in der Modezeitung, 1831, Nr. 49, S.

ändern,) oder ich jage dich fort; ich bekomme immer Kopfweh, sowohl wenn viele Blumen in meinem Zimmer stehen, als auch wenn viele Schwefelhölzer darin angezündet werden.

Nun fragt es sich aber: giebt es noch mehrere solcher Bindewörter, die beim Zusammenziehen von Satztheilen kein Komma vor sich haben? Ludewig sagt nein, denn derselbe lehrt (l. c. S. 20): „sind die beiordnenden Konjunctionen, durch welche die Zusammenziehung gebildet wird, von der Art, daß sie irgend eine Steigerung, Theilung, Ausschließung oder Entgegensetzung ausdrücken; (:) so sind die einzelnen Theile der Zusammenziehung immer durch Kommata zu trennen. Und diese Eigenschaft haben, mit Ausnahme von sowohl—als auch, und, oder, alle beiordnenden Konjunctionen, die bei Zusammenziehungen dieser Art vorkommen können, namentlich weder—noch, theils—theils, nicht nur—sondern auch, auch (für sich allein), aber und oder, wenn es dem entweder gegenüber steht, mag dies genannt sein, oder nur hinzugedacht werden können oder müssen." Sowohl diese letzte Behauptung über oder als auch die ganze Regel müssen wir zwar in dieser ihrer Allgemeinheit verwerfen; doch ist sie im Ganzen begründet, da das Komma nur wegbleiben kann, wenn der Sinn verbindend, und das Bindewort nichts weiter als eben ein Bindewort ist. Wir müssen dies näher entwickeln.

934) Was zuerst den Gebrauch des (nie unterordnenden, sondern stets) beiordnenden Bindeworts oder in seiner disjunctiven Bedeutung (§. 738, Th. 4, S. 343) betrifft, in welcher es dem entweder entgegensteht, so haben wir schon (§ 933) gesagt, daß vor demselben, wenn es in dieser Bedeutung Satztheile zusammenzieht, ein Komma stehen soll, daß wir es also für falsch erklären, mit Ludewig zu interpungiren: ich werde reden, oder schweigen; Sein, oder Nichtsein; er ist entweder Sieger, oder Besiegter; hier wird das Laster, oder die Tugend siegen. Es muß ohne Komma geschrieben werden: er soll das Buch bezahlen oder zurückgeben, sei er gut oder böse, wie auch Herling (l. c. S. 306) schreibt: das Thier folgt nur dem Instinct oder fremdem Zwange. (Und doch schreibt er auch falsch, Th. 2, S. 174: sie müssen zu dem Vordersatze,

---

300 steht: ein Freund seines Hauses, dessen Gastfreundschaft ihn sein Vater empfohlen hatte und mit dessen Tochter er nach einem Winke seines Vaters in ein besonders freundschaftliches Verhältniß zu treten suchen sollte?

oder den Vordersätzen in den, an den letztern bezeichneten Verhältnissen stehen.)

Außer dieser disjunctiven hat oder aber auch oft eine erläuternde, explanative Bedeutung, (§ 737,) die ungefähr dem Begriff nämlich, das ist, mit andern Worten, gleicht, wodurch das Folgende als oder wie eine Art Apposition erscheint: er trägt Numismatik, oder Münzkunde, schon seit zehn Jahren vor; oder es zeigt endlich eine Art Mittelbegriff zwischen diesen beiden Bedeutungen an, (§ 738,) z. B.: der König, oder das Oberhaupt des Staats, muß für die Ausführung der Gesetze sorgen. In diesem letzten Falle ist es offenbar am besten, den durch oder eingeleiteten Begriff als einen abgekürzten, elliptischen Satz anzusehen, (§ 881 und 883,) der hier z. B. ergänzt wird: oder wer das Oberhaupt des Staats ist. Der disjunctive Begriff findet hier nicht statt; man kann nicht entweder vor den ersten, vor oder stehenden Begriff setzen, ohne den ganzen Sinn der Rede zu verändern: entweder der König oder das Staatsoberhaupt muß für die Ausführung der Gesetze sorgen. Deswegen (, damit niemand versucht werde, dem oder hier den disjunctiven Begriff beizulegen,) ist es gewiß am zweckmäßigsten, beim Sprechen, da es der Sinn erlaubt oder selbst befiehlt, mit der Stimme vor diesem oder und hinter dem dadurch eingeleiteten Satztheil oder elliptischen Satze einzuhalten, und diese Pausen beim Schreiben durch Komma zu bezeichnen. Hierher gehören auch z. B. die doppelten Titel so vieler Bücher, namentlich Schauspiele: Henriette, oder der Husarenraub, ist ein guter alter Roman; heut wird bei uns Minna von Barnhelm, oder das Soldatenglück, aufgeführt; morgen soll Lilla, oder Schönheit und Tugend, gegeben werden; der Titel: Noth bricht Eisen, oder List wider List, zeigt den Inhalt des Schauspiels, des Romans an. Bei diesem Gebrauch des auf solche Art angewandten oder sieht man recht deutlich, daß es keine wahre Apposition, aber doch einen Begriff bezeichnet, der dem Begriff der Apposition sich nähert, ihm ähnlich ist.

Das ist endlich noch mehr bei der explanativen Bedeutung des oder der Fall: er trägt nur die älteste Weltgeschichte, oder vielmehr die Sagen der Mythen- und Fabelzeit, vor; die Mythologie, oder doch die Götterlehre der Griechen und Römer, war ihm genau bekannt. Und wenn das oder die bloße Uebersetzung oder Erklärung eines andern Worts einleitet, kann man den ihr folgenden Begriff geradezu eine Apposition des vorangehenden nennen. (M. vergl. § 659, Th. 4, S. 67—81.)

In

In jedem Fall wäre es daher wohl am besten, auch bei diesem explanativen Gebrauch des oder vor dieses, also hinter das dadurch bestimmte Wort ein Komma zu setzen, da ja die Appositionen in der Regel (nach § 659) zwischen Komma stehen: die Astrologie, oder Sterndeuterei, und die Astrognosie, oder Kenntniß (des Namens und der Stellung) der Sterne und Sternbilder, sind zwei ganz verschiedene Begriffe. So sagt auch Herling (l. c. Th. 2, S. 394): „wenn oder den vorhergehenden Begriff erläutert; (,) so steht diese Erläuterung, wie es die Auslassung des oder unverkennbar zeigt, im Verhältnisse einer Apposition: der innere Theil, oder der Kern, [= der Kern] war gut. Die übliche Auslassung des Komma's [Heise's kleine Gram. 6te Aufl. S. 341] ist inconsequent.“ Am besten bleibt das Komma selbst dann, wenn eine Bestimmung des erklärten Worts in Gedanken beim erklärenden zurückgerufen werden muß, z. B.: vom Syntaxe, oder der Verbindung der Wörter mit einander, d. i. oder von der Verbindung. Doch ist der Schreibegebrauch hierbei sehr getheilt; Ludewig verbietet (l. c. S. 15) für diesen Fall das Komma, und schreibt: dies sind exotische oder ausländische Gewächse. (Niemand wird hier aber das Komma hinter exotische weglassen, wenn man statt oder das gleichbedeutende das ist braucht. Doch darf dies Komma, das man hinter exotische setzen soll, in diesem Fall, wenn die Zusammenziehung ein bloßes Adjectiv wird, das unmittelbar vor seinem sich auch auf das erklärte Adjectiv beziehenden Hauptwort steht, uns nicht verleiten, auch hinter dem erklärenden Adjectiv ein Komma setzen zu wollen; eben weil ja die Begriffe unmittelbar zusammen gehören, und man auch beim Sprechen nicht mit der Stimme vorm Substantiv anhalten darf, darf auch kein Komma zwischen dem Adjectiv und Substantiv stehen. Man muß also nicht schreiben: dies sind exotische, oder ausländische, Gewächse. Wir werden diesen Fall in der Folge, § 938, noch näher besprechen. Auch Radlof ist übrigens für Ludewig's Schreibung, indem er, in seiner Schreibungslehre, S. 569, sagt: besteht dieser Gleichsatz [die Apposition] nur aus einem oder zwei Worten, so bleibt der Einstrich weg; sehr richtig bemerkt aber Herling, l. c. S. 369, dagegen: „dies ist unrichtig. Nicht die Zahl, [sondern] das Wesen der Worte entscheidet.“ Doch darf man auch diesen Grundsatz, wie wir schon gesehn haben, und bald noch näher sehn werden, nicht zu strenge nehmen, wie ja Herling selbst bemerkt, S. 395, daß bei dem solche Satztheile beiordnenden oder das

Komma oft weggelassen wird. (Nach dieser Auseinandersetzung sieht man übrigens, daß wir weder Reinbeck beistimmen können, der in seiner Regellehre sagt: vor oder, es mag sondernd oder entgegensetzend oder nur erklärend sein, darf nie ein Komma stehn, noch auch seinem Recensenten in Seebode's Bibliothek, 1822, IX, der das Komma beim erklärenden oder weglassen, beim sondernden und entgegensetzenden aber behalten will.

935) Das und, dessen wir eben (§ 933) schon einige male gedacht haben, spielt (durch die Schuld der Grammatiker) in der Interpunctionslehre überhaupt, und namentlich auch bei der jetzt besprochenen Zusammenziehung einzelner Satztheile, eine große Rolle; wir müssen deshalb etwas ausführlicher darüber sprechen.

Ludewig sagt (l. c. S. 15): „werden zusammengezogene Substantive, Verben und prädicative Adjectiven auf irgend eine Weise näher bestimmt; (,) so kann durch diese Bestimmungen selbst dann kein Komma veranlaßt werden, wenn sie zwischen die zusammengezogenen Satztheile treten. Denn die Bestimmung der Substantive ist immer attributiv, die der Verben und prädicativen Adjective immer adverbial im weitesten Sinne des Worts, immer aber bildet die Bestimmung mit dem durch sie Bestimmten nur einen Begriff, z. B. er sah den Wolf und lief davon. Die beiden zusammenzuziehenden Begriffe sind hier: den Wolf sehen — davon laufen. Das Object der Wolf ist hier eine adverbiale Bestimmung des Verbs sehen (,) und bildet mit diesem einen gemeinschaftlichen Begriff; denn es ist ein anderes Sehen, wenn man überhaupt blos (ß) sieht, und wenn man den Wolf sieht. Nun sind also blos zwei Verben: den Wolf sehen und davon laufen, zusammengezogen; und da diese Zusammenziehung durch die einende Konjunction und veranstaltet wird, so fällt das Komma weg. So auch bei: Er strauchelte über einen im Wege liegenden Stein und fiel [adverbial]."

Auf diese Art müssen auch viele der neuern Grammatiker die Sache ansehen, die ganz eben so wie Ludewig interpungiren, wenn sie sich gleich nicht so bestimmt darüber erklären. Wir aber müssen diese Bestimmung für viel zu allgemein und unbestimmt, und deswegen die Regel für falsch erklären. Wenn man gleich zu manchen Zwecken (§ 933) sagen kann, das Verb könne mit seinem Object in gewisser Hinsicht wie ein einziger Begriff angesehn werden, so läßt sich doch nie so allgemein hin behaupten, das Verb sei wirklich mit seinem

Object nur ein einziger Begriff, denn sonst wäre ja jeder einfache Satz nur ein einziger Begriff, was doch kein Grammatiker behaupten wird, da jeder den Satz für den Ausdruck eines Gedankens, und nur das Wort für den Ausdruck eines Begriffs erklärt. Sollte Verb und Object zusammen nur einen Begriff bilden, so müsste ja z. B. auch die Wölfe sehn, und eben so auch den Wolf, die Wölfinn und ihre Jungen sehn nur ein Begriff sein; und will denn deswegen irgend jemand das Komma hinter Wolf weglassen? Nein, weit natürlicher und einfacher, und darum richtiger und besser ist es gewiß, sich auf diese Ansicht gar nicht einzulassen, sondern ganz einfach zu sagen, der Ausdruck: er sah den Wolf und lief davon, bildet nicht einen durch Zusammenziehung zusammengesetzten Satz, sondern enthält zwei Sätze, deren zweiter nur dadurch abgekürzt ist, daß man sein Subject weggelassen hat, weil dies mit dem Subject des ersten Satzes übereinstimmt; deswegen muß ein Komma zwischen diesen beiden Sätzen, hier vor und, stehen, indem ja (nach § 933) jede zwei Sätze, wenn nicht durch ein größeres Schreibzeichen, doch gewiß durch ein Komma von einander getrennt werden.

So schreibe man also die Zusammenziehung er sah und hörte (nicht) (nach § 933) ohne Komma, (wenn mit nicht der Sinn sein soll: er sah nicht und er hörte nicht,) weil hier wirklich nur zwei Wörter durch und verbunden werden, aber mit Komma die Sätze: er sah, und hörte nicht (, wenn der Sinn ist: er sah wohl, aber er hörte nicht); er sah, und hörte nun weiter auf nichts; er sah den Wolf, und hörte ihn heulen; er sah ihn, und lief davon; wenn er mich sieht, und hört, daß ich schon so lange hier bin u. s. w.. Es finden hier Ruhepuncte zwischen den beiden mit einander verbundenen Gedanken fürs Denken, und darum auch Rede- wie Sinnpausen, Redeeinschnitte, Stimmabsätze, und deswegen zugleich Komma statt. (Wir müssen also die Interpunction für ganz falsch erklären, wenn Herling [, Th. 2, S. 176] schreibt: „die Conjunctionaladverbien haben die Eigenthümlichkeit, daß sie das durch sie bezeichnete Verhältniß allen nachfolgenden, als Theile eines Gesammten verbundenen, Sätzen mittheilen und zwar nicht bloß, wenn sie in der ersten Stelle des ersten Satzes stehen und in den andern keine veränderte Wortfolge eintritt u. s. w.;" es muß interpungirt werden: verbundenen Sätzen mittheilen, und zwar nicht bloß, wenn sie in der ersten Stelle stehen, und in den andern u. s. w..)

(Natürlich aber muß man zwei durch und verbundene

Subjecte oder Objecte desselben zusammengesetzten Satzes, auch wenn diese noch durch andre Wörter, Substantiven, Adjectiven u. s. w., näher bestimmt sind, ohne Komma lassen; und dieser Theil der Regel Ludewigs ist ganz richtig, so daß man mit ihm schreiben muß: „die Söhne des Grafen und die guten Töchter des Fürsten haben eine glänzende Erziehung gehabt [attributiv]; den König in seinem Palaste und den Bettler am Wege ereilt der Tod.

Daß diese unsre Aufstellung wirklich der Sache, den Gedanken und ihrer Aussprache, gemäß ist, geben im Grunde alle Grammatiker selbst dadurch zu, daß sie sich genöthigt finden, jener Regel Ludewigs eine Menge Beschränkungen, Ausnahmen u. dgl. folgen zu lassen, wie denn dieser auch selbst (S. 16) fortfährt: „tritt indessen der Fall ein, daß zwischen den einzelnen einer solcher Zusammenziehung voraufgehenden Bestimmungen schon eine ganz gleiche Zusammenziehung statt findet; (,) so verlangt das Princip der Interpunction: „Mißverständnisse zu verhüten (,) und Deutlichkeit zu befördern," (das man doch ja recht wohl beachten sollte!) daß zwischen das Und, wodurch die zweite Zusammenziehung gebildet wird, und zwischen die voraufgehende ein Komma tritt *), und zwar in folgenden Fällen:

a) Wenn zwei durch Und zusammengezogene Objecte, oder prädicative Adjective oder andre adverbiale Bestimmungen zwischen zwei durch Und zusammengezogene Verben treten, z. B. Der Verbrecher erblickte Schaffot und Sarg, und erstarrte vor Schrecken. — Die Bösewichter zwangen ihn zum Raube und Morde, und führten dadurch seinen Untergang herbei. — Er ist ein guter Sohn und Bruder, und wird von den Seinigen zärtlich geliebt." (Man sieht, diese Ausnahme, deren Inhalt ganz richtig ist, eben weil er sich aus unsrer Regel von selbst ergiebt, erscheint hier bei Ludewig als eine Annahme der Willkühr, welche seine Hauptregel bloß darum und dann beschränkt, weil und insofern ihre Anwendung Undeutlichkeit veranlasst. Ludewig will also in den angegebenen Beispielen die Sätze durch ein Komma vor und trennen, wenn zwei

---

*) Der Ausdruck ist hier schlecht. Es finden ja nicht zwei Zusammenziehungen statt, da der erste Satz, z. B. er erblickte Schaffot und Sarg, vollständig ist, sondern nur eine, z. B. und erstarrte vor Schreck, die mit jenem Satze zusammengezogen wird. Es sollte bloß heißen: „daß vor das Und der Zusammenziehung ein Komma tritt."

[, hoffentlich doch auch, wenn mehr als zwei] durch und verbundene Substantiven, Adjectiven u. s. w. vor dem und der Zusammenziehung stehen; er will aber [mit Unrecht] ohne Komma schreiben: er erblickte das Schaffot und erstarrte vor Schreck; [wie: er sah den Wolf und eilte davon;] die Bösewichter zwangen ihn zum Morde und führten dadurch seinen Untergang herbei; er ist ein guter, braver, von allen Menschen hochgeachteter Sohn und wird auch von den Seinigen zärtlich geliebt. Kann man sich ärgere Willkühr denken? Und wie will Ludewig denn schreiben, wenn die mehreren Adjectiven, Substantiven u. dgl. vor dem und der Zusammenziehung nicht durch und, sondern durch ein anderes, oder durch gar kein Bindewort mit einander verbunden sind? Da er hierüber nichts sagt, so muß er in diesen Fällen kein Komma vor das zusammenziehende und setzen, und also schreiben wollen: er erblickte entweder das Schaffot oder den Sarg und erstarrte vor Schreck; sie verführten ihn nicht nur zum Raube sondern auch zum Morde und führten dadurch seinen Untergang herbei; er ist ein guter Bürger, Arbeiter, Hausvater und wird von den Seinigen zärtlich geliebt. Diese Auslassung des Komma's vor und müssen wir aber, unsrer Regel zufolge, geradezu für falsch erklären. Eben so verwerfen wir auch eine Menge der folgenden Bestimmungen Ludewigs, die wir hier nicht anführen, weil sie eben bloße Willkühr sind, und ihre Unrichtigkeit sich nach unsrer Aufstellung von selbst ergiebt. Derselbe sagt ferner: „ein Komma muß stehen,)

b) Wenn zwei durch Und zusammengezogene adjectivische Bestimmungen des Substantivs zwischen zwei durch Und zusammengezogene Substantive treten, z. B. Der Baum im Garten und im Walde, und das Getreide auf dem Felde gewährt einen reizenden Anblick; die Lehren des Sokrates und des Plato, und das Evangelium unsers Herrn und Heilandes haben manches Aehnliche mit einander." (Hier möchten wir gerade umgekehrt sagen: in diesen Beispielen darf der Regel nach kein Komma stehen. Jedes derselben bildet nämlich offenbar einen einzigen zusammengesetzten Satz mit zwei durch und verbundenen Subjecten, zwischen denen, eben des Bindeworts wegen, kein Komma stehen darf. Aber es ist ganz richtig, man ist geneigt, ein Komma zu setzen, um anzudeuten, daß die beiden [oder drei] und in ihnen zur Verbindung verschiedener Verhältnisse dienen. Im ersten Beispiele kann dies auch sehr leicht dadurch geschehen, daß man auch hinter Baum noch ein Komma macht, und so im Garten und im Walde als eine Art abgekürzten Zwischensatzes darstellt, also: der Baum, [ich meine denjenigen, welcher] im Garten und [auch denjenigen, welcher] im Walde [ist], und das Getreide gewähren einen reizenden Anblick; im zweiten Beispiel aber muß man freilich, wenn man nicht lieber, um nicht gegen die Hauptregel zu verstoßen, die ganze Construction umändern, und z. B. sagen will: des Sokrates und Plato Lehren und das Evangelium u. s. w., oder: die Lehren des Sokrates und Plato haben mit dem Evangelium manche Aehnlichkeit, die Bemerkung Ludewigs zur Rechtfertigung des Komma's annehmen: „die Zusammenziehung einzelner Bestimmungen ist eine andre, als die des Bestimmten, und muß daher [??], wenn beide gleichlauten, durch irgend ein Zeichen, welches hier nur ein Komma sein kann, davon getrennt werden," obgleich Ludewig selbst auch diese Angabe wieder manchfach beschränkt, indem er mit uns schreibt: der Graf hat schöne und große Pferde und Hunde; unsre Garten und Wiesen sind fruchtbar und üppig; er hört auf sein Gewissen und das Evangelium unsers Herrn und Heilandes. Ganz richtig und unsrer Regel angemessen ist es dagegen, wenn Ludewig fortfährt:)

„Wenn eine doppelte Zusammenziehung einzelner Satztheile dergestalt statt findet, daß der in der ersten Hälfte der Zusammenziehung vorkommende gemeinschaftliche Satztheil zu der zweiten, und der in der zweiten Hälfte vorkommende zu der ersten gezogen werden muß; (:) so sind die beiden Hälften der Zusammenziehung immer, auch wenn und dazwischen tritt, durch ein Komma zu trennen: einige Substantive dekliniren im Singularis nach der neuen, und im Pluralis nach der alten Form; der Jüngling hörte geduldig des Lehrers, und (das ist aber) mit sichtbarer Ungeduld des Alten Rath an; viele Menschen gehorchen ungern neuen, und (das ist sondern) kleben fortwährend an verjährten Einrichtungen. Theils nämlich könnte das Weglassen des Komma (in diesen Fällen) leicht Mißverständnisse veranlassen; theils enthalten die beiden Hälften der Zusammenziehung troz der gemeinschaftlichen Satztheile gewöhnlich Gegensätze, die sich unmöglich (nicht) durch das Und in einen Begriff verschmelzen lassen; theils sind zwischen die durch Und zu verschmelzenden Satztheile schon zu viele andere (n) heterogene (n) getreten, als daß nicht auch dadurch ein Komma nöthig werden sollte; theils endlich verlangt die Betonung unwillkührlich einen Ruhepunkt." (Das sind lauter richtige und wichtige Gründe, deren ernste Beachtung denselben auch abhalten gesollt hätte, vorher ohne Komma zu schreiben: das Object der Wolf ist hier eine adverbiale Bestimmung des Verbs sehen und bildet mit diesem einen gemeinschaftlichen Begriff; um so mehr, da derselbe ganz richtig fortfährt:)

„Noch weniger darf das Komma fehlen, wenn die zweite Hälfte der Zusammenziehung mit einem ganz neuen Subjecte beginnt, wodurch allemal der Anfang eines neues Satzes bedingt wird, z. B. er liebt die alten griechischen, und sein Bruder die alten römischen Autoren. Auch wenn und zwei Verben so zusammenzieht, daß nicht alle Bestimmungen des einen auf das andere mit bezogen werden sollen, was besonders oft bei Negationen der Fall ist, so daß dann das und die Stelle einer adversativen Konjunction vertritt, ist das erste Verb vom zweiten durch ein Komma zu trennen: du mußt nicht verzagen, und Muth fassen, für sondern; schreib, und (aber) lies nicht. Auch wenn zwischen die durch Und zu vereinenden Theile einer Zusammenziehung ein ganzer Satz tritt, so muß (nach unsrer Hauptregel) derselbe in Kommata geschlossen werden: er hat Muth, tapfer zu kämpfen, und besitzt viel (e) Geschicklichkeit; durch die löbliche Gewohnheit, anhaltend zu arbeiten, und durch seine Mäßigkeit ist er gesund geblieben; du, rief er, und deine Schwester (,ihr) seid nicht klug.

Ueberhaupt tritt bei einer Zusammenziehung durch Und ein Komma vor die Konjunction, wenn dieselbe nur abusive in Folge einer dichterischen oder rednerischen Freiheit gebraucht wird (,) und eine solche Anzahl von Satztheilen und unvollständigen Sätzen eint, daß kein Mensch, ohne eine Pause eintreten zu lassen, dieselben lesen kann." (Als Beispiel führt Ludewig die Stelle aus Schillers Glocke von und darinnen waltet bis und ruhet nimmer an, in der er das Komma ganz richtig setzt; er hätte aber nur seinen eignen letzten Satz lesen gesollt, worin er das Komma vor und eine solche Anzahl weggelassen hat, um sich zu überzeugen, daß schon dieser richtigen Schlussbemerkung wegen seine Hauptregel falsch sein muß.)

Die hier angeführte Regel Ludewigs: „wenn und zwei Verben so zusammenzieht, daß nicht alle Bestimmungen des einen auf das andere mit bezogen werden können, u. s. w., so sind sie durch ein Komma zu trennen," drückt Herling schwerfälliger, aber auch richtig (l. c. S. 395) so aus: „vor und, wenn es nur zusammengezogene Satztheile trennt, wird wenn nicht etwa ein dem vorhergehenden oder nachfolgenden Satztheile untergeordneter Begriff als nicht auf den nachfolgenden oder vorhergehenden Satztheil bezogen bezeichnet werden soll, das Zeichen (das Komma) gewöhnlich ausgelassen." Dieser Regel gemäß interpungirt derselbe nun ganz richtig folgende Beispiele: „er ist sehr reich, und [doch eben nicht sehr] mächtig; (hier zeigt das Komma vor und an, daß das Bestimmungswort sehr des Adverbs reich nicht auf das Adverb mächtig bezogen werden, daß der Sinn nicht sein soll: und er ist sehr mächtig, sondern bloß: und er ist auch mächtig, nicht ohne Macht); verschieden von: er ist sehr reich und mächtig; (das heißt: und er ist auch sehr mächtig;) eben so: höre, und sprich nicht verschieden von: höre und sprich nicht." (Im letzten Beispiele zeigt die Weglassung des Komma's eben an, daß eine Zusammenziehung von Satztheilen statt findet, denn der Sinn ist mit Auflösung der Zusammenziehung: höre nicht, und sprich auch nicht. Beim Gebrauch des Komma's: höre, und sprich nicht, findet dagegen gar keine Zusammenziehung statt, sondern es stehen zwei nackte, einfache Sätze neben einander, die durch das Komma getrennt werden; das und ist eigentlich adversativ: höre [du zwar, wohl, du magst wohl, zwar hören], aber sprich nicht. Uebrigens schreibt Herling den Schluß seiner Regel so: „[bei und wird das Komma] gewöhnlich, so wie bei dem, Satztheile anordnenden oder oft ausgelassen." Hier müssen wir das Komma zwischen dem Artikel dem und dem Adjectiv anordnenden seines Hauptworts Oder schlechterdings verwerfen. Nichts kann dem Sinne und dem Flusse der Rede nach genauer verbunden sein, als der Artikel mit seinem Hauptwort und dem vor diesem stehenden Adjectiv: das beiordnende Wort. Darum können nur förmliche Zwischensätze Komma zwischen diesen so unmittelbar zusammen gehörenden Redetheilen entschuldigen: das, wie ich es nennen will, beiordnende Wort. Herling hat hier [, und eben so macht er es sehr oft,] das Komma deswegen hinter den Artikel dem gesetzt, damit man denselben nicht zu dem Wort Satztheile beziehen, und diesen Accusativ der Mehrheit für den Dativ der Einheit halten soll. Das ist aber keine Entschuldigung. Man sehe § 938. Will man den Missverstand vermeiden, so ändere man die Construction, indem man z. B. sagt: bei dem solche Satztheile anordnenden [Worte] oder.) *) Bernhardt, der, ob er gleich (S.

*) Radlof will nach seiner Schreibungslehre S. 870 vor das und bei der jetzt besprochenen Zusammenziehung, wenn es nicht

317) schreibt: er ist da und besucht mich nicht, doch in der Regel mit uns übereinstimmt, vor und und oder ein Komma zu setzen, wenn diese Wörter vollständige oder auch zusammengezogene Sätze verbinden, stellt noch (l. c. S. 398) eine Regel auf, die wir aber als reine Willkühr ganz verwerfen müssen, indem er sagt: „wenn sie verschiedene Namen eines Gegenstandes, und nicht verschiedene Gegenstände zusammenfügen, so steht ein Komma vor ihnen: mein Bruder, und mein König; Jupiter zürnte seiner Schwester, und Gemahlinn, Juno.“ Nein, niemand schreibt: mein Gott, und Herr; und warum schreibt denn Bernhardt selbst ohne Komma: mein gerechter und gütiger Herr? Freilich vor oder möchten wir (nach § 935) des Begriffs der Apposition wegen mit ihm in diesem Fall ein Komma setzen. Man kann übrigens Adelung beistimmen, wenn er vor und zwischen zwei Wörtern, deren Begriffe durch Zusätze erweitert sind, ein Komma setzt, und schreibt: die Erziehung unter den städtischen Sitten, und die Gesellschaft deiner Freunde haben dich verwöhnt; leider aber schreibt er auch ohne Komma: mein Freund kam und holte mich ab, und doch wieder richtig: harre, und du wirst es sehen; hier wollen wir uns lagern, und den Vögeln zuhören.

Schließlich ist folgende Bemerkung nicht zu übersehen:

---

zwei Gegenstände, sondern zwei Namen desselben Gegenstandes trennt, stets ein Komma setzen. Herling sagt in Beziehung hierauf Folgendes (l. c. Th. 2, S. 396): „für und, wenn es zwei Namen desselben (desselben) Gegenstandes trennt, vergleiche: er, der Fürst, und Vater, dieses Landes ist nicht mehr! mit: er und der Fürst, und Vater, dieses Landes, sind nicht mehr! und: er, der Fürst und der Vater dieses Landes sind nicht mehr! Im ersten Fall ist einer, im zweiten sind zwei, im dritten drei gestorben.“ Das ist gewiß unrichtig. Richtig ist es, daß die letzte Schreibung den Tod dreier Männer des Er, des Fürsten und des Landesvaters, (der dann nicht der Fürst wäre,) bezeichnet; auch die Worte der ersten Schreibung sind ganz richtig, um den Tod eines Mannes, des Er, der zugleich Fürst und Vater des Landes war, zu bezeichnen; nur darf man für diesen Sinn durchaus nicht mit Herling nach Radlof vor und nach und Vater ein Komma machen. Dies lässt sich durch nichts entschuldigen. Es giebt keine Ruhepuncte bei diesen Worten, weder für den Sinn noch für die Rede; und das um so weniger, da dieses Landes doch sowohl auf Fürst als auf Vater unmittelbar bezogen werden soll, und also auf keinen Fall durch ein Komma von Vater getrennt werden darf. Es muß dieser Sinn also immer interpungirt werden: er, der Fürst und (der) Vater dieses Landes, ist nicht mehr. (Nur die Veränderung des ist in

wir haben jetzt bei der Zusammenziehung von Satztheilen schon (§ 933) des Falles gedacht, daß mehrere Adjectiven, welche durch solche Zusammenziehung ohne Bindewort neben einander zu stehen kommen, durch Komma von einander getrennt werden, wenn sie einander beigeordnet sind, indem diese Komma dann gleichsam Stellvertreter der ausgelassenen beiordnenden Bindewörter sind. Dem gemäß schreiben wir: das sind brave, gute Menschen, d. i. brave und gute, Menschen, welche brav sind, und welche zugleich gut sind. Hier sind brave und gute einander beigeordnet; beide Wörter beziehen sich gleichmäßig auf das Substantiv; nicht aber bezieht sich das erste Adjectiv auf das zweite, so daß man dies das bestimmte, und jenes das bestimmende nennen dürfte.

Ein ganz anderer Fall ist es, wenn (nach § 498 und besonders § 500, Theil 2, S. 658, verglichen mit § 676, Th. 4, S. 104, § 681, S. 111,) bei mehreren attributiven Satztheilen, die eine solche Zusammenziehung zu bilden scheinen, dies in der That nicht der Fall ist, wenn sie nicht einander beigeordnet sind, sondern eine Unterordnung des zweiten unter den ersten, oder überhaupt der folgenden unter die vorhergehenden, eine Bestimmung des folgenden durch den vorhergehenden statt findet. Dann kann und darf kein Bindewort, und

---

sind, und die Weglassung des Komma's hinter Landes macht demnach aus einem Todten deren drei, für welche indessen auch der Artikel der von Vater nicht wegbleiben darf, den man doch bei einem Todten nach Belieben setzen und weglassen kann.) Die zweite Interpunctionsart: er und der Fürst, und Vater, dieses Landes, sind nicht mehr, scheint uns ganz sinnlos zu sein; sollen zwei, Er und der Fürst, gestorben sein, und dieser Fürst als Landesvater belobt werden, so muß es heißen: er und der Fürst, der Vater dieses Landes, sind (beide) nicht mehr; (dann ist der Vater dieses Landes die Apposition von Fürst;) oder zur Noth auch ohne alle Komma: er und der Fürst und Vater dieses Landes sind gestorben (;dann werden Fürst und Vater wie ein einziger Begriff, als ein zweitheiliges Subject zur Bezeichnung eines Gegenstandes gedacht: der väterliche Fürst, der fürstliche Vater). So könnte man auch unterscheiden, obgleich die Undeutlichkeit, die für viele Zuhörer und Leser in solchen Ausdrucksarten liegt, dieselben nicht empfehlenswerth macht: (eine Person:) der Director, (der) Lehrer und Arzt dieser Anstalt, ist mein Freund; (zwei Personen:) der Director und der Lehrer und Arzt dieser Anstalt, oder: der Director, so wie (,auch, und zugleich) der Lehrer und Arzt dieser Anstalt sind (beide) meine Freunde; (drei Personen:) der Director, der Lehrer (,oder der Director und der Lehrer) und der Arzt dieser Anstalt sind (alle drei) meine Freunde.

eben deswegen kein Komma zwischen ihnen stehen. So muß man also die beiordnende Zusammenziehung brave, (und, und zwar) preußische Truppen, nackte, (und, und zwar) einfache Sätze, die braven, preußischen Truppen, d. i. Sätze, die zugleich einfach und nackt, oder deren einige einfach, andere nackt sind, Truppen, die zugleich tapfere und preußische, oder deren einige tapfre, andere preußische sind, sorgfältigst von der ohne Komma aufzustellenden Unterordnung unterscheiden: nackte einfache oder vielmehr (nach § 500) richtiger und besser einfachen Sätze, die nackten einfachen Sätze, d. i. die nackten der einfachen Sätze, unter den einfachen Sätzen, brave preußischen Truppen, und so auch die braven preußischen Truppen, d. i. die braven der, unter den preußischen Truppen, entgegengesetzt den nicht—braven, den feigen unter den preußischen Truppen (,wenn es deren giebt). Eben so findet in: Liebe ist die erste, allgemeine Pflicht aller Christen, Beiordnung, eine Zusammenziehung und das Komma statt, wenn der Sinn ist: Liebe ist die erste, d. i. höchste, vornehmste, und zwar zugleich eine oder die allgemeine Pflicht aller Christen (,so daß erste hier nicht zählt, und auf keine zweite Pflicht u. s. w. hindeutet); es findet aber Unterordnung, keine Zusammenziehung und kein Komma statt, wenn der Sinn sein soll: Liebe ist die erste unter den allgemeinen Christenpflichten; die zweite ist z. B. Glaube u. s. w.. Eben so sind edle, freie Menschen solche, die entweder alle zugleich edel und frei, oder deren einige edel (und vielleicht nicht frei), andere frei (und vielleicht nicht edel) sind; hingegen: edle freien Menschen sind edle unter den freien Menschen, diejenigen oder solche (der) freien Menschen, die zugleich edel sind *).

Der Wichtigkeit der Sache wegen wollen wir dieser unsrer Entscheidung noch Treumunds Auseinandersetzung (in der Schulzeitung, 1826, Abthl. 1, Nr. 49) beifügen, welche mit der unsrigen der Sache nach ganz übereinstimmt, doch aber

*) Es wäre sehr gut, wenn die Sprachlehrer und Schriftsteller doch endlich einmal über den Gebrauch des Komma's namentlich bei und und oder einig unter einander und mit sich selbst werden wollten; jetzt schreiben in der That die meisten noch, wie es ihnen gerade in die Feder kommt. So steht im Freimüthigen, 1827, Nr. 180, S 718 in der (schlechten) Erzählung Montalto von Karl von den Espen: er ergriff ein Werk von Wieland, und las darin, und so oft; aber auch wieder: er schrieb, daß Hindernisse seine Reise verzögerten und er noch einen Tag zuzugeben sich genöthigt sehe.

eine mehrseitige Ansicht darbietet: „stehen mehrere Eigenschaftswörter vor einem Hauptworte, so kömmt es darauf an, ob sich zwischen dieselben ein und hineindenken lässt, mit andern Worten, ob sie einander gleichgeltend sind, oder nicht. (Dies soll heißen: ob sie einander beigeordnet sind, ob sie gleiche logische und grammatische Würde haben, oder nicht.) Im ersten Fall müssen Komma zwischen ihnen stehen, im letzten nicht. Also ist des Prälaten Griesinger Titel seiner Bibelausgabe richtig: nach den neuesten besten deutschen Uebersetzungen, weil man nicht sagen kann: nach den neuesten und besten und deutschen Uebersetzungen, oder weil die drei Eigenschaftswörter Eigenschaften von verschiedener Art ausdrücken; (das soll heißen: weil sie nicht einander beigeordnet, nicht von gleicher logischen und grammatischen Würde sind, sondern jedes folgende dem vorhergehenden untergeordnet ist, von ihm bestimmt wird; und der Recensent (im theologischen Literaturblatt, 1826, Nr 5,) ändert unrichtig: nach den neuesten, besten, deutschen Uebersetzungen. So muß man schreiben: diese schöne, regelmäßig gebaute steinerne Brücke. Wollte man vor steinerne ein Komma setzen, so wäre es fehlerhaft, weil sich hier kein und hineindenken lässt, und weil die Wörter steinerne Brücke eben so gut nur einen Hauptbegriff (Steinbrücke) mit einander ausmachen, wie Zugbrücke. Anders ist das Verhältniß, wenn ich sage: in diesem Park sind mehrere schöne(n), regelmäßige(n), gefällig gebaute(n) hölzerne(n), steinerne(n) und eisernen Brücken. Hier muß steinerne ein [mit und gleichbedeutendes] Komma vor sich haben, weil die drei Eigenschaften hölzerne, steinerne, eiserne hier gleichbedeutend (,d. i. einander beigeordnet) sind; aber nach gefällig gebaute darf wieder kein Komma stehen, weil nach drei gleichbedeutenden Eigenschaftswörtern [schön, regelmäßig, gefällig — gebaut] eine Reihe von Eigenschaftswörtern andrer Art beginnt. (Dies soll heißen: weil die ersten drei Adjectiven übergeordnete, bestimmende der drei folgenden sind, die einander beigeordnet, aber den vorigen untergeordnet, und durch dieselben bestimmt sind, weswegen zwischen dem letzten bestimmenden gefällig gebauten und dem ersten bestimmten hölzernen kein Komma stehen darf. Daß übrigens alle sechs dem mehrere untergeordnet sind, weswegen sie billig die unbestimmte Endung auf n annehmen müssen, gehört nicht hierher.) Eben so muß man, je nachdem der Sinn der Worte beschaffen ist, schreiben: ein rascher, unternehmender, muthiger junger Mann, d. i. ein junger Mann, ein Jüngling, welcher rasch, unternehmend und muthig ist, und: ein rascher, unternehmender, muthiger, junger Mann, d. i. ein Mann, welcher jung, muthig, unternehmend und rasch ist. So heißt es: diese alte Wittwe hat geheirathet einen raschen, unternehmenden, muthigen, jungen Mann.

[In den meisten Fällen zeigt die Aussprache beim Deklamiren, ob ein Komma gesetzt werden muß oder nicht. Man wird nicht leicht irren, wenn man das Gesagte durch ein beziehendes Fürwort umschreibt, wobei es sich entscheiden muß, ob das letzte Eigenschaftswort mit dem Hauptwort einen Hauptbegriff ausmacht, oder nicht, ob also kein Komma, oder ob eines gesetzt werden muß. Diese Umschreibung ist freilich nur dann leicht thunlich, wenn das letzte Eigenschaftswort allein mit dem Hauptwort zusammenhangt. Der Titel der Bibelausgabe von Griesinger fordert schon ein feineres Gefühl, so daß die nähere Nachweisung der Regel schwer ist. (??)]"

Anmerkung. Ueber das dritte (zweitheilige) Bindewort so wohl — als auch, von welchem auch Ludewig zugiebt, daß in Zusammenziehungen von Satztheilen bei ihm kein Komma stehen muß, brauchen wir nichts weiter zu sagen, da die allgemeinen Regeln (§ 933) hinreichen, das Komma bei demselben richtig zu setzen. Wir setzen mit Ludewig vor als auch, wenn es mit so wohl nur Wörter verbindet, kein Komma, obgleich selbst Adelung schreibt: er hat so wohl dich, als auch mich eingelassen.

936) Was nun den Gebrauch des Komma's bei den übrigen beiordnenden Bindewörtern für die Zusammenziehung von Satztheilen betrifft, so genügt es, einzelne, leichte Bemerkungen für einige derselben hier noch hinzuzufügen, indem unsre allgemeinen Regeln (§ 933) die Anwendung des Komma's fast immer schon hinreichend bestimmen. Wir dürfen nicht vergessen, daß das Komma fast nur vor verbindenden Conjunctionen wegbleiben darf, wenn diese zwei Wörter verbinden.

Wir schreiben also vor noch ohne Komma: er ist weder kalt noch warm, (nicht mit Ludewig S. 21: weder er, noch sie wird es bewirken,) weil diese Wörter in der That die Begriffe unmittelbar, ohne Sinn- und Stimmanhalt, mit einander verbinden: er ist nicht kalt und nicht warm. (Freilich muß bei Satzverbindungen das Komma stehn: er hat weder Geld gespart, noch [hat er] für einen gehörigen Vorrath an Lebensmitteln gesorgt.)

Dagegen geben wir es zu, daß die meisten Schriftsteller bei dem zweitheiligen Bindeworte nicht nur, (nicht allein, nicht bloß,) — sondern auch vor dem letzten Theil gewöhnlich ein Komma setzen, obgleich dies eigentlich gegen unsre Regel verstößt, und auch in der That nicht nothwendig ist (,so daß hier also eine Art Willkühr statt findet). Zur Setzung des Komma's wird man wohl durch die Bemerkung veranlasst, daß man sich bei diesen Bindewörtern meistens nicht sowohl eine unmittelbare Verbindung denkt, nach der sie für und stehen, sondern eher eine Art Gegensatz, oder doch eine Steigerung, so daß auch für sogar, selbst steht, wie man selbst dafür setzen kann. Am besten möchte es daher wohl sein, wenn man eine Verbindung, ein und durch nicht nur — sondern auch bezeichnen will, das Komma wegzulassen; dasselbe aber zu setzen, wenn man sich eine Steigerung, ein sogar dabei denkt; also: nicht nur der Winter sondern auch der Frühling soll dir bei mir Freude gewähren, der Feldherr hat nicht nur Muth sondern auch Talent; (Ludewig macht immer, also auch hier ein Komma vor sondern;) aber: nicht nur der Sommer, sondern auch der Winter hat seine Reize, d. i. (sondern) sogar der Winter, (sondern) selbst der Winter; du wirst in ihm einen nicht nur gerechten, sondern auch (,d. i. sogar, selbst) milden, gnädigen Richter finden. (Satzverbindungen müssen ein Komma haben: er hat nicht nur sein Geld verspielt, sondern auch noch Schulden gemacht.) Aus demselben Grunde macht man auch bei den zweitheiligen conjunctionalen Ausdrücken nicht sowohl — als vielmehr, sondern vielmehr vor den letzten immer ein Komma: er ist nicht sowohl gelehrt, als vielmehr (nur) klug; ich habe das Buch nicht sowohl gekauft, sondern vielmehr halb zum Geschenk erhalten.

Selbst bei dem zweitheiligen theils — theils machen die meisten guten Schriftsteller fast immer vorm zweiten theils ein Komma, obgleich die Bedeutung dieser Bindewörter dem und weit näher kommt, vielleicht weil es sich nicht leugnen lässt, daß man beim Sprechen mit der Stimme dabei wohl immer etwas einhält, wahrscheinlich weil theils (,zum Theil) eher ein Haupt- als Bindewort ist: theils Neugier, theils Besorgniß beflügelte meine Schritte; die Mächtigen der Erde sind theils Kaiser, theils Könige, theils Herzoge, theils Fürsten u. s. w..

Fast ganz allgemeiner Schreibegebrauch aber ist es, vor das (für sich allein stehende) Bindewort auch immer ein Komma zu setzen, wahrscheinlich wieder, weil dies Wort eigentlich ein Adverb ist, und auch meistens adverbial gebraucht wird, obgleich seine conjunctionale Bedeutung dem und fast ganz gleich kommt. Man schreibt also: er ist gut, auch klug, auch kenntnissreich; böte ich ihm zehn, auch (d. i. sogar) 20 Thaler; er ist mir bekannt, auch verwandt. (Bei Satzverbindungen muß vor auch wenigstens ein Komma stehen, wenn auch seinen Satz anfängt: er ist groß, (;) auch hat er viele Kraft; steht auch adverbial in der Mitte des Satzes, so bestimmen andere Ursachen die Interpunction: er ist groß und auch stark; er ist groß, und man hält ihn auch für stark.

Endlich vor dem entgegensetzenden aber setzt man das Komma immer: er ist groß, aber schwach; ich ehre, aber scheue ihn. (Natürlich auch: er ist groß, aber er bleibt schwach; ich liebe dich; zuviel aber darfst du von mir nicht verlangen.)

Und so, wie Ludewig das aber beispielsweise anführt, daß vor ihm ein Komma stehn muß, eben so muß auch vor allen übrigen nicht — verbindenden bei- und unterordnenden Conjunctionen, den adversativen, concessiven, conditionalen u. s. w., wenn dieselben zur Zusammenziehung von Satztheilen gebraucht werden, ein Komma stehen: er ist ein guter, doch (oder aber, indessen) ungebildeter Mensch; er ist ein guter, obgleich unwissender Mensch; sie haben uns vernachlässigt, wenn nicht verfolgt; er ist mein Freund, wenn nicht mein Gönner; er ist mein Feind, wenn auch (,wenn gleich) mein Verwandter.

937) Eine besondere Beachtung verdienen hier noch die unterordnenden Bindewörter als und wie. (Man vergleiche über sie § 371, 372, Band 2, S. 301 und 305, § 724, Th. 4, S. 215, 219, 222, § 740, S. 350.)

Es ist richtig, daß bei der jetzt besprochenen Zusammenziehung die comparativen als und wie mit dem durch sie eingeleiteten Satztheil unmittelbar oder mittelbar einen eignen elliptischen Satz bilden, weswegen sie ein Komma vor sich verlangen könnten. Allein Ludewig giebt selbst zu, daß dadurch oft eine ganz unnatürliche Zerreißung des einfachen Satzes bewirkt, und das Lesen nur erschwert werden würde. Sie verbinden nämlich den durch sie eingeleiteten Satztheil so unmittelbar mit dem vergleichenden Satze, daß jener mit diesem in ein Ganzes zusammenfließt, der Gedanke wie ein einziger gedacht wird, und die Stimme beim Sprechen keine Pause macht. Deswegen lassen wir nicht nur mit Ludewig das Komma weg, wenn der mit als oder wie verglichene Satztheil mitten im vergleichenden Haupt- oder Nebensatze, in der eigentlichen Satzsphäre desselben, wie Ludewig sagt, steht, sondern auch wenn er außerhalb derselben, am Ende des Satzes steht. Wir schreiben also ohne Komma nicht nur mit Ludewig: ich habe noch kein schöneres Haus als das deinige, ja noch kein so schönes wie das deinige gesehn, da es schöner als unser Schloß, wenigstens so schön wie unser Schloß ist, er hat wie ein Held gefochten, er hat mich wie ein Fremder, oder wie einen Fremden behandelt, das Feuer hat die Kirche (so) wie das Pfarrhaus, die Bäume wie die Blumen zerstört, der Greis wie der Knabe ist dem Tode unterworfen, (wo wie fast nichts als und bedeutet,) sondern auch, gegen Ludewig, der hier ein Komma setzt: er ist so groß wie sein Bruder, ja er ist größer als dieser, er behandelte mich wie seinen Bedienten, er nahm mich eben so kalt auf wie sein Bruder, eben so kalt nahm er mich auf wie meinen Bruder.

Es ist eigentlich doch auch sonderbar, daß ein einziges Wörtchen von wenigen Buchstaben hier über das Komma entscheiden soll. Ludewig will schreiben: er nahm mich wie sein Bruder auf, wie seinen Bruder auf; er schlug mir meine Bitte noch gröber als sein Bruder ab; er fuhr mich ärger als seinen Bedienten an; aber: er nahm mich auf, wie sein Bruder, wie seinen Bruder; er schlug es mir gröber ab, als sein Bruder u. s. w.. Wir lassen hier immer das Komma weg.

Auch kann man eigentlich wohl gar nicht einmal sagen, daß diese Satztheile mit als und wie wirklich immer eigene, elliptische Sätze sind. Wenn Ludewig schreibt: es hat keinen größern Helden gegeben, als ihn, wie will er denn dies als ihn als eine Ellipse betrachten, und zu einem ganzen Satze vervollständigen? Jeder Versuch kommt gekünstelt, unnatürlich heraus, wenn man z. B. etwa auflösen will: als es ihn als großen Helden gegeben hat. Da man also gar nicht in vollständigen Sätzen sprechen kann und darf: es hat keinen größern Helden gegeben, als es ihn gegeben hat, ja da der Sprachgebrauch selbst nicht einmal ganz einfache Ausdrücke wie: wir haben mehr Geld als er, je vervollständigt in: wir haben mehr Geld, als er Geld hat: so ist es gewiß besser, den ganzen Ausdruck als einen einzigen Satz, größer als er und so groß wie er (, seiner, ihm, ihn) als einen einzigen zusammengesetzten Begriff zu betrachten und zu behandeln, und deswegen das Komma wegzulassen. —

Auch Herling, der zwar (l. c. S. 397) behauptet, es sei besser mit einem Komma zu schreiben: er ist so reich, als du, (was wie du heißen muß,) setzt doch hinzu: „man erlaubt es sich, in kurzen Sätzen bei den vergleichenden als und wie das Komma wegzulassen, weil solche Sätze ohne merkliche Pause vorgetragen werden; und diese Auslassung geschieht nicht ohne

Grund,

Grund, (sie muß also geschehen,) wenn der bestimmte Satztheil die Natur eines bloß bestimmenden Adverbs annimt: „das ist so gut als nichts = das ist fast nichts." (Richtiger heißt es: das ist so gut wie nichts.) Diese Bemerkung ist bedeutend, da wohl niemand, eben des unmittelbaren Zusammenhangs, der genauen Verbindung der Theile wegen, mit einem Komma schreiben wird: das ist so gut, wie (oder als) nichts.

Sie zeigt zugleich auch, daß Ludewig Unrecht hat, wenn er auf das Wörtchen so hier ein Gewicht legen will; dies hat an sich keinen Einfluß auf das Komma.

(Becker zerhaut den Knoten, indem er l. c. S. 417 [mit Unrecht] behauptet: bei allen zusammengezogenen Sätzen müsse das Komma stehen: er ist größer, als du.)

Noch können wir Folgendes hierbei nicht übergehen: Herling sagt (l. c.): „die Auslassung des Komma's ist da noch bedeutsamer, wo ein vergleichender Satz bloß den letzten mehrerer beigeordneten Begriffe bestimmt: er ritt, focht und tanzte wie ein Tanzmeister, (Meister,) aber: er ritt, focht und tanzte, wie ein Meister." Herling will damit sagen, das Komma (im letzten Beispiele) soll andeuten, daß die vergleichende Zusammenziehung auf jeden einzelnen der mehreren vorangehenden, einander beigeordneten Begriffe gleichmäßig bezogen werden soll: er ritt wie ein Meister, er focht wie ein Meister, und er tanzte wie ein Meister; die Auslassung des Komma's vor wie (im ersten Beispiele) soll aber andeuten, daß dies nicht geschehen, daß die Vergleichung nur zum letzten, unmittelbar voranstehenden Begriff gehören, daß angedeutet werden soll, er habe wie ein Meister getanzt, wobei es unbestimmt bleibt, wie er geritten und gefochten hat. (So richtig dies auch ist, so bleibt solche Sprech- und Schreibart doch immer undeutlich; wegen der alten Regel: sprich deutlich! sage und schreibe man also lieber: wie ein Meister ritt, focht und tanzte er, und: er tanzte wie ein Meister, und ritt und focht auch.) (Könnte man es indessen nicht als eine Ableitung der Analogie aus dieser Regel ansehen, daß, wie hier das Komma zwischen dem letzten der verglichenen Gegenstände und als oder wie wegbleiben soll, dies auch geschehen müsse, wenn überhaupt nur ein Gegenstand mit einem andern verglichen wird?)

Ein ganz anderer Fall ist es, wenn die (zwei oder mehreren) zu vergleichenden Gegenstände zu verschiedenen grammatischen Personen gehören, so daß das bei der Zusammenziehung ausgelassene Verbum zu einer andern Person als das ausgesprochene gehört. Wenn man strenge sein will, kann man sagen, daß dann eigentlich gar keine Zusammenziehung, sondern die Verkürzung eines vollständigen zu einem elliptischen Satze statt finde, und daß deswegen diesem ein Komma gebühre. Wenn man z. B. sagt: wir haben mehr Geld als er, du bist so groß wie ich, weil wir ihn mehr als sein Vater lieben, da ich ihn eben so herzlich wie ihr liebe: so müssen die beiden ersten Beispiele ergänzt werden: als er Geld hat, wie ich groß bin, und die beiden letzten: als sein Vater ihn liebt, wie ihr ihn liebt, so daß diese ergänzten Verben in einer andern grammatischen Person als die gebrauchten stehen. Ludewig will daher in der That auch nicht nur in den beiden ersten, bei deren Form er immer das Komma setzt, sondern auch in den beiden letzten stets das Komma anwenden. Muß er denn aber nicht zugestehen, daß auch hier das Komma, wenn man mit ihm schreibt: weil wir ihn mehr, als sein Vater, lieben, — da ich ihn so herzlich, wie ihr, liebe, eine ganz unnatürliche Zerreißung des Satzes bewirkt, und (durch das vom Komma befohlne Anhalten der Stimme) das Lesen erschwert? Deswegen machen wir es uns denn zur Regel, auch in diesem Fall das Komma immer wegzulassen. (Dagegen rathen wir jede Härte bei solchen Constructionen zu vermeiden. So klingt es schon hart und häßlich, wenn man z. B. sagt: da meine Söhne wie ich studirt haben, da er älter als ich ist; man sage also lieber, und schreibe mit dem Komma: da meine Söhne studirt haben, wie ich studirt [oder es gethan] habe; da er älter ist, als ich bin.) (Daß übrigens in beiden Ausdrucksarten das erste Beispiel sogar dem Sinne nach undeutlich ist, indem man nicht weiß, ob es bloß bedeuten soll: meine Söhne und ich haben studirt, oder: sie haben eben so, auf dieselbe Art, eben so fleißig oder nachlässig studirt wie ich, hat auf den Gebrauch des Komma's keine weitere Beziehung.) Wenn indessen die Satzgestalt der elliptischen Sätze sich deutlich darstellt, dann setzen auch wir ein Komma vor dieselben, indem wir ihnen das Recht der Sätze (§ 933) lassen: du hast dich eben so klug, brav dabei benommen, wie dein Vater vor einem Jahr bei einer ganz ähnlichen Gelegenheit (, nämlich: sich benahm, benommen hat); du hast dich klüger dabei benommen, als mein Bruder vor einem Jahre bei einer ähnlichen Gelegenheit (; doch besser setzt man wirklich noch hinzu: sich benahm, benommen hat). So wird man, insofern diese Ausdrucksart gewählt werden soll, am besten auch als verkürzte Zwischensätze mit Komma schreiben: er hat, wie ich, keinen oder großen Antheil an diesem Unternehmen; du kannst nicht, wie deine Brüder, die Beschwerden des Krieges ertragen (,d. i. du kannst sie nicht eben so ertragen, wie deine Brüder sie ertragen können; unterschieden von: du, wie deine Brüder, kannst sie nicht ertragen.) Noch nöthiger ist das Komma, wenn beide Sätze der Vergleichung abgekürzte sind; z. B.: so der Lohn, wie die Arbeit, oder: wie die Arbeit, so der Lohn; nicht anders der Lohn, als die Arbeit.

Was den Gebrauch des Komma's bei als und wie in den andern Bedeutungen dieser Wörter betrifft, so ergiebt er sich aus den allgemeinen Regeln. So schreibt man ohne Komma: ich betrachte, erkenne dich als (wie: für) meinen wahren Freund; ich sehe dies als (für) ein Unglück an; er erscheint, steht da, kommt vor als Bürger; er zeigt, stellt dar sich als einen Lügner; er wurde als Lügner erfunden; er gilt hier als (für einen) Baron, er ernannte mich als seinen (, besser: zu seinem) Stellvertreter; noch als Knabe ging er in die Fremde; als reicher Erbe war er überall willkommen; er starb als Held; der Bär wird leicht gefangen, wenn er als Näscher dem Honig nachgeht (; aber appositionell mit Komma: wenn er, als unvorsichtiger Näscher, auch heut dem Honig nachgeht; man sehe § 942). Eben so schreibe man nach einer Verneinung ohne Komma: er hat keinen andern als dich gemeint, (wie: ein andrer als ich hätte nicht geschwiegen,) und auch (gegen Ludewig): er hat keinen andern gemeint als dich; ich habe niemanden als dich in der Welt, auf den ich mich verlassen kann, (wie: ich habe noch mehrere als dich, auf die u. s. w.,) und auch: er hat niemanden in unsrer Stadt als dich, auf den u. s. w.; ich nehme diesen Ausdruck in keinem andern als dem gewöhnlichen Sinne, (wie: in einem andern als u. s. w.,) und auch: ich nehme ihn in keinem andern Sinne als dem gewöhnlichen. Dagegen müssen Komma stehen, wenn man z. B. schreibt: ich habe keinen andern, als den du kennst, gemeint; ich habe niemanden, als meinen wahren Freund, in diesem Kreise als dich (, wie: du, als mein wahrer Freund, wirst mir helfen; ich denke zuerst an dich, als meinen wahren Freund, d. i. appositionell: der du mein wahrer Freund bist; ich hoffe auf Gott, als den Vater aller Menschen. Man sehe § 942). (Eben so verhält es sich, wenn man außer, d. h. ausgenommen, statt als nimt: ich habe niemanden außer dich hier in dieser Stadt, ich habe niemanden hier außer dich. Das außer gilt hier förmlich für ein Bindewort. Setzt man das adverbiale ausgenommen selbst, so macht indessen wohl jeder gute Schriftsteller Komma, wie bei wirklichen Zwischensätzen: wir kennen keinen oder niemanden in der Stadt, ausgenommen dich; wir kennen niemanden, ausgenommen den Bürgermeister, in der ganzen Stadt.) Wenn man nach alter Art denn für als setzt, so muß sich natürlich auch das Komma bei denn nach unsern jetzigen Aufstellungen richten: wer ist größer denn du, Herr? du bist gnädiger, denn wir verstehen; hier ist nichts denn Armuth. Wir müssen es also für falsch erklären, wenn Raupach (in seiner Erdennacht, S. 17) mit einem Komma schreibt: ewig nichts, denn Schlacht. Wenn als, und so auch wie, für zum Beispiel, namentlich steht, so hat es den Begriff eines Adverbs, und deshalb ein Komma vor sich: ich habe mehrere Fürsten gesehn, als: den König von Preußen, den französischen und russischen Kaiser u. s. w.; viele waren wenig werth, wie: Karl von Frankreich und Karl von Braunschweig, Don Michel u. s. w..

Endlich versteht es sich von selbst, daß vor dem consecutiven als bei ganzen Sätzen ein Komma steht, wie vor jeder unterordnenden Conjunction, die zur Verbindung zweier Sätze dient: sie waren hier, als ich schlief, wie: sie waren hier, da ich schlief; sie besah das alte Haus, während ich ins neue ging; sie bewohnte noch das alte, nachdem ich schon ins neue Haus gezogen war u. s. w.. So auch: mein ganzes Leben bezeugt die Reinheit meines Glaubens laut genug, oder: zu laut, als daß ich mein credo aufzusetzen brauchte, oder: als daß ich nicht von eurer Zufriedenheit überzeugt sein sollte.

II. Bei Zusammenziehungen ganzer, vollständig ausgedrückter Sätze.

938) Es wird hier unter Zusammenziehung nichts weiter verstanden, als daß mehrere Sätze sich gleichmäßig auf einen andern Satz gemeinschaftlich beziehen. Wenn diese Sätze kurz und einfach sind, so daß keine Ursachen eintreten, welche ein anderes Satztheilzeichen erfordern, so müssen sie nach unsrer allgemeinen Regel durch Komma von einander getrennt werden, mögen sie ein Bindewort vor sich behalten oder weggeworfen haben: wir sahen, daß er sich gebessert, und daß er seine Fehler abgelegt hatte, oder ohne und: gebessert, daß er sie abgelegt, oder auch ohne daß er: gebessert, (und) seine Fehler abgelegt hatte; während der Richter das Urtheil sprach, der Angeklagte es hörte, (und) die Versammlung schwieg, stürzte ein Bote in den Saal. (Man vergleiche § 939.)

III. Ohne Zusammenziehung.

1. Im einfachen Satze.

a. Bei attributiven Bestimmungen und deren adverbialen Erweiterungen.

Anmerkung. Attributiv heißen die Bestimmungen des Substantivs; adverbial im weitesten Sinne mögen hier mit Ludewig alle Bestimmungen des Verbs, Adjectivs und Adverbs heißen.

α) 939) Das Komma bei attributiven Bestimmungen, die gewöhnlich vor dem Substantiv stehen.

Wenn nur ein einziges Bestimmungswort, welcher Art es übrigens auch sei, vor seinem Substantive steht, so darf dasselbe nie durch ein Satztheilzeichen von demselben getrennt werden: der Vater, meine Mutter, lieber Bruder, geliebte Schwester, heutiges Tages. (Man sehe § 933 und 935.)

Wenn mehrere Bestimmungswörter, die im unterordnenden, einschließenden Verhältnisse, das heißt so stehen, daß jedes vorhergehende die folgenden (, so wie das Substantiv selbst) bestimmt, so darf auch zwischen diese alle kein Komma gesetzt werden: die gute Schwester, deine kleine Tochter. So auch: gefüllte gelben (oder gelbe) Rosen, die gefüllten gelben Rosen, (entgegengesetzt den einfachen gelben Rosen, und verschieden von: gefüllte, gelbe Rosen, d. h. gefüllte und gelbe Rosen, wo nicht das einschließende, sondern das beiordnende Verhältniß der Adjectiven statt findet, und wo der Gegensatz ist: nicht gefüllte und nicht gelbe Rosen,) dieser dein guter Freund, alle unsre sechs schönen Garten. (Es heißt: sechs schöne Garten; aber die Kraft des zugleich das schön bestimmenden unsre bewirkt die unbestimmte Deklination des bestimmten, im einschließenden Verhältnisse stehenden Adjectivs schönen. Man sehe § 489, Th. 2, S. 633, und wieder § 498 bis 500, namentlich S. 654 — 659, und besonders den Schluß des § 935.) Eben so steht auch kein Komma, wenn die untergeordneten Bestimmungen noch für sich durch andre Bestimmungswörter (, nicht Sätze) näher bestimmt werden: dieser oder der zur Freude der Kinder jetzt so schön blühende Baum. Es ist also falsch, wenn Neander (in seiner Geschichte der christlichen Religion, Th. 1, Abtheil. 1, Hamburg, 1825, S. 100) interpungirt: sein, die Kraft des Himmels, herabziehendes Gebet würkt (wirkt). Mit dem vollkommensten Recht sagt Ludewig (l. c. S. 26): „wollte man hier (in unserm letzten Beispiel) das bloße Formwort dieser oder der, das an sich gar keine Bedeutung hat, durch ein Komma von dem ihm erst Bedeutung gebenden Worte (blühende Baum) als getrennt darstellen, so müsste man auch, um consequent zu verfahren, zwischen die dem Substantiv zunächst vorhergehende Bestimmung (blühende) und das Substantiv (Baum) ein Komma setzen, und interpungiren: der, zur Freude der Kinder blühende, Baum. (Wirklich schreibt so schlecht auch Prätzel, in seinem Fabian und Sebastian, 1824, S. 418: sie verbarg ihr, von heißen Wonnethränen überströmtes, Gesicht; und selbst Herling, Th. 2, S. 31: der, von ihm so sehr beleidigte, Mann; das Pronomen des, durch sie bestimmten, Satzes.) Weil dadurch aber eine ganz unnatürliche Zerreißung von formell eng verbundenen Satztheilen und materiell genau zusammengehörenden Begriffen entstehn würde; (,) so ist eine solche Interpunction unmöglich (nicht) zu billigen." Eben so sagt auch Grunow (l. c. S. 333): „zwischen dem letztern (letzten) von mehreren Bei- oder Mittelwörtern und dem Nennwort als Subject oder Object des Satzes darf und muß, nach der bessern Schreibart, kein Comma stehen; (,) weil beide Wörter unzertrennlich zusammen gehören, und das Comma den Fortgang der Rede stören (,) und die Deutlichkeit derselben mehr hindern als befördern würde." (Man vergleiche § 935.) Aus diesem Grunde verwerfen wir auch die Ausnahme, welche Ludewig zulassen will, indem er fortfährt: „kommen aber zwei ganz gleich lautende Formwörter auf diese Weise an die Spitze des Satzes zu stehen, und könnte ein Mißverständniß aus der Ermangelung eines Interpunctionszeichens erwachsen; (,) so verlangt das Princip der Deutlichkeit ein Komma; z. B. eine, eine ganze Woche dauernde Festlichkeit; manche, manche Unruhe mit sich führenden Nächte habe ich durchwacht." Nein, solche Ausnahmen eröffnen allen Unordnungen Thor und Thür, nnd Herling u. s. w. werden sich auf sie auch für ihre Komma bei: der, zur Freude der Kinder blühende, Baum, berufen, indem diese Komma zur Deutlichkeit des Ausdrucks dienten, wie wir ja (§ 935) gesehn haben, daß Herling interpungirt: bei dem, Satztheile anordnenden Worte. Will man so schlecht, so übellautend sprechen und schreiben: eine eine Elle lange Schlange, der der Frau gehörende Garten, alle alle Gesetze verachtenden Uebelthäter, so scheue man sich auch nicht, dem Leser noch die kleine Mühe aufzubürden, sich den Sinn herauszusuchen, damit man wenigstens nicht durch falsche Interpunction noch einen Fehler mehr begehe. Kein Fehler ist es dagegen, wenn man durch das Komma bei oder zwischen den Bestimmungswörtern absichtlich eine Trennung derselben andeuten will, was in der That nicht selten vom Belieben des Schreibenden abhangt. So kann man mit einem Komma schreiben: der in meinem Garten jetzt unter allen am schönsten, in der vollsten Pracht blühende Baum. Das Komma deutet hier zwei verschiedene Bestimmungen des blühenden Baums an, daß er am schönsten, und daß er in der vollsten Pracht blüht; die Weglassung des Komma's würde nur eine Bestimmung andeuten, daß er unter den in der vollsten Pracht blühenden Bäumen am schönsten blüht.

β) 940) Das Komma bei attributiven Bestimmungen, die gewöhnlich hinter dem Substantiv stehen.

Wenn ein Substantiv durch ein anderes im Genitiv, oder statt dessen durch eine Präposition mit ihrem Casus bestimmt wird, so darf, diese Bestimmung mag vor oder hinter dem Substantiv stehen, zwischen beide nie ein Komma gesetzt werden: die Brüder des Vaters, meines Vaters drei verstorbene Brüder; die Bäume im Garten, (= des Gartens,) von sechs Kindern die Mutter, der König von Preußen. Wenn solche Bestimmungen durch Zusätze erweitert werden, so bleibt wieder (wie § 938) das Komma weg, sobald die Erweiterung im untergeordneten und einschließenden Verhältnisse steht, tritt aber ein, wenn sie beigeordnet, oder ein eigner Satz ist: die Tochter des wegen seiner Rechtlichkeit allgemein geachteten Predigers Nicolai in Züllichau, aber: die Leiden dieses braven, durch schwere Krankheit hart geprüften, endlich blind gewordenen Mannes. Sehr richtig bemerkt Ludewig hierbei: „soll der Ausdruck: Handbuch beim Religionsunterricht für Lehrer an Bürgerschulen, von Handel, ein Handbuch bezeichnen, das beim Religionsunterricht anzuwenden, und für Lehrer bestimmt ist, so sind dies zwei beigeordnete Bestimmungen, und deswegen muß dann hinter Religionsunterricht ein Komma stehen; soll er aber ein Handbuch bezeichnen, welches für den an Lehrer zu ertheilenden Religionsunterricht bestimmt ist; (,) so kann hinter Unterricht kein Komma stehen: (,) denn die folgenden Worte: für Lehrer (,) enthalten nur eine Bestimmung des Religionsunterrichts, stehen also im untergeordneten Verhältnisse (statt des Genitivs der Lehrer). (Gegen seine eigene vorhergehende Regel und ganz unrichtig setzt Ludewig hinter den ein Komma, indem er schreibt: welches für den, Lehrern an Bürgerschulen zu ertheilenden Unterricht bestimmt ist. Die Worte von Handel sind in beiden Bedeutungen eine eigene, beigeordnete Bestimmung, und müssen also eigentlich immer ein Komma vor sich haben. Doch setzt Ludewig mit Recht hinzu:) Ist jedoch der Sinn des Ganzen von der Art, daß keine falsche Beziehung möglich ist; (,) so kann auch im Verhältnisse der Beiordnung das Komma wegfallen; z. B. (:) der Invalide aus der Stadt Burg mit dem Stelzfuße hat das eiserne Kreuz erhalten. Hier sind allerdings zwei beigeordnete Bestimmungen: aus der Stadt Burg, mit dem Stelzfuße; aber kein Vernünftiger wird die letzte Bestimmung auf die Stadt Burg beziehen. Es kann also hier nie ein Mißverständniß eintreten."

Der Infinitiv mit zu tritt als Supinum zu dem Substantiv, und so auch zu den Adjectiven, Adverbien und Verben in ein ähnliches Verhältniß, wie der Genitiv (oder ein andrer vom Verbum regierter Casus), und kann deswegen eigentlich kein Komma vor sich haben: die Kunst zu tanzen, (= des Tanzens,) der zu verzeihen stets geneigte Menschenfreund ist leicht zu betrügen, er scheint zu schlafen, ich habe ihn aufzuwecken versucht, und ihm schon ins Ohr zu schreien gewagt.

In mehrern dieser Beispiele hat der Infinitiv mit zu schon kleine Erweiterungen erhalten, die aber doch kein Komma bewirken konnten, weil sie und ihr Infinitiv mit dem Hauptsatze wirklich ganz in einen einzigen Satz zusammenschmilzen, oder doch wie (,wenn nicht als) ein einziger Satz erscheinen. Wenn dagegen diese Erweiterungen sich mit ihrem Infinitiv deutlich zur Würde eigener, vollständiger oder abgekürzter Sätze erheben, dann müssen sie auch durch Komma als solche bezeichnet, und vom Hauptsatze getrennt werden: die Kunst, leicht und gefällig und schön zu tanzen; es ist leicht, ihn zu betrügen; diese Lügen, so schändlich ersonnen, (um) uns alle zu verwirren, sind jetzt doch entdeckt; er fürchtet, nicht schlafen zu können; er sinnt darauf, wegzugehen, sich zu entfernen; ich habe, ihn aus seinen bösen Träumen aufzuwecken, oft vergeblich versucht; ihm ins Ohr zu schreien, (das) habe ich nicht gewagt. (Man vergleiche § 940.)

Wenn um oder ohne vorm Infinitiv mit zu steht, so hat das auf die Interpunction keinen Einfluß; es steht dann, eben des Sinnes wegen, wohl immer ein Komma: man lebt nicht, um zu essen, sondern, um zu leben, ißt man, da man, ohne zu essen, nicht leben kann, wenn gleich nur zu viele Menschen essen, ohne eigentlich zu leben.

b. **Das Komma bei adverbialen Bestimmungen des Verbs im einfachen Satze.**

α) 941) **Bei adverbialen Bestimmungen, die im Hauptsatze dem Verbum nachfolgen.**

Das bestimmte, finite Zeitwort (, verbum finitum, und also namentlich auch die Copula) schließt sich dem Sinne nach unmittelbar an das Subject oder dessen (letzte) Bestimmung, und kann deswegen eigentlich nie durch ein Komma von demselben getrennt werden: der König kommt, es kommt der König, der König mit seinem ganzen Hofe ist gestern Abend hier angekommen.

Auch die (adverbialen) Bestimmungen des Verbs dürfen eigentlich durch kein Komma von demselben getrennt werden; aber auch nicht von einander, wenn das einschließende Verhältniß bei ihnen statt findet: mit großer Freude haben wir heute früh die glückliche Ankunft des Monarchen in unsrer kleinen Stadt vernommen. Dagegen wissen wir schon (aus § 933), daß die einander beigeordneten Bestimmungen durch Komma getrennt werden müssen: es sind der König, die Herzoginn, der Kronprinz und die Kronprinzeß angekommen.

Eben dieselbe Regel gilt auch für die Erweiterungen dieser Bestimmungen: der Rector schenkte beim Examen zwölf Kindern Gesangbücher für ihren Fleiß in der Schule; (das ist unterordnend: für den Fleiß, welchen sie in der Schule bewiesen hatten;) aber beiordnend mit dem Komma: für ihren Fleiß, in der Schule (; d. i. er gab sie ihnen in der Schule für ihren Fleiß überhaupt; doch drückt sich dieser Sinn deutlicher und besser durch andre Wortfolge unterordnend und ohne Komma aus: der Rector schenkte in der Schule beim Examen zwölf Kindern für ihren Fleiß Gesangbücher). Auch stehen Komma, wenn eine solche erweiternde Bestimmung, besonders durch ausdrücklich deswegen hinzugesetzte Partikeln, mehr hervorgehoben werden soll, so daß sie zur Würde zusammengezogener oder verkürzter eingeschobenen Sätze erhoben werden: ich nehme heute hier sehr ungern von meinen Schülern Geschenke an; aber: ich nehme, besonders heute, hier sehr ungern u. s. w.; oder: ich nehme heute, und zwar hier, sehr ungern u. s. w.; oder: ich nehme heute hier, doch aber sehr ungern, von meinen Schülern Geschenke an; oder: ich nehme heute hier sehr ungern, besonders von meinen Schülern, Geschenke an. (Nothwendig sind die Komma in diesem Falle nicht immer, sondern sie sollen nur zur Verdeutlichung des Sinnes dienen. So konnten wir in unserm vorigen Satze:

wenn eine erweiternde Bestimmung, besonders durch ausdrücklich deswegen hinzugesetzte Partikeln, mehr hervorgehoben werden soll, auch die Komma weglassen und schreiben: wenn eine Bestimmung besonders durch ausdrücklich deswegen hinzugesetzte Partikeln mehr hervorgehoben werden soll.) So wird man den Satz: er konnte zum Besten des Landes nicht viel ausrichten, ohne Komma so verstehen: er konnte nicht viel zum Besten, für das Wohl des Landes ausrichten; soll aber der Sinn sein: er konnte überhaupt nicht viel ausrichten, und das eben gerichte zum Besten des Landes, so muß man dies als einen Zwischensatz betrachten, und deswegen der Deutlichkeit wegen mit Komma schreiben: er konnte, zum Besten des Landes, nicht viel ausrichten. Eben so kann der Satz: wir konnten mancher Umstände wegen unsrer Freundschaft nicht gedenken, einen doppelten Sinn haben; daher muß man durch Komma bezeichnen, welcher Sinn gedacht werden soll, und also entweder schreiben: wir konnten, mancher Umstände wegen, unsrer Freundschaft nicht gedenken, oder: wir konnten mancher Umstände, wegen unsrer Freundschaft, nicht gedenken. (Doch ist es freilich besser, durch eine Veränderung der Wortfolge den Sinn ganz deutlich zu machen, wobei dann die Komma wegbleiben können, und also entweder zu sagen und zu schreiben: wir konnten wegen mancher Umstände unsrer Freundschaft nicht gedenken, oder: wir konnten mancher Umstände unsrer Freundschaft wegen nicht gedenken. Auf eine ähnliche Art muß man in den Sätzen: die Fremdlinge wurden nach angestellter Untersuchung ins Gefängniß geschickt, die Verbrecher wollten allen Ermahnungen zum Trotze nichts gestehen, in denen man freilich auch schon Komma setzen könnte, diese wirklich machen, wenn man die Wortfolge ändern will, so häßlich dies an sich auch sein mag: die Fremdlinge, nach angestellter Untersuchung, wurden u. s. w.; die Verbrecher, allen Ermahnungen zum Trotze, wollten nichts gestehen.)

Was endlich noch besonders den Infinitiv mit zu bei den Verben betrifft, so wissen wir schon (aus § 939), daß der nackte Infinitiv mit zu nie durch ein Komma von dem ihn regierenden Worte getrennt wird. Dies gilt auch für die Verben, und ganz besonders für diejenigen, die erst in Verbindung mit diesem Supinum, welches sowohl vor als hinter ihnen stehen kann, einen vollständigen Sinn geben, so daß, und insofern dieselben also für sich allein ein unvollständiges Prädicat bezeichnen. Dahin gehören namentlich die Verben schei-

nen, pflegen, brauchen, suchen, verstehen, wissen, vermögen u. s. w., bei denen deshalb selbst dann kein Komma steht, wenn der ergänzende Infinitiv auch eine Erweiterung bei sich hat: er scheint zu schlafen, er pflegt sich nicht abweisen zu lassen, er braucht nicht gerufen zu werden, zu fliehen suchte, versuchte er wohl, aber sich ruhig beleidigen zu lassen vermochte er nicht, er verstand sich in alle Lagen zu fügen, nur zu schweigen wusste er nicht, er schien schlafen zu wollen, geschlafen zu haben. Auch sein und haben werden in mehreren Redensarten unmittelbar und ohne Komma mit dem Infinitiv mit zu verbunden: sein Gemüth ist nicht zu ergründen, es war gar nicht länger bei ihm auszuhalten, er hat im Hause viel zu thun und zu sagen, viel zu arbeiten hat er bei mir nicht gehabt. Es versteht sich übrigens von selbst, daß auch bei diesen, wie bei allen andern Verben, ein Komma beim Infinitiv mit zu stehen muß oder doch stehen kann, sobald sie für sich schon, etwa durch Hinzusetzung eines Objects u. dgl., einen vollständigen Satz bilden. So wie man also (nach § 939) ohne Komma schreibt: Ew. Majestät muß ich mir huldreichst zu erlauben allerunterthänigst bitten, aber mit einem Komma: Ew. Majestät muß ich allerunterthänigst bitten, mir huldreichst die Erlaubniß zu geben, so schreibt man auch mit einem Komma: er versteht die Kunst, oder es, wohlfeil einzukaufen; ich weiß nichts, das Unglück abzuwenden; (aber: ich weiß nichts abzuwenden, ich weiß nicht das Unglück abzuwenden;) fest hat er es, dich bei sich zu behalten, beschlossen.

β) 942) Bei adverbialen Bestimmungen, die im Nebensatze dem Verbum vorangehn.

Auch für diese Stellung giebt es durchaus keine neuen Regeln, sondern man schreibt ganz, den allgemeinen Regeln gemäß, ohne Komma: weil die Knaben in den gelehrten Schulen jetzt besser in der deutschen Sprache unterrichtet werden als sonst, aber der Deutlichkeit oder des Nachdrucks wegen mit zwei Komma: weil die Knaben, wenigstens in den gelehrten Schulen, (oder: ‚in den gelehrten Schulen nämlich, oder auch bloß: ‚in den gelehrten Schulen,) jetzt besser u. s. w..

2. 943) Das Komma im einfachen Satzgefüge.

Nach unsrer dritten Hauptregel (§ 933) muß zwischen jeden zwei Haupt- oder Nebensätzen, sie mögen vollständig oder elliptisch (‚doch nicht zu einem bloßen Satztheile) abgekürzt, erweitert oder nicht erweitert sein, Bindewörter zwischen sich haben, oder nicht, neben einander gestellt, oder einer zwischen die Theile des andern eingeschoben werden, immer (‚wenn kein größeres Satzzeichen, doch wenigstens) ein Komma stehen: Beispiele sind: der Wald grünt, die Wiese blüht; die Sterne glänzen, und der Mond, wie ich sehe, scheint auch, (oder ;) aber hier ist es doch finster, denn die Laube, in welcher wir sitzen, ist zu dicht, von allen Seiten sogar, verwachsen; wir, nämlich dein Bruder und ich, sprach mein Vater, wollen, daß du, ohne dich zu besinnen, gehorchest; was du willst, daß dir die Leute thun sollen, das thue ihnen auch; vergiß das, frommer Christ, der (oder wenn) du selig werden willst, doch nie.

Hierher gehören besonders auch die Appositionen, die immer für abgekürzte elliptische (,unvollständige, aber doch eigne, ganze) Sätze gelten (nach § 659 und § 738): unser König, der Vater seiner Unterthanen, wird auch jetzt uns helfen; dieser Baum, der blühende, soll gefällt werden? der jüngste Sohn, als der Liebling der Aeltern, soll am meisten erben, d. i. welcher der Liebling der Aeltern ist. (Dagegen ist es keine Apposition, wenn man z. B. sagt: ich erkenne den jüngsten Sohn als den Liebling der Aeltern an, oder: ich betrachte ihn als den Liebling, denn hier kann man den Ausdruck mit als nicht ohne Veränderung des Sinnes zu einem vollständigen Satze ergänzen, etwa: ich erkenne ihn an, ich betrachte ihn, der er der Liebling der Alten ist; man würde bei solcher Auflösung immer noch fragen: als was erkenne ich ihn denn an? als was betrachte ich ihn denn? Darum ist dieser Ausdruck mit als hier kein abgekürzter Satz, und darf deswegen nicht zwischen Komma stehen. Man sehe § 937, 659 und 738.)

Als eine Art Apposition hat man es auch zu betrachten, wenn der Begriff eines Hauptworts (als Subject oder Prädicat) durch ein Pronomen wiederholt wird: Gott, er hilft uns gern; meinen Freund, ihn will ich nicht täuschen; ich will ihm, meinem Freunde, nicht Unrecht thun, oder: ich will meinem Freunde, ihm gewiß nicht Unrecht thun; das Weggehn, es wird mir sauer; das Wiederkommen, das liebe ich. Doch sieht man, daß hier nicht, wie bei den eigentlichen Appositionen, zwei Komma gesetzt werden, sondern deren nur eines, wenn das Pronomen hinter dem Hauptworte steht. Alles dies gilt auch, wenn man überhaupt irgend einen Begriff, sei es der Verstärkung oder einer andern Ursach wegen, mit demselben Worte wiederholt: der König, der König soll leben; er hat große, große Verdienste um uns; er thut sehr, sehr viel Gutes; er blutete, blutete auf daß wir heil blieben, heil blieben.

Noch ist es nicht zu vergessen, daß (nach § 659) zwar

Ausdrücke wie: Kyritz, die Kreisstadt der Ostpriegnitz, Ungnad, der neue Pastor, und Brelow, der Steueraufseher darin, Wagner, mein Schulfreund, Baldenius, mein Vetter, Nahmacher, mein Pächter, sind mir wohl bekannt, als wahre Appositionen anerkannt werden, daß aber bei der Versetzung solcher Länder-, Völker, Städtenamen, Titel, Verwandschafts-, Amtsbenennungen u. s. w. diese ihre Würde aufhört, und darum auch die Komma wegfallen, daß man also ohne Komma schreibt: in der Kreisstadt Kyritz in der Mark Brandenburg gehe ich mit dem Pastor Ungnad, dem Steueraufseher Brelow, meinem Schulfreunde Wagner, meinem Vetter Baldenius und mit meinem Zögling Rudolph, dem Grafen von Stolberg-Wernigerode, am meisten um; auch kommen der Orgelschuldirector und Organist Lehmann, der Neustädter Inspector Fahrentholt, der Küster und Stadtschullehrer Hudlof, der Baron Kröcher und Herr (von) Felsch oft zu mir.

So gelten auch die substantiven Adjectiven, die in Theilbenennungen von Eigennamen übergehen, nicht mehr für Appositionen. Man schreibt zwar als Apposition mit Komma: Friedrich, der Einzige, wird ewig seinen Ruhm behalten, und so auch Friedrich Wilhelm III, der Gerechte! aber ohne Komma: Friedrich der Einzige ist i. J. 1786, Karl der Große 814, Ludwig der sechzehnte 1793, Karl der Kühne 1476 gestorben. So gelten auch Substantiven (mit ihren Adjectiven), durch welche Personalpronomen bestimmt werden, für Appositionen, wenn sie den Artikel oder statt desselben ein Pronomen bei sich haben: ich, der unglückliche Wittwer, du, mein armer Sohn, auch du, eine verlassene Waise, und ihr, die (, unsre) treuen (,oder: o treue) Freunde, wir alle jammern gleich um sie, die Unvergessliche; dagegen verlieren sie diese Würde und die Komma, wenn die bestimmenden Artikel und Pronomen (oder Interjectionen) weggelassen werden, und man schreibt also: ich unglücklicher Wittwer, du armer Sohn, ihr treue (ja nicht treuen) Freunde. (Man construirt auf diese Art nur bei Pronomen der ersten und zweiten Person, bei Pronomen der dritten Person nur in der Anrede, wenn also diese grammatische dritte für die zweite Person gilt. Wenn man jemanden höre Er, höre Sie, hören Sie anredet, so sagt man auch wohl: Er dummer Teufel, Sie betrogene Köchinn und auch Sie gütige Wirthinn sind zu beklagen; aber man sagt, wenn man mit dieser dritten Person erzählungsweise von jemandem spricht, nie ohne Artikel oder ein anderes Bestimmungswort: ich beklage ihn dummen Teufel, sie betrogene Köchinn, und sie Gäste, sondern appositionell mit dem Artikel u. dgl. und Komma: ich beklage ihn, den armen Teufel, sie, die (oder Eure, unsre, solche) betrogene Köchinn, und auch sie, die Gäste alle.)

Wie die Apposition, so nimt auch das Particip, wenn es seine verbale Bedeutung behält, und sein Begriff durch Zusätze erweitert wird, die Rechte eines eignen abgekürzten Satzes in Anspruch, nicht nur wenn dasselbe durch ein (unterordnendes) Bindewort sich einem andern Satze anschließt, sondern auch wenn es ohne Bindewort steht, und es wird deswegen durch Komma von diesem Satze getrennt: er starb, von jedermann geachtet und bedauert; er ging, in Freude den Hut schwingend, schnell aus der Stube; er willigte, obgleich den Zusammenhang noch nicht erkennend, doch sogleich in unsern Vorschlag; obwohl mit einer sterblichen Hülle bekleidet, sind wir doch unsterblich; jeder, niemand ausgenommen, muß sterben. (Doch lässt man beim Voranstehen des Participialsatzes nicht selten auch das Komma weg: alle segnend verschied er in Frieden; obgleich von euch getrennt denk ich euer doch stets; dies ist aber nicht zu loben.) Selbst wenn, besonders in der höhern Sprechart, das Particip ganz weggelassen wird, aber doch hinzugedacht werden muß, setzt man am besten die Komma: er schlich zum Tyrannen, den Dolch im Gewande (haltend); ich habe sie, das Kind auf dem Arm (tragend), an der Brücke sitzen gesehn.

Wenn das Particip nackt, ohne Erweiterung steht, so muß man überlegen, ob es bloß adverbial, etwa bloß zur Bezeichnung einer (Art und) Weise, oder ob es verbal, etwa zur Bestimmung eines Zeitworts, Subjects, Prädicats, eines Haupt- oder Eigenschaftsworts u. dgl. steht. Im letzten Fall muß es als abgekürzter Satz durch Komma vom Hauptsatze getrennt werden, im ersten nicht. Man wird also schreiben mit Komma: er kann, verachtet, wie er ist, auf keine Beförderung rechnen; gehasst, ist er auch gefürchtet, d. h. da er gehasst wird, so ist er auch gefürchtet; sie hat ein schönes Kleid, ausgewählt, gestickt, mit Perlen besetzt, d. h. (nicht: sie hat es ausgewählt u. s. w., sondern:) ein schönes, das ausgewählt u. s. w. ist, oder: ein schönes, das schön ist, denn es ist ausgewählt u. s. w.; hingegen ohne Komma: verachtet starb er; er ging gehasst aus der Stadt; er kam (ganz) zerstört, (ganz) zerstört kam er aus dem Verhör; es ist verdammt kalt, d. i. sehr; er kam zu uns gelaufen. Das erste Particip, wenn es nackt, und dabei nicht als Apposition steht, wird wohl immer so adverbial zur Bezeichnung einer (Art und) Weise gebraucht: du kommst nicht lebend aus der Stube; weinend verließ er uns; ich bitte dich flehend.

Eben so wird bei Adverbien, wenn sie zur Bezeichnung einer (Art und) Weise dienen, und so auch bei Präpositionen mit ihren Casus, wenn dieselben adverbial und nackt stehen, kein Komma gesetzt: er verließ feige die Schlacht; seine Kameraden sahen ihm zornig nach; man tadelte ihn mit Recht; man hat ihn mit Recht darüber getadelt; doch wurde er nach beendigtem Verhör freigesprochen; man ging seiner Jugend wegen so schonend mit ihm um. (Diese Präpositionen mit ihrem Casus lassen sich zwar eigentlich auch als abgekürzte Adverbialsätze denken: nach beendigtem Verhör = nachdem das Verhör beendigt war, seiner Jugend wegen = weil er so jung war; doch sind dieselben so innig mit ihrem Hauptsatze verwachsen, daß man deswegen die Komma weglässt. Dies gilt auch für die Bindewörter, wenn sie adverbiell stehen, und wir müssen es also ganz verwerfen, wenn Becker, l. c. S. 273, indem er sagt, doch stehe elliptisch für einen ganzen Satz, [= wir können nicht helfen,] und bezeichne den Uebergang zu einem andern Gegenstande der Rede, schreibt: das Unglück ist groß, doch, lasset uns jetzt von etwas Anderem sprechen." Nur wenn Missverständnisse dadurch entstehen können, muß man Komma setzen, wie wir aus § 940 wissen.) Wenn aber wirklich solche Adverbien und präpositionalen Ausdrücke statt ganzer Sätze stehen, sei es für sich allein oder mit Bindewörtern, oder mit andern kleinen Erweiterungen, wodurch sie in solche abgekürzten Adverbialsätze übergehen, so müssen sie auch durch Komma abgesondert werden: obgleich gütig, wollte er doch nicht nachgeben; feige von Natur, wagte er keinen Widerstand; er griff, feige von Natur, doch die Feinde an, begierig nach Beute; man hat ihn, und mit Red darüber getadelt; er ist, wohl seiner Jugend wegen, freigesprochen; man hat ihn heute, zwar nur durch Stimmenmehrheit, doch mit Recht, freigesprochen. Voß sagt: schlimm, ist der Nachbar ein Fluch; doch gut, ein Segen vom Himmel.

3. 944) Das Komma im erweiterten Satzgefüge.

Bei diesen erweiterten Satzgefügen, d. h. den Verbindungen von Sätzen, die aus mehr als zwei einfachen Sätzen bestehen, namentlich also („zufolge der Lehre von den Perioden, § 889 — 898,) entweder aus mehreren einander beigeordneten Hauptsätzen, die wieder durch Nebensätze näher bestimmt sein können, oder aus einem Hauptsatze, der durch (einen oder mehrere) Nebensätze erweitert ist, giebt es für den Gebrauch des Komma's durchaus keine neuen Regeln, sondern das Komma wird auch in ihnen nach denselben Regeln gesetzt, welche (nach unsern vorstehenden Paragraphen) für den einfachen Satz und das einfache Satzgefüge gültig sind. Es versteht sich von selbst, daß auch hierbei jeder Zwischensatz, sei es ein vollständiger oder abgekürzter, z. B. ein bloßer Vocativ, zwischen zwei Komma, und so auch hinter jeder Interjection ein Komma steht: du bist, denke ich, mein Freund, und ach, (oder!) wohl mein einziger. Ein Beispiel eines Satzgefüges ist: seit der Zeit Christus, und das ist unser Trost, ihr fromme Christen, daß die reine Lehre Jesus verkündigt, und unter so viele Völker der Erde verbreitet worden ist, herrscht, wie niemand, der nicht offenbar sich gegen die Wahrheit versündigen will, leugnen kann, mit jedem neuen Jahrhunderte immer mehr Ordnung, Bildung, Sittlichkeit und Liebe unter den Menschen, ob es gleich in jeder Zeit auch schauderhafte Beispiele sittlicher Verdorbenheit gegeben hat.

945) Nach dieser Untersuchung über den Gebrauch des Komma's wollen wir nun noch zum Schlusse einige Aufstellungen verschiedener Sprachlehrer angeben, denen wir nicht ganz beistimmen können.

Herling sagt (l. c. Theil 1, Seite 475, verglichen mit Theil 2, S. 399,) ganz richtig: „das Komma dient als sogenanntes Umgebungszeichen dazu, die Sphären der Beziehung der Wörter und Satztheile (und Sätze) zu verdeutlichen (,) und zu verhindern, daß dieselben nicht in die Sphäre anderer Wörter und Satztheile (und Sätze), als der sie angehören, gezogen werden.“ Dann aber führt derselbe als Beispiele für diese Wahrheit Folgendes an: „Er hat den Sieg, bei Leipzig besungen verglichen mit Er hat den Sieg bei Leipzig, besungen, auch in der Betonung unterschieden.“ Diese Interpunction müssen wir aber geradezu für falsch erklären. Unstreitig will Herling mit der ersten: er hat den Sieg, bei Leipzig besungen, den Sinn ausdrücken: er hat den Sieg (, irgend einen Sieg, der durch den Zusammenhang schon bekannt ist, aber nicht bei Leipzig erfochten zu sein braucht,) besungen, und zwar hat er das bei Leipzig gethan. Wodurch kann Herling es dann aber rechtfertigen, daß er durch sein Komma bei Sieg dies Object vom regierenden Zeitwort (er hat) besüngen trennt, ohne daß doch ein (abgekürzter) Zwischensatz statt findet? Will und darf er denn schreiben: er hat Braten, gegessen, oder: er hat Braten, bei mir gegessen? Nein, er muß für diesen Sinn gar kein Komma setzen: er hat den Sieg bei Leipzig besungen, wie: er hat ein Lied bei mir gesungen, oder

er

er muß, wenn ihm diese Schreibart wegen ihres nicht abzuleugnenden Doppelsinns undeutlich scheint, bei Leipzig als einen abgekürzten Zwischensatz betrachten, und diesen deswegen zwischen zwei Komma schließen: er hat den Sieg, bei Leipzig, besungen, wie: er hat die Tapferkeit der Polen, und zwar bei Constantin, (und das an Constantins Tafel,) besungen. (Weit deutlicher und besser ist es aber, wenn man mit veränderter Wortfolge schreibt: er hat bei Leipzig, oder: bei Leipzig hat er den Sieg besungen.) Durch die zweite Interpunction: er hat den Sieg bei Leipzig, besungen, soll der Sinn ausgedrückt werden, daß den Sieg bei Leipzig, die Leipziger Schlacht er besungen hat. Aber auch hier läßt sich das Komma hinter Leipzig durchaus nicht entschuldigen; denn es giebt hier gar keinen Grund, das Object den Sieg bei Leipzig von seinem regierenden Zeitwort er hat besungen zu trennen, und es darf also für diesen Sinn gar kein Komma stehen. (Man kann freilich auch sagen: den Sieg bei Leipzig hat er besungen.)

So schreibt auch Bernhardt (l. c. S. 396), zwar richtig: Nachrichten, die ich über Geld, Maß und Gewicht, in Malta, gesammelt habe, was bedeuten soll: und zwar oder nämlich (,oder, wie Heinatz sagt, wohl zu merken) in Malta, d. h. über Geld, Maß und Gewicht in Malta, das in Malta im Gebrauch ist; aber unrichtig erlaubt er diesen Sinn auch zu interpungiren: Nachrichten, die ich über Geld, Maß und Gewicht in Malta, gesammelt habe. Nein, soll bei diesem Sinn der Deutlichkeit wegen hinter Malta, aber doch nicht vor in ein Komma stehen, so muß dies zweite Komma vor über gesetzt werden, damit über Geld, Maß und Gewicht in Malta für einen abgekürzten Zwischensatz gelten, der durch zwei Komma vom nackten Relativsatze die ich gesammelt habe getrennt wird; man muß dann also schreiben: Nachrichten, die ich, über Geld, Maß und Gewicht in Malta, gesammelt habe. Eben so ist es unrichtig, wenn Bernhardt den andern Sinn dieser Redensart, daß ich in Malta Nachrichten über Geld u. s. w. überhaupt gesammelt habe, so interpungiren will: Nachrichten, die ich über Geld, Maß und Gewicht, in Malta gesammelt habe; nein, man muß schreiben: Nachrichten, die ich, über Geld, Maß und Gewicht, in Malta gesammelt habe, damit über Geld, Maß und Gewicht in einen abgekürzten Zwischensatz übergehe, oder, auch richtig, aber undeutlich, ohne Komma: Nachrichten, die ich über Geld, Maß und Gewicht in Malta gesammelt habe (,oder man muß, was am besten ist, die Wortfolge ändern, etwa: die ich in Malta über Geld, Maß und Gewicht gesammelt habe).

Daß diese unsre Aufstellung die (logisch) allein richtige ist, zeigt auch das Zeichen der Parenthese, für welches man (nach § 958) sehr oft Komma setzt. Man kann das letzte Beispiel nach seinem doppelten Sinne ganz gut so bezeichnen: Nachrichten, die ich (über Geld, Maß und Gewicht in Malta) gesammelt habe, und: die ich (über Geld, Maß und Gewicht) in Malta gesammelt habe, auch wohl: die ich über Geld, Maß und Gewicht (in Malta) gesammelt habe; aber man darf durchaus nicht zeichnen: Nachrichten (die ich über Geld u. s. w. in Malta) gesammelt habe, oder: Nachrichten (die ich über Geld, Maß und Gewicht) in Malta gesammelt habe. Man muß überhaupt auch den Begriff der eingeschobenen abgekürzten Sätze nicht in einem zu weiten Sinne nehmen, damit man nicht das für Zwischensätze halte, und zwischen Komma schließe, was als Anfügung, Erweiterung wesentlich und nothwendig zum Satze gehört. So darf man nicht schreiben: er ist, in der That, mit jedem Jahre, in seinen Vermögensumständen zurückgekommen; es muß dieser Satz als ein ausgebildeter einfacher Satz ganz ohne Komma geschrieben werden.

Ganz falsch müssen wir es endlich nennen, wenn Bernhardt (S. 397) interpungirt: Er stellt sich vor, die Bilder seiner Ahnen. Schädliche Weisheit, wie zieh ich sie vor, dem nützlichen Irrthum. Kein Schwung treibt rascher um, die jammervolle Zeit. Wie oft heiterer Süd den dunkeln Himmel, von Wolken reinigt. Alle Komma (,bis auf das Komma hinter Weisheit,) müssen hier wegfallen. Dagegen kann man mit ihm schreiben: ich komme, vor deiner Abreise nach Frankfurt, d. i. und zwar noch vor deiner Abreise nach Frankfurt, (wohin ich aber komme, bleibt unbestimmt,) unterschieden von: ich komme, vor deiner Abreise, nach Frankfurt, d. i. ich komme nach Frankfurt, und zwar noch vor deiner Abreise (;woher und wohin der Du reiset, bleibt dann unbestimmt).

Uebrigens werden wir in den folgenden Paragraphen sehen, daß sehr oft auch da, wo mit Recht ein anderes Satztheilzeichen stehen könnte, doch ein bloßes Komma gesetzt wird. Auch werden wir beim Kolon (§ 953) hören, daß man nach jeder durch ein Kolon angedeuteten Anführung, Aufzählung u. dgl. ein Komma machen muß, welches hingegen wegbleibt, wenn man das Kolon wegläßt: hast du lange nicht (das Lied): Herr Schmidt, gesungen? (aber: dein dummes „Herr Schmidt" singt niemand mehr,) sein schreckliches: geh mir aus den Augen, werde ich nie vergessen. (Ueber das Komma bei der Parenthese sehe man § 958.)

B. Das Semikolon.

946) Wir müssen hier sogleich vorläufig bemerken, daß mehrere Grammatiker der neuern Zeit (,z. B. Ludewig, Herling, Becker, Bernhardt,) dem Semikolon einen Gebrauch anweisen, den wir, auch nach dem bisherigen fast allgemeinen Schreibegebrauch, durchaus verwerfen müssen. Sie setzen nämlich fest, die Zeichen , ; : . sollen eine Stufenfolge bilden, so daß das Semikolon zwischen dem Komma und Kolon stehen, ein größeres Zeichen als das Komma, aber ein kleineres als das Kolon sein, und da gesetzt werden solle, wo das Komma nicht mehr hinreiche, aber noch kein Kolon stehen dürfe. (So sagt Becker S. 415: „der Punct bezeichnet den größten, und das Komma den kleinsten Ruhepunkt; und zwischen beiden in der Mitte das Kolon den größern, und das Semikolon den kleinern. Bernhardt sagt l. c. S. 388: wo der Strichpunkt nicht ausreicht, da tritt der Doppelpunkt ein, [;] und wo der Einstrich nicht genügt, kömmt der Strichpunkt an dessen Stelle. Der Punkt ist das Zeichen für die ganze Pause, der Doppelpunkt die Dreiviertelspause, der Strichpunkt die Zweiviertelspause, und der Einstrich die Viertelspause.) Diese Angabe halten wir nun für ganz unrichtig; sie wird aber sogleich ganz richtig, wenn man in ihr Punct statt Kolon setzt. Wir behaupten nämlich, jene Reihefolge der Zeichen besteht nur in Komma, Semikolon und Punct, mit gänzlicher Ausschließung des Kolons, so daß das Semikolon durchaus kein wahres halbes Kolon, sondern als das Mittelzeichen zwischen Komma und Punct ein Großkomma, wie Herling sagt, oder ein Strichpunct ist, dessen Kommastrich die Kraft des Punctes schwächt. So sagt auch Grunow (l. c. S. 334) ganz richtig: „das Semikolon wird da gebraucht, wo das Comma eine zu kleine und der Punkt eine zu große Trennung der Theile eines Ganzen machen würde, wobei folglich der Leser länger als bei einem Comma, und weniger als bei einem Punkt, anhalten muß." Der Punct bezeichnet das Ende eines Satzganzen, eines Satzgefüges, einer Periode; das Semikolon bezeichnet das Ende eines ganzen Satztheiles. Das Kolon hat dagegen seine ganz eigne, für sich bestehende, abgeschlossene Bedeutung, indem es namentlich in größeren Satzgefügen den

Nachsatz vom Vordersatze trennt, was in kleinern das Komma thut, was aber billig nie durch ein Semikolon geschehn sollte. (Man vergleiche § 952.)

Wir wollen über dieses nun wieder in der Ordnung sprechen, in welcher Ludewig dasselbe abgehandelt hat.

I. Das Semikolon bei Zusammenziehungen.

1. 947) Bei Zusammenziehungen von Satztheilen und unvollständig ausgedrückten Sätzen. Bei Zusammenziehungen einander beigeordneter unvollständigen Sätze dürfen die nachfolgenden, es mögen dieselben beiordnende Bindewörter vor sich haben oder nicht, nur dann vom ersten durch Semikolon getrennt werden, wenn dieser vollständig ausgedrückt ist, so daß aus ihm und durch ihn sich die Ergänzung und Vervollständigung der nachfolgenden sogleich von selbst ergiebt, und jeder derselben also für sich deutlich in seinem vollständigen Sinne erscheint: die Erde ist unleugbar ein an sich dunkler Körper; der Mond ganz gewiß ebenfalls; (und) wahrscheinlich auch die Sonne selbst. Wir rauben uns das Wohlsein des Körpers und der Seele durch ein zu lebhaftes Andenken an frühere Leiden und Kränkungen, die wir unschuldig erdulden mussten; durch eine zu lebendige Empfänglichkeit für die Unannehmlichkeiten, welche die Gegenwart uns bringt; durch eine zu ängstliche Furcht vor den Uebeln, mit welchen die Zukunft uns bedroht. Wir wollen über die Dampfwagen sprechen, und zwar zuerst über die Geschichte ihrer Erfindung; dann (oder zweitens) über die hohe Nützlichkeit derselben; hierauf (oder drittens) über die Gefahren, welche sie bringen können, und über die deshalb bei ihnen anzuwendende Vorsicht; endlich aber über die Kostspieligkeit derselben.

Nach dieser unsrer Bestimmung kann man zur Noth auch mit Ludewig schreiben: wir haben den Verbrecher nicht gesehn, der das Glück gehabt hat, so milde Richter zu finden; und wollen ihn auch nicht sehen. Die Menschen sind nicht zu rechtfertigen, deren heißes Blut sie verleitet, Uebereilungssünden zu begehn; wohl (oder doch) aber zu entschuldigen. Im letzten Beispiel würde ein bloßes Komma vor wohl den Leser gar leicht veranlassen, den letzten Satz für einen abgekürzten Nebensatz zu halten, der nach seinem Infinitiv zu entschuldigen eben so wie der Nebensatz Sünden zu begehn von dem übergeordneten Nebensatz: deren Blut sie verleitet, abhange, was wirklich der Fall wäre, wenn man z. B. sagte: Uebereilungssünden wenn auch nicht zu begehen, wohl aber zu entschuldigen, oder: Sünden zu begehen, oder doch zu entschuldigen. Man setzt also nach solchen, durch mehrere Nebensätze erweiterten Hauptsätzen vor die ihnen beigeordneten zusammengezogenen ein Semikolon, um dadurch anzudeuten, daß der ihm folgende Satz ein Hauptgefüge ist, der zum ersten Hauptgefüge gehört: die Menschen sind nicht zu rechtfertigen, aus welchem er auch ergänzt werden muß, und nicht zum Nebensatze: deren Blut sie verleitet, oder zum Nebensatze des Nebensatzes: Sünden zu begehen.

Wenn aber solche Missdeutung nicht entstehen kann, so macht man, der innigern Verbindung und Verschmelzung der Theile wegen, doch weit lieber ein bloßes Komma: sie sind nicht zu rechtfertigen, daß sie, wie sehr ich auch warnte, aufs Eis gingen, wohl aber zu entschuldigen; besonders vor und: wir haben den Verbrecher nicht gesehn, der zum allgemeinen Erstaunen bei uns so milde Richter gefunden hat, und wollen ihn auch nicht sehen. Ueberhaupt ist es eine ganz allgemeine Bemerkung für das Semikolon, daß man, besonders in kürzern Satzgefügen, selbst da, wo es nach unsern Regeln mit vollem Recht stehn kann, doch sehr oft statt desselben ein Komma setzt. Ja wir müssen es geradezu verwerfen, wenn Ludewig in Folge unsrer ersten Regel auch folgende Satzgefüge mit Semikolon schreibt: „der Kranke fühlte sich durch die Hülfsleistungen des Arztes leiblich; durch die tröstenden Zusprüche des würdigen Geistlichen geistig; durch die Gegenwart theilnehmender Verwandten an Seel und Leib zugleich gestärkt. Die Erde ist ein verhältnissmäßig kleiner, dunkler; die Sonne ein großer, leuchtender Körper. Der Frühling in seinem Blüthengewande, seinen heitern Tagen und milden Nächten ist der Jugend; der Winter (u. s. w.) des Greisenalters Bild. Das zu lange Andenken an bittere Erfahrungen, die wir einst machten; die zu lebhafte Empfänglichkeit für die Unannehmlichkeiten, welche die Gegenwart uns bringt; die zu ängstliche Sorge für die Zukunft untergraben unsre Gesundheit (,) und schwächen unsre Geisteskräfte." — Nein, hier sind die einzelnen Sätze in den drei ersten Beispielen so in einander verschlungen, daß es in ihnen auch nicht einen einzigen vollständigen Satz giebt; darum dürfen diese zusammengezogenen Sätze auch nicht durch Semikolon getrennt werden. Im letzten Beispiele aber taugt dies Zeichen deswegen nichts, weil die beiden ersten Zusammenziehungen (vor den Semikolon) nichts als Subjecte enthalten, die durch Nebensätze näher bestimmt, erweitert sind, weswegen im Denken und Sprechen bei ihnen kein langer

Anhalt, Redeeinschnitt, keine lange Pause, keine große Cäsur, wie Ludewig sagt, und darum auch beim Schreiben kein Semikolon statt finden kann; das diesen Subjecten gemeinschaftliche, bei ihnen zu ergänzende Prädicat mit der Copula steht erst im letzten Satze: untergraben die Gesundheit, und das Denken und Sprechen muß also eilen, zu diesem Prädicat zu kommen, damit der Gedanken und die Rede Sinn erhalte. Noch weniger können wir Ludewig Recht geben, wenn er bei solchen Zusammenziehungen (nach l. c. S. 51) selbst vor unterordnenden Bindewörtern ein Semikolon machen will, indem er schreibt: der Frühling in seinem Blühtengewande, seinen heitern Tagen und milden Nächten ist der Jugend; während der Winter in seiner eisigen Hülle, seiner finstern Ruhe als des Greisenalters Bild angesehen werden kann. (Ueberhaupt ist diese ganze Construction sehr schlecht; aber wenn man sie auch verbessert, darf sie doch kein Semikolon, sondern nur ein Komma vor dem unterordnenden während erhalten: der Frühling u. s. w. ist der Jugend Bild, während der Winter als das Bild des Greisenalters angesehen werden kann; oder mit einer Zusammenziehung: während oder indem der Winter als des Greisenalters, kann der Frühling als der Jugend Bild angesehen werden.) Eben so müssen wir es verwerfen, wenn Ludewig vor dem copulativen und, wegen der innigern Vereinigung der getrennten Theile, welche dies Bindewort bewirkt, zwar nur ein Komma setzen, aber doch vor den vorhergehenden, nicht durch und verbundenen Theilen das Semikolon beibehalten, und z. B. schreiben will: „die Ahndungen (Ahnungen) von einem Dasein jenseits des Grabes, die der Schöpfer in jedes Menschen Brust gepflanzt hat; die erhabenen Eigenschaften Gottes, besonders seine Weisheit, Güte und Gerechtigkeit, und die Spuren des Glaubens an Unsterblichkeit, die wir selbst bei dem rohesten Wilden finden, bürgen uns dafür, daß unsre Seele, wenn der Leib stirbt, nicht vergehen wird." Nein, hier ist dem Sinne nach der Begriff Ahnungen eben so eng und nahe mit Eigenschaften, wie dieser Begriff mit Spuren verbunden, und es kann deshalb vor Eigenschaften nicht ein Semikolon stehen, wenn vor Spuren nur ein Komma gesetzt werden soll; überdies enthalten auch hier die beiden (ersten) durch Nebensätze erweiterten Zusammenziehungen nichts als die Subjecte ihrer Sätze; darum ist es am richtigsten, auch vor die erhabenen Eigenschaften (,vor welche Worte man etwa noch setzen kann: und, auch, eben so, desgleichen u. dgl. m.,) nichts als ein

Komma zu machen. Man sollte billig nie die Regel vernachlässigen, welche Heinatz (l. c. S. 429) giebt: „dasjenige, wovor ein Semikolon steht, muß für sich einen Verstand geben, und kein Zeitwort, oder sonst etwas wichtiges enthalten, das auch noch zum vorhergehenden Satze gehört."

Dagegen stimmen wir mit Ludewig ganz darin überein, daß zwischen die Hauptgefüge bei solchen Zusammenziehungen ein Semikolon gesetzt werden muß, sobald unsre vorigen Hauptregeln dies verlangen, wenn dieselben auch nur einfache nicht erweiterte Sätze sind, aber jede oder auch nur eine einzige von ihnen durch mehrfache Bestimmungen zu einem großen bedeutenden Umfange angewachsen ist, so daß das natürliche Bedürfniß des Lesenden einen größern Ruhepunct erheischt, und, wie Ludewig sagt, die Hauptcäsur eintritt. Man kann schreiben mit Semikolon oder Komma: er lehrt Mathematik, und zwar: 1) die reine, sowohl Arithmetik als Geometrie und Goniometrie; (oder,) 2) die angewandte, doch nur Mechanik und Optik, aber nicht Astronomie; (oder,) 3) (und) die praktische, besonders Feldmesskunst; aber man muß am besten (nach Ludewig) schreiben: die sinnlichen Freuden des Lebens sind trotz aller ihrer hohen Reize immer nur ein schnell und oft ganz spurlos vorübergehender Rausch; die geistigen bei aller ihrer Einfachheit ein fast stets mit Früchten für die Ewigkeit gesegneter Genuß.

So ist es auch vollkommen richtig, daß ein Semikolon oft selbst bei ganz kurzen Satzgefügen stehen muß; namentlich, wenn durch irgend eine Andeutung, z. B. durch ein hingesetztes (aufzählendes, anführendes) Kolon die Aufmerksamkeit des Lesers erregt, und deswegen der Sprechende zu einer größern Redepause veranlasst werden soll, so daß eine größere Cäsur eintritt. Man muß z. B., wenn man ein Kolon setzt, auch mit Semikolon schreiben: in Potsdam wird aufgeführt heute: die sieben Mädchen in Uniform; morgen: la fille mal gardée; (und) übermorgen: die gefährliche Nachbarschaft. Der innigern Verbindung der Zusammenziehungen wegen darf man aber, selbst wenn man die Kolon behält, doch kein Semikolon, sondern nur ein Komma setzen, sobald man z. B. sagt: wir werden heut: die sieben Mädchen in Uniform, morgen: la fille mal gardée, und übermorgen: die gefährliche Nachbarschaft, bei uns aufführen sehen. (Und wenn man die Kolon gar weglässt, so wäre die Beibehaltung des Semikolons selbst ein grober Fehler: wir werden heut die Räuber, [nicht;] morgen Fiesco, und übermorgen Don Carlos aufführen sehen.)

Eben so kann man mehrere einzelnen Theile oder Beispiele u. dgl. hinter solchem Kolon sowohl durch Semikolon als Komma von einander trennen: die Mathematik zerfällt in drei Haupttheile: die reine; (oder,) die angewandte; (oder,) die praktische; (aber: die reine, angewandte und praktische;) hier nim von mir an: Geld; (oder,) Briefe; (oder,) auch deine Pässe; (aber: Geld, Briefe und Pässe;) (man wird das Semikolon setzen, wenn der Lesende oder Sprechende bei den einzelnen Theilen länger, ernster, nachdrücklicher anhalten soll;) man wird aber ganz zweckmäßig Semikolon, und nicht bloß Komma setzen, wenn einige oder alle der aufzuführenden Beispiele, Theile u. dgl. wieder für sich aus mehreren Theilen bestehen, die durch Komma von einander getrennt sind: ich habe schon conjugiren gelernt (:) amare, (oder;) docere, (oder;) legere, (oder;) audire; aber: amo, amavi, amatum, amare; (und nicht,) doceo, docui, doctum, docere; (und nicht,) lego, legi, lectum, legere; (und nicht,) (und, auch) audio, audivi, auditum, audire.

2. 948) **Bei Zusammenziehungen vollständig ausgedrückter Sätze.**

Es bilden solche vollständigen Sätze wieder nur (wie § 935) Zusammenziehungen, insofern sie alle gleichmäßig sich in einer Periode entweder als Vordersätze auf einen gemeinschaftlichen Nachsatz, oder als Nachsätze auf einen gemeinschaftlichen (ein- oder mehrtheiligen) Vordersatz beziehen. Wir wissen (aus § 938), daß solche Sätze nur durch Komma von einander getrennt werden, wenn sie kurz und einfach sind; dagegen tritt ein Semikolon ein, wenn sie alle oder einige (oder selbst nur ein einziger derselben) durch Neben- und Zwischensätze erweitert, oder wenn sie selbst schon zusammengesetzte Sätze, und also in jedem Falle von bedeutenderm Umfange sind, und wenn dabei jeder einzelne für sich ein vollständiges Ganzes, einen vollständigen Theil eines größern Ganzen bildet, das auf kein anderes ihm beigeordnetes Glied der Periode Beziehung nimt: nachdem mein jüngster Sohn, der sich dem Postfach gewidmet hat, schon in Treuenbriezen und Potsdam durch seinen Diensteifer und seine Pflichttreue die Aufmerksamkeit und Theilnahme seiner Vorgesetzten gewonnen hat; nachdem er sein Examen zu allgemeiner Zufriedenheit, wie ich wenigstens gehört habe, abgelegt hat; (und) nachdem er nun auch jetzt durch drei Jahr des angestrengtesten Dienstes in Achen einer besondern Berücksichtigung gewiß würdig geworden ist: (so) werden die höhern Vorgesetzten, das hoffe ich zuversichtlich, ihm dieselbe gewiß auch angedeihen lassen; sie werden ihn, da er, seiner schwächlichen Gesundheit wegen, die gegenwärtige Anstrengung nicht mehr lange aushalten kann, bald für eine bequemere Stellung zurückrufen; sie werden ihn in meine Nähe bringen, damit seine Mutter ihn besser pflegen könne; sie werden ihm die Zulage, die sie ihm freilich eigentlich nur für Achen bewilligt haben, nicht wieder entziehen; kurz sie werden weise und gütig für sein wahres Bestes sorgen.'

Selbst schon kurze Glieder einer Periode kann man in einzelnen Fällen, wenn man auf ihre Trennung von einander besonders aufmerksam machen will, durch Semikolon scheiden: wenn du redlich und angestrengt arbeitest; wenn du dabei Gott stets vor Augen und im Herzen hast; (und) wenn du keine unbilligen Ansprüche ans Leben machst: so wird dir dies Leben wahrlich nie eine zu große Last auflegen; so wirst du dich nicht so sehr versündigen, die Erde ein Jammerthal zu nennen; so wirst du in Dankbarkeit Gott preisen, daß er dich auf ihr leben läßt.

Doch macht man bei ganz kurzen Sätzen lieber ein bloßes Komma, und dies muß namentlich, wenn die beiden letzten solcher beigeordneten Theilganzen durch und verbunden sind, und man vor dies und kein Semikolon, sondern nur ein Komma setzen will, auch zwischen den voranstehenden Theilganzen geschehen; da diese Theile der Periode alle ganz gleichmäßig mit einander verbunden sind, so müssen sie auch durch dieselben Interpunctionszeichen getrennt werden: da du Zeit hast, (oder ;) da das Wetter schön ist, (oder ;) und da dir Bewegung Noth thut: so laß uns spazieren gehen, (oder ;) so laß uns gleich bis Wusterhausen zu Fuße wandern.

Ganz nothwendig ist das Komma zwischen diesen Gliedern einer Periode, wenn man selbst den Anfang des Nachsatzes nicht durch ein Kolon, sondern nur durch ein Komma bezeichnet: hast du Geld, (nicht ;) kannst du schmeicheln, (nicht ;) und lässest du dir gern mancherlei gefallen, so wird es dir an Freunden nicht fehlen, (nicht ;) so wird man gar gern mit dir umgehen; wenn du arbeitsam bist, und wenn du dich ehrlich beweisest, (:) so wird sich jedermann deiner gern annehmen. (Man merke sich hierbei gleich vorläufig, daß zwischen dem Vorder- und Nachsatze nach § 954 nie ein Semikolon stehen kann.)

Ludewig lehrt ganz entschieden, alle vollständig ausgedrückten, keine Zusammenziehung unter sich bildenden, einem gemeinschaftlichen Hauptsatze nachfolgenden Nebensätze immer unter sich durch Semikolon zu trennen, weil die Trennung der völlig abgeschlossenen Nebensätze hierbei offenbar größer sei, als die Trennung des Hauptsatzes von seinem unmittelbar von ihm abhangenden Nebensatze. Dieser Grund ist an sich eine unleugbare Wahrheit; doch hat es immer etwas Widriges an sich, die kleineren Glieder, die Theile der Theile durch ein größeres Satztheilzeichen von einander trennen zu sollen, als dasjenige ist, wodurch die Haupttheile, der Hauptsatz und sein unmittelbarer Nebensatz, von einander getrennt werden. Daher machen viele Schriftsteller in diesem Fall auch zwischen die Nebensätze nur ein Komma. Ludewig schreibt: „die Erfahrung lehrt, daß die Furcht des Herrn, wie die Schrift sagt, der Weisheit Anfang ist; (oder ,) daß die Gottseligkeit zu allen Dingen nützt [; (oder ,) (und) daß denen, die Gott lieben, alle Dinge zum Besten dienen müssen]. Doch will Ludewig in Ansehung des und zwischen den Nebensätzen auch hier wieder die Ausnahme festsetzen, daß selbst bei jeder Erweiterung der Nebensätze vor diesem und nur ein Komma stehen müsse, weil dabei doch nie so viele heterogenen Theile zwischen die Nebensätze treten könnten, daß dadurch die einende Kraft des und aufgehoben werden dürfte. Wir bleiben aber bei unsrer vorigen Bemerkung, daß die vor den beiden letzten, durch und verbundenen vorangehenden Nebensätze dem Sinn, und darum auch dem Ausdruck, dem Tone, der Redepause nach doch nicht mehr als diese von einander getrennt sind, und deswegen auch kein größeres Satztheilzeichen als diese zwischen sich haben müssen. Will man also das letzte Beispiel schließen: und daß denen, die Gott lieben, alle Dinge zum Besten dienen, und vor dies und bloß ein Komma setzen, so muß billig auch zwischen Anfang ist und daß kein Semikolon, sondern ebenfalls nur ein Komma stehen.

Noch schreibt Ludewig (S. 52) endlich: „kaum hatten wir die Stadt erreicht; kaum waren die Thore geschlossen: als der Feldherr der Feinde uns zur Uebergabe aufforderte." Es ist richtig, daß diese Periode (,und so auch: wir hatten kaum die Stadt erreicht, die Thore waren kaum verschlossen, als der Feldherr schon zur Uebergabe aufforderte,) steht für: als wir kaum die Stadt erreicht hatten; als kaum die Thore geschlossen waren: forderte (oder: da forderte, oder, doch nur sehr selten: so forderte) uns der Feldherr zur Uebergabe auf; auch ist es richtig, daß vor diesem Nachsatze ein Kolon, und zwischen den beiden Sätzen des Vordersatzes zur Noth auch ein Semikolon stehen kann, wodurch sich Ludewigs Interpunction wohl rechtfertigen läßt; doch ist es gewöhnlicher, weil sein letzter Satz mit als nicht mehr die grammatische Form eines Nachsatzes hat, das Ganze bloß durch Komma zu interpungiren: kaum hatten wir die Stadt erreicht, kaum waren die Thore geschlossen, als uns der Feldherr zur Uebergabe aufforderte. (Man vergleiche § 951.)

II. Das Semikolon ohne Zusammenziehung.

1. Im einfachen Satzgefüge.

949) Wenn das einfache Satzgefüge aus zwei beigeordneten Hauptsätzen besteht, und es ist einer oder jeder der beiden einander beigeordneten Hauptsätze durch nähere Bestimmungen, die schon für sich Komma fordern, bedeutend erweitert, oder vielmehr ausgebildet, mag vor dem zweiten ein Bindewort stehen oder nicht: so ist es am besten, da zwischen ihnen ein größerer Einschnitt der Rede als bei diesen Komma, die Hauptcäsur, sagt Ludewig, statt findet, zwischen ihnen ein Semikolon zu machen: der lachende, heitre, an Blühten der Hoffnung reiche Frühling stimmt das Herz zu Lust und Fröhlichkeit; (aber) der düstere, den Winter andeutende Spätherbst, mit seinen falben Blättern, erhebt es zu ernstern Betrachtungen. Du bist mein treuer, redlicher, zuverlässiger Freund; doch (,aber, nur) heute, leider! kannst auch du mir nicht helfen. (Es trifft dieser Fall fast ganz mit § 948 überein.)

Nur wenn das copulative und die beiden Hauptsätze verbindet, macht man gewöhnlich, der innigern Verbindung wegen, welche dies und bewirkt, bloß ein Komma statt des Semikolons: sein Bruder verlor bei dieser schrecklichen, allen unerwarteten, jeden tief erschütternden Nachricht seinen ganzen, bisher so festen Muth, und selbst sein Vater stand unruhig auf, seufzte, (und) verließ das Zimmer.

Nothwendig ist das Semikolon, wenn der zweite Hauptsatz grammatisch eine ganz andere Construction (und Wortfolge) als der erste hat, mag eine Conjunction, selbst und, vor ihm stehen oder nicht, indem durch diese Veränderung der Construction ein größerer Ruhepunct bedingt wird: du hast mich verleumdet; kannst du das verantworten? Ich verlange keinen Reichthum; aber ums tägliche Brod bitte ich Gott doch recht herzlich. Der Thor ist immer Sklav; nur der Weise ist immer König; darum strebe nach Weisheit. Du beleidigst mich jetzt täglich; und ich sollte immer schweigen? Ich will dich morgen besuchen; oder du könntest auch wohl zu mir kommen.

Wenn der eine der beiden Sätze des einfachen Satzgefüges ein untergeordneter Nebensatz des (andern) Hauptsatzes ist, und es findet eine solche längere Ausbildung oder Erweiterung eines oder beider Sätze statt, wodurch Komma für dieselbe nöthig werden: so ist es ebenfalls am besten, diese Sätze durch ein Semikolon zu trennen: als er mich, zu meinem höchsten Verdrusse, schon mehrere Monate, und nun auch heute wieder, und zwar recht absichtlich, geneckt und geärgert hatte; da vermochte ich es endlich, troß aller Nachgiebigkeit, nicht länger, ganz zu schweigen. Ich will auch nicht länger schweigen; (oder ,) wenn selbst großes, unverdientes Unglück, ja sogar meine Entlassung vom Dienste daraus folgte!

Bei Relativsätzen, mag man dieselben zu den Haupt- oder Nebensätzen rechnen, möchten wohl diese Umstände, welche ein Semikolon bedingen, nie oder doch nur sehr selten statt finden können. Wenigstens wollen wir auf keinen Fall mit Ludewig schreiben: wir verkauften das Haus; was ganz seinem Wunsche gemäß war. Er versagte sich das Vergnügen; wofür ich ihm sehr dankbar war. Ludewig meint zwar, das Semikolon verhüte hier ein Missverständniß, indem es andeute, der Relativsatz soll nicht auf einen Theil des voraufgehenden Hauptsatzes, sondern auf den ganzen Satz bezogen werden. Allein das ist ein Irrthum. Im ersten Beispiel kann was nur auf den ganzen vorhergehenden Satz bezogen werden; die Beziehung auf Haus müsste nicht was, sondern das oder welches heißen. Im zweiten Beispiel könnte zwar wofür auf das Wort Vergnügen bezogen werden; allein die angegebene Construction wäre sehr undeutlich und schlecht, wenn sie diesen Sinn haben sollte; (man müsste dann sagen: das Vergnügen, wofür ich ihm sehr dankbar war, versagte er sich selbst;) deshalb wird man gewiß auch ohne Semikolon dieselbe so verstehen: ich war ihm sehr dankbar dafür, daß er sich das Vergnügen versagte. (Freilich ist es besser nicht relativ, sondern so demonstrativ zu sagen: er versagte sich das Vergnügen; dafür war ich ihm sehr dankbar, oder: er versagte sich das Vergnügen, und ich war ihm dafür sehr dankbar.) Zur Noth könnte man es ein passenderes Beispiel für den Gebrauch des Semikolons bei einem Relativsatze nennen, wenn man sagte: ich versage mir, schon ach! seit nur zu langer Zeit, alles, alles Mögliche; was auch sehr nothwendig ist; aber auch hier wird man nicht gern ein Semikolon vor was setzen, wenn der Sinn sein soll: es war nothwendig, daß ich mir alles versagte, und ein bloßes Komma für den Sinn: selbst das Mögliche, was mir nothwendig war, versagte ich mir. (Ueberhaupt ist auch diese Relativconstruction schlecht.)

2. Das Semikolon im erweiterten Satzgefüge.

a. 950) Bei der Verbindung mehrerer einander beigeordneten Hauptsätze.

Wenn mehrere Hauptsätze beiordnend, wie Theile eines Ganzen, in einem und eben demselben Verhältnisse zu einem andern Hauptsatze neben einander stehen, so werden sie fast immer durch Semikolon getrennt, (wenn sie nicht zu kurz sind, in welchem Falle das Komma hinreicht, und wenn sie auch nicht zu lang sind, weil dann der Punct eintritt,) es mögen Bindewörter vor ihnen stehen, oder nicht: der Mensch ist ein Ebenbild der Gottheit: er kann sich mit seinen Gedanken vom Endlichen zum Unendlichen erheben; er kann das Böse vom Guten genau und sicher unterscheiden; er kann jenes verwerfen, und dieses erwählen; er ist zu einer ewigen Fortdauer, zu einer ewigen Vervollkommnung, zu einer ewigen Beseligung bestimmt. Was fehlt deinem Bruder? ich habe ihn so eben gesehen; (oder :) seine Mienen drückten Wuth und Verzweiflung aus; seine Lippen bebten; seine Augen starrten; sein Gesicht war mit Todtenblässe übergossen. Ich reise dies Jahr nach Achen; theils macht meine wankende Gesundheit mir einmal ein längeres Losreißen von meinen Geschäfften nöthig; theils kann ich, der nah bevorstehenden Versetzung meines Sohnes wegen, keine spätere Zeit, ihn zu besuchen, wählen; theils habe ich gerade jetzt, durch das mir kürzlich ausgezahlte Honorar für diese Grammatik, Geld genug zu solcher Reise; theils bin ich zu alt, um gute Vorsätze noch lange aufschieben zu dürfen.

Für diesen Gebrauch nennen die Grammatiker das Semikolon auch wohl das eintheilende, indem hier eine Reihe oder Folge übrigens ganz von einander unabhangiger und unterschiedener Sätze unter einen Hauptgedanken (, z. B. im letzten Beispiele als Gründe oder Ursachen der Reise,) zusammengefasst, gleichsam unter eine Rubrik gebracht, und eben dadurch mit einander verbunden wird. Dieser Verbindung wegen macht man zwischen ihnen nicht Puncte statt des Semikolons, weil diese sie zu sehr trennen würden. Aber man macht auch nicht Komma, weil diese umgekehrt die Sätze zu wenig von einander absondern würden. (Wenn indessen solche in einer

Reihenfolge nach einander aufgezählten Sätze einzeln sehr klein sind, so kann man sich wirklich mit dem Komma statt des Semikolons begnügen: er hat viel Gutes an sich: er singt gut, er spielt mehrere Instrumente, er tanzt zierlich, er reitet nach allen Regeln der Kunst; und doch ist er mir ein widriger Mensch.)

Wenn bei einer solchen Anreihung beigeordneter Hauptsätze adversative Conjunctionen vor denselben stehen, so nennt man das vor diesen nach unsrer jetzigen Regel nöthige Semikolon auch wohl das entgegensetzende: ich kann mir nicht anders helfen; du musst entweder selbst mir auf einige Monat hundert Thaler leihen; oder du musst wenigstens für mich bei meinem Hauptgläubiger gut sagen; oder du musst mir den Verkauf meiner ganzen Büchersammlung erlauben.

Ludewig macht hierbei folgende beachtenswerthe Bemerkung: „findet eine Beiordnung verschiedener Hauptsätze durch adversative und kausale Konjunctionen zugleich statt; (,) so ist auf die Stellung der Konjunction Rücksicht zu nehmen. Beginnt der zweite Satz mit der adversativen Konjunction; (,) so findet hier die stärkste Cäsur statt, und ein Semikolon trennt die Sätze; z. B. Wir möchten Alle wohl glücklich sein; aber wir gelangen nicht Alle dazu, denn wir schlagen zu verschiedene Wege ein. Beginnt dagegen der dritte Satz mit der adversativen Konjunction, so tritt hier die stärkste Cäsur ein; und dann muß ein Semikolon diesen von den beiden vorhergehenden trennen; z. B. Wir möchten Alle wohl glücklich sein, denn Jeder fühlt dazu den Trieb in sich; aber wir gelangen nicht Alle dazu."

Es versteht sich von selbst, daß diese Bemerkung (mutatis mutandis) auch für mehr als drei Sätze gilt. Sie enthält übrigens nichts Neues, sondern ist nichts als eine sich von selbst angebende Anwendung unsrer allgemeinen Regel. Aus dieser zeigt sich auch die Richtigkeit der Stellung des entgegensetzenden Semikolons in folgenden Beispielen: jener treibt die Dichtkunst, und sie treibt ihn; dieser aber treibt sie auch, sie hingegen treibt ihn nicht. Ich bin in Versuchung, mich zu rächen, denn die Rache ist süß; aber ich thue es nicht, denn es ist himmlisch, dem Fehlenden zu verzeihen. Wenn die Sätze sehr klein sind, so wissen wir schon, daß auch für dieses entgegensetzende Semikolon fast immer ein bloßes Komma genommen wird: ich sehe es, aber ich glaube es nicht. Ich glaubte es, doch ich sah es nicht.

Steht endlich bei einer solchen Anreihung beigeordneter

Hauptsätze vor dem letzten das copulative und, so ist es wieder gewöhnlich, ein bloßes Komma davor zu setzen, wenn die Sätze nicht zu lang sind; dann muß aber billig auch, insofern mehr als zwei Hauptsätze gegeben sind, zwischen den übrigen ebenfalls nur ein Komma statt des Semikolons stehen. Will man das nicht thun, sondern bei diesen das Semikolon behalten, so muß es billig auch vor und bleiben. (Man sehe § 948, 949.)

b. 951) Bei der Bei- und Unterordnung von Haupt- und Nebensätzen.

Wenn ein Hauptsatz mit mehreren Nebensätzen verbunden ist, so haben wir uns schon (§ 948 und 949) dahin ausgesprochen, daß zwischen den Haupttheilen der Periode ein Semikolon stehen kann, wenn dieselben eine beträchtliche Länge, und durch Nebensätze, die theils dem Haupt-, theils einem andern Nebensatze untergeordnet sind, Erweiterungen erhalten haben, die leicht falsch bezogen werden könnten, insofern man lauter Komma machen wollte. Man wird also mit Ludewig (S. 57) schreiben: (Anfang des Nebensatzes, der den ersten Haupttheil der Periode bildet:) „als nach Cäsars Ermordung sein Testament, (Nebensatz, der dem ersten Nebensatze untergeordnet ist:) worin er jedem römischen Bürger eine namhafte Summe vermacht hatte, publicirt war; (Anfang des Hauptsatzes:) da erwachte (,oder auch ohne da blo↑: erwachte, oder auch wohl, doch nicht gern, weil in dieser Periode kein wahrer Vorder- und Nachsatz, sondern nur die Verbindung zweier Sätze mit ähnlichen Verhältnissen statt findet: so erwachte) die Liebe gegen den großen Mann, (Relativsatz des Hauptsatzes:) der durch seine Freigebigkeit und Freundlichkeit früher Alle Herzen gewonnen hatte, (Schluß des Hauptsatzes:) mit verdoppelter Kraft in der Römer Brust." Verliert der Nachsatz durch Veränderung der Construction grammatisch ganz die Form eines Nachsatzes, so wird man das Semikolon ohne alles Bedenken anwenden: da wir unser Leben und alles, was wir besitzen und noch zu hoffen haben, Gott verdanken; wie undankbar würden wir sein, wenn wir dies nicht dankbar erkennen wollten! Wenn man thätig, treu und unverdrossen arbeiten muß, um das tägliche Brod zu verdienen; was kann der Faule und Träge zu erwarten haben, der sein Leben in Müßiggang zubringt? (Indessen kann man in vielen Verbindungen solcher Art vor den Hauptsatz da erwachte auch ein Kolon setzen, indem und in so fern man denselben eben als Nachsatz betrachtet. Dies thut Ludewig ebenfalls, S. 59.)

Wenn der Hauptsatz die Periode anfängt, und ihm zwei (oder mehrere) Nebensätze folgen, so will Ludewig vor den letzten ein Semikolon setzen, insofern derselbe nicht dem unmittelbar vorhergehenden Nebensatze untergeordnet ist, sondern sich auf das ganze vorhergehende Satzgefüge beziehen soll; ein bloßes Komma, sagt Ludewig, würde hier offenbar sehr häufig zu Missdeutungen Veranlassung geben. Er schreibt also: „wir eilten fort, ohne seine Ankunft abzuwarten; weil die Gefahr zu dringend war. Ich rieth ihm, daß er sich nicht widersetzen möchte; da ich die Folgen dieses Beginnens voraussah. Viele Menschen sündigen, weil sie den Umfang ihrer Pflichten nicht kennen; wiewohl auch die genaue Kenntniß der Pflichten nicht immer vor Uebertretung derselben sichert." Wer könnte aber den Sinn dieser Perioden missverstehen, wenn man auch ein bloßes Komma statt des Semikolons setzte? (Wenigstens hätte Ludewig also seine Beispiele schlecht gewählt.) Leider sagt eben so auch Bernhardt (l. c. S. 394): „der Strichpunkt steht statt des Einstriches vor allen untergeordneten Sätzen, die auf ein vorhergehendes, in sich bereits durch Einstriche geschiedenes Gesätze, und nicht auf den letzten Theil desselben bezogen werden sollen; vor den mittels der rückbezüglichen Umstandswörter an den Hauptsatz angefügten Beisätzen oft auch dann, wenn diese Umstandswörter sich auf den ganzen Hauptsatz beziehn: ich sehe nicht, was uns hier aufhalten könnte; weshalb ich zur Rückreise rathe. Der Lehrer bildet deinen Geist mit vielen Anstrengungen aus; wofür du ihm nie genug danken kannst." Wir aber bleiben denn doch nach unsrer Hauptregel dabei, daß ein Satz (wenigstens fast) nie durch ein Semikolon vom vorhergehenden geschieden werden soll, wenn er mit demselben ganz nah und genau dem Sinn und der grammatischen Verknüpfung nach verbunden ist. Wir werden dem gemäß in den beiden ersten Beispielen Ludewigs unbedenklich ein bloßes Komma statt des Semikolons setzen. Im dritten aber steht in der That vor dem letzten Satze (wiewohl u. s. w.) am besten ein Semikolon, eben weil er ein Ganzes, eine ganz eigene Behauptung für sich bildet; doch müssen wir eben deswegen den Gebrauch des Bindeworts wiewohl tadeln, weil dasselbe hier eine zu innige Verbindung ausdrückt (, wie man z. B. richtig sagt: ich mag jetzt nicht essen, wiewohl ich sehr hungrig bin); wir würden dafür setzen: kennen; indessen (oder doch) sichert freilich auch u. s. w.. (Weniger wird man gegen das Semikolon in Bernhardts Beispiel einzuwenden haben: ich glaube nicht, daß wir auf diesem Wege zum Ziele kommen;

kommen; obwohl ich gern zugebe, daß ich irren kann. Indessen ganz gefällt uns doch das Semikolon selbst hier nicht.) Vollkommen richtig bemerkt übrigens Herling (l. c. Th. 2, S. 461), [nachdem er gesagt hat: „oft kann man durch ein Semikolon der Zweideutigkeit der Beziehung eines Satzes abhelfen: jeder freute sich seines Glückes, der ihn achten gelernt hatte; weil man von ihm keinen Mißbrauch seiner Macht erwartete; ein Komma würde hier leicht zur Unterordnung des letzten Satzes unter den Relativsatz veranlassen; allein] „es ist besser, den Fehler zu vermeiden, als ihn durch Mittel zu verstecken, deren Wirksamkeit doch nur auf die schriftliche Darstellung beschränkt ist."

Ganz der Sache und unsrer Regel gemäß ist es dagegen, wenn mehrere durch oder ohne beiordnende Bindewörter verbundenen Hauptsätze durch Nebensätze erweitert sind, zwischen die Hauptsätze Semikolon zu setzen: es giebt viele Menschen, die wirklich das Rechte und Gute wollen, und es auch nach Möglichkeit zu üben suchen; aber sie täuschen sich sehr häufig über ihre Beweggründe dazu, indem sie da aus Tugendeifer zu handeln glauben, wo nur, wenn nicht Eigennutz und Selbstsucht, doch Furcht oder wenigstens Hoffnung sie leitet. Die Himmel erzählen die Ehre Gottes, und die Erde, die der Herr Dir, o Mensch, zum Wohnsitze anwies, preiset seiner Hände Werk; und Du, dem Er Vernunft und Gemüth gab, wolltest in kalter Undankbarkeit verstummen; (oder ?) und Du könntest frech die Erde des Herrn ein Jammerthal nennen? Wie (oder: so wie) der treue Arbeiter, den des Tages Last und Hitze ermüdet hat, sich nach der Ruhe des Abends sehnet; (eben) so sehnt sich der fromme Greis, der Gutes that, und nicht müde wurde, nach dem Abend seines Lebens. Es kann keinen Unterschied machen, wenn hierbei die Sätze auch nur kurz sind, oder wenn ein Hauptsatz auch nur elliptisch ausgedrückt ist: wer hungrig ist, will essen; wer durstig ist, will trinken; wer müde ist, will ruhen; wer wissbegierig ist, möchte gern stets mehr des Nützlichen lernen; wer traurig und besorgt ist, verlangt nach Trost. Auch die Uebel der Erde, nicht nur, welche Gott zulässt, sondern selbst alle, welche er verhängt, sind Huld und Liebe des Allgütigen; auch die Sünden, deren Unheil der Allmächtige nicht hindert, preisen seine Weisheit; Wahrheiten, (d. i. dies sind Wahrheiten,) die den höchsten Trost bringen allen, die mit ihren Augen sehen, und mit ihren Ohren hören. Man sieht, es kommen auch in Folge dieser Regel Hauptsätze neben einander, zwischen denen ein Semikolon stehen muß: erst wenn du müde bist, gehe zu Bett; deshalb brauchst du dich nicht ängstlich nach der Uhr zu richten; hast du Lust und Kraft, so magst du auch noch nach Mitternacht arbeiten; und es sind wahrlich nicht die schlechtesten Arbeiten, die in der Stille der Nacht vollendet werden. Er muß Tag und Nacht arbeiten; sonst wäre es ihm unmöglich, so viel zu leisten. Er ist nicht da gewesen; wenigstens weiß ich gewiß, daß ich ihn nicht gesehn habe. Er hat seine Behauptung mit lauter Sprüchen aus der Bibel belegt; also muß sie, wie er meint, wohl richtig sein. (Für diesen Gebrauch nennen manche Grammatiker das Semikolon das anhängende.)

Hierher gehören auch Verbindungen folgender Art: auch wenn kein Mensch dich sieht, bleib deiner Pflicht getreu; denn da Gott allwissend ist, so bist du stets unter dem Auge des höchsten Richters. (Hier stehen eigentlich die Hauptsätze dem Sinne nach neben einander: bleib deiner Pflicht treu, denn du bist unter deines Richters Augen; blieben sie so einfach, so genügte es, ein Komma zwischen sie zu setzen; da aber hinter dem beiordnenden denn des zweiten Hauptsatzes ein Nebensatz: da Gott allwissend ist, eingeschoben wird, zu welchem nun freilich nach der Einrichtung unsrer Sprache das denn in der grammatischen Construction gezogen ist, [wodurch übrigens die Construction des zweiten Hauptsatzes, der auch noch das so annimt, ganz verändert wird,] so muß ein Semikolon vor denn stehen. Es gehört dieser Nebensatz nämlich nicht zum ersten, sondern als ein Zwischensatz zum zweiten Hauptsatze. Dasselbe gilt für folgende Beispiele:) Ich fühle mich unwohl; aber weil Klagen meine Familie erschrecken würden, so schweige ich lieber. Don Miguel ist ein erbärmlicher Mensch; nur wenn man auf seine Erziehung sieht, kann man ihn bemitleiden (,d. i. nur dann kann man ihn bemitleiden, wenn man auf seine Erziehung sieht. Das Umstandswort nur gehört dem Sinne nach nicht zum Neben-, sondern zum letzten Hauptsatze).

Am augenscheinlichsten ist endlich die Richtigkeit des Semikolons in Perioden, deren Vorder- und deren Nachsatz aus mehreren durch Ausbildung und Erweiterung verlängerten Gliedern besteht. Ludewig giebt das Beispiel an: „wer in seinem Leben nur wenige bittern Erfahrungen gemacht hat; wer von Freunden nie betrogen, von Feinden nie verfolgt, in seinen liebsten Hoffnungen nie getäuscht, und fast nie in die Versuchung, Böses zu thun, geführt worden ist: der verdient zwar, wenn sein Wandel unbefleckt blieb, den Namen eines guten, nie aber eines tugendhaften Mannes; er kann nie demjenigen gleichgestellt werden, der unter Kampf und Beschwerde sich des Herzens Reinheit bewahrte."

Uebrigens haben wir schon vorher bemerkt, daß man in manchen Fällen sowohl ein Semikolon als ein Kolon setzen kann; so z. B. auch, wenn man schreibt: er ist ein äußerst unternehmender Mensch; oder: nichts ist so schwer, das er nicht für leicht hält. Nimt man ein Semikolon, so nennen manche Grammatiker dies das erklärende Semikolon. Noch häufiger ist der Fall, wie wir ebenfalls gesehn haben, daß sich statt eines Semikolons ein Komma setzen lässt, und umgekehrt. Aber auch ein Punct kann nicht selten statt des Semikolons gebraucht werden (,wie wir § 957 sehen werden). So sagt auch Heynatz (l. c. S. 450): „wenn die Sätze, die ein Semikolon vor sich fordern, zu lang werden, so wird aus dem Semicolon ein Punkt, und werden sie zu kurz, so ist ein Comma genug. Was aber zu lang oder zu kurz sey, kömmt auf eines jeden eigne Beurtheilung an."

952) Wir haben schon (§ 946) gesagt, daß viele der neuern Grammatiker das Semikolon auf eine Art brauchen, die wir durchaus verwerfen müssen. Jetzt wird man es deutlich sehen, warum wir den Gebrauch dieses Zeichens, insofern es vor jedem entgegensetzenden Bindeworte stehen soll, wie klein der Gegensatz auch sei, vor den Nachsätzen u. s. w. für falsch erklären. (Leider lehrt selbst Adelung, daß bei sehr vielen Arten der Sätze der Nachsatz vom Vordersatze durch ein Semikolon getrennt werden soll. Auch Pölitz spricht zwar sehr ausführlich, aber, nach unsrer Ueberzeugung, ganz unrichtig vom Semikolon. Dagegen hat schon der ältere Moritz den Gebrauch dieses Zeichens sehr gut und richtig angegeben.) Schlecht nennen wir es also, wenn z. B. Becker interpungirt (l. c. S. 418): wie süß ist es, zu wissen, daß unsere Freude fremde Wangen röthet; (,) daß unsre Angst in fremden Busen zittert; (,) daß unsere Leiden fremde Augen wässern. Hatte er seine Geschäfte in der engen Schreibstube vollendet; (,) so wollte er auch gut essen (,) und wo möglich, noch besser trinken. (Mehrere Beispiele dieser Art sehe man § 906.) Eben so, wenn Bernhardt schreibt (l. c. S. 346): er konnte nicht kommen; denn er war krank. Zwar ist er fleißiger geworden; aber seine Lehrer sind doch noch nicht mit ihm zufrieden. Eben so, wenn Herling (l. c. Th. 2, S. 196) schreibt: die Regeln der Syntax gründen sich auf die Forderungen der Wahrheit, Deutlichkeit und leichten Erkennbarkeit des logischen Verhält-

nisses; (,) der grammatischen Richtigkeit ihrer Verknüpfung; (,) der leichtern Uebersehaulichkeit u. s. w.. (S. 400:) Was mich und jeden, der es hörte, in Erstaunen setzte; (,) was man von ihm unter solchen Umständen gar nicht erwarten durfte, ist die Schnelligkeit, mit welcher er das Werk vollbrachte. (Hier ist es widrig, daß die beiden Relativsätze mit was, deren jeder eine Umschreibung eines Theils des ausgelassenen Prädicats des Hauptsatzes ist, von einander durch ein Semikolon getrennt werden sollen, da doch ihr Ganzes nur durch ein Komma vor ist von diesem Hauptsatze geschieden werden kann. Der Sinn ist: seine Schnelligkeit [Subject] ist [was? Antwort: das Prädicat] etwas Erstaunliches und Unerwartetes.)

Zusatz. Radlof schlägt vor, da wir gesehn haben, daß das Semikolon Redeeinschnitte von dem Grade nach sehr verschiedener Wichtigkeit bezeichnen muß, wie ein doppeltes Komma, (ein Halb- und Vollkomma , ,) so auch ein doppeltes Semikolon (; ;) einzuführen, so daß es durch diese Zeichen mit dem Puncte eine Steigerung von fünf Zeichen gäbe (, , ; ; .). Es ist indessen unwahrscheinlich, daß man diesen Vorschlag, so zweckmäßig er auch ist, jemals annehmen werde.

C. Das Kolon.

953) Wir haben uns schon (§ 946) dahin ausgesprochen, daß wir die Annahme, das Kolon, der Doppelpunct sei ein größeres Zeichen als das Semikolon, nehme den Rang zwischen diesem und dem Punct ein, und stehe da, wo ein Semikolon durch Bezeichnung der Trennung, Pause, der Cäsur u. s. w. nicht mehr hinreiche, durchaus verwerfen müssen. Daraus folgt, daß wir eben so auch die auf dieser Ansicht beruhenden Behauptungen und Regeln Ludewigs (l. c. S. 60—63) verwerfen, namentlich: „1) das Kolon stehe im Allgemeinen da, wo die Theile eines Satzgefüges zu trennen sind, welche schon Semikolon in sich enthalten; 2) es trenne die Haupttheile einer Zusammenziehung, wenn innerhalb jener schon eine Trennung durch Semikolon nöthig geworden ist; *) 3) es trenne

*) Zur Erläuterung dieser Regel giebt Ludewig folgendes Beispiel an: „theils das Lesen von Büchern, in denen die mystische Idee ausgesprochen wird, daß die Gottheit nur durch Beten, Fasten und Kasteiungen bewogen werden könne, dem sündigen Menschen zu verzeihen; oder daß das Gottesreich auf Erden nur durch

aus demselben Grunde den gemeinschaftlichen Hauptsatz von den ihm vorangehenden, schon durch Semikolon unter sich getrennten, nicht unter sich zusammengezogenen Nebensätzen; *) 4) es trenne aus demselben Grunde den gemeinschaftlichen voraufgehenden Nebensatz von den ihm nachfolgenden, schon durch Semikolon getrennten, nicht unter sich zusammengezogenen Hauptsätzen; **) 5) es müsse aus demselben Grunde zwischen

---

blinden Glauben und Frömmelei, nicht aber durch Aufklärung und thätiges Christenthum gefördert werden müsse: theils der Umgang mit Träumern u. s. w. hat schon Manchen zur Intoleranz, Lieblosigkeit, ja sogar zum Wahnsinn gebracht; eine Erscheinung, auf welche billig jeder Staat seine Aufmerksamkeit richten sollte." Obgleich Ludewig hinzusetzt: „offenbar findet hier zwischen den beiden Haupttheilen der Zusammenziehung die größte Caesur statt, und diese muß hier durch ein Kolon bezeichnet werden, weil schon die geringere Caesur durch ein Semikolon angedeutet ist:" so müssen wir doch diese Interpunction ganz verwerfen. Die Periode besteht gar nicht aus Vorder- und Nachsatz, zwischen denen ein Kolon stehen könnte, sondern aus zwei Haupttheilen, die ganz dasselbe grammatische Verhältniß darstellen: theils das Lesen u. s. w., theils der Umgang u. s. w. hat manchen zur Intoleranz gebracht; diese dürfen daher nicht durch ein Kolon, sondern müssen durch ein Semikolon (oder gar nur ein Komma) vor dem zweiten theils von einander getrennt werden. Der Schluß der Periode: eine Erscheinung u. s. w. hat hier ein Semikolon vor sich, weil er elliptisch angegeben ist. Hieße es vollständig: dies ist, oder: und dies ist eine Erscheinung, so könnte ein Punct vor demselben stehen. Auch wäre vor dem oder statt des Semikolons schon ein Komma zur Trennung hinreichend.

*) Die für diese Regel von Ludewig angegebenen Beispiele sind richtig interpungirt, aber nicht in Folge dieser Regel, sondern das erste, weil bei so der Nachsatz anfängt, und das zweite, weil es eine invertirte Anführung oder Aufzählung enthält. Es sind folgende: „wenn dir auch das Glück noch so sehr lächelt; (oder,) wenn auch Alles gelingt, was du unternimmst: so bist du doch keinen Augenblick sicher, daß ein Sturm über dich einbricht. — Daß es schädlich ist, mit gemeinen Menschen zu vertraut zu werden; (oder,) daß dadurch schon Mancher unglücklich geworden ist: das lehrt die Erfahrung." (Die natürliche Satzfolge ist: die Erfahrung lehrt [das]: es ist schädlich u. s. w.)

**) Für diese Regel und das Beispiel, das Ludewig für dieselbe anführt, gilt wieder ganz unsre eben bei der dritten Regel angegebene Bemerkung. Man kann mit Ludewig interpungiren: „wenn du Gott und die Tugend liebst: (oder,) so erwirbst du dir die Liebe Gottes und aller guten Menschen; (oder,) so gründest du dein Glück für diese und für jene Welt;" aber nicht wegen der angegebenen Regel, sondern weil bei so der Nachsatz anfängt.

einzeln aufzuführende Beispiele gestellt werden, wenn diese schon durch Semikolon getrennt sind; *) 6) es trenne in jeder eigentlichen Periode die Hebung von der Senkung, (man sehe § 97, Th. 1, S. 224,) wenn in einer von beiden schon Semikola als Trennungszeichen der einzelnen Glieder vorgekommen sind; (diese Behauptung ist viel zu allgemein; Ludewigs Beispiel ist eine sehr lange Periode mit mehreren Vordersätzen, die durch wenn eingeleitet werden, und mit mehreren Nachsätzen, die mit so anfangen, und vor deren erstem deswegen mit Recht ein Kolon steht;) 7) es diene in jedem andern Satzgefüge als Zeichen der Hauptcäsur, wenn entweder schon Semikola vorhergegangen sind oder nachfolgen." (Auch diese Behauptung ist viel zu allgemein, und darum verwerflich. Wir müssen Ludewigs Interpunction der für dieselbe aufgeführten Beispiele geradezu falsch nennen) **).

---

*) Was Ludewig mit dieser sehr undeutlich ausgedrückten Regel sagen will, zeigt erst sein Beispiel: „nach der verschiedenen Bedeutung, die sie haben, werden auch verschieden conjugirt: erschrecken, erschreckte, erschreckt; erschrecken, erschrack, erschrocken: schleifen, schleifte, geschleift: schleifen, schliff, geschliffen." Hier bilden nämlich die sechs Wörter erschrecken bis erschrocken das volle erste, und die sechs Wörter schleifen bis geschliffen das volle zweite Beispiel, deren jedes die drei ersten Wörter der regelmäßigen Conjugation von den drei letzten Wörtern der irregulären Biegungsart durch ein Semikolon trennt, (und richtig trennen kann,) und deswegen will Ludewig die beiden Beispiele selbst durch ein Kolon von einander scheiden. Dies ist aber ganz falsch. Es darf zwischen die verschiedenen Beispiele, die grammatisch alle in einem und eben demselben Verhältnisse zu dem Hauptsatze stehen, dessen Subject sie nämlich bilden: erschrecken und schleifen werden nach ihrer verschiedenen Bedeutung auch verschieden conjugirt, durchaus kein Kolon, sondern nur ein Semikolon gesetzt werden. Am besten würde man schreiben: erschrecken, erschreckte, erschreckt und erschrecken, erschrak, erschrocken; schleifen, schleifte, geschleift und schleifen, schliff, geschliffen. Doch wenn man auch die Semikolon zwischen erschreckt und erschrecken, geschleift und schleifen beibehält, so muß dennoch vorm ersten schleifen ebenfalls ein Semikolon stehen.

**) Ludewig interpungirt: „es giebt viele Menschen, die das Gute wirklich wollen; (besser,) die es sogar nach Kräften zu befördern suchen: (statt;) aber sie täuschen sich sehr häufig über die Beweggründe dazu, indem sie da aus Tugendeifer zu handeln glauben, wo nur Selbstsucht sie leitet (.) — Zwar läßt es sich nicht leugnen, daß das Leben die Bedingung aller geistigen und leiblichen Vervollkommnung und aller Freuden auf Erden (auf der Erde) ist: (statt;) dennoch giebt es Fälle, wo diese Rücksichten ganz aus den Augen gesetzt werden dürfen; (besser,) wo es sogar Pflicht wird, das Leben nicht zu achten."

Eben so muß man als viel zu allgemein Beckers Regel (l. c. S. 419) verwerfen: „das Kolon wird gebraucht bei der Verbindung des Vorder- und Nachsatzes einer Periode; (,) wenn der Vordersatz und der Nachsatz, oder auch nur der Vordersatz (,) überhaupt, und besonders durch beigeordnete und untergeordnete Nebensätze, zu einem großen Umfange erweitert ist (;) z. B. Wilhelm gedachte sogleich das Pferd zu besteigen (,) und sich aus einem Hause zu entfernen, in welchem ihm unter den gegebenen Umständen unmöglich (nicht oder: durchaus nicht) wohl werden konnte: allein der gute Mann wollte ihn u. s. w. nicht unbewirthet entlassen." Nein, solche Adversativsätze dürfen nicht durch ein Kolon, sondern nur durch ein Semikolon von einander getrennt werden. Eben so verwerflich ist Bernhardts Behauptung (l. c. S. 392): „das Kolon steht, um mit einander verbundene Gesätze, die in sich bereits durch Strichpunkte getheilt sind, zu sondern." (Auch er führt ein Beispiel an, in welchem er vor das entgegensetzende aber ein Kolon setzt.) (Auch Herling führt l. c. Th. 2, S. 402 diese verwerflichen Regeln an. So auch Grunow, l. c. S. 340.)

954) Ehe wir nun den richtigen Gebrauch des Kolons angeben, müssen wir noch folgende Bemerkung machen.

Die meisten Grammatiker, deren Angabe über den Gebrauch des Kolons wir verwerfen müssen, (§ 953,) nehmen den Begriff Nachsatz in einem zu weiten Sinne. Man versteht und verstehe aber eigentlich unter Nachsatz nur, wie wir früher (§ 776, Th. 4, S. 535 und 536) auseinandergesetzt haben, denjenigen Satz, (Hauptsatz,) welcher mit concessiven, conditionalen, causalen, zuweilen auch mit comparativen und consecutiven Nebensätzen, die ihn als seine Vordersätze begründen (im weitern Sinn), ein Satzganzes (,ein Gesätz, einen Gliedersatz, eine Periode) bildet. Diese Vordersätze können demnach besonders mit den Bindewörtern obgleich, obwohl, wenn gleich, wenn auch, wenn, (so = wenn,) da, weil, wie, so wie, als anfangen; doch können diese Bindewörter auch wegbleiben. Der Nachsatz hat gewöhnlich das Bindewort so vor sich, oft auch die Umstandswörter da, dann (= zu dieser Zeit, unter solchen Umständen), wie u. s. w., oft aber auch weder ein Binde- noch Umstandswort. (Aus dieser Bestimmung sehen wir sogleich, daß wir z. B. in der causalen Satzverbindung: ich gehe heut nicht spazieren, denn ich habe keine Zeit, weder einen Vorder- noch Nachsatz annehmen, schon weil beide Sätze Hauptsätze sind. Dasselbe gilt namentlich für die adversative Satzverbindung: ich gehe heut nicht spazieren; aber morgen thue ich es ganz gewiß. Eben deswegen erklären wir in dieser den Gebrauch des Kolons für unrichtig. Man vergleiche den Schluß des gegenwärtigen Paragraphen.)

Diese Nachsätze, welche mit so anfangen, (oder anfangen können,) nennt Grunow übrigens (l. c. S. 188) absolute, unbedingte, weil sie zur Verständlichkeit des Vordersatzes durchaus nöthig sind; dagegen nennt derselbe diejenigen Sätze relative, beziehende Nachsätze, deren Verständlichkeit vom Vordersatze abhangt, indem sie den Grund der Behauptung des Vordersatzes oder irgend einen erläuternden Umstand desselben angeben, und deswegen denn, weil, aber, doch und dergleichen Bindewörter vor sich haben. Man sieht, wir nennen dies gar nicht Nachsätze (, und namentlich nennen wir nach § 776 in Grunow's Beispiel: wir alle können fehlen, weil wir Menschen sind, gerade umgekehrt den Satz weil wir Menschen sind den Vordersatz, der nur durch Inversion der Sätze seinen Platz hinter dem Nachsatze so können wir alle fehlen erhalten hat). Will man auf Grunows Bestimmung Rücksicht nehmen, so könnte man seine relativen Nachsätze im weitern, und seine absoluten Nachsätze im engern Sinn nennen.

Nach dieser vorläufigen Bestimmung können wir nun dem Kolon nur einen doppelten Hauptgebrauch beilegen, daß es nämlich den Anfang eines (absoluten) Nachsatzes und eine Aufzählung, ein Beispiel u. dgl. bezeichnet.

I. Das nachsetzende Kolon wird also 1) in allen längern Satzverbindungen, die aus einem ein- oder mehrtheiligen, ausgebildeten oder erweiterten concessiven, conditionalen, causalen, oder auch comparativen oder consecutiven Vordersatze und aus einem (absoluten) Nachsatze bestehen, vor diesen Nachsatz gesetzt, mag derselbe mit oder ohne so, da, dann, wie (, alles dies, zu dieser Zeit,) u. dgl. anfangen, oder auch eine andere Satzform, die Gestalt einer Frage, eines Ausrufs oder eines Relativsatzes u. s. w. angenommen haben.

Wie lang aber solche Verbindungen von Vorder- und Nachsatz sein müssen, damit sie den Namen der längern verdienen, und ein Kolon erhalten, indem bei kürzern der Nachsatz nur durch ein Komma vom Vordersatze geschieden wird, darüber hangt die Bestimmung und Entscheidung in der That nicht selten von der Willkühr des Schreibenden ab. Nur versteht es sich von selbst, daß ein Vorder- oder Nachsatz, der aus mehreren vollständigen Sätzen besteht, zu den längern gerechnet werden muß. Dagegen macht man oft selbst zwischen einem ganz kurzen Vorder- und Nachsatze doch auch schon ein Kolon, wenn durch dieses Zeichen (nach § 956) die Aufmerksamkeit des Lesers erregt, ein besonderer Nachdruck bezeichnet werden soll u. s. w., und namentlich auch, wenn der Vordersatz das ihn charakterisirende Bindewort (, das concessive obgleich, das conditionale wenn, das causale da oder weil u. s. w.) verloren, und durch Inversion eine andere grammatische Form angenommen hat.

Beispiele sind: ob es gleich, wie ich nicht leugne, recht schönes Wetter ist, ich auch wirklich keine wichtige Arbeit, sondern freie Zeit genug dazu habe: so werde ich heut doch nicht spazieren gehen, weil ich vermuthe und hoffe, daß mein Bruder mich Nachmittag besuchen werde. Obgleich uns so Manches im Laufe der Weltbegebenheiten und im Schicksal einzelner Menschen dunkel und räthselhaft scheint, weil wir den Zusammenhang der Dinge mit unserm beschränkten Verstande nicht zu durchschauen vermögen: wir dürfen (, für: so dürfen wir) deshalb doch nicht an der Regierung des allweisen und allgütigen Gottes irre werden. Wenn schon hier auf der Erde immer die Tugend nach Verdienst belohnt, und das Laster nach Gerechtigkeit bestraft würde: (oder ,) so würde die Lehre von der Unsterblichkeit unsrer Seele und von einer zukünftigen Vergeltung einen großen Theil ihrer überzeugenden Kraft verlieren. Wenn nur alle Christenthumslehrer immer mehr auf das rein Praktische im Christenthume dringen; wenn nur die Ueberzeugung immer weiter verbreitet, und immer fester begründet wird, daß alle wissenschaftlichen Divergenzen die Hauptsumme aller Lehre: fürchte Gott, und halte seine Gebote, denn das gehört allen Menschen zu, denn Gott wird alle Werke vor Gericht bringen, das verborgen ist, es sei gut oder böse; und abermals: das ist das ewige Leben, daß sie dich, daß du allein wahrer Gott bist, und den du gesandt hast, Jesus Christus, erkennen, — nicht im Geringsten abändern: so erhalten wir die Gemeine des rein praktischen Christenthums u. s. w. *). Wenn Gerechtigkeit und Treue leere Namen werden; wenn die Bosheit sich des Erdkreises bemächtigt; wenn die Arglist über die

*) Wir haben diese lange, häßliche Periode aus Röhrs Predigerbibliothek, Band 12, Heft 6, 1831, S. 1118 entnommen. Es ist da hinter abändern ein Punct gesetzt, so daß ein Punct den Nachsatz so erhalten wir vom Vordersatze trennt. Das ist durchaus verwerflich. (Auch Schleiermacher, der überhaupt sehr schlecht interpungirt, trennt sehr oft den Nachsatz durch einen Punct vom Vordersatze.)

Redlichkeit siegt: dann (oder so) ist das Grab (, oder: dann, Grab, bist du) die Zuflucht der Tugend. (Oder: ist dann nicht das Grab noch die Zuflucht der Tugend? oder: o Grab, bist dann nicht noch du die Zuflucht der Tugend?) Wenn der Mensch sich nicht von Jugend auf gewöhnt, sich selbst zu beherrschen; wenn er nicht ernst über seine Bestimmung nachdenkt; wenn er sich nicht stets eifrig bestrebt, sich mit jedem Tage immer mehr auszubilden und zu bessern: wie unglücklich wird und muß er sich dann im Alter fühlen! Fühlt einst mein Herz des Todes Schrecken: dann, Herr, erleichtre freundlich mir die Last. (Für: wenn mein Herz die Last fühlt, so erleichtre mir dieselbe.) War Jesus Christus nicht Gottes Sohn: wie konnte er den Tod überwinden? (Für: wenn er es nicht war, so konnte er den Tod nicht überwinden.) Da der Mensch so oft und so leicht durch Schwachheit und Uebereilung, oder durch Reizung sinnlicher Gegenstände und böser Menschen, überhaupt durch zahllose Umstände und Veranlassungen zu einer bösen Handlung verleitet werden kann: so sollten wir um so weniger lieblos und hart über ihn urtheilen, je mehr wir an uns selbst ebenfalls Schwächen und Fehler wahrnehmen werden, wenn wir nur ernst auf uns achten. Da ich dich so oft, so dringend und aus so reinen Absichten und Beweggründen um die Erfüllung meines Wunsches gebeten habe: sollte ich nicht jetzt mit Zuversicht auf dessen endliche Gewährung rechnen dürfen? (für: so darf ich jetzt u. s. w..) Da der neu angekommene Lehrer ein solches Betragen der Schüler, solche Sittenlosigkeit und Undankbarkeit bei seinen frühern Anstellungen an den Gymnasien in P. und B. noch nie kennen gelernt hatte: welche Reue musste er jetzt fühlen, zu uns gekommen zu sein! (oder: wie groß musste der Widerwillen sein, mit dem er sein neues Lehramt antrat!) Wir können uns mit unsern Gedanken zu Gott erheben; wir haben freien Willen und ein Gewissen; wir sind zur Unsterblichkeit bestimmt: folglich sind wir (, oder: wir sind folglich, oder: darum, deshalb, also sind wir, oder: sind wir also nicht) über alle andern Erdengeschöpfe erhöht. (Für: da wir unsre Gedanken zu Gott erheben können, so sind wir erhöht.) Der Papst drohete mit Bann und Interdict; die Geistlichkeit versagte den Gehorsam; die unruhigen Vasallen murrten; das gemeine Volk empörte sich: deshalb musste der Kaiser endlich seinen starren Sinn beugen. (Für: weil der Papst drohete u. s. w., so musste er seinen Sinn beugen.) Wie (oder So wie) man an einzelnen organischen Wesen eine bestimmte

Physiognomie erkennt; wie beschreibende Botanik und Zoologie, im engern Sinn des Worts, fast nichts als Zergliederung der Thier- und Pflanzenformen ist: (eben) so giebt es auch eine gewisse Naturphysiognomie, welche jedem Himmelsstriche ausschließlich zukommt (; nach Radlof). Wie wenn am Horizont leichte Wölkchen aufsteigen, die schnell sich vergrößernd und schwärzend den ganzen Himmel bedecken und verfinstern: so verlor sein Gesicht nach und nach alle frühere Heiterkeit, und ging bald in den finstersten Ernst über. (Oder: verlor nicht sein Gesicht eben so u. s. w.?) Als voreinst (einst) die Griechen durch Alexander und seine Nachfolger und dann durch die Römer sich gänzlich unterjocht, und sie hierdurch (und hierdurch) die Fortdauer der eigenen Staaten, so wie die Erhaltung der (ihrer) herrlichen Sprache, die nunmehr durch allerlei Fremdartigkeiten im Innersten zerrüttet und verunstaltet wurde, äußerst bedroht sahen: da fanden die Denkendsten derselben zur Erhaltung ihres Volks und der herrlichen Sprache kein anderes Mittel, als die reichste und gefälligste ihrer verschiedenen Mundarten, also die attische, stillschweigend (schweigend) zur alleinigen, Allen gemeinsamen Schriftsprache zu erklären. (Radlof.) Als nach Cäsars Ermordung sein Testament, worin er jedem römischen Bürger eine namhafte Summe vermacht hatte, publicirt war: da erwachte die Liebe gegen den großen Mann mit verdoppelter Kraft in der Römer Brust; und leicht gelang es einem Octavian und Antonius, die Armen zu gewinnen, und zu einem Rachezuge zu bewegen. Daß ich heut noch lebe, und die Meinigen gesund um mich versammelt sehe; daß ich noch so manche Wohlthat und Freude des Lebens genieße: dies alles verdanke ich dir *).

Ludewig giebt (l. c. S. 62) auch noch folgende Regel über den Gebrauch des Kolons, die hierher gehört: „wenn

*) Wir haben absichtlich lauter solche Beispiele gewählt, welche wenigstens von einem der im vorigen Paragraphen getadelten Grammatiker falsch, meistens mit einem Semikolon statt des Kolons interpungirt sind, oder durch deren richtige Interpunction dieselben sich Widersprüche gegen ihre eigenen Regeln zu Schulden kommen gelassen haben. So interpungirt Ludewig das vorletzte Beispiel (l. c. S. 59) richtig, und doch schreibt er auch wieder (S. 54): „als man den Damm erhöht, von allen Seiten befestigt (,) und hinlänglich beschützt hatte; da vermogte (vermochte) er endlich der Gewalt des Wassers zu widerstehen; richtig interpungirt derselbe (S. 61): „wenn dir auch das Glück noch so sehr lächelt; wenn dir auch Alles gelingt, was du

an ein aus mehreren auf gleiche Weise aneinandergereiheten Hauptsätzen bestehendes Satzgefüge sich ein Hauptsatz mit einer kausalen Konjunction, namentlich mit denn reihet, der sich auf das ganze vorhergehende Satzgefüge bezieht; (:) so ist derselbe durch ein Kolon zu trennen; z. B. Die Bäume blüheten in voller Pracht und Herrlichkeit; laue, milde Lüfte weheten; die Bienen summten um ihre Stöcke: denn es war Frühling geworden." Man sieht, hier giebt es (nach dem Anfange des gegenwärtigen Paragraphen) gar keinen Vorder- und Nachsatz, und lauter Hauptsätze. Also unmittelbar passt unsre Regel nicht auf diesen Fall. Das ist indessen richtig, auch hier findet eine causale Satzverbindung statt; aber freilich eine solche, welche der bisher betrachteten gerade entgegengesetzt ist, indem der letzte Satz mit dem causalen Bindewort denn (den Grund oder) die Ursache der voranstehenden Wirkungen angiebt, wogegen in den vorigen Beispielen, die ein Kolon für die Causalverbindung verlangten, die voranstehenden Nebensätze mit den causalen Bindewörtern da und weil den Grund oder die Ursach der in dem mit so anfangenden Nachsatze angegebenen Wirkung ausdrückten. Aber welches Satztheilzeichen soll vor dem denn stehen? In kleinern Satzgefügen offenbar ein bloßes Komma: ich komme heut nicht zu dir, denn ich bin krank; in größeren indessen möchte wohl ein Kolon das schicklichste, und Ludewigs Regel also anzunehmen sein; indem die meisten Schriftsteller nicht geneigt sein dürften, ein Semikolon zu setzen. Dies ließe sich nämlich zwar damit vertheidigen, daß solche Periode aus lauter einzelnen, vollständigen Sätzen besteht, deren jeder seinen vollen Sinn hat, und von den andern ganz unabhangig ist, wie denn der Satz: es war Frühling geworden, für sich eben so frei und unabhangig und vollsinnig wie jeder der vorstehenden Sätze: die Bäume blüheten u. s. w., ist, und nur durch sein denn zeigt, daß sein Inhalt als die Ur-

---

unternimmst: so bist du doch keinen Augenblick sicher, daß ein plötzlicher Sturm über dich einbricht (;) — Daß (daß) es schädlich ist, mit gemeinen Menschen zu vertraut zu werden; daß dadurch schon Mancher unglücklich geworden ist: das lehrt die Erfahrung; doch aber setzt er selbst sehr oft ein Semikolon statt dieses Kolons, weil er fälschlich das Kolon nur dann setzen will, wenn im Vordersatze schon Semikolon stehen. Eben diese verwerfliche Beschränkung stellt übrigens auch Heinzelmann, von welchem das letzte Beispiel entlehnt ist, in seinem Noth- und Hülfsbuch zum Rechtsprechen und Rechtschreiben, Magdeburg, 1830, Seite 75 auf.

sach des Inhalts der andern Sätze gedacht werden soll. Aber eben dies Verlangen, diese Causalität tritt zu wenig hervor, wenn man ein Semikolon vor denn setzt, indem man natürlich am meisten geneigt ist, von den drei Semikolon, die dann in der Periode ständen, anzunehmen, daß sie alle zur Bezeichnung desselben Verhältnisses dienen sollen. Deswegen setzen gewiß die meisten guten Schriftsteller vor ein solches denn lieber ein Kolon als ein Semikolon. Und dies um so mehr, da es (nach § 955) geradezu nothwendig wird, ein Kolon zu setzen, wenn man das denn ganz weglässt, indem dann die aufzählende, anführende, Aufmerksamkeit erregende Kraft des Kolons zum Gebrauch desselben auffordert, wie Radlof schreibt: der Vorschlag ist nicht übel: die Belohnung ist der Mühe der Unternehmung angemessen; sie sichert den Unternehmern ein sorgenloses Leben im Alter; und wenn der Ehrgeiz zur Nacheiferung reizt, so werden viele ihrem Beispiele folgen. (Hier denkt man sich denn hinter dem Kolon.)

Es giebt übrigens solcher Fälle noch manche, in denen man zweifelhaft sein wird, ob man ein Kolon oder Semikolon setzen soll. So schreibt Ludewig (S. 62): „er hat es gewiß gern gethan; er muß sich viel(e) Mühe gegeben haben: sonst bleibt das Gelingen des schwierigen Werks ein Räthsel.“ Warum soll hier ein Kolon vor sonst stehen? Ludewigs Grund ist die Regel: „wird zu mehreren mit oder ohne beiordnende Konjunction aneinandergereiheten Hauptsätzen ein andrer mit einer die Hauptinversion (der Nachstellung des Subjects hinter die Copula) erheischenden Konjunction gesetzt; (:) so ist derselbe von den vorhergehenden, wenn diese schon Semikola in sich enthalten, durch ein Kolon zu trennen.“ Diese Regel verwerfen wir (nach § 953) ganz, obgleich Ludewig für sein Beispiel noch hinzusetzt: „die ersten Sätze sind hier gewissermaßen als die Hebung, der letztere als die Senkung anzusehn. Außerdem erheischt die Inversion einen stärkern Ruhepunkt.“ (Es ist gar zu widrig und unlogisch, nach Ludewig das vorige Beispiel [richtig] mit Kolon interpungiren, doch aber nach ihm auch wieder mit Semikolon schreiben zu sollen: er hat es gewiß gern gethan; sonst bleibt das Gelingen des Werks ein Räthsel. Ueberdies ist sonst auch nicht ein Bindewort.) Aber das Kolon halten auch wir für das schicklichste Zeichen, (obgleich wir das eben angegebene kürzere Satzgefüge nur mit einem bloßen Komma schreiben,) wieder weil ein Semikolon vor sonst nicht die Aufmerksamkeit des Lesers dahin lenken würde, daß der folgende Satz ein anderes grammatisches Verhältniß als die vorhergehenden ausdrückt, und weil ein Komma und Punct hier gar nicht stehen dürfen*). Ein deutlicher, bestimmter Grund lässt sich indessen für dies Kolon schwerlich angeben (, und wer ein Semikolon setzen wollte, dürfte nicht gerade zu als ein Irrender verworfen werden). Wir werden etwa sagen: das ganze Satzgefüge steht für: wenn er es nicht gern gethan, wenn er sich nicht viele Mühe gegeben hätte: so würde das schwierige Werk nicht gelungen sein; oder für: wenn man nicht annehmen wollte, daß er es gern gethan, und sich viele Mühe gegeben hat: so ließe sich das Gelingen des schwierigen Werks nicht erklären, oder: so bliebe es ein Räthsel.

Die ganze Periode gilt also für eine conditionale, und hat deswegen vor dem Satze, welcher deren Nachsatz vorstellt, ein Kolon.

955) II. Das anführende Kolon wird im Allgemeinen gesetzt, wenn einzelne Satztheile oder ganze Sätze gewissermaßen angekündigt, oder ganz besonders hervorgehoben werden sollen. (Bernhardt sagt l. c. S. 390: wenn sie als Objecte andrer Satztheile oder Sätze angedeutet werden sollen.) Diese Ankündigung, dies Ankündigen, Hervorheben geschicht dabei entweder durch den Inhalt des unmittelbar vorhergehenden Satzes, oder noch besonders durch eigene, ausdrücklich dazu bestimmte Partikeln, (Umstands- oder Bindewörter: als, wie, nämlich, namentlich u. s. w.,) denen dann das Kolon folgt, oder bloß eben durch dies Kolon selbst.

Aus dieser allgemeinen Bemerkung ergiebt sich, daß dies anführende Kolon also namentlich besonders steht: 1) wenn man seine eigenen oder eines andern Worte oder Gedanken unmittelbar anführt, also jemanden (, sich selbst oder einen andern) redend aufführt. (Oft hebt man solche angeführten Worte auch noch durch Hinzufügung des Anführungszeichens hervor, über welches § 983 spricht.) Beispiele sind: noch im

---

*) So ist es auch widrig, wenn Herling S. 400 interpungirt: „was mich und jeden, der es hörte, in Erstaunen setzte; was man von ihm unter solchen Umständen gar nicht erwarten durfte, ist die Schnelligkeit, mit welcher er das Recht vollbrachte.“ Nein, da hier die beiden Relativsätze unter sich durch ein Semikolon getrennt sind, so darf der Hauptsatz billig nicht bloß durch ein Komma von ihnen getrennt werden, sondern man schreibt besser: durfte: das ist die Schnelligkeit. Will man aber dies das des Hauptsatzes weglassen, und vor ihn bloß ein Komma setzen, dann muß man auch die Relativsätze nur durch ein Komma trennen, und deswegen statt des Semikolons vor dem zweiten was ein bloßes Komma setzen.

Todeskampf betete Christus für seine Feinde: Vater, vergieb ihnen, denn sie wissen nicht, was sie thun; (oder: „Vater, vergieb, sie wissen nicht, was sie thun;") im Cicero steht: es ist unsre Pflicht, guten Rath anzunehmen; Gott sprach: es werde Licht! jeder rufe laut: es lebe der König! ich dachte: du kannst lange warten; ewig steht die Wahrheit fest: die Lüge ist das verderblichste Laster; mich dünkt, unsre Vorfahren haben Recht: eine Nation, die allen gefallen will, verdient, von allen verachtet zu werden. (Hier denkt man sich hinter Recht: wenn sie behaupten, sagen.)

Werden aber solche Reden, Sätze, Gedanken nicht unmittelbar, buchstäblich (in der Form eines Hauptsatzes), wie sie gesprochen, geschrieben, gedacht sind, sondern nur mittelbar, umschreibend, erzählungsweise (,in der Form eines Nebensatzes) angeführt, so steht gewöhnlich nur ein Komma vor ihnen: Christus betete, Gott möge seinen Feinden vergeben; schon im Cicero steht, schon er sagt, daß man guten Rath annehmen muß oder müsse; ich dachte, darauf solle oder könne er noch lange warten. Doch behaupten selbst manche guten Sprachlehrer, z. B. Roth, auch bei dieser indirecten Anführung (oratio obliqua) müsse im längern Satzgefüge ein Kolon stehen, wenn dadurch für den Leser der Nachdruck oder die Deutlichkeit befördert werde.

Zuweilen hangt es unleugbar hierbei von der Willkühr des Schreibenden ab, ob er ein Komma oder Kolon setzen will, wenn nämlich die angeführte Rede die Form, die Gestalt eines Hauptsatzes, der unmittelbaren Rede hat, und doch auch zugleich grammatisch und logisch als Nebensatz, als erzählungsweise angeführte Rede aufgefasst und verstanden werden kann! Wenn man z. B. sagt: Gott sprach — es möge Licht werden, so wird man hinter sprach ein Kolon setzen, insofern man die folgende Worte als directe Rede, als Hauptsatz Gott buchstäblich in den Mund legen will, (wie man mit einem Kolon schreiben muß: Gott sprach: es werde Licht!) ein Komma hingegen, insofern man diese Worte als indirecte, erzählungsweise angeführte Rede, als einen Nebensatz betrachtet (, wie man mit einem Komma schreiben muß: Gott sprach, daß das Licht werden möge, solle). Eben so verhält es sich, wenn man schreibt: ich denke, glaube, hoffe (: oder ,) du wirst damit zufrieden sein, du verlässest mich nicht; man setzt das Kolon, wenn der Ausdruck unmittelbar als Hauptsatz den Gedanken ausdrücken soll, das Komma aber, wenn man ihn als den mittelbar ausgedrückten Gedanken, als einen Nebensatz aufgefasst wissen will, der gesetzt sei für: daß du damit zufrieden sein wirst. Ja, nicht selten kann man das Kolon auch ohne allen Ersatz weglassen. Wie man z. B. weder Kolon noch Komma setzen darf, wenn man schreibt: die Vernunft antwortet hierauf ein festes Ja, mit einem deutlichen Ja, mit ja: so kann man auch ohne Kolon schreiben: sie antwortet hierauf ja; der Ruf Feuer erschreckte uns alle aufs höchste; nur zeichnet man das Angeführte dann gewöhnlich beim Schreiben durch Unterstreichung, und beim Drucken durch gesperrte Schrift, zuweilen auch durch die Anführungszeichen aus.

Ein anderer Fall ist es, wenn die Ankündigung der Rede, der Schriftstelle oder des Gedankens nicht am Anfange, sondern mitten in diesem Ausspruche, nach einigen Worten desselben steht. Dann steht die Ankündigung zwischen Komma, der Ausspruch selbst aber bedingt an sich gar kein Zeichen, das vor ihm stehen müsste, sondern kann jedes Zeichen vor sich haben, und namentlich auch ein Kolon, wenn die jetzt besprochene, oder eine andre fürs Kolon gültige Regel dies fordert. Ein Beispiel ist folgendes: ich bat ihn, bei mir zu bleiben; nein, sprach er, das kann nicht geschehen. Aber, fuhr er nach einiger Zeit fort, willst du mit zu mir kommen? Sehr gern, dachte ich, eben nicht; indessen: o ja, recht gern! antwortete ich, um ihn nicht böse zu machen.

Man sieht, hier steht nur vor der letzten der angeführten Reden: o ja, recht gern, ein Kolon, und dies muß der Deutlichkeit wegen gesetzt werden, weil der Leser sonst das indessen mit zu dieser Rede ziehen würde, deren Anfang dann also nicht deutlich wäre.

Diese Berücksichtigung der Deutlichkeit ist auch der Grund, daß auch Ludewig (l. c. S. 65), wie wir schon von Roth für diese oratio obliqua angegeben haben, eben folgende Ausnahme von unsrer vorhergehenden Hauptregel aufstellen will: „erscheint ein solcher Satz (Ausspruch) in Form eines Nebensatzes so in der Mitte eines Satzgefüges, daß ihm durch Kommata getrennte Sätze schon voraufgehn oder nachfolgen; (:) so muß der Deutlichkeit wegen ein Kolon gesetzt werden; z. B. Es ist allgemein bekannt, was ihm der König antwortete: daß seinen Bitten nicht willfahrt werden könne, (oder: seinen Bitten könne nicht gewillfahrt werden,) weil die Noth des Staats zu groß sei." Es lässt sich zwar nicht leugnen, daß dies Kolon vor daß den Anfang der Antwort deutlich macht; doch aber verstößt dasselbe immer widrig gegen die Hauptregel, vor indirect mit daß durch Nebensätze aufgeführte Reden nur ein

Komma zu setzen *). Weniger wird man gegen das Kolon vor daß in folgender Verbindung einzuwenden haben: ihr wißt ja, was tausendmal gesagt ist: daß jeder seine Noth, wenn er deren Druck gerade recht empfindlich fühlt, für die schwerste zu halten geneigt ist. Man kann sich hier nämlich die Rede als directe Antwort auf die Frage denken: was ist gesagt?

Uebrigens sei es für diesen Gebrauch des anführenden Kolons noch bemerkt, daß es billig ist, wenn und wie man durch dies Kolon den Anfang des angeführten Ausspruchs und die dabei statt findende Redepause bezeichnet, auch das Ende desselben und die dabei anzubringende Pause zu bezeichnen, und zwar, wenn der Zusammenhang des Satzgefüges nicht von selbst die Anwendung eines andern Satzzeichens gebietet, wenigstens durch ein Komma. Man schreibe also: ich werde den Ton seiner Abschiedsworte: nie seht ihr mich wieder, (oder!) nicht vergessen, so lange ich lebe. Hier zeigt das Kolon vor nie den Anfang, und das Komma hinter wieder den Schluß der Abschiedsworte an.

2) Ferner steht das anführende Kolon, wenn man überhaupt irgend etwas gleichsam aufzählend angiebt, als: Beispiele, Aussagen, Behauptungen, Erläuterungen, Beweise, Personen- oder Sachennamen, Büchertitel u. s. w., u. s. w..

Freilich kann man nicht selten das Kolon auch hierbei wieder ganz weglassen; das ist aber kein Einwurf gegen diese Regel, denn man wird es doch immer setzen, sobald man die Absicht hat, die Aufmerksamkeit des Lesers besonders anzuregen, und in vielen Fällen muß man es setzen, namentlich wenn man durch die Construction der Rede oder durch die oben angegebenen eigenen Wörter namentlich, nämlich, als, wie u. s. w. auf diese Aufzählung besonders hinweiset.

Beispiele sind: gestern haben mich mehrere Freunde besucht, namentlich (,oder als, oder z. B., oder nämlich): der

---

*) Noch widriger ist dies Kolon vor daß, wenn dies daß nicht einmal eine Rede erzählend anführt, sondern hinter so steigernd ist, wie Hund-Radowsky im Christenspiegel, Stuttgard, 1830, Th. 3, S. 64 schreibt: „der Gott der Juden ist immer verdrießlich, ein Feind aller Menschen, mit Ausschluß seiner Lieblinge, der Juden, im höchsten Grade eifersüchtig, und dabei so auffahrend und jähzornig: daß seine Freunde und Vertraute (n) ihn häufig nur mit größter Mühe, durch vernünftige Vorstellung und dringendes ernstliches Zureden (,) dahin bringen können, seine schlimmen Handlungen zu bereuen, seinen bösen, verderblichen Vorsätzen zu entsagen, und die von ihm heilig geschwornen Eide nicht auf das Treuloseste zu brechen.“

Landrath, der Bürgermeister und der Doctor *); gestorben sind bei uns in diesem Jahr: 50 Männer, 40 Frauen und 30 Kinder; es ist eine ganz unbestreitbare Wahrheit: die Lüge ist das schändlichste und verderblichste aller Laster; o, wie auch der Zeiten Wechsel schwanke, bleibt uns doch der göttliche Gedanke: höhern Wesen sind wir anverwandt; (Schiller;) o glaubet, glaubt: wer nicht weiß, wie man sich auf Dornen bettet, den hat die beste Rast noch nicht erquickt; (Jacobi;) aufmerksam sein heißt: seine Gedanken ernst und anhaltend auf einen und eben denselben Gegenstand richten; es ist mit den Sinngedichten, wie mit den Erfindungen überhaupt: die besten sind diejenigen, wobei man sich ärgert, den Gedanken nicht selbst gehabt zu haben; (Göthe;) Beantwortung der Frage: warum sind so wenige Menschen mit ihrem Schicksale zufrieden? (aber ohne Kolon, wenn die Frage indirect aufgeführt wird: Beantwortung der Frage, warum so wenige Menschen mit ihrem Schicksal zufrieden sind;) er ist sehr unglücklich, er hat den Glauben an sich selbst verloren: ein Gemüthszustand, der alle Kraft lähmt; (hier ist der letzte Satz, vor welchem man sich denkt: das ist nämlich, oder: und das ist, eine Erläuterung, gleichsam eine Apposition des vorhergehenden Satzes;) ein Zeichen hat mir Gott verheißen: er sendet mir den Helm, er kommt von ihm; (Schiller; hier deutet das Kolon wieder eine Erläuterung an: das Helmsenden ist eben das verheißene Zeichen;) zu wählen zwischen Tod und Leben vermag kein Thier: es hat nur sinnliche Triebe, die es zwingen, sein Dasein auf der Erde fortzusetzen, so gut es geht; (hier enthält der Ausspruch hinter dem Kolon den Beweis der Behauptung vor demselben;) nur zu viele Regenten unsrer Zeit („als oder wie oder z. B.): Napoleon, Joseph, Hieronymus, Louis, Joachim, Bernadotte, Ludwig XVIII, Philipp, Miguel und Pedro, Wilhelm von Braunschweig u. s. w., sind durch Revolutionen auf den Thron gekommen; edle Metalle sind: Gold, Silber und Platina; zu den Halbmetallen gehören: Galmei, Arsenik, Zink u. s. w.; man sehe: Adelungs Sprachlehre, S. 200; lies: Cicero von den Pflichten, übersetzt von Garve; heut wird auf unserm Theater aufgeführt: Don Carlos, von Schiller, und morgen: Doctor Fausts Vetter, von Angely.

*) Es ergiebt sich von selbst, daß nämlich und namentlich hierbei ganz verschiedene Bedeutung haben: nämlich giebt an, daß weiter keine als die genannten Freunde mich besucht haben; namentlich läßt dies unentschieden.

In den fünf letzten Beispielen kann man das Kolon auch weglassen.

Wenn ein solcher aufgezählter, aufgeführter Satztheil oder Satz nicht am Ende sondern in der Mitte, zwischen den Theilen eines andern, oder zwischen den andern Theilen eines Satzes steht, so macht man nur selten ein Kolon vor (,und dann auch wieder [wie Nr. 1] ein Komma hinter) denselben, sondern begnügt sich gewöhnlich damit, ihn entweder zwischen Anführungszeichen zu setzen, oder beim Schreiben zu unterstreichen, beim Drucken aber durch gesperrte Buchstaben auszuzeichnen, oder man wendet beide Hülfsmittel zugleich an; doch bleibt es erlaubt, selbst mit ihnen, mit einem derselben oder mit beiden zugleich, zu desto größerer Auszeichnung auch noch das Kolon zu verbinden. Man wird also schreiben: ich habe heut Abend: „drei Tage aus dem Leben eines Spielers," gesehen, oder: ich habe heut Abend: drei Tage aus dem Leben eines Spielers, gesehn, oder: ich habe heut Abend: „drei Tage aus dem Leben eines Spielers," gesehn, oder ohne Kolon (und Komma): ich habe (heut Abend) „drei Tage aus dem Leben eines Spielers" gesehn, oder: ich habe „drei Tage aus dem Leben eines Spielers" gesehn, oder: ich habe drei Tage aus dem Leben eines Spielers gesehn. Ganz ohne Andeutung darf die Anführung nicht bleiben, weil der Leser sonst leicht zweifelhaft werden könnte, ob ich das Schauspiel mit dem Titel: drei Tage aus dem Leben eines Spielers, auf dem Theater aufführen gesehen, oder ob ich wirklich einen Spieler beobachtet, und drei Tage seines Lebens gesehn, beobachtet habe.

3) Endlich macht man dies anführende Kolon zuweilen auch noch bloß in der Absicht, die Aufmerksamkeit des Lesers zu erregen und zu erhöhen; namentlich sie auf den Begriff eines einzelnen Worts besonders hinzulenken, vor welches eben das Kolon gesetzt, und das auch wohl noch ausgezeichnet geschrieben oder gedruckt, wohl auch zwischen Anführungszeichen gesetzt wird, und dem auch wieder ein Komma folgt, wenn kein anderes Satzzeichen stehen muß. Doch ist es in diesem Fall fast nie nothwendig, das Kolon zu machen, sondern man kann es auch geradezu weglassen; ja zuweilen ist der Gebrauch desselben für diesen Zweck höchst widrig.

So kann man schreiben: Friedrich der zweite von Preußen hat seinen Beinamen: der Große, mit dem höchsten Recht erhalten; ja, er hat selbst seine Benennung: der Einzige, seinem Verdienst allein zu danken; seine Lieblingsausdrücke: Verdienst und Anstrengung, mussten wir auch jetzt wieder hören; die bösen Wörtchen: „wenn" und „aber," lassen gar zu viele Hoffnungen scheitern; diese Schaubühne des höchsten Gewirrs heißt mit einem Worte: Welt; unser Theater giebt jetzt in fünf Jahren zum hundertsten mal: Fra Diavolo, und vielleicht kaum zum zehnten male seit funfzig Jahren: Lessings Näthan der Weise. Doch kann man das Kolon (und das ihm zustehende Komma) auch in allen diesen Redensarten weglassen. (Man wird dann aber das auszuzeichnende Wort gern inniger mit der Construction des Satzes verbinden, und also schreiben: Friedrich hat seinen Beinamen des Großen mit Recht erhalten; er verdankt seine Benennung des Einzigen [,aber nicht: den Großen, den Einzigen] seinem Verdienst; unser Theater führt heut zum zehnten male Lessings Nathan den Weisen auf.) Und wir müssen es selbst geradezu verwerfen, wenn z. B. Becker, indem er (l. c. S. 273) von der Bedeutung des Wortes doch spricht, mit Kolon schreibt. diese Bedeutung hat: doch, wenn es elliptisch steht; jedoch unterscheidet sich von: doch und dennoch in der Bedeutung

956) III. Ein ganz eigener, jedoch auch ganz unbedeutender Gebrauch des Kolons besteht endlich noch darin, daß man hinter Abbreviaturen, abgebrochenen, abgekürzten abbrevirten (bekannten) Wörtern eben zum Zeichen der Abkürzung ein Kolon oder (nach Belieben) auch einen Punct setzt.

Bei diesem Gebrauch hören Kolon und Punct ganz auf, wahre Satzzeichen zu sein, und gehen als abkürzendes Kolon und abkürzender Punct in bloße (,grammatische) Unterscheidungszeichen über. Eben deswegen haben beide in diesem Falle als Abkürzungszeichen auch weiter gar keinen Einfluß auf die eigentlichen Satz- oder Eintheilungszeichen, und vermögen deren Gebrauch durchaus nicht zu beschränken. So wird man z. B. schreiben: der königl: (oder .) preuß: (oder .) Geheimseer: (oder .) Hr: (oder HE., d. i. Herr) Sachs hat Münztabellen herausgegeben, worin der Werth aller europ: (oder .) Münzen nach preuß: ℰ: (oder .), ℋ: (oder .) und ℛ: (oder .) bestimmt, und z: B: (oder z. B.) angegeben ist, daß ein engl: (oder .) ℔.St: (d. h. Pfund Sterling) zwanzig Sch: (oder ., d. i. Schilling,) enthält, deren jeder c: (oder ., i. e. circa) 10 Sgr: (oder .) werth ist. Dies steht Th: (oder .) 1, Abschn: (oder .) 2, Cap: (oder .) 3, § 4, S: (oder .) 100. Bei solchen Zeichen, die eigentlich gar keine Abkürzungen sind, lässt man übrigens eben deswegen die abkürzenden Kolon und Punct sehr oft auch ganz weg, indem man ohne alle Zeichen G, H, K, M u. s. w. schreibt.

D. Der Punct.

957) Der Punct oder das Punctum steht als grammatisches Zeichen im Allgemeinen am Ende oder Schlusse jedes vollständigen, ein abgeschlossenes Ganzes bildenden Satzes oder Satzgefüges, mit welchem der (etwa noch) folgende Satz weder logisch noch grammatisch in einem unmittelbaren Zusammenhange steht.

Er bewirkt also einen größern und tiefern Einschnitt in die Rede als alle bisher besprochenen Unterscheidungszeichen; der Lesende lässt bei ihm die Stimme tiefer sinken, und eine längere Redepause eintreten, als bei diesen andern Zeichen. So einfach und leicht indessen diese Bemerkung und allgemeine Regel ist, so ist sie doch nicht eben so allgemein entscheidend und fest bestimmend, sondern sie lässt dem Schreibenden viele Freiheit, in gar manchen Fällen nach seinem Ermessen entweder einen Punct oder ein Semikolon zu setzen, je nachdem derselbe nämlich einen folgenden Satz für ganz getrennt von dem vorigen, oder für noch unmittelbar mit demselben zusammenhangend hält, und angesehen wissen will. Es ist freilich richtig, daß, dieser unsrer Regel wegen, ein Punct nie, wie Ludewig (l. c. S. 66 u. ffg.) angiebt, zwischen Sätzen stehen wird, die durch Zusammenziehung oder durch zwei sich auf einander beziehende Bindewörter, wie: nicht nur — sondern auch, sowohl — als auch, theils — theils, entweder — oder, weder — noch, oder durch das adversative sondern nach einer im vorhergehenden Satze stehenden Verneinung nicht, nie, kein, nichts u. s. w. zu einem einzigen Satzgefüge verbunden sind; sehr selten auch nach einem Satze, auf welchen sich der folgende durch ein unterordnendes Bindewort, durch ein Relativpronomen, oder Relativadverbium, (wo, worin, wobei, woraus u. s. w., so auch wann, wie u. s. w.,) durch das copulative und u. dgl. bezieht; doch aber sind selbst schon diese letzten Bestimmungen nicht immer entscheidend. Wenn jemand z. B. den (vielleicht weitläuftigen) Beweis eines geometrischen Lehrsatzes niedergeschrieben, und nach dessen Beendigung einen Punct gesetzt hat, so kann er wohl fortfahren: Und dies war zu erweisen, und diesen Ausdruck als ein eignes Satzganzes zwischen zwei Puncte stellen. (Manche schreiben sogar, nach Art der Römer, die ihr

Quod erat demonstrandum als ganz abgeschlossenen Satz aufstellen, Was zu erweisen war zwischen zwei Puncte.) Und so fängt dies und gar nicht selten einen neuen Satz nach einem Puncte an, besonders wenn es in Verbindung mit doch für dennoch steht, oder wenn es mehr einen Uebergang von dem vorhergehenden zum folgenden Gedanken, als eine Verbindung beider anzeigt, oder wenn es nach Art der Interjectionen der Ausdruck des Nachdrucks, einer Leidenschaft u. s. w. ist. Beispiele sind: ich habe dir stets Freundschaft bewiesen, und Gutes gethan, soviel ich konnte. Und du willst mich jetzt verlassen? Und doch verleumdest du mich jetzt! — In diesem Jahr habe ich viel Glück: ich und meine Söhne haben Gehaltszulagen erhalten; meine Töchter haben würdige Gatten bekommen; meine Frau hat viel Geld in der Lotterie gewonnen. Und das Jahr ist erst zur Hälfte verflossen! — Er ist das Licht der Welt, der Lehrer der Menschheit, der Wohlthäter, der Heiland aller, die zu ihm sich halten. Und ich habe ihn verrathen!

Es versteht sich übrigens von selbst, daß ein Satzganzes zwischen zwei Puncten, oder das doch einen Punct hinter sich hat, sowohl lang, recht lang, als auch kurz, sehr kurz sein kann. Kurze Satzganzen sind besonders Ueberschriften, Abtheilungen, Antworten, Beispiele u. dgl. m.. Beispiele sind: das Conversationslexicon. Siebente Auflage. Leipzig, bei Brockhaus. 1830. — Mathematik. Reine Mathematik. (Arithmetik. Geometrie. Goniometrie.) Angewandte Mathematik. (Mechanik. Optik. Astronomie.) Praktische Mathematik. — Aussagende Sätze sind; der Thurm ist hoch. Die Nachtigall singt. Die Katze fängt Mäuse.

Daß indessen in allen diesen Beispielen der Punct nicht nothwendig ist, sondern auch mit dem Semikolon vertauscht werden kann, was namentlich geschehn wird, wenn und insofern man nicht jeden dieser Ausdrücke und Sätze für ein vollendetes, unabhangiges Satzganzes hält und angesehen wissen will, wissen wir schon (aus § 952). Sollen diese Wörter und Sätze also als Theile eines Ganzen, eines Satzgefüges erscheinen, so wird man schreiben: aussagende Sätze sind: der Thurm ist hoch; die Nachtigall singt; die Katze fängt Mäuse. (Ja selbst mit Komma:) Der Thurm ist hoch, die Nachtigall singt, die Katze fängt Mäuse. Dagegen muß in Unterredungen selbst bei den kürzesten Antworten ein Punct stehn: die Belgier sind besiegt! Schön. Vernünftiger werden sie deswegen doch nicht werden. Gewiß nicht. Was lässt sich gegen sie sagen? Gar zu viel. Liebst du sie? Nein. Verachtest du sie? Ja. Uebrigens kann man in allen diesen Beispielen nach den Puncten zwischen den Abtheilungen, Beispielen, Fragen und Antworten u. s. w. (nach § 959) auch noch Gedankenstriche setzen.

Was endlich den Gebrauch des Puncts zur Bezeichnung von Abkürzungen betrifft, so haben wir darüber bereits beim Kolon (§ 956) gesprochen.

E. Die Parenthese.

958) Das Zeichen der Parenthese oder Einschaltung, das Einschließungszeichen ( ), [ ], sollte eigentlich nicht zu den Satztheilzeichen gerechnet werden, da es nicht grammatisch zur Abgränzung einzelner Satztheile oder ganzer Sätze und Satzgefüge von andern dient. Ludewig behauptet dies zwar; aber diese seine Ansicht verführt ihn eben auch zu der ganz verwerflichen Behauptung: „nach einem Parenthesezeichen wird jedes andere Satztheilzeichen, den Punkt etwa ausgenommen, überflüssig." Nein, die Parenthese ist nichts als ein Zeichen für den Leser, welches ihn darauf aufmerksam machen soll, daß das in ihr Enthaltene, welches man übrigens gewöhnlich mit Einschluß des Zeichens auch selbst ebenfalls geradezu Parenthese (,besser freilich Einschluß für Eingeschlossenes) nennt, nicht unmittelbar in den stylistischen Zusammenhang (, in den Context) des Uebrigen gehört; und es muß deshalb die Parenthese immer weggelassen werden können, ohne daß dadurch der Zusammenhang der Rede unterbrochen wird. Sie darf weder mit ihrem Inhalt noch mit der grammatischen Construction und Interpunction desselben irgend einen Einfluß auf den grammatischen Bau und die Interpunction des übrigen, außer der Parenthese stehenden Theils der Rede haben; wohl aber kann sie selbst sich dem Bau dieser Rede bald anschließen, bald eine eigene Construction bilden, da ihr Inhalt so höchst verschiedenartig sein kann, indem er bald ganz kurz aus einzelnen Wörtern, (Erläuterungen, Beschränkungen, Uebersetzungen, Beispielen, Namen,) bald aus größern oder kleinern Satztheilen, vollständigen oder unvollständigen, abgekürzten Sätzen, oder selbst aus ganzen, ja aus mehrern Perioden bestehen kann.

Dem gemäß gilt es uns als fester Grund- und Lehrsatz, der keine Ausnahme zuläßt: wenn ein Satz oder Satzgefüge am Anfange, in der Mitte oder am Ende eine Parenthese enthält, so muß die Interpunction des Ganzen so eingerichtet werden, daß dieselbe unverändert richtig bleibt, wenn man auch die ganze Parenthese mit ihrem Inhalte heraushebt, oder bloß die Parenthesezeichen wegnimt. Dem gemäß müssen sich die vor, in oder hinter der Parenthese etwa nöthigen Interpunctionszeichen nach den allgemein gültigen Regeln für den Gebrauch dieser Schreibzeichen richten. Um dabei durchaus keinen Fehler zu begehen, darf man nichts thun, als sich eben einmal die ganze Parenthese, und dann wieder bloß die Parenthesezeichen wegzudenken; so wie die Interpunction in diesen beiden Fällen sein muß, eben so bleibt sie auch mit und in der Parenthese. Ganz richtig sagt also Bernhardt (l. c. S. 404): „die nach Beschaffenheit der Schaltwörter und Schaltsätze gewöhnlichen Satztheilzeichen oder Satztonzeichen müssen auch in der Parenthese beibehalten werden: Genug, Herodots Scythen (, und andere Scythen giebt es nicht,) sind ein eigner Völkerstamm; nur er (, daß wir ihn gekannt hätten!) hat alles Unheil über uns gebracht." [Es ist demnach wohl nur ein Druckfehler, wenn in dem wenige Zeilen vorher stehenden Beispiel das Komma vor wer weggelassen ist: „Sokrates ([,] wer kennt ihn nicht, diesen ehrwürdigen Weisen des Alterthums?) pflegte zu sagen, er wisse Nichts, als, daß er Nichts wisse" (; besser: nichts, als daß er nichts wisse).] Lorberg erklärt zwar (wie Ludewig) in seiner Recension von Bernhardts deutscher Grammatik (, in Seebode's Bibliothek, 1826, V, S. 495,) dies Komma vor und im ersten Beispiele für überflüssig und falsch; allein gewiß ist dies sein Urtheil falsch. Eben so falsch müssen wir es nennen, wenn Ludewig seiner Regel zufolge schreibt: „Xerxes soll (es ist wirklich kaum glaublich) den Hellespont haben mit Ruthen peitschen lassen," für: Xerxes soll (, es ist wirklich kaum glaublich,) den Hellespont mit Ruthen peitschen gelassen haben. Die meisten Sprachlehrer und Schriftsteller würden dies Beispiel mit einem Komma vor der Parenthese auf folgende Art schreiben: Xerxes soll, (es ist wirklich kaum glaublich,) das Meer peitschen gelassen haben (, wenn sie nicht gar so schlecht wie Ludewig schreiben: haben peitschen lassen); allein auch dies ist ganz verwerflich, denn wenn man die Parenthese wegnähme, so bliebe übrig: Xerxes soll, das Meer peitschen gelassen haben, und hier ist das Komma offenbar durch nichts zu entschuldigen. Eben so muß man es verwerfen, wenn Heynatz (l. c. S. 394) lehrt: „die Unterscheidungen (Satztheilzeichen) kommen am besten (nicht vor, sondern) nach dem letzten (Parenthese-) Haken zu stehen; wenn ich überlege, daß er zu wenig(en) Sachen geschickt ist (zwar hat er Gelegenheit genug gehabt, sich geschickt zu machen): so verspreche ich ihm nicht viel Glück. Erfordert die Parenthese am Ende ein Frage- oder Rufzeichen, so wird dies vor dem Schlußhäkchen, und nach demselben das zu den vor dem Anfangshäkchen vorhergehenden Worten gehörige Unterscheidungszeichen gesetzt. Z. E. Ich denke immer (meinen Sie das nicht auch?), daß es zu spät ist. Er fand (wie groß war sein Vergnügen!), daß er sich geirrt hatte." (Nein, so darf man nicht schreiben, da nach dieser Regel zwei Zeichen ?, oder !, neben einander zu stehn kämen. Aehnlich aber) Noch schlechter ist es, wenn Glatz (in der Aurora, 1828, S. 128) gar schreibt: „sie wohnen in Landhäusern, die sie Cottages, (Hütten), nennen." Ließe man hier die Parenthese weg, so bliebe der Unsinn übrig: „die sie Cottages nennen;" daher muß geschrieben werden: die sie Cottages (,Hütten,) nennen, oder die sie Cottages (,Hütten) nennen.

Daß der Schreibende übrigens unzählig oft ganz freie Wahl hat, ob er einen Ausdruck, einen Satz u. s. w. in Parenthesezeichen setzen will, odernnicht, versteht sich von selbst.

Richtige Beispiele sind noch folgende: „(Sirach sagt:) Wenn der Herr nicht die Stadt behütet, so wachet der Wächter umsonst. Darum, Herr, flehen wir zu dir: schirm und schütze Du uns in unsrer jetzigen Angst und Noth." — „Beruhige dich doch; du weißt ja (,Jesus Christus selbst sagt): selig sind die Friedfertigen." — „Wie der Baum aus der Wurzel, so wächst S p r a c h e und Wissenschaft aus ihrem Ursprunge herauf (,und aus ihrem Kerne heraus). (Herder.)" — „In seiner Freude hat er (,das Muster der Nüchternheit und Mäßigkeit,) heut eine ganze (Dreiviertel-) Flasche Wein (,Champagner [,noch dazu Sillery]) getrunken."

Noch sei es bemerkt, daß manche Schriftsteller auch statt der Parenthesezeichen Gedankenstriche machen, — —, was z. B. Herling und Ludewig auch erlauben wollen; doch lässt sich davon durchaus kein Nutzen, wohl aber zuweilen Verwirrung für den Leser absehen.

Z u s a tz. B e r n h a r d t schlägt (l. c. S. 405) vor, statt der Parenthese ( ) die K l a m m e r n [ ] besonders zur Einschließung eines in die Rede eines andern eingeschobenen, nicht von diesem gesprochenen Satztheils oder Satzes, das Zeichen [ ] zur Einklammerung des Fehlerhaften oder Ueberflüssigen an einem Worte oder Satze, und das Zeichen ⌊ ⌋ zur Beiklammerung eines fehlerhaft weggelassenen Wortes oder Satzes zu brauchen.

F. Der Gedankenstrich.

959) Auch das Zeichen des Gedanken- oder Pausenstriches (—) wird zu sehr verschiedenen, zum Theil selbst einander entgegengesetzten Zwecken gebraucht, und könnte deshalb mit verschiedenen Namen belegt, und zu verschiedenen Classen der Interpunctionszeichen, sowohl zu den Satztheil- als zu den Satzton- und zu den orthographischen Zeichen gerechnet werden. Doch ist dies weiter nicht nöthig. Wir wollen jetzt die wichtigsten der verschiedenen Fälle, in welchen man es anwendet, einzeln und kurz angeben.

960) Als Satztheilzeichen soll der Gedankenstrich dazu dienen,

1) Sätze und Perioden noch mehr, noch stärker, noch für die Augen auffallender von einander zu trennen, als durch den bloßen Punct geschieht, besonders also Sätze und Satzgefüge, die ganz verschiedenartige, unter sich nicht zusammenhangende Gedanken enthalten. Er dient also in dieser Hinsicht zur Verstärkung des Puncts, und Ludewig nennt ihn gerade zu einen verstärkten Punct; dies wollen wir indessen nicht thun, damit man durch diese Benennung sich nicht etwa verleiten lasse, ihn statt des Punctes zu setzen, und vor ihm den Punct oder irgend ein anderes Interpunctionszeichen, das der Zusammenhang der Rede fordert, wegzulassen. Nein, ganz eben so wie das Parenthesezeichen hat auch der Gedankenstrich durchaus keinen Einfluß auf die Anwendung und den Gebrauch der übrigen Interpunctionszeichen.

Noch lässt sich hier sogleich im Allgemeinen bemerken, daß die Setzung des Gedankenstrichs, sowohl in dem jetzt eben besprochenen Falle als in den übrigen Fällen seines Gebrauchs, selten eigentlich nothwendig ist, sondern meistens von der freien Wahl und dem eignen Entschlusse des Schreibenden abhangt.

Beispiele für die jetzige Regel sind folgende: Die Menschenliebe ist sehr verschieden. Der Ehrgeizige liebt die Menschen wie Pudelhunde, die ihm Künste machen; — der Eigennützige wie Kühe, die gute Milch geben; — der Edle wie seine Brüder. — Gott aber wie seine Kinder. (J. Paul, Fr. Richter.) Behüte der Himmel, daß man euch zumuthen sollte, die Abderiten zu lesen, wenn ihr gerade (et)was Nöthigeres zu thun, oder (et)was Besseres zu lesen habt! — Ich muß auf eine Predigt studiren. — Ich habe Kranke zu besuchen. — Ich hab' ein Gutachten, einen Bescheid, eine Läuterung, einen unterthänigsten Brief zu machen. — Ich muß recensiren. — Mir fehlen noch sechzehn Bogen an vier Alphabeten, die ich meinem Verleger binnen acht Tagen liefern muß. — Ich hab' ein Joch Ochsen gekauft. — Ich hab' ein Weib genommen. — In Gottes Namen! Studirt, besucht, referirt, recensirt, übersetzt, kauft und freiet! (Wieland.)

Besonders setzt man den Gedankenstrich in dieser Bedeutung bei Ab- und Eintheilungen, Ueberschriften, Inhaltsanzeigen, Beispielen, und darum oft zwischen einzelnen Wörtern, die in solcher Beziehung zu einander (, und dann freilich meistens statt ganzer Sätze, als oder wie abgekürzte Sätze) stehen.

Unglücksjahr der Preußen. — Tod des Prinzen L. Ferdinand bei Saalfeld. — Schlacht bei Jena. — Eroberung von Magdeburg; — von Stettin; — von Küstrin. — Besetzung von Potsdam und Berlin. — Erstürmung von Lübeck. — Flucht nach Preußen.

Religion. — Dogmatik. — Moral. —

Synonymik von erhalten, — empfangen, — erlangen, — bekommen (—, kriegen).

2) Ferner soll dies Satztheilzeichen als Pausenstrich sehr oft nichts weiter als eben die Pausen, das Abgebrochene einer Rede bezeichnen, sei es, daß bloß physische Ursachen, Schwäche, Mangel an Athem, Schmerz, Unterbrechungen u. dgl. den Redenden zwingen, so abgebrochen zu sprechen, oder sei es, daß psychische Ursachen, Ehrfurcht, Scheu, Verlegenheit, Angst, Furcht, Scham, hohe Freude, Entzücken u. dgl. ihn dazu veranlassen.

Beispiele sind: die Sterbende seufzte mit kaum vernehmlichen Lauten: ach! — mein armer Mann — hat so viel gelitten — durch mich; — er soll mir — verzeihen, — und erben — alles, — was .... Hier versagte ihr der Athem.

—— Er ist geschwind, — der König. — Ich hoffte, — länger .... Denk auf deine Rettung, — hörst du? — auf deine Rettung! — Deine Mutter — weiß alles; — ich kann nicht mehr! (Schiller.)

3) Namentlich macht man dies Zeichen der Redepause auch bei invertirten Satzgefügen. Wenn z. B. mehrere durch Nebensätze erweiterten, näher bestimmten Prädicate, die schon einen bedeutenden Umfang haben, und die Kraft des Athems in Anspruch nehmen, dem eigentlichen Subjecte vorangehn, so setzt man gern am Schlusse dieser Prädicatsbestimmungen vor der Subjectsangabe diesen Pausenstrich, eben um den Leser aufmerksam zu machen, daß er hier mit der Stimme anhalten, (Athem schöpfen,) und den zweiten Theil des Satzgefüges, des-

sen Anfang dann zugleich durch dies Zeichen angedeutet wird, mit neuem Athem (und verändertem, erhöhetem Tone) beginnen soll.

Ludewig giebt für diese Bestimmung folgendes Beispiel an: „angebetet von seinen Unterthanen, deren höchstes Glück, deren Stolz er ist; (oder ,) hochgeachtet von den Mächtigen dieser Erde, die in ihm die Würde eines Nestor mit der Klugheit eines Ulysses und der Weisheit eines Salomo vereinigt sehen, — lebt unser Herrscher ein Leben, das gewiß schon hier das reinste Vorgefühl der höhern Freuden der Ewigkeit ist."

Es versteht sich, daß es noch eine Menge ähnlicher Fälle giebt, in denen man zur Deutlichkeit den Redeeinschnitt durch diesen Pausenstrich bezeichnen kann.

4) Wir haben uns schon (§ 958) dahin ausgesprochen, daß man im Allgemeinen nicht Gedankenstriche statt der Parenthesezeichen machen soll; doch aber kann man dies in einzelnen Fällen auch ganz gut und zweckmäßig thun, und schon Heynatz sagt: „wenn (namentlich) die Parenthesen sich zu sehr häufen, so muß man schon zuweilen zu den Strichen seine Zuflucht nehmen." So kann man mit bloßen Komma, oder außerdem noch mit der Parenthese oder aber statt dieser auch mit Gedankenstrichen schreiben: er hat —, so sagt die ganze Gegend, — mit Geistern Umgang; — laß unter mir, — so kann der Fromme sprechen, — laß unter mir den Bau der Erde brechen; Gott ist es, dessen Hand mich hält. (Für diesen Gebrauch nennt Schmitthenner diesen Strich Trennstrich, Pausenstrich, insofern derselbe nämlich dazu dienen soll, eingeschaltete Sätze vom Hauptsatze zu scheiden.)

961) Als Satzton-, als ein Affectszeichen hat der Gedankenstrich einen wichtigern Gebrauch, denn als solches soll er eben besonders auf die Gedanken des Lesers wirken, die Aufmerksamkeit desselben erregen, einen Gedanken, einen Begriff oder eine Vorstellung der Rede vor der übrigen Gedankenreihe vorzüglich herausheben und bemerkbar machen.

Für ganze Gedanken, bei denen er, ihrer Fülle, ihrer Wichtigkeit, ihrer Sonderbarkeit wegen die Aufmerksamkeit des Lesers anhalten, fesseln, erhöhen soll, steht er fast immer hinter denselben; für einzelne Vorstellungen und Begriffe, auf welche er die Aufmerksamkeit des Lesers hinlenken und spannen soll, was besonders statt findet, wenn etwas ganz Unerwartetes folgt, steht er fast immer vor denselben.

Beispiele sind: das Leben ist der Güter höchstes nicht; der Uebel höchstes aber ist die Schuld! — (Schiller.) — Er lebte, — nahm ein Weib, und — starb. (Gellert.) — Wüthend zog er den Degen, — ging auf sie los, — stieß ihn — in die Scheide. (Gellert.) — O, ihr Worte höchsten Ernstes: Tod! — Verwesung! — Unsterblichkeit! — Vergeltung! — Wir ringen nach Glück; wir opfern unsre schönsten Stunden einem Hirngespinnste, und finden — das Grab! Parturiunt montes; nascetur — ridiculus mus!

Zur Verstärkung der Aufmerksamkeit des Lesers macht man zuweilen selbst zwei oder drei Gedankenstriche neben einander; doch geschieht dies jetzt nur noch sehr selten: sieh, wie der kreißende Berg sich aufbläht! — Komm doch heraus, — — Maus! — Sieh, wie fruchtbar ich bin, sprach die Maus zur Löwinn, wie viele Jungen ich gebäre! Und du gebärst? — Nur eines, antwortete die Löwinn, aber — einen Löwen! — —*)

962) Als grammatisch-orthographisches Zeichen braucht man den Gedankenstrich zur Verbindung zweier Wörter, die eigentlich nicht zusammengesetzt und zusammengezogen werden können, und deren Begriffe doch zusammengedacht werden sollen; am natürlichsten wäre es, bei diesem Gebrauch das Zeichen, das man übrigens dann auch gewöhnlich weit kürzer als sonst macht, gar nicht Gedankenstrich, oder gar Pausenstrich, sondern umgekehrt Bindestrich, Bindezeichen („Hyphen, § 979) zu nennen: Anakreon-Gleim, Milder-Hauptmann, Meklenburg-Strelitz, lateinisch-deutsches und deutsch-lateinisches Wörterbuch, grammatisch-kritisches Handbuch.

Manche setzen auch beim Abbrechen einer Rede zur Bezeichnung ihrer Unvollständigkeit einen Gedankenstrich, wahrscheinlich, weil dies Abbrechen gewöhnlich die Aufmerksamkeit, das Nachdenken des Hörers und Lesers aufregen soll, wenn man aus Scham, Scheu, Bedenklichkeit, Höflichkeit, Angst u. s. w., und besonders eben aus der Absicht, daß der Leser selbst sich in seinen Gedanken die abgebrochene Rede ergänzen soll, dieselbe unvollendet lässt, und nicht vollenden will, und weil

---

*) Dies neue Zeichen des Gedankenstrichs, das wohl die Engländer zuerst, und zwar erst im Anfange des achtzehnten Jahrhunderts gebraucht haben, wurde schon bald nach der Mitte dieses Jahrhunderts namentlich von uns Deutschen aufs eifrigste gemissbraucht, indem man dasselbe nicht nur bei der geringsten, ja selbst ohne alle Veranlassung brauchte, sondern auch so oft und vielfach hinter einander setzte, daß man ganze Zeilen, ja halbe Seiten damit füllte. Deshalb scherzte Kästner beim Anblick der Gedankenstriche mit dem Witze: hier hat der Schreiber nichts gedacht; hier darf der Leser auch nichts denken.

dies Abbrechen die Aufmerksamkeit selbst dann erregt, wenn der Sprechende oder Schreibende seinen Satz oder seine Periode nicht vollenden kann; doch aber ist es besser, zu diesem Zwecke eben die Puncte oder Doppelstriche des Abbrechens (§ 976) zu nehmen. So schreibt man (nach § 957) bald: wenn du nicht schweigst, so soll . . . .; doch ich will nicht drohen; bald: so soll — — —; doch ich will nicht drohen; am besten ist es aber (nach § 976) zu schreiben: so soll = = =; doch ich will nicht drohen.

Dies gilt auch fürs Abbrechen oder Theilen eines Worts, namentlich am Ende einer Zeile; man setzt dabei oft einen (kurzen) Gedankenstrich am Ende des ersten Worttheils, am Schlusse der Zeile, besser aber setzt man die Trenn= oder Abbrechungsstriche (nach § 980): Ritt-, Post- und Bürgermeister, an- und einnehmen, Kreuzesleiden und —tod, Schuhmachermeister und —gesellen, Auf-fahrt, los-sagen, u. s. w., besser: Ritt=, Post= und Bürgermeister, los=sagen u. s. w..

Zweite Abtheilung.

Von den Satzton= oder Affectszeichen.

963) Es giebt solcher Satztonzeichen, welche den Ton andeuten sollen, in und mit welchem der vor ihnen stehende Satztheil oder Satz ausgesprochen werden soll, nur zwei, das Fragezeichen (?) und das Ausrufungszeichen (!). Beide schließen sich in so fern unmittelbar an die Satztheilzeichen an, daß sie immer, wo sie auch stehen, zugleich die Stelle eines solchen Satztheilzeichens vertreten. Eben deswegen dulden sie nie noch ein Satztheilzeichen neben sich. (Es versteht sich, daß eben deswegen, wenn diese Zeichen statt eines Punctes stehen, das ihnen folgende Wort einen großen Anfangsbuchstaben erhält.) *)

*) Grotefend sagt: „nicht lobenswerth ist die (bisher ganz feste) Gewohnheit (des allgemeinen Sprachgebrauchs), diese beiden Zeichen erst an das Ende eines Ausrufs oder einer Frage zu setzen, da sie zu gleicher Zeit den Ton bestimmen, mit welchem die vorhergehenden Worte ausgesprochen werden sollen, mithin eine rückwirkende Kraft besitzen. Weit richtiger findet man sie bei einzelnen Schriftstellern neuerer Völker als eine Art deklamatorischer Schlüssel, wonach man den Ton der Stimme modelt, vor jede Ausrufung oder Frage gesetzt. Dadurch erhält man zugleich den Vortheil, neben der Bezeichnung des Ausrufs oder der Frage auch die Gliederungszeichen (Satztheilzeichen) der Gedan=

A. Das Fragezeichen.

964) Das Fragezeichen steht nach allen eigentlichen, unmittelbaren, unabhangigen, directen Fragen, in der bejahenden und verneinenden (,positiven und negativen) Aussageform, bei deren Schlusse man die Stimme nicht fallen, sinken lässt, sondern schwebend erhält oder erhöhet, durch welche Stimmerhebung man in der Regel andeutet, daß man die Bestätigung eines ausgesprochnen, aber nicht entscheidend gefällten Urtheils noch erwartet.

Es kann solche Frage aus einzelnen Wörtern, Satztheilen, abgekürzten oder vollständigen, (nackten oder erweiterten) einfachen oder zusammengesetzten Sätzen, oder auch aus einer ganzen Periode bestehen. Nur muß man billig solche fragende Periode nicht zu lang und zu verwickelt sein lassen, weil man bei einer zu langen Periode nicht im Stande ist, die Stimme schwebend zu erhalten, oder gar noch am Ende zu erhöhen. (Deswegen macht man, wenn man doch einmal mit einer so

---

kenreihe am Ende derselben stehen zu lassen, die bei unsrer Bezeichnungsart wegfallen."

Und wieder sagt derselbe, einen andern Vorschlag machend, an einem andern Orte (,in seinen oft erwähnten Grundzügen einer neuen Satztheorie, S. 47): „die Schrift ersetzt die Betonung der Frage (und des Ausrufs) durch ein Zeichen (?) am Ende des Satzes, das jedoch weit zweckmäßiger unmittelbar dem in Frage stehenden Worte beigefügt werden würde. Z. B. Es donnert? Donnert? es. Man kommt? Kommt? man. Mein Bruder ist etwas geworden? oder: Mein Bruder? ist etwas geworden; oder: Mein? Bruder ist etwas geworden; oder: Mein Bruder ist? etwas geworden. Hast du dem? Freunde oder den? Freund geschickt. [Hier ist die Form in Frage gestellt.]" So wenig sich gegen alle diese Bemerkungen und Vorschläge auch einwenden lässt, so ist es doch höchst unwahrscheinlich, das der Schreibegebrauch sie je beachten werde, um so weniger, da es sich in Hinsicht des letzten Vorschlags nicht leugnen lässt, daß die Stimme doch immer auch am Ende der ganzen Frage erhoben werden muß

Noch sei es erlaubt, eines andern sonderbaren Umstandes zu gedenken, auf welchen Grotefend aufmerksam macht, indem er sagt: „das Ausrufungs- und Fragezeichen scheinen, wiewohl dies ein bloßer Zufall ist, aus einer Ueberschreibung des Punctes mit den Ziffern 1 und 2 entstanden zu seyn. Jedoch würde die Bestimmtheit des Ausrufs sehr treffend durch eine Eins, das Ungewisse und Zweifelhafte dagegen, welches in einer jeden (in jeder) Frage verborgen liegt, eben so treffend durch eine Zwei bezeichnet."

langen Periode fragt, an deren Ende der erhobene Ton der Frage sich unwillkührlich verliert, und die Stimme sinkt, beim Schlusse derselben gar kein Fragezeichen, sondern einen Punct.) (Man vergleiche § 837, S. 52.)

Beispiele sind: Was sagst du: (oder ?) mein Bruder kommt heute? heute? wann? woher? in welcher Absicht? was will er hier? — Hast du deine Nachricht auch, wenn ich fragen darf, aus einer sichern Quelle? Glaubst du, daß er lange hier bleiben werde? Ist es aber nicht Unrecht von ihm, daß er mich nicht vorher von seiner Ankunft benachrichtigt, da er weiß, wie schwer es mir ist, mich von meinen Geschäfften loszumachen, und wie gern ich doch mit ihm während der ganzen Zeit seiner hiesigen Anwesenheit zusammen sein möchte? Ist das Liebe? brüderliche Liebe? Nein, Vernachlässigung, Kälte ist es! Du wirst mich doch deine Ankunft zu rechter Zeit wissen lassen? frage ich ihn noch dazu jedes mal bei seiner Abreise, und er antwortete mir auch bei der letzten wieder: kannst du daran zweifeln?

Wenn dagegen ein Ausspruch nur eine uneigentliche, mittelbare, abhangige Frage ist, wenn die Frage nur mittelbar, indirect, erzählungsweise aufgeführt wird, so steht, eben weil sich dann auch die Stimme bei ihr nicht erhöht, in der Regel kein Fragezeichen nach derselben, sondern das Satztheilzeichen, welches der Zusammenhang der Rede fordert.

Beispiel. Sagen sie mir nur: (oder ,) wodurch dieser Mensch so schnell aus seiner bedrängten Lage gekommen ist, und welche Mittel er gefunden hat, sich so bald zu helfen, oder, oder welche glücklichen Umstände sich zu seiner Rettung vereinigt haben. (Doch eher wohl?) Kürzere Beispiele für diese Bemerkung sind noch: ich fragte ihn nach seinem Namen, und was er hier wolle; er erkundigte sich dagegen, wer ich denn sei, und ob ich das Recht hätte, ihn auszufragen. (Man schreibe also nicht: man verlangt zu wissen, ob? und wieviel? er schuldig sei.)

Nur wenn eine solche indirecte Frage eine Periode schließt, findet man nicht selten ein Fragezeichen hinter derselben: voll Unwillen über seine Anmaßung fragte ihn die Wirthinn, (oder :) ob er nicht bald wieder gehe? Man hat ihm verboten, sich etwas von seiner Entdeckung merken zu lassen; ich möchte wissen: warum? ich kann gar nicht begreifen: unter welchem Vorwande?

Und dies Fragezeichen muß wirklich auch hinter solcher indirecten Frage stehen, wenn dieselbe statt einer directen steht:

ob

ob er es wohl thun wird? ob er wohl Verstand genug hat, sein Unrecht einzusehen?

Man kann sich bei solcher indirect ausgedrückten directen Frage einen Hauptsatz, von welchem dieselbe abhangt, entweder nach ihr hinzudenken, oder auch wirklich hinzusetzen, etwa: frage ich, das frage, fragte ich, das sage mir, das möchte ich wohl wissen u. dgl. m.. (Setzt man diesen Hauptsatz wirklich hinzu, so muß, insofern er nicht selbst zur Frage gehört, fragend steht, sondern der regierende Satz des von ihm abhangenden Fragesatzes ist, statt des Indicativs dieser indirecten Frage gewöhnlich der Conjunctiv stehen; man fragte ihn, ob er es thun werde. Gehört der Hauptsatz aber zur Frage, so behält die indirecte Frage den Indicativ, verliert dagegen das Fragezeichen, das dann hinter den Hauptsatz gesetzt wird: ob er es thun wird, fragst du? wann er kommen will, möchtest du wissen? Doch dürfte man es wohl nicht geradezu schlecht und falsch nennen, wenn man in diesem Fall beide Sätze mit einem Fragezeichen bezeichnete: ob er es thun wird? fragst du? wie man bei der Absonderung der Fragen wirklich mit zwei Fragezeichen schreiben muß: ob er es thun wird? das fragst du noch? Wann er kommen will? möchtest du es gern wissen? Aehnlich ist folgender Fall:)

Wenn von mehreren (kleinen,) zu einer Periode gehörenden Sätzen eigentlich jeder ein Fragezeichen haben sollte, so giebt man gewöhnlich dasselbe nur dem letzten Satze (, indem man hinter die vorhergehenden nur Semikolon oder Komma setzt): bist du noch mein Freund; (oder ,) liebst du mich wie früher; (oder ,) und willst du mir helfen? Hast du es gethan, (oder ;) oder hat deine Schwester gesündigt?

Doch kann man auch jeder einzelnen Frage das Fragezeichen lassen, wenn man die Fragen dadurch mehr von einander trennen und jeder einzelnen einen größern Nachdruck geben will: bist du noch mein Freund? Liebst du mich wie in früherer Zeit? (Und) Willst du mir helfen? Wär's möglich? Wär es? Also hätt' ich ihn doch nicht gekannt? Nicht ganz? In seinem Herzen wär' diese Falte wirklich mir entgangen? (Schiller.) Der Richter legte dem Verbrecher die Frage vor: hast du die That verübt? wann und zu welcher Stunde? Warest du es allein? Wusste niemand darum? Man wird dies besonders thun, wenn ihr Inhalt ganz verschiedenartig ist, so daß sie als verschiedene Perioden betrachtet werden können, oder wenn sie grammatisch auf verschiedene Art construirt sind: bist Du mein Freund? Verstehst Du Dein Handwerk?

Kannst Du Dir vor Gott und Menschen das Zeugniß eines gewissenhaften Arbeiters geben? Wenn Du alle diese Fragen mit Ja beantworten kannst, dann will ich für dich sorgen. — Ob D. Miguel heut wohl noch auf dem Throne sitzt (oder sitzen möchte)? Wo jetzt doch D. Pedro mit seiner kleinen Armee ist? Bleibt diese ihm auch wohl treu? Alle diese Fragen möchte ich sehr gern nach der Wahrheit beantwortet hören. — Was? Du willst mich belügen? — Wie? Sind das die Folgen meiner Sorgfalt für dich?

Bei diesem ganzen, bis jetzt besprochenen Gebrauch des Fragezeichens lässt sich kein Grund absehen, dasselbe je zwei oder mehrere male unmittelbar hinter einander setzen, und z. B. schreiben zu wollen: was? du willst für immer in Paris, in diesem Sündennest leben??? (M. vergl. § 966.)

965) Dagegen besteht ein andrer Gebrauch des Fragezeichens darin, dasselbe hinter einem Worte, Satztheile, Satze oder Satzgefüge gar nicht als Satzzeichen, sondern in einer Parenthese als bloßes Zeichen zur Erregung der Aufmerksamkeit der Leser zu setzen, denen der Schreibende dadurch andeuten will, daß er an der Wahrheit der durch die voranstehenden Wörter, Sätze oder Satzgefüge ausgedrückten Vorstellungen oder Gedanken zweifele. So kann und wird man schreiben: in einem Briefe aus Madrid heißt es: „der edle (?) D. Miguel ist gestern auf seiner Reise von Lissabon nach Bayonne hier angekommen." Das Fragezeichen hinter e d l e zeigt an, daß der Schreibende den D. Miguel nicht für edel hält. Hieraus ergiebt sich, was man andeuten will, wenn man schreibt: „der edle D. Miguel ist g e s t e r n (?) auf seiner Reise" u. s. w.; oder: „er ist gestern auf seiner R e i s e (?) von Lissabon" u. s. w.; oder: „er ist gestern auf seiner Reise von Lissabon (?) nach Bayonne" u. s. w.. Setzt man das Fragezeichen ans Ende des ganzes Satzes, so bezeichnet man dadurch, daß man an der Wahrheit der ganzen Aussage zweifelt: „der edle D. Miguel ist gestern auf seiner Reise von Lissabon nach Bayonne hier angekommen. (?) Um nun diesen Zweifel zu verstärken, um den G r a d des Zweifels anzudeuten, daß man s e h r, a u f s h ö c h s t e zweifelt, ist es eine Gewohnheit der neuern Zeit, daß man zwei, drei und selbst mehrere Fragezeichen hintereinander in die Parenthese schreibt: man hat einen Mammuthszahn von zehn Fuß (?) Länge und 1000 Pfund (??) Schwere gefunden. Die Nemesis waltet: der edle (???) D. Miguel muß sein Heil in der Flucht su-

chen! Es herrscht in Lissabon, im ganzen Portugal die tiefste Betrübniß und Bestürzung. (????) (M. vergl. § 967.)

B. Das Ausrufungszeichen.

966) Das Ausrufungszeichen soll im Allgemeinen einen Affect bezeichnen, der in der Rede durch die Erhebung des Tons der Stimme ausgedrückt wird. Es steht deswegen nach jedem Laute, Worte, Satztheile, Satze und Satzgefüge, die eine unmittelbare Darstellung der Gefühle und Bestrebungen (des Sprechenden) sind, also besonders nach einem wirklichen Rufe, nach einem Ausruf der Verwunderung, Freude, Furcht, des Schmerzes, Entsetzens, Wunsches, Befehls u. dgl. m..

In Ansehung einzelner Laute und Wörter steht das Ausrufungszeichen vorzüglich hinter (ein- oder mehrtheiligen) Interjectionen, eben wenn dieselben allein (,ganz allein, oder nachhallend am Ende eines Satzes) stehen: Pfui! (rief er, und nichts weiter;) O weh! (so tief bist du gesunken?) Feuer! Ich ersticke, ach! So höre doch, heda!

So steht es auch hinter wirklichen Wörtern, wenn dieselben als oder wie Interjectionen gebraucht werden: leider! Verloren! Unglücklicher! Ach Gott! Still! Schweige! Ruhig, du! Hört! Sonderbar!

Wenn dagegen die Interjectionen oder solche Wörter bloß einem Satze zur Einleitung dienen, und am Anfange desselben stehen, so bekommen sie nur ein Komma, und das Ausrufungszeichen wird erst am Ende des ausrufenden Satzes gesetzt: ei, das ist hier eine schöne Wirthschaft! Ach Gott, wie groß ist deine Güte! Tod und Teufel, das sollst du mir büßen! O, wie herrlich, o, wie labend ist ein schöner, kühler Abend!

In der Mitte der Sätze steht hinter solchen Interjectionen und interjectionsartigen Ausdrücken bald ein Komma, bald ein Ausrufungszeichen, je nachdem der Affect der Rede es befiehlt: sieh hier, ach, des besten Vaters Grab! Soll ich, weh! so jung schon sterben? Gestern ist, leider! einer unsrer besten Bürger gestorben. (Man sieht, daß in diesem Fall auch vor solchen Ausrufwörtern ein Komma steht, durch welches sie grammatisch gleichsam zum Range eingeschobener elliptischen Sätze erhoben werden.)

Nicht selten giebt man aber auch sowohl der Interjection als dem Satze selbst das Ausrufungszeichen: geh mir, pfui! aus den Augen!

Der bloße Vocativ, als Anrede oder Ausruf, bedarf nicht immer eines Ausrufungszeichens, sondern begnügt sich in der ruhigen, affectlosen Rede oft mit einem bloßen Komma (oder andern Satztheilzeichen): Karl, komm heut Abend zu mir; komm doch, Freund, heut Abend zu mir; komm heut Abend zu mir, liebes Kind. Er erhält dagegen das Ausrufungszeichen, sobald die Anrede einen besondern Nachdruck in sich schließt: Karl! auch du willst mich verlassen? Auf dich, Freund meiner Seele! vertraue ich fest und immer. Weg, aus meinen Augen, Bube!

Diese Bemerkungen gelten namentlich auch für die anredenden Ueberschriften in Briefen. Man kann nach Belieben anreden mit einem Komma: lieber Freund, oder mit einem Ausrufungszeichen: lieber Freund! aber man wird immer mit einem Ausrufungszeichen anreden: mein innigst verehrter und geliebter Gönner! Hochwohlgeborner Herr, gnädiger Herr Oberpräsident! (Einen Punct macht man jetzt bei solchen Ueberschriften nur noch sehr selten.) Sie verzeihen, Hochwürdigster! meine Kühnheit.

Beispiele mit Ausrufungszeichen sind noch folgende: 1) hinter Satztheilen, die aber elliptisch für ganze Sätze stehen: welch ein Unglück! Ach, was für große Fische! 2) Hinter einzelnen Sätzen: hätte ich ihn doch nie gesehn! Entbehre und genieße! Wie groß ist des Allmächtigen Güte! Es lebe der König! Ihr traulich stille Thäler, lebet wohl! 3) Hinter (ausrufenden) Satzgefügen macht man gewöhnlich nur ein einziges Ausrufungszeichen, wenn alle einzelnen Sätze des Gefüges erst zusammen den Ausruf vollständig ausdrücken, mögen dieselben einander bei- oder untergeordnet, vollständig oder unvollständig sein: du, geh nach Hause, und ihr, legt euch schlafen! Wolle nicht nur selbst glücklich leben, sondern vorzüglich dich des Glückes würdig machen, und auch deswegen deine Mitmenschen stets so sehr beglücken, wie du nur immer vermagst! Wie glücklich bin ich, daß ihr mich liebt; wie unglücklich wär ich, wenn ihr mich hasstet!

Doch **kann** auch hier, wenn, wie im letzten Beispiel, das Satzgefüge aus solchen Theilen besteht, deren jeder ein vollständiges (Theil-) Ganzes für sich bildet, und wenn man in diesem Fall jeden dieser Theile durch Erhöhung der Stimme hervorheben will, hinter **jedem** derselben ein Ausrufungszeichen stehen, indem man z. B. schreibt: o, siegte die Tugend doch immer! (oder ;) o, würde das Laster doch stets unterdrückt! (So **konnte** im vorletzten Beispiel hinter **liebt** statt des Semikolons auch ein Ausrufungszeichen stehen.) (Man vergleiche § 969.)

Es ist stylistisch ein Fehler, zu lange und zu verwickelte Perioden zu bilden. Thut man das aber einmal, und verliert dadurch beim Lesen einer solchen übermäßig langen Periode, die ausrufend oder verwundernd (u. s. w.) anhebt, so daß ihr am Ende eigentlich ein Ausrufungszeichen gebührt, die Stimme die Kraft, zum Schlusse den Ton zu erheben, so muß auch das Ausrufungszeichen wegfallen, und die Periode, wie eine erzählende, sich mit einem Schlußpuncte begnügen. (Man vergleiche § 964.)

Uebrigens gilt auch für das Ausrufungs-, wie für das Fragezeichen (§ 964) die Bemerkung, daß es unnöthig ist, zur Verstärkung der Aufmerksamkeit des Lesers, um ihm einen Ausruf als besonders wichtig darzustellen, zwei, drei oder noch mehrere Ausrufungszeichen hinter einander nach demselben zu machen, indem man z. B. schreibt: D. Miguel wagte es, sich in einem Aufruf an das Volk einen Vater des Vaterlandes zu nennen!!! Welch eine Tiefe des Reichthums, beides der Weisheit und der Erkenntniß Gottes! wie unerforschlich sind seine Wege!! wie gar unbegreiflich sind seine Gerichte!!!

967) Dagegen besteht ein andrer Gebrauch des Ausrufungszeichens (wie des Fragezeichens, § 965,) darin, dasselbe hinter einem Worte, Satztheile, Satze oder Satzgefüge gar nicht als Satzzeichen, sondern in einer Parenthese als ein bloßes Zeichen zur Erregung der Aufmerksamkeit der Leser zu setzen. Der Schreibende will damit (, wie der Engländer mit seinem hört! im Parlamente,) gar vielerlei, die Wichtigkeit, Neuheit, Sonderbarkeit, und dabei zugleich bald seine eigne Billigung, bald seine Mißbilligung des Vorstehenden bezeichnen. Im letzten Fall hat es mit dem Fragezeichen in der Parenthese (§ 965) dieselbe Bedeutung. So kann man schreiben: der Ritter Braun von Braunthal (in seinem Werke: die ästhetisch gebildete Dame, Wien, 1830,) sagt: Schönheit ist die in endlicher Form angeschaute Befriedigung unsrer unendlichen Sehnsucht nach Seligkeit. (!) Menzel (, als sein Recensent im Literaturblatt des Morgenblatts, 1831, Nr. 82,) nennt dies die beste Definition des Schönen, die je gegeben worden ist, (! oder ?) und gegeben werden kann. (! oder ?)

Bei diesem Gebrauch des Ausrufungszeichens ist es nun eher erlaubt, deren zwei oder drei neben einander zu setzen, um den Aufruf zur Aufmerksamkeit, den Ausdruck der Billigung oder Mißbilligung zu verstärken. So könnte man zum

Schlusse des letzten Beispiels auch schreiben: gegeben werden kann. (!!! oder ???)

968) Das Vorstehende kann schon darauf aufmerksam machen, daß es in vielen Fällen von der Willkühr des Schreibenden abhangt, ob er nach einem Satztheile oder Satze ein Frage- oder ein Ausrufungszeichen machen will. Viele Sätze nämlich, welche grammatisch den Bau, die Bildung und die Gestalt eines Fragesatzes haben, sollen doch sehr oft keine wahren Fragen, auf welche man eine Antwort erwartet, sondern nichts als bloße Ausrufe bezeichnen, auf welche man eine Antwort weder verlangt, noch erwartet, noch vielleicht selbst hören, oder auch nur erlauben will.

Es hangt also offenbar oft vom Willen des Schreibenden ab, ob er auf seine Rede eine Antwort hören will, oder nicht. In jenem Fall wird er hinter dieselbe ein Fragezeichen, in diesem ein Ausrufungs- (oder ein anderes Satz-) Zeichen setzen. So wird man z. B. die Ausdrücke: wie wunderbar ist der Mensch bereitet! was ist doch der Mensch für ein schwaches Geschöpf! wer weiß, wie nahe mir mein Ende (ist)! wer weiß, ob ich nicht morgen schon sterbe! (oder .) fast immer nur als Ausrufe aussprechen, und angesehn wissen wollen, und deswegen mit Ausrufungszeichen bezeichnen, und nicht als Fragen, da sie weder beantwortet werden können noch sollen. Sagt man hingegen z. B.: wie groß, wie weise ist denn der Mensch? wie lange lebt er denn auf der Erde? weißt du, ob du morgen noch lebst? hast du je einen unglücklichern Menschen als mich gesehn? so verlangt der Schreibende in der Regel, daß der Leser wenigstens in Gedanken antworten soll auf die erste Frage: er ist gar nicht groß, weise; er ist klein, unweise; auf die zweite: gar nicht lange, sondern nur kurze Zeit; auf die dritte und vierte aber: nein! Deswegen wird man, wenn man so denkt und will, ein Fragezeichen hinter diese Sätze machen.

969) Noch ein anderer, ganz sonderbarer Fall ist folgender: es giebt Satzgefüge, von deren einzelnen (beiden) Theilen der eine ein Frage-, der andere ein Ausrufungszeichen fordert, ohne daß doch eines dieser Zeichen eher als am Ende des Satzgefüges gesetzt werden kann.

„In diesem Fall, sagt nun Ludewig, wird es nothwendig, Frage- und Ausrufungszeichen neben einander zu stellen. Dies muß demnach geschehen:

1) wenn das Satzgefüge mit einer Frage anfängt (,) und mit einem Ausrufe schließt; z. B. Ist es nicht der herr-

lichste Trost in der Sterbestunde, daß man sich zu denen zählen darf, an die der Aufruf des Herrn ergehen wird: Tretet ein, ihr Auserwählten (Auserwählte)!? *)

2) Wenn das Satzgefüge mit einem Ausrufe beginnt(,) und mit einer Frage schließt; z. B. Rufe ihm donnernd zu: Willst du deines Vaters Fluch auf dich laden?!"

Auf eine ähnliche Art sagt auch Bernhardt (l. c. S. 401): „das Frage- und das Ausrufungszeichen stehen bei einander, wenn entweder in den Fragesatz ein Heischesatz, oder in diesen ein Fragesatz eingeschoben ist.

Beispiele. Wer darf der Kraft gebieten: wirke nicht!? Sagt, ihr Engel vor Gottes Angesicht: ihr seid wol auch nicht selig?! Ist es nicht eine Mutter, die jetzt sich bückt (,) und die Arme weit aufschließet (,) und mit entzückter Stimme ruft: mein Kind(,) komm wieder an mein Herz!? Ist es nicht ihr Kind, das, an das warme Herz mit Mutterliebe gezogen, ihre Laute nicht versteht: „du gutes Kind, wie freust du mich!"? (Fr. Richter.)" **)

Gegen diese ganze Aufstellung lässt sich eigentlich nichts einwenden; sie ist ganz vernünftig und folgerichtig; doch aber muß bemerkt werden, daß sich bis jetzt fast noch kein guter Schriftsteller nach derselben richtet, indem es uns widrig ist, in diesem einzigen Fall zwei verschiedene Zeichen neben einander setzen zu sollen. Auch lässt sich nicht leugnen, daß man doch der Forderung, welche ihre Nebeneinanderstellung in sich fasst, durchaus nicht Genüge leisten kann. Es ist gerade zu unmöglich, die Stimme so zu erheben, wie der Ausruf fordert, und sie dann unmittelbar darauf so schweben zu lassen, wie die Frage heischt, oder umgekehrt ihr erst das Schweben der Frage, und dann, ohne weiter ein Wort dazwischen zu sprechen, die Erhebung des Ausrufs zu geben. Ohne die lächerlichste Grimasse vermag man nichts, als den Ton der Frage hören zu lassen, und die Erhebung des Ausrufs verschwindet in

*) Durch einen Druckfehler steht zwar bei Ludewig bloß ein !; er hat ja aber ausdrücklich gesagt, daß es nothwendig sei, beide Zeichen zu setzen. Es könnte indessen gefragt werden: will er ?! oder !? setzen? Da hier der Ausruf als Theil des Satzgefüges am Ende desselben steht, so muß er offenbar zuerst durch !, und dann das ganze Satzgefüge als Frage durch ? bezeichnet werden; deswegen haben wir nicht ?!, sondern !? gesetzt.

**) Man sieht, daß Bernhardt richtig so zwischen !? und ?! unterscheidet, wie wir in der vorigen Note angedeutet haben.

jedem Falle ganz und gar. Daher ist es ganz allgemeiner Schreibegebrauch, in allen den angegebenen Beispielen immer ein bloßes Fragezeichen zu setzen.

Zweiter Abschnitt.

Von den Schreibezeichen, die keine wahren Satzzeichen sind.

970) Hierzu gehören alle solchen Zeichen, welche gar nicht zur Interpunction, sondern auf irgend eine Art zur nähern Bezeichnung und Bestimmung von Buchstaben, Sylben, Wörtern und Sätzen dienen. Sie sind von keiner großen Wichtigkeit.

Eintheilen könnte man dieselben noch in grammatische oder grammatisch-orthographische Zeichen, Tonzeichen, und logische Zeichen (,das Eintheilungszeichen).

A. Grammatisch-orthographische Zeichen.

I. Der Apostroph.

971) 1. Der vorzüglichste Gebrauch des Apostrophs, Aus- oder Weglassungszeichens besteht fast immer darin, die Auslassung eines Buchstabens zu bezeichnen, und denselben also gleichsam zu ersetzen. Hierdurch werden dann immer zwei Sylben, die eben gewöhnlich ohne Zusammenziehung stehen, in eine einzige zusammen gezogen. Im Deutschen werden nur zwei Buchstaben mit Zustimmung der Grammatik auf diese Art ausgelassen, nämlich sehr oft und in vielen Fällen das e, und zuweilen das i. In den meisten Fällen hat der Schreiber zwar die Erlaubniß, diese Weglassung durch den Apostroph anzudeuten, doch ist er nicht dazu verpflichtet. So kann man nach Belieben schreiben: des Tages, Tag's, und Tags gedenke, gedenk' und gedenk ich in heiliger, heil'ger und heilger Erinnerung, Erinn'rung und Erinnrung, an welchem er durch seine herrliche (nicht herrl'che,) kräftige, kräft'ge und kräftge Rede in der baierischen, baier'schen und baierschen Stän-

deversammlung zum Heile und Heil (,nicht Heil') der Verklagten (,nicht Verklag'ten) eine so gewaltige, gewalt'ge und gewaltge Wirkung hervorbrachte.

Ja, es wäre Ziererei und Spielerei, mit einem Apostroph schreiben zu wollen: er ehr't, geh'n, hol', Stuhl's, dem Mann' u. s. w., eben weil uns die Grammatik volle Erlaubniß giebt, diese Verbalformen und Casus ohne e zu brauchen. Und ganz falsch wäre der Apostroph z. B. in gieb', stirb', des Messer's, dem Vater' u. s. w., eben weil die Grammatik es verbietet, diesen Wörtern noch ein e zu geben. (Wir haben hierüber bereits ausführlich gesprochen Band 2, § 271, S. 111, verglichen mit § 311, S. 196 u. s. w..)

Dagegen muß man den Apostroph setzen, wenn er das einzige Kennzeichen zur Angabe einer grammatischen Form ist: es rauscht' in den Blättern, er holt' einen Stuhl, d. i. es rauschte, er holte einen Stuhl, und wenn der Leser dadurch, besonders in Gedichten, (nach § 271) aufmerksam gemacht werden soll, durch sanfte, milde Aussprache des Worts, Härten zu vermeiden: grab' eine Gruft mir; land' am rechten Ufer; er ras't, sie ras'ten, (unterschieden von der Rast, sie rasten,) ihr las't, les't, er lies't, ihr kos'tet; (dagegen: Last, List, kostet;) sing', o Mus', am Tag' der Freude; sind's Zwillinge? 's ist ein Mädchen. Mehrere Buchstaben, ganze Sylben eines Wortes werden im Deutschen nur sehr selten weggeworfen, und auch dann nur in wenigen Fällen durch einen Apostroph angedeutet und ersetzt. So schreibt man (nach § 271, Th. 2, S. 112) wenigstens fast allgemein mit dem Apostroph: auf's Pferd, vor's Thor, in's Haus, statt: auf das, vor das, in das; dagegen nur selten bei'm, vor'm, hinter'm, sondern beim, vorm, hinterm, für vor dem, hinter dem, und nie zu'm, zu'r, sondern zum, zur, für zu dem, zu der. (Man vergleiche § 211, Band 1, S. 519 — 521, auch § 635, Band 3, S. 630.)

Erlaubt man sich einmal Verstümmelungen wie: da lauft 'ne Maus mit 'nem langen Schwanze, für eine Maus mit einem langen Schwanze, so muß man sie schon durch einen Apostroph andeuten.

Wer aber Alepp, Mark, Aristotel, Polyb, Verb, Monopol, Katechism statt Aleppo, Markus, Monopolium, Katechismus u. s. w. schreibt, der hat nicht nöthig, am Ende dieser Wörter einen Apostroph zu setzen, eben weil er es für grammatisch erlaubt, oder gar geboten hält, diese Wörter immer so abzukürzen, wie ja hinter Vers, Professur, Artikel, Virgil u. s. w. niemand einen Apostroph macht, obgleich auch diese Wörter

Abkürzungen von versus, professura, articulus, Virgilius sind. (Man vergleiche den vierten Abschnitt des dritten Hauptstücks am Schlusse des ersten Bandes.)

972) 2. Ein ähnlicher, doch nicht ganz gleicher Gebrauch des Apostrophs besteht darin, daß man dasselbe gewöhnlich vor das s des Genitivs und Plurals, so wie vor das n des dritten und vierten Falls der Eigennamen, und auch nicht sehr bekannter Fremdwörter setzt, ganz besonders, wenn sich diese Namen und Fremdwörter auf einen Vocal endigen. Man will durch den Apostroph dem Leser andeuten, daß dies s und n nicht unmittelbar zum Worte selbst gehört. So schreibt man: Plato's Dialogen, Jablonsky's Lexicon, Sylla's Grausamkeit, Cato's giebt es nicht viele, (wenn man nicht besser Cato oder Catone sagt, worüber man z. B. § 344, Band 2, S. 256 vergleichen kann,) ich will Augusti'n helfen, ich habe Ida'n und Bertha'n gesehn, (wo der Apostroph zeigt, daß diese Personen nicht Catos, Augustin und Idan heißen,) des Kadi's Ausspruch, des Pascha's Rosschweif, wir haben einige Trio's gespielt, die Florida's, die Tempo's (,nicht Tempi) des Allegro's waren zu rasch genommen, (wenn man nicht besser die Tempe, einige Trio sagt,) von den Paria'n erzählt man viele Fabeln. Hierher gehören auch solche fremden, namentlich französischen Wörter, die am Ende solche Consonanten haben, welche nicht ausgesprochen werden: Regnier's Heldenthaten, des Contrebandier's Kühnheit, selbst wenn vor den unausgesprochenen noch tönende Consonanten stehen: Bourmont's Leben, der Hafen Calais's (,aber ohne Apostroph Toulons); Brelow's Pferd, Stralow's Fischzug, (in welchen Wörtern das alte wendische w nicht ausgesprochen wird,) ich mag nicht zehn Paris's (,doch besser bloß Paris) sehen. (Vor dem s, das man solchen französischen Wörtern ohne s im Plural ansetzt, und das nicht ausgesprochen wird, macht man keinen Apostroph: drei Lanciers haben zehn Banquiers verjagt. Man vergleiche § 343, Th. 2, S. 255.)

Doch lässt man bei bekannten Namen und Wörtern den Apostroph auch sehr oft weg: Höltys (oder Hölty's) Lieder, ich habe Campen (oder Campe'n) besucht, Sophien (fast nie Sophie'n) aber nicht bei ihm gefunden, Perthes hat Göthes (oder Göthe's) Schriften zu verkaufen, der zarte Ton des Fortepianos beim Vortrage des Andantes (,doch lieber Andante's, oder auch Andante) ist hinreißend.

Dies geschieht noch weit öfter bei Eigennamen und Fremdwörtern, die mit Consonanten endigen: Karls Muth, Friedrichs Weisheit, des Chasseurs und die Chasseurs, Toulons Hafen, des Sultans Neuerungen. Nur wenn das s gar nicht ausgesprochen werden kann, also einzig und allein zur Bezeichnung des Casus dienen soll, muß es einen Apostroph vor sich haben: Marius's Tod, Xerxes's Untergang, Heinatz's Sprachlehre, Voß's Gedichte. (Einige Schriftsteller haben so auch im dritten und vierten Fall der Eigennamen ein (wenigstens fast) unaussprechbares n hinter einem Apostroph ansetzen, und z. B. mit Gellert'n, Köckeritz'n schreiben gewollt; doch haben sie keinen Beifall gefunden. Man sehe § 343, 344. Erträglicher ist dies n hinter unausgesprochnen Consonanten, weil es dann gehört werden kann: mit Brelow'n bin ich bei Regnier'n, Blew'n [,ausgesprochen Blun,] und Beaufils'n [,ausgesprochen Bosin] gewesen. Daß übrigens kein Apostroph stehen kann, wenn man en ansetzt und ausspricht, versteht sich von selbst: mit, durch Gellerten.)

Zusatz. Wenn man oft sagt, der Apostroph bezeichne auch in allen den Fällen, welche dieser Paragraph betrachtet hat, ein weggefallenes e, so ist das eigentlich nicht ganz richtig, da man doch nicht behaupten wird, daß z. B. Sophia's, Eschke'n, des Tresorier's, Lotto's u. s. w. für Sophiaes, Eschkeen, Tresorieres, Lottoes stehe; doch ist die ganze Behauptung von keiner weitern Wichtigkeit.

II. Das Cedille.

973) Das Zeichen Cedille, ein umgekehrter Apostroph, dient einzig und allein dazu, in französischen Wörtern unter c gesetzt zu werden, wenn dies vor a, o, u wie ß ausgesprochen werden soll: Façade, Garçon, Façon, reçu. (Man sehe § 65, Band 1, S. 165.)

III. Das Lückenzeichen.

974) Das Lückenzeichen, in so fern man dasselbe bei Wörtern anwendet, von welchen man nur einen oder einige Buchstaben niederschreibt, indem man die übrigen entweder nicht weiß oder aus Vorsicht, Schicklichkeit, oder um irgend einer andern Ursach willen nicht hinschreiben kann und will, hat mit dem Apostroph in der Hinsicht gleiche Kraft und Bedeutung, daß es eben das Auslassen von Buchstaben bezeichnet. Es besteht entweder in Puncten, die man unten, oder in Kreuzen, Sternchen, Asterisken, die man, besonders bei Eigen-

namen, oben (rechts) an die Stelle der weggelassenen Buchstaben, entweder in beliebiger oder nach der Anzahl der ausgefallenen Buchstaben setzt: heut Nachmittag kam W. ld. ganz in höchster Wuth zu R . . . . . . r, und sagte, den R*** E*** mit seiner H. r. solle der T . . . . . holen, er solle die Schw. r. n. th kriegen, weil er die ehrliche alte Jungfer R***** betrogen habe; heut ist . . . . r, bekanntlich der Uebersetzer vieler fremden Romane, in hohem Alter gestorben.

IV. Die Ergänzungszeichen.

975) Auch diese sind dem Apostroph in so fern ähnlich, daß sie Fortlassungen bezeichnen; nur deuten sie nicht das Wegfallen einzelner Buchstaben eines Worts, sondern die Auslassung ganzer Wörter, Sätze und Perioden an, die man nicht niederschreibt, entweder weil man selbst sie nicht weiß, oder weil man sie aus irgend einer Ursach nicht niederschreiben will, etwa um Gefahr, Anstößigkeit, Beleidigung, Weitläuftigkeit u. s. w. zu vermeiden. Man wählt dazu entweder auch Puncte, oder kleine einfachen oder doppelten Striche, oder die Buchstaben u. s. w., (und so weiter,) u. s. f., (und so ferner,) u. dgl. m., (und dergleichen mehr,) etc etc, oder ꝛc. ꝛc. (, d. i. et caetera, und das Uebrige,) zuweilen auch r. c. (das ist relictis caeteris, mit Auslassung des Uebrigen).

Beispiele. Er klagt sehr über dich; er nennt dich unordentlich . . . . .; ich wollte dich entschuldigen, erwähnte deine Kränklichkeit = = = =; er aber wollte nichts hören, erzählte mir, wie du kürzlich mit einem Stiefel und einem Schuh zu ihm gekommen seist, u. dgl. m.; ich machte ihn aufmerksam, du habest ja einen bösen Fuß, worauf du keinen Stiefel ziehen könntest u. s. w. (oder: u. s. f.); dann, meinte er, musstest du entweder zwei Schuhe anziehen, oder gar nicht ausgehen etc etc.

Andere Beispiele sind: an den königl. preuß. Staatsminister, Ambassadeur, Generalpostmeister, Ritter hoher Orden u. s. w., u. s. w., u. s. w., (oder: etc, etc, etc,) Herrn von Nagler. Er sang das Lied: als ich auf meiner Bleiche u. s. w. (oder im Drucke auch ꝛc. ꝛc.).

V. Zeichen der abgebrochnen Rede.

976) Auch dies Zeichen (,signum aposiopeseos,) giebt an, daß von einer Rede etwas fortgelassen ist, aber mit dem Un-

terschiede gegen das Ergänzungszeichen, daß das Fehlende gewöhnlich vom Leser auch nicht einmal hinzugedacht werden soll, und daß dies Zeichen immer nur nach abgebrochnen, unvollständigen Sätzen steht, besonders bei abgebrochenen, unterbrochenen Reden. Man wählt dazu fast immer eine Reihe Puncte, zuweilen auch Doppelstriche oder einfache Striche.

Beispiele sind: ach, sprach meine Muhme sterbend, ich habe euch 10000 Thaler baares Geld gesammelt; sie liegen . . . . .; bei diesem Worte ward sie vom Schlage gerührt. — O, mein theuerster Wohlthäter, sprach ich, wie unendlich : : :; still, still unterbrach er mich, so etwas will ich nicht hören. — Du ungerathner Bube, wie kannst du - - -; doch wozu soll ich meine Worte verschwenden!

Auch setzt man diese Zeichen, wenn man den Anfang einer Rede weglässt, vor den angeführten Schluß derselben, z. B.: . . . . . Das Schrecklichste der Schrecken, das ist der Mensch in seinem Wahn.

VI. Das Fortweisungszeichen.

977) Auch dies Zeichen ist den vorigen in seiner Bedeutung ähnlich, indem es namentlich oft geradezu statt des Ergänzungszeichens gebraucht wird. Gewöhnlich aber steht dasselbe bei Citaten, bei der Anführung von Stellen, Aussprüchen aus Büchern, um anzuzeigen, daß die angeführte Stelle nicht bloß auf der Seite, (Pagina,) in, unter der Numer, in dem Paragraphen u. s. w., welche man angegeben hat, enthalten ist. Man nimt dazu die Buchstaben u. (= und) f. oder folg. (= folgende [Seite u. s. w.]), oder sq., seq. (= sequenti [pagina, numero, paragrapho u. s. w.]), welche man auf diese Art schreibt, wenn nur eine der folgenden Seiten, Numern u. s. w. gemeint ist, hingegen in der Form (u.) ff, ff, folgg, ffgg, sqq, seqq, um mehrere derselben (in unbestimmter Anzahl) anzudeuten.

So schreibt man: Herling sagt § 129 u. f. (oder seq.,) (d. i. und § 130,) S. 216 ff (oder sqq) (, d. i. und auf Seite 217, 218 und unbestimmt vielen folgenden Seiten).

Auch bei der historischen Angabe namentlich von Jahrzahlen macht man zuweilen diese Zeichen, um anzudeuten, daß die erzählte Begebenheit nicht bloß in dem angegebenen, sondern zugleich in einem oder mehreren der folgenden Jahre statt gefunden hat; z. B. der siebenjährige Krieg von 1756 u. ff; Napoleon war 1814 seq. (d. i. und 1815) auf Elba.

VII. Bindezeichen.

978) Es ist sonderbar genug, daß dieselben Zeichen (des doppelten und einfachen Strichs) ; und - nicht nur als Binde; sondern auch zugleich als Trennungszeichen gebraucht werden, und daß sogar viele Sprachlehrer bei der Bestimmung des Gebrauchs dieser Zeichen diese beiden doch so sehr verschiedenen Begriffe der Verbindung und Trennung aufs verwirrteste mit einander verwechseln.

Wir wollen solchen Fehlgriff dadurch vermeiden, daß wir diese Zeichen dann Bindezeichen nennen, wenn sie dazu dienen, die (logische oder die logische und grammatische) Verbindung zweier (oder mehrerer) verschiedenen Begriffe und deren sprachlicher Ausdrücke (Worte) zu bezeichnen, Trennungszeichen aber dann, wenn sie dazu gebraucht werden, das einfache oder zusammengesetzte Wort, den sprachlichen Ausdruck eines einzigen Begriffs (grammatisch oder vielmehr bloß orthographisch) in zwei oder mehrere Theile zu zerlegen oder zu trennen, zu theilen.

979) Das Binde;, Bindungs;, Verbindungs; oder Vereinigungszeichen, das Hyphen, (ὑπὸ ἐν,) den Bindestrich (-) oder die Bindestriche (;) setzt man

1) bei Zusammenziehungen zweier oder mehrerer zusammengesetzten Wörter, wenn dieselben entweder ein gemeinschaftliches Grundwort oder ein gemeinschaftliches (erstes) Bestimmungswort haben, das man nur einmal aussprechen und niederschreiben will: das Thier;, Pflanzen; und Mineralreich, Ober; und Untergewehr, drei;, vier;, fünf; oder mehrfach, d. i. dreifach oder vierfach oder fünffach oder mehrfach, auf; und abladen, d. i. aufladen und abladen, Magistratsgehalt und ;zulage, d. i. Magistratsgehalt und Magistratszulage, (unterschieden von Magistratsgehalt und Zulage [habe ich schon ausgegeben], bei welcher Schreibung [, wenn der Schreibende Orthographie versteht,] die Zulage nicht vom Magistrat herzurühren braucht, sondern z. B. eine Regierungs;, Ministerial; oder königliche Zulage u. s. w. sein kann,) Gliederreißen und ;zucken, Volksrechte und ;freiheiten, die Domsacristei oder ;capelle soll gemalt werden, d. i. die Sacristei oder Capelle des Doms. (Man sehe § 272, Th. 2, S. 114.)

Zusätze. 1. Bei diesem Gebrauch macht man selten einen einfachen Strich.

2. Eine solche Zusammenziehung darf nur bei wirklichen

Wörtern, nicht bei Sylben oder gar einzelnen Buchstaben angewandt werden. Man darf nicht sagen und schreiben: er ist gut- und gefällig, das Söhn- und Töchterchen, und noch weniger red- und schreiben, Freund- und Feinde, in Freund- und Feindes Land, oder gar des Kaiser- und Königs. Wenn jemand einmal spricht und schreibt: ernst- und scherzhafte Lieder, so kann er das nur dadurch entschuldigen, daß er sagt, er wolle haft als ein Wort betrachtet wissen, wie man zwei- und dreifach, ein- oder zweimal, freud- und leidvoll u. dgl. sagt. Indessen liebt die Sprache solche Zerreißungen jetzt nicht mehr, wie gewöhnlich sie auch früher waren; man sagt nicht mehr z. B. de- und wehmüthig im ernsten Style, eben weil müthig kein Wort ist, und selbst nicht gern kopf- und herzlos, hülfs- und hoffnungslos, weil das Wort los für sich allein nicht mehr in derjenigen Bedeutung gebraucht wird, die es in dieser Zusammensetzung hat: los von (an) Hülfe, Hoffnung, los von Kopf und Herz (sondern nur: ich bin die Sache, Krankheit, den Menschen los).

2) Noch steht das Bindezeichen bei Zusammenstellungen von Wörtern (Hauptwörtern), deren eines, wie Ludewig sagt, als Attribut, wie Bernhardt und Becker sagen, als Apposition des andern steht: der Fürst-bischof (oder -Bischof) (von Lübek), der Kaiser-König (oder -könig) (von Oestreich), der Prinz-Regent, Anakreon-Gleim, (nicht: -gleim,) Baumgarten-Crusius, der Herzog von Sachsen-Weimar. (Man sehe § 272 und § 181, Th. 1, S. 448.)

Zusätze. 1. Bernhardt sagt, man schreibt für diesen Fall das Bindezeichen nur zuweilen zwischen die Wörter, und er selbst schreibt auch (S. 73) Prinzregent, Fürstbischoff wie Bürgermeister.

2. Bei diesem Gebrauch setzt man gewöhnlich den einfachen Strich, nicht den Doppelstrich.

VIII. Das Trennungszeichen.

980) Das Trenn-, Trennungs-, Theilungszeichen, den Trennstrich (-), die Trennstriche (=) setzt man (zufolge unserer Bestimmung im § 978, verglichen mit § 979,)

1) bei der Abbrechung, Theilung eines Wortes, von welchem sich nur ein Theil noch am Ende einer Zeile hinschreiben läßt, eben hinter diesen Worttheil, um anzuzeigen, daß der

letzte Worttheil auf der folgenden, neuen Zeile unmittelbar mit dem ersten zusammenzuziehen ist; *)

2) eben so wenn man zu irgend einem Zwecke (,etwa beim Kinderunterricht fürs Syllabiren und Buchstabiren, oder zur Bezeichnung des Stammelns, abgebrochenen Sprechens u. dgl. m.) ein Wort nach (allen oder einigen seiner) Sylben abbricht, und dies dem Leser anschaulich machen will: ein Ent-er-be-ter oder Ent-erbeter ist kein Enter-beter.

3) Auf eine ähnliche Art macht man das Trennungszeichen auch, wie Ludewig sagt, der Wohlansicht wegen sehr häufig zwischen verschmolzene (,d. i. zusammengesetzte) Wörter, deren letztes (oder folgendes) mit demselben Buchstaben anfängt, auf welchen das unmittelbar voraufgehende ausgegangen ist: Lauf-feuer, Kamm-macher, Oel-lampe, Bett-tuch Hut-tresse, Sturm-möve. (Es ist richtig, daß man dies thun kann, und auch oft thut; es ist aber auch eben so richtig, daß man es noch weit häufiger nicht thut.)

4) Eben so wird dies Zeichen sehr oft zwischen die Theile zusammengesetzter Wörter gesetzt, um theils das richtige Lesen, theils das richtige Verständniß derselben zu erleichtern. So vernünftig und zweckmäßig dies auch ist, so unterlassen es doch sehr viele Schriftsteller ganz nach Belieben, indem der neuere Sprachgebrauch, wie Becker (l. c. S. 415) mit Recht sagt, die Anwendung dieses Zeichens auf diejenigen Fälle beschränkt, in welchen das Verständniß der Zusammensetzung mehr oder weniger ein solches Zeichen fordert, und man darf das Setzen desselben daher nicht zur Regel erheben. Radlof geht also zu weit, wenn er (l. c.) lehrt: „es muß ein Bindestrich stehn (,statt kann stehen): a) wenn zu zu dem Bestimmwort gehört: hinzu-thun, herzu-laufen. (So schreibt aber fast niemand, und auch Radlof schreibt ohne Bindestrich herbeilaufen; er will also den Bindestrich bloß hinter zu setzen, nm

*) Ludewig will (l. c. S. 79) in diesem Fall bei deutschen Wörtern den Doppelstrich, hingegen bei fremden, namentlich lateinischen Wörtern den einfachen Strich machen. Es ist zwar wahr, daß unsre Druckereien es meistens so machen; in der Sache selbst liegt aber nicht der mindeste Grund zu dieser Unterscheidung. — Schmitthenner, in seiner Lehre von der Satzzeichnung, Frankfurt, 1824, nennt dies Trennungszeichen Worttrennel; mit Recht sagt aber der Recensent dieses Werkchens in Seebode's Bibliothek, 1825, Nr. 8, daß dies Wort unsrer jetzigen Wortbildung nicht angemessen ist.

um solche reinen Infinitiven von Infinitiven [, Gerundien, Supinen] mit zu gleich durch die Augen unterscheiden zu können: hinzuthun von hinthun, herzulaufen von herlaufen. Auf eine ähnliche Art entspricht ihm der Schreibegebrauch nicht, wenn er verlangt, zusammen in einem Wort zu schreiben: ineinander liegen, aber getrennt: in einander legen.)

b) Wenn (nach unserm Nr. 3) zwei gleiche Buchstaben nebeneinander kommen: See-eroberung, Nieder-rhein;

c) so nun auch, wenn die Zusammenziehung der zu trennenden Theile den Sinn undeutlich machen, oder gar einen andern Sinn geben könnte: Kapp-hahn, (um nicht Kap-phahn zu lesen,) Nest-ei, Erb-lasser, (gegen Er-blasser,) geist-erregend, Welt-ende."

So sagt auch Becker (l. c. S. 414): „das Bindungszeichen ist nothwendig, wenn in der Zusammensetzung entweder das Hauptwort oder das Beziehungswort (, besser: das Grund- oder Bestimmungswort) selbst zusammengesetzt ist, und es nöthig ist, dieses als einen zusammengesetzten Faktor der ganzen Zusammensetzung zu bezeichnen, wie in: General-Stabsarzt [(,) unterschieden von Generalstabs-arzt]. Diese Bezeichnung ist jedoch, wenn man solche nur in dem Kanzleistyle vorkommende(n) Afterformen, wie die eben angeführte, ausnimmt, selten nothwendig."

(Ein General-stabsarzt ist der generale, oberste Staabsarzt; dagegen kann ein Generalstabs-arzt der unbedeutendste,, niedrigste Arzt beim Generalstabe sein. Man sehe § 187, Th. 1 S. 473 — 477.)

5) Ueberhaupt herrscht beim Gebrauch dieses Zeichens in zusammengesetzten Wörtern unter den Schriftstellern die höchste Verschiedenheit und Willkühr.

Am meisten stimmen dieselben etwa noch in folgenden Festsetzungen überein: es kann ein Trennungszeichen gemacht werden zwischen den Theilen einer Zusammensetzung,

a) die zu verschiedenen Sprachen gehören: Unter-officier, Vice-stallmeister, Feuer-kataster, Real-encyklopädie;

b) die aus lauter fremden Wörtern bestehen: Vice-präsident, Cassen-controlleur, Christen-dogmatik, wenn diese auch zu derselben Sprache gehören;

c) die aus einem Eigennamen und besonders solchem Bestimmungsworte bestehen, das kein Hauptwort ist: Alt-Brandenburg, Neu-Spanien, Neu-Braunschweig; (doch schreibt man allgemein Altmark, Neusalze u. s. w., und gewöhnlich auch Neuholland, Oberyssel, Niederöstreich, u. s. w.;)

d) die überhaupt sehr lang sind: der Wegebaumeisterprüfungs-termin, besonders Titel: Vicekammergerichts-präsident (,auch wohl Vice-Kammergerichts-Präsident. Man sehe § 187. Wie wenig die Schriftsteller sich selbst indessen oft treu bleiben, zeigt z. B. Radlof selbst, der sehr nahe neben einander schreibt: Satz-zeichen-lehre und Satzzeichen-Lehre).

6) Ein sonderbarer, doch seltner Gebrauch besteht noch darin, daß man zuweilen gegen die Natur oder doch den Gebrauch der deutschen Sprache Wörter nach der Art fremder Sprachen, besonders der lateinischen, zusammensetzt; dann ist es billig, ja wohl nothwendig, ein Trennungszeichen zwischen sie zu machen: lateinisch-deutsches Wörterbuch, (latino-germanicum,) eine historisch-moralische Abhandlung, berlinisch-köllnisches Gymnasium, (d. i. das köllnische Gymnasium in Berlin,) die rheinisch-westindische Gesellschaft. (Heynatz rechnet l. c. S. 435 hierher auch die Schreibung Baumgarten-Crusius u. s. w..)

Zusätze. 1) Bernhardt sagt (l. c. S. 386), der einfache Strich (-) stehe bei allen halben oder uneigentlichen Zusammensetzungen, wie: das Auseinander-schneiden oder Aus-einander-schneiden, die Schadlos-haltung, das Jelänger-jelieber, Muth-einflößend, das Dank-fordern u. s. w.; in den übrigen Fällen aber der doppelte Strich. Dieser Unterscheidung folgen aber nur äußerst wenige Schriftsteller.

2) Wir wissen es übrigens schon (aus § 960), daß man den einfachen Strich (-) auch als Gedanken- und Pausenstrich braucht.

IX. Fortführungszeichen.

981) Ein unbedeutender Gebrauch des einfachen Strichs (—) besteht noch darin, daß man denselben (,oder auch zuweilen zwei Striche = =,) besonders in historischen Schriften, sehr oft statt des Wortes bis setzt, ihn also als ein Fortführungszeichen braucht: Friedrich der Große [,reg. 1740 — 1786,] hat sich vorzüglich im siebenjährigen Kriege [i. J. 1756 — 1763] als den größesten Helden seines Jahrhunderts bewährt.

X. Das Trema. (Trennpuncte.)

982) Ein anderes Trennungszeichen ist noch das sogenannte Trema, die Trennpuncte, puncta diaereseos; es besteht

in zwei Puncten neben einander, die man über Vocale setzt, im Deutschen fast nur in Fremdwörtern und Eigennamen, besonders über das e, um anzuzeigen, daß dieselben nicht mit dem ihnen unmittelbar vorangehenden Vocale zusammengezogen, sondern als (der Anfang für) eigne Sylben ausgesprochen werden sollen. Man braucht sie jetzt nur noch bei solchen Wörtern, deren Kenntniß der Schreibende bei seinen Lesern vorauszusetzen nicht berechtigt ist. Man schreibt nicht Äneäs, Leö, noch weniger Laön, (ausgesprochen La͞n,) nicht mehr Poët, Piëtist, Caën, Laërtes, Danaë, Chloë, (eben weil man das ä und ö nicht mehr a—e, o—e nennt und schreibt,) auch sehr selten nur Laïs, Ptolemaïs, (ob man gleich in solchen Wörtern das ai leicht einsylbig lesen könnte,) wohl aber noch gewöhnlich Phaëton, u. dgl., auch wohl Aërometrie, Aërolith u. dgl. (,weil die Druckereien bei großen Buchstaben noch häufig Ae, Oe statt Ä, Ö setzen).

XI. Das Anführungszeichen.

983) Das Anführungszeichen, (guillemet,) das in kleinen Häkchen besteht „ ", (welche die Buchdrucker Gänseaugen oder —füßchen nennen,) macht der Schreibende vorzüglich, um die unverändert gelassenen Worte eines andern (,welche also direct angeführt werden,) von seinen eigenen zu unterscheiden. Nothwendig sind dieselben nicht, wie man sich denn in der That meistens mit dem bloßen Kolon zur Erreichung dieses Zweckes begnügt, und sie werden daher nur gesetzt, wenn der Leser darauf besonders aufmerksam gemacht werden soll, daß die so bezeichneten nicht Worte des Schreibenden, sondern eines andern sind. Gewöhnlich setzt man bloß vor dem Anfange solcher angeführten fremden Aussprüche (,hinter dem Kolon,) den ersten Theil dieses Zeichens „, und am Schlusse derselben den andern Theil "; nicht selten aber wiederholt man auch, zur noch größern Erregung der Aufmerksamkeit, jene erste Hälfte des Zeichens vor jeder neuen Zeile dieser fremden Rede.

Beispiele sind: den Ausspruch: „das menschliche Leben ist „ein Kreis, dessen Mittelpunct die Verehrung des höchsten „Baumeisters aller Welten sein muß," den Du einst in ernster Stunde hörtest, vergiß ja nie; schnell hatte das Feuer das ganze Gebäude ergriffen, denn „die Elemente hassen das Gebild von Menschenhand," sagt Schiller; das letzte Wort unsers Erlösers am Kreuze war: „Vater, in deine Hände befehl' ich meinen Geist."

(Bei erzählend, indirect angeführten fremden Aussprüchen macht man dies Zeichen fast nie: wir wissen ja, daß die Elemente, wie Schiller sagt, das Gebild von Menschenhand hassen. Bei einem angeführten Zwiegespräch lässt man gewöhnlich die Worte des einen Sprechenden ohne dies Zeichen, indem man dasselbe den Worten des andern beisetzt: Lang' Er zu, Herr Nachbar. — „Ich habe satt." — So steck Er immer ein, so viel Er will. — „Ich danke schönstens.")

Wenn der Schreibende in der Rede eines andern Worte eines dritten anführt, so macht man vor und nach diesen zuweilen die Häkchen doppelt: Klopstock bildet in der bekannten Stelle: „er rufte mit lechzender Zunge: „ „mich dürstet!" " ruft's, trank u. s. w.," absichtlich das Imperfect von rufen nicht rief, sondern rufte.

Außerdem setzt man dies Zeichen zuweilen auch (nicht als Anführungszeichen, sondern) bloß zur Erregung der Aufmerksamkeit des Lesers, und besonders um Wörter, Satztheile und Sätze vor dem übrigen Theil des Satzes oder der Periode auszuzeichnen: wenn du die (Lehre des Schauspiels:) „drei Tage aus dem Leben eines Spielers" ernst beachtest, so wird dich niemals ein (:) „das Spiel ist gemacht!" reizen können; und nie wird dein Mund mehr die Worte „va banque!" aussprechen, denn das „perdu!" wird deinem Geiste stets im fürchterlichsten Sinne tönen. (Gewöhnlich indessen begnügt man sich damit, solche Wörter und Sätze beim Schreiben zu unterstreichen, und für den Druck mit gesperrter, größerer Schrift setzen zu lassen; man sehe § 995.)

XII. Das Gleichheitszeichen.

984) Die beiden parallelen (,horizontalen) Striche des Gleichheitszeichens dienen sprachlich zu einem ähnlichen Zwecke wie in der Mathematik, nämlich zur Bezeichnung einer (vollkommenen oder nur beziehungsweise) statt findenden Gleichheit verschiedener Begriffe, Wörter oder Sätze: Roß = Pferd; Gartenschlüssel = Schlüssel zum Garten; ich will mir die Sache überlegen = ich will sie nicht thun, sie gefällt mir nicht; rex = roi = König.

Man sieht hieraus, daß dies Zeichen auch zu den logischen gerechnet werden könnte.

XIII. Das Aehnlichkeitszeichen.

985) Für dies Zeichen, das in einem liegenden S oder S besteht, gelten ganz alle Bemerkungen, die wir so eben über das

Gleichheitszeichen gemacht haben, mit dem einzigen Unterschiede, daß dasselbe keine vollkommene, sondern nur eine unvollkommene Gleichheit, eben eine Aehnlichkeit bezeichnet: empfangen, ∼ erhalten, ∼ erlangen, ∼ bekommen, ∼ kriegen; Pastor, = Hirt, ∼ Führer, ∼ Lenker (,∼ Weider).

Anmerkung. Es ergiebt sich von selbst, daß diese beiden Zeichen nur der Kürze wegen gemacht werden, um einige Worte zu sparen, daß man dafür das ist, das ist so viel wie, das ist der Bedeutung nach gleich, ähnlich u. dgl. m. sagen und schreiben kann. Sie gehören also gleichsam zu den Abbreviaturen (,über welche § 986 spricht).

XIV. Die Abbreviaturen.

986) Der Begriff und Gebrauch der Abkürzungen oder Abbreviaturen ergiebt sich aus ihrem Namen. Sie bestehen darin, daß man Buchstaben oder Sylben, auch wohl manche andern Zeichen der Tachygraphie (,Schnellschreibung) statt Wörter setzt. Es ist eben so unnöthig wie fast unmöglich, alle vollständig aufzuführen, die schon gebraucht worden sind, und gebraucht werden können. Einige derselben sind: d. i. = d. h. = i. e. = das ist, = das heißt, = id est; z. B. = z. E. = zum Beispiel, = zum Exempel; u. s. w. = u. s. f. = etc. = und so weiter, = und so ferner, = et caetera; (s. § 977;) s. = m. s. = vid. = siehe, = man sehe, = videatur; m. vergl. = cf. = man vergleiche, = confer, = conferatur; i. J. = im Jahre; l. = lies; N. S. = Nachschrift; N.B. = nota bene, (d. i. merke es gut,) = wohl zu merken; ℛ. = Thaler, ℋ. = Groschen, ₰ = Pfennig, Pfennige; Ctr. = Centner, ℔ = Pfund, L. = Loth, Q. = Quent u. s. w., u. s. w..

XV. Das Paragraphenzeichen.

987) Wie der Gedankenstrich als Pausenstrich oft einen neuen Abschnitt der Rede, den Anfang eines ganz neuen Gedankens u. dgl. bezeichnet, so bedient man sich auch noch mancher andern Mittel zur Erreichung dieses Zwecks; namentlich fängt man beim Schreiben eine neue Gedankenreihe gewöhnlich mit einer neuen Zeile an.

In Aufsätzen wissenschaftlichen Inhalts, besonders Compendien und Lehrbüchern überhaupt u. dgl., welche einen streng wissenschaftlichen Vortrag, eine Untersuchung in mehrere Abtheilungen, Abschnitte zerlegen, macht man zur Bezeichnung derselben, für die Bequemlichkeit des Lesers und das leichtere Auffinden der (vielleicht in einem Register angegebenen) Theile des Inhalts, gewöhnlich das Paragraphen-, Absatz- oder Abschnittzeichen (§), dem man die ganze Abhandlung, das ganze Werk hindurch, oder nach seinen Hauptabschnitten, die Zahlen in ihrer natürlichen Reihenfolge (§ 1 oder I, § 2 oder II u. s. w.) folgen lässt.

Anmerk. Nicht selten lässt man auch das Paragraphenzeichen ganz weg, und setzt bloß die Zahlen, wie wir im gegenwärtigen Werke gethan haben. Dann muß man sich dasselbe doch hinzudenken.

XVI. Das Anmerkungszeichen.

988) Wenn man im Laufe eines geschriebenen Vortrags einem Worte, Satze, Gedanken, einer Gedankenreihe u. s. w. einen (erläuternden) Zusatz irgend einer Art beifügen will, den man aber seinem Inhalte nach für so fremdartig und abweichend vom Vortrage, vom Texte und Inhalt des Vortrages selbst hält, daß man ihn diesem Texte weder unmittelbar einverleiben, noch durch eine Parenthese im Laufe des Periodenbaues des Textes beifügen will: so macht man bei dem zu erläuternden Worte oder Abschnitte irgend ein („man möchte fast sagen beliebiges) Zeichen, das man Anmerkungszeichen nennt, und wozu man gewöhnlich (ein oder mehrere) Sternchen (*, **, #), Kreuze (†, ††), Ziffern oder Buchstaben verschiedener Alphabete (in ihren natürlichen Reihefolgen) wählt. Und unter („nach) eben diesen Zeichen lässt man dann, sei es am Rande oder unten am Ende der Seite der Schrift, oder sei es auch erst am Schlusse des laufenden Abschnitts oder des ganzen Werkes, die beabsichtigte Anmerkung, den zu machenden Zusatz folgen.

XVII. Das Wiederholungszeichen.

989) Das Wiederholungszeichen :,:, :| |: findet sich fast nur in Gedichten, in Liedern, zur Anzeige, daß eine Stelle, eine Zeile, ein Abschnitt, besonders Behufs der musikalischen Composition des Gedichts, wiederholt werden soll.

990) Alle diese jetzt angeführten grammatisch-orthographischen Unterscheidungszeichen, die nicht eigentliche Satz- oder Interpunctionszeichen sind, haben auf den Gebrauch und die Anwendung dieser eigentlichen Satztheil- und Satztonzei-

chen übrigens durchaus nie den mindesten Einfluß, sondern diese werden immer gesetzt, wohin sie (nach den Regeln der beiden Abtheilungen des vorhergehenden Abschnitts) gehören, welche andern Zeichen sich mit ihnen auch verbinden mögen.

991) Auch die nun noch kurz zu besprechenden Buchstaben-, Sylben- und Worttonzeichen, so wie die logischen Eintheilungszeichen haben auf den Gebrauch der eigentlichen Abtheilungszeichen keinen Einfluß.

B. Tonzeichen.

I. Quantitätszeichen.

992) **Es ist hier nicht mehr die Rede von denjenigen Tonzeichen, die als Affectszeichen zu den eigentlichen Satzzeichen gehören, (?! — § 966, 64, 61,) sondern nur noch von denjenigen, die nicht als Satzzeichen, sondern in engerer Beziehung für bestimmte Zwecke zuweilen den Ton der Buchstaben, Sylben und Wörter bezeichnen. Wir kennen indessen auch diese Zeichen schon alle.**

993) Als Buchstaben- oder Sylbenzeichen bedient man sich (nach § 97, Theil 1, S. 224) zur Angabe der Quantität der Vocale und Sylben, wenn man dieselbe ausdrücklich bezeichnen will, der Zeichen — und ◡, von denen bekanntlich der Strich — die prosodische Länge, der Bogen ◡ die prosodische Kürze, und ihre Verbindung ◡̲ die prosodische Mittelzeitigkeit der bezeichneten Sylbe angiebt. Zuweilen drückt man durch eben diese Zeichen auch orthographisch die Dehnung und Schärfung der Vocale aus.

994) Den rhythmischen Accent der Sylben, den Sylben- oder Wortton, bezeichnet man für die Poesie, wenn man ihn in einem einzelnen Fall zu irgend einem Zwecke ausdrücklich bezeichnen will, bekanntlich (nach § 97, Theil 1, S. 225) durch das (griechische und französische) Accentzeichen, indem der Acutus (,accent aigu [´]) die rhythmische Hebung oder Arsis, und der Gravis (,accent grave [`]) die rhythmische Senkung oder Thesis angiebt.

995) Den deklamatorischen Accent, den Redeton, drückt man dadurch aus, daß man diejenigen Sylben, Worte oder Sätze, welche im Lesen durch einen besondern Nachdruck vorzüglich hervorgehoben werden sollen oder müssen, wenn man dies besonders andeuten will, im Schreiben durch Unterstreichung derselben, durch einen als Nachdruckszeichen unter

sie gesetzten Strich, und im Drucken durch andere, ausgezeichnete Lettern, durch größern oder gesperrten Druck charakterisirt.

Dasselbe geschieht, um nur überhaupt die Aufmerksamkeit des Lesers auf einen einzelnen kleinern oder größern Theil der Rede zu lenken: nicht nur belacht, sondern verlacht hat er deine Rede; ein Mann ist immer nur ein Mann (, wie denn das Zahlwort ein fast immer diese Auszeichnung erhält); heute bist du frisch und roth, morgen krank, vielleicht schon todt; ich habe gestern Abend Sieben (oder sieben) Mädchen in Uniform gesehen. (Hier soll das Unterstreichen oder der ausgezeichnete Druck bloß anzeigen, daß mit dem Unterstrichenen und Ausgezeichneten das Possenspiel dieses Titels gemeint ist, was man auch durch das Anführungszeichen [§ 983] andeuten gekonnt hätte.)

C. Logische Eintheilungszeichen.

996) Zur Andeutung logischer Eintheilungen eines größern oder kleinern Ganzen in mehrere Theile und vielleicht vielfache Unterabtheilungen bedient man sich besonders der (großen und kleinen) Buchstaben verschiedener Alphabete und der (römischen und indischen) Ziffern.

Man theilt durch sie ganze Werke, ganze Abhandlungen in ihre Hauptstücke, Abschnitte, Abtheilungen, Capitel, Unterabtheilungen (als Divisionen, Partitionen des Ganzen) u. s. w., u. s. w., Hauptsätze (Thema) in ihre Neben- und Untersätze u. s. w.; besonders aber dienen sie zu tabellarischen Uebersichten.

997) Ein Beispiel der Anwendung dieser Zeichen zu einer solchen tabellarischen Eintheilung gebe zum endlichen Schlusse dieses unsers ganzen Werks meine Eintheilung der reinen Mathematik, wie ich dieselbe in meinem Lehrbuche der reinen Mathematik (, Berlin, 1818, verglichen mit der zweiten Ausgabe meiner Entwickelung aller Wurzeln der numerischen Gleichungen jedes Grades, Berlin, 1825,) aufgestellt habe.

Mathematik.

A. Reine Mathematik.
  I. Allgemeine (reine) Mathematik.
    1. Arithmetik.
      a. Zahlenrechnung.
      b. Buchstabenrechnung.
        α. Buchstabenrechnung im engern Sinne.
        β. Algebra.
    2. Analysis.
      a. Niedere Analysis.
      b. Höhere Analysis.
        α. Analysis des Unendlichen im engern Sinne.
        β. Differentialrechnung.
        γ. Integralrechnung.
    3. Combinationslehre.
  II. Besondere (reine) Mathematik.
    1. Reine Geometrie.
      a. Elementargeometrie.
        α. Planimetrie.
        β. Stereometrie.
        γ. Goniometrie.
          א. Ebne Goniometrie.
            aa. Ebne Trigonometrie.
            bb. Ebne Tetragonometrie.
            cc. Ebne Polygonometrie.
          ב. Sphärische Goniometrie.
            aa. Sphärische Trigonometrie.
            bb. Sphärische Tetragonometrie.
            cc. Sphärische Polygonometrie.
      b. Höhere Geometrie.
    2. Reine Chronologie.
    3. Reine Phorometrie.
B. Angewandte Mathematik.
C. Praktische Mathematik.

Zusätze zum ersten Bande.

I. Zusatz zu § 2, S. 3.

Calker bemüht sich in seiner Inauguraldisputation: figurarum linguae cum formis cogitandi comparatio, Jena, 1816, S. 11 — 15 zu zeigen, daß die gewöhnliche Erklärung des Begriffs der Sprache durch Darstellung der Gedanken in articulirten Tönen verwerflich sei, indem eines Theils die Sprache keine eigentliche Darstellung sei, andern Theils der Begriff, welcher durch Darstellung ausgedrückt werden soll, schon im Ausdruck articulirte Töne liege. Er sagt dagegen: lingua est ars designandarum sonis articulatis cogitationum, also: Sprache ist die Kunst der Bezeichnung der Gedanken durch articulirte Töne. Und — er scheint Recht zu haben — 1) in seinem Tadel, 2) in der Wahl des Wortes Bezeichnung; dagegen muß sein Wort Kunst und die Beschränkung auf articulirte Laute missfallen. Könnte man nicht sagen: Sprache, in der hier nur besprochenen engern Bedeutung, ist die Angabe unsrer Gedanken in (hörbaren) articulirten Lauten oder deren sichtbaren Zeichen?

II. Zusatz zu § 5, S. 16.

In der Zeitschrift: das Ausland, 1829, Nr. 242, steht Folgendes in Beziehung auf den Ursprung u. s. w. unsrer Sprache:

„Den ersten großen Sprach- und Völkerstamm, welcher zugleich der zahlreichste und ausgebreiteteste ist, kann man den indo-germanischen nennen. Er beginnt im südlichen Theil von Indien, erstreckt sich über ganz Vorderasien, Persien, den Caucasus, über den größten Theil von Europa, bis zu den shetländischen Inseln, zum Nordcap und nach Island. Die Sprachen, welche in diesem Sprachgebiet gesprochen werden, sind das Indische mit seinen Variationen, das Persische, Afghanische, Kurdische, Medische, Oßetische, Armenische, die slavischen Mundarten, die germanischen und scandinavischen, das Griechische, das Lateinische mit den aus ihm abgeleiteten Idiomen. Die große Aehnlichkeit, welche zwischen den genannten Sprachen herrscht, hat mehrere Schriftsteller verführt, sie mit den Völkern, die sie reden, von einander abstammen zu lassen. Bald hat man alle diese Idiome aus dem Celtischen abgeleitet, das wir nicht kennen, bald aus dem Griechischen oder Deutschen; in unsern Tagen aus dem Persischen und Indischen. Solche Hypothesen wollen wissenschaftlich begründet seyn. Es ist wahr, das Deutsche und das Sanskrit haben gemeinsame Wurzeln; sollte aber daraus geradezu folgen, daß die Teutonen Nachkömmlinge der Hindu sind? . . .

Nach allen Anzeigen, die man bis jetzt gesammelt hat, scheint es, daß der Völkerstamm, welcher das Sanskrit oder vielmehr die zu der Classe des Sanskrit gehörigen Mundarten spricht, in Indien nicht einheimisch ist, sondern daß in fernen Zeiten seine Voreltern, welche von gemeinschaftlicher Abkunft mit den Europäern waren, vom Norden, wahrscheinlich dem Westen des Himalaja und Indu-koh, in die Ebenen von Hindostan hinabstiegen, wo sie Völker von brauner, beinahe schwarzer Race vorfanden, denen sie ihre Sprache aufdrängten. . . .

Nur in dem südlichsten Theil von Indien erhielten sich die dunkelfarbigen Eingebornen mit ihren Sprachen ziemlich unvermischt. Diese Sprachen, welche man unter dem Namen der malabarischen begreifen kann, bilden einen Stamm, der, obwohl mit vielen Hinduwörtern vermischt, von dem indo-germanischen Stamm nach Form und Wesen gänzlich verschieden ist. . . .

Die grammatische Vollkommenheit der Sanskritsprache hat ihre Bewunderer veranlaßt, sie als sehr alt zu betrachten; man dürfte aber bei näherer Prüfung der zahlreichen Materialien, die uns zu Gebot stehn, um diese Frage zu entscheiden, genöthigt seyn, dieses hohe Alterthum etwas herunterzuziehen. Zudem ist es nicht wahrscheinlich, daß das Sanskrit je eine lebende Sprache gewesen sey (?); die Ansicht, wonach dies Idiom Nichts als die vervollkommnete Sprache der alten indo-germanischen Eroberer war, hat noch immer mehr Wahrscheinlichkeit für sich, als die Ansicht, welche aus dem Sanskrit die Mutter der gegenwärtigen Sprachen von Hindustan, so wie der griechischen, der lateinischen, der slavischen und anderer Zweige von dieser Familie macht. Auf jeden Fall steigt indessen das Alter des Sanskrit bis zum Anfang unserer Aera hinauf, vielleicht aber auch noch höher. . .

Von allen Sprachen, die es in Europa giebt, ist die baskische die einzige, die ihre grammatischen Formen nicht nach den indo-germanischen Idiomen modificirt hat, wenn auch gleich viele Wörter aus diesen in sie übergegangen sind.

Eine andre große Classe ist die der türkischen Sprachen. . Die ursprüngliche Heimat der türkischen Völker ist das Land zwischen der nördlichen Grenze von China und dem Altai; hier wohnten sie unter dem Namen Hiong-nu, Thu-chiû, Türken u. s. w. ., bis sie im fünften Jahrhundert gegen Osteuropa vordrangen. . Die türkischen Idiome bieten eine große Gleichförmigkeit dar, und weichen nicht wesentlich von einander ab, so daß der Türke von Konstantinopel den Türken von Sibirien und Mittelasien ohne bedeutende Schwierigkeit versteht.

An die türkischen Sprachen schließen sich natürlich die mongolischen an. Die Mongolen, welche die eigentlichen Tataren sind, treten zuerst mit Tschingiskhan auf dem Schauplatz der Weltgeschichte auf. . .

Die mongolischen Idiome nähern sich sowohl in Worten als in grammatischen Formen einander sehr, und dabei haben sie eine auffallende Familienähnlichkeit mit den türkischen. Oestlich von den Mongolen kommen die Völker, welche die tungusischen Sprachen reden. . . Die Mandschu sind unter ihnen die zahlreichste Nation. .

Auch die tungusischen Dialekte bieten so wie die mongolischen manche Berührungspunkte mit den türkischen dar; aber, was noch merkwürdiger ist, diese drei Classen stehen auch in Beziehungen mit dem indo-germanischen Sprachstamm, die zu zahlreich sind, als daß man sie bloß als eine Folge der allgemeinen Verwandtschaft der Sprachen betrachten könnte; eine Erscheinung, welche eine Wanderung der indo-germanischen Völker nach Osten (?) voraussetzt.

So heißt zum Beispiel

Amba	mandschu	groß, amplum.
Lata	—	spät, late (englisch).
Minige	—	der Meinige.
Sinige	—	der Seinige.

Lapi	mandschu	Lappen.
Suk	—	Axt, securis.
Hata	—	hassen, hate (englisch).
Lur	—	dick, lourd (französisch).
Ania	—	Jahr, annus.
Buka	—	Bock, bouc (franz.).
Kuilli	—	Löffel, cuiller (franz.).
Schun	—	Sonne, sun (englisch).
Tala	—	Thal.
Uro	tungusisch	Berg, oros (griechisch).

Den Theil von Asien, südlich und östlich vom Taurus, dem Tigris und dem persischen Golf, und den nördlichen Theil von Africa, d. h. Abyssinien, Egypten, Cyrenaice und die ganze Küste der Berberei bis zu den Säulen des Herkules mit Einschluß von Malta, haben die sogenannten semitischen Völker inne. Ihr Sprachstamm theilt sich in drei große Aeste: 1) den chaldäisch-syrischen, 2) den hebräischen (der Juden, alten Cananiter und Phönizier), 3) den arabischen."

(Alles Folgende über die kaukasischen, finnischen oder uralischen Völker und Idiome interessirt uns für unsere gegenwärtige Aufstellung nicht.)

III. Zusatz zu § 13, S. 53. Anmerkung.

Radlof in: die Sprachen der Germanen, sagt S. 27: „merkwürdig ist es, daß in der altsächsischen, wie in der angelsächsischen Mundart das Wort Wehr, die Stammform, woraus der Gallier sein Guerre, und der Lateiner sein Germanus verbildete, fast immer statt wehrhafter, erwachsener Mann stehet. So heißt es in der in Bamberg gefundenen, jetzt in München befindlichen altsächsischen Handschrift der Evangelien-Harmonie, Capitel 18, Vers 19: Ueros sind im Gihugide Man mislico, die Männer sind im Denken verschiedene Menschen; so auch V. 1 und Bamb. V. 8. Uuerod, Menge erwachsenen Volkes, im Angelsächsischen Wer-theod, Völkerschaft."

v. Arndt in seinem: Ursprung der europäischen Sprachen, herausgegeben von Klüber, Frankfurt, 1827, sagt S. 114 in Ansehung dieses Worts Germanen: „so wie dasselbe, nach Herodots Zeugnisse, schon in den ältesten Zeiten der Namen eines vorzüglichen Stammes der alten Perser war; so heißt auch noch jetzt ein Volk in Oberasien, nach der verschiedenen Aussprache verschiedener Nationen, Kermanen, Chermanen, Germanen, Karomanen. Die erste Sylbe dieses Worts bedeutet noch jetzt in vielen asiatischen Sprachen unter den verschiedenen Formen Ker, Her, Cher, Ger so viel wie Mensch oder Mann (vir). Zu dieser Wörterfamilie gehören nach aller Wahrscheinlichkeit auch das altpersische Wort Herete, Herr, die lateinischen Wörter Herus und Heros, die griechischen Heros oder Eros, und die jetzigen germanischen Herr, Her, Herra u. s. w., so wie auch ferner das deutsche Wort Heer, welches vor Zeiten auch durch Heri, Herg, Heriskaf, Herimanie (,verstümmelt Arimanie) ausgedrückt ward. Dieses Wort Her, Cher, Ger, mit dem sowohl' bei den alten Persern und andern Asiaten, als auch bei den Deutschen gebräuchlichen Worte Man zusammengesetzt, konnte also, bei jenen sowohl als bei diesen, einen vorzüglichen Mann, einen Ehrenmann, oder, was bei beiden Völkern beinahe einerlei war, einen tapfern Krieger, und in der mehrern Zahl die Auswahl des Volks oder der Herde, d. i. die Krieger oder Heermänner bezeichnen. [Das deutsche Herr wird noch jetzt unter den germanischen Völkern verschieden ausgesprochen, Her, Hher, Heir u. dgl., bei den Franzosen Er oder Erre, bei den Russen und andern slavischen Nationen Ger oder Cher (,der Namen Hermann wie Cherman oder German). So konnten die alten Römer das deutsche Wort Hermann oder Hhermann (Guerrier) leicht in Germanus verändern.]

Es wohnt jetzt in den höchsten Bergthälern und auf der südlichen Seite des Kaukasus ein nicht unbeträchtliches Volk, das vielleicht von je her den Ursitz seiner Väter behauptet hát. Dies Volk wird von einigen seiner Nachbarn Gir oder Gjer von andern Osen, Ossen, Osseten (,von den Russen Ossi, Osseti) genannt. (Nach Tacitus wohnten Osi, die pannonisch sprachen, in Germanien.) Die jetzige Sprache dieses Volks enthält nicht wenige Wörter, die man theils in den germanischen, theils in den slavischen Sprachen, theils in beiden zugleich findet. (Bei ihnen heißt Don Wasser und Fluß; sollten von diesem Worte nicht die Namen der Flüsse Don, griechisch Tanais, Donets, (russisch, kleiner Don,) Donau, lat. Danubius, russisch Dunay, Dnjeper, altgriechisch Danapris, Dniester, altgriech. Danastris, Eridanos und Eridan, nach den alten Geographen ein Fluß in Italien, und auch in Preußen, herkommen?)

Das Wort Man herrscht noch in sehr vielen Sprachen des südöstlichen Asiens, von den südlichen Höhen des Kaukasus an bis an die Küste Malabar und bis Neuguinea hin, unter verschiedenen Formen, mit der Bedeutung Mensch oder Mann (,vir, maritus). Die alten Parsen nannten das erste Menschenpaar Meschia und Meschiane, (Mensch und Menschinn,) und die letzte Classe der Himmelsbewohner Meuschia.

Die persische Mythologie und Geschichte hat eine Menge Eigennamen, die mit Man zusammengesetzt sind: Bahman, Akuman, Neriman, Ahriman oder Ahreman, (der Namen des bösen Princips,) Sapetman, (der Namen des Zerduscht oder Zoroaster,) Kerman, (der Namen eines Gelehrten,) Darius Kodoman oder Kedeman, d. i. Godeman, Gutmann, denn um seiner Güte und Milde willen erhielt Darah oder Darius diesen Beinamen. Die ersten Könige von Lydien und Phrygien werden Manes und Menes genannt, das ist wohl Beherrscher des Volkes Man oder Men (,Mannen oder Menschen). Die ägyptischen Priester erzählten dem Herodot, der erste Mensch habe Menes geheißen. Das kann ganz gut mit dem Göttersohn Man zusammenfallen, den die alten europäischen Germanen als ihren zweiten Stammvater verehrten.

Bekannt sind deren Völkerstämme Alemannen, Markomannen" u. s. w..

IV. Zusatz zu § 13, S. 62.

(Man vergleiche Band 1, S. 618 und Band 2, S. 669.)

Radlof giebt in: die Sprachen der Germanen, 1827, S. 89 an, daß in Beziehung auf Luthers Schreibform Deutsch (,das new Testament Deútsch, Vuittemberg, 1522,) Harsdorfer in seinem specimen Philologiae Germ., Norimb., 1646, S. 33 sagt: utraque scriptio teutsch und deutsch potest defendi; nobis vero a communi consuetudine non esse recedendum arbitramur, cum in omnibus Rescriptis S. Rom. Imperii (?) et antiquissimis documentis legatur teutsch et non deutsch. (In seiner Bibelausgabe vom J. 1545 schreibt Luther Deudsch.)

(Radlof erklärt sich ganz bestimmt für die Schreibform teutsch. Er giebt hier die vorzüglichsten Sprachgelehrten seit 1700 an, welche teutsch, und auch diejenigen, welche deutsch schreiben, behauptet historisch, daß seit der Morgenröthe unsrer Geschichte die Form teutsch zur Kennzeichnung unsrer ganzen Völkerschaft allgemein, d. h. von den bekanntesten Schriftstellern wie von den obersten Reichsbehördnern gebraucht worden sei, und verweiset auf seine Urgeschichte der Teutschen, worin er gezeigt habe, daß die Stammform dieses Worts in Taut, [die Säulen des Taut, Teut,] ägyptisch Thoth, bei Plato Theuth, bei Tacitus, nach belgischer oder duytscher Mundart,

Thuisko beruhe. Aber es lässt sich weder diese Abstammung wahrhaft beweisen, noch folgt aus ihr die Nothwendigkeit, teutsch zu schreiben. Und sagt denn nicht Radlof selbst in seinen: Sprachen der Germanen, S. 146, daß seit den ersten Urkunden unsrer neuern Geschichte die germanischen Bewohner Belgiens ihr Land [bis ums Jahr 1700] Niederdeutschland, und ihre Sprache de duytsche genannt haben, wofür er eine Menge Belege, selbst schon aus dem dreizehnten Jahrhundert, anführt?)

V. Zusatz zu § 39 bis 41, S. 111, und § 390, Theil 2, S. 385.

Die Gerechtigkeit fordert es, hier noch nachträglich anzugeben, daß leider auch Grimm im dritten Theil seiner Grammatik (,Göttingen, 1831,) sich ganz gegen unsre Ansicht erklärt. Nachdem derselbe (Seite 116) bald, gern, hoch, kurz, kaum, sehr, offen, bitter u. s. w. als Wörter angegeben hat, welche jetzt in dieser Form zugleich Adverbien und Adjectiven sind, fährt er (S. 117) fort: „diese gleichstellung des adv. mit dem adj. erklärt, daß nun auch wieder die im mittelhochdeutsch bedenklichen und ungewöhnlichen adv. auf ig im gang sind: ruhig, ewig u. s. w., und so darf jedes adj. auf ig adverbial stehen. Ferner leuchtet ein, warum die mittelhochdeutsche besondere adverbialform lich als solche aufhört (,) und neuhochdeutsch adv. auf lich fast nur von fortgültigen (?) adj. auf lich gebraucht werden. Seitdem es durchgeführt war, adv. und adj. auf einen und denselben Fuß zu setzen, erschien das adverbiale lich überflüssig und schleppend; man sagt daher kühn, schnell u. s. w. und nicht mehr kühnlich, schnellich u. s. w.; als ausnahme hat sich die lichform in einzelnen adv. festgesetzt, deren adj. ausgestorben sind, z. b. freilich, wahrlich." Und hierzu macht nun Grimm folgende Anmerkung: „Adelung hat sich durch diese neuhochdeutsche formelle parität des adj. und adv. zu der ungrammatischen lehre verleiten laßen, unser unflectirtes und ohne kennzeichen gesetztes adj. sei kein solches, sondern ein adv., als wenn die abschleifung der form einen so wesentlichen und logischen unterschied, wie der zwischen adj. und adv. ist, jemals aufheben könnte; bleibt doch in zahllosen andern Fällen ein wort nach vernichtung seiner endung substantiell immer (,) was es war. Die adelungische paradoxie, in dem satz: der baum ist grün, sei grün adv., verurtheilt nicht nur der darangehaltene maßstab jeder (?) andern sprache, sondern

dern auch unser eigner dialect, wenn man ihn historisch betrachtet [mittelhochdeutsch der boum ist grüene, nicht gruone]; kann doch selbst das dem subst. verbundne adj. unflectirt gesetzt werden, z. b. mit lichten sparren rôt, uf sinen knien alsô bar, in der wërlte breit, in welchem Falle es noch ungereimter wäre, rôt, bar, breit für ein adv. auszugeben." — Und doch müssen wir uns schon diesem Vorwurfe der Ungereimtheit aussetzen, da auch wir diese Wörter in dieser Form Adverbien nennen. Aber eben deswegen braucht man diese Form nicht mehr, indem man fühlt und weiß, daß hier ein Adjectiv stehen muß. Und wenn Dichter sprechen: ein Kindlein, nackt und bloß, liegt hier im Krippelein, so erklärt man diese Adverbien für einen verkürzten Satz, den man ergänzt (nicht: ein nacktes, bloßes, sondern) ein Kind, das nackt und bloß ist oder wär. Das Uebrige, was Grimm zur Unterstützung seiner Behauptung angiebt, haben wir bereits widerlegt.

VI. Zusatz zu § 59, S. 151.

Heinzelmann in seinem Noth- und Hülfsbuch fürs Rechtschreiben und Rechtsprechen, Magdeburg, 1830, giebt S. 20 die Regel: das e hat vor b, d, g immer den tiefen Ton wie ä. Ist dieselbe richtig?

VII. Zusatz zu § 97, S. 226.

Der Director Kirchner in Stralsund hat 1828 ein Programm, zwei Bogen stark, über die Zeitmessung in der deutschen Sprache herausgegeben, das im Allgemeinen ganz gut ist, aber doch nicht zum Unterricht empfohlen werden kann, ob derselbe gleich sagt, daß die darin aufgestellten Regeln das kurze Resultat langwieriger Studien und mancher schriftlichen Berathungen, namentlich mit Fr. A. Wolf, seien, und daß er sie in seinen eigenen (dem Publicum vorliegenden) Uebersetzungsversuchen angewandt habe. Am meisten muß man es tadeln, daß er auf den Körper der Sylben zur Bestimmung ihrer prosodischen Quantität viel zu viel Gewicht legt, und z. B. deren Länge in vielen Fällen bloß von ihrem Doppellaut und der Anzahl ihrer Consonanten abhangen läßt.

VIII. Zusatz zu § 101, S. 251.

Moritz stellt in seinem Versuch einer deutschen Prosodie, Berlin, 1786, es als ersten Grundsatz für unsere Prosodie auf, daß im Deutschen die Quantität durch die Stellung der Wörter gegen einander bestimmt werde. So ordnet er zunächst die einsylbigen Wörter nach den Redetheilen. Substantiv und Adjectiv (Beschaffenheitswort) gehen mit gleichem Rechte allen übrigen voran; dann folgen Verbum, Interjection, Adverbium (Umstandswort), Hülfsverbum, Conjunction, Pronomen, Präposition, Artikel. Substantiv und Adjectiv sind immer lang; das Verbum, zu einem von beiden tretend, bleibt entweder lang, oder wird kurz; die übrigen stellen sich unbedingt in die angegebene Reihe, so daß z. B. die Interjection kurz ist gegen das Verbum, lang gegen das Adverbium und die folgenden Redetheile.

Diesen Grundgedanken über unsre Prosodie erklärt Giesebrecht, im Osterprogramm des berlinischen Gymnasiums für 1831, für durchaus richtig, insofern man sich eine Prosodie ohne Metrik, oder eine Prosodie der Prosa denken will, und sich diese wieder als vom Redeton unabhangig denkt. „Wir fühlen aber, setzt Giesebrecht mit vollem Recht hinzu, daß die Sprache viel mehr Längen haben müsse, als Moriz ihr zugesteht, daß ein Begriff sich von dem andern nicht so leicht in Schatten stellen lasse, als Moriz will; wir fühlen, daß der Dichter, seinen Vers als ein Ganzes betrachtend, nicht nöthig habe, so ängstlich um die Bedeutungsschwere des einzelnen Worts besorgt zu sein, daß die mittelzeitigen Sylben es sind, welche besonders den deutschen Versbau begründen helfen."

IX. Zusatz zu § 131, S. 324.

(M. v. Zusatz VII. in Band 3.)

In der Zeitschrift: das Ausland, München, 1829, Nr. 240 steht Folgendes über diese alemannischen Colonien in Italien:

„Eine Gruppe von 7 deutschen Dörfern befindet sich im Vicentinischen, eine zweite von 13 im Veronesischen, andere 13 [,zum Unterschiede Gastoldie genannt,] im Trientinischen, und außerdem noch 3 deutsche Dörfer Folgaria, Lavaron und Trembelen in derselben Gegend. Es (die Einwohner) sind arme Bergbewohner. Was sie von neueren Begriffen erworben haben, drücken sie italiänisch aus, sonst ist ihre Sprache deutsch, und zwar oberdeutsch, enthält merkwürdige Archaismen, und wäre einer gründlichen Untersuchung werth. Büschings Magazin enthält die Probe eines Idiotikons (derselben). Der Graf Giovanelli [in dell' origine dei 7 e 13 Communi e d'altre popolazioni alimanne abitanti fra l'Adige e la Brenta nel Trentino, nel Veronese e nel Vicentino, memoria del C. Giovanelli, Trento, Monanni, 1826, 33 S. in 8,] beweiset, daß alle Vermuthungen, von der an, welche diese Deutschen von Marius Cimbern ableiten will, bis zu der, welche ihre Ansiedlung in die Zeiten der Ottone setzt, unstatthaft sind, und zeigt aufs bündigste aus Ennodius, Cassiodorus und besonders aus Procopius [de bello Gothico, I, 15], daß diese Colonien Alemannen oder Schwaben sind, welche, nach ihrer Besiegung durch Chlodwig, von Theodorich dem Großen in unbewohnte Gebirge versetzt, und als Gränzsoldaten gebraucht würden. Sogar der Namen Communo, welcher ihnen geblieben ist, könnte, wie er meint, auf Almanden gedeutet werden, (?) so wie der Ausdruck Alemanniae generalitas bei Commodus auf eben dieses gemeinschaftliche Eigenthum."

X. Zusatz zu § 148, S. 357.

Indem Radlof in seinem: Sprachen der Germanen, (Frankfurt, 1827, S. 151) aus dem Antwerper nieuwe Testament, 1553, Markus 4, 5 die Stelle anführt: maer het ander is gevallen op steenachtighe plaetsen, bemerkt derselbe: „steenachtig ist eigentlich unser steinhaftig, da die holländische Mundart unser f häufig in ch verwandelt, Kraft in Cracht. Aus diesem achtig, steinacht, (altfränkisch in Tatians Harmonie der Evangelien, vom Jahr 890, steinaht,) entstand unsre Endsylbe icht, in steinicht, holzicht u. s. w., die also, wie sich durch die Sprache dieses ganzen Zeitraums beweiset, mit dem hochdeutschen achten und achtig gar Nichts gemein hat." Wenn dies eben so entschieden wahr wäre, wie es Radlof bestimmt behauptet, dann wäre freilich die Regel unsrer neuern Grammatik: ig sorgfältigst von icht zu unterscheiden, und dies icht nur eine Aehnlichkeit bezeichnen zu lassen, daß eine Sache für etwas zu achten, zu halten sei, eine Festsetzung der reinen Willkühr, insofern man haft von haben ableiten wollte. Indessen ist nicht nur diese Ableitung ungewiß, wie denn Adelung (in seinem Wörterbuch, mit Radlof übereinstimmend) sagt: „es ist glaublich, daß haft und achtig, icht im Grunde eine und dieselbe Endung sind; der Uebergang des Hauchlauts in den

Blaselaut ist nichts seltenes; (doch hat auch die Ableitung des Haft von haben viele Wahrscheinlichkeit für sich;)" (man vergleiche unsre Grammatik l. c. S. 354;) sondern es möchte Radlof auch sehr schwer werden, seine Behauptung zu begründen, die Sprache dieses ganzen Zeitraums beweise es, daß die Endsylbe acht mit dem hochdeutschen achten und achtig gar nichts gemein habe. Welcher ist dieser ganze Zeitraum? etwa vom Tatian bis jetzt oder bis zu jener Antwerper Bibelausgabe? Wer kennt die Geschichte der Sprache oder auch nur der germanischen Sprachen selbst bloß für diesen Zeitraum? Nein, unsre Etymologien beruhen gar großentheils auf nichts als Wahrscheinlichkeit. Darum wollen wir uns die aufgestellte schöne Unterscheidung zwischen icht und ig durchaus nicht rauben lassen, und den Samen weder mit Radlof auf steinichten Boden, noch mit Luther (nach seiner ersten Ausgabe des N. T. von 1522) ynn das gesteynichte, noch (nach Froschauers N. T., Zürich, 1524) in das gesteinechte fallen lassen, sondern nur (nach der Bibel von Fust, 1462,) auf das Steinige.

XI. Zusatz zu § 148, 149, S. 357 und 359.

In der durch Abraham Voß besorgten neuen Ausgabe von J. H. Voß's Zeitmessung, Königsberg, 1831, heißt es S. 44: „aus der Sylbe ig ward mit vorgesetztem l die Sylbe lich [auch als besonderes Wort leik, gleich], und licht. Der vorgegebene Unterschied, daß ig ein Wesen, icht aber wie licht eine Aehnlichkeit anzeige, ist nicht in der Anlage der Sprache, sondern bloß durch folgenden Sprachgebrauch, einzelnen Worten eigen. Die alten Grammatiker wollten in ig Eigenschaft, in icht Menge finden, und hatten weniger Unrecht. Jetzt unterscheiden sich felsig und felsicht nur durch Wohlklang."

Was wir von dieser Angabe verwerfen müssen, zeigt unsre Auseinandersetzung. Dies gilt auch für die Bemerkung S. 45: „selbst lei in mancherlei kommt zwar von lige, leige, lei-e, Art; aber dieses lige ist im Grunde lich, so wie ei in Arzenei aus ich oder ih entstand."

Uebrigens enthält dies Werk eine Menge wichtiger Bemerkungen. So heißt es S. 47: „offenbar ist lein nicht aus klein [welches leen, schmächtig, mit der Vorsilbe ge ist], sondern aus el und in, so wie die andere Verkleinerung chen aus ich und en entstanden." (??)

XII. Zusatz zu § 149, S. 365.

Adelung giebt die Etymologie von hurtig auf folgende Art an: „das noch in den gemeinen Sprecharten übliche hurten [,auch horten, hirten, hirzen] bedeutet stoßen, [davon Hurt oder Hort der Stoß,] wie das franz. heurter, hurter. Schon im salischen Gesetze kommen davon die Wörter ortare, hortare, stoßen, und antehortare, fortstoßen, vor. Im alten Franz. war Behourd ein Stoß mit der Lanze, daher im mittlern Latein Behordium, Bohordium, eine Art eines Tourniers mit der Lanze, Hurdicium aber ein Mauerbrecher war. Es scheint von dem noch im gemeinen Leben üblichen Zwischenwort hurr abzustammen, weil jeder Stoß mit einer Geschwindigkeit verbunden ist, und dieselbe voraussetzt [,und hurr eben eine Nachahmung des mit gewissen Arten der geschwinden Bewegung verbundenen rauschenden Schalles ausdrückt]. Von diesem Hurt nun, insofern dasselbe in weiterer Bedeutung die Eil bedeutete, scheint hurtig abzustammen. Die ältern Mundarten sagten nur hort. Mit einem andern Ableitungslaute lautet es beim Notker horsco, beim Ottfried horsglich, [jetzt rasch, risch,] der auch hurschen für beschleunigen, antreiben gebraucht. Es gehört dann also dies Wort zu dem Geschlecht der Zeitwörter werden, wirren, wirbeln, errare, verrere, und, sofern es eigentlich von schnellen Bewegungen lebendiger Geschöpfe gebraucht wird, zu dem lat. currere" u. s. w..

XIII. Zusatz zu § 153, S. 364.

Ueber die Etymologie des Wortes Mann (und Mensch) sagt Schmitthenner in Seebode's Bibliothek, 1829, Nr. 126: „der Mannus der Germanen ist sicher der Manu—h (s) der Indus, der denkende Geist ihrer Mythe, von der Wurzel man = denken, s. Rosen's Radices sanscritae, Berlin, 1827, S. 221. Manushja, mennisco, Mensch ist also der Abkömmling des denkenden Geistes. In der That, ein schöner Name!"

Auf diese Art wäre also unser Wort Mann, von dem Mensch herkommt, auch kein Wurzelwort.

XIV. Zusatz zu § 165, S. 421.

Grimm giebt im dritten Theil seiner Grammatik (S. 133) an, daß schon Ottfried und Notker haben nahtes (noctu), Kero tages indi nahtes, Notker Cap. 139 sogar eines nahtes; so auch angelsächsisch dages and nihtes; (diese Form ist) „vielleicht (‚sagt Grimm,') ein durch die anomalie gehegter überrest (Rest) älterer flexion [gothisch nahts für nahtâis], denn der lebendige genitiv lautet althochdeutsch naht, angelsächsisch nihte. Das mittelhochdeutsche adverb nahtes verbindet sich (‚fährt Grimm fort,') noch entschiedener mit einer männlichen form des pronomens oder adj. des nahtes, Nibel. 1108, 1, eines nahtes, Nibel. 1340, 1, doch nicht so ausschließlich, daß die regelrechte weibliche form ganz ungebräuchlich wäre, der selben naht, steht Barl. 200, 28, der naht Barl. 235, 27, der nehte [ea nocte] Trist. 5508. Neuhochdeutsch können wir noch des nachts, nicht aber eines nachts, desselben nachts sagen. (??) Mittelniederländisch des nachts Maerl. 1, 69; neuniederländisch snachts, des nachts. Schlechter als nachts ist das neuhochdeutsche mitwochs; und seits [von seite, latus] in abseits, beiseits, jenseits, diesseits, meinerseits, allerseits, also mit weiblichen adj.."

XV. Zusatz zu § 222, S. 563.

Das Wort Paschah, kommt her aus dem Persischen von pai shah, d. i. Fuß des Shah, wie schon Xenophon angiebt, daß Cyrus seine Staatsdiener, und zwar die Krieger seine Füße, die Hausbeamten seine Augen, die geheimen Abgesandten seine Ohren, die Abgabeneinnehmer seine Hände, und die Richter Zungen der Gerechtigkeit genannt habe. Man sehe Modenzeitung, 1829, Nr. 102.

Das Wort Divan wird richtiger Diwan geschrieben, und dies Wort ist der Plural von Diw, der Teufel. Nach einem persischen Lexicographen brauchte ein persischer Regent zuerst diesen Ausdruck, als er seine schlauen Räthe einst versammelt fand, und ausrief: inan diwan end, d. i. diese (Männer) sind Teufel. Man sehe Modenzeitung, 1829, Nr. 103. (Wahrscheinlich ist von diesen Räthen des Regenten später dann auch die Rathsversammlung desselben, der Ort ihrer Versammlung, das Sopha, auf dem sie bei ihren Berathungen wohl saßen, u. s. w, u. s. w., Divan genannt worden.) (Man vergl. die Vorrede zum vierten Bande dieser Grammatik.)

XVI. Zusatz zu § 225 und 226, S. 566.

Wir dürfen hier die sehr interessante Abhandlung des Professors Jäkel: de diis domesticis priscorum Italorum, im Osterprogramm des friedrich-werderschen Gymnasiums in Berlin v. J. 1830, nicht unerwähnt lassen, welche, ganz gegen die gewöhnliche Annahme, darzuthun sucht, daß Italien durchaus nicht von Griechenland u. s. w. aus, sondern von Deutschland aus durch Germanen bevölkert sei, und daß daher die Sprache der alten Römer und Italer überhaupt schlechterdings nicht aus dem Griechischen, sondern nur aus dem Germanischen ihren Ursprung genommen habe. Es wird zwar nicht abgeleugnet, daß die Germanen wohl urspрüglich aus Asien herstammen, aber dabei bemerkt, ihr Zug aus Asien nach Deutschland falle in die früheste Zeit, in welcher selbst ihre Sprache noch gar nicht bestimmt und gebildet gewesen sei; diese habe sich also erst in Deutschland festgesetzt, bestimmt und ausgebildet, so daß sie nicht für eine asiatische, für eine persische, indische Sprache, sondern als germanische für eine eigene Grundsprache zu halten sei. Noch wird bemerkt, daß in Italien Anfangs vielerlei kleine Stämme und Nationen („doch maxima ex parte eiusdem stirpis sirculis) sich angesiedelt, und lange Zeit ohne besondere Verbindung mit einander gelebt haben; daher sei es gekommen, daß die lateinische Sprache eine Verbindung verschiedener Dialekte in sich fasse, und viele Synonymen enthalte, z. B.

edere = esse = essen = eten, niederdeutsch;
ago = veho = (be)wegen;
lusus = ludus = Loos = hlot angelſ. = lot englisch;
casa = aedes = Haus = Hütte;
fores = porta = Pforte = Porte, niederdeutsch;
nasus = nares = Nase;
vellus = pellis = Fließ, Fell = Pell, Pelz, gothisch;
calamus = culmus = Kalmus = Halm u. s. w..

So, behauptet Jäkel, sind nun auch (fast) alle Gottheiten der alten Römer und Italer überhaupt durchaus nicht griechische, indische, ägyptische u. s. w., sondern echt und ursprünglich germanische mit germanischen oder deutschen Namen. Und indem derselbe dann diese Gottheiten der alten Italer auf die germanischen Gottheiten namentlich des Himmels, der Erde, der Sonne und des Mondes zurückführt, entstehen Namenvergleichungen, bei denen freilich wohl sehr viele Leser nicht in des Verfassers Behauptung einstimmen werden, daß nomina eorum plurima, ne dicam omnia e vocabulis Germanis ratione naturali, sine ullo artificio, secundum regulas constantes non prout libet factas, possunt derivari, die aber doch immer die ernsteste Beachtung verdienen. Wir müssen indessen jeden, der näher darüber urtheilen will, auf die Abhandlung selbst verweisen, und uns begnügen, hier nur die wichtigsten Aufstellungen derselben kurz anzuführen.

Jäkel legt dabei besonders folgende Voraussetzungen zum Grunde:

1) die Wurzel liegt oft im Genitiv eines Wortes: anas, anatis, Aente; virtus, tis, Wehrthat;

2) die Wörter auf oder mit r hatten in der ältern Form großentheils s für r: honor, honos, genus, generis, und auch deren Wurzelform hat oft t oder d: flos, flot, Blühte, finis, Wand, mos, mot, Muth;

3) Vocale werden oft verändert und weggeworfen: genus, gens, gent, Kind; dolor, dolos, dold, Duld, dolere, dulden;

4) das g des Anfangs fällt oft weg: robur, (g)robt, Kraft, tenus, t-end, niederd. to End, zu Ende, pignus, Pfand, altd. pihud, indem das h oft in c und g übergeht;

5) qu ist w: liquor, li(q)vos, livt, Luft;

6) das v ist meistens, besonders in der Mitte der Wörter, ein Vocal: fluvius Fluß, juvenis, iuvenj, junge. (Cave ne eas = Cauneas.)

(Jäkel spricht sehr besonnen über die unglückselige Ableitungswuth der Etymologen; sollte er also nicht selbst zugeben, daß die volle Erlaubniß zur Anwendung dieser seiner sechs Bemerkungen, so wenig sich auch gegen jede einzelne derselben einwenden lässt, nicht nur zu den sonderbarsten, sondern auch wirklich zu den unrichtigsten und lächerlichsten Resultaten führen kann? Ganz gewiß hat auch er selbst sich viel zu weit durch sie führen gelassen, und niemand wird ihm z. B. glauben, daß das lateinische tenus vom deutschen zu Ende herkomme, um so weniger, da tenus gar nicht zu Ende, sondern bis an heißt, wie Cicero sagt: Tauro tenus regnare jussus est, wenn wir auch nicht des Horaz: est quiddam (oder quodam) prodire tenus, si non datur ultra, i. e. aliquousque (oder quodantenus) anführen wollen. Eben so vielen Widerspruch leiden aber zugleich sehr viele seiner folgenden Ableitungen der lateinischen Götternamen.)

Nach diesen Regeln, sagt nun (nämlich) Jäkel, ist Jupiter = Gott Vater. Denn Gott ist = Gut = Jut = Jovit = Jovis, wie im Dänischen god, got, gut, und Gud (persisch Choda) Gott heißt, und bei Juppiter ist Jut durch die Assimilation in Jup übergegangen. (piter aber ist pater = Vater.) [Nach Paul Warnefried ist auch Wodan = Gonadan nichts als das Wort Gott.] [Als Divus ist Juppiter = Tiefe = Hohe = Hohle, Höhle = coelum, also mit *Οὐρανός*, und nicht mit *Ζεύς* zu vergleichen.] [Bei den Tuscern, Etruskern hieß Juppiter, nach Macrobius, Majus, von der alten Wurzel mag, d. i. altdeutsch groß, wovon Macht, beim Ulphilas mahts, mig, Michel, mag-nus, maj-or, maj-estas u. s. w. herkommen.]

(Bekanntlich erklären aber Apulejus, Gellius, Lactanz, Cicero, Cato u. s. w. Jupiter durch juvans pater.)

Zur Ableitung des Namens Ceres u. s. w. bemerkt Jäkel, daß der Lateiner oft c setzt, (auch g und k,) wo im Deutschen h steht: cornu Horn, casa [bei Florenz u. s. w. ausgesprochen hasa,) Haus, calam-us Halm, cannab-is Hanf, caput Haupt. (So auch Hall und Gall, gallus, Hahn, krähen und wehen, Fluht, fluctus, Nohet, Noth, necesse.) So wird aus Ceres Heret = Hert = Herta = Hertha = Herda = Airtha bei den Angelsachsen = Erde. [Herd.] (Cicero de n. d. 2, 26 leitet Ceres von Geres, *Γημήτηρ* her, also griechisch auch von Erde, oder nach Varro de L. L. 4, quod gerat fruges, nach Scaliger von cereo = creo, nach Hofmanni lex univ. von גרש [geresh] frumentum tritum, oder von *κύρη κυρία*, domina vitae.)

Der Namen Vesta kann abgeleitet werden von fest = vest; weil aber Vesta doch nicht der bloße Begriff der Erde ist, sondern nur insofern diese mit dem Feuer verbunden ist, so ist es wohl besser, [magis placet,] Vesta von heiß und Hitze, angels. heat, heastu, engl. heat, schwed. heeta, het abzuleiten, von der alten Wurzel eit Feuer, Notker Psalm 17, 3, da v und h zuweilen wechseln: *ἕσπερος*, vesper, Horst Forst, Heermann, Wehrmann, und aus t oft bei den Deutschen ts, z, bei den Lateinern st wird: englisch tinn, deutsch tsinn, Zinn, lat. stann-um. (Ovid lib. fast. 6 sagt: vistando Vesta vocatus, statvi Terra sua. Cicero leitet de n. d. II. 27 Vesta *ἀπὸ τῆς ἑστίας*, d. i. Herd, ab. Als das Feuer, wofür sie Ovid auch erklärt, leitet Hofmann das Wort von אש esh Feuer und יה jah Gott her.)

Der Namen Janus (des Gottes der Zeit, des Jahrs, der Sonne,) scheint nichts als das Wort Sonne oder Schein zu sein; wahrscheinlich wurde nämlich das j, wie bei den Franzosen, oft mit dem Zungenlaut ausgesprochen: jacio schicke, jam = schon, wie auch die Italiäner den Jan-us Giano nennen. Nach Varro war Janus bei den Tuscern οὐρανὸς καὶ ἔφορος πάσης πράξεως, der, welcher [als Sonne] alles sieht. Das sabinische Wort sol ist gothisch, wie auch die Schweden die Sonne Sol nennen. (Hofmann will Janus von יין Jain Wein ableiten, Erfinder des Weins, Ovid l. fast. 1, 124 von janua Thür, Vorsteher der Himmelspforten, Hausthüren u. s. w..)

Janus hieß [nach Macrob. Sat. 1, 9 und Horatii carm. IV, 15, 9] auch Quirinus, abgeleitet von cures, wie die Sabiner den Wurfspieß [hasta] nannten, und dies cures, richtiger [Q] Vures = Wures ist unser Wehr = Gewehr. Wie nämlich die Franzosen und Italiäner unser w durch gu ausdrücken: Wilhelm Guillelmo, Wehr guerre, so ist im Lateinischen qu das w: quinque = winwe = finfe = fünf, welches qu später in c und griechisch k überging.

So kommt auch der alte [etruscische oder umbrische] Namen des Mars: Mavors = mag-vort, von mag mächtig, groß, und vort = Wair, gothisch Wehrmann, Mann, her. (Hofmann l. c. sagt: Mars a poetis Mavors dicitur per epenthesin, und Fabri thes. setzt hinzu: quod magna vertat, of Cic. de nat. d. 2, 26.)

Auch der sabinische Namen Sancus, für den Quirinus, ist nichts als Sangus = Sauhus = Souhe = Sonne (der) = Sunaa, angelsächsisch. (Properz eleg. 4, 10 leitet Saucus a sanciendo ab.)

Als belebende Kraft (,die nicht bloß im Weine enthalten ist,) hieß die (oder der) Sonne auch Liber, z. B. Virgil. Georg. I, 1, Ecl. 7, 58, Ovid. Met. IV, und dieser Namen kommt eben her von leben, beim Ulphilas liban, angelsächs. libba, d. i. Kraft haben, sich zu bewegen, zu wirken und zu handeln, wovon auch laben, lieben, loben, Leib, als Körper und Brod, lat. libum, libare, libet, lubens, lupa meretrix u. s. w. abgeleitet sind, so daß liber, in alten Schriften leiber, derjenige ist, der seines Leibes und Lebens Herr ist, libertas aber der Zustand, die Bedingung, und liberare die Handlung, die uns dies Vermögen zu wirken u. s. w. giebt.

Der alte pater Liber ist also der Gott des Lebens, welcher Lebenskraft, Fruchtbarkeit und alles, jedes Nahrungsmittel, das zum Leben gehört, giebt.

Merkur, nach Lanzi lex. Etrusc. ein umbrischer Namen, scheint zu sein Merk-vir, von merken, beim Willeram merchen, angels. mearcen, woher das franz. marquer, das span.

markar, und so auch marken, Markt, Mark (als Zeichen, Gränze, das lat. margo,) kommen, wie auch Festus angiebt, Merkur sei von merces benannt. (Und dies, sagt Hofmann l. c. könne abgeleitet werden von רכל rakal negotiari, oder von מכר makar, vendere.)

Makrobius (Sat. 1, 9) sagt, Merkur sei Apollo, die Sonne; auch Tacitus nennt die Sonne, welche der Deutschen Odin zu sein scheine, Merkur, und Cäsar giebt (de bello gall. 6, 17) an, der höchste Gott Wodan, (Gouodan, Gott,) die Sonne, sei dem römischen die Seelen führenden Merkur [ψυχοπόμπῳ] ähnlich, indem er in Walhalla die Heroen vereinigt. Eben so sagt Paul Warnefried (de r. gestis. Longob. 1, 10), Wodan sei gewiß derselbe, der bei den Römern Merkur heiße. Deswegen wird auch der Tag des Merkur Odins- oder Wodanstag genannt.

Mit dem Namen Merkur wird also die Wirkung der Sonne bezeichnet, wodurch wir die Dinge sehen, unterscheiden, bestimmen und erklären können, und zwar das auf- und untergehende Licht der Sonne. Dies wird dann vom Physischen auf das Geistige, auf das Licht des Geistes, auf die Vernunft übertragen.

Als des Lebens Marke wird Merkur auch ein Bild des Todes, der zur Quelle des ewigen Lichtes führt. Nach Varro hieß Merkur bei den Etruskern Camillus, und Camil scheint nichts als Himmel zu sein; also der Himmlische. (Hofmann sagt l. c. nach Boch. de anim. 2, 36, die Priester und Diener der Götter hießen קסמים kosemim, davon קסמי אל kosme el Diener Gottes, und das ist das römische Casmilli, Camilli, wie auch dienende Knaben beim Gottesdienste genannt wurden, Varro L. L. VI, 3.)

So bezeichnet denn Janus die Kraft (vim, virtutem) der Sonne, welche das Jahr und die Jahreszeiten bewirkt, Mavors oder Quirinus, welche die Kraft und den Muth (virtutem animumque) der Geschöpfe aufregt, Liber, welche die alles belebende Wärme giebt, Merkur, welche äußeres und inneres (Geistes-) Licht gewährt.

Mit dem Sonnengott Janus verbanden die Alten die Jana, die Scheinende, und aus diesem Worte wird Diana, indem, wie Makrobius (Sat. 1, 9) sagt, d vorgesetzt wird, welcher Buchstabe des Wohlklangs wegen oft vor j und i tritt, (redire,) oder dio, div-, also Diviana, Schein der Tiefe, des Himmels, durch Wegwerfung des v zusammengezogen in Diana. (So sagt auch Scaliger de emend. temp. 2: das Wort. Diana ist gebildet aus diva Jana.)

Später ging Jana in die griechisch-artige Form Juno über, ital. Giunone, die besonders bei den Falernern, bei denen die Religion der Sabiner und Tuscer verbunden gewesen zu sein scheint, wie Janus Quirinus, so auch den Quiri(t)s benannt wurde. (Hofmann l. c. fragt, ob Juno a juvando ihren Namen habe.)

Varro (V, 10) bezeugt ebenfalls, daß Diana, Juno und Luna dieselbe Göttinn sei.

Das Wort Luna ist aus Lucina [von lux, luc-t, lucid-us, lucit, Licht, Leuchtende] zusammengezogen, welches Wort überging in Luhina, [wie Garten von gürten in hortus, Gast in host-is,] Luhna, Luna. [Diese Ableitung scheint der Ableitung vom alten Lahn, d. i. Glanz, vorzuziehen zu sein.] Auch Cicero (de nat. d. 2) sagt, Luna sei a lucendo benannt. (Ovid l. fast. 2, 449 giebt an, Lucina habe ihren Namen entweder von lucus oder von lux; Plinius, h. n. 16, 44, leitet ihn von lucus ab, weil ihr Tempel in einem Hain gestanden habe, in Exquiliis Romae. In Ansehung der Luna ist Hofmann ungewiß, ob er das Wort von luere oder lucere ableiten soll.)

Das der Juno Lucina geweihete Fest der Luperkalien hat seinen Namen von lup, Liebe, Leben und kalla (schwedisch), kala (isländisch, engl. to kall), d. i. gällen, (hervor) rufen [, wovon auch der der Luna, Juno geweihete erste Tag jedes Monats seinen Namen Kalendae hat, welchen man also nicht von $\kappa\alpha\lambda\varepsilon\tilde{\iota}\nu$ abzuleiten braucht]. (Quinctilian 1, 5 giebt an, man leite Lupercal von luere per caprum i. e. sacrificare ab, weil bei diesem Feste die Priester luperci Ziegenfelle um den Leib hatten, und die Leute mit Riemen von Ziegenfellen schlugen; Ovid l. fast. 2, 420 sagt, [die Höhle] Lupercal habe den Namen von der lupa, die den Romulus und Remus säugte, oder weil Pan bei diesem Feste [und von diesem Orte] angefleht wurde, die Heerden gegen die Wölfe zu beschützen, sagen andere.)

Wie nun Jana, Luna, insofern sie dem Anfange des Lichts und Lebens vorsteht, Diana, Juno Lucina, Venus alma genannt wird, so heißt sie als dem Untergange des Lichts, dem Tode vorstehend Proserpina (*Περσεφόνη*), Juno Libitina, Venus Libitina.

Dies Wort Venus, das weder griechisch noch lateinisch ist, indem es, nach Macrob. Sat. 1, 12, die Römer zur Zeit ihrer Könige noch nicht kannten, lässt sich leicht in Vennd, Vend, Bind, Bund, Band (, winden) zurückführen, wie Varro (de L. L. V, 10) sagt: Venus, non quod vincere, sed vincire velit, und vincire selbst als vinct im Supin., vinht, vint auf seine Wurzel binden, [winden,] Ulph. bindan, Kero pintan, Ottfried bintan [, lat. vinta = vitta, Band,] hinzeigt. [Ennius hat nach Varro viere für vincire.] (Scheller sagt: Venus leiten einige ab von venire, s. Cic. de n. d. 2, 27, besser aber scheine es zu kommen von ἐνδω, ich verbinde. Seldenus de diis Syris will das Wort gar von בנות benoth ableiten, indem das ת, th zische, und b in v verwandelt sei, = der Göttinn βῖνος, die Suidas nennt, so daß im hebräischen Namen Succoth Benoth dies Benoth die Göttinn, und Sukkoth ihren Altar oder Tempel anzeige. M. s. Hofmanns Lexicon.) Venus verbindet Feuer und Wasser, wodurch alle Fruchtbarkeit entsteht; sie ist die Göttinn der Verbindungen, so auch nuptiarum von gnubo, knüpfen, [und dann: sich etwas umbinden, verhüllen,) und zugleich Göttinn des Todes, durch welchen des Menschen Seele mit der Gottheit, und sein Leib mit der Erde verbunden wird. Die Namen Libitina und Libera, die mit Leib, Leben, Liebe zusammenhangen, scheinen die Körper und Leben der Todten mit Liebe aufnehmende Göttinn bezeichnet zu haben. (Fabri thes. sagt: Libitina Venus vocatur a libendo, Hofmann l. c. a libitu aut libidine.) Der etruscische Namen der Venus (Frutis oder) Fruti ist der Freia der Germanen ähnlich, von welcher der Freitag seine Benennung hat. [Funccius de orig. lat. ling. 1, 86 leitet das Wort Venus von Win, Wine her, das ist angelsächsisch Gattinn, so wie Wino gothisch der Freund heißt.]

Der Namen Minerva scheint Anfangs Menedea, Mendea gewesen zu sein, welche Benennung auf etruscischen Vasen eine Göttinn führt, die Demster (wegen ihres sichelförmigen Helms u. s. w.) für die Minerva erklärt, so daß das Wort Minerva durch Verwandlung des d in r [, wie medidies in meridies, Lases in Lares, asena in arena überging,] aus Menedea entstanden wäre. Festus sagt: Minerva dicta, quod bene moneat, ut in carmine saliari promenervat dictum est pro monet. Dies Wort monere ist aber unser mahnen, von welchem Wachter auch den Namen Mond, beim Ulph. mana, Ottfr. mano, dänisch maane, ableitet, weil die alten Deutschen, wie viele andern Völker, sich durch den Wechsel, das Zu- und Abnehmen des Mondes, des Mahners, An- und Abmahnenden, zu den meisten ihrer (Acker- und Feld-) Beschäfftigungen bestimmen, anreizen und mahnen ließen. (Arnobius lib. 3 sagt, Minerva stehe für Meminerva, und das sei memoria, wie andre die Mutter der Minerva nennen. Cicero de n. d. 3, 34 meint, Minerva dicta, quae vel minueret, (wahrscheinlich als Kriegsgöttinn die Anzahl der Lebenden,) vel minaretur. Wenn Isidor, 8, 2 schreibt, bemerkt Hofmann: Minervam vocatam quasi Deam et munus artium variarum, so scheint er das Wort Minerva von munus und ars und varia abzuleiten. [Dies Wort Man, Mond liegt auch in mensis, menstruus zum Grunde, in deren Zungenlaut s das deutsche t und d oft übergeht. Von dieser Wurzel kommen auch meminisse, memoria, das altdeutsche minnen, das schwed. minnas, das altdänische mindes, d. i. erinnern, bedrohen, so auch meinen u. s. w..] So wäre also Minerva der Mond, die Mondgöttinn. Auch Virgil sagt Georg. 1, 353: ipse pater statuit, quid menstrua Luna moneret.

Nach Arnobius waren Juppiter, Juno und Minerva Penaten, d. i. große, vaterländische Götter, und dies Wort komme nicht (nach Cic. de n. d. 3, 27) von penus, (Vorrath,) auch nicht (weil sie in penetralibus in penitis aedibus verehrt wären, auch nicht) aus dem Griechischen her, [Homer hat es gar nicht,] sondern vom angels. baud, d. i. Herr, woher husband, husbondi Hausherr, Familienvater hieß. (Makrobius, Sat. 3, 4 erklärt die Penaten: per quos penitus spiramus, corpus et rationem animi habemus. Der Umstand, daß sie im Innersten des Hauses, im innersten Hofe, impluvium verehrt wurden, hat wohl die Veranlassung gegeben, die Penaten mit den Samothracen zu verbinden, deren Namen Hofmann l. c. in Samthraces zusammenzieht, und von סתר sathar verbergen ableitet, [wovon auch der Namen Saturn hergeleitet wird,] also verborgene, geheime Gottheiten.)

Der alte Blitze schleudernde, den Regen aus den Wolken ergießende Vulkan, auf einer Münze des Kaisers Valerian Volkanus, dessen Namen den Etymologen so viele Schwierigkeiten gemacht hat, wie schon Cicero (de nat. d. 3, 24) sagt:

in multis nominibus haerebitis; quid Vejori facies? quid Vulcano? ist nichts anders als Wolkener, Wolkenherr, wie Ἥφαιστος, das Feuer, das die Menschen zuerst erkannten, das Feuer der brennenden Wolken, fulgur = fulg-vur = Wolkenfeuer. So versteht man Cäsar, wenn er sagt: Deorum numero Germani eos solos ducunt, quos vident, Solem, [nämlich das Feuer, Licht der Sonne,] Vulcanum, [nämlich die Wolken, die Blitze der Wolken,] Lunam [, nämlich den Mond und sein Licht]. Dieser Vulkan der Deutschen ist der Donner und Blitz erregende Gott der Wolken, der Donnerer Thor, Vulgogasar, Wolkenasar, Wolkengott, der dem Donnerstag den Namen gegeben hat. (Selbst Scheller erwähnt noch die alte lächerliche Angabe, das Wort Vulkan sei eine Zusammenziehung aus Thubalkain im ersten B. Mos. 4, 22.)

Saturn, das Bild eines bessern, durch Ackerbau, Saat und Aernte beglückten Lebens, hat seinen Namen von der Saat, wie Varro V, 10, Makrobius, Sat. 1, 10 angiebt, vom Säen, Arnob. 1, 4, Isid. orig. 8, 2, August. de civ. dei 7, 13, der Saatherr. Er hieß auch Stercutus vom Stärken, Düngen des Ackers, Macrob. Sat. 1, 7. Diesem Saturn der Italer entspricht der Sater oder Satar der Germanen, von dem der Sonnabend, der englisch Saturday heißt, holländisch Saterdag genannt wird. (Cicero giebt de n. d. 3, 24 an, daß man den Namen Saturn von saturare ableite, qui se saturat, annis, [Κρόνος, Χρόνος,] aut etiam liberis suis.)

Die Seja [Plin. hist. nat. 18, 2] hat ihren Namen vom Säen, a serendo Saatgöttinn. [Plin. h. n. sagt: Fortuna appellatur Seja.]

Die Segesta, beim Makrobius Segetia, war, nach dem Namen, Göttinn der [aufgegangenen] Saaten [, vielleicht früher Saheten, so daß h in g verwandelt wäre].

Die Carna ist dea grani, Korngöttinn. (Scheller sagt, nach Ovid l. fast. 6, 101, die Göttinn Vorsteherinn der Thürangel und Wiegenkinder.)

Pomona von pom-us ist Baumgöttinn.

Flora von flos, flot, ist die Blühtengöttinn.

Die Pales hat den Namen, wenn man s in t, d verwandelt, von Pald, Feld, also Feldgöttinn.

Die Faunen haben den Namen vom gothischen Fan, Mark. 12, 29, d. i. Herr, Gott, wie die alten Germanen den höchsten Gott Pan, Pfin, und diem Jovis Pfinstag nannten. (Fabri sagt von fari, d. i. vaticinari, s. Varro de L. L. 6.)

Der Dis oder Dit, den Cicero und Virgil, Aen. 6, 127 nennt, ist nichts anders als der Tod, Death angelf. und engl., Död schwedisch. Ein anderer Namen desselben war bei den Lateinern Vejovis, Väjovis = Vejovit, Wehgott, auch Vedius bei den Etruscern, Martian: Capella, 11, 7, 2. Das ve ist unser Weh, Wahn: vesanus, Gell. 5, 12, wahnsinnig, vecors. [Festus giebt an, daß schon der Germane Brennus, als seine fenonischen Gallier Rom bedrängten, und er zur Erhöhung der Kriegssteuer sein Schwert in die Wagschale warf, dabei ausrief: Ve (oder vae) victis!] (Ovid, l. fast. 3, 430, und Festus erklären Vejovis für den Jupiter als Kind, Gellius 5, 12 für einen bösen schädlichen Gott.)

[Die Römer verwechselten oft aus Unwissenheit, da das Wort Dis nur in der Sprache der Religion gebraucht wurde, den Dis oder Dit pater, Vater Tod, mit dem Dies pater, richtiger Diei pater, Vater des Tages und Lichts.]

Die Etruscer nannten den Dis nach Festus Mantus. Mit diesem war verbunden die Mania, die Mutter der Manen oder Laren. Die Wurzel Man bezeichnet im Altdeutschen, wie noch jetzt im Englischen und Persischen, den Menschen, woher das Wort homo = ho-min, altdeutsch goman der gute, starke Mensch kommt. Nach der Sprache der alten Italer waren ho-mines lebende, manes todte Menschen, indem diese Italer schon in den ersten Zeiten die Seelen für unsterblich erkannten. Sie scheinen aber auch geglaubt zu haben, wie die Menschen auf unsrer Erde geboren werden, so würden die Seelen von einer Göttinn Mania, Γενεή [Plut. quest. Rom. 51] empfangen und neu geboren. Diese Mania war einerlei mit Lara, Larunda, Acca Larentia; es ist bloß ein anderer Namen verschiedener Nationen und Dialekte, Lact. Inst. 1, 20. [S. Müllers Etrusker 2, 106.] Die Alten glaubten, [Aug. de civ. dei, 9, 11, Martian. de nupt. II, 9, p. 40,] die Seelen der Menschen würden nach dem Tode Genien, und diese werden im Altlateinischen Lemures genannt. [Apulejus de deo Socratis.] Dies Wort Lemures wird von schlummern abgeleitet; es sind also die Schlummernden, slumeras im Angelsächsischen. Unter diesen wird Lar derjenige genannt, der seiner Nachkommen Wohl besorgend unter der Gottheit Gunst ihr Haus besitzen, ihren Weg, ihre Stadt beschützen soll. Denn dies Wort Lar, Lares, in älterer Form Lases, wird vom altangelsächsischen Wort Lad = Land, Grundstück, Boden abgeleileitet, woher das angelſ. Ladman, Herr der Gegend, Ladward. zuſammengezogen Lord, Lady u. ſ. w., Lar Porsenna, Lar Aremoricus [, der galliſche Fürſt Viridomar] beim Auſonius u. ſ. w. kommen. (Dieſe Ableitung giebt auch ſchon, der Hauptſache nach, Scheller an.) Larven ſind die umherirrenden Seelen böſer Menſchen, und Auguſtin, de civ. d. 9, 11, Martian, de nupt. 2, 9 und Apulejus meinen, man ſage manes, wenn es ungewiß ſei, ob eines Menſchen Seele = lar oder larva geworden ſei.

Die novensiles, Varro de l. l. 5, 10, Liv. 8, 9, Arnob. 7, worunter man faſt allgemein diejenigen verſteht, welche erſt ſeit Kurzem unter die Genien oder in den Himmel aufgenommen ſind, alſo noven siles die neuen Seelen, angelſ. sawl, ſchwediſch siael.

Zum Schluſſe bemerkt Herr Jäkel (S. 46), bei dieſer leichten und natürlichen Ableitung der Namen faſt aller alt-italiſchen Gottheiten von germaniſchen Stammwörtern, die mit den Begriffen der Alten über dieſe Gottheiten übereinſtimmt, und da auch die Sprache und die Geſchichte und Beſchaffenheit der Auswanderungen dieſelbe glaublich machen, und als ſachgemäß darſtellen, könne man dieſe Gottheiten durchaus nicht auf ein anderes Volk oder eine andere Sprache beziehen.

Es verſteht ſich, daß unſre Grammatik am wenigſten der Ort zu einer gründlichen Prüfung der ganzen Aufſtellung ſein kann, da ſelbſt ſchon dieſer kurze Auszug für ihren Zweck vielleicht zu vielen Raum einnimt.

XVII. Zuſatz zu § 228, S. 583.

Ueber das Wort Acciſe ſagen die Blätter zur literariſchen Unterhaltung, 1831, Nr. 76 Folgendes: „die alte Ableitung des Wortes von Assisia findet ſich auch durch eine Urkunde in Günthers codex diplomat. rheno-mosellanus, T. II., pag. 417, beſtätigt, wo die Worte ſtehen: Assisijam seu collectam, quae Ungelt vulgariter nuncupatur. Dies erklärt Günther von einer Abgabe, die in assisia verabredet und aufgelegt worden ſei. Aber, nach Leo, in ſeiner Geſchichte von Italien, Bd. 1, S. 378, Anm. 3, iſt der Ausdruck Acciſe von dem Tribute hergenommen, der im zehnten Jahrhunderte den Calabreſen von den Saracenen aufgelegt wurde.

XVIII. Zusatz zu § 228, S. 584.

Das Wort Lotterie, sagt Delamarre in seinem traité de la police, stammt vom gallischen Worte lot ab, welches in den alten Glossarien bald durch eine Münze, bald durch ein kleines Gewicht erklärt wird. (Schon Sueton, im zweiten Capitel von Nero's, und im vierten von Domitians Leben spricht von Lotterien, congiaria genannt, welche diese Fürsten erfanden, um die Dienste ihrer Soldaten auffallend und wenig kostspielig zu belohnen.) Man sehe: das Ausland, 1831, Nr. 212.

XIX. Zusatz zu § 230, S. 588.

Das Wort Lady leitet die Modenzeitung, 1830, Nr. 43, auf folgende Art ab: in früherer Zeit theilten die Hausfrauen begüterter Landbesitzer, die beständig auf ihren Landgütern lebten, wöchentlich einmal und selbst öfter unter die ärmern Nachbarn mit eignen Händen eine bestimmte Menge Brod aus, und wurden deswegen leff-daeg, d. i. sächsisch Brodgeberinn, genannt. Diese beiden Wörter sind mit der Zeit in Lady verderbt.

XX. Zusatz zu § 232, S. 592.

E. v. Wachsmann giebt im Taschenbuch: die Rosen, 1831, Leipzig, S. 330 folgende kurze Nachricht vom Alten vom Berge und seinem Orden: „Unter dem Iman Hassa Ben Sabbah hatte ein räthselhafter Stamm, dessen Reste wir noch jetzt in den Schluchten des Libanon finden, ein kleines, aber dem ganzen Orient furchtbares Reich in den Gebirgen Syriens gegründet. Auf dem Felsenschlosse Maszyad oder, wie es in den Miribüchern der Türken geschrieben wird, Meszyaf (, dem Mesiade des Joinville,) residirte der Emir, zugleich weltliches und geistliches Oberhaupt, den die Kreuzfahrer gewöhnlich den Alten vom Berge nannten, ob er gleich oft nicht alt war. Die Assassinen, wie sie von den Kreuzfahrern genannt werden, heißen bei den orientalischen Schriftstellern Bathenin, Anhänger der innern Lehre, und nannten sich selbst Ismailys oder auch Seïden. Unter den Heeren der Sultane folgten sie den Gebräuchen des Islams, unter den Tempelherren dem Ritus des Christenthums, wahrscheinlich weil ihr geheim gehaltner Glauben von beiden Religionen gleich weit entfernt war. Ihre heiligen Bücher und die Kenntniß der geheimsten Glaubenslehren sind nur im Besitze weniger Auserwählten; die Masse des Volks begnügt sich mit der Beobachtung einiger äußern Gebräuche. Noch heute besuchen die Ismailys in türkischen Städten die Moscheen, in christlichen die Kirchen, in ihren Gebirgen aber keine von beiden. Auf Befehl des Hauptes ging jeder in den Tod, tödtete, wer ihm befohlen wurde, und erwartete dann gewöhnlich ohne Flucht den ihn erwartenden Todesstreich. Solche Begeisterten, die sich auf Befehl des Emirs dem Tode weiheten, fand man gewöhnlich in einem Zustande von Trunkenheit, welcher, wie man behauptete, von dem unmäßigen Genusse einer berauschenden Pflanze, ungewiß ob Hanf oder Bilsenkraut, arabisch Haschischch genannt, herrühren sollte, und von welcher man jenen Begeisterten den Namen Haschischim beilegte. Durch Verstümmelung dieses Worts bildeten die Kreuzfahrer die Benennung Assassinen.

XXI. Zusatz zu § 232, S. 593.

Hüllmann in seiner Geschichte des Ursprungs der Stände in Deutschland, Berlin, 1830, sagt: Karl der Große theilte sein ganzes Reich in lauter kleine Landrichter- oder Grafschaften, die er durch umherreisende Gewaltboten, Sendgrafen in Aufsicht halten ließ. Der Namen Graf kommt vom griechischen Grapheus, d. i. Schreiber, französisch Greffier her. Es stimmt auch, sagt Hüllmann zur Unterstützung dieser Ableitung, das Alter dieses Namens genau mit dem (Alter) der deutschen Bureaukratie zusammen.

XXII. Zusatz zu § 232, S. 615.

Joseph von Hammer, im fünften Bande seiner Geschichte des osmanischen Reichs, (Pesth, 1829,) leitet das Wort Gatte vom persischen Ketchoda, der Hausherr oder Gabengott, her.

Derselbe bemerkt: der Morgenländer betrachtet die Weiber in der gewöhnlichsten Beziehung nicht als Personen, aber auch nicht als Sachen, sondern als einen abgeschlossenen, für Fremde unantastbaren Raum der Lust, als ein Gemach, wie auch das deutsche Gemachel oder Gemahl („Frauenzimmer) ausweiset, und das arabische Wort Harem ein unantastbares Heiligthum bezeichnet.

Adelung sagt: gatten, beim Ulphilas gaiddja, (sich schikken, sich gatten,) das sehr genau mit dem hebräischen גָּדַר (gadar, das eben diese Bedeutung hat, und wovon auch גָּדֵר [gader] ein Zaun, eine Mauer herkommt,) verbunden ist, scheint das Frequentativ von gehen (, begatten = begehen) zu sein, wie denn bei Ulphilas auch iddja noch in der eigentlichen Bedeutung, für: er ist gegangen, vorkommt. (Gesenius giebt indessen von diesen hebräischen Wörtern nur die Bedeutung Mauer, Zaun an, die offenbar mit Gatter, Gitter ganz übereinstimmt.

Ueber das Wort Gemahl bemerkt Adelung dagegen: „Gemahl, beim Willeram Gemahela, (beim Notker Gemalu die Braut, Maheltag Hochzeit, mahalen ehelichen,) (in einem deutsch italänischen Vocabularium, Rom, 1501, il sposo der Vermahel, la sposa die Gmehel,) (beim Tatian die gimahlla des Joseph für Maria,) in einigen oberdeutschen Gegenden auch Gemächt, Ehegemächt, kommt von machen, im Alemannischen gimachon, beim Kero Kimahchon, das ehedem auch vereinigen, verbinden, vermischen bedeutete. Daher ist gimach beim Ottfried u. s. w. ein Paar, und Kimachida in Boxhorns Glosse contubernium. Eben um deswillen bedeutet auch make im Schwedischen einen Gehülfen, Gesellen, Magell im Oberdeutschen einen Verwandten, und macca im Angelsächsischen und mak im Schwedischen ähnlich. Die Endung el bedeutet ein Ding, welches etwas thut oder leidet. Gemachel, und nach einer gelindern Aussprache Gemahl, ist demnach eine Person, die mit der andern verbunden ist, und zwar in engerer Bedeutung durch das Band der Ehe. Es drückt also sehr eigentlich das deutsche Gatte und das lateinische conjux aus. Gewöhnlich, aber nicht so wahrscheinlich, leitet man, und so auch nach Ihre, Gemahl von Mahl die Rede, Sprache, der mündliche Vortrag ab." Wer hat nun Recht, Hammer oder Adelung? Wenigstens hat Hammer auf jeden Fall höchst Unrecht, seine sehr oft ganz willkührlichen und unbegründeten Etymologien mit solcher Bestimmtheit und so entscheidend aufzustellen, als wenn sich gar nichts dagegen einwenden ließe.

Das Wort Schabernack hält Adelung für deutsch, verwirft Frischens Ableitung: jemandem zum Schimpfe die Haare im Nacken abschaben oder abscheren, meint dagegen, die letzte Hälfte gehöre ohne Zweifel zu necken, weil der Schabernack mehr eine Art der Neckerei als des Schimpfes sei; nur die erste Hälfte sei noch dunkel.

Ganz anders erklärt Hammer (in seinem Werke Konstantinopel und der Bosporus, I, 263, II, 197) dies Wort, indem er Folgendes erzählt: der König Naamann oder Minder, der Erbauer des durch die Höhe und Weite seiner Bogen im ganzen Orient berühmten Palastes Chawernack, ließ den Erbauer desselben Senamor aus despotischem Argwohn, daß er die Baugeheimnisse anderweitig verrathen oder anwenden möchte, hinterlistig von der Zinne herabstürzen. Seitdem ward im Morgenlande das Wort Chawernack zum Sprüchworte des Undanks. (Man sehe: Blätter für literarische Unterhaltung, 1831, Nr. 67.)

Radlof giebt in seinem Werke: die Sprachen der Germanen, Frankfurt a. M., 1827, S. 36 an, daß das Wort Adel, Adal aus Ad-dal (wie Achtel aus Achttheil) abgekürzt, und daß dies Addal aus dem angelsächsischen Ähde, Ähd, d. i. Eigenthum, und Dal, d. i. Theil, zusammengesetzt sei. So heißt es nach des Franc. Junius angelsächsischer Ausgabe des Ulfila, Lukas 15, 12: Fader, syle me miene Dal minre Ähde, d. i. Vater, gieb mir meinen Theil meiner Eigenthümer.

XXIII. Zusatz zu § 232, S. 617.

Der aufmerksame Leser dieser Grammatik wird bemerkt haben, daß wir in den Zusätzen zu dem oben angezogenen Paragraphen im zweiten, dritten und vierten Bande nur solche Ableitungen verschiedener Wörter aufgestellt haben, welche erst in neuern Zeiten, und meistens in Werken, wo der Sprachforscher sie nicht zu suchen gewohnt ist, gelegentlich, mit mehrerem oder wenigerem Grunde, angegeben, und dabei nicht so leicht und deutlich sind, daß man sogleich darauf kommt.

Es versteht sich von selbst, daß größere Wörterbücher unsrer Sprache, namentlich das unschätzbare von Adelung, bei jedem abgeleiteten Worte die Etymologie desselben anzuführen nicht unterlassen. Außerdem giebt es viele vortrefflichen Werke, welche dieser Etymologie allein, sei es bloß in Beziehung auf unsre deutsche Sprache oder allgemeiner in Vergleichung mehrerer Sprachen, gewidmet sind. Wir haben im ersten Bande mehrere solcher Werke angeführt; recht interessant ist in dieser Hinsicht auch die kleine Schrift: Ursprung und Verwandtschaft der europäischen Sprachen, von Ch. G. v. Arndt, herausgegeben von Klüber, wohlfeile Ausgabe, Frankfurt a. M., 1827, 18 Groschen.

Zusätze zum zweiten Bande.

I. Zusatz zu § 277, S. 124 und § 281, S. 132.

Grimm vermuthet im dritten Theile seiner Grammatik, S. 323, daß die sächlichen Wörter, welche jetzt entschieden nur von weiblichen Personen gelten, wie Weib, [angels. und altnordisch vif, altnordisch auch sprund, (femina,) fliod, (virgo venusta,) altsächsisch fri,] [aber nicht Frauenzimmer, dessen Genus in dem Wort Zimmer (aedificium) begründet und rein grammatisch ist,] sich in frühern Zeiten zugleich auch auf männliche Personen bezogen haben, und nur allmählig auf weibliche beschränkt worden sein, etwa wie Kind [,gothisch barn, althochdeutsch parn, chind, altsächsisch, altnordisch barn, angelsächsisch bëarn, cild,] unentschieden lässt, ob dadurch das männliche oder weibliche Geschlecht gemeint sei, und eben darum im Neutrum steht.

Grimm fährt dann fort: „es ist begreiflich, wie im fluß der rede das aus der unsicherheit hervortretende lebendigere geschlecht über die neutrale form überhand gewinnt. Ich finde daher mit barn, kint, wenn ein sohn gemeint ist, einigemal das pron. oder adj. im masc. (,) und mit wîp, das pron. oder adj. oft im fem. verbunden [während der voraussteheude artikel im neutr. bleibt]: ist thiz kint iwer, thër blintêr giboranêr [statt thaz blintaz giboranaz], Ottfried III, 20, 163; daz kindelin, den ich in genennet han, Dietr. 480; der barn, Ernst. 115; wëlih wib habêt zëhen dragmas, oba siu forliusit, Tatian, 96; en wif, thiu enas judëon was, Hel. 151, 9; that wif sprak mit iro wordun, Hel. 124, 7 u. s. w., u. s. w.. Nothwendig aber ist diese construction keineswegs (,) und das neutrum kann ebenwohl beibehalten werden. Die neuhochdeutsche Schriftsprache gestattet kaum, ein weibl. pron. oder adj. mit solchen neutris zu verknüpfen."

Uebrigens sei noch bemerkt, daß Grimm überhaupt über das Geschlecht der Hauptwörter in diesem Theil seiner Grammatik, Seite 311 bis 563, eine sehr gründliche, gelehrte und interessante Untersuchung durchgeführt hat. Auch Grimm stellt S. 358 folgenden Grundsatz über das grammatische Genus der sinnlichen und abstracten Wörter auf, der aber freilich seiner Allgemeinheit wegen zur Entscheidung einzelner Fälle nur behutsam gebraucht werden könne: „das masculinum scheint das frühere, größere, festere, sprödere, raschere, das thätige, bewegliche, zeugende; das femininum das spätere, kleinere, weichere, stillere, das leidende, empfangende; das neutrum das erzeugte, gewirkte, stoffartige, generelle, unentwickelte, collective." Diese Kennzeichen, bemerkt Grimm noch, stimmen zu den für das natürliche Genus geltenden. Und hierüber bemerkt derselbe S. 313—315 Folgendes: „das masculinum stellt sich als die lebendigste, kräftigste und ursprünglichste unter allen Wahrnehmungen dar. Folgende Gründe sprechen dafür: 1) das masc. pflegt in seiner consonantischen starken endung die strenge wortform zu enthalten, der im nominativ bloß ein im accusativ wieder entbehrliches s beigefügt wird. Das weibliche kennzeichen ist ein weiches, auch im acc. haftendes a. Die form des fem. scheint daher schon eine milderung der spröderen männlichen. 2) die schwache form des masc. wird durch einen kurzen vocal eingeleitet, die des fem. durch einen langen; und es kann nicht bezweifelt werden, daß die kurzen vocale älter und edler sind, als die von ihnen abhängigen langen. 3) aus masc. können fem. moviert, und überhaupt weit mehrere wörter abgeleitet werden, als aus femininis; so kommen von gärtner, dichter her gärtnerei, dichterisch, aber aus gärtnerinn, dichterinn kann man nicht ableiten gärtnerinnei, dichterinnisch u. s. w., u. s. w.. Die urbedeutung des neutrums scheint, daß es die unentwickelung des geschlechts, nicht gerade geschlechtslosigkeit bezeichne. Daher wird das junge, dessen geschlecht sowohl männlich als weiblich sein kann, sich aber noch unwirksam darstellt, oder das allgemeine collective durch das neutrum ausgedrückt. in der form des neutrums mischen sich die männlichen und weiblichen kennzeichen auf mehrfache weise."

II. Zusatz zu § 381, S. 359.

In Ansehung der unregelmäßigen Steigerung macht Grimm, l. c. S. 600, folgende allgemeine Bemerkung: „die geläufigsten adjectivbegriffe zeigen nicht allein in unsern dialecten, sondern auch in den verwandten sprachen eine uralte und gleichsam organische unregelmäßigkeit, welche als ein formeller vorzug betrachtet werden muß, den die spätere sprachausbildung wieder zu verwischen bemüht ist. Es verhält sich damit eben wie mit den anomalien der declination und conjugation. alle solche anomalien betreffen wörter des häufigsten gebrauchs, wörter, die der ganzen sprache so unentbehrlich geworden sind, daß sie großentheils auxiliarisch zur umschreibung untergegangener flexionen verwendet werden. Aus diesem grunde begreift sich nun, daß ihnen selbst eine höhere, formellere kraft und so zu sagen eine gewisse elasticität beiwohnen muß, welche sie geschickt macht, jenen dienst auf das sicherste zu erfüllen. Der genius der sprache scheint hier das innere geheimniß der form mit ihrer äußern schönheit und brauchbarkeit glücklich zu vereinbaren. Die regelmäßige formation der wörter, deren comparation jetzt anomal aus verschiedenen stämmen gebildet wird, hätte eine, bei unablässiger wiederholung derselben wörter sehr empfindliche, einförmigkeit nach sich gezogen. Ein regelrechtes gut, guter, gutest, viel, vieler, vielst würde die steigerung weit unkräftiger ausdrücken. Es ist ein bedeutender vortheil, wenn einer sprache für einfache begriffe mehrfache wurzeln in festgesetztem wechsel (zu) gebote stehen."

III. Zusatz zu § 381, S. 359 und § 430, S. 485.

Ueber die Comparativform mehrer, mehreres, e, es, bemerkt Grimm, l. c. S. 570, 573 und 620: die gewöhnliche althochdeutsche Comparativform vom Positiv me, mee war mêre, mêra (plus), mêr (magi), mêro; aber: „der althochdeutsche dialect geminiert hin und wieder einige comparative. So sagt er mêroro (major, bei Notker,) und mêriro (beim Kero, major) statt mêro. Davon hat sich mërre im mittelhochdeutschen und mehrere im neuhochdeutschen behauptet; die gemeine volkssprache bildet davon nicht selten den superl. mehrst statt meist." Die letzte Behauptung scheint sich nicht begründen zu lassen, indem diese Superlativform mehrst gewiß weit sprachgemäßer von einem Positiv mehr, wie starrst von starr, leerst von leer u. s. w., abgeleitet wird. Grimm stützt sich aber unstreitig auf seine allgemeine Behauptung, l. c. S. 583: „es ist einleuchtend und eben in dem wesen der steigerung nothwendig begründet, daß aus dem ersten grad der zweite, aus diesem aber der dritte hervorsteige. Der positiv enthält den reinen character des adj., der comparativ fügt diesem sein kennzeichen hinzu und der superlativ das seinige dem comparativ, so daß der letzte grad zwei kennzeichen in sich zu vereinigen hat, das comparativische und das eigenthümlich superlativische. Es ist aber der wesentliche consonant des comp. das s, doch schon in der gothischen sprache als zwischen zweien vocalen stehen der inlaut überall zu z geworden, woraus sich in sämmtlichen übrigen dialecten, nach der gewöhnlichen lautprogression, ein r ergab. Der grundbuchstab des superlativs ist t und von hohem Alter. Indem er sich dem s des comparativs dicht anschloß, ohne weitern vocal, hat er nicht nur dessen reinheit geschützt, sondern auch seine eigene. Denn außerdem wäre das s in r und das t durch lautverschiebung in den unserm th am nächsten liegenden eigenthümlichen laut des althochdeutschen gewandelt worden. Die superlativformen waren längst gebildet, als die allmähliche veränderung der comparative statt fand. Die practische regel, der comp. werde durch — er, der superl. durch — st aus dem positiv erzeugt, taugt demnach theoretisch gar nichts, weil sie weder das r, noch den genauen zusammenhang des s in st mit dem r begreift. Aber dem sprachgebrauch wohnt kein bewußtsein des organischen hergangs bei, denn sonst würde aus dem althochdeutschen minniro der superl. minnirt oder minnird statt minnist gebildet worden sein. Die kennzeichen des comp. und superl. können bei der adjectivsteigerung nie wegbleiben u. s. w."

Nach dieser Darstellung wäre denn also auch in mehrst das s das Comparativ-, und das t das Superlativzeichen. Aber ist sie auch wirklich historisch fest und sicher begründet? Freilich stellt es Grimm durch sehr viele Beispiele als unwidersprechlich dar, daß sehr viele alten Comparativen auf s geendigt haben; aber er giebt auch deren eben so viele in den deutschen Dialekten ohne s an, die auf r endigen. Nun behauptet er zwar, dies r sei aus dem s entstanden. Das wäre aber doch noch immer eine große Frage. Wenigstens bleibt es höchst auffallend, daß wir jetzt im Hochdeutschen auch nicht einen einzigen Superlativ (mehr übrig behalten) haben, der das r des Comparativs behalten hätte. Und darum ist es gewiß am einfachsten, daß man für das Neuhochdeutsche er als den Bildungslaut des Comparativs, und st des Superlativs angiebt.

IV. Zusatz zu § 383, S. 368 — 370.

Grimm sagt, l. c. S. 632: „die adjective, welche folge und ordnung in zeit oder raum ausdrücken, sind streng genommen, ihrem begriff nach, der steigerung unfähig, mindestens nicht in der weise fähig wie die gewöhnlichen adj. Ihr positiv enthält in der that schon den superlativ. Mitte (z. B.) bezeichnet nothwendig die innerste mitte, denn sonst wäre sie keine wahre mitte, folglich ist der medius zugleich der medioximus, und wir sagen ganz dasselbe, gleichviel ob wir sagen der mittele finger, oder der mittlere, oder der mittelste. Das nämliche gilt von dem inwendigen, das zugleich das innere und innerste sein muß; was oben oder unten liegt, würde, ohne das oberste und unterste zu sein, die stelle von oben oder unten noch gar nicht einnehmen. Allein der sprachgebrauch hält schon die annäherung nach oben, unten, innen, mitten u. s. w. für ein positives oben, unten, innen u. s. w. und insofern läßt er aufsteigende stufen zu, so daß ein oberes und oberstes, mitteles, mittleres, mittelstes u. s. w. gedacht und ausgedrückt werden kann. Hieraus begreift sich die anhäufung, mischung und unvollständigkeit der in jedem dialect für diese verhältnisse üblichen formen. Der gezeugte comparativ und superlativ sinkt leicht zum positiv herab, weil das natürliche gefühl von der superlativen kraft des pos. hier überall waltet und die vermeinte positivform wird dann von neuem der comparation unterworfen."

V. Zusatz zu § 386, S. 375.

Auch Grimm nennt (l. c. S. 665) die Vorsetzung des aller vor die Superlativen eine bloß sinnliche, unlogische Sprachgewohnheit.

VI. Zusatz zu § 387, S. 380.

In Ansehung der widrigen neuhochdeutschen Bildung von Comparativen aus Superlativen, ersterer und letzterer, bemerkt Grimm im dritten Theil seiner Grammatik, Seite 621: „aus dem einfachen positiv lez [tardus] entsprang lezzer [tardior], lezzest [tardissimus, ultimus]; als aber (der Comparativ) lezzer veraltete oder in dem bestimmten nebensinn pigrior erstarrte, wurde für die bedeutung ulterior eine neue form nöthig." Durch diese etymologische Bemerkung erscheint letzt ganz deutlich als Superlativ, aber sie rechtfertigt weder, noch entschuldigt sie auch nur die Comparativform letzter(er); denn wenn man es auch zugeben will, daß die Veraltung von lezzer eine neue Comparativform nöthig gemacht habe, so musste dazu doch keine sprachwidrige gewählt werden.

VII. Zusatz zu § 434, 435, S. 488.

In Ansehung der Bildung oder Steigerung der Ordinalzahlen macht Grimm, l. c. S. 634, folgende interessante Bemerkung: „sie drücken eine bestimmte Stelle in der ordnung aus (,) und scheinen insofern unsteigerbar. Allein die ordinalen bieten doch zwei einander entgegengesetzte richtungen dar, (;) die zu der ordinalzahl eins gehörige ordinale ist ein superlativbegriff ebensowohl als die, welche von der ordinalzahl tausend gebildet wird. Wenn der tausendste der oberste, so ist der erste der unterste, aber auch umgedreht darf der erste als der oberste, der tausendste als der unterste betrachtet werden. Und es scheint ein tiefer zug aller sprachen, wie sie bei den begriffen oben und unten u. s. w. überall comparativ- und superlativformen zulassen und vermischen, daß sie beide gleichfalls auf die ordinalzahlen angewendet wissen wollen. Wir fragen daher, wenn eine ordinalzahl erkundigt werden soll, der wievielte oder der wievielste? indem wir für diesen fall das sonst keine steigerung leidende adjectiv viel im voraus auf die form der antwort einrichten. Nicht ohne bedeutung aber ist, daß comparativische form lediglich der zweizahl, als der ersten stufe über eins, allen übrigen hingegen nur superlativische zukommen kann. Die einzahl wird durch verschiedene wörter, sämmtlich superlativischer form ausgedrückt, unter ihnen scheint goth. fruma, welches dem lat. primus, litth. pirmas, lett. pirms entspricht, das älteste; angels. forma. Bald aber wandelt es sich in einen positiv und nimmt dann die steigerung st an: goth. frumists, angels. formëst, fyrmëst. Synonym sind althochd. vurist, angels. fyrst, altnordisch fyrstr; althochd. êrist, angels. oerest, mittelhochd. êrest, êrst, neuhochd. erst; das althochd. vordarôst, neuhochd. forderst (vorderst) bedeutet weniger primus als anterior. Zwischen vurist und erist waltet eigentlich der unterschied, daß jenes den ersten im raum, dieses den ersten in der zeit bezeichnet."

Aufrichtig gestehe ich, daß ich nicht recht verstehe, was Grimm mit seiner Bemerkung sagen will, die comparativische Form könne lediglich der Zweizahl, allen übrigen hingegen nur die superlativische zukommen. Ich glaube, daß er damit auf das r in anderer, alter, δευτερος, und auf das t und st in vierter, fünfter, zehnter, zwanzigster, tausendster, quartus, quintus, τριτος, u. s. w. hindeuten will. Dem würde dann aber freilich doch wieder zweiter als Superlativform, septimus, centesimus als Comparativform, u. s. w. entgegenstehen.

Zusätze zum dritten Bande.

I. Zusatz zu § 546, S. 150.

Allgemeine Bemerkung über die Conjugationsform.

Statt daß es bei allen angegebenen Conjugationstabellen heißt: im Conditionalis fehlt das zweite Futurum, hätte es auch heißen gekonnt: das zweite Futur im Conditionalis stimmt seiner Form nach mit dem Perfectum dieses Modus überein. Mehr darüber sehe man § 763.

II. Zusatz zu § 593, S. 424.

Grimm sagt im dritten Bande seiner Grammatik, Seite 270: „erst in den letzten jahrhunderten aufgekommen (,) und zwar dem ital. durante, franz. durant, pendant nachgebildet scheint das neuhochdeutsche während, welches nicht nur den begriff der partikel dum ausdrückt, sondern auch die natur einer präposition annimmt (,) und den genitiv regiert. es ist eigentlich ein absolut gesetztes particip (,) und die zuweilen vorkommende redensart währendes krieges [durante bello] (,) währender mahlzeit [d. convivio] sprachgemäßer, als das vielleicht daraus verderbte während des Krieges, während der Mahlzeit."

III. Zusatz zu § 599, S. 436.

Grimm sagt im dritten Bande seiner Grammatik, Seite 270: „auch das part. praet. ausgenommen wird im Sinn des franz. excepté zur präposition [praeter] (,) und regiert den accusativ, obgleich darauf bisweilen (auch) andere casus folgen. Auch dies Wort ist ursprünglich wieder (wie während) eine absolute setzung, so daß particip und das abhängige (abhangige) nomen vielmehr im genitiv stehen sollten; wie lat. im ablativ hoc excepto, his exceptis; aber auch diese form verhärtete sich in den romanischen sprachen, das franz. excepté ist unveränderlich, es mag ihm ein masc. oder ein fem. oder ein plural nachfolgen. So heißt es schon in der lex sal. 41 excepto capitale et desatura, und in den capitularien [Georg. 1198] excepto accipitre et spata."

IV. Zusatz zu § 633, S. 625.

Doch ließe sich wohl darüber streiten, ob es heißen muß: er ist (alt) zwischen 30 und 40 Jahren oder Jahr. Der Accusativ Jahr könnte etwa dadurch entschuldigt oder gerechtfertigt werden, daß man sagt, er hange von der allgemeinen Bestimmung ab, daß auf die Fragen: wie alt? wie groß, wie lang u. s. w.? der Accusativ steht: er lebt 40 Jahr, er ist 40 Jahr (alt), einen Monat, 30 oder 40 Jahr. Dann muß man freilich zwischen für ein Umstandswort, Adverb erklären, das ganz seine Kraft des Verhältnisswortes, einen Casus zu regieren, verloren hat: er ist 30 oder 40 Jahr, und zwar ist er dazwischen, nicht darüber oder darunter.

Zusätze zum vierten Bande.

I. Zusatz zu § 653, S. 23 und § 656, S. 31, 39 und 41.

Herling in seinem Syntax der deutschen Sprache, Theil 1, Frankfurt, 1830, S. 396 sagt: „in: er fand einen Haufen schwarze Fliegen, sind die Fliegen als todter Haufen behandelt, (und ihr Ausdruck ist deswegen undeklinirt geblieben,) aber in: er sah einen Haufen tapferer Krieger, sind diese selbstthätiger, den Haufen bildend, denn der bei Dichtern und im höhern Styl gebrauchte Genitiv des Gemessenen hebt das todte Verhältniß des Stoffes auf." (Diese Erklärung des Deklinirens der Maßnamen läßt sich gewiß nicht immer anwenden.)

II. Zusatz zu § 668, S. 97.

Crevel sagt in seinem oft angeführten Werkchen (de l'article u. s. w.): wenn man bei den Eigennamen sehr bekannter Personen in der gemeinen Sprechart den Artikel behält, und spricht: die Mathilde ist recht sehr unartig, der Devrient spielte seine Rolle vortrefflich, so sind dies im Grunde immer wahre Ellipsen, welche bezeichnen: die euch allen bekannte Mathilde, der berühmte Schauspieler Devrient. Auf eine ähnliche Art sagt man auch: der Champagner, der Rüdesheimer statt: der Wein aus Champagne, der Wein von Rüdesheim, oder der Rüdesheimer Wein u. s. w.. Solche Ellipse findet auch statt, wenn man den Artikel wegläßt, um ein Wort materiell, d. i. nicht nach seinem Sinne, sondern nach seinem Wortkörper, nach seinem grammatischen Werthe zu nehmen, z. B.: Sonne ist im Deutschen weiblich, d. i. das Wort Sonne ist seinem grammatischen Geschlechte nach im Deutschen weiblich.

Was übrigens Pauli mit folgender allgemeinen Bemerkung über den Artikel eigentlich sagen will, lässt sich nicht recht deutlich einsehen: „wir wähnen dem Wortverhältnißer (Artikel) eine von der Falendung in irgend einem Puncte verschiedene Wesensbeschaffenheit so lange zu, als wir die Sprachen in Zahl und Art der Falendungen ungefähr übereinstimmen, und immer noch den größern Theil der Begriffsverhältniße durch eigne Wörter bezeichnen sehen.

III. Zusatz zu § 771, S. 504.

Es giebt sogar Fälle, wo man, selbst wider Willen, richtig sprechen muß, wo eben derselbe gemeine und allgemeine Sprachgebrauch, welcher sonst immer in der jetzt besprochenen Verbindung den Infinitiv statt des Particips setzt, richtig das Particip nimt. So heißt es in Jarckes Berliner politischem Wochenblatt, 1832, Nr. 26: „hieraus geht auch das Aufpflanzen der Freiheitsbäume hervor, welche die baierische Regierung Beschwerdebäume nennt, ohne doch dies Unwesen unterdrücken gekonnt zu haben." Da man gewöhnlich sagt: ich habe es nicht unterdrücken können, so sollte man, um im Falschsprechen consequent zu bleiben, auch sagen: ohne es unterdrücken können zu haben. So spricht aber durchaus niemand. Und nur sehr wenige versündigen sich auch so sehr, förmlichen Unsinn zu construiren, was nämlich der Fall ist, wenn jemand nicht haben, sondern können u. s. w. in den Infinitiv mit zu setzt, und z. B. sagt: ohne es haben unterdrücken zu können.

So spricht und schreibt man denn auch für: das Bewusstsein, ihm helfen gewollt zu haben, seiner schonen gemusst zu haben, es benutzen gesollt zu haben u. s. w., weder: ihm helfen wollen zu haben u. s. w., noch: ihm haben helfen zu wollen u. s. w..

Eine so schlechte Construction findet sich indessen doch wirklich im Journal für Prediger von Bretschneider, Neander und Goldhorn, Band 80 oder 60, Stück 1, Halle, 1832, S. 77, wo es heißt: uns scheint der Evangelist nur haben sagen zu wollen, (statt: sagen gewollt zu haben,) und wieder in der Leipziger Modenzeitung, 1832, Nr. 49: er tröstete sich darüber, sich das Fieber haben machen zu lassen („statt: machen gelassen zu haben, d. i. sich zugezogen zu haben). Fast eben so widrig, wie solche Sprechart, nimt sich auch schon die bloße, durch den falschen Gebrauch des Infinitivs veranlasste Verdrehung der Wortfolge aus; wenn z. B. Goldhorn im eben genannten Journal für Prediger, 1832, Stück 3, Seite 257 schreibt: „es läßt sich zweifeln, daß Reinhard diese Stelle für eine der von ihm angeklagten würde haben wollen gelten lassen," statt: gelten lassen gewollt haben würde.

IV. Zusatz zu § 772, S. 516.

Ein ungenannter Recensent führt in der hallischen Literaturzeitung, 1831, Februar, Nr. 28, bei der Beurtheilung von Stephani's deutscher Sprachlehre („Neustadt, 1829,) aus einer ungenannten Sprachlehre folgende Regel zur Unterscheidung des bloßen Infinitivs und des Infinitivs mit zu bei einem andern Zeitworte an: „findet eine innere und wesentliche Ergänzung in Ansehung der Bedeutung statt, [also eine Sinnbestimmung, setzt der Recensent hinzu,] so tritt das ergänzende Zustandswort („das soll heißen Zeitwort,) unmittelbar (ohne zu) hinzu; findet aber eine äußere und zufällige Ergänzung, [also, wie er („der citirte Grammatiker) sagt, eine neue Aussage begründend,] besonders in Beziehung auf Gegenstand und Absicht statt, so wird das ergänzende Zustandswort (Zeitwort) durch zu verbunden."

Das ist freilich eine Regel; nur Schade, daß sie weder richtig noch vollständig durchführend ist, wie wir durch unsern Paragraph 772 gezeigt zu haben glauben.

FSC
www.fsc.org
MIX
Papier | Fördert
gute Waldnutzung
FSC® C083411

Kolibri 360 GmbH
Ferdinand-Jühlke-Straße 7
99095 Erfurt, Deutschland
produktsicherheit@kolibri360.de